JN388548

모아
위험물
기능장

실기 (기본이론+과년도)

이혜영 소방기술사

Master Craftsman
Hazardous material

MOA FACTORY

위험물기능장 실기

1. 취득방법

① **시 행 처** : 한국산업인력공단

② **시험과목**
   - 필기 : 화재이론, 위험물의 제조소 등의 위험물안전관리 및 공업경영에 관한 사항
   - 실기 : 위험물취급 실무

③ **검정방법**
   - 필기 : 4지택일형, 객관식 60문항(60분)
   - 실기 : 필답형(2시간, 100점)

④ **합격기준**
   - 필기 : 100점을 만점으로 하여 60점 이상
   - 실기 : 100점을 만점으로 하여 60점 이상

2. 시험일정

구 분	필기원서접수	필기시험	필기합격 (예정자) 발표	실기원서접수	실기시험	최종합격자 발표
2023년 정기 기능장 73회	2023.01.09 ~ 2023.01.12	2023.01.28	2023.02.08	2023.02.20 ~ 2023.02.23	2023.03.25 ~ 2023.04.13	2023.04.26
2023년 정기 기능장 74회	2023.05.22 ~ 2023.05.25	2023.06.24	2023.07.05	2023.07.17 ~ 2023.07.20	2023.08.12 ~ 2023.08.25	2023.09.20

이 책의 구성과 특징

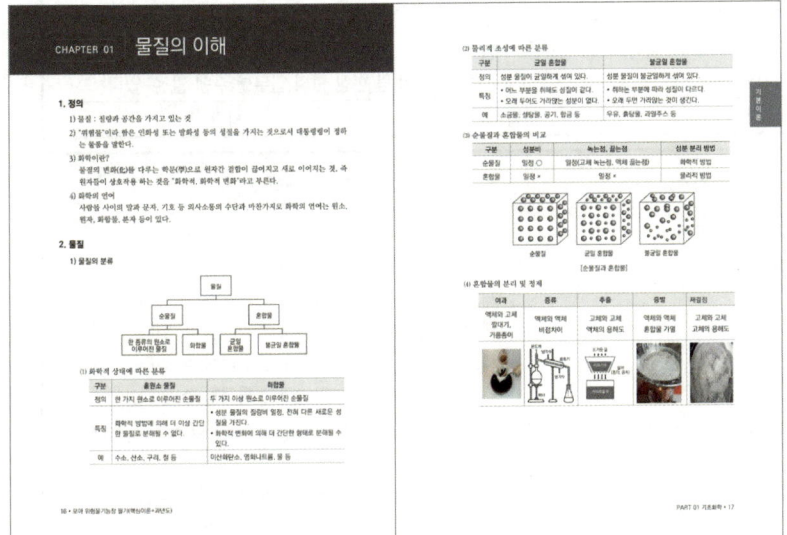

이론+문제

위험물 기본이론을 기초부터 학습할 수 있고, 기출 위주의 계산문제를 함께 수록하였습니다.

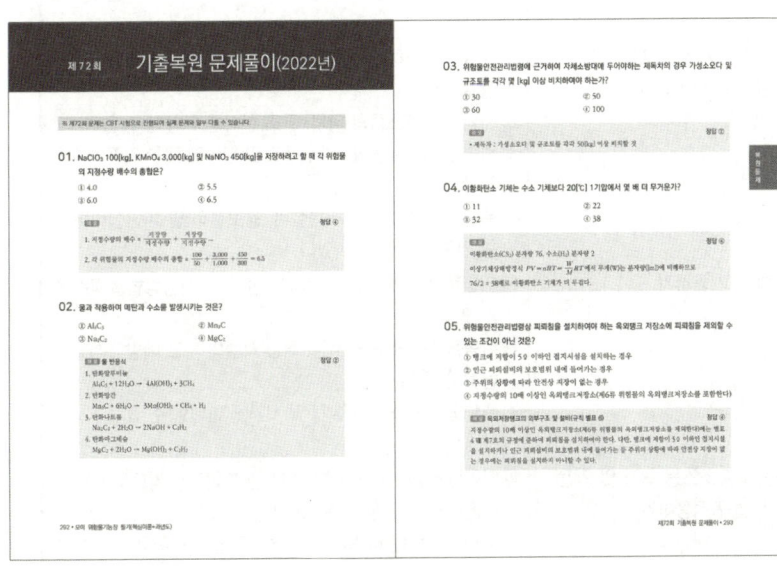

기출문제

과년도 기출문제 12개년(2011-2022년)를 수록하여 최신 출제경향을 파악할 수 있습니다.

출제기준(실기)

직무 분야	화학	중직무분야	위험물	자격 종목	위험물기능장	적용 기간	2021.1.1.~2024.12.31.

○ 직무내용 : 위험물을 저장·취급·제조하는 제조소 등의 설계·시공 및 현장 위험물안전관리자 등을 지도·감독하며, 각 설비에 대한 점검, 응급조치 등의 위험물 안전관리에 대한 현장관리 등의 총괄 업무를 수행하는 직무이다.

○수행준거 : 1. 위험물 성상에 대한 전문 지식 및 숙련 기능을 가지고 작업을 할 수 있다.
     2. 위험물 화재 등 각종 사고 예방을 위해 안전 조치를 취할 수 있다.
     3. 산업 현장에서 위험물시설 점검 등을 수행할 수 있다.
     4. 위험물 관련 법규에 대한 전반적 사항을 적용하여 작업을 수행할 수 있다.
     5. 위험물 운송·운반에 대한 전문 지식 및 숙련 기능을 가지고 작업을 수행할 수 있다.
     6. 위험물 관련한 소속 기능 인력의 지도 및 감독, 현장 훈련을 수행할 수 있다.
     7. 위험물 업무 관련하여 경영자와 기능 인력을 유기적으로 연계시켜주는 작업등 현장 관리 업무를 수행 할 수 있다.

실기검정방법	필답형	시험시간	2시간

실기 과목명	주요항목	세부항목	세세항목
위험물 취급 실무	1. 위험물 성상	1. 유별 위험물의 특성을 파악하고 취급하기	1. 제1류 위험물 특성을 파악하고 취급할 수 있다. 2. 제2류 위험물 특성을 파악하고 취급할 수 있다. 3. 제3류 위험물 특성을 파악하고 취급할 수 있다. 4. 제4류 위험물 특성을 파악하고 취급할 수 있다. 5. 제5류 위험물 특성을 파악하고 취급할 수 있다. 6. 제6류 위험물 특성을 파악하고 취급할 수 있다.
		2. 화재와 소화이론 파악하기	1. 위험물의 인화, 발화, 연소 범위, 및 폭발 등의 특성을 파악할 수 있다. 2. 화재의 종류와 소화이론에 관한 사항을 파악할 수 있다. 3. 일반화학에 관한 사항을 파악할 수 있다.
	2. 위험물 소화 및 화재, 폭발 예방	1. 위험물의 소화 및 화재, 폭발 예방하기	1. 적응소화제 및 소화 설비를 파악하여 적용할 수 있다. 2. 화재예방법 및 경보설비 사용법을 이해하여 적용할 수 있다. 3. 폭발방지 및 안전장치를 이해하여 적용할 수 있다. 4. 위험물 제조소등의 소방시설 설치, 점검 및 사용을 할 수 있다.
	3. 시설 및 저장·취급	1. 위험물의 시설 및 저장·취급에 대한 사항 파악하기	1. 유별을 달리하는 위험물 재해발생 방지와 적재방법을 설명할 수 있다. 2. 위험물 제조소등의 위치, 구조 설비를 파악할 수 있다. 3. 위험물 제조소등의 위치, 구조 및 설비에 대한 기준을 파악할 수 있다. 4. 위험물 제조소등의 소화설비, 경보설비 및 피난설비에 대한 기준을 파악할 수 있다.
		2. 설계 및 시공하기	1. 위험물 제조소등의 소방시설 설치 및 사용방법을 파악할 수 있다. 2. 위험물 제조소등의 저장, 취급 시설의 사고 예방대책을 수립할 수 있다. 3. 위험물 제조소등의 설계 및 시공을 이해할 수 있다.
	4. 관련법규 적용	1. 위험물 제조소등 허가 및 안전관리 법규 적용하기	1. 위험물제조소등과 관련된 안전관리 법규를 검토하여 허가, 완공절차 및 안전 기준을 파악할 수 있다. 2. 위험물 안전관리 법규의 벌칙규정을 파악하고 준수할 수 있다.

		2. 위험물 제조소등 관리	1. 예방규정작성에 대해 파악할 수 있다. 2. 위험물시설 일반점검표 작성에 대해 파악할 수 있다.
5. 위험물 운송·운반시설 기준 파악		1. 운송·운반 기준 파악하기	1. 운송 기준을 검토하여 운송 시 준수 사항을 확인할 수 있다. 2. 운반 기준을 검토하여 적합한 운반용기를 선정할 수 있다. 3. 운반 기준을 확인하여 적합한 적재방법을 선정할 수 있다. 4. 운반 기준을 조사하여 적합한 운반방법을 선정할 수 있다.
		2. 운송시설의 위치·구조·설비 기준 파악하기	1. 이동탱크저장소의 위치 기준을 검토하여 위험물을 안전하게 관리할 수 있다. 2. 이동탱크저장소의 구조 기준을 검토하여 위험물을 안전하게 운송할 수 있다. 3. 이동탱크저장소의 설비 기준을 검토하여 위험물을 안전하게 운송할 수 있다. 4. 이동탱크저장소의 특례 기준을 검토하여 위험물을 안전하게 운송할 수 있다.
		3. 운반시설 파악하기	1. 위험물 운반시설(차량 등)의 종류를 분류하여 안전하게 운반을 할 수 있다. 2. 위험물 운반시설(차량 등)의 구조를 검토하여 안전하게 운반할 수 있다.
6. 위험물 운송·운반 관리		1. 운송·운반 안전 조치하기	1. 입·출하 차량 동선, 주정차, 통제 관련 규정을 파악하고 적용하여 운송·운반 안전조치를 취할 수 있다. 2. 입·출하 작업 사전에 수행해야 할 안전조치 사항을 파악하고 적용하여 운송·운반 안전조치를 취할 수 있다. 3. 입·출하 작업 중 수행해야 할 안전조치 사항을 파악하고 적용하여 운송·운반 안전조치를 취할 수 있다. 4. 사전 비상대응 매뉴얼을 파악하여 운송·운반 안전조치를 취할 수 있다.

차 례

기본이론

PART 01 일반화학

CHAPTER 01 화학의 기초 …………………… 12
CHAPTER 02 기체 법칙 …………………… 19
CHAPTER 03 용액 …………………………… 25
CHAPTER 04 당량 …………………………… 31
CHAPTER 05 밀도와 비중 ………………… 32

PART 02 위험물 취급실무

CHAPTER 01 위험물 성상 ………………… 36
CHAPTER 02 위험물 화재 예방 …………… 55
CHAPTER 03 관련법규 적용 ……………… 101
CHAPTER 04 위험물 운송·운반시설 기준 파악 113
CHAPTER 05 일반점검표 ………………… 125

과년도 문제풀이

제72회 과년도 문제풀이(2022년)…160
제71회 과년도 문제풀이(2022년)…180
제70회 과년도 문제풀이(2021년)…200
제69회 과년도 문제풀이(2021년)…218
제68회 과년도 문제풀이(2020년)…245
제67회 과년도 문제풀이(2020년)…267
제66회 과년도 문제풀이(2019년)…286
제65회 과년도 문제풀이(2019년)…325
제64회 과년도 문제풀이(2018년)…353
제63회 과년도 문제풀이(2018년)…383
제62회 과년도 문제풀이(2017년)…400
제61회 과년도 문제풀이(2017년)…418
제60회 과년도 문제풀이(2016년)…441
제59회 과년도 문제풀이(2016년)…457
제58회 과년도 문제풀이(2015년)…473
제57회 과년도 문제풀이(2015년)…488
제56회 과년도 문제풀이(2014년)…501
제55회 과년도 문제풀이(2014년)…519

제54회 과년도 문제풀이(2013년)…531

제53회 과년도 문제풀이(2013년)…548

제52회 과년도 문제풀이(2012년)…562

제51회 과년도 문제풀이(2012년)…578

제50회 과년도 문제풀이(2011년)…592

제49회 과년도 문제풀이(2011년)…610

모아 위험물기능장 실기(기본이론+과년도)

Master Craftsman Hazardous material

1

기본이론

모아 위험물기능장 실기(기본이론+과년도)

CHAPTER 01 화학의 기초
CHAPTER 02 기체 법칙
CHAPTER 03 용액
CHAPTER 04 당량
CHAPTER 05 밀도와 비중

PART 01

일반화학

CHAPTER 01 화학의 기초

1. 필수 화학식

1) 화학식 쓰기

과염소산칼륨		과산화칼륨	
염소산나트륨		과산화나트륨	
질산칼륨		질산암모늄	
과망간산칼륨		중크롬산암모늄	
삼황화린		오황화린	
트리에틸알루미늄		탄화망간	
탄화알루미늄		디에틸에테르	
이황화탄소		벤젠	
톨루엔		크실렌	
아닐린		니트로벤젠	
클로로벤젠		아세톤	
아세트알데히드		스티렌	
의산		초산	
의산메틸		초산에틸	
에틸렌글리콜		글리세린	
아크릴로니트릴		아세토니트릴	
아세틸퍼옥사이드		벤조일퍼옥사이드	
니트로셀룰로오스		질산메틸	
니트로글리콜		니트로글리세린	
트리니트로톨루엔		트리니트로페놀	
파라디니트로소벤젠		아세틸렌	
디니트로벤젠		디니트로톨루엔	

※ 화학식 쓰기 정답

과염소산칼륨	$KClO_4$	과산화칼륨	K_2O_2
염소산나트륨	$NaClO_3$	과산화나트륨	Na_2O_2
질산칼륨	KNO_3	질산암모늄	NH_4NO_3
과망간산칼륨	$KMnO_4$	중크롬산암모늄	$(NH_4)_2Cr_2O_7$
삼황화린	P_4S_3	오황화린	P_2S_5
트리에틸알루미늄	$(C_2H_5)_3Al$	탄화망간	Mn_3C
탄화알루미늄	Al_4C_3	디에틸에테르	$C_2H_5OC_2H_5$
이황화탄소	CS_2	벤젠	C_6H_6
톨루엔	$C_6H_5CH_3$	크실렌	$C_6H_4(CH_3)_2$
아닐린	$C_6H_5NH_2$	니트로벤젠	$C_6H_5NO_2$
클로로벤젠	C_6H_5Cl	아세톤	CH_3COCH_3
아세트알데히드	CH_3CHO	스티렌	$C_6H_5CH=CH_2$
의산	$HCOOH$	초산	CH_3COOH
의산메틸	$HCOOCH_3$	초산에틸	$CH_3COOC_2H_5$
에틸렌글리콜	$C_2H_4(OH)_2$	글리세린	$C_3H_5(OH)_3$
아크릴로니트릴	$CH_2=CHCN$	아세토니트릴	CH_3CN
아세틸퍼옥사이드	$(CH_3CO)_2O_2$	벤조일퍼옥사이드	$(C_6H_5CO)_2O_2$
니트로셀룰로오스	$C_{24}H_{29}O_9(ONO_2)_{11}$	질산메틸	CH_3ONO_2
니트로글리콜	$C_2H_4(ONO_2)_2$	니트로글리세린	$C_3H_5(ONO_2)_3$
트리니트로톨루엔	$C_6H_2CH_3(NO_2)_3$	트리니트로페놀	$C_6H_2OH(NO_2)_3$
파라디니트로소벤젠	$C_6H_4(NO)_2$	아세틸렌	C_2H_2
디니트로벤젠	$C_6H_4(NO_2)_2$	디니트로톨루엔	$C_6H_3CH_3(NO_2)_2$

2) 시험에 자주 나오는 분자량

구분	화학식	분자량	구분	화학식	분자량
과산화나트륨	Na_2O_2	78	트리에틸알루미늄	$(C_2H_5)_3Al$	114
질산칼륨	KNO_3	101	질산은	$AgNO_3$	170
과산화칼륨	K_2O_2	110	과망간산칼륨	$KMnO_4$	158
과염소산칼륨	$KClO_4$	138.5	염소산칼륨	$KClO_3$	122.5
디에틸에테르	$C_2H_5OC_2H_5$	74	아크릴로니트릴	$CH_2=CHCN$	53
아세토니트릴	CH_3CN	41	니트로글리세린	$C_3H_5(ONO_2)_3$	227

2. 파라핀계 탄화수소

1) 화합물 속에 탄소 개수에 해당하는 접두어(국제명)

C_1	C_2	C_3	C_4	C_5	C_6	C_7	C_8	C_9	C_{10}
메타	에타	프로타	뷰타	펜타	헥타	헵타	옥타	노나	데카
-	-	-	2개	3개	5개	9개	18개	35개	75개

탄소 수가 많아질수록 구조 이성질체 수가 많아진다.
탄소 수가 많아질수록 녹는점과 끓는점이 높아진다.

2) 알케인의 구조 이성질체

  (1) 탄소 수가 4개 이상인 알케인은 분자식은 같지만 구조식이 달라서 성질이 서로 다른 구조 이성질체를 가짐. 탄소 수가 많을수록 구조 이성질체의 수가 많아짐
  (2) 노말 : 기본구조
      아이소 : 하나의 곁가지
      네오 : 2개의 곁가지

3) 부탄 이성질체

	노말-뷰테인(n-뷰테인)	아이소뷰테인(iso-뷰테인)
화합물	C-C-C-C	C | C-C-C
끓는점(℃)	-0.5	-11.7

4) 펜탄 이성질체

화합물	노말-펜테인(n-펜테인)	아이소펜테인(iso-펜테인)	네오펜테인(neo-펜테인)
	C–C–C–C–C	C–C–C–C ㅣ C	C ㅣ C–C–C ㅣ C
끓는점(℃)	36	27.9	9.5

5) 화합물 속에 탄소 개수에 해당하는 류별 품명

C_1	C_2	C_3	C_4	C_5
니트로메탄 (CH_3NO_2)	니트로에탄 ($C_2H_5NO_2$)	니트로프로판 ($C_3H_7NO_2$)	클로로부탄 C_4H_9Cl	노르말펜탄 이소펜탄
니트로화합물	니트로화합물	4-2(비)	4-1(비)	특수인화물

C_6	C_7	C_8	C_9	C_{10}
노르말헥산 시클로헥산 시클로펜탄	노르말헵탄 시클로헵탄	노르말옥탄	시클로옥탄 노르말노난	노르말데칸
4-1(비)	4-1(비)	4-1(비)	4-2(비)	4-2(비)

예제

[1] 다음 위험물의 화학식/구조식/류별 품명을 쓰시오.

위험물	화학식	류별	품명	구조식
n-Hexane				
n-헵탄				
벤즈알데히드				
n-펜탄				
시클로헥산				
시클로헵탄				
시클로펜탄				

정답

위험물	화학식	류별	품명	구조식
n-Hexane	C_6H_{14}	제4류	제1석유류	C-C-C-C-C-C
n-헵탄	C_7H_{16}	제4류	제1석유류	C-C-C-C-C-C-C
벤즈알데히드	C_6H_5CHO	제4류	제2석유류	(벤젠고리에 CHO 결합)
n-펜탄	C_5H_{12}	제4류	특수인화물	C-C-C-C-C
시클로헥산	C_6H_{12}	제4류	제1석유류	(육각형 고리)
시클로헵탄	C_7H_{14}	제4류	제1석유류	(칠각형 고리)
시클로펜탄	C_5H_{10}	제4류	제1석유류	(오각형 고리)

3. 화학식

분자식, 실험식, 시성식, 구조식, 이온식 등이 있다.

예제

[1] 어떤 화합물이 질량을 분석한 결과 나트륨 58.97[%], 산소 41.03[%]이었다. 이 화합물의 실험식과 분자식을 구하시오. (단, 이 화합물의 분자량은 78[g/mol]이다)

정답

1. 실험식 : 몰 = 질량/분자량이므로 몰비를 구한다.
   $Na : O = \dfrac{58.97}{23} : \dfrac{41.03}{16} = 1 : 1 = NaO$

2. 화합물의 분자량으로 몰을 구한다.
   분자식 $NaO \times n = 78$ ∴ $n = 2$몰

3. 분자식은 실험식에 몰을 곱한다.
   $NaO \times 2$몰   ∴ Na_2O_2

[2] 다음 빈칸에 알맞은 물질명, 시성식, 품명을 쓰시오.

명칭	시성식	품명
(㉠)	C_2H_5OH	(㉡)
에틸렌글리콜	(㉢)	제3석유류 수용성
(㉣)	$C_3H_5(OH)_3$	(㉤)

정답

㉠ 에틸알코올, ㉡ 알코올류, ㉢ $C_2H_4(OH)_2$, ㉣ 글리세린, ㉤ 제3석유류 수용성

[3] 디에틸에테르에 대하여 빈칸을 채우시오.

정답

구조식	시성식	실험식	증기비중
$\begin{array}{c}\text{H H} \quad \text{H H} \\ \text{H-C-C-O-C-C-H} \\ \text{H H} \quad \text{H H}\end{array}$	$C_2H_5OC_2H_5$	$C_4H_{10}O$	74/29 = 2.55

예제

[4] 다음 물질의 시성식을 쓰시오.

휘발성 무색투명한 액체로서 분자량이 41이고, 비점이 82[℃], 인화점이 20[℃], 지정수량이 400[ℓ]이다.	특유의 냄새가 나는 무색의 액체로서 분자량이 53이고 비점이 77[℃], 인화점이 −5[℃], 지정수량이 200[ℓ]이다. (제1석유류로서 분자량 53, 비중 0.8 아크릴계 합성수지인 물질)
㉮	㉯

정답

㉮ CH_3CN, 아세토니트릴, ㉯ $CH_2 = CHCN$, 아크릴로니트릴

[5] 다음 물질의 구조식을 쓰시오.

정답

과산화벤조일	아세틸퍼옥사이드	과산화메틸에틸케톤

○ 과산화메틸에틸케톤, 메틸에틸케톤 퍼옥사이드($C_8H_{18}O_6$)
  1) 메틸에틸케톤(MEK)과 과산화수소(H_2O_2)가 반응하여 생성되는 과산화물의 일반적인 명칭
  2) 화학식 : $C_8H_{18}O_6$
  3) 시성식 : $C_2H_5C(OOH)(CH_3)OOC(OOH)(CH_3)C_2H_5$

4. 화학반응식

예제

[1] 과망간산칼륨과 염산과의 반응식을 쓰시오.

정답

$4KMnO_4 + 16HCl \rightarrow 2KCl + 2MnCl_2 + 8H_2O + 5Cl_2 \uparrow$

[2] 과망간산칼륨과 묽은황산과의 반응식을 쓰시오.

정답

$2KMnO_4 + 6H_2SO_4 \rightarrow 2K_2SO_4 + 4MnSO_4 + 6H_2O + 5O_2 \uparrow$

CHAPTER 02 기체 법칙

1. 보일샤를의 법칙

> 1) 보일의 법칙 : 일정한 온도와 몰수에서 부피는 압력에 반비례 ($V \propto \dfrac{1}{P}$)
>
> 2) 샤를의 법칙 : 일정한 압력과 몰수에서 절대온도와 부피는 비례 ($V \propto T$)

예 제

[1] 뚜껑이 개방된 용기에 1기압 10℃의 공기가 있다. 이것을 400℃로 가열할 때 처음 공기량의 몇 배가 용기 밖으로 나오는가?

정답 보일샤를의 법칙

1) 1기압 10℃의 공기 부피 $\dfrac{22.4L}{273} = \dfrac{V_2}{283}$ ∴ $V_2 = 23.22L$

2) 1기압 400℃의 공기 부피 $\dfrac{23.22L}{283} = \dfrac{V_2}{(273+400)}$ ∴ $V_2' = 55.22L$

3) 부피의 증가 $\dfrac{V_2'}{V_2} = \dfrac{55.22}{23.22} = 2.373$배

4) 용기 밖으로 나오는 공기량은 전체 증가된 공기 부피 – 처음공기 부피이므로 2.373 – 1 = 1.373배이다.

[2] 1[atm], 20[℃]에서 나트륨을 물과 반응시키면 발생된 기체의 부피를 측정한 결과 10[ℓ]이다. 동일한 질량의 칼륨을 2[atm], 100[℃]에서 물과 반응시키면 몇[ℓ]의 기체가 발생하는지 계산하시오.

정답

1. 나트륨 질량 구하기

   1) 나트륨 물 반응식 Na + H₂O → NaOH + 1/2H₂

   2) 1 [atm], 0 [℃]일 때 처음 부피를 보일샤를 법칙에 의해 구하면

   $\dfrac{V_1}{273} = \dfrac{10L}{(273+20)}$ ∴ $V_1 = 9.32L$

   3) 반응식을 통해 Na 질량을 비례식으로 구하면 23g : 11.2L = Xg : 9.32L   ∴ X = 19.14g

2. 동일한 질량의 칼륨을 2[atm], 100[℃]일 때 기체의 부피 구하기

  1) 칼륨 물 반응식 K + H₂O → KOH + 1/2H₂

  2) 반응식을 통해 K 19.14g일 때 기체의 질량을 비례식으로 구하면
     39g : 1g = 19.14g : Xg ∴ X = 0.49g

  3) 이상기체상태방정식에 의해 2[atm], 100[℃]일 때 기체의 부피를 구하면
$$V = \frac{WRT}{PM} = \frac{0.49g \times 0.08205(l.atm/mol.k) \times (273+100)K}{2atm \times 2g} = 3.75L$$

2. 이상기체상태방정식

(1) 아보가드로법칙 : 일정한 온도와 압력에서 몰수와 부피는 비례($V \propto n$)

(2) 이상기체상태방정식 : $PV = nRT = \frac{W}{M}RT$

($R = \frac{PV}{nT} = \frac{1\,atm \times 22.4\,L}{1\,mol \times 273\,K} = 0.082\,[atm \cdot L/mol \cdot K]$)

예제

[1] 보호액 속에 나트륨 46g을 저장하다 수분이 유입되어 가스가 발생되었다. 용기의 용적은 2L일 때, 이 기체의 온도가 30℃이었다. 압력은 몇 atm인가? (단, R : 0.082 [L-atm / mol-K])

정답

1. 나트륨과 물과의 반응 : 2Na + 2H₂O → 2NaOH + H₂

   46g의 나트륨이 반응하여 수소 2g이 생성됨

2. 이상기체상태방정식에 의해 압력을 구하면
$$PV = \frac{W}{M}RT \text{에서 } P = \frac{WRT}{VM} = \frac{2g \times 0.082(l.atm/mol.k) \times 303K}{2L \times 2g} = 12.42\,atm$$

[2] 1기압 35℃에서 1000m³의 부피를 갖는 공기에 이산화탄소를 투입하여 산소를 15vol%로 하려면 소요되는 이산화탄소의 양은 몇 kg인지 구하시오. (단, 처음 공기 중 산소의 농도는 21vol%이고, 압력과 온도는 변하지 않는다)

정답

1. CO_2 약제량 공식

  1) CO_2 체적 = $\frac{21 - O_2}{O_2} \times V$ (방호구역 체적)[m³]

  2) CO_2 농도 = $\frac{21 - O_2}{21} \times 100[\%]$

2. CO_2 약제량 계산

1) CO_2 체적 = $\dfrac{21-15}{15} \times 1000 = 400 m^3$

2) 이상기체상태방정식에 의해 압력을 구하면

$$W = \frac{PVM}{RT} = \frac{1atm \times 400m^3 \times 44}{0.082(m^3.atm/mol.k) \times (273+35)K} = 696.86 kg$$

[3] 152[kPa], 100[℃] 아세톤의 증기 밀도는?

정답

증기밀도를 이상기체상태방정식에 의해 구하면

$$PV = \frac{WRT}{M} \text{에서 } \frac{W}{V} = \frac{PM}{RT} \text{ 이므로 밀도} \rho = \frac{(1atm \times \frac{152}{101.325}) \times 58}{0.08205 \times (273+100)} = 2.84 g/\ell$$

[4] 제1류 위험물인 염소산칼륨($KClO_3$)의 완전분해되었을 때의 반응식을 쓰고, 10kg의 염소산칼륨이 완전분해되었을 때 생성되는 산소의 양(m^3)을 계산하시오. (단, 분해될 때의 압력은 760mmHg, 온도는 400℃이다)

정답

1. 염소산칼륨 완전분해 반응식 $KClO_3 \rightarrow KCl + \dfrac{3}{2} O_2$

2. 10kg의 염소산칼륨 완전분해시 생성되는 산소의 양은
   122.5kg : 48kg = 10kg : Xkg   ∴ X = 3.92kg

3. 이상기체상태방정식에 의해 산소의 부피(m^3)를 계산하면

$$V = \frac{WRT}{PM} \text{ 이므로 } V = \frac{3.92 \times 0.08205 \times 673}{1 \times 32} = 6.76 m^3$$

3. 돌턴의 분압법칙

> 혼합기체의 전압은 각 성분의 분압의 합과 같다.
> 화학평형 : 반응물과 생성물이 균형을 이루어 변화가 일어나지 않는 상태

예 제

[1] 1[mol] 염화수소와 0.5[mol] 산소의 혼합물에 촉매를 넣고 400[℃]에서 평형에 도달시킬 때 0.39[mol]의 염소를 생성하였다. 이 반응이 다음의 화학반응식을 통해 진행된다고 할 때, 평형상태에서의 전체 몰수의 합을 구하고 전압이 1[atm]일 때 성분 4가지의 분압을 구하시오.

정답

1) 화학반응식을 통한 반응 전. 후 몰수를 구한다.

   $4HCl + O_2 \rightarrow 2Cl_2 + 2H_2O$

   ① 반응에 참여한 HCl의 몰수   4몰 : X몰 = 2몰 : 0.39몰   ∴ X=0.78몰
   ② 반응에 참여한 O_2의 몰수   1몰 : X몰 = 2몰 : 0.39몰   ∴ X=0.195몰

화학반응식	4HCl	O_2	$2Cl_2$	$2H_2O$
반응전 몰수	1몰	0.5몰		
반응에 참여한 몰수	0.78몰	0.195몰	0.39몰	0.39몰
남는 몰수	0.22몰	0.305몰		

2) 전체몰수를 구한다.

   0.22몰 + 0.305몰 + 0.39몰 + 0.39몰 = 1.305몰

3) 전압이 1atm일 때 각 성분의 분압(부분압력)을 구한다.

   ① HCl : $\frac{0.22}{1.305} \times 1atm = 0.17atm$

   ② O_2 : $\frac{0.305}{1.305} \times 1atm = 0.23atm$

   ③ Cl_2 : $\frac{0.39}{1.305} \times 1atm = 0.30atm$

   ④ H_2O : $\frac{0.39}{1.305} \times 1atm = 0.30atm$

4. 화학 평형

1) 물리적 평형(동적 평형)
2) 화학적 평형 : 정반응 속도 = 역반응 속도로 시간에 따른 농도변화가 없는 반응
   $A + B \leftrightarrows C$ 가역 반응/비가역 반응
3) 평형상수
   ① 화학반응이 특정한 온도에서 평형을 이루었을 때, 반응물과 생성물의 농도 관계를 나타내는 것
   ② 식 : $K_P = \dfrac{\text{생성물 농도 곱}}{\text{반응물 농도 곱}}$
   ③ K값이 크면 정반응이 잘 일어나고 K값이 작으면 역반응이 잘 일어난다.

$K_P < Q$	반응물 농도 < 생성물 농도	역반응
$K_P > Q$	반응물 농도 > 생성물 농도	정반응
$K_P = Q$	반응물 농도 = 생성물 농도	평형

   K_P : 평형상수
   Q : 반응지수

예제

[1] CH_3COOH와 C_2H_5OH 각 1[mol]이 반응하여 $CH_3COOC_2H_5$ 1/3[mol]이 발생하고 화학평형이 되었다. 반응식과 평형상수를 구하시오.

정답

1) 화학반응식을 통한 반응 전·후 몰수를 구한다.
   $C_2H_5OH + CH_3COOH \rightarrow CH_3COOC_2H_5 + H_2O$

화학반응식	C_2H_5OH	CH_3COOH	$CH_3COOC_2H_5$	H_2O
반응전 몰수	1몰	1몰	–	–
반응에 참여한 몰수	1/3몰	1/3몰	1/3몰	1/3몰
남는 몰수	2/3몰	2/3몰	–	–

2) 평형상수를 구한다.

   $K_P = \dfrac{\text{생성물 농도 곱}}{\text{반응물 농도 곱}} = \dfrac{\dfrac{1}{3} \times \dfrac{1}{3}}{\dfrac{2}{3} \times \dfrac{2}{3}} = 0.25$

5. 이론공기량

(1) 연료를 완전연소시키는 데 필요한 이론상으로 필요한 최소한의 공기량
(2) 공기량(0도 1기압일 때, 공기의 밀도)
공기 1몰의 분자량 : 28 × 0.78 + 32 × 0.21 + 40 × 0.01 = 28.96g/mol
공기 1몰은 0도 1기압일 때 22.4리터(아보가드로의 법칙)이므로 1리터당 공기의 질량 : 28.96g / 22.4L = 1.29g/L

예제

[1] 1기압 25[℃]에서 에틸알코올 200[g]이 완전 연소하기 위해 필요한 이론 공기량[ℓ]을 구하시오.

정답

1) 에틸알코올 완전연소 반응식 $C_2H_5OH + 3O_2 \rightarrow 2CO_2 + 3H_2O$
2) 에틸알코올 200[g]이 완전연소하기 위한 이론산소량은 46g : 96g = 200g : Xg ∴ X=417.39g
3) 이론산소량 $V = \dfrac{WRT}{PM}$ 이므로 $V = \dfrac{417.39 \times 0.08205 \times 298}{1 \times 32} = 318.92L$
4) 이론공기량 = 318.92/0.21 = 1,518.67L

[2] 아세틸렌 1몰이 완전연소하는데 필요한 이론공기량(몰)은?

정답

1) 아세틸렌의 완전연소 반응식 $C_2H_2 + \dfrac{5}{2}O_2 \rightarrow 2CO_2 + H_2O$
2) 1몰의 아세틸렌이 완전연소하는데 2.5몰/0.21 = 11.9몰의 공기가 필요하다.

CHAPTER 03 용액

1. 용해도

일정한 온도에서 용매 100g에 최대로 녹을 수 있는 용질의 g수

$$용해도 = \frac{용질의\,g수}{(용매의\,g수)} \times 100$$

예 제

[1] 25[℃]에서 포화 용액 80[g] 속에 25[g]이 녹아 있다. 용해도를 구하시오.

정답

1) 용매의 g수 = 80g − 25g = 55g

2) 용질의 g수 = 25g

3) 용해도 = $\dfrac{25g}{55g} \times 100 = 45.45$

[2] 10[℃]에서 $KNO_3 \cdot 10H_2O$ 12.6[g]을 포화시킬 때 물이 20[g] 필요하다면 이 온도에서 KNO_3의 용해도는?

정답

1) KNO_3의 분자량 : 101

2) $KNO_3 \cdot 10H_2O$의 분자량 : 281

3) $KNO_3 \cdot 10H_2O$의 KNO_3의 양 $= \dfrac{101}{281} \times 12.6[g] = 4.53[g]$

4) $KNO_3 \cdot 10H_2O$의 $10H_2O$의 양 $= \dfrac{180}{281} \times 12.6[g] = 8.07[g]$

5) 전체용매(물)의 양 $= 20[g] + 8.07[g] = 28.07[g]$

6) 용해도 $= \dfrac{용질의\,[g]\,수}{용매의\,[g]\,수} = \dfrac{4.53}{28.07} \times 100 = 16.14$

2. 용액의 농도

1) %농도 = $\dfrac{\text{용질의 질량}(g)}{\text{용액의 질량}(g)} \times 100(g)$

용매	용질	용액	%농도
100g	20g	120g	16.67%

2) 몰농도(M) : 용액 1ℓ 속에 녹아 있는 용질의 몰수

$\text{몰농도}(M) = \dfrac{\text{용질의 몰수}(mole)}{\text{용액의 부피}(L)}$

용매	용질	용액	몰농도
-	1몰	1L	1[M]
-	3몰	2L	3/2[M]

3) 몰랄농도(m) : 용매 1,000g 속에 녹아 있는 용질의 몰수

$\text{몰랄농도}(m) = \dfrac{\text{용질의 몰수}}{\text{용매의 질량}(kg)}$

용매	용질	용액	몰랄농도
1kg	1몰	-	1[m]
3kg	4몰	-	4/3[m]

4) 노르말농도(N) : 용액 1ℓ 속에 녹아 있는 용질의 그램(g) 당량수

$\text{노르말농도}(n) = \dfrac{\text{용질의 당량수}}{\text{용액의 부피}(L)}$

5) 농도환산

%농도 → 몰농도[M]=10ds/분자량(d : 비중, s : %농도)

%농도 → 노르말농도[N]=10ds/당량(d : 비중, s : %농도)

예 제

[1] 비중이 1.84이고 무게농도가 96wt%인 진한 황산의 노르말 농도는?

정답

%농도 → 노르말농도 변환

[N]=10ds / 당량 (d :비중, s :%농도)

진한 황산(H_2SO_4)의 노르말농도[N] = $\dfrac{10 \times 96 \times 1.84}{98/2} = 36.0[N]$

[2] 10wt%의 H_2SO_4 수용액으로 1M 용액 200mL를 만들려고 할 때 가장 적합한 방법은?

정답

1) 몰농도(M) : 용액 1ℓ 속에 녹아 있는 용질의 몰수, 온도에 따라 부피가 변함

몰농도(M) = $\dfrac{용질의\ 몰수(mole)}{용액의\ 부피(L)}$

	용매	용질	용액	몰농도
	-	1몰	1L	1[M]
	-	3몰	2L	3/2[M]

2) 황산 1몰 용액 농도 = $\dfrac{98g}{1000mL}$ 이므로

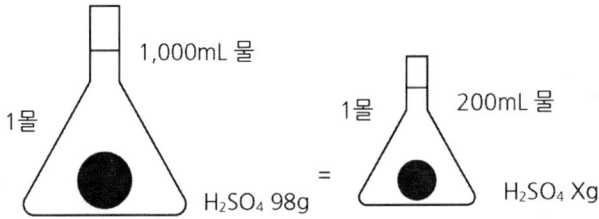

비례식으로 1000mL : 98g = 200mL : Xg ∴ X=19.6g

3) 황산수용액 10wt%이므로 황산수용액은 Xg×10%=19.6g ∴ X=196g
4) 즉, 황산수용액 196g에 물을 가하여 200mL로 눈금을 맞춘다.

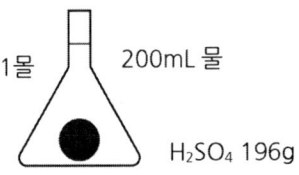

[3] 45[%] 황산구리용액 100[g]에 물 100[g]을 희석시키면 몇 [%]의 농도가 되는지 계산하시오.

정답

%농도 = $\dfrac{용질의\ 질량(g)}{용액의\ 질량(g)} \times 100(g) = \dfrac{45}{100+100} \times 100 = 22.5\%$

[4] 79[%]인 에틸알코올 200[mL]에 물 150[mL]를 혼합한 것은 위험물에 해당하는지를 서술하시오. (단, 에틸알코올의 비중은 0.79이다)

정답

1. 200mL 수용액의 중량
   1) 에틸알코올 200mL × 0.79 × 0.79g/mL = 124.82g
   2) 물 200mL × 0.21 × 1g/mL = 42g

2. 150mL의 물 중량 150mL × 1g/mL = 150g

3. %농도 = $\dfrac{용질의\ 질량(g)}{용액의\ 질량(g)} \times 100(g) = \dfrac{124.82(g)}{124.82 + 192(g)} \times 100(g) = 39.4\%$3

4. 39.4%로 위험물에 해당하지 않는다.(알코올류의 1분자를 구성하는 탄소원자의 수가 1개 내지 3개의 포화1가 알코올의 함유량이 60중량퍼센트 미만인 수용액은 제외한다)

[5] 80[wt%] 과산화수소 수용액 300[kg]을 보관하고 있는 탱크에 화재가 일어났을 때 다량의 물에 의하여 희석소화를 시키고자 한다. 과산화수소의 최종 희석 농도를 3[wt%] 이하로 하기로 하고 실제 소화수의 양은 이론양의 1.5배를 준비하기 위해서 저장하여야 하는 소화수의 양을 구하시오.

정답

1) 용질(H_2O_2)의 g수 : 300kg × 0.8 = 240kg
2) 용액의 g수 : 300kg + 물
3) 농도=(용질/용액)×100

   $3\ [wt\%] = \dfrac{240[kg]}{300 + 물[kg]} \times 100$ ∴ 물 $= 7,700 kg$

4) 실제 소화수의 양 = 7,700[kg] × 1.5 = 11,550[kg]

3. 몰분율

$$몰분율 = \frac{특정성분의 몰수}{용액의 각 성분의 몰수 합계}$$

예제

질산 31.5[g]을 물에 녹여 360[g]으로 만들었다. 질산의 몰분율과 몰농도는? (단, 수용액 비중은 1.1이다)

정답

1. 질산의 몰분율

    몰분율 : 어떤 성분의 몰수와 전체 성분의 총 몰수와의 비

    $$몰분율 = \frac{특정성분의 몰수}{용액의 각 성분의 몰수합계}$$

    ① HNO_3의 몰수 = $\frac{31.5g}{(1+14+48)g}$ = 0.5몰

    ② H_2O의 몰수 = $\frac{(360-31.5)g}{18g}$ = 18.25몰

    ③ HNO_3의 몰분율 = $\frac{0.5몰}{0.5몰 + 18.25몰}$ = 0.027

2. 질산의 몰농도

    몰농도(M) : 용액 1ℓ 속에 녹아 있는 용질의 몰수 온도에 따라 부피가 변한다.

    몰농도(M) = $\frac{용질의 몰수(mole)}{용액의 부피(L)}$

용매	용질	용액	몰농도
-	1몰	1L	1[M]
-	3몰	2L	3/2[M]

    ① 질산 수용액 360g을 부피로 환산하면 $360g \times \frac{1mL}{1.1g} = 327.27mL$

    ② 질산 수용액 327.27mL는 0.5몰이므로 용액 1ℓ 속에 녹아 있는 용질의 몰수를 비례식으로 구하면
    327.27mL : 0.5몰 = 1,000mL : X몰   ∴ X=1.53몰

4. 부피증가율

> 1) $V = V_0(1 + \beta \Delta t)$ V 최종부피, V_0 팽창 전 부피
> β 팽창계수, Δt 온도변화량
>
> 2) 부피증가율(%) = $\dfrac{\text{팽창 후 부피} - \text{팽창 전 부피}}{\text{팽창 전 부피}} \times 100$

예제

휘발유의 부피팽창계수 0.00135[℃], 휘발유 50[ℓ]가 5[℃]에서 25[℃]로 상승할 때 부피의 증가율은 몇 [%]인가?

정답

1) $V = 50L(1 + 0.00135/[℃] \times 20℃) = 51.35L$

2) 부피증가율(%) = $\dfrac{51.35L - 50L}{50} \times 100 = 2.7\%$

CHAPTER 04 당량

1. 당량(Equivalent)
화학반응에서 물질의 양적(量的) 관계를 근거로 각 원소 또는 화합물마다 할당된 일정량

2. 당량무게(g당량)
1) 반응단위 1몰을 내놓는 물질의 무게[g]
2) g당량 = 몰질량 / 당량

3. 원소의 당량
1) 산소의 8g과 화합하는 다른 임의의 원소의 질량
2) 원소의 당량 = 원자량/원자가

원소	이온반응식	이온	전하수	몰수(mol)	당량(eq)	몰질량(g)	g당량(g/eq)
H	$H^+ + e^-$	H^+	1	1mol	1eq	1g	1g/eq
O	$O^{2-} + 2e^+$	O^{2-}	2	1mol	2eq	16g	8g/eq

예제

어떤 금속 8[g]이 산소와 결합하여 생성물 산화금속이 11.2[g]이 될 때 이 금속의 당량을 구하시오.

정답

1. 산소 질량 = 11.2g − 8g = 3.2g
2. 금속의 당량을 비례식으로 구하면 8g : 3.2g = Xg : 8g ∴ X = 20g
3. 즉, 어떤 금속의 당량은 20g이다.

CHAPTER 05 밀도와 비중

1. 온도변환

$$℃ = 5/9(℉ - 32)$$

예제

섭씨온도와 화씨온도가 같아지는 온도는 몇 도인가?

정답

-40

2. 밀도/비중량

물의 밀도(단위체적당 질량)	물의 비중량(단위체적당 중량)
$1g/cm^3$	$1gf/cm^3$
$1kg/ℓ$	$1kgf/ℓ$
$1000kg/m^3$	$1000kgf/m^3$

3. 비중

- 고체 및 액체 : 1atm, 4℃의 물과 비교물질 무게와의 비
- 기체 : 0℃, 1atm의 공기와 비교물질 무게와의 비
- 무차원수이다.
- 고체·액체에 대해서는 비중과 밀도는 값이 거의 일치한다.

예제

[1] 알콜 10[g] 물 20[g] 비중 0.94 혼합액의 부피(㎖)는?

정답

31.91[mL]

1) 용액은 10[g] + 20[g] = 30[g]이고, 이 용액의 비중이 0.94[g/cm³]이다.
2) 비중 $= 0.94[g/cm^3] = 0.94[g/mL] = 940[g/L]$
   $1[L] = 1,000[cm^3] = 1,000[mL]$
   ∴ 용액의 부피 $= 30[g] \div 0.94[g/mL] = 31.91[mL]$

[2] 비중이 0.8인 메탄올 10[ℓ]가 완전히 연소될 때 소요되는 이론산소량[kg]과 표준상태에서 생성되는 이산화탄소의 부피[m³]를 구하시오.

정답

1. 메탄올 완전연소반응식 $2CH_3OH + 3O_2 \rightarrow 2CO_2 + 4H_2O$

2. 메탄올 분자량 = 12 + 3 + 16 + 1 = 32

   비중이 0.8인 메탄올 10L일 때 질량 0.8 = $\frac{Xkg}{10L}$ 이므로 X = 8kg이다.

3. 이론산소량 : 8kg의 메탄올 완전연소 시 이론산소량 비례식으로 나타내면
   64kg : 96kg = 8kg : Xkg ∴ X = 12kg이다.

4. 이산화탄소의 부피
   1) 메탄올 8kg일 때 CO_2질량을 비례식으로 구하면
      64kg : 88kg = 8kg : Xkg ∴ X = 11kg
   2) 표준상태에서 이상기체상태방정식에 의해 부피를 구하면
      $V = \frac{WRT}{PM} = \frac{11kg \times 0.082(l.atm/mol.k) \times 273K}{1atm \times 44g} = 5.596510 \text{m}^3$

모아 위험물기능장 실기(기본이론+과년도)

CHAPTER 01 위험물 성상

CHAPTER 02 위험물 화재 예방

CHAPTER 03 관련법규 적용

CHAPTER 04 위험물 운송・운반시설 기준 파악

CHAPTER 05 일반점검표

PART 02

위험물
취급실무

CHAPTER 01 위험물 성상

1. 위험물 및 지정수량[령 별표1]

유별	성질	위험물 품명	지정수량
제1류	산화성 고체	1. 아염소산염류	50킬로그램
		2. 염소산염류	50킬로그램
		3. 과염소산염류	50킬로그램
		4. 무기과산화물	50킬로그램
		5. 브롬산염류	300킬로그램
		6. 질산염류	300킬로그램
		7. 요오드산염류	300킬로그램
		8. 과망간산염류	1,000킬로그램
		9. 중크롬산염류	1,000킬로그램
		10. 그 밖에 행정안전부령으로 정하는 것 11. 제1호 내지 제10호의1에 해당하는 어느 하나 이상을 함유한 것	50킬로그램, 300킬로그램 또는 1,000킬로그램
제2류	가연성 고체	1. 황화린	100킬로그램
		2. 적린	100킬로그램
		3. 유황	100킬로그램
		4. 철분	500킬로그램
		5. 금속분	500킬로그램
		6. 마그네슘	500킬로그램
		7. 그 밖에 행정안전부령으로 정하는 것 8. 제1호 내지 제7호의 1에 해당하는 어느 하나 이상을 함유한 것	100킬로그램 또는 500킬로그램
		9. 인화성고체	1,000킬로그램
제3류	자연발화성 물질 및 금수성 물질	1. 칼륨	10킬로그램
		2. 나트륨	10킬로그램
		3. 알킬알루미늄	10킬로그램
		4. 알킬리튬	10킬로그램
		5. 황린	20킬로그램
		6. 알칼리금속(칼륨 및 나트륨을 제외한다) 및 알칼리토금속	50킬로그램

류별	성질	품명		지정수량
제3류	자연발화성 물질 및 금수성 물질	7. 유기금속화합물(알킬알루미늄 및 알킬리튬을 제외한다)		50킬로그램
		8. 금속의 수소화물		300킬로그램
		9. 금속의 인화물		300킬로그램
		10. 칼슘 또는 알루미늄의 탄화물		300킬로그램
		11. 그 밖에 행정안전부령으로 정하는 것 12. 제1호 내지 제11호의 1에 해당하는 어느 하나 이상을 함유한 것		10킬로그램, 20킬로그램, 50킬로그램 또는 300킬로그램
제4류	인화성 액체	1. 특수인화물		50리터
		2. 제1석유류	비수용성액체	200리터
			수용성액체	400리터
		3. 알코올류		400리터
		4. 제2석유류	비수용성액체	1,000리터
			수용성액체	2,000리터
		5. 제3석유류	비수용성액체	2,000리터
			수용성액체	4,000리터
		6. 제4석유류		6,000리터
		7. 동식물유류		10,000리터
제5류	자기반응성 물질	1. 유기과산화물		10킬로그램
		2. 질산에스테르류		10킬로그램
		3. 니트로화합물		200킬로그램
		4. 니트로소화합물		200킬로그램
		5. 아조화합물		200킬로그램
		6. 디아조화합물		200킬로그램
		7. 히드라진 유도체		200킬로그램
		8. 히드록실아민		100킬로그램
		9. 히드록실아민염류		100킬로그램
		10. 그 밖에 행정안전부령으로 정하는 것 11. 제1호 내지 제10호의 1에 해당하는 어느 하나 이상을 함유한 것		10킬로그램, 100킬로그램 또는 200킬로그램
제6류	산화성 액체	1. 과염소산		300킬로그램
		2. 과산화수소		300킬로그램
		3. 질산		300킬로그램
		4. 그 밖에 행정안전부령으로 정하는 것		300킬로그램
		5. 제1호 내지 제4호의 1에 해당하는 어느 하나 이상을 함유한 것		300킬로그램

※ 비고

1. "산화성고체"라 함은 고체[액체(1기압 및 섭씨 20도에서 액상인 것 또는 섭씨 20도 초과 섭씨 40도 이하에서 액상인 것을 말한다. 이하 같다)또는 기체(1기압 및 섭씨 20도에서 기상인 것을 말한다)외의 것을 말한다. 이하 같다.]로서 산화력의 잠재적인 위험성 또는 충격에 대한 민감성을 판단하기 위하여 소방청장이 정하여 고시(이하 "고시"라 한다)하는 시험에서 고시로 정하는 성질과 상태를 나타내는 것을 말한다. 이 경우 "액상"이라 함은 수직으로 된 시험관(안지름 30밀리미터, 높이 120밀리미터의 원통형유리관을 말한다)에 시료를 55밀리미터까지 채운 다음 당해 시험관을 수평으로 하였을 때 시료액면의 선단이 30밀리미터를 이동하는데 걸리는 시간이 90초 이내에 있는 것을 말한다.
2. "가연성고체"라 함은 고체로서 화염에 의한 발화의 위험성 또는 인화의 위험성을 판단하기 위하여 고시로 정하는 시험에서 고시로 정하는 성질과 상태를 나타내는 것을 말한다.
3. 유황은 순도가 60중량퍼센트 이상인 것을 말한다. 이 경우 순도측정에 있어서 불순물은 활석 등 불연성물질과 수분에 한한다.
4. "철분"이라 함은 철의 분말로서 53마이크로미터의 표준체를 통과하는 것이 50중량퍼센트 미만인 것은 제외한다.
5. "금속분"이라 함은 알칼리금속·알칼리토류금속·철 및 마그네슘외의 금속의 분말을 말하고, 구리분·니켈분 및 150마이크로미터의 체를 통과하는 것이 50중량퍼센트 미만인 것은 제외한다.
6. 마그네슘 및 제2류 제8호의 물품 중 마그네슘을 함유한 것에 있어서는 다음 각목의 1에 해당하는 것은 제외한다.
    가. 2밀리미터의 체를 통과하지 아니하는 덩어리 상태의 것
    나. 직경 2밀리미터 이상의 막대 모양의 것
7. 황화린·적린·유황 및 철분은 제2호의 규정에 의한 성상이 있는 것으로 본다.
8. "인화성고체"라 함은 고형알코올 그 밖에 1기압에서 인화점이 섭씨 40도 미만인 고체를 말한다.
9. "자연발화성물질 및 금수성물질"이라 함은 고체 또는 액체로서 공기 중에서 발화의 위험성이 있거나 물과 접촉하여 발화하거나 가연성가스를 발생하는 위험성이 있는 것을 말한다.
10. 칼륨·나트륨·알킬알루미늄·알킬리튬 및 황린은 제9호의 규정에 의한 성상이 있는 것으로 본다.
11. "인화성액체"라 함은 액체(제3석유류, 제4석유류 및 동식물유류의 경우 1기압과 섭씨 20도에서 액체인 것만 해당한다)로서 인화의 위험성이 있는 것을 말한다. 다만, 다음 각 목의 어느 하나에 해당하는 것을 법 제20조제1항의 중요기준과 세부기준에 따른 운반용기를 사용하여 운반하거나 저장(진열 및 판매를 포함한다)하는 경우는 제외한다.
    가. 「화장품법」 제2조제1호에 따른 화장품 중 인화성액체를 포함하고 있는 것
    나. 「약사법」 제2조제4호에 따른 의약품 중 인화성액체를 포함하고 있는 것
    다. 「약사법」 제2조제7호에 따른 의약외품(알코올류에 해당하는 것은 제외한다) 중 수용성인 인화성액체를 50부피퍼센트 이하로 포함하고 있는 것
    라. 「의료기기법」에 따른 체외진단용 의료기기 중 인화성액체를 포함하고 있는 것
    마. 「생활화학제품 및 살생물제의 안전관리에 관한 법률」 제3조제4호에 따른 안전확인대상생활화학제품(알코올류에 해당하는 것은 제외한다) 중 수용성인 인화성액체를 50부피퍼센트 이하로 포함하고 있는 것
12. "특수인화물"이라 함은 이황화탄소, 디에틸에테르 그 밖에 1기압에서 발화점이 섭씨 100도 이하인 것 또는 인화점이 섭씨 영하 20도 이하이고 비점이 섭씨 40도 이하인 것을 말한다.
13. "제1석유류"라 함은 아세톤, 휘발유 그 밖에 1기압에서 인화점이 섭씨 21도 미만인 것을 말한다.
14. "알코올류"라 함은 1분자를 구성하는 탄소원자의 수가 1개부터 3개까지인 포화1가 알코올(변성알코올

을 포함한다)을 말한다. 다만, 다음 각목의 1에 해당하는 것은 제외한다.
  가. 1분자를 구성하는 탄소원자의 수가 1개 내지 3개의 포화1가 알코올의 함유량이 60중량퍼센트 미만인 수용액
  나. 가연성액체량이 60중량퍼센트 미만이고 인화점 및 연소점(태그개방식인화점측정기에 의한 연소점을 말한다. 이하 같다)이 에틸알코올 60중량퍼센트 수용액의 인화점 및 연소점을 초과하는 것
15. "제2석유류"라 함은 등유, 경유 그 밖에 1기압에서 인화점이 섭씨 21도 이상 70도 미만인 것을 말한다. 다만, 도료류 그 밖의 물품에 있어서 가연성 액체량이 40중량퍼센트 이하이면서 인화점이 섭씨 40도 이상인 동시에 연소점이 섭씨 60도 이상인 것은 제외한다.
16. "제3석유류"라 함은 중유, 클레오소트유 그 밖에 1기압에서 인화점이 섭씨 70도 이상 섭씨 200도 미만인 것을 말한다. 다만, 도료류 그 밖의 물품은 가연성 액체량이 40중량퍼센트 이하인 것은 제외한다.
17. "제4석유류"라 함은 기어유, 실린더유 그 밖에 1기압에서 인화점이 섭씨 200도 이상 섭씨 250도 미만의 것을 말한다. 다만 도료류 그 밖의 물품은 가연성 액체량이 40중량퍼센트 이하인 것은 제외한다.
18. "동식물유류"라 함은 동물의 지육 등 또는 식물의 종자나 과육으로부터 추출한 것으로서 1기압에서 인화점이 섭씨 250도 미만인 것을 말한다. 다만, 법 제20조제1항의 규정에 의하여 행정안전부령으로 정하는 용기기준과 수납·저장기준에 따라 수납되어 저장·보관되고 용기의 외부에 물품의 통칭명, 수량 및 화기엄금(화기엄금과 동일한 의미를 갖는 표시를 포함한다)의 표시가 있는 경우를 제외한다.
19. "자기반응성물질"이라 함은 고체 또는 액체로서 폭발의 위험성 또는 가열분해의 격렬함을 판단하기 위하여 고시로 정하는 시험에서 고시로 정하는 성질과 상태를 나타내는 것을 말한다.
20. 제5류 제11호의 물품에 있어서는 유기과산화물을 함유하는 것 중에서 불활성고체를 함유하는 것으로서 다음 각목의 1에 해당하는 것은 제외한다.
  가. 과산화벤조일의 함유량이 35.5중량퍼센트 미만인 것으로서 전분가루, 황산칼슘2수화물 또는 인산1수소칼슘2수화물과의 혼합물
  나. 비스(4클로로벤조일)퍼옥사이드의 함유량이 30중량퍼센트 미만인 것으로서 불활성고체와의 혼합물
  다. 과산화지크밀의 함유량이 40중량퍼센트 미만인 것으로서 불활성고체와의 혼합물
  라. 1·4비스(2-터셔리부틸퍼옥시이소프로필)벤젠의 함유량이 40중량퍼센트 미만인 것으로서 불활성고체와의 혼합물
  마. 시크로헥사놀퍼옥사이드의 함유량이 30중량퍼센트 미만인 것으로서 불활성고체와의 혼합물
21. "산화성액체"라 함은 액체로서 산화력의 잠재적인 위험성을 판단하기 위하여 고시로 정하는 시험에서 고시로 정하는 성질과 상태를 나타내는 것을 말한다.
22. 과산화수소는 그 농도가 36중량퍼센트 이상인 것에 한하며, 제21호의 성상이 있는 것으로 본다.
23. 질산은 그 비중이 1.49 이상인 것에 한하며, 제21호의 성상이 있는 것으로 본다.
24. 위 표의 성질란에 규정된 성상을 2가지 이상 포함하는 물품(이하 이 호에서 "복수성상물품"이라 한다)이 속하는 품명은 다음 각목의 1에 의한다.
  가. 복수성상물품이 산화성고체의 성상 및 가연성고체의 성상을 가지는 경우 : 제2류 제8호의 규정에 의한 품명
  나. 복수성상물품이 산화성고체의 성상 및 자기반응성물질의 성상을 가지는 경우 : 제5류 제11호의 규정에 의한 품명
  다. 복수성상물품이 가연성고체의 성상과 자연발화성물질의 성상 및 금수성물질의 성상을 가지는 경우 : 제3류 제12호의 규정에 의한 품명

라. 복수성상물품이 자연발화성물질의 성상, 금수성물질의 성상 및 인화성액체의 성상을 가지는 경우 : 제3류 제12호의 규정에 의한 품명
마. 복수성상물품이 인화성액체의 성상 및 자기반응성물질의 성상을 가지는 경우 : 제5류 제11호의 규정에 의한 품명

2. 주요 화학 구조식

제1류 위험물		
◆ 제1류 위험물 그 밖의 행안부령이 정하는 것		
① 과요오드산염류	KIO_4, $NaIO_4$	
② 과요오드산	HIO_4, 무색 결정성 분말	
③ 크롬, 납, 요오드의 산화물	CrO_3(무수크롬산), PbO_2	
	Pb_3O_4(사산화삼납)	
④ 아질산염류	$NaNO_2$, KNO_2, NH_4NO_2	
⑤ 염소화이소시아눌산	$C_3Cl_3N_3O_3$ (트리클로로이소시아눌산)	
⑥ 퍼옥소이황산염류	$K_2S_2O_8$ (과황산칼륨), $(NH_4)_2S_2O_8$, $Na_2S_2O_8$	
⑦ 퍼옥소붕산염류	$NaBO_3 4H_2O$(과붕산 나트륨)	
⑧ 차아염소산염류	$Ca(OCl)_2$ (차아염소산칼슘)	

제3류 위험물

◆ 제3류 위험물 그 밖의 행안부령이 정하는 것

염소화규소화합물	트리클로로실란	Cl-Si-H (Cl, Cl)
	클로로실란	Si-Cl

제4류 위험물

◆ 벤젠유도체
1) 벤젠의 치환기가 2개일 경우

o-	m-	p-	벤젠
ortho 또는 1,2-	meta 또는 1,3-	para 또는 1,4-	(1,2,3,4,5,6 위치)

2) 벤젠유도체 예

아닐린	페놀	톨루엔
제3석유류	특수가연물	제1석유류
NH_2	OH	CH_3

1,2-디클로로벤젠	1,3-자일렌	3-아미노페놀	3-메틸페놀
제2석유류	제2석유류	비위험물	비위험물

◆ 특수인화물의 종류

① 아세트알데히드	CH_3CHO	
② 이황화탄소	CS_2	$S=C=S$
③ 디에틸에테르	$C_2H_5OC_2H_5$	
④ 산화프로필렌	C_3H_6O, CH_3CHCH_2O	
⑤ 이소프로필아민	$(CH_3)_2CHNH_2$	
⑥ 이소프렌	C_5H_8	$CH_2=C(CH_3)-CH=CH_2$
⑦ 비닐에테르	$(CH_2=CH)_2O$	
⑧ 황산디메틸	$(CH_3O)_2SO_2$	
⑨ 이소펜탄	$CH_3CH_2CH(CH_3)_2$, C_5H_{12}	

◆ 제1석유류의 종류

① 아세톤(수)	CH_3COCH_3	
② 가솔린	$C_5 \sim C_9$	
③ 벤젠	C_6H_6	
④ 톨루엔	$C_6H_5CH_3$	
⑤ 메틸에틸케톤	$C_2H_5COC_2H_5$	
⑥ 초산에스테르류	CH_3COOCH_3, $CH_3COOC_2H_5$, $CH_3COOC_3H_7$, $CH_3COOC_4H_9$	
⑦ 의산에스테르류	$HCOOCH_3$, $HCOOC_2H_5$	
⑧ 피리딘(수)	C_5H_5N	
⑨ 시안화수소(수)	HCN	$H-C\equiv N$
⑩ 콜로디온	질화도가 낮은 질화면에 부피비로 에탄올과 에테르 3 : 1혼합용액에 녹여 교질상태로 만든 것	
⑪ 아세토니트릴(수)	CH_3CN	
⑫ 아크릴로니트릴	CH_2CHCN	

⑬	노르말헥산	$CH_3(CH_2)_4CH_3$	
	시클로헥산	C_6H_{12}	
⑭ 아크롤레인		$CH_2=CHCHO$	
⑮ 염화아세틸		CH_3COCl	

◆ 알코올류의 종류

① 메틸알코올	CH_3OH	
② 에틸알코올	C_2H_5OH	
③ 이소프로필알코올	$(CH_3)_2CHOH$	

◆ 제2석유류의 종류

① 등유	$C_9 \sim C_{18}$	
② 경유	$C_{15} \sim C_{20}$	
③ 초산	CH_3COOH	
④ 의산	$HCOOH$	

⑤ 테레핀유		$C_{10}H_{16}$(송정유) : 피넨80~90%, 소나무과 식물에 함유된 기름	
⑥	클로로벤젠	C_6H_5Cl	(Cl-벤젠 구조)
	크실렌(자일렌)		(o-, m-, p-크실렌 구조)
⑦ 스티렌		$C_6H_5CH=CH_2$	(스티렌 구조식)
⑧ 메틸셀로솔브(수)		히드록시에틸메틸에테르 $CH_3OCH_2CH_2OH$	
⑨ 에틸셀로솔브(수)		히드록시에틸에테르 $CH_3CH_2OCH_2CH_2OH$	
⑩ 히드라진(수)		N_2H_4	$H_2N - NH_2$
⑪ 부틸알코올		$C_4H_{10}O$, C_4H_9OH	(부틸알코올 구조)
⑫ 아크릴산(수)		$CH_2=CHCOOH$	(아크릴산 구조식)
⑬ 큐멘		$C_6H_5CH(CH_3)_2$, C_9H_{12}	(이소프로필벤젠 구조)
⑭ 벤즈알데히드		C_6H_5CHO	(벤즈알데히드 구조)

⑬ 큐멘:

☆ 페놀의 제법(큐멘법) : 큐멘은 화학 및 중합체 산업에서 중요한 중간체로 대부분 페놀의 제조에 사용된다.

벤젠 + $CH_3=CH-CH_3$ → 쿠멘(이소프로필벤젠) —산화, 묽은 황산→ 페놀(OH) + 아세톤 ($CH_3-\overset{O}{\underset{\|}{C}}-CH_3$)

◆ 제3석유류의 종류

① 아닐린	$C_6H_5NH_2$	
② 니트로벤젠	$C_6H_5NO_2$	
③ 에틸렌글리콜(수)	$C_2H_4(OH)_2$	
④ 글리세린(수)	$C_3H_5(OH)_3$	
⑤ 담금질유	철강 담금질에 사용되는 기름 : 비열, 열전도도, 냉각성능이 좋다.	
⑥ 메타크레졸	$C_6H_4OHCH_3$	
⑦ 페닐히드라진	$C_6H_5NHNH_2$	
⑧ 염화벤조일	C_6H_5COCl	
⑨ 에탄올아민(수)	$NH_2CH_2CH_2OH$	
⑩ 니트로톨루엔	$CH_3C_6H_4NO_2$	

제5류 위험물

◆ 유기과산화물 위험물의 종류

① 과산화벤조일	$(C_6H_5CO)_2O_2$, 무색무취 백색결정	
② 과산화메틸에틸케톤	무색 특이한냄새 기름모양 액체 $C_2H_5C(OOH)(CH_3)OOC(OOH)(CH_3)C_2H_5$ 또는 $(C_8H_{18}O_6)$	
③ 과산화초산	CH_3COOOH 무색 가연성 액체	
④ 아세틸퍼옥사이드	$(CH_3CO)_2O_2$ 무색 액체	
⑤ 호박산퍼옥사이드 (숙신산퍼옥사이드)	$(HOOCCH_2CH_2CO)_2O_2$	

◆ 질산에스테르류 위험물의 종류

① 니트로셀룰로오스	※ 니트로셀룰로오스(N.C) : 화학식 $C_{24}H_{29}O_9(ONO_2)_{11}$ 화약에 쓰이는 경우에는 면약(綿藥) 또는 면화약(綿化藥)이라 하고, 도료·셀룰로이드·콜로디온 등에 쓰이는 경우에는 질화면(窒化綿) 또는 초화면(硝化綿)이라고도 한다. 셀룰로오스를 진한질산(질화작용)과 진한황산(탈수작용)의 혼합액에 작용시켜 만든 셀룰로오스의 질산에스테르이다. $$[C_6H_7O_2(OH)_3]n + 3nHNO_3 \xrightarrow{(c-H_2SO_4)} [C_6H_7O_2(ONO_2)_3]n + 3nH_2O$$ (셀룰로오스) (니트로셀룰로오스)

	셀룰로오스 (Cellulose) [$C_6H_7O_2(OH)_3$]n
	 cellulose
	질화도 : 니트로셀룰로오스 속에 함유된 질소 함량 강면약 : 질화도 N 〉 12.76% 약면약 : 질화도 N 〈 10.18~12.76%
	셀룰로오스를 혼산(진한질산과 진한황산과의 혼합물)에 담구면, 셀룰로오스 분자속의 -OH기가 차례로 떨어져 나가서 물(H_2O)이 되고, 셀룰로오스의 -OH기가 떨어져 나간 곳(위의 그림에서 빨간색으로 표시된 곳)에 질산의 -NO_3기가 붙게 되어 질산에스테르화가 된다. 이때 질산에스테르화하는 반응을 질화(窒化)라고 한다. 일본식 표기로는 초화(硝化)라고 한다. 위 그림에서 히드록시기(-OH) 12개를 모두 치환(이때의 질소함유율 : 14.14%)할 수 있는 듯 보이나, 실제로는 질소함유율이 14% 이상인 제품을 만들기는 힘들다. 위의 그림에서 11개를 치환한 것은 질소함유율이 13.5% 정도, 9개를 치환한 것은 질소함유율이 12% 정도 된다.
② 니트로글리세린	$C_3H_5(ONO_2)_3$ 공업용담황색 무색 기름성 액체
③ 셀룰로이드	질산 섬유소에 장뇌를 섞어 압착해서 만든 반투명 합성 플라스틱
④ 질산메틸	$CH_3OH + HNO_3 \rightarrow CH_3ONO_2 + H_2O$, 무색투명한 액체
⑤ 질산에틸	$C_2H_5OH + HNO_3 \rightarrow C_2H_5ONO_2 + H_2O$, 무색투명 액체
⑥ 니트로글리콜	$C_2H_4(OH)_2 + 2HNO_3 \rightarrow C_2H_4(ONO_2)_2 + 2H_2O$ 순수한 것은 무색이나 공업용은 담황색 또는 분홍색의 액체
⑦ 펜트리트	$C(CH_2NO_3)_4$, 백색 또는 분말의 결정

◆ 니트로화합물 위험물의 종류

① 트리니트로톨루엔	벤젠고리(CH₃) + 3HNO₃ $\xrightarrow[\text{니트로화}]{\text{C-H}_2\text{SO}_4}$ 트리니트로톨루엔 + 3H₂O $C_6H_2CH_3(NO_2)_3$ 담황색 침상결정 강력한 폭약	
② 트리니트로페놀	벤젠고리(OH) + 3HNO₃ $\xrightarrow[\text{니트로화}]{\text{H}_2\text{SO}_4}$ 트리니트로페놀 + 3H₂O $C_6H_2OH(NO_2)_3$ 광택 있는 황색의 침상결정이고 찬물에 미량 녹고 알코올, 에테르, 온수에 잘 녹음	
③ 테트릴	($C_7H_5N_5O_8$), 황백색 침상결정	(구조식)
④ 헥소겐	$C_3H_6N_6O_6$, 무색 또는 백색의 분말결정 고성능 폭약 중 위력이 가장 세다. (기폭제)	(구조식)
⑤ 디니트로벤젠	$C_6H_4(NO_2)_2$	(구조식)
⑥ 디니트로톨루엔	$C_6H_3(NO_2)_2CH_3$	(구조식)
⑦ 디니트로페놀	$C_6H_3OH(NO_2)_2$	(구조식)

◆ 제5류위험물 그 밖의 행안부령이 정하는 것

질산구아니딘	$C(NH_2)_3NO_3$	$\left[\begin{array}{c} NH_2 \\ H_2N \overset{\|}{} NH_2 \end{array}\right]^+ \left[\begin{array}{c} O \\ \overset{\|}{N} \\ O O \end{array}\right]^-$
금속의 아지화합물	아지드화나트륨(NaN_3), 아지드화납 ($Pb(N_3)_2$), 아지드화은(AgN_3)	

제6류 위험물

◆ 제6류위험물 그 밖의 행안부령이 정하는 것
할로겐간화합물 : 서로 다른 2개의 할로겐 원소로 이루어진 화합물

AX	AX_3	AX_5	AX_7
Cl – F Br – F Br – Cl I – Cl I – Br	ClF_3 BrF_3 IF_3 ICl_3	ClF_5 BrF_5 IF_5	IF_7

3. 주요 화학 반응식

1. 제1류 위험물

1) 염소산나트륨과 염산과 반응 $2NaClO_3 + 2HCl \rightarrow 2NaCl + 2ClO_2 + H_2O_2$
2) 염소산칼륨의 분해반응 $2KClO_3 \rightarrow 2KCl + 3O_2$
3) 과염소산칼륨의 분해반응 $KClO_4 \rightarrow KCl + 2O_2$
4) 과산화칼륨
   ① 분해반응 $2K_2O_2 \rightarrow 2K_2O + O_2$
   ② 물과 반응 $2K_2O_2 + 2H_2O \rightarrow 4KOH + O_2$
   ③ 이산화탄소와 반응 $2K_2O_2 + 2CO_2 \rightarrow 2K_2CO_3 + O_2$
   ④ 황산과 반응 $K_2O_2 + H_2SO_4 \rightarrow K_2SO_4 + H_2O_2$
   ⑤ 아세트산 반응 $K_2O_2 + 2CH_3COOH \rightarrow 2CH_3COOK + H_2O_2$
5) 과산화나트륨
   ① 분해반응 $2Na_2O_2 \rightarrow 2Na_2O + O_2$
   ② 물과 반응 $2Na_2O_2 + 2H_2O \rightarrow 4NaOH + O_2$
   ③ 이산화탄소와 반응 $2Na_2O_2 + 2CO_2 \rightarrow 2Na_2CO_3 + O_2$
   ④ 초산과 반응 $Na_2O_2 + 2CH_3COOH \rightarrow 2CH_3COONa + H_2O_2$
6) 과산화바륨이 물과 반응 $2BaO_2 + 2H_2O \rightarrow 2Ba(OH)_2 + O_2$
7) 질산암모늄의 분해반응
   • 가열분해반응 : $NH_4NO_3 \rightarrow N_2O + 2H_2O$
   • 분해폭발반응 : $2NH_4NO_3 \rightarrow 4H_2O + 2N_2 + O_2\uparrow$
8) 질산칼륨의 분해반응 $2KNO_3 \rightarrow 2KNO_2 + O_2\uparrow$
9) 질산은의 분해반응 $2AgNO_3 \rightarrow 2Ag + 2NO_2 + O_2$
10) 과망간산칼륨
    ① 분해반응 $2KMnO_4 \rightarrow K_2MnO_4 + MnO_2 + O_2\uparrow$
    ② 묽은황산반응 $4KMnO_4 + 6H_2SO_4 \rightarrow 2K_2SO_4 + 4MnSO_4 + 6H_2O + 5O_2\uparrow$
    ③ 진한황산반응 $2KMnO_4 + H_2SO_4 \rightarrow K_2SO_4 + 2HMnO_4$
    ④ 염산과 반응 $2KMnO_4 + 16HCl \rightarrow 2KCl + 2MnCl_2 + 8H_2O + 5Cl_2\uparrow$
11) 무수크롬산(삼산화크롬) 분해반응 $4CrO_3 \rightarrow 2Cr_2O_3 + 3O_2\uparrow$

2. 제2류 위험물

1) 황의 연소반응 $S + O_2 \rightarrow SO_2$

2) 알루미늄
   - ① 테르밋 반응 $2Al + Fe_2O_3 \rightarrow 2Fe + Al_2O_3$
   - ② 물과 반응 $2Al + 6H_2O \rightarrow 2Al(OH)_3 + 3H_2$
   - ③ 염산과 반응 $2Al + 6HCl \rightarrow 2AlCl_3 + 3H_2$
   - ④ 수산화나트륨과 반응 $2Al + 2NaOH + 2H_2O \rightarrow 2NaAlO_2 + 3H_2$

3) 철분과 수증기와 반응 $2Fe + 3H_2O \rightarrow Fe_2O_3 + 3H_2$

4) 삼황화린의 연소반응 $P_4S_3 + 8O_2 \rightarrow 2P_2O_5 + 3SO_2$

5) 오황화린
   - ① 연소반응 $2P_2S_5 + 15O_2 \rightarrow 2P_2O_5 + 10SO_2$
   - ② 물과 반응 $P_2S_5 + 8H_2O \rightarrow 5H_2S + 2H_3PO_4$

6) 황화수소의 연소반응 $2H_2S + 3O_2 \rightarrow 2H_2O + 2SO_2$

7) 마그네슘이 질소와 반응 $3Mg + N_2 \rightarrow Mg_3N_2$

8) 아연과 염산과 반응 $Zn + 2HCl \rightarrow ZnCl_2 + H_2$

3. 제3류 위험물

1) 칼륨과 물과 반응 $2K + 2H_2O \rightarrow 2KOH + H_2$

2) 나트륨과 물과 반응 $2Na + 2H_2O \rightarrow 2NaOH + H_2$

3) 나트륨과 에틸알코올과 반응 $2Na + 2C_2H_5OH \rightarrow 2C_2H_5ONa + H_2$

4) 황린의 연소 반응 $P_4 + 5O_2 \rightarrow 2P_2O_5$

5) 트리메틸알루미늄(Tri Methyl Aluminum, TMAL)
   - ① 물과의 반응 $(CH_3)_3Al + 3H_2O \rightarrow Al(OH)_3 + 3CH_4 \uparrow$
   - ② 공기와의 반응 $2(CH_3)_3Al + 12O_2 \rightarrow Al_2O_3 + 9H_2O + 6CO_2$

6) 트리에틸알루미늄(Tri Ethyl Aluminum, TEAL)
   - ① 물과의 반응 $(CH_3)_3Al + 3H_2O \rightarrow Al(OH)_3 + 3CH_4 \uparrow$
   - ② 공기와의 반응 $2(C_2H_5)_3Al + 21O_2 \rightarrow Al_2O_3 + 15H_2O + 12CO_2$
   - ③ 염소와 반응 $(C_2H_5)_3Al + 3Cl_2 \rightarrow AlCl_3 + 3C_2H_5Cl$

7) 인화칼슘(인화석회)이 물과 반응 $Ca_3P_2 + 6H_2O \rightarrow 3Ca(OH)_2 + 2PH_3$

8) 탄화칼슘(카바이드)이 물과 반응 $CaC_2 + 2H_2O \rightarrow Ca(OH)_2 + C_2H_2$

9) 아세틸렌의 연소반응 $2C_2H_2 + 5O_2 \rightarrow 4CO_2 + 2H_2O$

10) 탄화알루미늄과 물과 반응 $Al_4C_3 + 12H_2O \rightarrow 4Al(OH)_3 + 3CH_4$

11) 수소화나트륨이 물과 반응 $NaH + H_2O \rightarrow NaOH + H_2$

12) 칼슘이 물과 반응 $Ca + 2H_2O \rightarrow Ca(OH)_2 + H_2$

4. 제4류 위험물

1) 아세트알데히드
   - ① 연소반응 $2CH_3CHO + 5O_2 \rightarrow 4CO_2 + 4H_2O$
   - ② 산화반응 $2CH_3CHO + O_2 \rightarrow 2CH_3COOH$

2) 이황화탄소
   - ① 연소반응 $CS_2 + 3O_2 \rightarrow CO_2 + 2SO_2$
   - ② 이황화탄소와 물과 반응 $CS_2 + 2H_2O \rightarrow CO_2 + 2H_2S$

3) 메틸알코올의 연소반응 $2CH_3OH + 3O_2 \rightarrow 2CO_2 + 4H_2O$

4) 벤젠의 연소반응 $2C_6H_6 + 15O_2 \rightarrow 12CO_2 + 6H_2O$

5) 에틸알코올의 연소반응 $C_2H_5OH + 3O_2 \rightarrow 2CO_2 + 3H_2O$

6) 초산
   - ① 연소반응 $CH_3COOH + 2O_2 \rightarrow 2CO_2 + 2H_2O$
   - ② 에틸알코올의 반응 $CH_3COOH + C_2H_5OH \rightarrow CH_3COOC_2H_5 + H_2O$

7) 의산메틸과 물과 반응 $HCOOCH_3 + H_2O \rightarrow CH_3OH + HCOOH$

8) 에스테르(R-COO-R') 반응

$$R-\overset{\overset{O}{\|}}{C}-O-H + R'-OH \underset{}{\overset{H^+}{\rightleftharpoons}} R-\overset{\overset{O}{\|}}{C}-O-R' + H_2O$$

      산   알코올   에스테르   물

에스테르(에스터)화 반응은 카르복시산과 알코올의 혼합물에 촉매제로 황산을 넣고 가열하면 에스테르와 물이 생성되는 과정이다. 물 한 분자가 떨어져 나오면서 나머지 두분자가 결합하는 탈수축합반응이다.

- ① 초산메틸(아세트산메틸) $CH_3COOH + CH_3OH \leftrightarrow CH_3COOCH_3 + H_2O$
- ② 초산에틸(아세트산에틸) $CH_3COOH + C_2H_5OH \leftrightarrow CH_3COOC_2H_5 + H_2O$
- ③ 의산메틸(개미산, 포름산메틸) $HCOOH + CH_3OH \leftrightarrow HCOOCH_3 + H_2O$
- ④ 의산에틸(개미산, 포름산에틸) $HCOOH + C_2H_5OH \leftrightarrow HCOOC_2H_5 + H_2O$

5. 제5류 위험물

1) 니트로셀룰로오스 분해반응
   $2C_{24}H_{29}O_9(ONO_2)_{11} \rightarrow 24CO + 24CO_2 + 11N_2 + 17H_2 + 12H_2O$

2) 니트로글리세린의 분해반응 $4C_3H_5(ONO_2)_3 \rightarrow 12CO_2 + 10H_2O + 6N_2 + O_2$

3) 니트로글리콜 분해반응 $C_2H_4(ONO_2)_2 \rightarrow 2CO_2 + 2H_2O + N_2$

4) TNT의 분해반응 　　　$2C_6H_2CH_3(NO_2)_3 \rightarrow 12CO + 5H_2 + 3N_2 + 2C$

5) TNP의 분해반응 　　　$2C_6H_2OH(NO_2)_3 \rightarrow 6CO + 3H_2 + 3N_2 + 2C + 4CO_2$

6. 제6류 위험물

1) 질산의 분해반응 　　　$4HNO_3 \rightarrow 2H_2O + 4NO_2 + O_2$

7. 화재예방

1) 강화액소화기 　　　$H_2SO_4 + K_2CO_3 + H_2O \rightarrow K_2SO_4 + 2H_2O + CO_2 \uparrow$

2) 제1종 분말(탄산수소나트륨)의 분해반응

① 1차 분해반응식(270℃) 　　$2NaHCO_3 \rightarrow Na_2CO_3 + CO_2 + H_2O$

② 2차 분해반응식(850℃) 　　$2NaHCO_3 \rightarrow Na_2O + 2CO_2 + H_2O$

3) 제3종 분말의 열분해

① 190℃에서 분해 　　$NH_4H_2PO_4 \rightarrow H_3PO_4(올쏘인산) + NH_3$

② 215℃에서 분해 　　$2H_3PO_4 \rightarrow H_4P_2O_7(피로인산) + H_2O$

③ 300℃에서 분해 　　$H_4P_2O_7 \rightarrow 2HPO_3(메타인산) + H_2O$

CHAPTER 02 위험물 화재 예방

1. 소화설비, 경보설비 및 피난설비의 기준[규칙 별표 17]

Ⅰ. 소화설비
1. 소화난이도등급 Ⅰ의 제조소등 및 소화설비
가. 소화난이도등급 Ⅰ에 해당하는 제조소등

제조소 등의 구분	제조소등의 규모, 저장 또는 취급하는 위험물의 품명 및 최대수량 등
제조소 일반취급소	연면적 1,000m² 이상인 것
	지정수량의 100배 이상인 것(고인화점위험물만을 100℃ 미만의 온도에서 취급하는 것 및 제48조의 위험물을 취급하는 것은 제외)
	지반면으로부터 6m 이상의 높이에 위험물 취급설비가 있는 것(고인화점위험물만을 100℃ 미만의 온도에서 취급하는 것은 제외)
	일반취급소로 사용되는 부분 외의 부분을 갖는 건축물에 설치된 것(내화구조로 개구부 없이 구획 된 것, 고인화점위험물만을 100℃ 미만의 온도에서 취급하는 것 및 별표 16 Ⅹ의2의 화학실험의 일반취급소는 제외)
주유취급소	별표 13 Ⅴ제2호에 따른 면적의 합이 500m²를 초과하는 것
옥내 저장소	지정수량의 150배 이상인 것(고인화점위험물만을 저장하는 것 및 제48조의 위험물을 저장하는 것은 제외)
	연면적 150m²를 초과하는 것(150m² 이내마다 불연재료로 개구부 없이 구획된 것 및 인화성고체 외의 제2류 위험물 또는 인화점 70℃ 이상의 제4류 위험물만을 저장하는 것은 제외)
	처마높이가 6m 이상인 단층건물의 것
	옥내저장소로 사용되는 부분 외의 부분이 있는 건축물에 설치된 것(내화구조로 개구부 없이 구획된 것 및 인화성고체 외의 제2류 위험물 또는 인화점 70℃ 이상의 제4류 위험물만을 저장하는 것은 제외)
옥외 탱크 저장소	액표면적이 40m² 이상인 것(제6류 위험물을 저장하는 것 및 고인화점위험물만을 100℃ 미만의 온도에서 저장하는 것은 제외)
	지반면으로부터 탱크 옆판의 상단까지 높이가 6m 이상인 것(제6류 위험물을 저장하는 것 및 고인화점위험물만을 100℃ 미만의 온도에서 저장하는 것은 제외)
	지중탱크 또는 해상탱크로서 지정수량의 100배 이상인 것(제6류 위험물을 저장하는 것 및 고인화점위험물만을 100℃ 미만의 온도에서 저장하는 것은 제외)
	고체위험물을 저장하는 것으로서 지정수량의 100배 이상인 것

옥내 탱크 저장소		액표면적이 40m² 이상인 것(제6류 위험물을 저장하는 것 및 고인화점위험물만을 100℃ 미만의 온도에서 저장하는 것은 제외)
		바닥면으로부터 탱크 옆판의 상단까지 높이가 6m 이상인 것(제6류 위험물을 저장하는 것 및 고인화점위험물만을 100℃ 미만의 온도에서 저장하는 것은 제외)
		탱크전용실이 단층건물 외의 건축물에 있는 것으로서 인화점 38℃ 이상 70℃ 미만의 위험물을 지정수량의 5배 이상 저장하는 것(내화구조로 개구부 없이 구획된 것은 제외한다)
옥외 저장소		별표 11 Ⅲ덩어리 상태의 유황을 저장하는 것으로서 경계표시 내부의 면적(2 이상의 경계표시가 있는 경우에는 각 경계표시의 내부의 면적을 합한 면적)이 100m² 이상인 것의 위험물을 저장하는 것으로서 지정수량의 100배 이상인 것
		별표 11 Ⅲ의 위험물을 저장하는 것으로서 지정수량의 100배 이상인 것
암반 탱크 저장소		액표면적이 40m² 이상인 것(제6류 위험물을 저장하는 것 및 고인화점위험물만을 100℃ 미만의 온도에서 저장하는 것은 제외)
		고체위험물만을 저장하는 것으로서 지정수량의 100배 이상인 것
이송 취급소		모든 대상

비고 : 제조소등의 구분별로 오른쪽 란에 정한 제조소등의 규모, 저장 또는 취급하는 위험물의 수량 및 최대수량 등의 어느 하나에 해당하는 제조소등은 소화난이도등급Ⅰ에 해당하는 것으로 한다.

나. 소화난이도등급Ⅰ의 제조소등에 설치하여야 하는 소화설비

제조소등의 구분		소화설비
제조소 및 일반취급소		옥내소화전설비, 옥외소화전설비, 스프링클러설비 또는 물분무등소화설비(화재발생시 연기가 충만할 우려가 있는 장소에는 스프링클러설비 또는 이동식 외의 물분무등소화설비에 한한다)
주유취급소		스프링클러설비(건축물에 한정한다), 소형수동식소화기등(능력단위의 수치가 건축물 그 밖의 공작물 및 위험물의 소요단위의 수치에 이르도록 설치할 것)
옥내 저장소	처마높이가 6m 이상인 단층건물 또는 다른 용도의 부분이 있는 건축물에 설치한 옥내저장소	스프링클러설비 또는 이동식 외의 물분무등소화설비
	그 밖의 것	옥외소화전설비, 스프링클러설비, 이동식 외의 물분무등소화설비 또는 이동식 포소화설비(포소화전을 옥외에 설치하는 것에 한한다)

		유황만을 저장 취급하는 것	물분무소화설비
옥내 탱크 저장소	지중탱크 또는 해상탱크 외의 것	인화점 70℃ 이상의 제4류 위험물만을 저장취급하는 것	물분무소화설비 또는 고정식 포소화설비
		그 밖의 것	고정식 포소화설비(포소화설비가 적응성이 없는 경우에는 분말소화설비)
	지중탱크		고정식 포소화설비, 이동식 이외의 불활성가스소화설비 또는 이동식 이외의 할로겐화합물소화설비
	해상탱크		고정식 포소화설비, 물분무소화설비, 이동식이외의 불활성가스소화설비 또는 이동식 이외의 할로겐화합물소화설비
	유황만을 저장취급하는 것		물분무소화설비
	인화점 70℃ 이상의 제4류 위험물만을 저장취급하는 것		물분무소화설비, 고정식 포소화설비, 이동식 이외의 불활성가스소화설비, 이동식 이외의 할로겐화합물소화설비 또는 이동식 이외의 분말소화설비
	그 밖의 것		고정식 포소화설비, 이동식 이외의 불활성가스소화설비, 이동식 이외의 할로겐화합물소화설비 또는 이동식 이외의 분말소화설비
옥외저장소 및 이송취급소			옥내소화전설비, 옥외소화전설비, 스프링클러설비 또는 물분무등소화설비(화재 발생 시 연기가 충만할 우려가 있는 장소에는 스프링클러설비 또는 이동식 이외의 물분무등소화설비에 한한다)
암반 탱크 저장소	유황만을 저장취급하는 것		물분무소화설비
	인화점 70℃ 이상의 제4류 위험물만을 저장취급하는 것		물분무소화설비 또는 고정식 포소화설비
	그 밖의 것		고정식 포소화설비(포소화설비가 적응성이 없는 경우에는 분말소화설비)

비고

1. 위 표 오른쪽 란의 소화설비를 설치함에 있어서는 당해 소화설비의 방사범위가 당해 제조소, 일반취급소, 옥내저장소, 옥외탱크저장소, 옥내탱크저장소, 옥외저장소, 암반탱크저장소(암반탱크에 관계되는 부분을 제외한다) 또는 이송취급소(이송기지 내에 한한다)의 건축물, 그 밖의 공작물 및 위험물을 포함하도록 하여야 한다. 다만, 고인화점위험물만을 100℃ 미만의 온도에서 취급하는 제조소 또는 일반취급소의 경우에는 당해 제조소 또는 일반취급소의 건축물 및 그 밖의 공작물만 포함하도록 할 수 있다.

2. 고인화점위험물만을 100℃ 미만의 온도에서 취급하는 제조소 또는 일반취급소의 위험물에 대해서는 대형수동식소화기 1개 이상과 당해 위험물의 소요단위에 해당하는 능력단위의 소형수동식소화기를 설치하여야 한다. 다만, 당해 제조소 또는 일반취급소에 옥내·외소화전설비, 스프링클러설비 또는 물분무등소화설비를 설치한 경우에는 당해 소화설비의 방사능력범위 내에는 대형수동식소화기를 설치하지 아니할 수 있다.

3. 가연성증기 또는 가연성미분이 체류할 우려가 있는 건축물 또는 실내에는 대형수동식소화기 1개 이상과 당해 건축물, 그 밖의 공작물 및 위험물의 소요단위에 해당하는 능력단위의 소형수동식소화기 등을 추가로 설치하여야 한다.

4. 제4류 위험물을 저장 또는 취급하는 옥외탱크저장소 또는 옥내탱크저장소에는 소형수동식소화기 등을 2개 이상 설치하여야 한다.

5. 제조소, 옥내탱크저장소, 이송취급소, 또는 일반취급소의 작업공정상 소화설비의 방사능력범위 내에 당해 제조소등에서 저장 또는 취급하는 위험물의 전부가 포함되지 아니하는 경우에는 당해 위험물에 대하여 대형수동식소화기 1개 이상과 당해 위험물의 소요단위에 해당하는 능력단위의 소형수동식소화기 등을 추가로 설치하여야 한다.

2. 소화난이도등급Ⅱ의 제조소등 및 소화설비
가. 소화난이도등급Ⅱ에 해당하는 제조소등

제조소등의 구분	제조소등의 규모, 저장 또는 취급하는 위험물의 품명 및 최대수량 등
제조소 일반취급소	연면적 600m² 이상인 것
	지정수량의 10배 이상인 것(고인화점위험물만을 100℃ 미만의 온도에서 취급하는 것 및 제48조의 위험물을 취급하는 것은 제외)
	별표 16 Ⅱ・Ⅲ・Ⅳ・Ⅴ・Ⅷ・Ⅸ・Ⅹ 또는 Ⅹ의2의 일반취급소로서 소화난이도등급Ⅰ의 제조소등에 해당하지 아니하는 것(고인화점위험물만을 100℃ 미만의 온도에서 취급하는 것은 제외)
옥내저장소	단층건물 이외의 것
	별표 5 Ⅱ 또는 Ⅳ제1호의 옥내저장소
	지정수량의 10배 이상인 것(고인화점위험물만을 저장하는 것 및 제48조의 위험물을 저장하는 것은 제외)
	연면적 150m² 초과인 것
	별표 5 Ⅲ의 옥내저장소로서 소화난이도등급Ⅰ의 제조소등에 해당하지 아니하는 것
옥외 탱크저장소 옥내 탱크저장소	소화난이도등급Ⅰ의 제조소등 외의 것(고인화점위험물만을 100℃ 미만의 온도로 저장하는 것 및 제6류 위험물만을 저장하는 것은 제외)
옥외저장소	덩어리 상태의 유황을 저장하는 것으로서 경계표시 내부의 면적(2 이상의 경계표시가 있는 경우에는 각 경계표시의 내부의 면적을 합한 면적)이 5m² 이상 100m² 미만인 것
	별표 11 Ⅲ의 위험물을 저장하는 것으로서 지정수량의 10배 이상 100배 미만인 것
	지정수량의 100배 이상인 것(덩어리 상태의 유황 또는 고인화점위험물을 저장하는 것은 제외)
주유취급소	옥내주유취급소로서 소화난이도등급Ⅰ의 제조소등에 해당하지 아니하는 것
판매취급소	제2종 판매취급소

비고 : 제조소등의 구분별로 오른쪽 란에 정한 제조소등의 규모, 저장 또는 취급하는 위험물의 수량 및 최대수량 등의 어느 하나에 해당하는 제조소등은 소화난이도등급Ⅱ에 해당하는 것으로 한다.

나. 소화난이도등급 II의 제조소등에 설치하여야 하는 소화설비

제조소등의 구분	소화설비
제조소 옥내저장소 옥외저장소 주유취급소 판매취급소 일반취급소	방사능력범위 내에 당해 건축물, 그 밖의 공작물 및 위험물이 포함되도록 대형수동식소화기를 설치하고, 당해 위험물의 소요단위의 1/5 이상에 해당되는 능력단위의 소형수동식소화기등을 설치할 것
옥외탱크저장소 옥내탱크저장소	대형수동식소화기 및 소형수동식소화기등을 각각 1개 이상 설치할 것

비고
1. 옥내소화전설비, 옥외소화전설비, 스프링클러설비 또는 물분무등소화설비를 설치한 경우에는 당해 소화설비의 방사능력범위 내의 부분에 대해서는 대형수동식소화기를 설치하지 아니할 수 있다.
2. 소형수동식소화기등이란 제4호의 규정에 의한 소형수동식소화기 또는 기타 소화설비를 말한다. 이하 같다.

3. 소화난이도등급 III의 제조소등 및 소화설비
가. 소화난이도등급 III에 해당하는 제조소등

제조소등의 구분	제조소등의 규모, 저장 또는 취급하는 위험물의 품명 및 최대수량등
제조소 일반취급소	제48조의 위험물을 취급하는 것
	제48조의 위험물외의 것을 취급하는 것으로서 소화난이도등급 I 또는 소화난이도등급 II의 제조소등에 해당하지 아니하는 것
옥내저장소	제48조의 위험물을 취급하는 것
	제48조의 위험물외의 것을 취급하는 것으로서 소화난이도등급 I 또는 소화난이도등급 II의 제조소등에 해당하지 아니하는 것
지하탱크저장소 간이탱크저장소 이동탱크저장소	모든 대상
옥외저장소	덩어리 상태의 유황을 저장하는 것으로서 경계표시 내부의 면적(2 이상의 경계표시가 있는 경우에는 각 경계표시의 내부의 면적을 합한 면적)이 $5m^2$ 미만인 것
	덩어리 상태의 유황외의 것을 저장하는 것으로서 소화난이도등급 I 또는 소화난이도등급 II의 제조소등에 해당하지 아니하는 것
주유취급소	옥내주유취급소 외의 것으로서 소화난이도등급 I의 제조소등에 해당하지 아니하는 것
제1종 판매취급소	모든 대상

비고 : 제조소등의 구분별로 오른쪽란에 정한 제조소등의 규모, 저장 또는 취급하는 위험물의 수량 및 최대수량 등의 어느 하나에 해당하는 제조소등은 소화난이도등급 III에 해당하는 것으로 한다.

나. 소화난이도등급Ⅲ의 제조소등에 설치하여야 하는 소화설비

제조소등의 구분	소화설비	설치기준	
지하탱크 저장소	소형수동식소화기등	능력단위의 수치가 3 이상	2개 이상
이동탱크저장소	자동차용소화기	무상의 강화액 8ℓ 이상	2개 이상
		이산화탄소 3.2킬로그램 이상	
		일브롬화일염화이플루오르화메탄(CF$_2$ClBr) 2ℓ 이상	
		일브롬화삼플루오르화메탄(CF$_3$Br) 2ℓ 이상	
		이브롬화사플루오르화에탄(C$_2$F$_4$Br$_2$) 1ℓ 이상	
		소화분말 3.3킬로그램 이상	
	마른 모래 및 팽창질석 또는 팽창진주암	마른모래 150ℓ 이상	
		팽창질석 또는 팽창진주암 640ℓ 이상	
그 밖의 제조소등	소형수동식소화기등	능력단위의 수치가 건축물 그 밖의 공작물 및 위험물의 소요단위의 수치에 이르도록 설치할 것. 다만, 옥내소화전설비, 옥외소화전설비, 스프링클러설비, 물분무등소화설비 또는 대형수동식소화기를 설치한 경우에는 당해 소화설비의 방사능력 범위 내의 부분에 대하여는 수동식소화기등을 그 능력단위의 수치가 당해 소요단위의 수치의 1/5 이상이 되도록 하는 것으로 족하다.	

비고 : 알킬알루미늄등을 저장 또는 취급하는 이동탱크저장소에 있어서는 자동차용소화기를 설치하는 외에 마른모래나 팽창질석 또는 팽창진주암을 추가로 설치하여야 한다.

4. 소화설비의 적응성

소화설비의 구분			대상물 구분									
			건축물·그 밖의 공작물	전기설비	제1류 위험물		제2류 위험물			제3류 위험물		제4류 위험물	제5류 위험물	제6류 위험물
					알칼리금속과산화물등	그 밖의 것	철분·금속분·마그네슘등	인화성고체	그 밖의 것	금수성물품	그 밖의 것			
옥내소화전 또는 옥외소화전설비			○			○		○	○		○		○	○
스프링클러설비			○			○		○	○		○	△	○	○
물분무등소화설비	물분무소화설비		○	○		○		○	○		○	○	○	○
	포소화설비		○			○		○	○		○	○	○	○
	불활성가스소화설비			○				○				○		
	할로겐화합물소화설비			○				○				○		
	분말소화설비	인산염류등	○	○		○		○	○			○		○
		탄산수소염류등		○	○		○	○		○		○		
		그 밖의 것			○		○			○				

대형·소형수동식소화기	봉상수(棒狀水)소화기	○			○		○	○		○		○	○
	무상수(霧狀水)소화기	○	○		○		○	○		○	○
	봉상강화액소화기	○			○		○	○		○	○
	무상강화액소화기	○	○		○		○	○		○	○
	포소화기	○			○		○	○		○	○
	이산화탄소소화기		○				○			○	△
	할로겐화합물소화기		○				○			○	
	분말소화기 / 인산염류소화기	○	○		○		○	○		○		○
	분말소화기 / 탄산수소염류소화기		○	○		○	○		○	○	
	분말소화기 / 그 밖의 것			○		○			○		
기타	물통 또는 수조	○			○		○	○		○		○	○
	건조사			○	○	○	○	○	○	○	○
	팽창질석 또는 팽창진주암			○	○	○	○	○	○	○	○

비고

1. "○"표시는 당해 소방대상물 및 위험물에 대하여 소화설비가 적응성이 있음을 표시하고, "△"표시는 제4류 위험물을 저장 또는 취급하는 장소의 살수기준면적에 따라 스프링클러설비의 살수밀도가 다음 표에 정하는 기준 이상인 경우에는 당해 스프링클러설비가 제4류 위험물에 대하여 적응성이 있음을, 제6류 위험물을 저장 또는 취급하는 장소로서 폭발의 위험이 없는 장소에 한하여 이산화탄소소화기가 제6류 위험물에 대하여 적응성이 있음을 각각 표시한다.

살수기준면적(m^2)	방사밀도($ℓ/m^2$분)		비고
	인화점 38℃ 미만	인화점 38℃ 이상	
279 미만	16.3 이상	12.2 이상	살수기준면적은 내화구조의 벽 및 바닥으로 구획된 하나의 실의 바닥면적을 말하고, 하나의 실의 바닥면적이 465m^2 이상인 경우의 살수기준면적은 465m^2로 한다. 다만, 위험물의 취급을 주된 작업내용으로 하지 아니하고 소량의 위험물을 취급하는 설비 또는 부분이 넓게 분산되어 있는 경우에는 방사밀도는 8.2 $ℓ/m^2$분 이상, 살수기준 면적은 279m^2 이상으로 할 수 있다.
279 이상 372 미만	15.5 이상	11.8 이상	
372 이상 465 미만	13.9 이상	9.8 이상	
465 이상	12.2 이상	8.1 이상	

2. 인산염류 등은 인산염류, 황산염류 그 밖에 방염성이 있는 약제를 말한다.
3. 탄산수소염류등은 탄산수소염류 및 탄산수소염류와 요소의 반응생성물을 말한다.
4. 알칼리금속과산화물등은 알칼리금속의 과산화물 및 알칼리금속의 과산화물을 함유한 것을 말한다.
5. 철분·금속분·마그네슘 등은 철분·금속분·마그네슘과 철분·금속분 또는 마그네슘을 함유한 것을 말한다.

5. 소화설비의 설치기준

가. 전기설비의 소화설비

제조소등에 전기설비(전기배선, 조명기구 등은 제외한다)가 설치된 경우에는 당해 장소의 면적 $100m^2$마다 소형수동식소화기를 1개 이상 설치할 것

나. 소요단위 및 능력단위

1) 소요단위 : 소화설비의 설치대상이 되는 건축물 그 밖의 공작물의 규모 또는 위험물의 양의 기준단위
2) 능력단위 : 1)의 소요단위에 대응하는 소화설비의 소화능력의 기준단위

다. 소요단위의 계산방법

건축물 그 밖의 공작물 또는 위험물의 소요단위의 계산방법은 다음의 기준에 의할 것

1) 제조소 또는 취급소의 건축물은 외벽이 내화구조인 것은 연면적(제조소등의 용도로 사용되는 부분 외의 부분이 있는 건축물에 설치된 제조소등에 있어서는 당해 건축물 중 제조소등에 사용되는 부분의 바닥면적의 합계를 말한다. 이하 같다) $100m^2$를 1소요단위로 하며, 외벽이 내화구조가 아닌 것은 연면적 $50m^2$를 1소요단위로 할 것
2) 저장소의 건축물은 외벽이 내화구조인 것은 연면적 $150m^2$를 1소요단위로 하고, 외벽이 내화구조가 아닌 것은 연면적 $75m^2$를 1소요단위로 할 것
3) 제조소등의 옥외에 설치된 공작물은 외벽이 내화구조인 것으로 간주하고 공작물의 최대수평투영면적을 연면적으로 간주하여 1) 및 2)의 규정에 의하여 소요단위를 산정할 것
4) 위험물은 지정수량의 10배를 1소요단위로 할 것

라. 소화설비의 능력단위

1) 수동식소화기의 능력단위는 수동식소화기의형식승인 및 검정기술기준에 의하여 형식승인 받은 수치로 할 것
2) 기타 소화설비의 능력단위는 다음의 표에 의할 것

소화설비	용량	능력단위
소화전용(轉用)물통	8ℓ	0.3
수조(소화전용물통 3개 포함)	80ℓ	1.5
수조(소화전용물통 6개 포함)	190ℓ	2.5
마른 모래(삽 1개 포함)	50ℓ	0.5
팽창질석 또는 팽창진주암(삽 1개 포함)	160ℓ	1.0

마. 옥내소화전설비의 설치기준은 다음의 기준에 의할 것

1) 옥내소화전은 제조소등의 건축물의 층마다 당해 층의 각 부분에서 하나의 호스접속구까지의 수평거리가 25m 이하가 되도록 설치할 것. 이 경우 옥내소화전은 각층의 출입구 부근에 1개 이상 설치하여야 한다.

2) 수원의 수량은 옥내소화전이 가장 많이 설치된 층의 옥내소화전 설치개수(설치개수가 5개 이상인 경우는 5개)에 7.8m³를 곱한 양 이상이 되도록 설치할 것

3) 옥내소화전설비는 각층을 기준으로 하여 당해 층의 모든 옥내소화전(설치개수가 5개 이상인 경우는 5개의 옥내소화전)을 동시에 사용할 경우에 각 노즐선단의 방수압력이 350kPa 이상이고 방수량이 1분당 260ℓ 이상의 성능이 되도록 할 것

4) 옥내소화전설비에는 비상전원을 설치할 것

바. 옥외소화전설비의 설치기준은 다음의 기준에 의할 것

1) 옥외소화전은 방호대상물(당해 소화설비에 의하여 소화하여야 할 제조소등의 건축물, 그 밖의 공작물 및 위험물을 말한다. 이하 같다)의 각 부분(건축물의 경우에는 당해 건축물의 1층 및 2층의 부분에 한한다)에서 하나의 호스접속구까지의 수평거리가 40m 이하가 되도록 설치할 것. 이 경우 그 설치개수가 1개일 때는 2개로 하여야 한다.

2) 수원의 수량은 옥외소화전의 설치개수(설치개수가 4개 이상인 경우는 4개의 옥외소화전)에 13.5m³를 곱한 양 이상이 되도록 설치할 것

3) 옥외소화전설비는 모든 옥외소화전(설치개수가 4개 이상인 경우는 4개의 옥외소화전)을 동시에 사용할 경우에 각 노즐선단의 방수압력이 350kPa 이상이고, 방수량이 1분당 450ℓ 이상의 성능이 되도록 할 것

4) 옥외소화전설비에는 비상전원을 설치할 것

사. 스프링클러설비의 설치기준은 다음의 기준에 의할 것

1) 스프링클러헤드는 방호대상물의 천장 또는 건축물의 최상부 부근(천장이 설치되지 아니한 경우)에 설치하되, 방호대상물의 각 부분에서 하나의 스프링클러헤드까지의 수평거리가 1.7m(제4호 비고 제1호의 표에 정한 살수밀도의 기준을 충족하는 경우에는 2.6m) 이하가 되도록 설치할 것

2) 개방형 스프링클러헤드를 이용한 스프링클러설비의 방사구역(하나의 일제개방밸브에 의하여 동시에 방사되는 구역을 말한다. 이하 같다)은 150m² 이상(방호대상물의 바닥면적이 150m² 미만인 경우에는 당해 바닥면적)으로 할 것

3) 수원의 수량은 폐쇄형 스프링클러헤드를 사용하는 것은 30(헤드의 설치개수가 30 미만인 방호대상물인 경우에는 당해 설치개수), 개방형 스프링클러헤드를 사용하는 것은 스프링클러헤드가 가장 많이 설치된 방사구역의 스프링클러헤드 설치개수에 2.4m³를 곱한 양 이상이 되도록 설치할 것

4) 스프링클러설비는 3)의 규정에 의한 개수의 스프링클러헤드를 동시에 사용할 경우에 각 선단의 방사압력이 100kPa(제4호 비고 제1호의 표에 정한 살수밀도의 기준을 충족하는 경우에는 50kPa) 이상이고, 방수량이 1분당 80ℓ(제4호 비고 제1호의 표에 정한 살수밀도의 기준을 충족하는 경우에는 56ℓ) 이상의 성능이 되도록 할 것

5) 스프링클러설비에는 비상전원을 설치할 것

아. 물분무소화설비의 설치기준은 다음의 기준에 의할 것

1) 분무헤드의 개수 및 배치는 다음 각목에 의할 것

가) 분무헤드로부터 방사되는 물분무에 의하여 방호대상물의 모든 표면을 유효하게 소화할 수 있도록 설치할 것

나) 방호대상물의 표면적(건축물에 있어서는 바닥면적. 이하 이 목에서 같다) $1m^2$ 당 3)의 규정에 의한 양의 비율로 계산한 수량을 표준방사량(당해 소화설비의 헤드의 설계압력에 의한 방사량을 말한다. 이하 같다)으로 방사할 수 있도록 설치할 것

2) 물분무소화설비의 방사구역은 $150m^2$ 이상(방호대상물의 표면적이 $150m^2$ 미만인 경우에는 당해 표면적)으로 할 것

3) 수원의 수량은 분무헤드가 가장 많이 설치된 방사구역의 모든 분무헤드를 동시에 사용할 경우에 당해 방사구역의 표면적 $1m^2$ 당 1분당 20ℓ 의 비율로 계산한 양으로 30분간 방사할 수 있는 양 이상이 되도록 설치할 것

4) 물분무소화설비는 3)의 규정에 의한 분무헤드를 동시에 사용할 경우에 각 선단의 방사압력이 350㎪ 이상으로 표준방사량을 방사할 수 있는 성능이 되도록 할 것

5) 물분무소화설비에는 비상전원을 설치할 것

자. 포소화설비의 설치기준은 다음의 기준에 의할 것

1) 고정식 포소화설비의 포방출구 등은 방호대상물의 형상, 구조, 성질, 수량 또는 취급방법에 따라 표준방사량으로 당해 방호대상물의 화재를 유효하게 소화할 수 있도록 필요한 개수를 적당한 위치에 설치할 것

2) 이동식 포소화설비(포소화전 등 고정된 포수용액 공급장치로부터 호스를 통하여 포수용액을 공급받아 이동식 노즐에 의하여 방사하도록 된 소화설비를 말한다. 이하 같다)의 포소화전은 옥내에 설치하는 것은 마목1), 옥외에 설치하는 것은 바목1)의 규정을 준용할 것

3) 수원의 수량 및 포소화약제의 저장량은 방호대상물의 화재를 유효하게 소화할 수 있는 양 이상이 되도록 할 것

4) 포소화설비에는 비상전원을 설치할 것

차. 불활성가스소화설비의 설치기준은 다음의 기준에 의할 것

1) 전역방출방식 불활성가스소화설비의 분사헤드는 불연재료의 벽·기둥·바닥·보 및 지붕(천장이 있는 경우에는 천장)으로 구획되고 개구부에 자동폐쇄장치(갑종방화문, 을종방화문 또는 불연재료의 문으로 이산화탄소소화약제가 방사되기 직전에 개구부를 자동적으로 폐쇄하는 장치를 말한다)가 설치되어 있는 부분(이하 "방호구역"이라 한다)에 당해 부분의 용적 및 방호대상물의 성질에 따라 표준방사량으로 방호대상물의 화재를 유효하게 소화할 수 있도록 필요한 개수를 적당한 위치에 설치할 것. 다만, 당해 부분에서 외부로 누설되는 양 이상의 불활성가스소화약제를 유효하

게 추가하여 방출할 수 있는 설비가 있는 경우는 당해 개구부의 자동폐쇄장치를 설치하지 아니할 수 있다.
2) 국소방출방식 불활성가스소화설비의 분사헤드는 방호대상물의 형상, 구조, 성질, 수량 또는 취급방법에 따라 방호대상물에 이산화탄소소화약제를 직접 방사하여 표준방사량으로 방호대상물의 화재를 유효하게 소화할 수 있도록 필요한 개수를 적당한 위치에 설치할 것
3) 이동식 불활성가스소화설비(고정된 이산화탄소소화약제 공급장치로부터 호스를 통하여 이산화탄소소화약제를 공급받아 이동식 노즐에 의하여 방사하도록 된 소화설비를 말한다. 이하 같다)의 호스접속구는 모든 방호대상물에 대하여 당해 방호 대상물의 각 부분으로부터 하나의 호스접속구까지의 수평거리가 15m 이하가 되도록 설치할 것
4) 불활성가스소화약제용기에 저장하는 불활성가스소화약제의 양은 방호대상물의 화재를 유효하게 소화할 수 있는 양 이상이 되도록 할 것
5) 전역방출방식 또는 국소방출방식의 불활성가스소화설비에는 비상전원을 설치할 것

카. 할로겐화합물소화설비의 설치기준은 차목의 불활성가스소화설비의 기준을 준용할 것
타. 분말소화설비의 설치기준은 차목의 불활성가스소화설비의 기준을 준용할 것
파. 대형수동식소화기의 설치기준은 방호대상물의 각 부분으로부터 하나의 대형수동식소화기까지의 보행거리가 30m 이하가 되도록 설치할 것. 다만, 옥내소화전설비, 옥외소화전설비, 스프링클러설비 또는 물분무등소화설비와 함께 설치하는 경우에는 그러하지 아니하다.
하. 소형수동식소화기등의 설치기준은 소형수동식소화기 또는 그 밖의 소화설비는 지하탱크저장소, 간이탱크저장소, 이동탱크저장소, 주유취급소 또는 판매취급소에서는 유효하게 소화할 수 있는 위치에 설치하여야 하며, 그 밖의 제조소등에서는 방호대상물의 각 부분으로부터 하나의 소형수동식소화기까지의 보행거리가 20m 이하가 되도록 설치할 것. 다만, 옥내소화전설비, 옥외소화전설비, 스프링클러설비, 물분무등소화설비 또는 대형수동식소화기와 함께 설치하는 경우에는 그러하지 아니하다.

Ⅱ. 경보설비

1. 제조소등별로 설치하여야 하는 경보설비의 종류

제조소등의 구분	제조소등의 규모, 저장 또는 취급하는 위험물의 종류 및 최대수량 등	경보설비
1. 제조소 및 일반취급소	• 연면적 500m² 이상인 것 • 옥내에서 지정수량의 100배 이상을 취급하는 것(고인화점 위험물만을 100℃ 미만의 온도에서 취급하는 것을 제외한다) • 일반취급소로 사용되는 부분 외의 부분이 있는 건축물에 설치된 일반취급소(일반취급소와 일반취급소 외의 부분이 내화구조의 바닥 또는 벽으로 개구부 없이 구획된 것을 제외한다)	자동화재 탐지설비
2. 옥내저장소	• 지정수량의 100배 이상을 저장 또는 취급하는 것(고인화점위험물만을 저장 또는 취급하는 것을 제외한다) • 저장창고의 연면적이 150m²를 초과하는 것[당해저장창고가 연면적 150m² 이내마다 불연재료의 격벽으로 개구부 없이 완전히 구획된 것과 제2류 또는 제4류의 위험물(인화성고체 및 인화점이 70℃ 미만인 제4류 위험물을 제외한다)만을 저장 또는 취급하는 것에 있어서는 저장창고의 연면적이 500m² 이상의 것에 한한다.] • 처마높이가 6m 이상인 단층건물의 것 • 옥내저장소로 사용되는 부분 외의 부분이 있는 건축물에 설치된 옥내저장소[옥내저장소와 옥내저장소 외의 부분이 내화구조의 바닥 또는 벽으로 개구부 없이 구획된 것과 제2류 또는 제4류의 위험물(인화성고체 및 인화점이 70℃ 미만인 제4류 위험물을 제외한다)만을 저장 또는 취급 하는 것을 제외한다.]	
3. 옥내탱크 저장소	단층 건물 외의 건축물에 설치된 옥내탱크저장소로서 소화난이도등급Ⅰ에 해당하는 것	
4. 주유취급소	옥내주유취급소	
5. 제1호 내지 제4호의 자동화재 탐지설비 설치 대상에 해당하지 아니하는 제조소등	지정수량의 10배 이상을 저장 또는 취급하는 것	자동화재 탐지설비, 비상경보 설비, 확성장치 또는 비상방송 설비 중 1종 이상

비고 : 이송취급소의 경보설비는 별표 15 Ⅳ제14호의 규정에 의한다.

2. 자동화재탐지설비의 설치기준

가. 자동화재탐지설비의 경계구역(화재가 발생한 구역을 다른 구역과 구분하여 식별할 수 있는 최소단위의 구역을 말한다. 이하 이 호 및 제2호에서 같다)은 건축물 그 밖의 공작물의 2 이상의 층에 걸치지 아니하도록 할 것. 다만, 하나의 경계구역의 면적이 500m² 이하이면서 당해 경계구역이 두개의 층에 걸치는 경우이거나 계단·경사로·승강기의 승강로 그 밖에 이와 유사한 장소에 연기감지기를 설치하는 경우에는 그러하지 아니하다.

나. 하나의 경계구역의 면적은 600m² 이하로 하고 그 한 변의 길이는 50m(광전식분리형 감지기를 설치할 경우에는 100m) 이하로 할 것. 다만, 당해 건축물 그 밖의 공작물의 주요한 출입구에서 그 내부의 전체를 볼 수 있는 경우에 있어서는 그 면적을 1,000m² 이하로 할 수 있다.

다. 자동화재탐지설비의 감지기는 지붕(상층이 있는 경우에는 상층의 바닥) 또는 벽의 옥내에 면한 부분(천장이 있는 경우에는 천장 또는 벽의 옥내에 면한 부분 및 천장의 뒷부분)에 유효하게 화재의 발생을 감지할 수 있도록 설치할 것

라. 자동화재탐지설비에는 비상전원을 설치할 것

Ⅲ. 피난설비

1. 주유취급소 중 건축물의 2층 이상의 부분을 점포·휴게음식점 또는 전시장의 용도로 사용하는 것에 있어서는 당해 건축물의 2층 이상으로부터 주유취급소의 부지 밖으로 통하는 출입구와 당해 출입구로 통하는 통로·계단 및 출입구에 유도등을 설치하여야 한다.

2. 옥내주유취급소에 있어서는 당해 사무소 등의 출입구 및 피난구와 당해 피난구로 통하는 통로·계단 및 출입구에 유도등을 설치하여야 한다.

3. 유도등에는 비상전원을 설치하여야 한다.

2. 제조소등의 소화설비의 기준[세부기준 제5장]

제128조(소화설비 설치의 구분) 옥내소화전설비, 옥외소화전설비, 스프링클러설비 또는 물분무등소화설비 설치의 구분은 다음 각 호와 같다.

1. 옥내소화전설비 및 이동식물분무등소화설비는 화재발생시 연기가 충만할 우려가 없는 장소 등 쉽게 접근이 가능하고 화재 등에 의한 피해를 받을 우려가 적은 장소에 한하여 설치할 것
2. 옥외소화전설비는 건축물의 1층 및 2층 부분만을 방사능력범위로 하고 건축물의 지하층 및 3층 이상의 층에 대하여 다른 소화설비를 설치할 것. 또한 옥외소화전설비를 옥외 공작물에 대한 소화설비로 하는 경우에도 유효방수거리 등을 고려한 방사능력범위에 따라 설치할 것
3. 제4류 위험물을 저장 또는 취급하는 탱크에 포소화설비를 설치하는 경우에는 고정식포소화설비(종형탱크에 설치하는 것은 고정식포방출구방식으로 하고 보조포소화전 및 연결송액구를 함께 설치할 것)를 설치할 것
4. 소화난이도등급 I 의 제조소 또는 일반취급소에 옥내·외소화전설비, 스프링클러설비 또는 물분무등소화설비를 설치시 당해 제조소 또는 일반취급소의 취급탱크(인화점 21℃ 미만의 위험물을 취급하는 것에 한한다. 이하 이 조에서 같다)의 펌프설비, 주입구 또는 토출구가 옥내·외소화전설비, 스프링클러설비 또는 물분무등소화설비의 방사능력범위 내에 포함되도록 할 것. 이 경우 당해 취급탱크의 펌프설비, 주입구 또는 토출구에 접속하는 배관의 내경이 200mm 이상인 경우에는 당해 펌프설비, 주입구 또는 토출구에 대하여 적응성 있는 소화설비는 이동식 외의 물분무등소화설비에 한한다.
5. 포소화설비 중 포모니터노즐방식은 옥외의 공작물(펌프설비 등을 포함한다) 또는 옥외에서 저장 또는 취급하는 위험물을 방호대상물로 할 것

제129조(옥내소화전설비의 기준) 옥내소화전설비의 기준은 다음 각 호와 같다.

1. 옥내소화전의 개폐밸브 및 호스접속구는 바닥면으로부터 1.5m 이하의 높이에 설치할 것
2. 옥내소화전의 개폐밸브 및 방수용기구를 격납하는 상자(이하 "소화전함"이라 한다)는 불연재료로 제작하고 점검에 편리하고 화재발생시 연기가 충만할 우려가 없는 장소 등 쉽게 접근이 가능하고 화재 등에 의한 피해를 받을 우려가 적은 장소에 설치할 것
3. 가압송수장치의 시동을 알리는 표시등(이하 "시동표시등"이라 한다)은 적색으로 하고 옥내소화전함의 내부 또는 그 직근의 장소에 설치할 것. 다만, 제4호나목에 의하여 설치한 적색의 표시등을 점멸시키는 것에 의하여 가압송수장치의 시동을 알리는 것이 가능한 경우 및 영 제18조의 규정에 따른 자체소방대를 둔 제조소등으로서 가압송수장치의 기동장치를 기동용 수압개폐장치로 사용하는 경우에는 시동표시등을 설치하지 아니할 수 있다.

4. 옥내소화전설비의 설치의 표시는 다음 각목에 정한 것에 의할 것

   가. 옥내소화전함에는 그 표면에 "소화전"이라고 표시할 것

   나. 옥내소화전함의 상부의 벽면에 적색의 표시등을 설치하되, 당해 표시등의 부착면과 15° 이상의 각도가 되는 방향으로 10m 떨어진 곳에서 용이하게 식별이 가능하도록 할 것

5. 수원의 수위가 펌프(수평회전식의 것에 한한다)보다 낮은 위치에 있는 가압송수장치는 다음 각목에 정한 것에 의하여 물올림장치를 설치할 것

   가. 물올림장치에는 전용의 물올림탱크를 설치할 것

   나. 물올림탱크의 용량은 가압송수장치를 유효하게 작동할 수 있도록 할 것

   다. 물올림탱크에는 감수경보장치 및 물올림탱크에 물을 자동으로 보급하기 위한 장치가 설치되어 있을 것

6. 옥내소화전설비의 비상전원은 자가발전설비 또는 축전지설비에 의하되 다음 각목에 정한 것으로 할 것. 다만, 가목에 적합한 내연기관으로서 상용전원의 정전시 신속히 당해 내연기관을 작동할 수 있는 경우에는 자가발전설비를 대신하여 내연기관을 사용할 수 있다.

   가. 용량은 옥내소화전설비를 유효하게 45분 이상 작동시키는 것이 가능할 것

   나. 자가발전설비는 (1) 내지 (3)에 정한 것에 의할 것

   (1) 비상전원 전용수전설비는 (가) 내지 (마)에 정한 것으로 할 것

      (가) 점검에 편리하고 화재 등의 피해를 받을 우려가 적은 곳에 설치할 것

      (나) 다른 전기회로의 개폐기 또는 차단기에 의하여 차단되지 않을 것

      (다) 개폐기에는 "옥내소화전설비용"이라고 표시할 것

      (라) 고압 또는 특별고압으로 수전하는 비상전원전용수전설비는 불연재료의 벽, 기둥, 바닥 및 천정(천정이 없는 경우에는 지붕)으로 구획되고 출입구는 갑종방화문 또는 을종방화문이 설치되고 창에는 망입유리 또는 강화유리(8mm 이상)가 설치된 전용실에 설치할 것. 다만, 1) 또는 2)에 해당하는 경우는 그러하지 아니하다.

         1) 큐비클식 비상전원전용수전설비로서 불연재료로 구획된 변전설비실, 발전설비실, 기계실, 펌프실, 그 밖의 이와 유사한 실 또는 옥외나 건축물의 옥상에 설치된 경우

         2) 옥외 또는 주요구조부가 내화구조인 건축물의 옥상에 설치한 것으로서 인접한 건축물 또는 공작물로부터 3m 이상 이격된 경우 또는 당해 수전설비로부터 3m 미만의 범위에 있는 건축물 또는 공작물의 부분이 불연재료인 경우

      (마) 큐비클식 비상전원전용수전설비는 당해 수전설비의 전면에 폭 1m 이상의 공지를 보유하여야 하며, 다른 자가발전·축전설비(큐비클식을 제외한다)

또는 건축물·공작물(수전설비를 옥외에 설치하는 경우에 한한다)로부터 1m 이상 이격할 것

　(2) 상용전원이 정전인 때에는 자동으로 비상전원으로 전환될 수 있을 것
　(3) 큐비클식 외의 자가발전설비는 (가) 내지 (다)에 정한 것에 의할 것

(가) 자가발전장치(발전기와 원동기를 연결한 것을 말한다. 이하 같다)의 주위에는 0.6m 이상의 공지를 보유할 것

(나) 연료탱크와 원동기와의 간격은 예열하는 방식의 원동기는 2m 이상, 그 밖의 방식의 원동기는 0.6m 이상으로 할 것. 다만, 연료탱크와 원동기의 사이에 불연재료로 만든 방화상 유효한 차폐물을 설치한 경우는 그러하지 아니하다.

(다) 운전제어장치, 보호장치, 여자(勵磁)장치 또는 이와 유사한 장치를 수납하는 조작반(자가발전장치에 내장된 것은 제외한다)은 강판제의 함에 수납하고 당해 함의 전면에 폭 1m 이상의 공지를 보유 할 것

다. 축전지설비는 (1) 내지 (3)에 정한 것에 의할 것

　(1) 나목(1)의 규정에 의할 것
　(2) 상용전원이 정전인 때에는 자동으로 비상전원으로 전환되고 상용전원이 복구된 때에는 자동으로 상용전원으로 전환될 수 있을 것
　(3) 큐비클 외의 축전지설비는 (가) 내지 (마)에 정한 것에 의할 것

(가) 축전지설비는 설치된 실의 벽으로부터 0.1m 이상 이격할 것

(나) 축전지설비를 동일실에 2 이상 설치하는 경우에는 축전지설비의 상호간격은 0.6m(높이가 1.6m 이상인 선반 등을 설치한 경우에는 1m) 이상 이격할 것

(다) 축전지설비는 물이 침투할 우려가 없는 장소에 설치할 것

(라) 축전지설비를 설치한 실에는 옥외로 통하는 유효한 환기설비를 설치할 것

(마) 충전장치와 축전지를 동일실에 설치하는 경우에는 충전장치를 강제의 함에 수납하고 당해 함의 전면에 폭 1m 이상의 공지를 보유할 것

라. 배선은 「전기사업법」에 의한 전기설비기술기준에 적합하게 하여야 하며 다른 회로에 의한 장애를 받지 아니하도록 조치를 하고 (1) 내지 (3)에 정한 것에 의할 것

　(1) 600볼트 2종 비닐절연전선 또는 이와 동등 이상의 내열성을 갖는 전선을 사용할 것
　(2) 전선은 내화구조인 주요구조부에 매설하거나 또는 이와 동등 이상의 내열효과가 있는 방법으로 보호할 것. 다만, MI케이블 또는 이와 동등 이상의 내열성능이 있는 것은 그러하지 아니하다.
　(3) 개폐기, 과전류보호기, 기타 배선기기는 내열효과가 있는 방법으로 보호할 것

7. 조작회로 및 제4호나목의 규정에 따른 표시등의 회로배선은 다음 각목에 정한 것에 의할 것

가. 600볼트 2종비닐절연전선 또는 이와 동등 이상의 내열성능을 갖는 전선을 사용할 것

나. 금속관공사, 가요전선관공사, 금속덕트공사 또는 케이블공사(불연성의 덕트로 덮는 경우에 한한다)에 의하여 설치할 것

8. 배관은 다음 각목에 정한 기준에 의할 것

   가. 전용으로 할 것. 다만, 옥내소화전의 기동장치를 조작하는 것에 의하여 즉시 다른 소화설비 배관의 송수를 차단하는 것이 가능한 경우 등 당해 옥내소화전설비의 성능에 지장을 주지 아니하는 경우에는 그러하지 아니하다..

   나. 가압송수장치의 토출측 직근부분의 배관에는 체크밸브 및 개폐밸브를 설치할 것

   다. 펌프를 이용한 가압송수장치의 흡수관은 (1) 내지 (3)에 정한 것에 의할 것

      (1) 흡수관은 펌프마다 전용으로 설치할 것

      (2) 흡수관에는 여과장치(후드밸브에 부속된 것을 포함한다)를 설치하여야 하며, 수원의 수위가 펌프보다 낮은 위치에 있는 경우에는 후드밸브를 설치하고 그 외의 경우에는 개폐밸브를 설치할 것

      (3) 후드밸브는 용이하게 점검할 수 있도록 할 것

   라. 「배관용탄소강관」(KS D 3507), 「압력배관용탄소강관」(KS D 3562) 또는 이와 동동 이상의 강도, 내식성 및 내열성을 갖는 관을 사용할 것

   마. 관이음쇠는「나사식강관제관이음쇠」(KS B 1533), 「나사식가단주철제관이음쇠」(KS B 1531), 「강제용접식관플랜지」(KS B 1503), 「스테인리스강제용접식플랜지」(KS B 1506), 「배관용 강제맞대기용접식관이음쇠」(KS B 1541) 또는 이와 동등 이상의 강도, 내식성 및 내열성을 갖는 것으로 할 것

   바. 주배관 중 입상관은 관의 직경이 50mm 이상인 것으로 할 것

   사. 밸브류는 (1) 및 (2)에 정한 것에 의할 것

      (1) 재질은 「주강 플랜지형 밸브」(KS B 2361), 「회주철품」(KS D 4301), 「구상흑연주철품」(KS D 4302) 또는 이와 동등 이상의 강도, 내식성 및 내열성을 갖는 것으로 할 것

      (2) 개폐밸브에는 그 개폐방향을, 체크밸브에는 그 흐름방향을 표시할 것

   아. 배관은 당해 배관에 급수하는 가압송수장치의 체절압력의 1.5배 이상의 수압을 견딜 수 있는 것으로 할 것

9. 가압송수장치는 다음 각목에 정한 것에 의하여 설치할 것

   가. 고가수조를 이용한 가압송수장치는 (1) 및 (2)에 정한 것에 의할 것

      (1) 낙차(수조의 하단으로부터 호스접속구까지의 수직거리를 말한다. 이하 이 호에서 같다)는 다음 식에 의하여 구한 수치 이상으로 할 것

$$H = h_1 + h_2 + 35m$$

H : 필요낙차 (단위 m)
h_1 : 방수용 호수의 마찰손실수두 (단위 m)
h_2 : 배관의 마찰손실수두 (단위 m)

(2) 고가수조에는 수위계, 배수관, 오버플로우용 배수관, 보급수관 및 맨홀을 설치할 것

나. 압력수조를 이용한 가압송수장치는 (1) 내지 (3)에 정한 것에 의할 것

　(1) 압력수조의 압력은 다음 식에 의하여 구한 수치 이상으로 할 것

$$P = p_1 + p_2 + p_3 + 0.35 MPa$$

P : 필요한 압력 (단위 MPa)
p_1 : 소방용호스의 마찰손실수두압 (단위 MPa)
p_2 : 배관의 마찰손실수두압 (단위 MPa)
p_3 : 낙차의 환산수두압 (단위 MPa)

　(2) 압력수조의 수량은 당해 압력수조 체적의 2/3 이하일 것
　(3) 압력수조에는 압력계, 수위계, 배수관, 보급수관, 통기관 및 맨홀을 설치할 것

다. 펌프를 이용한 가압송수장치는 (1) 내지 (8)에 정한 것에 의할 것

　(1) 펌프의 토출량은 옥내소화전의 설치개수가 가장 많은 층에 대해 당해 설치개수(설치개수가 5개 이상인 경우에는 5개로 한다)에 260ℓ/min를 곱한 양 이상이 되도록 할 것

　(2) 펌프의 전양정은 다음 식에 의하여 구한 수치 이상으로 할 것

$$H = h_1 + h_2 + h_3 + 35m$$

H : 펌프의 전양정 (단위 m)
h_1 : 소방용 호스의 마찰손실수두 (단위 m)
h_2 : 배관의 마찰손실수두 (단위 m)
h_3 : 낙차 (단위 m)

　(3) 펌프의 토출량이 정격토출량의 150%인 경우에는 전양정은 정격전양정의 65% 이상일 것
　(4) 펌프는 전용으로 할 것. 다만, 다른 소화설비와 병용 또는 겸용하여도 각각의 소화설비의 성능에 지장을 주지 아니하는 경우에는 그러하지 아니하다.
　(5) 펌프에는 토출측에 압력계, 흡입측에 연성계를 설치할 것
　(6) 가압송수장치에는 정격부하운전시 펌프의 성능을 시험하기 위한 배관설비를 설치할 것
　(7) 가압송수장치에는 체절운전시에 수온상승방지를 위한 순환배관을 설치할 것
　(8) 원동기는 전동기 또는 내연기관에 의한 것으로 할 것

라. 가압송수장치에는 당해 옥내소화전의 노즐선단에서 방수압력이 0.7MPa을 초과하지 아니하도록 할 것
마. 기동장치는 직접조작이 가능하고, 옥내소화전함의 내부 또는 그 직근의 장소에 설치된 조작부(자동화재탐지설비의 P형발신기를 포함한다)에서 원격조작이 가능하도록 할 것
바. 가압송수장치는 직접조작에 의해서만 정지되도록 할 것
사. 소방용호스 및 배관의 마찰손실계산은 Hazen & Williams 공식에 의할 것

10. 가압송수장치는 점검에 편리하고 화재 등의 피해를 받을 우려가 적은 장소에 설치할 것
11. 옥내소화전설비는 습식(배관 내에 상시 충수되어 있고 가압송수장치의 기동에 의하여 즉시 방수가능한 방법을 말한다. 이하 같다)으로 하고 동결방지조치를 할 것. 다만, 동결방지조치가 곤란한 경우에는 습식 외의 방식으로 할 수 있다.

제130조(옥외소화전설비의 기준) 옥외소화전설비의 기준은 다음 각 호와 같다.

1. 옥외소화전의 개폐밸브 및 호스접속구는 지반면으로부터 1.5m 이하의 높이에 설치할 것
2. 방수용기구를 격납하는 함(이하 "옥외소화전함"이라 한다)은 불연재료로 제작하고 옥외소화전으로부터 보행거리 5m 이하의 장소로서 화재발생시 쉽게 접근가능하고 화재 등의 피해를 받을 우려가 적은 장소에 설치할 것
3. 옥외소화전설비의 설치의 표시는 다음 각목에 정한 것에 의할 것
    가. 옥외소화전함에는 그 표면에 "호스격납함"이라고 표시할 것. 다만, 호스접속구 및 개폐밸브를 옥외소화전함의 내부에 설치하는 경우에는 "소화전"이라고 표시할 수도 있다.
    나. 옥외소화전에는 직근의 보기 쉬운 장소에 "소화전"이라고 표시할 것
4. 가압송수장치, 시동표시등, 물올림장치, 비상전원, 조작회로의 배선 및 배관등은 옥내소화전설비의 기준의 예에 준하여 설치할 것. 다만, 영 제18조의 규정에 따른 자체소방대를 둔 제조소등으로서 옥외소화전함 부근에 설치된 옥외전등에 비상전원이 공급되는 경우에는 옥외소화전함의 적색 표시등을 설치하지 아니할 수 있다.
5. 옥외소화전설비는 습식으로 하고 동결방지조치를 할 것. 다만, 동결방지조치가 곤란한 경우에는 습식 외의 방식으로 할 수 있다.

제131조(스프링클러설비의 기준) 스프링클러설비의 기준은 다음 각 호와 같다.

1. 개방형스프링클러헤드는 방호대상물의 모든 표면이 헤드의 유효사정 내에 있도록 설치하고, 다음 각목에 정한 것에 의하여 설치할 것
    가. 스프링클러헤드의 반사판으로부터 하방으로 0.45m, 수평방향으로 0.3m의 공간을 보유할 것
    나. 스프링클러헤드는 헤드의 축심이 당해 헤드의 부착면에 대하여 직각이 되도록 설치할 것

2. 폐쇄형스프링클러헤드는 방호대상물의 모든 표면이 헤드의 유효사정 내에 있도록 설치하고, 다음 각목에 정한 것에 의하여 설치할 것
    가. 스프링클러헤드는 제1호가목 및 나목의 규정에 의할 것
    나. 스프링클러헤드의 반사판과 당해 헤드의 부착면과의 거리는 0.3m 이하일 것
    다. 스프링클러헤드는 당해 헤드의 부착면으로부터 0.4m 이상 돌출한 보 등에 의하여 구획된 부분마다 설치할 것. 다만, 당해 보 등의 상호간의 거리(보 등의 중심선을 기산점으로 한다)가 1.8m 이하인 경우에는 그러하지 아니하다.
    라. 급배기용 덕트 등의 긴변의 길이가 1.2m를 초과하는 것이 있는 경우에는 당해 덕트 등의 아래면에도 스프링클러헤드를 설치할 것
    마. 스프링클러헤드의 부착위치는 (1) 및 (2)에 정한 것에 의할 것
        (1) 가연성 물질을 수납하는 부분에 스프링클러헤드를 설치하는 경우에는 제1호가목의 규정에 불구하고 당해 헤드의 반사판으로부터 하방으로 0.9m, 수평방향으로 0.4m의 공간을 보유할 것
        (2) 개구부에 설치하는 스프링클러헤드는 당해 개구부의 상단으로부터 높이 0.15m 이내의 벽면에 설치할 것
    바. 건식 또는 준비작동식의 유수검지장치의 2차측에 설치하는 스프링클러헤드는 상향식스프링클러헤드로 할 것. 다만, 동결할 우려가 없는 장소에 설치하는 경우는 그러하지 아니하다.
    사. 스프링클러헤드는 그 부착장소의 평상시의 최고주위온도에 따라 다음 표에 정한 표시온도를 갖는 것을 설치할 것

부착장소의 최고주위온도 (단위 ℃)	표시온도 (단위 ℃)
28 미만	58 미만
28 이상 39 미만	58 이상 79 미만
39 이상 64 미만	79 이상 121 미만
64 이상 106 미만	121 이상 162 미만
106 이상	162 이상

3. 개방형스프링클러헤드를 이용하는 스프링클러설비에는 일제개방밸브 또는 수동식개방밸브를 다음 각목에 정한 것에 의하여 설치할 것

   가. 일제개방밸브의 기동조작부 및 수동식개방밸브는 화재시 쉽게 접근 가능한 바닥면으로부터 1.5m 이하의 높이에 설치할 것

   나. 가목에 정한 것 외에 일제개방밸브 또는 수동식개방밸브는 (1) 내지 (4)에 정한 것에 의할 것

   (1) 방수구역마다 설치할 것

   (2) 일제개방밸브 또는 수동식개방밸브에 작용하는 압력은 당해 일제개방밸브 또는 수동식 개방밸브의 최고사용압력 이하로 할 것

   (3) 일제개방밸브 또는 수동식개방밸브의 2차측 배관부분에는 당해 방수구역에 방수하지 않고 당해 밸브의 작동을 시험할 수 있는 장치를 설치할 것

   (4) 수동식개방밸브를 개방조작하는데 필요한 힘이 15kg 이하가 되도록 설치할 것

4. 개방형스프링클러헤드를 이용하는 스프링클러설비에 2 이상의 방사구역을 두는 경우에는 화재를 유효하게 소화할 수 있도록 인접하는 방사구역이 상호 중복되도록 할 것

5. 스프링클러설비에는 다음 각목에 정한 것에 의하여 각층 또는 방사구역마다 제어밸브를 설치할 것

   가. 제어밸브는 개방형스프링클러헤드를 이용하는 스프링클러설비에 있어서는 방수구역마다, 폐쇄형스프링클러헤드를 사용하는 스프링클러설비에 있어서는 당해 방화대상물의 층마다, 바닥면으로부터 0.8m 이상 1.5m 이하의 높이에 설치할 것

   나. 제어밸브에는 함부로 닫히지 아니하는 조치를 강구할 것

   다. 제어밸브에는 직근의 보기 쉬운 장소에 "스프링클러설비의 제어밸브"라고 표시할 것

6. 자동경보장치는 다음 각목에 정한 것에 의하여 설치할 것. 다만, 자동화재탐지설비에 의하여 경보가 발하는 경우는 음향경보장치를 설치하지 아니할 수 있다.

   가. 스프링클러헤드의 개방 또는 보조살수전의 개폐밸브의 개방에 의하여 경보를 발하도록 할 것

   나. 발신부는 각층 또는 방수구역마다 설치하고 당해 발신부는 유수검지장치 또는 압력검지장치를 이용할 것

   다. 나목의 유수검지장치 또는 압력검지장치에 작용하는 압력은 당해 유수검지장치 또는 압력검지장치의 최고사용압력 이하로 할 것

   라. 수신부에는 스프링클러헤드 또는 화재감지용헤드가 개방된 층 또는 방수구역을 알 수 있는 표시장치를 설치하고, 수신부는 수위실 기타 상시 사람이 있는 장소(중앙관리실이 설치되어 있는 경우에는 당해 중앙관리실)에 설치 할 것

   마. 하나의 방화대상물에 2 이상의 수신부가 설치되어 있는 경우에는 이들 수신부가 있는 장소 상호간에 동시에 통화할 수 있는 설비를 설치할 것

7. 유수검지장치는 다음 각목에 정한 것에 의하여 설치할 것

   가. 유수검지장치의 1차측에는 압력계를 설치할 것

   나. 유수검지장치의 2차측에 압력의 설정을 필요로 하는 스프링클러설비에는 당해 유수검지장치의 압력설정치보다 2차측의 압력이 낮아진 경우에 자동으로 경보를 발하는 장치를 설치할 것

8. 폐쇄형스프링클러헤드를 이용하는 스프링클러설비의 배관의 말단에는 유수검지장지 또는 압력검지장치의 작동을 시험하기 위한 밸브(이하 "말단시험밸브"라 한다)를 다음 각목에 의하여 설치할 것

   가. 말단시험밸브는 유수검지장치 또는 압력검지장치를 설치한 배관의 계통마다 1개씩, 방수압력이 가장 낮다고 예상되는 배관의 부분에 설치할 것

   나. 말단시험밸브의 1차측에는 압력계를, 2차측에는 스프링클러헤드와 동등의 방수성능을 갖는 오리피스 등의 시험용방수구를 설치할 것

   다. 말단시험밸브에는 직근의 보기 쉬운 장소에 "말단시험밸브"라고 표시할 것

9. 스프링클러설비에는 다음 각목의 정한 것에 의하여 소방펌프자동차가 용이하게 접근할 수 있는 위치에 쌍구형의 송수구를 설치할 것

   가. 전용으로 할 것

   나. 송수구의 결합금속구는 탈착식 또는 나사식으로 하고 내경을 63.5mm 내지 66.5mm로 할 것

   다. 송수구의 결합금속구는 지면으로부터 0.5m 이상 1m 이하의 높이의 송수에 지장이 없는 위치에 설치할 것

   라. 송수구는 당해 스프링클러설비의 가압송수장치로부터 유수검지장치·압력검지장치 또는 일제개방형밸브·수동식개방밸브까지의 배관에 전용의 배관으로 접속할 것

   마. 송수구에는 그 직근의 보기 쉬운 장소에 "스프링클러용송수구"라고 표시하고 그 송수압력범위를 함께 표시할 것

10. 기동장치는 폐쇄형스프링클러헤드를 이용하는 스프링클러설비에 있어서는 자동식의 기동장치를 설치하고, 개방형스프링클러헤드를 이용하는 스프링클러설비에 있어서는 자동식의 기동장치 또는 수동식의 기동장치를 설치하여야 하며 그 기준은 다음 각목에 정한 것에 의할 것

    가. 자동식의 기동장치는 (1) 또는 (2)에 정한 것에 의할 것

       (1) 개방형스프링클러헤드를 이용하는 스프링클러설비는 자동화재탐지설비의 감지기의 작동, 화재감지기용 헤드의 작동 또는 개방에 의한 압력검지장치의 작동과 연동하여 가압송수장치 및 일제개방밸브가 기동될 수 있도록 할 것. 다만, 자동화재탐지설비의 수신기 또는 스프링클러설비의 표시장치가 설치되어 있는 장소에

상시 사람이 있고 화재시 즉시 당해 조작부를 작동시킬 수 있는 경우에는 그러하지 아니하다.

    (2) 폐쇄형스프링클러헤드를 이용하는 스프링클러설비는 스프링클러헤드의 개방 또는 보조살수전의 개폐밸브의 개방에 의한 유수검지장치 또는 기동용수압개폐장치의 작동과 연동하여 가압송수장치가 기동될 수 있도록 할 것

  나. 수동식의 기동장치는 (1) 및 (2)에 정한 것에 의할 것

    (1) 직접조작 또는 원격조작에 의하여 각각 가압송수장치 및 수동식개방밸브 또는 압력송수장치 및 일제개방밸브를 기동할 수 있도록 할 것

    (2) 2 이상의 방수구역을 갖는 스프링클러설비는 방수구역을 선택할 수 있는 구조로 할 것

11. 건식 또는 준비작동식의 유수검지장치가 설치되어 있는 스프링클러설비는 스프링클러헤드가 개방된 후 1분 이내에 당해 스프링클러헤드로부터 방수될 수 있도록 할 것

12. 가압송수장치, 물올림장치, 비상전원, 조작회로의 배선 및 배관 등은 옥내소화전설비의 예에 준하여 설치할 것

제132조(물분무소화설비의 기준) 물분무소화설비의 기준은 다음 각 호와 같다.

1. 물분무소화설비에 2 이상의 방사구역을 두는 경우에는 화재를 유효하게 소화할 수 있도록 인접하는 방사구역이 상호 중복되도록 할 것

2. 고압의 전기설비가 있는 장소에는 당해 전기설비와 분무헤드 및 배관과 사이에 전기절연을 위하여 필요한 공간을 보유할 것

3. 물분무소화설비에는 각층 또는 방사구역마다 제어밸브, 스트레이너 및 일제개방밸브 또는 수동식개방밸브를 다음 각목에 정한 것에 의하여 설치할 것〈2007. 12. 3 개정〉

  가. 제어밸브 및 일제개방밸브 또는 수동식개방밸브는 스프링클러설비의 기준의 예에 의할 것

  나. 스트레이너 및 일제개방밸브 또는 수동식개방밸브는 제어밸브의 하류측 부근에 스트레이너, 일제개방밸브 또는 수동식개방밸브의 순으로 설치할 것

4. 기동장치는 스프링클러설비의 기준의 예에 의할 것

5. 가압송수장치, 물올림장치, 비상전원, 조작회로의 배선 및 배관 등은 옥내소화전설비의 예에 준하여 설치할 것

제133조(포소화설비의 기준) 포소화설비의 기준은 다음 각 호와 같다.

1. 고정식의 포소화설비의 포방출구 등은 다음 각목에 정한 것에 의하여 설치할 것

   가. 고정식 포방출구방식은 탱크에서 저장 또는 취급하는 위험물의 화재를 유효하게 소화할 수 있도록 포방출구, 당해 소화설비에 부속하는 보조포소화전 및 연결송액구를 다음에 정한 것에 의하여 설치할 것

   (1) 포방출구는 다음에 정한 것에 의할 것〈2007. 12. 3 개정〉

   (가) 포방출구는 다음의 구분에 의할 것

   1) I형 : 고정지붕구조의 탱크에 상부포주입법(고정포방출구를 탱크옆판의 상부에 설치하여 액표면상에 포를 방출하는 방법을 말한다. 이하 같다)을 이용하는 것으로서 방출된 포가 액면 아래로 몰입되거나 액면을 뒤섞지 않고 액면상을 덮을 수 있는 통계단 또는 미끄럼판 등의 설비 및 탱크내의 위험물증기가 외부로 역류되는 것을 저지할 수 있는 구조·기구를 갖는 포방출구

   2) II형 : 고정지붕구조 또는 부상덮개부착고정지붕구조(옥외저장탱크의 액상에 금속제의 플로팅, 팬 등의 덮개를 부착한 고정지붕구조의 것을 말한다. 이하 같다)의 탱크에 상부포주입법을 이용하는 것으로서 방출된 포가 탱크옆판의 내면을 따라 흘러내려 가면서 액면 아래로 몰입되거나 액면을 뒤섞지 않고 액면상을 덮을 수 있는 반사판 및 탱크내의 위험물증기가 외부로 역류되는 것을 저지할 수 있는 구조·기구를 갖는 포방출구

   3) 특형 : 부상지붕구조의 탱크에 상부포주입법을 이용하는 것으로서 부상지붕의 부상부분상에 높이 0.9m 이상의 금속제의 칸막이(방출된 포의 유출을 막을 수 있고 충분한 배수능력을 갖는 배수구를 설치한 것에 한한다)를 탱크옆판의 내측으로부터 1.2m 이상 이격하여 설치하고 탱크옆판과 칸막이에 의하여 형성된 환상부분(이하 "환상부분"이라 한다)에 포를 주입하는 것이 가능한 구조의 반사판을 갖는 포방출구

   4) III형 : 고정지붕구조의 탱크에 저부포주입법(탱크의 액면하에 설치된 포방출구로부터 포를 탱크내에 주입하는 방법을 말한다)을 이용하는 것으로서 송포관(발포기 또는 포발생기에 의하여 발생된 포를 보내는 배관을 말한다. 당해 배관으로 탱크내의 위험물이 역류되는 것을 저지할 수 있는 구조·기구를 갖는 것에 한한다. 이하 같다)으로부터 포를 방출하는 포방출구

   5) IV형 : 고정지붕구조의 탱크에 저부포주입법을 이용하는 것으로서 평상시에는 탱크의 액면하의 저부에 설치된 격납통(포를 보내는 것에 의하여 용이하게 이탈되는 캡을 갖는 것을 포함한다)에 수납되어 있는 특수호스 등이 송포관의 말단에 접속되어 있다가 포를 보내는 것에 의하여 특수호스 등이 전개되어 그 선단이 액면까지 도달한 후 포를 방출하는 포방출구

(나) 포방출구는 다음 표에 의하여 탱크의 직경, 구조 및 포방출구의 종류에 따른 수 이상의 개수를 탱크옆판의 외주에 균등한 간격으로 설치할 것

탱크의 구조 및 포방출구의 종류 탱크직경	포방출구의 개수		부상덮개부착 고정지붕구조	부상지붕구조
	고정지붕구조			
	Ⅰ형 또는 Ⅱ형	Ⅲ형 또는 Ⅳ형	Ⅱ형	특형
13m 미만	2	1	2	2
13m 이상 19m 미만	2	1	3	3
19m 이상 24m 미만	2	1	4	4
24m 이상 35m 미만	2	2	5	5
35m 이상 42m 미만	3	3	6	6
42m 이상 46m 미만	4	4	7	7
46m 이상 53m 미만	6	6	8	8
53m 이상 60m 미만	8	8	10	10
60m 이상 67m 미만	왼쪽란에 해당하는 직경의 탱크에는 Ⅰ형 또는 Ⅱ형의 포방출구를 8개 설치하는 것 외에, 오른쪽란에 표시한 직경에 따른 포방출구의 수에서 9를 뺀 수의 Ⅲ형 또는 Ⅳ형의 포방출구를 폭 30m의 환상부분을 제외한 중심부의 액표면에 방출할 수 있도록 추가로 설치할 것	10		10
67m 이상 73m 미만		12		12
73m 이상 79m 미만		14		12
79m 이상 85m 미만		16		14
85m 이상 90m 미만		18		14
90m 이상 95m 미만		20		16
95m 이상 99m 미만		22		16
99m 이상		24		18

(주) Ⅲ형의 포방출구를 이용하는 것은 온도 20℃의 물 100g에 용해되는 양이 1g 미만인 위험물(이하 "비수용성"이라 한다)이면서 저장온도가 50℃ 이하 또는 동점도(動粘度)가 100cSt 이하인 위험물을 저장 또는 취급하는 탱크에 한하여 설치 가능하다.

(다) 포방출구는 다음 표의 위험물의 구분 및 포방출구의 종류에 따라 정한 액표면적 $1m^2$당 필요한 포수용액양에 당해 탱크의 액표면적(특형의 포방출구를 설치하는 경우는 환상부분의 면적으로 한다. 이하 같다)을 곱하여 얻은 양을 동표의 위험물의 구분 및 포방출구의 종류에 따라 정한 방출율(액표면적 $1m^2$당 매분당의 포수용액의 방출량) 이상으로 (나)의 표에서 정한 개수[고정지붕구조의 탱크 중 탱크직경이 24m 미만인 것은 당해 포방출구(Ⅲ형 및 Ⅳ형은 제외)의 개수에서 1을 뺀 개수]에 유효하게 방출할 수 있도록 설치할 것

포방출구의 종류 위험물의 구분	Ⅰ형		Ⅱ형		특형		Ⅲ형		Ⅳ형	
	포수용액량 ($ℓ/m^2$)	방출율 ($ℓ/m^2 \cdot min$)	포수용액량 ($ℓ/m^2$)	방출율 ($ℓ/m^2 \cdot min$)	포수용액량 ($ℓ/m^2$)	방출율 ($ℓ/m^2 \cdot min$)	포수용액량 ($ℓ/m^2$)	방출율 ($ℓ/m^2 \cdot min$)	포수용액량 ($ℓ/m^2$)	방출율 ($ℓ/m^2 \cdot min$)
제4위험물 중 인화점이 21℃ 미만인 것	120	4	220	4	240	8	220	4	220	4
제4류 위험물 중 인화점이 21℃ 이상 70℃ 미만인 것	80	4	120	4	160	8	120	4	120	4
제4류 위험물 중 인화점이 70℃ 이상인 것	60	4	100	4	120	8	100	4	100	4

(라) 제4류 위험물 중 비수용성 외의 것에 대해서는 (다)의 표에 불구하고 표 1에서 정한 포수용액양 및 방출율에 표 2의 세부구분란의 품목에 따라 정한 계수를 각각 곱한 수치 이상으로 할 것

[표 1]

Ⅰ형		Ⅱ형		특형		Ⅲ형		Ⅳ형	
포수용액량 ($ℓ/m^2$)	방출율 ($ℓ/m^2 \cdot min$)	포수용액량 ($ℓ/m^2$)	방출율 ($ℓ/m^2 \cdot min$)	포수용액량 ($ℓ/m^2$)	방출율 ($ℓ/m^2 \cdot min$)	포수용액량 ($ℓ/m^2$)	방출율 ($ℓ/m^2 \cdot min$)	포수용액량 ($ℓ/m^2$)	방출율 ($ℓ/m^2 \cdot min$)
160	8	240	8	-	-	-	-	220	8

[표 2]

위험물의 구분		계수
종류	세부 구분	
알콜류	메틸알콜, 3-메틸2-부틸알콜, 에틸알콜, 1-펜틸알콜, 2-펜틸알콜, t-펜틸알콜, 이소펜틸알콜, 1-헥실알콜, 사이크로헥사놀, 훌후릴 알콜, 벤질알콜, 프로필렌글리콜, 에틸렌글리콜, 티에틸콜 글리콜, 디프로필렌 글리콜, 글리세린	1.0
	2-프로필알콜, 1-프로필알콜, 이소부틸알콜, 1-부틸알콜, 2-부틸알콜	1.25
	t-부틸 알콜	2.0
에테르류	디이소프로필에텔, 에틸렌글리콜에틸에텔, 에틸렌글리콜메틸에텔, 디에틸렌글리콜에틸에텔, 디에틸렌글리콜메틸에텔	1.25
	1-4디옥산	1.5
	디에틸에텔, 아세톤알데히드디에틸아세탈, 에틸프로필에텔, 테트라히드로푸란, 이소부틸비닐에텔, 에틸부틸에텔, 에틸비닐에텔	2.0
에스테르류	포산에틸, 개미산에틸, 개미산메틸, 초산메틸, 초산비닐, 개미산프로필, 아크릴메틸, 아크릴산에틸, 메타크릴산메틸, 메타크릴산에틸, 초산프로필, 개미산부틸, 에틸렌글리콜모노에틸에텔아세톤, 에틸렌글리콜모노메틸에텔아세톤	1.0
케톤류	아세톤, 메틸에틸케톤, 메틸이소부틸케톤, 아세틸아세톤, 사이클로헥사논	1.0
알데히드류	아크릴알데히드(아크로레인), 크로톤알데히드, 파라알데히드	1.25
	아세트알데히드	2.0
아민류	에틸렌디아민, 사이클로헥실아민, 아니린, 에타놀아민, 디에타놀아민, 트리에타놀아민	1.0
	에틸아민, 프로필아민, 아릴아민, 디에틸아민, 부틸아민, 이소부틸아민, 트리에틸아민, 펜틸아민, t-부틸아민	1.25
	이소프로필아민	2.0
니트릴류	아크릴로니트릴, 아세트니트릴, 브틸로니트릴	1.25
유기산	초산, 무수초산, 아크릴산, 프로피온산, 개미산	1.25
그 밖의 비수용성 외의 것	프로필렌옥사이드, 그 밖의 것	2.0

(2) 보조포소화전은 (가) 내지 (다)에 정한 것에 의할 것

　(가) 방유제 외측의 소화활동상 유효한 위치에 설치하되 각각의 보조포소화전 상호간의 보행거리가 75m 이하가 되도록 설치할 것

　(나) 보조포소화전은 3개(호스접속구가 3개 미만인 경우에는 그 개수)의 노즐을 동시에 사용할 경우에 각각의 노즐선단의 방사압력이 0.35MPa 이상이고 방사량이 400ℓ/min 이상의 성능이 되도록 설치할 것

　(다) 보조포소화전은 옥외소화전설비의 옥외소화전의 기준의 예에 준하여 설치할 것

(3) 연결송액구는 다음 식에 의하여 구해진 수 이상을 스프링클러설비의 송수구 기준의 예에 의하여 설치할 것

나. 포헤드방식의 포헤드는 (1) 내지 (3)에 정한 것에 의하여 설치할 것

　(1) 포헤드는 방호대상물의 모든 표면이 포헤드의 유효사정 내에 있도록 설치할 것

　(2) 방호대상물의 표면적(건축물의 경우에는 바닥면적. 이하 같다) $9m^2$당 1개 이상의 헤드를, 방호대상물의 표면적 $1m^2$당의 방사량이 6.5ℓ/min 이상의 비율로 계산한 양의 포수용액을 표준방사량으로 방사할 수 있도록 설치할 것

　(3) 방사구역은 $100m^2$ 이상(방호대상물의 표면적이 $100m^2$ 미만인 경우에는 당해 표면적)으로 할 것

다. 포모니터노즐(위치가 고정된 노즐의 방사각도를 수동 또는 자동으로 조준하여 포를 방사하는 설비를 말한다. 이하 같다)방식의 포모니터노즐은 (1) 내지 (3)에 정한 것에 의하여 설치할 것

　(1) 포모니터노즐은 옥외저장탱크 또는 이송취급소의 펌프설비 등이 안벽, 부두, 해상구조물, 그밖의 이와 유사한 장소에 설치되어 있는 경우에 당해 장소의 끝선(해면과 접하는 선)으로부터 수평거리 15m 이내의 해면 및 주입구 등 위험물취급설비의 모든 부분이 수평방사거리 내에 있도록 설치할 것. 이 경우에 그 설치개수가 1개인 경우에는 2개로 할 것

　(2) 포모니터노즐은 소화활동상 지장이 없는 위치에서 기동 및 조작이 가능하도록 고정하여 설치할 것

　(3) 포모니터노즐은 모든 노즐을 동시에 사용할 경우에 각 노즐선단의 방사량이 1900ℓ/min 이상이고 수평방사거리가 30m 이상이 되도록 설치할 것

2. 이동식포소화설비의 포소화전은 옥내에 설치하는 것은 옥내소화전설비의 옥내소화전, 옥외에 설치하는 것은 옥외소화전설비의 옥외소화전의 기준의 예에 의할 것

3. 수원의 수량은 다음 각목에 정한 양의 포수용액을 만들기 위하여 필요한 양 이상이 되도록 할 것

　가. 포방출구방식의 것은 (1) 및 (2)에 정한 양의 합계량

(1) 고정식포방출구는 제1호가목(1)(다)의 표의 위험물의 구분 및 포방출구의 종류에 따라 정한 포수용액량에 당해 탱크의 액표면적을 곱한 양

(2) 보조포소화전은 제1호가목(2)(나)에 정한 방사량으로 20분간 방사할 수 있는 양

나. 포헤드방식의 것은 헤드의 가장 많이 설치된 방사구역의 모든 헤드를 동시에 사용할 경우에 제1호나목(2)에 정한 방사량으로 10분간 방사할 수 있는 양

다. 포모니터노즐방식의 것은 제1호다목(3)에 정한 방사량으로 30분간 방사할 수 있는 양

라. 이동식포소화설비는 4개(호스접속구가 4개 미만인 경우에는 그 개수)의 노즐을 동시에 사용할 경우에 각 노즐선단의 방사압력은 0.35MPa 이상이고 방사량은 옥내에 설치한 것은 200ℓ/min 이상, 옥외에 설치한 것은 400ℓ/min 이상으로 30분간 방사할 수 있는 양

마. 가목 내지 라목에 정한 포수용액의 양 외에 배관내를 채우기 위하여 필요한 포수용액의 양

4. 포소화약제의 저장량은 제3호에 정한 포수용액량에 각 포소화약제의 적정희석용량농도를 곱하여 얻은 양 이상이 되도록 할 것

5. 포소화설비에 이용하는 포소화약제는 Ⅲ형의 방출구를 이용하는 것은 불화단백포소화약제 또는 수성막포소화약제로 하고, 그 밖의 것은 단백포소화약제(불화단백포소화약제를 포함한다. 이하 같다) 또는 수성막포소화약제로 할 것. 이 경우에 수용성 위험물에 사용하는 것은 수용성액체용포소화약제로 하여야 한다.

6. 물올림장치, 조작회로의 배선 및 배관 등은 옥내소화전설비의 기준의 예에 준하여 설치할 것

7. 가압송수장치는 다음 각목에 정한 것에 의하여 설치할 것

가. 고가수조를 이용하는 가압송수장치는 다음에 정한 것에 의할 것

(1) 가압송수장치의 낙차(수조의 하단으로부터 포방출구까지의 수직거리를 말한다. 이하 이 호에서 같다)는 다음 식에 의하여 구한 수치 이상으로 할 것

(2) 고가수조에는 수위계, 배수관, 오버플로우용 배수관, 보급수관 및 맨홀을 설치할 것

나. 압력수조를 이용하는 가압송수장치는 다음에 정한 것에 의할 것

(1) 가압송수장치의 압력수조의 압력은 다음 식에 의하여 구한 수치 이상으로 할 것

(2) 압력수조의 수량은 당해 압력수조 체적의 2/3 이하일 것

(3) 압력수조에는 압력계, 수위계, 배수관, 보급수관, 통기관 및 맨홀을 설치할 것

다. 펌프를 이용하는 가압송수장치는 다음에 정한 것에 의할 것

(1) 펌프의 토출량은 고정식포방출구의 설계압력 또는 노즐의 방사압력의 허용범위로 포수용액을 방출 또는 방사하는 것이 가능한 양으로 할 것

(2) 펌프의 전양정은 다음 식에 의하여 구한 수치 이상으로 할 것

(3) 펌프의 토출량이 정격토출량의 150%인 경우에는 전양정은 정격전양정의 65% 이상일 것
　　　(4) 펌프는 전용으로 할 것. 다만, 다른 소화설비와 병용 또는 겸용하여도 각각의 소화설비의 성능에 지장을 주지 아니하는 경우에는 그러하지 아니하다.
　　　(5) 펌프에는 토출측에 압력계, 흡입측에 연성계를 설치할 것
　　　(6) 가압송수장치에는 정격부하운전시 펌프의 성능을 시험하기 위한 배관설비를 설치할 것
　　　(7) 가압송수장치에는 체절운전시에 수온상승방지를 위한 순환배관을 설치할 것
　　　(8) 원동기는 전동기 또는 내연기관에 의한 것으로 할 것
　　　(9) 펌프를 시동한 후 5분 이내에 포수용액을 포방출구 등까지 송액할 수 있도록 하거나 또는 펌프로부터 포방출구 등까지의 수평거리를 500m 이내로 할 것
　　라. 가압송수장치는 직접조작에 의해서만 정지되도록 할 것
　　마. 소방용호스 및 배관의 마찰손실계산은 Hazen & Williams 공식에 의할 것
　　바. 가압송수장치에는 포방출구의 방출압력 또는 노즐선단의 방사압력이 당해 포방출구 또는 노즐의 성능범위의 상한치를 초과하지 않도록 조치를 할 것
8. 기동장치는 자동식의 기동장치 또는 수동식의 기동장치를 설치하여야 하며 그 기준은 다음 각목에 정한 것에 의할 것
　　가. 자동식기동장치는 자동화재탐지설비의 감지기의 작동 또는 폐쇄형스프링클러헤드의 개방과 연동하여 가압송수장치, 일제개방밸브 및 포소화약제혼합장치가 기동될 수 있도록 할 것. 다만, 자동화재탐지설비의 수신기가 설치되어 있는 장소에 상시 사람이 있고 화재시 즉시 당해 조작부를 작동시킬 수 있는 경우에는 그러하지 아니하다.
　　나. 수동식기동장치는 다음에 정한 것에 의할 것
　　　(1) 직접조작 또는 원격조작에 의하여 가압송수장치, 수동식개방밸브 및 포소화약제혼합장치를 기동할 수 있을 것
　　　(2) 2 이상의 방사구역을 갖는 포소화설비는 방사구역을 선택할 수 있는 구조로 할 것
　　　(3) 기동장치의 조작부는 화재시 용이하게 접근이 가능하고 바닥면으로부터 0.8m 이상 1.5m 이하의 높이에 설치할 것
　　　(4) 기동장치의 조작부에는 유리 등에 의한 방호조치가 되어 있을 것
　　　(5) 기동장치의 조작부 및 호스접속구에는 직근의 보기 쉬운 장소에 각각 "기동장치의 조작부" 또는 "접속구"라고 표시할 것
9. 자동경보장치는 스프링클러설비의 기준의 예에 의할 것
10. 비상전원은 제3호가목 내지 동호라목에 정한 방사시간의 1.5배 이상 소화설비를 작동시킬 수 있는 용량으로 하고 옥내소화전설비의 기준의 예에 의할 것

제134조(불활성가스소화설비의 기준) 불활성가스소화설비의 기준은 다음 각 호와 같다.

1. 전역방출방식의 불활성가스소화설비의 분사헤드는 다음 각목에 정한 것에 의할 것

    가. 방사된 소화약제가 방호구역의 전역에 균일하고 신속하게 방사할 수 있도록 설치할 것

    나. 분사헤드의 방사압력은 다음에 정한 기준에 의할 것

    (1) 이산화탄소를 방사하는 분사헤드 중 고압식의 것(소화약제가 상온으로 용기에 저장되어 있는 것을 말한다. 이하 같다)에 있어서는 2.1MPa 이상, 저압식의 것(소화약제가 영하 18℃ 이하의 온도로 용기에 저장되어 있는 것을 말한다. 이하 같다)에 있어서는 1.05MPa 이상일 것

    (2) 질소(이하 "IG-100"이라 한다), 질소와 아르곤의 용량비가 50대50인 혼합물(이하 "IG-55"라 한다) 또는 질소와 아르곤과 이산화탄소의 용량비가 52대40대8인 혼합물(이하 "IG-541"이라 한다)을 방사하는 분사헤드는 1.9MPa 이상일 것

    다. 이산화탄소를 방사하는 것은 제3호가목에 정하는 소화약제의 양을 60초 이내에 균일하게 방사하고, IG-100, IG-55 또는 IG-541을 방사하는 것은 제3호가목에 정하는 소화약제의 양의 95% 이상을 60초 이내에 방사할 것

2. 국소방출방식(이산화탄소 소화약제에 한한다)의 불활성가스소화설비(이산화탄소소화설비에 한한다)의 분사헤드는 제1호나목(1)의 예에 의하는 것 외에 다음 각목에 정한 것에 의할 것

    가. 분사헤드는 방호대상물의 모든 표면이 분사헤드의 유효사정 내에 있도록 설치할 것

    나. 소화약제의 방사에 의해서 위험물이 비산되지 않는 장소에 설치할 것

    다. 제3호나목에 정하는 소화약제의 양을 30초 이내에 균일하게 방사할 것

3. 불활성가스소화약제의 저장용기에 저장하는 소화약제의 양은 다음 각목에 정하는 것에 의할 것

    가. 전역방출방식의 불활성가스소화설비 중 이산화탄소를 방사하는 것은 (1)부터 (3)까지에 정하는 것에 의하여 산출된 양 이상으로 하고, IG-100, IG-55 또는 IG-541을 방사하는 것은 (4)에 정하는 것에 의하여 산출된 양 이상으로 할 것

    (1) 다음 표의 방호구역의 체적에 따라 방호구역의 체적 $1m^3$당 소화약제의 양의 비율로 계산한 양. 다만, 그 양이 동표의 소화약제총량의 최저한도 미만인 경우에는 당해 최저한도의 양으로 한다.

방호구역의 체적 (단위 m³)	방호구역의 체적 1m³당 소화약제의 양 (단위 kg)	소화약제 총량의 최저한도 (단위 kg)
5 미만	1.20	–
5 이상 15 미만	1.10	6
15 이상 45 미만	1.00	17
45 이상 150 미만	0.90	45
150 이상 1,500 미만	0.80	135
1,500 이상	0.75	1,200

(2) 방호구역의 개구부에 자동폐쇄장치(갑종방화문, 을종방화문 또는 불연재료의 문으로 이산화탄소소화약제가 방사되기 직전에 개구부를 자동으로 폐쇄하는 장치를 말한다. 이하 같다)를 설치하지 않은 경우에는 (1)에 의하여 산출된 양에 당해 개구부의 면적 1m²당 5kg의 비율로 계산한 양을 가산한 양

(3) 방호구역 내에서 저장 또는 취급하는 위험물에 따라 별표 2에 정한 소화약제에 따른 계수를 (1) 및 (2)에 의하여 산출된 양에 곱해서 얻은 양

(4) IG-100, IG-55 또는 IG-541을 방사하는 것은 다음 표의 소화약제의 종류에 따라 방호구역의 체적 1m³당 소화약제의 양의 비율로 계산한 양에 방호구역 내에서 저장 또는 취급하는 위험물에 따라 별표 2에 정한 소화약제에 따른 계수를 곱해서 얻은 양

소화약제의 종류	방호구역의 체적 1m³당 소화약제의 양 (단위 m³ : 1기압, 20℃ 기준)
IG-100	0.516
IG-55	0.477
IG-541	0.472

나. 국소방출방식의 불활성가스소화설비는 (1) 또는 (2)에 의하여 산출된 양에 저장 또는 취급하는 위험물에 따라 별표 2에 정한 소화약제에 따른 계수를 곱하고 다시 고압식인 것은 1.4를, 저압식인 것은 1.1을 각각 곱한 양 이상으로 할 것

(1) 면적식 국소방출방식

액체 위험물을 상부를 개방한 용기에 저장하는 경우 등 화재시 연소면이 한면에 한정되고 위험물이 비산할 우려가 없는 경우에는 방호대상물의 표면적(당해 방호대상물의 한변의 길이가 0.6m 이하인 경우에는 당해 변의 길이를 0.6m로 해서 계산한 면적. 이하 같다) 1m²당 13kg의 비율로 계산한 양

(2) 용적식 국소방출방식

(1)의 경우 외의 경우에는 다음 식에 의하여 구해진 양에 방호공간[방호대상물의 모든 부분(지반면에 접한 바닥면은 제외)으로부터 0.6m 외부로 이격된 부분에 의하여 둘러싸여진 부분을 말한다. 이하 같다.]의 체적을 곱한 양

다. 전역방출방식 또는 국소방출방식의 불활성가스소화설비를 설치한 동일 제조소등에 방호구역 또는 방호대상물이 2 이상 있을 경우에는 각 방호구역 또는 방호대상물에 대해서 가목 및 나목에 의하여 계산한 양 중에서 최대의 양 이상으로 할 수가 있다. 다만, 방호구역 또는 방호대상물이 서로 인접하여 있을 경우에는 하나의 저장용기를 공용할 수 없다.

라. 이동식 불활성가스소화설비는 하나의 노즐마다 90kg의 양으로 할 것

4. 전역방출방식 또는 국소방출방식의 불활성가스소화설비는 다음 각목에 정한 것에 의할 것

가. 방호구역의 환기설비 또는 배출설비는 소화약제 방사 전에 정지할 수 있는 구조로 할 것

나. 전역방출방식의 불활성가스소화설비를 설치한 방화대상물 또는 그 부분의 개구부는 다음에 정한 것에 의할 것

　(1) 이산화탄소를 방사하는 것은 다음에 의할 것

　　(가) 층고의 2/3 이하의 높이에 있는 개구부로서 방사한 소화약제의 유실의 우려가 있는 것에는 소화약제 방사 전에 폐쇄할 수 있는 자동폐쇄장치를 설치할 것

　　(나) 자동폐쇄장치를 설치하지 아니한 개구부 면적의 합계수치는 방호대상물의 전체둘레의 면적(방호구역의 벽, 바닥 및 천정 또는 지붕면적의 합계를 말한다. 이하 같다)의 수치의 1% 이하일 것

　(2) IG-100, IG-55 또는 IG-541을 방사하는 것은 모든 개구부에 소화약제 방사 전에 폐쇄할 수 있는 자동폐쇄장치를 설치할 것

다. 저장용기에 충전은 다음에 의할 것

　(1) 이산화탄소를 소화약제로 하는 경우에 저장용기의 충전비(용기내용적의 수치와 소화약제중량의 수치와의 비율을 말한다. 이하 같다)는 고압식인 경우에는 1.5 이상 1.9 이하이고, 저압식인 경우에는 1.1 이상 1.4 이하일 것

　(2) IG-100, IG-55 또는 IG-541을 소화약제로 하는 경우에는 저장용기의 충전압력을 21℃의 온도에서 32MPa 이하로 할 것

라. 저장용기는 다음에 정하는 것에 의하여 설치할 것

　(1) 방호구역 외의 장소에 설치할 것

　(2) 온도가 40℃ 이하이고 온도 변화가 적은 장소에 설치할 것

　(3) 직사일광 및 빗물이 침투할 우려가 적은 장소에 설치할 것

　(4) 저장용기에는 안전장치(용기밸브에 설치되어 있는 것을 포함한다. 이하 이 조, 제135조 및 제136조에서 같다)를 설치할 것

　(5) 저장용기의 외면에 소화약제의 종류와 양, 제조년도 및 제조자를 표시할 것

마. 배관은 다음에 정하는 것에 의할 것
　(1) 전용으로 할 것
　(2) 이산화탄소를 방사하는 것은 다음에 의할 것
　　(가) 강관의 배관은 「압력 배관용 탄소강관」(KS D 3562) 중에서 고압식인 것은 스케줄80 이상, 저압식인 것은 스케줄40 이상의 것 또는 이와 동등 이상의 강도를 갖는 것으로서 아연도금 등에 의한 방식처리를 한 것을 사용할 것
　　(나) 동관의 배관은 「이음매 없는 구리 및 구리합금 관」(KS D 5301) 또는 이와 동등 이상의 강도를 갖는 것으로서 고압식인 것은 16.5MPa 이상, 저압식인 것은 3.75MPa 이상의 압력에 견딜 수 있는 것을 사용할 것
　　(다) 관이음쇠는 고압식인 것은 16.5MPa 이상, 저압식인 것은 3.75MPa 이상의 압력에 견딜 수 있는 것으로서 적절한 방식처리를 한 것을 사용할 것
　　(라) 낙차(배관의 가장 낮은 위치로부터 가장 높은 위치까지의 수직거리를 말한다. 제135조에서 같다)는 50m 이하일 것
　(3) IG-100, IG-55 또는 IG-541을 방사하는 것은 다음에 의할 것. 다만, 압력조절장치의 2차측 배관은 온도 40℃에서 최고조절압력에 견딜 수 있는 강도를 갖는 강관(아연도금 등에 의한 방식처리를 한 것에 한한다) 또는 동관을 사용할 수 있고, 선택밸브 또는 폐쇄밸브를 설치하는 경우에는 저장용기로부터 선택밸브 또는 폐쇄밸브까지의 부분에 온도 40℃에서 내부압력에 견딜 수 있는 강도를 갖는 강관(아연도금 등에 의한 방식처리를 한 것에 한한다) 또는 동관을 사용할 수 있다.
　　(가) 강관의 배관은 「압력 배관용 탄소강관」(KS D 3562) 중에서 스케줄40 이상의 것 또는 이와 동등 이상의 강도를 갖는 것으로서 아연도금 등에 의한 방식처리를 한 것을 사용할 것
　　(나) 동관의 배관은 「이음매 없는 구리 및 구리합금 관」(KS D 5301) 또는 이와 동등 이상의 강도를 갖는 것으로서 16.5MPa 이상의 압력에 견딜 수 있는 것을 사용할 것
　　(다) 관이음쇠는 배관의 예에 의할 것
　(4) 관이음쇠는 고압식인 것은 16.5MPa 이상, 저압식인 것은 3.75MPa 이상의 압력에 견딜 수 있는 것으로서 적절한 방식처리를 한 것을 사용할 것
　(5) 낙차(배관의 가장 낮은 위치로부터 가장 높은 위치까지의 수직거리를 말한다. 제135조에서 같다)는 50m 이하일 것
바. 고압식저장용기에는 용기밸브를 설치할 것
사. 이산화탄소를 저장하는 저압식저장용기에는 다음에 정하는 것에 의할 것
　(1) 이산화탄소를 저장하는 저압식저장용기에는 액면계 및 압력계를 설치할 것
　(2) 이산화탄소를 저장하는 저압식저장용기에는 2.3MPa 이상의 압력 및 1.9MPa 이하의 압력에서 작동하는 압력경보장치를 설치할 것

(3) 이산화탄소를 저장하는 저압식저장용기에는 용기내부의 온도를 영하 20℃ 이상 영하 18℃ 이하로 유지할 수 있는 자동냉동기를 설치할 것

(4) 이산화탄소를 저장하는 저압식저장용기에는 파괴판을 설치할 것

(5) 이산화탄소를 저장하는 저압식저장용기에는 방출밸브를 설치할 것

아. 선택밸브는 다음에 정한 것에 의할 것

(1) 저장용기를 공용하는 경우에는 방호구역 또는 방호대상물마다 선택밸브를 설치할 것

(2) 선택밸브는 방호구역 외의 장소에 설치할 것

(3) 선택밸브에는 "선택밸브"라고 표시하고 선택이 되는 방호구역 또는 방호대상물을 표시할 것

자. 저장용기와 선택밸브 또는 개폐밸브(이하 "선택밸브등"이라 한다)사이에는 안전장치 또는 파괴판을 설치할 것

차. 기동용가스용기는 다음에 정한 것에 의할 것

(1) 기동용가스용기는 25MPa 이상의 압력에 견딜 수 있는 것일 것

(2) 기동용가스용기의 내용적은 1ℓ 이상으로 하고 당해 용기에 저장하는 이산화탄소의 양은 0.6kg 이상으로 하되 그 충전비는 1.5 이상일 것

(3) 기동용가스용기에는 안전장치 및 용기밸브를 설치할 것

카. 기동장치는 다음에 정한 것에 의할 것

(1) 이산화탄소를 방사하는 것의 기동장치는 수동식으로 하고(다만, 상주인이 없는 대상물 등 수동식에 의하는 것이 적당하지 아니한 경우에는 자동식으로 할 수 있다), IG-100, IG-55 또는 IG-541을 방사하는 것의 기동장치는 자동식으로 할 것

(2) 수동식의 기동장치는 다음에 정한 것에 의할 것

(가) 기동장치는 당해 방호구역 밖에 설치하되 당해 방호구역 안을 볼 수 있고 조작을 한 자가 쉽게 대피할 수 있는 장소에 설치할 것

(나) 기동장치는 하나의 방호구역 또는 방호대상물마다 설치할 것

(다) 기동장치의 조작부는 바닥으로부터 0.8m 이상 1.5m 이하의 높이에 설치할 것

(라) 기동장치에는 직근의 보기 쉬운 장소에 "불활성가스소화설비의 수동식 기동장치임을 알리는 표시를 할 것"라고 표시할 것

(마) 기동장치의 외면은 적색으로 할 것

(바) 전기를 사용하는 기동장치에는 전원표시등을 설치할 것

(사) 기동장치의 방출용스위치 등은 음향경보장치가 기동되기 전에는 조작될 수 없도록 하고 기동장치에 유리 등에 의하여 유효한 방호조치를 할 것

(아) 기동장치 또는 직근의 장소에 방호구역의 명칭, 취급방법, 안전상의 주의사항 등을 표시할 것

(3) 자동식의 기동장치는 다음에 정한 것에 의할 것
　(가) 기동장치는 자동화재탐지설비의 감지기의 작동과 연동하여 기동될 수 있도록 할 것
　(나) 기동장치에는 다음에 정한 것에 의하여 자동수동전환장치를 설치할 것
　　1) 쉽게 조작할 수 있는 장소에 설치할 것
　　2) 자동 및 수동을 표시하는 표시등을 설치할 것
　　3) 자동수동의 전환은 열쇠 등에 의하는 구조로 할 것
　(다) 자동수동전환장치 또는 직근의 장소에 취급방법을 표시할 것

타. 음향경보장치는 다음에 정한 것에 의할 것
　(1) 수동 또는 자동에 의하여 기동장치의 조작·작동과 연동하여 자동으로 경보를 발하도록 하고 소화약제 방사 전에 차단되지 않도록 할 것
　(2) 음향경보장치는 방호구역 또는 방호대상물에 있는 모든 사람에게 소화약제가 방사된다는 사실을 유효하게 알릴 수 있도록 할 것
　(3) 전역방출방식인 것에 설치하는 음향경보장치는 음성에 의한 경보장치로 할 것. 다만, 상주인이 없는 대상물은 그러하지 아니하다.

파. 불활성가스소화설비를 설치한 장소에는 방출된 소화약제 및 연소가스를 안전한 장소로 배출하기 위한 조치를 할 것

하. 전역방출방식인 것에는 다음에 정하는 안전조치를 할 것
　(1) 기동장치의 방출용스위치 등의 작동으로부터 저장용기의 용기밸브 또는 방출밸브의 개방까지의 시간이 20초 이상 되도록 지연장치를 설치할 것
　(2) 수동기동장치에는 (1)에 정한 시간 내에 소화약제가 방출되지 않도록 조치를 할 것
　(3) 방호구역의 출입구 등 보기 쉬운 장소에 소화약제가 방출된다는 사실을 알리는 표시등을 설치할 것

거. 비상전원은 자가발전설비 또는 축전지설비에 의하고 그 용량은 당해 설비를 유효하게 1시간 작동할 수 있는 용량 이상으로 하는 외에 제129조제6호나목·다목·라목의 기준의 예에 의할 것

너. 조작회로, 음향경보장치회로 및 표시등회로(제135조 및 제136조에서 "조작회로 등"이라 한다)의 배선은 제129조제7호의 기준의 예에 의할 것

더. 불활성가스소화설비에 사용하는 소화약제는 이산화탄소, IG-100, IG-55 또는 IG-541로 하되, 국소방출방식의 불활성가스소화설비에 사용하는 소화약제는 이산화탄소로 할 것

러. 전역방출방식의 불활성가스소화설비에 사용하는 소화약제는 다음 표에 의할 것

머. 전역방출방식의 불활성가스소화설비 중 IG-100, IG-55 또는 IG-541을 방사하는 것은 방호구역내의 압력상승을 방지하는 조치를 강구할 것

제조소등의 구분		소화약제 종류
제4류 위험물을 저장 또는 취급하는 제조소등	방호구획의 체적이 1,000m³ 이상의 것	이산화탄소
	방호구획의 체적이 1,000m³ 미만의 것	이산화탄소, IG-100, IG-55, IG-541
제4류 외의 위험물을 저장 또는 취급하는 제조소등		이산화탄소

5. 이동식 불활성가스소화설비는 다음 각목에 정하는 것에 의할 것

   가. 제4호다목(1)·라목(2)(3)(4)·마목(1)(2) 및 바목에 정한 것에 의할 것

   나. 노즐은 온도 20℃에서 하나의 노즐마다 90kg/min 이상의 소화약제를 방사할 수 있을 것

   다. 저장용기의 용기밸브 또는 방출밸브는 호스의 설치장소에서 수동으로 개폐할 수 있을 것

   라. 저장용기는 호스를 설치하는 장소마다 설치할 것

   마. 저장용기의 직근의 보기 쉬운 장소에 적색등을 설치하고 이동식 불활성가스소화설비 임을 알리는 표시를 할 것

   바. 화재 시 연기가 현저하게 충만할 우려가 있는 장소 외의 장소에 설치할 것

   사. 이동식 불활성가스소화설비에 사용하는 소화약제는 이산화탄소로 할 것

제135조(할로겐화물소화설비의 기준) 할로겐화물소화설비의 기준은 다음 각 호와 같다.

1. 전역방출방식 할로겐화물소화설비의 분사헤드는 다음 각목에 의하여 설치할 것

   가. 방사된 소화약제가 방호구역의 전역에 균일하고 신속하게 확산할 수 있도록 설치할 것

   나. 다이브로모테트라플루오로에탄(이하 "하론2402"라 한다)을 방사하는 분사헤드는 당해 소화약제를 무상(霧狀)으로 방사하는 것일 것

   다. 분사헤드의 방사압력은 하론2402를 방사하는 것은 0.1MPa 이상, 브로모클로로다이플루오로메탄(이하 "하론1211"이라 한다)을 방사하는 것은 0.2MPa 이상, 브로모트라이플루오로메탄(이하 "하론1301"이라 한다)을 방사하는 것은 0.9MPa 이상, 트라이플루오로메탄(이하 "HFC-23"이라 한다)을 방사하는 것은 0.9MPa 이상, 펜타플루오로에탄(이하 "HFC-125"라 한다)을 방사하는 것은 0.9MPa 이상, 헵타플루오로프로판(이하 "HFC-227ea"라 한다), 도데카플루오로-2-메틸펜탄-3-원(이하 "FK-5-1-12"라 한다)을 방사하는 것은 0.3MPa 이상일 것

   라. 하론 2402, 하론1211 또는 하론 1301을 방사하는 것은 제3호가목에 정하는 소화약제의 양을 30초 이내에 균일하게 방사하고, HFC-23, HFC-125, HFC-227ea

또는 FK-5-1-12를 방사하는 것은 제3호가목에 정하는 소화약제의 양을 10초 이내에 균일하게 방사할 것

2. 국소방출방식의 할로겐화물소화설비의 분사헤드는 제1호가목·나목 및 다목(HFC-23, HFC-125, HFC-227ea 또는 FK-5-1-12 에 관련된 부분을 제외한다)의 예에 의하는 것 외에 다음 각목에 정하는 것에 의하여 설치할 것

   가. 분사헤드는 방호대상물의 모든 표면이 분사헤드의 유효사정 내에 있도록 설치할 것

   나. 소화약제의 방사에 의하여 위험물이 비산되지 않는 장소에 설치할 것

   다. 제3호나목에 정하는 소화약제의 양을 30초 이내에 균일하게 방사할 것

3. 할로겐화물 소화약제의 저장용기 또는 저장탱크에 저장하는 소화약제의 양은 다음 각목에 정하는 것에 의할 것

   가. 전역방출방식의 할로겐화물소화설비 중 하론 2402, 하론1211 또는 하론 1301을 방사하는 것은 (1)부터 (3)까지에 정하는 것에 의하여 산출된 양 이상으로 하고, HFC-23, HFC-125, HFC-227ea 또는 FK-5-1-12를 방사하는 것은 (4)에 정하는 것에 의하여 산출된 양 이상으로 할 것

   (1) 방호구역의 체적 $1m^3$당 소화약제의 양이 하론2402에 있어서는 0.40kg, 하론1211에 있어서는 0.36kg, 하론1301에 있어서는 0.32kg의 비율로 계산한 양

   (2) 방호구역의 개구부에 자동폐쇄장치를 설치하지 않은 경우에는 (1)에 의하여 산출된 양에 당해 개구부의 면적 $1m^2$당 하론2402에 있어서는 3.0kg, 하론1211에 있어서는 2.7kg, 하론1301에 있어서는 2.4kg의 비율로 계산한 양을 가산한 양

   (3) 방호구역내에서 저장 또는 취급하는 위험물에 따라 별표 2에 정한 소화약제에 따른 계수를 (1) 및 (2)에 의하여 산출된 양에 곱해서 얻은 양

   (4) HFC-23, HFC-125, HFC-227ea 또는 FK-5-1-12를 방사하는 것은 다음 표의 소화약제의 종류에 따라 방호구역의 체적 $1m^3$당 소화약제의 양의 비율로 계산한 양에 방호구역 내에서 저장 또는 취급하는 위험물에 따라 별표 2에 정한 소화약제에 따른 계수를 곱해서 얻은 양

   나. 국소방출방식의 할로겐화물 소화설비는 (1) 또는 (2)에 의하여 산출된 양에 저장 또는 취급하는 위험물에 따라 별표 2에 정한 소화약제에 따른 계수를 곱하고 다시 하론2402 또는 하론1211에 있어서는 1.1, 하론1301에 있어서는 1.25를 각각 곱한 양 이상으로 할 것

   (1) 면적식의 국소방출방식
       액체 위험물을 상부를 개방한 용기에 저장하는 경우 등 화재 시 연소면이 한면에 한정되고 위험물이 비산할 우려가 없는 경우에는 방호대상물의 표면적 $1m^2$당 하론2402에 있어서는 8.8kg, 하론1211에 있어서는 7.6kg, 하론1301에 있어서는 6.8kg의 비율로 계산한 양

(2) 용적식의 국소방출방식

(1)의 경우 외의 경우에는 다음 식에 의하여 구해진 양에 방호공간의 체적을 곱한 양

다. 전역방출방식 또는 국소방출방식의 할로겐화물소화설비를 설치한 동일 제조소등에 방호구역 또는 방호대상물이 2 이상 있을 경우에는 각 방호구역 또는 방호대상물에 대해서 가목 및 나목에 의하여 계산한 양 중에서 최대의 양 이상으로 할 수가 있다. 다만, 방호구역 또는 방호대상물이 서로 인접하여 있을 경우에는 하나의 저장용기를 공용할 수 없다.

라. 이동식할로겐화물소화설비는 하나의 노즐마다 다음 표에 정한 소화약제의 종류에 따른 양 이상으로 할 것

4. 전역방출방식 또는 국소방출방식의 할로겐화물소화설비는 다음 각목에 정한 것에 의할 것

가. 제134조제4호가목 및 파목의 규정의 예에 의할 것

나. 할로겐화물소화설비에 사용하는 소화약제는 하론2402, 하론 1211, 하론 1301, HFC-23, HFC-125, HFC-227ea 또는 FK-5-1-12로 할 것

다. 저장용기등의 충전비는 하론2402 중에서 가압식저장용기등에 저장하는 것은 0.51 이상 0.67 이하, 축압식저장용기등에 저장하는 것은 0.67 이상 2.75 이하, 하론1211은 0.7 이상 1.4 이하, 하론1301 및 HFC-227ea는 0.9 이상 1.6 이하, HFC-23 및 HFC-125는 1.2 이상 1.5 이하, FK-5-1-12는 0.7이상 1.6 이하 일 것

라. 저장용기는 제134조제4호라목의 규정의 예에 의하는 것 외에 다음에 정한 것에 의할 것

(1) 가압식저장용기등에는 방출밸브를 설치할 것

(2) 보기 쉬운 장소에 충전소화약제량, 소화약제의 종류, 최고사용압력(가압식의 것에 한한다), 제조년도 및 제조자명을 표시할 것

마. 축압식저장용기등은 온도 21℃에서 하론1211을 저장하는 것은 1.1MPa 또는 2.5MPa, 하론1301, HFC-227ea 또는 FK-5-1-12를 저장하는 것은 2.5MPa 또는 4.2MPa이 되도록 질소가스로 축압할 것

바. 가압용가스용기는 질소가스가 충전되어 있는 것일 것

사. 가압용가스용기에는 안전장치 및 용기밸브를 설치할 것

아. 배관은 다음에 정한 것에 의할 것

(1) 전용으로 할 것

(2) 강관의 배관은 하론2402에 있어서는 「배관용탄소강관」(KSD3507), 하론1211, 하론1301, HFC-227ea, HFC-23, HFC-125 또는 FK-5-1-12에 있어서는 「압력배관용탄소강관」(KS D 3562) 중에서 스케줄 40 이상의 것 또는 이와 동등 이상의 강도를 갖는 것으로서 아연도금 등에 의한 방식처리를 한 것을 사용할 것

(3) 동관의 배관은 「이음매없는구리및구리합금관」(KS D 5301) 또는 이와 동등 이상의 강도 및 내식성을 갖는 것을 사용할 것
(4) 관이음쇠 및 밸브류는 강관이나 동관 또는 이와 동등 이상의 강도 및 내식성을 갖는 것일 것
(5) 낙차는 50m 이하일 것

자. 저장용기(축압식의 것으로서 내부압력이 1.0MPa 이상인 것에 한한다)에는 용기밸브를 설치할 것

차. 가압식의 것에는 2.0MPa 이하의 압력으로 조정할 수 있는 압력조정장치를 설치할 것

카. 선택밸브는 제134조제4호아목의 규정의 예에 의할 것

타. 저장용기등과 선택밸브등 사이에는 안전장치 또는 파괴판을 설치할 것

파. 기동용가스용기 및 기동장치는 제134조제4호차목·카목의 규정의 예에 의할 것. 다만, 기동장치는 하론 2402, 하론1211 또는 하론 1301을 방사하는 것의 기동장치는 수동식으로 하고(다만, 상주인이 없는 대상물 등 수동식에 의하는 것이 적당하지 아니한 경우에는 자동식으로 할 수 있다), HFC-23, HFC-125, HFC-227ea 또는 FK-5-1-12를 방사하는 것의 기동장치는 자동식으로 하여야 한다.

하. 음향경보장치는 제134조제4호타목의 규정의 예에 의할 것. 다만, 하론1301을 방사하는 전역방출방식의 것은 음성에 의한 경보장치로 하지 않을 수 있다.

거. 전역방출방식인 것에는 다음에 정하는 안전조치를 할 것
(1) 기동장치의 방출용스위치 등의 작동으로부터 저장용기등의 용기밸브 또는 방출밸브의 개방까지의 시간이 20초 이상으로 되도록 지연장치를 설치할 것. 다만, 하론1301을 방사하는 것은 지연장치를 설치하지 않을 수 있다.
(2) 수동기동장치에는 (1)에 정한 시간 내에 소화약제가 방출되지 않도록 조치를 할 것
(3) 방호구역의 출입구 등 보기 쉬운 장소에 소화약제가 방출된다는 사실을 알리는 표시등을 설치할 것

너. 비상전원 및 조작회로등의 배선은 제134조제4호거목 및 너목의 규정의 예에 의할 것

더. 전역방출방식의 할로겐화물소화설비를 설치한 방화대상물 또는 그 부분의 개구부는 다음에 정한 것에 의할 것
(1) 하론2402, 하론1211 또는 하론1301를 방사하는 것은 다음에 의한 것
(가) 층고의 2/3 이하의 높이에 있는 개구부로서 방사한 소화약제의 유실의 우려가 있는 것에는 소화약제 방사 전에 폐쇄할 수 있는 자동폐쇄장치를 설치할 것
(나) 자동폐쇄장치를 설치하지 아니한 개구부 면적의 합계수치는 방호대상물의 전체둘레의 면적(방호구역의 벽, 바닥 및 천정 또는 지붕면적의 합계를 말한다. 이하 같다)의 수치의 1% 이하일 것

(2) HFC-23, HFC-125, HFC-227ea 또는 FK-5-1-12를 방사하는 것은 모든 개구부에 소화약제 방사 전에 폐쇄할 수 있는 자동폐쇄장치를 설치할 것

　러. 국소방출방식의 할로겐화물소화설비에 사용하는 소화약제는 하론 2402, 하론1211 또는 하론 1301로 할 것

　머. 전역방출방식의 할로겐화물소화설비에 사용하는 소화약제는 다음 표에 의할 것

　버. 전역방출방식의 할로겐화물소화설비 중 HFC-23, HFC-125, HFC-227ea 또는 FK-5-1-12를 방사하는 것은 방호구역내의 압력상승을 방지하는 조치를 강구할 것

5. 이동식할로겐화물소화설비는 다음 각목에 정한 것에 의할 것

　가. 제134조제4호라목(2)·(3), 같은 조 제5호다목부터 바목까지, 이 조 제4호다목·라목·마목부터 자목까지 및 같은 호 더목(1)의 규정(HFC-23, HFC-125, HFC-227ea 또는 FK-5-1-12와 관련된 부분은 제외한다)의 예에 의할 것

　나. 하나의 노즐마다 온도 20℃에서 1분당 다음 표에 정한 소화약제의 종류에 따른 양 이상을 방사할 수 있도록 할 것

　다. 이동식 할로겐화물소화설비의 소화약제는 하론2402, 하론1211 또는 하론1301로 할 것

제136조(분말소화설비의 기준) 분말소화설비의 기준은 다음 각 호와 같다.

1. 전역방출방식의 분말소화설비의 분사헤드는 다음 각목에 정한 것에 의할 것

　가. 방사된 소화약제가 방호구역의 전역에 균일하고 신속하게 확산할 수 있도록 설치할 것

　나. 분사헤드의 방사압력은 0.1MPa 이상일 것

　다. 제3호가목에 정하는 소화약제의 양을 30초 이내에 균일하게 방사할 것

2. 국소방출방식의 분말소화설비의 분사헤드는 제1호나목의 예에 의하는 것 외에 다음 각목에 의할 것

　가. 분사헤드는 방호대상물의 모든 표면이 분사헤드의 유효사정 내에 있도록 설치할 것

　나. 소화약제의 방사에 의하여 위험물이 비산되지 않는 장소에 설치할 것

　다. 제3호나목에 정하는 소화약제의 양을 30초 이내에 균일하게 방사할 것

3. 분말 소화약제의 저장용기 또는 저장탱크에 저장하는 소화약제의 양은 다음 각목에 정하는 것에 의할 것

　가. 전역방출방식의 분말소화설비는 다음에 정하는 것에 의하여 산출된 양 이상으로 할 것

　　(1) 다음 표에 정한 소화약제의 종별에 따른 양의 비율로 계산한 양

소화약제의 종별	방호구역의 체적 1m³당 소화약제의 양(단위 kg)
탄산수소나트륨을 주성분으로 한 것(이하 "제1종 분말"이라 한다)	0.60
탄산수소칼륨을 주성분으로 한 것(이하 "제2종 분말"이라 한다) 또는 인산염류 등을 주성분으로 한 것(인산암모늄을 90% 이상 함유한 것에 한한다. 이하 "제3종 분말"이라 한다)	0.36
탄산수소칼륨과 요소의 반응생성물(이하 "제4종 분말"이라 한다)	0.24
특정의 위험물에 적응성이 있는 것으로 인정되는 것(이하 "제5종 분말"이라 한다.	소화약제에 따라 필요한 양

(2) 방호구역의 개구부에 자동폐쇄장치를 설치하지 않은 경우에는 (1)에 의하여 산출된 양에 다음 표에 정한 소화약제의 종별에 따른 양의 비율로 계산한 양을 가산한 양

소화약제의 종별	개구부의 면적 1m²당 소화약제의 양(단위 kg)
제1종 분말	4.5
제2종 분말 또는 제3종 분말	2.7
제4종 분말	1.8
제5종 분말	소화약제에 따라 필요한 양

(3) 방호구역 내에서 저장 또는 취급하는 위험물에 따라 별표 2에 정한 소화약제에 따른 계수를 (1) 및 (2)에 의하여 산출된 양에 곱해서 얻은 양

나. 국소방출방식의 분말소화설비는 (1) 또는 (2)에 의하여 산출된 양에 저장 또는 취급하는 위험물에 따라 별표 2에 정한 소화약제에 따른 계수를 곱하고 다시 1.1을 곱한 양 이상으로 할 것

(1) 면적식의 국소방출방식

액체 위험물을 상부를 개방한 용기에 저장하는 경우 등 화재 시 연소면이 한 면에 한정되고 위험물이 비산할 우려가 없는 경우에는 다음 표에 정한 비율로 계산한 양

소화약제의 종별	방호대상물의 표면적 1m²당 소화약제의 양 (단위 kg)
제1종 분말	8.8
제2종 분말 또는 제3종 분말	5.2
제4종 분말	3.6
제5종 분말	소화약제에 따라 필요한 양

(2) 용적식의 국소방출방식

(1)의 경우 외의 경우에는 다음 식에 의하여 구해진 양에 방호공간의 체적을 곱한 양

$$Q = X - Y\frac{a}{A}$$

Q : 단위체적당 소화약제의 양 (단위 kg/m³)
a : 방호대상물 주위에 실제로 설치된 고정벽의 면적의 합계 (단위 m²)
A : 방호공간 전체둘레의 면적 (단위 m²)
X 및 Y : 다음 표에 정한 소화약제의 종류에 따른 수치

소화약제의 종별	X의 수치	Y의 수치
제1종 분말	5.2	3.9
제2종 분말 또는 제3종 분말	3.2	2.4
제4종 분말	2.0	1.5
제5종 분말	소화약제에 따라 필요한 양	

다. 전역방출방식 또는 국소방출방식의 분말소화설비를 설치한 동일 제조소등에 방호구역 또는 방호대상물이 2 이상 있을 경우에는 각 방호구역 또는 방호대상물에 대해서 가목 및 나목에 의하여 계산한 양 중에서 최대의 양 이상으로 할 수가 있다. 다만, 방호구역 또는 방호대상물이 서로 인접하여 있을 경우에는 하나의 저장용기를 공용할 수 없다.

라. 이동식분말소화설비는 하나의 노즐마다 다음 표에 정한 소화약제의 종류에 따른 양 이상으로 할 것

소화약제의 종별	소화약제의 양 (단위 kg)
제1종 분말	50
제2종 분말 또는 제3종 분말	30
제4종 분말	20
제5종 분말	소화약제에 따라 필요한 양

4. 전역방출방식 또는 국소방출방식의 분말소화설비의 기준은 다음 각 호에 정한 것에 의할 것

가. 제134조제4호 가목 및 나목(1)의 규정의 예에 의할 것

나. 분말소화설비에 사용하는 소화약제는 제1종 분말, 제2종 분말, 제3종 분말, 제4종 분말 또는 제5종 분말로 할 것

다. 저장용기등의 충전비는 다음 표에 정한 소화약제의 종별에 따른 것으로 할 것

소화약제의 종별	충전비의 범위
제1종 분말	0.85 이상 1.45 이하
제2종 분말 또는 제3종 분말	1.05 이상 1.75 이하
제4종 분말	1.50 이상 2.50 이하

라. 저장용기등은 제134조제4호라목의 규정의 예에 의하는 것 외에 다음에 정하는 것에 의할 것

  (1) 저장탱크는 「압력용기-설계 및 제조 일반」(KS B 6750)의 기준에 적합한 것 또는 이와 동등 이상의 강도 및 내식성이 있는 것을 사용할 것

  (2) 저장용기등에는 안전장치를 설치할 것

  (3) 저장용기(축압식인 것은 내압력이 1.0MPa인 것에 한한다)에는 용기밸브를 설치할 것

  (4) 가압식의 저장용기등에는 방출밸브를 설치할 것

  (5) 보기 쉬운 장소에 충전소화약제량, 소화약제의 종류, 최고사용압력(가압식인 것에 한한다) 제조년월 및 제조자명을 표시할 것

마. 저장용기등에는 잔류가스를 배출하기 위한 배출장치를, 배관에는 잔류소화약제를 처리하기 위한 클리닝장치를 설치할 것

바. 가압용가스용기는 저장용기등의 직근에 설치되고 확실하게 접속되어 있을 것

사. 가압용 가스용기에는 안전장치 및 용기밸브를 설치할 것

아. 가압용 또는 축압용 가스는 다음에 정하는 것에 의할 것

  (1) 가압용 또는 축압용 가스는 질소 또는 이산화탄소로 할 것

  (2) 가압용 가스로 질소를 사용하는 것은 소화약제 1kg당 온도 35℃에서 0MPa의 상태로 환산한 체적 40ℓ 이상, 이산화탄소를 사용하는 것은 소화약제 1kg당 20g에 배관의 청소에 필요한 양을 더한 양 이상일 것

  (3) 축압용 가스로 질소가스를 사용하는 것은 소화약제 1kg당 온도 35℃에서 0MPa의 상태로 환산한 체적 10ℓ에 배관의 청소에 필요한 양을 더한 양 이상, 이산화탄소를 사용하는 것은 소화약제 1kg당 20g에 배관의 청소에 필요한 양을 더한 양 이상일 것

  (4) 클리닝에 필요한 양의 가스는 별도의 용기에 저장할 것

자. 배관은 다음에 정하는 것에 의할 것

  (1) 전용으로 할 것

  (2) 강관의 배관은 「배관용탄소강관」(KSD3507)에 적합하고 아연도금 등에 의하여 방식처리를 한 것 또는 이와 동등 이상의 강도 및 내식성을 갖는 것을 사용할 것. 다만, 축압식인 것 중에서 온도 20℃에서 압력이 2.5MPa을 초과하고 4.2MPa

이하인 것에 있어서는 「압력배관용탄소강관」(KS D 3562) 중에서 스케줄40 이상이고 아연도금 등에 의하여 방식처리를 한 것 또는 이와 동등 이상의 강도와 내식성이 있는 것을 사용할 것

(3) 동관의 배관은 「이음매없는구리및구리합금관」(KS D 5301) 또는 이와 동등 이상의 강도 및 내식성을 갖는 것으로 조정압력 또는 최고사용압력의 1.5배 이상의 압력에 견딜 수 있는 것을 사용할 것

(4) 관이음쇠는 「나사식강관제관이음쇠」(KS B 1533), 「나사식가단주철제관이음쇠」(KS B 1531), 「강제용접식관플랜지」(KS B 1503), 「스테인리스강제용접식플랜지」(KS B 1506), 「배관용 강제맞대기용접식관이음쇠」(KS B 1541) 또는 이와 동등 이상의 강도, 내식성 및 내열성을 갖는 것으로 할 것

(5) 밸브류는 다음에 정한 것에 의할 것
   (가) 소화약제를 방사하는 경우에 현저하게 소화약제와 가압용·축압용가스가 분리되거나 소화약제가 잔류할 우려가 없는 구조일 것
   (나) 접속할 관의 구경에 맞는 규격일 것
   (다) 재질은 「주강 플랜지형 밸브」(KS B 2361), 「구상흑연주철품」(KS D 4302)로서 방식처리가 된 것 또는 이와 동등 이상의 강도, 내식성 및 내열성을 갖는 것으로 할 것
   (라) 밸브류는 개폐위치 또는 개폐방향을 표시할 것
   (마) 방출밸브 및 가압용가스용기밸브의 수동조작부는 화재시 쉽게 접근 가능하고 안전한 장소에 설치할 것

(6) 저장용기등으로부터 배관의 굴곡부까지의 거리는 관경의 20배 이상 되도록 할 것 다만, 소화약제와 가압용·축압용가스가 분리되지 않도록 조치를 한 경우에는 그러하지 아니하다.

(7) 낙차는 50m 이상일 것

(8) 동시에 방사하는 분사헤드의 방사압력이 균일하도록 설치할 것

차. 가압식의 분말소화설비에는 2.5MPa 이하의 압력으로 조정할 수 있는 압력조정기를 설치할 것

카. 가압식의 분말소화설비에는 다음에 정하는 것에 의하여 정압작동장치를 설치할 것
   (1) 기동장치의 작동후 저장용기등의 압력이 설정압력이 되었을 때 방출밸브를 개방시키는 것일 것
   (2) 정압작동장치는 저장용기등마다 설치할 것

타. 축압식의 분말소화설비에는 사용압력의 범위를 녹색으로 표시한 지시압력계를 설치할 것

파. 선택밸브는 제134조제4호아목의 규정의 예에 의할 것

하. 저장용기등과 선택밸브등 사이에는 안전장치 또는 파괴판을 설치할 것
거. 기동용가스용기는 제134조제4호차목의 규정의 예에 의하는 것 외에 다음에 정하는 것에 의할 것
  (1) 내용적은 0.27ℓ 이상으로 하고 당해 용기에 저장하는 가스의 양은 145g 이상일 것
  (2) 충전비는 1.5 이상일 것
너. 기동장치는 제134조제4호카목(IG-100, IG-55 또는 IG-541과 관련된 부분은 제외한다)의 규정의 예에 의할 것
더. 음향경보장치는 제134조제4호타목의 규정의 예에 의할 것
러. 전역방출방식인 것에는 제134조제4호하목(IG-100, IG-55 또는 IG-541과 관련된 부분은 제외한다)의 규정의 예에 의할 것
머. 비상전원 및 조작회로등의 배선은 제134조제4호 거목・너목의 규정의 예에 의할 것

5. 이동식분말소화설비는 다음 각 호에 정한 것에 의할 것
  가. 제134조제5호다목 내지 바목, 이 조 제4호나목 내지 자목・타목의 규정의 예에 의할 것
  나. 하나의 노즐마다 매분당 소화약제 방사량은 다음 표에 정한 소화약제의 종류에 따른 양 이상으로 할 것

소화약제의 종류	소화약제의 양 (단위 kg)
제1종 분말	45 〈50〉
제2종 분말 또는 제3종 분말	27 〈30〉
제4종 분말	18 〈20〉

(비고) 오른쪽란에 기재된 "〈 〉"속의 수치는 전체 소화약제의 양임

CHAPTER 03 관련법규 적용

1. 제조소등 설치허가의 취소와 사용정지 등[법 제12조]

시·도지사는 제조소등의 관계인이 다음 각 호의 어느 하나에 해당하는 때에는 행정안전부령이 정하는 바에 따라 제6조제1항의 규정에 따른 허가를 취소하거나 6월 이내의 기간을 정하여 제조소등의 전부 또는 일부의 사용정지를 명할 수 있다.

1) 제6조제1항 후단의 규정에 따른 변경허가를 받지 아니하고 제조소등의 위치·구조 또는 설비를 변경한 때
2) 제9조의 규정에 따른 완공검사를 받지 아니하고 제조소등을 사용한 때
3) 제14조제2항의 규정에 따른 수리·개조 또는 이전의 명령을 위반한 때
4) 제15조제1항 및 제2항의 규정에 따른 위험물안전관리자를 선임하지 아니한 때
5) 제15조제5항을 위반하여 대리자를 지정하지 아니한 때
6) 제18조제1항의 규정에 따른 정기점검을 하지 아니한 때
7) 제18조제2항의 규정에 따른 정기검사를 받지 아니한 때
8) 제26조의 규정에 따른 저장·취급기준 준수명령을 위반한 때

2. 벌칙[법 제7장]

제33조(벌칙)
① 제조소등에서 위험물을 유출·방출 또는 확산시켜 사람의 생명·신체 또는 재산에 대하여 위험을 발생시킨 자는 1년 이상 10년 이하의 징역에 처한다.
② 제1항의 규정에 따른 죄를 범하여 사람을 상해(傷害)에 이르게 한 때에는 무기 또는 3년 이상의 징역에 처하며, 사망에 이르게 한 때에는 무기 또는 5년 이상의 징역에 처한다.

제34조(벌칙)
① 업무상 과실로 제조소등에서 위험물을 유출·방출 또는 확산시켜 사람의 생명·신체 또는 재산에 대하여 위험을 발생시킨 자는 7년 이하의 금고 또는 7천만원 이하의 벌금에 처한다.
② 죄를 범하여 사람을 사상(死傷)에 이르게 한 자는 10년 이하의 징역 또는 금고나 1억원 이하의 벌금에 처한다.

제34조의2(벌칙)
제조소등의 설치허가를 받지 아니하고 제조소등을 설치한 자는 5년 이하의 징역 또는 1억원 이하의 벌금에 처한다.

제34조의3(벌칙)
저장소 또는 제조소등이 아닌 장소에서 지정수량 이상의 위험물을 저장 또는 취급한 자는 3년 이하의 징역 또는 3천만원 이하의 벌금에 처한다.

제35조(벌칙) 1년 이하의 징역 또는 1천만원 이하의 벌금
3. 제16조제2항의 규정에 따른 탱크시험자로 등록하지 아니하고 크시험자의 업무를 한 자
4. 정기점검을 하지 아니하거나 점검기록을 허위로 작성한 관계인으로서 허가를 받은 자
5. 정기검사를 받지 아니한 관계인으로서 규정에 따른 허가 받은 자
6. 자체소방대를 두지 아니한 관계인으로서 허가를 받은 자
7. 규정을 위반하여 운반용기에 대한 검사를 받지 아니하고 운반용기를 사용하거나 유통시킨 자
8. 명령을 위반하여 보고 또는 자료제출을 하지 아니하거나 허위의 보고 또는 자료제출을 한 자 또는 관계공무원의 출입·검사 또는 수거를 거부·방해 또는 기피한 자
9. 제조소등에 대한 긴급 사용정지·제한명령을 위반한 자

제36조(벌칙) 1천500만원 이하의 벌금에 처한다.
1. 위험물의 저장 또는 취급에 관한 중요기준에 따르지 아니한 자
2. 변경허가를 받지 아니하고 제조소등을 변경한 자
3. 제조소등의 완공검사를 받지 아니하고 위험물을 저장·취급한 자
4. 제조소등의 사용정지명령을 위반한 자
5. 수리·개조 또는 이전의 명령에 따르지 아니한 자
6. 안전관리자를 선임하지 아니한 관계인
7. 대리자를 지정하지 아니한 관계인
8. 업무정지명령을 위반한 자
9. 탱크안전성능시험 또는 점검에 관한 업무를 허위로 하거나 그 결과를 증명하는 서류를 허위로 교부한 자
10. 예방규정을 제출하지 아니하거나 변경명령을 위반한 관계인

11. 정지지시를 거부하거나 국가기술자격증, 교육수료증 신원확인을 위한 증명서의 제시 요구 또는 신원확인을 위한 질문에 응하지 아니한 사람
12. 명령을 위반하여 보고 또는 자료제출을 하지 아니하거나 허위의 보고 또는 자료제출을 한 자 및 관계공무원의 출입 또는 조사·검사를 거부·방해 또는 기피한 자
13. 탱크시험자에 대한 감독상 명령에 따르지 아니한 자
14. 무허가장소의 위험물에 대한 조치명령에 따르지 아니한 자
15. 저장·취급기준 준수명령 또는 응급조치명령을 위반한 자

제37조(벌칙) 1천만원 이하의 벌금에 처한다.
1. 위험물의 취급에 관한 안전관리와 감독을 하지 아니한 자
2. 안전관리자 또는 그 대리자가 참여하지 아니한 상태에서 위험물을 취급한 자
3. 변경한 예방규정을 제출하지 아니한 관계인
4. 위험물의 운반에 관한 중요기준에 따르지 아니한 자
5. 제21조제1항 또는 제2항의 규정을 위반한 위험물운송자
6. 관계인의 정당한 업무를 방해하거나 출입·검사 등을 수행하면서 알게 된 비밀을 누설한 자

제38조(양벌규정)
① 법인의 대표자나 법인 또는 개인의 대리인, 사용인, 그 밖의 종업원이 그 법인 또는 개인의 업무에 관하여 제33조제1항의 위반행위를 하면 그 행위자를 벌하는 외에 그 법인 또는 개인을 5천만원 이하의 벌금에 처하고, 같은 조 제2항의 위반행위를 하면 그 행위자를 벌하는 외에 그 법인 또는 개인을 1억원 이하의 벌금에 처한다. 다만, 법인 또는 개인이 그 위반행위를 방지하기 위하여 해당 업무에 관하여 상당한 주의와 감독을 게을리하지 아니한 경우에는 그러하지 아니하다.
② 법인의 대표자나 법인 또는 개인의 대리인, 사용인, 그 밖의 종업원이 그 법인 또는 개인의 업무에 관하여 제34조부터 제37조까지의 어느 하나에 해당하는 위반행위를 하면 그 행위자를 벌하는 외에 그 법인 또는 개인에게도 해당 조문의 벌금형을 과(科)한다. 다만, 법인 또는 개인이 그 위반행위를 방지하기 위하여 해당 업무에 관하여 상당한 주의와 감독을 게을리하지 아니한 경우에는 그러하지 아니하다.

제39조(과태료) ① 다음 각 호의 어느 하나에 해당하는 자는 200만원 이하의 과태료에 처한다.

1. 규정에 따른 승인을 받지 아니한 자

   "제조소등이 아닌 장소에서 지정수량 이상의 위험물을 임시로 저장 또는 취급하는 장소에서의 저장 또는 취급의 기준과 임시로 저장 또는 취급하는 장소의 위치·구조 및 설비의 기준은 시·도의 조례로 정하고 있으며, 시·도의 조례가 정하는 바에 따라 관할소방서장의 승인을 받아 지정수량 이상의 위험물을 90일 이내의 기간 동안 임시로 저장 또는 취급할 수 있다."

2. 규정에 따른 위험물의 저장 또는 취급에 관한 세부기준을 위반한 자

   "제조소등에서의 위험물의 저장 또는 취급에 관하여는 화재 등 위해의 예방과 응급조치에 있어서 중요기준보다 상대적으로 적은 영향을 미치거나 그 기준을 위반하는 경우 간접적으로 화재를 일으킬 수 있는 기준 및 위험물의 안전관리에 필요한 표시와 서류·기구 등의 비치에 관한 기준(「위험물안전관리법 시행규칙」[별표 18])을 따라야 한다."

3. 규정에 따른 품명 등의 변경신고를 기간 이내에 하지 아니하거나 허위로 한 자

   "제조소등의 위치·구조 또는 설비의 변경 없이 당해 제조소등에서 저장하거나 취급하는 위험물의 품명·수량 또는 지정수량의 배수를 변경하고자 하는 자는 변경하고자 하는 날의 1일 전까지 총리령이 정하는 바에 따라 시·도지사에게 신고하여야 한다."

4. 규정에 따른 지위승계신고를 기간 이내에 하지 아니하거나 허위로 한 자

   "제조소 등의 설치자의 지위를 승계한 자는 승계한 날부터 30일 이내에 시·도지사에게 그 사실을 신고하여야 한다."

5. 제조소등의 폐지신고 또는 제15조제3항의 규정에 따른 안전관리자의 선임신고를 기간 이내에 하지 아니하거나 허위로 한 자

   "제조소등의 관계인은 당해 제조소등의 용도를 폐지한 때에는 제조소등의 용도를 폐지한 날부터 14일 이내에 시·도지사에게 신고하여야 한다."

6. 규정을 위반하여 등록사항의 변경신고를 기간 이내에 하지 아니하거나 허위로 한 자

   "탱크안전성능시험자가 등록한 사항 가운데 중요사항(영업소재지, 기술능력, 대표자 및 상호 또는 명칭)을 변경한 경우에는 그 날부터 30일 이내에 시·도지사에게 변경신고를 한다."

7. 규정을 위반하여 점검결과를 기록·보존하지 아니한 자

"제조소등의 관계인은 그 제조소등에 대하여 제5조제4항의 규정에 따른 기술기준에 적합한지의 여부를 정기적으로 점검하고 점검결과를 기록하여 보존하여야 한다."

8. 규정에 따른 위험물의 운반에 관한 세부기준을 위반한 자

"위험물의 운반은 그 용기·적재방법 및 운반방법에 있어 화재 등 위해의 예방과 응급조치에 있어서 중요기준보다 상대적으로 적은 영향을 미치거나 그 기준을 위반하는 경우 간접적으로 화재를 일으킬 수 있는 기준 및 위험물의 안전관리에 필요한 표시와 서류·기구 등의 비치에 관한 기준(「위험물안전관리법 시행규칙」[별표 19])을 따라야 한다."

9. 위험물의 운송에 관한 기준을 따르지 아니한 자

"위험물운송자는 이동탱크저장소에 의하여 위험물을 운송하는 때에는 「위험물안전관리법 시행규칙」[별표21]로 정하는 기준을 준수하는 등 당해 위험물의 안전확보를 위하여 세심한 주의를 기울여야 한다.

3. 이송취급소 허가신청의 첨부서류

[별표 1]

이송취급소 허가신청의 첨부서류(제6조제9호 관련)

구조 및 설비	첨부서류
1. 배관	1. 위치도(축척 : 50,000분의 1 이상, 배관의 경로 및 이송기지의 위치를 기재할 것) 2. 평면도[축척 : 3,000분의 1 이상, 배관의 중심선에서 좌우 300m 이내의 지형, 부근의 도로·하천·철도 및 건축물 그 밖의 시설의 위치, 배관의 중심선·신축구조·감진장치·배관계 내의 압력을 측정하여 자동적으로 위험물의 누설을 감지할 수 있는 장치의 압력계·방호장치 및 밸브의 위치, 시가지·별표 15 Ⅰ제1호 각목의 규정에 의한 장소 그리고 행정구역의 경계를 기재하고 배관의 중심선에는 200m마다 체가(遞加)거리를 기재할 것] 3. 종단도면(축척 : 가로는 3,000분의 1·세로는 300분의 1 이상, 지표면으로부터 배관의 깊이·배관의 경사도·주요한 공작물의 종류 및 위치를 기재할 것) 4. 횡단도면(축척 : 200분의 1 이상, 배관을 부설한 도로·철도 등의 횡단면에 배관의 중심과 지상 및 지하의 공작물의 위치를 기재할 것 5. 도로·하천·수로 또는 철도의 지하를 횡단하는 금속관 또는 방호구조물안에 배관을 설치하거나 배관을 가공횡단하여 설치하는 경우에는 당해 횡단 개소의 상세도면 6. 강도계산서 7. 접합부의 구조도 8. 용접에 관한 설명서 9. 접합방법에 관하여 기재한 서류 10. 배관의 기점·분기점 및 종점의 위치에 관하여 기재한 서류 11. 연장에 관하여 기재한 서류(도로 밑·철도 밑·해저·하천 밑·지상·해상 등의 위치에 따라 구별하여 기재할 것) 12. 배관내의 최대상용 압력에 관하여 기재한 서류 13. 주요 규격 및 재료에 관하여 기재한 서류 14. 그 밖에 배관에 대한 설비 등에 관한 설명도서
2. 긴급차단밸브 및 차단밸브	1. 구조설명서(부대설비를 포함한다) 2. 기능설명서 3. 강도에 관한 설명서 4. 제어계통도 5. 밸브의 종류·형식 및 재료에 관하여 기재한 서류

3. 누설탐지설비	
1) 배관계 내의 위험물의 유량측정에 의하여 자동적으로 위험물의 누설을 검지할 수 있는 장치 또는 이와 동등 이상의 성능이 있는 장치	1. 누설검지능력에 관한 설명서 2. 누설검지에 관한 흐름도 3. 연산처리장치의 처리능력에 관한 설명서 4. 누설의 검지능력에 관하여 기재한 서류 5. 유량계의 종류·형식·정밀도 및 측정범위에 관하여 기재한 서류 6. 연산처리장치의 종류 및 형식에 관하여 기재한 서류
2) 배관계 내의 압력을 측정하여 자동적으로 위험물의 누설을 검지할 수 있는 장치 또는 이와 동등 이상의 성능이 있는 장치	1. 누설검지능력에 관한 설명서 2. 누설검지에 관한 흐름도 3. 수신부의 구조에 관한 설명서 4. 누설검지능력에 관하여 기재한 서류 5. 압력계의 종류·형식·정밀도 및 측정범위에 관하여 기재한 서류
3) 배관계 내의 압력을 일정하게 유지하고 당해 압력을 측정하여 위험물의 누설을 검지할 수 있는 장치 또는 이와 동등 이상의 성능이 있는 장치	1. 누설검지능력에 관한 설명서 2. 누설검지능력에 관하여 기재한 서류 3. 압력계의 종류·형식·정밀도 및 측정범위에 관하여 기재한 서류
4. 압력안전장치	구조설명도 또는 압력제어방식에 관한 설명서
5. 감진장치 및 강진계	1. 구조설명도 2. 지진검지에 관한 흐름도 3. 종류 및 형식에 관하여 기재한 서류
6. 펌프	1. 구조설명도 2. 강도에 관한 설명서 3. 용적식펌프의 압력상승방지장치에 관한 설명서 4. 고압판넬·변압기 등 전기설비의 계통도(원동기를 움직이기 위한 전기설비에 한한다) 5. 종류·형식·용량·양정·회전수 및 상용·예비의 구별에 관하여 기재한 서류 6. 실린더 등의 주요 규격 및 재료에 관하여 기재한 서류 7. 원동기의 종류 및 출력에 관하여 기재한 서류 8. 고압판넬의 용량에 관하여 기재한 서류 9. 변압기용량에 관하여 기재한 서류
7. 피그취급장치	구조설명도
8. 전기방식설비, 가열·보온설비, 지지물, 누설확산방지설비, 운전상태감시장치, 안전제어장치, 경보설비, 비상전원, 위험물주입·취출구, 금속관, 방호구조물, 보호설비, 신축흡수장치, 위험물제거장치, 통보설비, 가연성증기체류방지설비, 부등침하측정설비, 기자재창고, 점검상자, 표지 그 밖에 이송취급소에 관한 설비	1. 설비의 설치에 관하여 필요한 설명서 및 도면 2. 설비의 종류·형식·재료·강도 및 그 밖의 기능·성능 등에 관하여 기재한 서류

4. 제조소등의 변경허가를 받아야 하는 경우

[별표 1의2] 〈개정 2013.2.5〉
제조소등의 변경허가를 받아야 하는 경우(제8조 관련)

제조소등의 구분	변경허가를 받아야 하는 경우
1. 제조소 또는 일반취급소	가. 제조소 또는 일반취급소의 위치를 이전하는 경우 나. 건축물의 벽・기둥・바닥・보 또는 지붕을 증설 또는 철거하는 경우 다. 배출설비를 신설하는 경우 라. 위험물취급탱크를 신설・교체・철거 또는 보수(탱크의 본체를 절개하는 경우에 한한다)하는 경우 마. 위험물취급탱크의 노즐 또는 맨홀을 신설하는 경우(노즐 또는 맨홀의 직경이 250mm를 초과하는 경우에 한한다) 바. 위험물취급탱크의 방유제의 높이 또는 방유제 내의 면적을 변경하는 경우 사. 위험물취급탱크의 탱크전용실을 증설 또는 교체하는 경우 아. 300m(지상에 설치하지 아니하는 배관의 경우에는 30m)를 초과하는 위험물배관을 신설・교체・철거 또는 보수(배관을 절개하는 경우에 한한다)하는 경우 자. 불활성기체의 봉입장치를 신설하는 경우 차. 별표 4 XII 제2호가목에 따른 누설범위를 국한하기 위한 설비를 신설하는 경우 카. 별표 4 XII 제3호다목에 따른 냉각장치 또는 보냉장치를 신설하는 경우 타. 별표 4 XII 제3호마목에 따른 탱크전용실을 증설 또는 교체하는 경우 파. 별표 4 XII 제4호나목에 따른 담 또는 토제를 신설・철거 또는 이설하는 경우 하. 별표 4 XII 제4호다목에 따른 온도 및 농도의 상승에 의한 위험한 반응을 방지하기 위한 설비를 신설하는 경우 거. 별표 4 XII 제4호라목에 따른 철이온 등의 혼입에 의한 위험한 반응을 방지하기 위한 설비를 신설하는 경우 너. 방화상 유효한 담을 신설・철거 또는 이설하는 경우 더. 위험물의 제조설비 또는 취급설비(펌프설비를 제외한다)를 증설하는 경우 러. 옥내소화전설비・옥외소화전설비・스프링클러설비・물분무등소화설비를 신설・교체(배관・밸브・압력계・소화전본체・소화약제탱크・포헤드・포방출구 등의 교체는 제외한다) 또는 철거하는 경우 머. 자동화재탐지설비를 신설 또는 철거하는 경우
2. 옥내저장소	가. 건축물의 벽・기둥・바닥・보 또는 지붕을 증설 또는 철거하는 경우 나. 배출설비를 신설하는 경우 다. 별표 5 VIII 제3호가목에 따른 누설범위를 국한하기 위한 설비를 신설하는 경우 라. 별표 5 VIII 제4호에 따른 온도의 상승에 의한 위험한 반응을 방지하기 위한 설비를 신설하는 경우 마. 별표 5 부표 1 비고 제1호 또는 같은 별표 부표 2 비고 제1호에 따른 담 또는 토제를 신설・철거 또는 이설하는 경우 바. 옥외소화전설비・스프링클러설비・물분무등소화설비를 신설・교체(배관・밸브・압력계・소화전본체・소화약제탱크・포헤드・포방출구 등의 교체는 제외한다) 또는 철거하는 경우 사. 자동화재탐지설비를 신설 또는 철거하는 경우

3. 옥외탱크 저장소	가. 옥외저장탱크의 위치를 이전하는 경우 나. 옥외탱크저장소의 기초·지반을 정비하는 경우 다. 별표 6 Ⅱ제5호에 따른 물분무설비를 신설 또는 철거하는 경우 라. 주입구의 위치를 이전하거나 신설하는 경우 마. 300m(지상에 설치하지 아니하는 배관의 경우에는 30m)를 초과하는 위험물배관을 신설·교체·철거 또는 보수(배관을 절개하는 경우에 한한다)하는 경우 바. 별표 6 Ⅵ 제20호에 따른 수조를 교체하는 경우 사. 방유제(간막이 둑을 포함한다)의 높이 또는 방유제 내의 면적을 변경하는 경우 아. 옥외저장탱크의 밑판 또는 옆판을 교체하는 경우 자. 옥외저장탱크의 노즐 또는 맨홀을 신설하는 경우(노즐 또는 맨홀의 직경이 250mm를 초과하는 경우에 한한다) 차. 옥외저장탱크의 밑판 또는 옆판의 표면적의 20%를 초과하는 겹침보수공사 또는 육성보수공사를 하는 경우 카. 옥외저장탱크의 에뉼러판의 겹침보수공사 또는 육성보수공사를 하는 경우 타. 옥외저장탱크의 에뉼러판 또는 밑판이 옆판과 접하는 용접이음부의 겹침보수공사 또는 육성보수공사를 하는 경우(용접길이가 300mm를 초과하는 경우에 한한다) 파. 옥외저장탱크의 옆판 또는 밑판(에뉼러판을 포함한다) 용접부의 절개보수공사를 하는 경우 하. 옥외저장탱크의 지붕판 표면적 30% 이상을 교체하거나 구조·재질 또는 두께를 변경하는 경우 거. 별표 6 Ⅺ 제1호가목에 따른 누설범위를 국한하기 위한 설비를 신설하는 경우 너. 별표 6 Ⅺ 제2호나목에 따른 냉각장치 또는 보냉장치를 신설하는 경우 더. 별표 6 Ⅺ 제3호가목에 따른 온도의 상승에 의한 위험한 반응을 방지하기 위한 설비를 신설하는 경우 러. 별표 6 Ⅺ 제3호나목에 따른 철이온 등의 혼입에 의한 위험한 반응을 방지하기 위한 설비를 신설하는 경우 머. 불활성기체의 봉입장치를 신설하는 경우 버. 지중탱크의 누액방지판을 교체하는 경우 서. 해상탱크의 정치설비를 교체하는 경우 어. 물분무등소화설비를 신설·교체(배관·밸브·압력계·소화전본체·소화약제탱크·포헤드·포방출구 등의 교체는 제외한다) 또는 철거하는 경우 저. 자동화재탐지설비를 신설 또는 철거하는 경우
4. 옥내탱크 저장소	가. 옥내저장탱크의 위치를 이전하는 경우 나. 주입구의 위치를 이전하거나 신설하는 경우 다. 300m(지상에 설치하지 아니하는 배관의 경우에는 30m)를 초과하는 위험물배관을 신설·교체·철거 또는 보수(배관을 절개하는 경우에 한한다)하는 경우 라. 옥내저장탱크를 신설·교체 또는 철거하는 경우 마. 옥내저장탱크를 보수(탱크본체를 절개하는 경우에 한한다)하는 경우 바. 옥내저장탱크의 노즐 또는 맨홀을 신설하는 경우(노즐 또는 맨홀의 직경이 250mm를 초과하는 경우에 한한다) 사. 건축물의 벽·기둥·바닥·보 또는 지붕을 증설 또는 철거하는 경우

	아. 배출설비를 신설하는 경우
	자. 별표 7 Ⅱ에 따른 누설범위를 국한하기 위한 설비·냉각장치·보냉장치·온도의 상승에 의한 위험한 반응을 방지하기 위한 설비 또는 철이온 등의 혼입에 의한 위험한 반응을 방지하기 위한 설비를 신설하는 경우
	차. 불활성기체의 봉입장치를 신설하는 경우
	카. 물분무등소화설비를 신설·교체(배관·밸브·압력계·소화전본체·소화약제탱크·포헤드·포방출구 등의 교체는 제외한다) 또는 철거하는 경우
	타. 자동화재탐지설비를 신설 또는 철거하는 경우
5. 지하탱크 저장소	가. 지하저장탱크의 위치를 이전하는 경우
	나. 탱크전용실을 증설 또는 교체하는 경우
	다. 지하저장탱크를 신설·교체 또는 철거하는 경우
	라. 지하저장탱크를 보수(탱크본체를 절개하는 경우에 한한다)하는 경우
	마. 지하저장탱크의 노즐 또는 맨홀을 신설하는 경우(노즐 또는 맨홀의 직경이 250mm를 초과하는 경우에 한한다)
	바. 주입구의 위치를 이전하거나 신설하는 경우
	사. 300m(지상에 설치하지 아니하는 배관의 경우에는 30m)를 초과하는 위험물배관을 신설·교체·철거 또는 보수(배관을 절개하는 경우에 한한다)하는 경우
	아. 특수누설방지구조를 보수하는 경우
	자. 별표 8 Ⅳ제2호나목 및 같은 항 제3호에 따른 냉각장치·보냉장치·온도의 상승에 의한 위험한 반응을 방지하기 위한설비 또는 철이온 등의 혼입에 의한 위험한 반응을 방지하기 위한 설비를 신설하는 경우
	차. 불활성기체의 봉입장치를 신설하는 경우
	카. 자동화재탐지설비를 신설 또는 철거하는 경우
	타. 지하저장탱크의 내부에 탱크를 추가로 설치하거나 철판 등을 이용하여 탱크 내부를 구획하는 경우
6. 간이탱크 저장소	가. 간이저장탱크의 위치를 이전하는 경우
	나. 건축물의 벽·기둥·바닥·보 또는 지붕을 증설 또는 철거하는 경우
	다. 간이저장탱크를 신설·교체 또는 철거하는 경우
	라. 간이저장탱크를 보수(탱크본체를 절개하는 경우에 한한다)하는 경우
	마. 간이저장탱크의 노즐 또는 맨홀을 신설하는 경우(노즐 또는 맨홀의 직경이 250mm를 초과하는 경우에 한한다)
7. 이동탱크 저장소	가. 상치장소의 위치를 이전하는 경우(같은 사업장 또는 같은 울안에서 이전하는 경우는 제외한다)
	나. 이동저장탱크를 보수(탱크본체를 절개하는 경우에 한한다)하는 경우
	다. 이동저장탱크의 노즐 또는 맨홀을 신설하는 경우(노즐 또는 맨홀의 직경이 250mm를 초과하는 경우에 한한다)
	라. 이동저장탱크의 내용적을 변경하기 위하여 구조를 변경하는 경우
	마. 별표 10 Ⅳ제3호에 따른 주입설비를 설치 또는 철거하는 경우
	바. 펌프설비를 신설하는 경우
8. 옥외 저장소	가. 옥외저장소의 면적을 변경하는 경우
	나. 별표 11 Ⅲ제1호에 따른 살수설비 등을 신설 또는 철거하는 경우

		다. 옥외소화전설비·스프링클러설비·물분무등소화설비를 신설·교체(배관·밸브·압력계·소화전본체·소화약제탱크·포헤드·포방출구 등의 교체는 제외한다) 또는 철거하는 경우
9. 암반탱크 저장소		가. 암반탱크저장소의 내용적을 변경하는 경우 나. 암반탱크의 내벽을 정비하는 경우 다. 배수시설·압력계 또는 안전장치를 신설하는 경우 라. 주입구의 위치를 이전하거나 신설하는 경우 마. 300m(지상에 설치하지 아니하는 배관의 경우에는 30m)를 초과하는 위험물배관을 신설·교체·철거 또는 보수(배관을 절개하는 경우에 한한다)하는 경우 바. 물분무등소화설비를 신설·교체(배관·밸브·압력계·소화전본체·소화약제탱크·포헤드·포방출구 등의 교체는 제외한다) 또는 철거하는 경우 사. 자동화재탐지설비를 신설 또는 철거하는 경우

10. 주유 취급소		가. 지하에 매설하는 탱크의 변경 중 다음의 어느 하나에 해당하는 경우
		  1) 탱크의 위치를 이전하는 경우
		  2) 탱크전용실을 보수하는 경우
		  3) 탱크를 신설·교체 또는 철거하는 경우
		  4) 탱크를 보수(탱크본체를 절개하는 경우에 한한다)하는 경우
		  5) 탱크의 노즐 또는 맨홀을 신설하는 경우(노즐 또는 맨홀의 직경이 250mm를 초과하는 경우에 한한다)
		  6) 특수누설방지구조를 보수하는 경우
		나. 옥내에 설치하는 탱크의 변경 중 다음의 어느 하나에 해당하는 경우
		  1) 탱크의 위치를 이전하는 경우
		  2) 탱크를 신설·교체 또는 철거하는 경우
		  3) 탱크를 보수(탱크본체를 절개하는 경우에 한한다)하는 경우
		  4) 탱크의 노즐 또는 맨홀을 신설하는 경우(노즐 또는 맨홀의 직경이 250mm를 초과하는 경우에 한한다)
		다. 고정주유설비 또는 고정급유설비를 신설 또는 철거하는 경우
		라. 고정주유설비 또는 고정급유설비의 위치를 이전하는 경우
		마. 건축물의 벽·기둥·바닥·보 또는 지붕을 증설 또는 철거하는 경우
		바. 담 또는 캐노피를 신설 또는 철거(유리를 부착하기 위하여 담의 일부를 철거하는 경우를 포함한다)하는 경우
		사. 주입구의 위치를 이전하거나 신설하는 경우
		아. 별표 13 Ⅴ제1호 각 목에 따른 시설과 관계된 공작물(바닥면적이 $4m^2$ 이상인 것에 한한다)을 신설 또는 증축하는 경우
		자. 별표 13 Ⅵ에 따른 개질장치(改質裝置), 압축기(壓縮機), 충전설비, 축압기(蓄壓器) 또는 수입설비(受入設備)를 신설하는 경우
		차. 자동화재탐지설비를 신설 또는 철거하는 경우
		카. 셀프용이 아닌 고정주유설비를 셀프용 고정주유설비로 변경하는 경우
		타. 주유취급소 부지의 면적 또는 위치를 변경하는 경우
		파. 300m(지상에 설치하지 않는 배관의 경우에는 30m)를 초과하는 위험물의 배관을 신

		설・교체・철거 또는 보수(배관을 자르는 경우만 해당한다)하는 경우
		하. 탱크의 내부에 탱크를 추가로 설치하거나 철판 등을 이용하여 탱크 내부를 구획하는 경우
11. 판매 취급소		가. 건축물의 벽・기둥・바닥・보 또는 지붕을 증설 또는 철거하는 경우
		나. 자동화재탐지설비를 신설 또는 철거하는 경우
12. 이송 취급소		가. 이송취급소의 위치를 이전하는 경우
		나. 300m(지상에 설치하지 아니하는 배관의 경우에는 30m)를 초과하는 위험물배관을 신설・교체・철거 또는 보수(배관을 절개하는 경우에 한한다)하는 경우
		다. 방호구조물을 신설 또는 철거하는 경우
		라. 누설확산방지조치・운전상태의 감시장치・안전제어장치・압력안전장치・누설검지장치를 신설하는 경우
		마. 주입구・토출구 또는 펌프설비의 위치를 이전하거나 신설하는 경우
		바. 옥내소화전설비・옥외소화전설비・스프링클러설비・물분무등소화설비를 신설・교체(배관・밸브・압력계・소화전본체・소화약제탱크・포헤드・포방출구 등의 교체는 제외한다) 또는 철거하는 경우
		사. 자동화재탐지설비를 신설 또는 철거하는 경우

CHAPTER 04 위험물 운송·운반시설 기준 파악

1. 위험물의 운반에 관한 기준[규칙 별표19]

Ⅰ. 운반용기

1. 운반용기의 재질은 강판·알루미늄판·양철판·유리·금속판·종이·플라스틱·섬유판·고무류·합성섬유·삼·짚 또는 나무로 한다.
2. 운반용기는 견고하여 쉽게 파손될 우려가 없고, 그 입구로부터 수납된 위험물이 샐 우려가 없도록 하여야 한다.
3. 운반용기의 구조 및 최대용적은 다음 각호의 규정에 의한 용기의 구분에 따라 당해 각 목에 정하는 바에 의한다.
   가. 나목의 규정에 의한 용기 외의 용기
      고체의 위험물을 수납하는 것에 있어서는 부표 1 제1호, 액체의 위험물을 수납하는 것에 있어서는 부표 1 제2호에 정하는 기준에 적합할 것. 다만, 운반의 안전상 이러한 기준에 적합한 운반용기와 동등 이상이라고 인정하여 소방청장이 정하여 고시하는 것에 있어서는 그러하지 아니하다.
   나. 기계에 의하여 하역하는 구조로 된 용기
      고체의 위험물을 수납하는 것에 있어서는 별표 20 제1호, 액체의 위험물을 수납하는 것에 있어서는 별표 20 제2호에 정하는 기준 및 1) 내지 6)에 정하는 기준에 적합할 것. 다만, 운반의 안전상 이러한 기준에 적합한 운반용기와 동등 이상이라고 인정하여 소방청장이 정하여 고시하는 것과 UN의 위험물 운송에 관한 권고(RTDG, Recommendations on the Transport of Dangerous Goods)에서 정한 기준에 적합한 것으로 인정된 용기에 있어서는 그러하지 아니하다.
      1) 운반용기는 부식 등의 열화에 대하여 적절히 보호될 것
      2) 운반용기는 수납하는 위험물의 내압 및 취급 시와 운반 시의 하중에 의하여 당해 용기에 생기는 응력에 대하여 안전할 것
      3) 운반용기의 부속설비에는 수납하는 위험물이 당해 부속설비로부터 누설되지 아니하도록 하는 조치가 강구되어 있을 것
      4) 용기본체가 틀로 둘러싸인 운반용기는 다음의 요건에 적합할 것
         가) 용기본체는 항상 틀 내에 보호되어 있을 것
         나) 용기본체는 틀과의 접촉에 의하여 손상을 입을 우려가 없을 것
         다) 운반용기는 용기본체 또는 틀의 신축 등에 의하여 손상이 생기지 아니할 것
      5) 하부에 배출구가 있는 운반용기는 다음의 요건에 적합할 것
         가) 배출구에는 개폐위치에 고정할 수 있는 밸브가 설치되어 있을 것

나) 배출을 위한 배관 및 밸브에는 외부로부터의 충격에 의한 손상을 방지하기 위한 조치가 강구되어 있을 것
다) 폐지판 등에 의하여 배출구를 이중으로 밀폐할 수 있는 구조일 것. 다만, 고체의 위험물을 수납하는 운반용기에 있어서는 그러하지 아니하다.
6) 1) 내지 5)에 규정하는 것 외의 운반용기의 구조에 관하여 필요한 사항은 소방청장이 정하여 고시한다.
4. 제3호의 규정에 불구하고 승용차량(승용으로 제공하는 차실 내에 화물용으로 제공하는 부분이 있는 구조의 것을 포함한다)으로 인화점이 40℃ 미만인 위험물중 소방청장이 정하여 고시하는 것을 운반하는 경우의 운반용기의 구조 및 최대용적의 기준은 소방청장이 정하여 고시한다.
5. 제3호의 규정에 불구하고 운반의 안전상 제한이 필요하다고 인정되는 경우에는 위험물의 종류, 운반용기의 구조 및 최대용적의 기준을 소방청장이 정하여 고시할 수 있다.
6. 제3호 내지 제5호의 운반용기는 다음 각목의 규정에 의한 용기의 구분에 따라 당해 각목에 정하는 성능이 있어야 한다.
가. 나목의 규정에 의한 용기 외의 용기
소방청장이 정하여 고시하는 낙하시험, 기밀시험, 내압시험 및 겹쳐쌓기시험에서 소방청장이 정하여 고시하는 기준에 적합할 것. 다만, 수납하는 위험물의 품명, 수량, 성질과 상태 등에 따라 소방청장이 정하여 고시하는 용기에 있어서는 그러하지 아니하다.
나. 기계에 의하여 하역하는 구조로 된 용기
소방청장이 정하여 고시하는 낙하시험, 기밀시험, 내압시험, 겹쳐쌓기시험, 아랫부분 인상시험, 윗부분 인상시험, 파열전파시험, 넘어뜨리기시험 및 일으키기시험에서 소방청장이 정하여 고시하는 기준에 적합할 것. 다만, 수납하는 위험물의 품명, 수량, 성질과 상태 등에 따라 소방청장이 정하여 고시하는 용기에 있어서는 그러하지 아니하다.

II. 적재방법

1. 위험물은 I의 규정에 의한 운반용기에 다음 각목의 기준에 따라 수납하여 적재하여야 한다. 다만, 덩어리 상태의 유황을 운반하기 위하여 적재하는 경우 또는 위험물을 동일구내에 있는 제조소등의 상호간에 운반하기 위하여 적재하는 경우에는 그러하지 아니하다(중요기준).
가. 위험물이 온도변화 등에 의하여 누설되지 아니하도록 운반용기를 밀봉하여 수납할 것. 다만, 온도변화 등에 의한 위험물로부터의 가스의 발생으로 운반용기안의 압력이 상승할 우려가 있는 경우(발생한 가스가 독성 또는 인화성을 갖는 등 위험성이 있는 경우를 제외한다)에는 가스의 배출구(위험물의 누설 및 다른 물질의 침투를 방지하는 구조로 된 것에 한한다)를 설치한 운반용기에 수납할 수 있다.

나. 수납하는 위험물과 위험한 반응을 일으키지 아니하는 등 당해 위험물의 성질에 적합한 재질의 운반용기에 수납할 것
다. 고체위험물은 운반용기 내용적의 95% 이하의 수납률로 수납할 것
라. 액체위험물은 운반용기 내용적의 98% 이하의 수납률로 수납하되, 55도의 온도에서 누설되지 아니하도록 충분한 공간용적을 유지하도록 할 것
마. 하나의 외장용기에는 다른 종류의 위험물을 수납하지 아니할 것
바. 제3류 위험물은 다음의 기준에 따라 운반용기에 수납할 것
    1) 자연발화성물질에 있어서는 불활성 기체를 봉입하여 밀봉하는 등 공기와 접하지 아니하도록 할 것
    2) 자연발화성물질 외의 물품에 있어서는 파라핀·경유·등유 등의 보호액으로 채워 밀봉하거나 불활성 기체를 봉입하여 밀봉하는 등 수분과 접하지 아니하도록 할 것
    3) 라목의 규정에 불구하고 자연발화성물질 중 알킬알루미늄 등은 운반용기의 내용적의 90% 이하의 수납률로 수납하되, 50℃의 온도에서 5% 이상의 공간용적을 유지하도록 할 것

2. 기계에 의하여 하역하는 구조로 된 운반용기에 대한 수납은 제1호(다목을 제외한다)의 규정을 준용하는 외에 다음 각목의 기준에 따라야 한다(중요기준).
  가. 다음의 규정에 의한 요건에 적합한 운반용기에 수납할 것
    1) 부식, 손상 등 이상이 없을 것
    2) 금속제의 운반용기, 경질플라스틱제의 운반용기 또는 플라스틱 내 용기 부착의 운반용기에 있어서는 다음에 정하는 시험 및 점검에서 누설 등 이상이 없을 것
    가) 2년 6개월 이내에 실시한 기밀시험(액체의 위험물 또는 10㎪ 이상의 압력을 가하여 수납 또는 배출하는 고체의 위험물을 수납하는 운반용기에 한한다)
    나) 2년 6개월 이내에 실시한 운반용기의 외부의 점검·부속설비의 기능점검 및 5년 이내의 사이에 실시한 운반용기의 내부의 점검
  나. 복수의 폐쇄장치가 연속하여 설치되어 있는 운반용기에 위험물을 수납하는 경우에는 용기본체에 가까운 폐쇄장치를 먼저 폐쇄할 것
  다. 휘발유, 벤젠 그 밖의 정전기에 의한 재해가 발생할 우려가 있는 액체의 위험물을 운반용기에 수납 또는 배출할 때에는 당해 재해의 발생을 방지하기 위한 조치를 강구할 것
  라. 온도변화 등에 의하여 액상이 되는 고체의 위험물은 액상으로 되었을 때 당해 위험물이 새지 아니하는 운반용기에 수납할 것
  마. 액체위험물을 수납하는 경우에는 55℃의 온도에서의 증기압이 130㎪ 이하가 되도록 수납할 것
  바. 경질플라스틱제의 운반용기 또는 플라스틱 내 용기 부착의 운반용기에 액체위험물을 수납하는 경우에는 당해 운반용기는 제조된 때로부터 5년 이내의 것으로 할 것

사. 가목 내지 바목에 규정하는 것 외에 운반용기에의 수납에 관하여 필요한 사항은 소방청장이 정하여 고시한다.

3. 위험물은 당해 위험물이 전락(轉落)하거나 위험물을 수납한 운반용기가 전도·낙하 또는 파손되지 아니하도록 적재하여야 한다(중요기준).

4. 운반용기는 수납구를 위로 향하게 하여 적재하여야 한다(중요기준).

5. 적재하는 위험물의 성질에 따라 일광의 직사 또는 빗물의 침투를 방지하기 위하여 유효하게 피복하는 등 다음 각목에 정하는 기준에 따른 조치를 하여야 한다(중요기준).

    가. 제1류 위험물, 제3류 위험물 중 자연발화성물질, 제4류 위험물 중 특수인화물, 제5류 위험물 또는 제6류 위험물은 차광성이 있는 피복으로 가릴 것

    나. 제1류 위험물 중 알칼리금속의 과산화물 또는 이를 함유한 것, 제2류 위험물 중 철분·금속분·마그네슘 또는 이들 중 어느 하나 이상을 함유한 것 또는 제3류 위험물 중 금수성물질은 방수성이 있는 피복으로 덮을 것

    다. 제5류 위험물 중 55℃ 이하의 온도에서 분해될 우려가 있는 것은 보냉 컨테이너에 수납하는 등 적정한 온도관리를 할 것

    라. 액체위험물 또는 위험등급Ⅱ의 고체위험물을 기계에 의하여 하역하는 구조로 된 운반용기에 수납하여 적재하는 경우에는 당해 용기에 대한 충격 등을 방지하기 위한 조치를 강구할 것. 다만, 위험등급Ⅱ의 고체위험물을 플렉서블(Flexible)의 운반용기, 파이버판제의 운반용기 및 목제의 운반용기 외의 운반용기에 수납하여 적재하는 경우에는 그러하지 아니하다.

6. 위험물은 다음 각목의 규정에 의한 바에 따라 종류를 달리하는 그 밖의 위험물 또는 재해를 발생시킬 우려가 있는 물품과 함께 적재하지 아니하여야 한다(중요기준).

    가. 부표 2의 규정에서 혼재가 금지되고 있는 위험물

    나. 「고압가스 안전관리법」에 의한 고압가스(소방청장이 정하여 고시하는 것을 제외한다)

7. 위험물을 수납한 운반용기를 겹쳐 쌓는 경우에는 그 높이를 3m 이하로 하고, 용기의 상부에 걸리는 하중은 당해 용기 위에 당해 용기와 동종의 용기를 겹쳐 쌓아 3m의 높이로 하였을 때에 걸리는 하중 이하로 하여야 한다(중요기준).

8. 위험물은 그 운반용기의 외부에 다음 각목에 정하는 바에 따라 위험물의 품명, 수량 등을 표시하여 적재하여야 한다. 다만, UN의 위험물 운송에 관한 권고(RTDG, Recommendations on the Transport of Dangerous Goods)에서 정한 기준 또는 소방청장이 정하여 고시하는 기준에 적합한 표시를 한 경우에는 그러하지 아니하다.

    가. 위험물의 품명·위험등급·화학명 및 수용성("수용성" 표시는 제4류 위험물로서 수용성인 것에 한한다)

    나. 위험물의 수량

    다. 수납하는 위험물에 따라 다음의 규정에 의한 주의사항

1) 제1류 위험물 중 알칼리금속의 과산화물 또는 이를 함유한 것에 있어서는 "화기·충격주의", "물기엄금" 및 "가연물접촉주의", 그 밖의 것에 있어서는 "화기·충격주의" 및 "가연물접촉주의"

2) 제2류 위험물 중 철분·금속분·마그네슘 또는 이들 중 어느 하나 이상을 함유한 것에 있어서는 "화기주의" 및 "물기엄금", 인화성고체에 있어서는 "화기엄금", 그 밖의 것에 있어서는 "화기주의"

3) 제3류 위험물 중 자연발화성물질에 있어서는 "화기엄금" 및 "공기접촉엄금", 금수성물질에 있어서는 "물기엄금"

4) 제4류 위험물에 있어서는 "화기엄금"

5) 제5류 위험물에 있어서는 "화기엄금" 및 "충격주의"

6) 제6류 위험물에 있어서는 "가연물접촉주의"

9. 제8호의 규정에 불구하고 제1류·제2류 또는 제4류 위험물(위험등급Ⅰ의 위험물을 제외한다)의 운반용기로서 최대용적이 1ℓ 이하인 운반용기의 품명 및 주의사항은 위험물의 통칭명 및 당해 주의사항과 동일한 의미가 있는 다른 표시로 대신할 수 있다.

10. 제8호 및 제9호의 규정에 불구하고 제4류 위험물에 해당하는 화장품(에어졸을 제외한다)의 운반용기 중 최대용적이 150㎖ 이하인 것에 대하여는 제8호 가목 및 다목의 규정에 의한 표시를 하지 아니할 수 있고, 최대용적이 150㎖ 초과 300㎖ 이하의 것에 대하여는 제8호 가목의 규정에 의한 표시를 하지 아니할 수 있으며, 동호 다목의 규정에 의한 주의사항을 당해 주의사항과 동일한 의미가 있는 다른 표시로 대신할 수 있다.

11. 제8호 및 제9호의 규정에 불구하고 제4류 위험물에 해당하는 에어졸의 운반용기로서 최대용적이 300㎖ 이하의 것에 대하여는 제8호 가목의 규정에 의한 표시를 하지 아니할 수 있으며, 동호 다목의 규정에 의한 주의사항을 당해 주의사항과 동일한 의미가 있는 다른 표시로 대신할 수 있다.

12. 제8호 및 제9호의 규정에 불구하고 제4류 위험물 중 동식물유류의 운반용기로서 최대용적이 3ℓ 이하인 것에 대하여는 제8호 가목 및 다목의 표시에 대하여 각각 위험물의 통칭명 및 동호의 규정에 의한 표시와 동일한 의미가 있는 다른 표시로 대신할 수 있다.

13. 기계에 의하여 하역하는 구조로 된 운반용기의 외부에 행하는 표시는 제8호 각목의 규정에 의하는 외에 다음 각목의 사항을 포함하여야 한다. 다만, UN의 위험물 운송에 관한 권고(RTDG, Recommendations on the Transport of Dangerous Goods)에서 정한 기준 또는 소방청장이 정하여 고시하는 기준에 적합한 표시를 한 경우에는 그러하지 아니하다.

가. 운반용기의 제조년월 및 제조자의 명칭

나. 겹쳐쌓기시험하중

다. 운반용기의 종류에 따라 다음의 규정에 의한 중량

1) 플렉서블 외의 운반용기 : 최대총중량(최대수용중량의 위험물을 수납하였을 경우의 운반용기의 전중량을 말한다)
2) 플렉서블 운반용기 : 최대수용중량

라. 가목 내지 다목에 규정하는 것 외에 운반용기의 외부에 행하는 표시에 관하여 필요한 사항으로서 소방청장이 정하여 고시하는 것

Ⅲ. 운반방법

1. 위험물 또는 위험물을 수납한 운반용기가 현저하게 마찰 또는 동요를 일으키지 아니하도록 운반하여야 한다(중요기준).
2. 지정수량 이상의 위험물을 차량으로 운반하는 경우에는 해당 차량에 소방청장이 정하여 고시하는 바에 따라 운반하는 위험물의 위험성을 알리는 표지를 설치하여야 한다.
3. 지정수량 이상의 위험물을 차량으로 운반하는 경우에 있어서 다른 차량에 바꾸어 싣거나 휴식·고장 등으로 차량을 일시 정차시킬 때에는 안전한 장소를 택하고 운반하는 위험물의 안전확보에 주의하여야 한다.
4. 지정수량 이상의 위험물을 차량으로 운반하는 경우에는 당해 위험물에 적응성이 있는 소형수동식소화기를 당해 위험물의 소요단위에 상응하는 능력단위 이상 갖추어야 한다.
5. 위험물의 운반도중 위험물이 현저하게 새는 등 재난발생의 우려가 있는 경우에는 응급조치를 강구하는 동시에 가까운 소방관서 그 밖의 관계기관에 통보하여야 한다.
6. 제1호 내지 제5호의 적용에 있어서 품명 또는 지정수량을 달리하는 2 이상의 위험물을 운반하는 경우에 있어서 운반하는 각각의 위험물의 수량을 당해 위험물의 지정수량으로 나누어 얻은 수의 합이 1 이상인 때에는 지정수량 이상의 위험물을 운반하는 것으로 본다.

Ⅳ. 법 제20조제1항의 규정에 의한 중요기준 및 세부기준은 다음 각호의 구분에 의한다.

1. 중요기준 : Ⅰ 내지 Ⅲ의 운반기준 중 "중요기준"이라 표기한 것
2. 세부기준 : 중요기준 외의 것

Ⅴ. 위험물의 위험등급

별표 18 Ⅴ, 이 표 Ⅰ 및 Ⅱ에 있어서 위험물의 위험등급은 위험등급Ⅰ·위험등급Ⅱ 및 위험등급Ⅲ으로 구분하며, 각 위험등급에 해당하는 위험물은 다음 각호와 같다.

1. 위험등급 Ⅰ의 위험물
   가. 제1류 위험물 중 아염소산염류, 염소산염류, 과염소산염류, 무기과산화물 그 밖에 지정수량이 50kg인 위험물
   나. 제3류 위험물 중 칼륨, 나트륨, 알킬알루미늄, 알킬리튬, 황린 그 밖에 지정수량이 10kg 또는 20kg인 위험물
   다. 제4류 위험물 중 특수인화물

라. 제5류 위험물 중 유기과산화물, 질산에스테르류 그 밖에 지정수량이 10kg인 위험물

마. 제6류 위험물

2. 위험등급Ⅱ의 위험물

　가. 제1류 위험물 중 브롬산염류, 질산염류, 요오드산염류 그 밖에 지정수량이 300kg인 위험물

　나. 제2류 위험물 중 황화린, 적린, 유황 그 밖에 지정수량이 100kg인 위험물

　다. 제3류 위험물 중 알칼리금속(칼륨 및 나트륨을 제외한다) 및 알칼리토금속, 유기금속화합물(알킬알루미늄 및 알킬리튬을 제외한다) 그 밖에 지정수량이 50kg인 위험물

　라. 제4류 위험물 중 제1석유류 및 알코올류

　마. 제5류 위험물 중 제1호 라목에 정하는 위험물 외의 것

3. 위험등급Ⅲ의 위험물 : 제1호 및 제2호에 정하지 아니한 위험물

[부표 1] 〈개정 2007.12.3〉
운반용기의 최대용적 또는 중량(별표 19 관련)

1. 고체 위험물

운반 용기				수납 위험물의 종류									
내장 용기		외장 용기		제1류			제2류		제3류			제5류	
용기의 종류	최대용적 또는 중량	용기의 종류	최대용적 또는 중량	I	II	III	II	III	I	II	III	I	II
유리용기 또는 플라스틱 용기	10ℓ	나무상자 또는 플라스틱 상자(필요에 따라 불활성의 완충재를 채울 것)	125kg	○	○	○	○	○	○	○	○	○	○
			225kg		○	○		○		○	○		○
		파이버판상자(필요에 따라 불활성의 완충재를 채울 것)	40kg	○	○	○	○	○	○	○	○	○	○
			55kg		○	○		○		○	○		○
금속제 용기	30ℓ	나무상자 또는 플라스틱상자	125kg	○	○	○	○	○	○	○	○	○	○
			225kg		○	○		○		○	○		○
		파이버판상자	40kg	○	○	○	○	○	○	○	○	○	○
			55kg		○	○		○		○	○		○

내장용기		외장용기										
플라스틱 필름포대 또는 종이포대	5kg	나무상자 또는 플라스틱상자	50kg	○	○	○	○	○		○	○	○	○
	50kg		50kg	○	○	○	○						○
	125kg		125kg	○	○	○							
	225kg		225kg		○		○						
	5kg	파이버판상자	40kg	○	○	○	○			○	○	○	○
	40kg		40kg	○	○	○	○						○
	55kg		55kg		○	○							
		금속제용기(드럼 제외)	60ℓ	○	○	○	○	○	○	○	○	○	○
		플라스틱용기 (드럼 제외)	10ℓ		○	○	○			○	○	○	○
			30ℓ			○	○				○	○	
		금속제드럼	250ℓ	○	○	○	○	○	○	○	○	○	○
		플라스틱드럼 또는 파이버드럼 (방수성이 있는 것)	60ℓ	○	○	○	○			○	○	○	○
			250ℓ		○	○		○			○	○		○
		합성수지포대 (방수성이 있는 것), 플라스틱필름포대, 섬유포대(방수성이 있는 것) 또는 종이포대(여러겹으로서 방수성이 있는 것)	50kg		○	○	○			○	○		○

비고) 1. "○"표시는 수납위험물의 종류별 각란에 정한 위험물에 대하여 당해 각란에 정한 운반용기가 적응성이 있음을 표시한다.
2. 내장용기는 외장용기에 수납하여야 하는 용기로서 위험물을 직접 수납하기 위한 것을 말한다.
3. 내장용기의 용기의 종류란이 공란인 것은 외장용기에 위험물을 직접 수납하거나 유리용기, 플라스틱용기, 금속제용기, 폴리에틸렌포대 또는 종이포대를 내장용기로 할 수 있음을 표시한다.

2. 액체 위험물

운반 용기				수납위험물의 종류							
내장 용기		외장 용기		제3류			제4류			제5류	제6류
용기의 종류	최대용적 또는 중량	용기의 종류	최대용적 또는 중량	I	II	III	I	II	III	I	II	I

내장용기 종류	내장용기 최대용적	외장용기 종류	외장용기 최대중량	1	2	3	4	5	6	7	8
유리용기	5ℓ	나무 또는 플라스틱상자 (불활성의 완충재를 채울 것)	75kg	○	○	○	○	○	○	○	○
	10ℓ		125kg		○	○		○	○		○
			225kg					○			
	5ℓ	파이버판상자(불활성의 완충재를 채울 것)	40kg	○	○	○	○	○	○	○	○
	10ℓ		55kg					○			
플라스틱용기	10ℓ	나무 또는 플라스틱상자 (필요에 따라 불활성의 완충재를 채울 것)	75kg	○	○	○	○	○	○	○	○
			125kg		○	○		○	○		○
			225kg					○			
		파이버판상자(필요에 따라 불활성의 완충재를 채울 것)	40kg	○	○	○	○	○	○	○	○
			55kg					○			
금속제용기	30ℓ	나무 또는 플라스틱상자	125kg	○	○	○	○	○	○	○	○
			225kg					○			
		파이버판상자	40kg	○	○	○	○	○	○	○	○
			55kg		○	○		○	○		○
		금속제용기 (금속제드럼제외)	60ℓ		○	○		○	○		○
		플라스틱용기 (플라스틱드럼제외)	10ℓ		○	○		○	○		○
			20ℓ					○	○		
			30ℓ					○	○		
		금속제드럼(뚜껑고정식)	250ℓ	○	○	○	○	○	○	○	○
		금속제드럼(뚜껑탈착식)	250ℓ					○			
		플라스틱또는파이버드럼 (플라스틱내용기부착의것)	250ℓ		○	○		○		○	

비고) 1. "○"표시는 수납위험물의 종류별 각 란에 정한 위험물에 대하여 해당 각란에 정한 운반용기가 적응성이 있음을 표시한다.

2. 내장용기는 외장용기에 수납하여야 하는 용기로서 위험물을 직접 수납하기 위한 것을 말한다.

3. 내장용기의 용기의 종류란이 공란인 것은 외장용기에 위험물을 직접 수납하거나 유리용기, 플라스틱용기 또는 금속제용기를 내장용기로 할 수 있음을 표시한다.

[부표 2]
유별을 달리하는 위험물의 혼재기준(별표 19관련)

위험물의 구분	제1류	제2류	제3류	제4류	제5류	제6류
제1류		×	×	×	×	○
제2류	×		×	○	○	×
제3류	×	×		○	×	×
제4류	×	○	○		○	×
제5류	×	○	×	○		×
제6류	○	×	×	×	×	

비고)
1. "×"표시는 혼재할 수 없음을 표시한다.
2. "○"표시는 혼재할 수 있음을 표시한다.
3. 이 표는 지정수량의 $\frac{1}{10}$ 이하의 위험물에 대하여는 적용하지 아니한다.

2. 기계에 의하여 하역하는 구조로 된 운반용기의 최대용적[규칙 별표20]

기계에 의하여 하역하는 구조로 된 운반용기의 최대용적(제51조제1항 관련)

1. 고체위험물

운반용기 종류	최대용적	수납위험물의 종류									
		제1류			제2류		제3류			제5류	
		I	II	III	II	III	I	II	III	I	II
금속제	3,000ℓ	○	○	○	○	○	○	○	○		○
플렉시블(flexible) 합성수지제	3,000ℓ		○	○	○	○		○	○		○
플렉시블(flexible) 플라스틱필름제	3,000ℓ		○	○	○	○		○	○		○
플렉시블(flexible) 섬유제	3,000ℓ		○	○	○	○		○	○		○
플렉시블(flexible) 종이제(여러겹의 것)	3,000ℓ		○	○	○	○		○	○		○
경질플라스틱제	1,500ℓ	○	○	○	○	○	○	○	○		○
	3,000ℓ		○	○	○	○		○	○		○
플라스틱 내용기 부착	1,500ℓ	○	○	○	○	○	○	○	○		○
	3,000ℓ		○	○	○	○		○	○		○
파이버판제	3,000ℓ		○	○	○	○		○	○		○
목제(라이닝부착)	3,000ℓ		○	○	○	○		○	○		○

운반용기		수납위험물의 종류									
종류	최대용적	제1류			제2류		제3류			제5류	
		I	II	III	II	III	I	II	III	I	II
금속제	3,000ℓ	○	○	○	○	○	○	○	○		○
플렉시블(flexible) 합성수지제	3,000ℓ		○	○	○	○		○	○		○
플렉시블(flexible) 플라스틱필름제	3,000ℓ		○	○	○	○		○	○		○
플렉시블(flexible) 섬유제	3,000ℓ		○	○	○	○		○	○		○
플렉시블(flexible) 종이제(여러겹의 것)	3,000ℓ		○	○	○	○		○	○		○
경질플라스틱제	1,500ℓ	○	○	○	○	○		○	○		○
	3,000ℓ		○	○	○	○		○	○		○
플라스틱 내용기 부착	1,500ℓ	○	○	○	○	○		○	○		○
	3,000ℓ		○	○	○	○		○	○		○
파이버판제	3,000ℓ		○	○	○	○		○	○		○
목제(라이닝부착)	3,000ℓ		○	○	○	○		○	○		○

비고)
1. "○"표시는 수납위험물의 종류별 각 란에 정한 위험물에 대하여 해당 각 란에 정한 운반용기가 적응성이 있음을 표시한다.
2. 플렉시블제, 파이버판제 및 목제의 운반용기에 있어서는 수납 및 배출방법을 중력에 의한 것에 한한다.

2. 액체위험물

운반용기		수납위험물의 종류								
종류	최대용적	제3류			제4류			제5류		제6류
		I	II	III	I	II	III	I	II	I
금속제	3,000ℓ		○	○		○	○		○	
경질플라스틱제	3,000ℓ		○	○		○	○		○	
플라스틱 내용기부착	3,000ℓ		○	○		○	○		○	

비고) "○"표시는 수납위험물의 종류별 각 란에 정한 위험물에 대하여 해당 각 란에 정한 운반용기가 적응성이 있음을 표시한다.

3. 위험물 운송책임자의 감독 또는 지원의 방법과 위험물의 운송 시에 준수하여야 하는 사항[규칙 별표21]

1. 운송책임자의 감독 또는 지원의 방법은 다음 각목의 1과 같다.
   가. 운송책임자가 이동탱크저장소에 동승하여 운송 중인 위험물의 안전확보에 관하여 운전자에게 필요한 감독 또는 지원을 하는 방법. 다만, 운전자가 운송책임자의 자격이 있는 경우에는 운송책임자의 자격이 없는 자가 동승할 수 있다.
   나. 운송의 감독 또는 지원을 위하여 마련한 별도의 사무실에 운송책임자가 대기하면서 다음의 사항을 이행하는 방법
   1) 운송경로를 미리 파악하고 관할소방관서 또는 관련업체(비상대응에 관한 협력을 얻을 수 있는 업체를 말한다)에 대한 연락체계를 갖추는 것
   2) 이동탱크저장소의 운전자에 대하여 수시로 안전확보 상황을 확인하는 것
   3) 비상시의 응급처치에 관하여 조언을 하는 것
   4) 그 밖에 위험물의 운송중 안전확보에 관하여 필요한 정보를 제공하고 감독 또는 지원하는 것

2. 이동탱크저장소에 의한 위험물의 운송시에 준수하여야 하는 기준은 다음 각목과 같다.
   가. 위험물운송자는 운송의 개시전에 이동저장탱크의 배출밸브 등의 밸브와 폐쇄장치, 맨홀 및 주입구의 뚜껑, 소화기 등의 점검을 충분히 실시할 것
   나. 위험물운송자는 장거리(고속국도에 있어서는 340km 이상, 그 밖의 도로에 있어서는 200km 이상을 말한다)에 걸치는 운송을 하는 때에는 2명 이상의 운전자로 할 것. 다만, 다음의 1에 해당하는 경우에는 그러하지 아니하다.
   1) 제1호가목의 규정에 의하여 운송책임자를 동승시킨 경우
   2) 운송하는 위험물이 제2류 위험물·제3류 위험물(칼슘 또는 알루미늄의 탄화물과 이것만을 함유한 것에 한한다)또는 제4류 위험물(특수인화물을 제외한다)인 경우
   3) 운송도중에 2시간 이내마다 20분 이상씩 휴식하는 경우
   다. 위험물운송자는 이동탱크저장소를 휴식·고장 등으로 일시 정차시킬 때에는 안전한 장소를 택하고 당해 이동탱크저장소의 안전을 위한 감시를 할 수 있는 위치에 있는 등 운송하는 위험물의 안전확보에 주의할 것
   라. 위험물운송자는 이동저장탱크로부터 위험물이 현저하게 새는 등 재해발생의 우려가 있는 경우에는 재난을 방지하기 위한 응급조치를 강구하는 동시에 소방관서 그 밖의 관계기관에 통보할 것
   마. 위험물(제4류 위험물에 있어서는 특수인화물 및 제1석유류에 한한다)을 운송하게 하는 자는 별지 제48호서식의 위험물안전카드를 위험물운송자로 하여금 휴대하게 할 것
   바. 위험물운송자는 위험물안전카드를 휴대하고 당해 카드에 기재된 내용에 따를 것. 다만, 재난 그 밖의 불가피한 이유가 있는 경우에는 당해 기재된 내용에 따르지 아니할 수 있다.

CHAPTER 05 일반점검표

[별지 제9호서식] (1쪽)

제조소등의 구분		제조소 일반취급소	일반점검표	점검연월일 : . . . 점검자 : 서명(또는 인)		
제조소등의 구분		☐ 제조소 ☐ 일반취급소		설치허가 연월일 및 허가번호		
설 치 자				안전관리자		
사업소명			설치위치			
위험물 현황		품 명		허가량		지정수량의 배수
위 험 물 저장·취급 개요						
시설명/호칭번호						
점검항목		점검내용		점검방법	점검결과	조치 연월일 및 내용
안전거리		보호대상물 신설여부		육안 및 실측		
		방화상 유효한 담의 손상유무		육안		
보유공지		허가 외 물건 존치여부		육안		
		방화상 유효한 격벽의 손상유무		육안		
건축물	벽·기둥·보·지붕	균열·손상 등의 유무		육안		
	방화문	변형·손상 등의 유무 및 폐쇄기능의 적부		육안		
	바닥	체유·체수의 유무		육안		
		균열·손상·패임 등의 유무		육안		
	계단	변형·손상 등의 유무 및 고정상황의 적부		육안		
환기·배출설비 등		변형·손상의 유무 및 고정상태의 적부		육안		
		인화방지망의 손상 및 막힘 유무		육안		
		방화댐퍼의 손상 유무 및 기능의 적부		육안 및 작동확인		
		팬의 작동상황의 적부		작동확인		
		가연성증기경보장치의 작동상황		작동확인		
옥외설비의 방유턱· 유출방지조치·지반면		균열·손상 등의 유무		육안		
		체유·체수·토사 등의 퇴적유무		육안		
집유설비·배수구·유분리장치		균열·손상 등의 유무		육안		
		체유·체수·토사 등의 퇴적유무		육안		
위험물의 비산방지장치 등	유출방지설비 등 (이중배관 등)	체유 등의 유무		육안		
		변형·균열·손상의 유무		육안		
		도장상황 및 부식의 유무		육안		
		고정상황의 적부		육안		
	역류방지설비 (되돌림관 등)	기능의 적부		육안 및 작동확인		
		변형·균열·손상의 유무		육안		
		도장상황 및 부식의 유무		육안		
		고정상황의 적부		육안		
	비상방지설비	체유 등의 유무		육안		
		변형·균열·손상의 유무		육안		
		기능의 적부		육안 및 작동확인		
		고정상황의 적부		육안		
가열·냉각·	기초·지주 등	침하의 유무		육안		
		볼트 등의 풀림의 유무		육안 및 시험		
		도장상황 및 부식의 유무		육안		
		변형·균열·손상의 유무		육안		
	본체부	누설의 유무		육안 및 가스검지		
		변형·균열·손상의 유무		육안		
		도장상황 및 부식의 유무		육안 및 두께측정		
		볼트 등의 풀림의 유무		육안 및 시험		
		보냉재의 손상·탈락의 유무		육안		
	접지	단선의 유무		육안		
		부착부분의 탈락의 유무		육안		
		접지저항치의 적부		저항측정		

건조설비	안전장치	부식·손상의 유무	육안		
		고정상황의 적부	육안		
		기능의 적부	작동확인		
	계측장치	손상의 유무	육안		
		부착부의 풀림의 유무	육안		
		작동·지시사항의 적부	육안		
	송풍장치	손상의 유무	육안		
		부착부의 풀림의 유무	육안		
		이상진동·소음·발열 등의 유무	작동확인		
	살수장치	부식·변형·손상의 유무	육안		
		살수상황의 적부	육안		
		고정상태의 적부	육안		
	교반장치	손상의 유무	육안		
		고정상황의 적부	육안		
		이상진동·소음·발열 등의 유무	작동확인		
		누유의 유무	육안		
		안전장치의 작동의 적부	육안 및 작동확인		
위험물 취급설비	기초·지주 등	침하의 유무	육안		
		볼트 등의 풀림의 유무	육안 및 시험		
		도장상황 및 부식의 유무	육안		
		변형·균열·손상의 유무	육안		
	본체부	누설의 유무	육안 및 가스검지		
		변형·균열·손상의 유무	육안		
		도장상황 및 부식의 유무	육안 및 두께측정		
		볼트 등의 풀림의 유무	육안 및 시험		
		보냉재의 손상·탈락의 유무	육안		
	접지	단선의 유무	육안		
		부착부분의 탈락의 유무	육안		
		접지저항치의 적부	저항측정		
	안전장치	부식·손상의 유무	육안		
		고정상황의 적부	육안		
		기능의 적부	작동확인		
	계측장치	손상의 유무	육안		
		부착부의 풀림의 유무	육안		
		작동·지시사항의 적부	육안		
	송풍장치	손상의 유무	육안		
		부착부의 풀림의 유무	육안		
		이상진동·소음·발열 등의 유무	작동확인		
	구동장치	고정상태의 적부	육안		
		이상진동·소음·발열 등의 유무	작동확인		
		회전부 등의 급유상태의 적부	육안		
	교반장치	손상의 유무	육안		
		고정상황의 적부	육안		
		이상진동·소음·발열 등의 유무	작동확인		
		누유의 유무	육안		
		안전장치의 작동의 적부	육안 및 작동확인		
위험물	기초·지주·전용실 등	변형·균열·손상의 유무	육안		
		침하의 유무	육안		
		고정상태의 적부	육안		
	본체	변형·균열·손상의 유무	육안		
		누설의 유무	육안		
		도장상황 및 부식의 유무	육안 및 두께측정		
		고정상태의 적부	육안		
		보냉재의 손상·탈락 등의 유무	육안		
	노즐·맨홀 등	누설의 유무	육안		
		변형·손상의 유무	육안		
		부착부의 손상의 유무	육안		
		도장상황 및 부식의 유무	육안 및 두께측정		

(3쪽)

취급탱크	방유제·방유턱	변형·균열·손상의 유무	육안		
		배수관의 손상의 유무	육안		
		배수관의 개폐상황의 적부	육안		
		배수구의 균열·손상의 유무	육안		
		배수구내의 체유·체수·토사 등의 퇴적의 유무	육안		
		수용량의 적부	측정		
	접지	단선의 유무	육안		
		부착부분의 탈락의 유무	육안		
		접지저항치의 적부	저항측정		
	누유검사관	변형·손상·토사등의 퇴적의 유무	육안		
	교반장치	누유의 유무	육안		
		이상진동·소음·발열 등의 유무	작동확인		
		고정상태의 적부	육안		
	통기관	인화방지망의 손상·막힘의 유무	육안		
		밸브의 작동상황	작동확인		
		관내의 장애물의 유무	육안		
		도장상황 및 부식의 유무	육안		
	안전장치	작동의 적부	육안 및 작동확인		
		부식·손상의 유무	육안		
	계량장치	손상의 유무	육안		
		부착부의 고정상태	육안		
		작동의 적부	육안		
	주입구	폐쇄시의 누설의 유무	육안		
		변형·손상의 유무	육안		
		접지전극손상의 유무	육안		
		접지저항치의 적부	접지저항측정		
	주입구의 비트	균열·손상의 유무	육안		
		체유·체수·토사 등의 퇴적의 유무	육안		
배관·밸브등	배관(플랜지·밸브 포함)	누설의 유무(지하매설배관은 누설점검실시)	육안 및 누설점검		
		변형·손상의 유무	육안		
		도장상황 및 부식의 유무	육안		
		지반면과 이격상태	육안		
	배관의 비트	균열·손상의 유무	육안		
		체유·체수·토사 등의 퇴적의 유무	육안		
	전기방식 설비	단자함의 손상·토사 등의 퇴적의 유무	육안		
		단자의 탈락의 유무	육안		
		방식전류(전위)의 적부	전위측정		
펌프설비등	전동기	손상의 유무	육안		
		고정상태의 적부	육안		
		회전부 등의 급유상태	육안		
		이상진동·소음·발열 등의 유무	작동확인		
	펌프	누설의 유무	육안		
		변형·손상의 유무	육안		
		도장상태 및 부식의 유무	육안		
		고정상태의 적부	육안		
		회전부 등의 급유상태	육안		
		유량 및 유압의 적부	육안		
		이상진동·소음·발열 등의 유무	작동확인		
	접지	단선의 유무	육안		
		부착부분의 탈락의 유무	육안		
		접지저항치의 적부	저항측정		
전기설비	배전반·차단기·배선 등	변형·손상의 유무	육안		
		고정상태의 적부	육안		
		기능의 적부	육안 및 작동확인		
		배선접합부의 탈락의 유무			
	접지	단선의 유무	육안		
		부착부분의 탈락의 유무	육안		
		접지저항치의 적부	저항측정		

	제어장치 등	제어계기의 손상의 유무	육안		
		제어반의 고정상태의 적부	육안		
		제어계(온도·압력·유량 등)의 기능의 적부	작동확인 및 시험		
		감시설비의 기능의 적부	작동확인		
		경보설비의 기능의 적부	작동확인		
	피뢰설비	돌침부의 경사·손상·부착상태	육안		
		피뢰도선의 단선 및 벽체 등과 접촉의 유무	육안		
		접지저항치의 적부	저항치측정		
	표지·게시판	손상의 유무	육안		
		기재사항의 적부	육안		
소화 설비	소화기	위치·설치수·압력의 적부	육안		
	그밖의 소화설비	소화설비 점검표에 의할 것			
경보 설비	자동화재탐지설비	자동화재탐지설비 점검표에 의할 것			
	그밖의 소화설비	손상의 유무	육안		
		기능의 적부	작동확인		
	기타사항				

[별지 제10호서식]

옥내저장소 일반점검표				점검연월일 : . . .	
				점검자 : 서명(또는 인)	
옥내저장소의 형태	□ 단층 □ 다층 □ 복합		설치허가 연월일 및 허가번호		
설 치 자			안전관리자		
사업소명		설치위치			
위험물 현황	품 명		허가량	지정수량의 배수	
위 험 물 저장·취급 개요					
시설명/호칭번호					
점검항목		점검내용	점검방법	점검결과	조치 연월일 및 내용
안전거리		보호대상물 신설여부	육안 및 실측		
		방화상 유효한 담의 손상유무	육안		
보유공지		허가외 물건 존치여부	육안		
건 축 물	벽·기둥·보·지붕	균열·손상 등의 유무	육안		
	방화문	변형·손상 등의 유무 및 폐쇄기능의 적부	육안		
	바닥	체유·체수의 유무	육안		
		균열·손상·패임 등의 유무	육안		
	계단	변형·손상 등의 유무 및 고정상황의 적부	육안		
	다른용도부분과 구획	균열·손상 등의 유무	육안		
	조명설비	손상의 유무	육안		
환기·배출설비 등		변형·손상의 유무 및 고정상태의 적부	육안		
		인화방지망의 손상 및 막힘 유무	육안		
		방화댐퍼의 손상 유무 및 기능의 적부	육안 및 작동확인		
		팬의 작동상황의 적부	작동확인		
		가연성증기경보장치의 작동상황	작동확인		
선반 등		변형·손상 등의 유무 및 고정상태의 적부	육안		
		낙하방지장치의 적부	육안		
집유설비·배수구		균열·손상 등의 유무	육안		
		체유·체수·토사 등의 퇴적유무	육안		
전 기 설 비	배전반·차단기·배선 등	변형·손상의 유무	육안		
		고정상태의 적부	육안		
		기능의 적부	육안 및 작동확인		
		배선접합부의 탈락의 유무	육안		
	접지	단선의 유무	육안		
		부착부분의 탈락의 유무	육안		
		접지저항치의 적부	저항측정		
피뢰설비		돌침부의 경사·손상·부착상태	육안		
		피뢰도선의 단선 및 벽체 등과 접촉의 유무	육안		
		접지저항치의 적부	저항치측정		
표지·게시판		손상의 유무	육안		
		기재사항의 적부	육안		
소 화 설 비	소화기	위치·설치수·압력의 적부	육안		
	그밖의 소화설비	소화설비 점검표에 의할 것			
경 보 설 비	자동화재탐지설비	자동화재탐지설비 점검표에 의할 것			
	그밖의 소화설비	손상의 유무	육안		
		기능의 적부	작동확인		
기타사항					

[별지 제11호서식] 〈2005.8.22 개정〉 (1쪽)

	옥외탱크저장소 일반점검표		점검연월일 : . . . 점검자 : 서명(또는 인)		
옥외탱크저장소의 형태	□ 고정지붕식 □ 부상지붕식 □ 지중탱크 □ 해상탱크		설치허가 연월일 및 허가번호		
설치자			안전관리자		
사업소명		설치위치			
위험물 현황	품 명		허가량	지정수량의 배수	
위 험 물 저장·취급 개요					
시설명/호칭번호					

점검항목		점검내용	점검방법	점검결과	조치 연월일 및 내용
안전거리		보호대상물 신설여부	육안 및 실측		
		방화상 유효한 담의 손상유무	육안		
보유공지		허가외 물건 존치여부	육안		
		물분무설비의 기능의 적부	작동확인		
탱크의 침하		부등침하의 유무	육안		
기초		균열·손상 등의 유무	육안		
		배수관의 손상의 유무 및 막힘 유무	육안		
저부	바닥판 (에뉼러판 포함)	누설의 유무	육안		
		장출부의 변형·균열의 유무	육안		
		장출부의 토사퇴적·체수의 유무	육안 및 작동확인		
		장출부의 도장상황 및 부식의 유무	육안		
		고정상태의 적부	육안 및 시험		
	빗물침투방지설비	변형·균열·박리 등의 유무	육안		
	배수관 등	누설의 유무	육안		
		부식·변형·균열의 유무	육안		
		비트의 손상·체유·체수·토사등의 퇴적의 유무	육안		
		배수관과 비트의 간격의 적부	육안		
측판부	측판	누설의 유무	육안		
		변형·균열의 유무	육안		
		도장상황 및 부식의 유무	육안		
	노즐·맨홀 등	누설의 유무	육안		
		변형·손상의 유무	육안		
		부착부의 손상의 유무	육안		
		도장상황 및 부식의 유무	육안 및 두께측정		
	접지	단선의 유무	육안		
		부착부분의 탈락의 유무	육안		
		접지저항치의 적부	저항측정		
	윈드가드 및 계단	변형·손상의 유무	육안		
		도장상항 및 부식의 유무	육안		
지붕부	지붕판	변형·균열의 유무	육안		
		체수의 유무	육안		
		도장상황 및 부식의 유무	육안 및 두께측정		
		실(seal)기구의 적부	육안		
		루프드래인의 적부	육안		
		폰튠·가이드폴의 적부	육안		
		그 밖의 부상지붕 관련 설비의 적부	육안		
	안전장치	작동의 적부	육안 및 작동확인		
		부식·손상의 유무	육안		

(2쪽)

	통기관	인화방지망의 손상·막힘의 유무	육안		
		밸브의 작동상황	작동확인		
		관내의 장애물의 유무	육안		
		도장상황 및 부식의 유무	육안		
	검척구·샘플링구·맨홀	변형·균열·극간의 유무	육안		
		도장상황 및 부식의 유무	육안		
계측장치	액량자동표시장치	손상의 유무	육안		
		작동상황	육안 및 작동확인		
		부착부의 손상의 유무	육안		
	온도계	손상의 유무	육안		
		작동상황	육안 및 작동확인		
		부착부의 손상의 유무	육안		
	압력계	손상의 유무	육안		
		작동상황	육안 및 작동확인		
		부착부의 손상의 유무	육안		
	액면상하한경보설비	손상의 유무	육안		
		작동상황	육안 및 작동확인		
		부착부의 손상의 유무	육안		
배관·밸브 등	배관 (플랜지·밸브 포함)	누설의 유무	육안		
		변형·손상의 유무	육안		
		도장상황 및 부식의 유무	육안		
		지반면과 이격상태	육안		
	배관의 비트	균열·손상의 유무	육안		
		체유·체수·토사 등의 퇴적의 유무	육안		
	전기방식 설비	단자함의 손상·토사 등의 퇴적의 유무	육안		
		단자의 탈락의 유무	육안		
		방식전류(전위)의 적부	전위측정		
	주입구	폐쇄시의 누설의 유무	육안		
		변형·손상의 유무	육안		
		접지전극손상의 유무	육안		
		접지저항치의 적부	접지저항측정		
	배기밸브	누설의 유무	육안		
		도장상황 및 부식의 유무	육안		
		기능의 적부	작동확인		
펌프설비 등	전동기	손상의 유무	육안		
		고정상태의 적부	육안		
		회전부 등의 급유상태	육안		
		이상진동·소음·발열 등의 유무	작동확인		
	펌프	누설의 유무	육안		
		변형·손상의 유무	육안		
		도장상태 및 부식의 유무	육안		
		고정상태의 적부	육안		
		회전부 등의 급유상태	육안		
		유량 및 유압의 적부	육안		
		이상진동·소음·발열 등의 유무	작동확인		
		기초의 균열·손상의 유무	육안		
	접지	단선의 유무	육안		
		부착부분의 탈락의 유무	육안		
		접지저항치의 적부	저항측정		
	주위·바닥·집유설비·유분리장치	균열·손상 등의 유무	육안		
		체유·체수·토사 등의 퇴적의 유무	육안		
	펌프실	지붕·벽·바닥·방화문 등의 균열·손상의 유무	육안		
		환기·배출설비 등의 손상의 유무 및 기능의 적부	육안 및 작동확인		
		조명설비의 손상의 유무	육안		

(3쪽)

방유제등	방유제	변형·균열·손상의 유무	육안		
	배수관	배수관의 손상의 유무	육안		
		배수관의 개폐상황의 적부	육안		
	배수구	배수구의 균열·손상의 유무	육안		
		배수구내의 체유·체수·토사 등의 퇴적의 유무	육안		
	집유설비	체유·체수·토사 등의 퇴적의 유무	육안		
	계단	변형·손상의 유무	육안		
전기설비	배전반·차단기·배선 등	변형·손상의 유무	육안		
		고정상태의 적부	육안		
		기능의 적부	육안 및 작동확인		
		배선접합부의 탈락의 유무	육안		
	접지	단선의 유무	육안		
		부착부분의 탈락의 유무	육안		
		접지저항치의 적부	저항측정		
	피뢰설비	돌침부의 경사·손상·부착상태	육안		
		피뢰도선의 단선 및 벽체 등과 접촉의 유무	육안		
		접지저항치의 적부	저항치측정		
	표지·게시판	손상의 유무	육안		
		기재사항의 적부	육안		
소화설비	소화기	위치·설치수·압력의 적부	육안		
	그밖의 소화설비	소화설비 점검표에 의할 것			
경보설비	자동화재탐지설비	자동화재탐지설비 점검표에 의할 것			
	그밖의 소화설비	손상의 유무	육안		
		기능의 적부	작동확인		
기타사항	보온재	손상·탈락의 유무	육안		
		피복재의 도장상황 및 부식의 유무	육안		
	탱크기둥	변형·손상의 유무	육안		
		고정상태의 적부	육안		
	가열장치	고정상태의 적부	육안		
	전기방식설비	단자함의 손상·토사 등의 퇴적의 유무	육안		
		단자의 탈락의 유무	육안		
		방식전류(전위)의 적부	전위측정		
	기타				

[별지 제12호서식] 〈2005.8.22 개정〉 (1쪽)

지하탱크저장소 일반점검표			점검연월일 : . . . . 점검자 : 서명(또는 인)		
지하탱크저장소의 형태	이중벽 (여 · 부) 전용실설치여부 (여 · 부)		설치허가 연월일 및 허가번호		
설 치 자			안전관리자		
사업소명		설치위치			
위험물 현황	품 명		허가량	지정수량의 배수	
위 험 물 저장·취급 개요					
시설명/호칭번호					
점검항목	점검내용		점검방법	점검결과	조치 연월일 및 내용
탱크본체	누설의 유무		육안		
상부	뚜껑의 균열·변형·손상·부등침하의 유무		육안 및 실측		
	허가외 구조물 설치여부		육안		
맨홀	변형·손상·토사 등의 퇴적의 유무		육안		
통기관	인화방지망의 손상·막힘의 유무		육안		
	밸브의 작동상황		작동확인		
	관내의 장애물의 유무		육안		
	도장상황 및 부식의 유무		육안		
안전장치	부식·손상의 유무		육안		
	작동상황		육안 및 작동확인		
가연성증기회수장치	손상의 유무		육안		
	작동상황		육안		
계측장치	액량자동표시장치	손상의 유무	육안		
		작동상황	육안 및 작동확인		
		부착부의 손상의 유무	육안		
	온도계	손상의 유무	육안		
		작동상황	육안 및 작동확인		
		부착부의 손상의 유무	육안		
	계량구	덮개의 폐쇄상황	육안		
		변형·손상의 유무	육안		
누설검지관	변형·손상·토사 등의 퇴적의 유무		육안		
누설검지장치 (이중벽탱크)	손상의 유무		육안		
	경보장치의 기능의 적부		작동확인		
주입구	폐쇄시의 누설의 유무		육안		
	변형·손상의 유무		육안		
	접지전극손상의 유무		육안		
	접지저항치의 적부		접지저항측정		
주입구의 비트	균열·손상의 유무		육안		
	체유·체수·토사 등의 퇴적의 유무		육안		
배관·밸브 등	배관 (플랜지·밸브 포함)	누설의 유무	육안		
		변형·손상의 유무	육안		
		도장상황 및 부식의 유무	육안		
		지반면과 이격상태	육안		
	배관의 비트	균열·손상의 유무	육안		
		체유·체수·토사 등의 퇴적의 유무	육안		
	전기방식 설비	단자함의 손상·토사 등의 퇴적의 유무	육안		
		단자의 탈락의 유무	육안		
		방식전류(전위)의 적부	전위측정		
	점검함	균열·손상·체유·체수·토사 등의 퇴적의 유무	육안		
	밸브	누설·손상의 유무	육안		
		폐쇄기능의 적부	작동확인		

(2쪽)

펌프설비 등	전동기	손상의 유무	육안		
		고정상태의 적부	육안		
		회전부 등의 급유상태	육안		
		이상진동·소음·발열 등의 유무	작동확인		
	펌프	누설의 유무	육안		
		변형·손상의 유무	육안		
		도장상태 및 부식의 유무	육안		
		고정상태의 적부	육안		
		회전부 등의 급유상태	육안		
		유량 및 유압의 적부	육안		
		이상진동·소음·발열 등의 유무	작동확인		
		기초의 균열·손상의 유무	육안		
	접지	단선의 유무	육안		
		부착부분의 탈락의 유무	육안		
		접지저항치의 적부	저항측정		
	주위·바닥·집유설비·유분리장치	균열·손상 등의 유무	육안		
		체유·체수·토사 등의 퇴적의 유무	육안		
	펌프실	지붕·벽·바닥·방화문 등의 균열·손상의 유무	육안		
		환기·배출설비 등의 손상의 유무 및 기능의 적부	육안 및 작동확인		
		조명설비의 손상의 유무	육안		
전기설비	배전반·차단기·배선 등	변형·손상의 유무	육안		
		고정상태의 적부	육안		
		기능의 적부	육안 및 작동확인		
		배선접합부의 탈락의 유무	육안		
	접지	단선의 유무	육안		
		부착부분의 탈락의 유무	육안		
		접지저항치의 적부	저항측정		
표지·게시판		손상의 유무	육안		
		기재사항의 적부	육안		
소화기		위치·설치수·압력의 적부	육안		
경보설비		손상의 유무	육안		
		기능의 적부	작동확인		
기타사항					

[별지 제13호서식]〈2005.8.22 개정〉

	이동탱크저장소		일반점검표		점검연월일 : . . . . 점검자 : 서명(또는 인)	
이동탱크저장소의 형태	컨테이너식 (여 · 부) 견인식 (여 · 부)		설치허가 연월일 및 허가번호			
설 치 자			안전관리자			
사업소명		설치위치				
위험물 현황	품 명		허가량		지정수량의 배수	
위 험 물 저장·취급 개요						
시설명/호칭번호						
점검항목		점검내용		점검방법	점검결과	조치 연월일 및 내용
상치장소		인근의 화기사용 유무		육안		
		벽·기둥·지붕 등의 균열·손상 유무		육안		
탱크본체		누설의 유무		육안		
탱크프레임		균열·변형의 유무		육안		
탱크의 고정		고정상태의 적부		육안		
		고정금속구의 균열·손상의 유무		육안		
안전장치		작동상황		육안 및 조작시험		
		본체의 손상의 유무		육안		
		인화방지망의 손상 및 막힘의 유무		육안		
맨홀		뚜껑의 이탈의 유무		육안		
주입구		뚜껑의 개폐상황		육안		
		패킹의 열화·손상의 유무		육안		
가연성증기회수설비		회수구의 변형·손상의 유무		육안		
		호스결합장치의 균열·손상의 유무		육안		
		완충이음 등의 균열·변형·손상의 유무		육안		
정전기제거설비		변형·손상의 유무		육안		
		부착부의 이탈의 유무		육안		
방호틀·측면틀		균열·변형·손상의 유무		육안		
		부식의 유무		육안		
배출밸브·자동폐쇄장치· 토출밸브·드레인밸브·바이패 스밸브·전환밸브 등		작동상황		육안 및 작동확인		
		폐쇄장치의 작동상황		육안 및 작동확인		
		균열·손상의 유무		육안		
		누설의 유무		육안		
배관		누설의 유무		육안		
		고정금속결합구의 고정상태		육안		
전기설비		변형·손상의 유무		육안		
		배선접속부의 탈락의 유무		육안		
접지도선		접지도선의 선단크립의 도통상태		확인시험		
		회전부의 회전상태		확인시험		
		접지도선의 접속상태		확인시험		
주입호스·금속결합구		균열·변형·손상의 유무		육안		
펌프		누설의 유무		육안		
표시·표지		손상의 유무 및 내용의 적부		육안		
소화기		설치수·압력의 적부		육안		
보냉온재		부식의 유무		육안		
컨테이너식	상자틀	균열·변형·손상의 유무		육안		
	금속결합구·모서리볼트· U볼트	균열·변형·손상의 유무		육안		
	시험필증	손상의 유무		육안		
	기타사항					

[별지 제14호서식]

		옥외저장소		일반점검표		점검연월일 :	
옥외저장소의 면적						점검자 : 서명(또는 인)	
				설치허가 연월일 및 허가번호			
설 치 자				안전관리자			
사업소명			설치위치				
위험물 현황		품 명		허가량		지정수량의 배수	
위 험 물 저장·취급 개요							
시설명/호칭번호							
점검항목		점검내용		점검방법	점검결과	조치 연월일 및 내용	
안전거리		보호대상물 신설 여부		육안			
보유공지		허가외 물건이 존치 여부		육안			
경계표시		변형·손상의 유무		육안			
지반면등	지반면	패임의 유무 및 배수의 적부		육안			
	배수구	균열·손상의 유무		육안			
		체유·체수·토사 등의 퇴적의 유무		육안			
	유분리장치	균열·손상의 유무		육안			
		체유·체수·토사 등의 퇴적의 유무		육안			
선반		변형·손상의 유무		육안			
		고정상태의 적부		육안			
		낙하방지조치의 적부		육안			
표지·게시판		손상의 유무 및 내용의 적부		육안			
소화설비	소화기	위치·설치수·압력의 적부		육안			
	그 밖의 소화설비	소화설비 점검표에 의할 것					
경보설비		손상의 유무		육안			
		작동의 적부		육안 및 작동확인			
살수설비		작동의 적부		육안 및 작동확인			
기타사항							

[별지 제15호서식] 〈2005.8.22 개정〉

		암반탱크저장소		일반점검표		점검연월일 : . . . . 점검자 : 서명(또는 인)	
암반탱크의 용적				설치허가 연월일 및 허가번호			
설 치 자				안전관리자			
사업소명				설치위치			
위험물 현황		품 명		허가량		지정수량의 배수	
위 험 물 저장·취급 개요							
시설명/호칭번호							

점검항목		점검내용	점검방법	점검결과	조치 연월일 및 내용
탱크본체	암반투수도	투수계수의 적부	투수계수측정		
	탱크내부증기압	증기압의 적부	압력측정		
	탱크내벽	균열·손상의 유무	육안		
		보강재의 이탈·손상의 유무	육안		
수리상태	유입지하수량	지하수충전량가 비교치의 이상의 유무	수량측정		
	수벽공	균열 변형 손상의 유무	육안		
	지하수압	수압의 적부	수압측정		
표지·게시판		손상의 유무 및 내용의 적부	육안		
압력계		작동의 적부	육안 및 작동확인		
		부식·손상의 유무	육안		
안전장치		작동상황	육안 및 조작시험		
		본체의 손상의 유무	육안		
		인화방지망의 손상 및 막힘의 유무	육안		
정전기제거설비		변형·손상의 유무	육안		
		부착부의 이탈의 유무	육안		
배관·밸브등	배관 (플랜지·밸브 포함)	누설의 유무	육안		
		변형·손상의 유무	육안		
		도장상황 및 부식의 유무	육안		
		지반면과 이격상태	육안		
	배관의 비트	균열·손상의 유무	육안		
		체유·체수·토사 등의 퇴적의 유무	육안		
	전기방식 설비	단자함의 손상·토사 등의 퇴적의 유무	육안		
		단자의 탈락의 유무	육안		
		방식전류(전위)의 적부	전위측정		
주입구		폐쇄시의 누설의 유무	육안		
		변형·손상의 유무	육안		
		접지전극손상의 유무	육안		
		접지저항치의 적부	접지저항측정		
소화설비	소화기	위치·설치수·압력의 적부	육안		
	그 밖의 소화설비	소화설비 점검표에 의할 것			
경보설비	자동화재탐지설비	자동화재탐지설비 점검표에 의할 것			
	그 밖의 소화설비	손상의 유무	육안		
		기능의 적부	작동확인		
기타사항					

[별지 제16호서식] 〈2005.8.22. 개정〉 (1쪽)

		주유취급소	일반점검표	점검연월일 : . . . 점검자 : 서명(또는 인)	
주유취급소의 형태		□ 옥내 □옥외 고객이 직접주유하는 형태 (여·부)	설치허가 연월일 및 허가번호		
설 치 자			안전관리자		
사업소명		설치위치			
위험물 현황	품 명		허가량	지정수량의 배수	
위 험 물 저장·취급 개요					
시설명/호칭번호					
점검항목		점검내용	점검방법	점검결과	조치 연월일 및 내용
공지 등	주유·급유공지	장애물의 유무	육안		
	지반면	주위지반과 고저차의 적부	육안		
		균열·손상의 유무	육안		
	배수구·유분리장치	균열·손상의 유무	육안		
		체유·체수·토사 등의 퇴적의 유무	육안		
	방화담	균열·손상·경사 등의 유무	육안		
건 축 물	벽·기둥·바닥·보·지붕	균열·손상의 유무	육안		
	방화문	변형·손상의 유무 및 폐쇄기능의 적부	육안		
	간판등	고정의 적부 및 경사의 유무	육안		
	다른용도와의 구획	균열·손상의 유무	육안		
	구멍·구덩이	구멍·구덩이의 유무	육안		
	감시대등	감시대	위치의 적부	육안		
		감시설비	기능의 적부	육안 및 작동확인		
		제어장치	기능의 적부	육안 및 작동확인		
		방송기기등	기능의 적부	육안 및 작동확인		
전용탱크·폐유탱크·간이탱크	상부	허가외 구조물 설치여부	육안		
	맨홀	변형·손상·토사 등의 퇴적의 유무	육안		
	통기관	밸브의 작동상황	작동확인		
	과잉주입방지장치	작동상황	육안 및 작동확인		
	가연성증기회수밸브	작동상황	육안		
	액량자동표시장치	작동상황	육안 및 작동확인		
	온도계·계량구	작동상황·변형·손상의 유무	육안 및 작동확인		
	탱크본체	누설의 유무	육안		
	누설검지관	변형·손상·토사 등의 퇴적의 유무	육안		
	누설검지장치 (이중벽탱크)	경보장치의 기능의 적부	작동확인		
	주입구	접지전극손상의 유무	육안		
	주입구의 비트	체유·체수·토사 등의 퇴적의 유무	육안		
배관·밸브 등	배관(플랜지·밸브 포함)	도장상황·부식의 유무 및 누설의 유무	육안		
	배관의 비트	체유·체수·토사 등의 퇴적의 유무	육안		
	전기방식 설비	단자의 탈락의 유무	육안		
	점검함	균열·손상·체유·체수·토사 등의 퇴적의 유무	육안		
	밸브	폐쇄기능의 적부	작동확인		
고 정	접합부	누설·변형·손상의 유무	육안		
	고정볼트	부식·풀림의 유무	육안		
	노즐·호스	누설의 유무	육안		
		균열·손상·결합부의 풀림의 유무	육안		
		유종표시의 손상의 유무	육안		
	펌프	누설의 유무	육안		
		변형·손상의 유무	육안		
		이상진동·소음·발열 등의 유무	작동확인		

(2쪽)

주유설비·급유설비		유량계	누설·파손의 유무	육안	
		표시장치	변형·손상의 유무	육안	
		충돌방지장치	변형·손상의 유무	육안	
		정전기제거설비	손상의 유무	육안	
			접지저항치의 적부	저항치측정	
	현수식	호스릴	누설·변형·손상의 유무	육안	
			호스상승기능·작동상황의 적부	작동확인	
		긴급이송정지장치	기능의 적부	작동확인	
	셀프용	기동안전대책노즐	기능의 적부	작동확인	
		탈락시정지장치	기능의 적부	작동확인	
		가연성증기회수장치	기능의 적부	작동확인	
		만량(滿量)정지장치	기능의 적부	작동확인	
		긴급이탈커플러	변형·손상의 유무	육안	
		오(誤)주유정지장치	기능의 적부	작동확인	
		정량정시간제어	기능의 적부	작동확인	
		노즐	개방상태고정이 불가한 수동폐쇄장치의 적부	작동확인	
		누설확산방지장치	변형·손상의 유무	육안	
		"고객용"표시판	변형·손상의 유무	육안	
		자동차정지위치·용기위치표시	변형·손상의 유무	육안	
		사용방법·위험물의 품명표시	변형·손상의 유무	육안	
		"비고객용"표시판	변형·손상의 유무	육안	
펌프실·유고·정비실 등		벽·기둥·보·지붕	손상의 유무	육안	
		방화문	변형·손상의 유무 및 폐쇄기능의 적부	육안	
		펌프	누설의 유무	육안	
			변형·손상의 유무	육안	
			이상진동·소음·발열 등의 유무	작동확인	
		바닥·점검비트·집유설비	균열·손상·체유·체수·토사 등의 퇴적의 유무	육안	
		환기·배출설비	변형·손상의 유무	육안	
		조명설비	손상의 유무	육안	
		누설국한설비·수용설비	체유·체수·토사 등의 퇴적의 유무	육안	
		전기설비	배선·기기의 손상의 유무	육안	
			기능의 적부	작동확인	
		가연성증기검지경보설비	손상의 유무	육안	
			기능의 적부	작동확인	
부대설비		(증기)세차기	배기통·연통의 탈락·변형·손상의 유무	육안	
			주위의 변형·손상의 유무	육안	
		그밖의 설비	위치의 적부	육안	
		표지·게시판	손상의 유무	육안	
			기재사항의 적부	육안	
소화설비		소화기	위치·설치수·압력의 적부	육안	
		그밖의 소화설비	소화설비 점검표에 의할 것		
경보설비		자동화재탐지설비	자동화재탐지설비 점검표에 의할 것		
		그밖의 소화설비	손상의 유무	육안	
			기능의 적부	작동확인	
피난설비		유도등본체	점등상황 및 손상의 유무	육안	
			시각장애물의 유무	육안	
		비상전원	정전시의 점등상황	작동확인	
		기타사항			

[별지 제17호서식] 〈2005.8.22. 개정〉 (1쪽)

			이송취급소	일반점검표	점검연월일 : . . . . 점검자 : 서명(또는 인)	
이송취급소의 총연장				설치허가 연월일 및 허가번호		
설 치 자				안전관리자		
사업소명				설치위치		
위험물 현황		품 명		허가량	지정수량의 배수	
위 험 물 저장·취급 개요						
시설명/호칭번호						
점검항목			점검내용	점검방법	점검결과	조치 연월일 및 내용
이 송 기 지	유출방지설비	울타리 등	손상의 유무	육안		
		성토상태	손상·갈라짐의 유무	육안		
			경사·굴곡의 유무	육안		
			배수구개폐상황 및 막힘의 유무	육안		
		유분리장치	균열·손상의 유무	육안		
			체유·체수·토사 등의 퇴적의 유무	육안		
	펌프설비	안전거리	보호대상물의 신설의 여부	육안		
		보유공지	허가외 물건의 존치 여부	육안		
		펌프실	지붕·벽·바닥·방화문의 균열·손상의 유무	육안		
			환기·배출설비의 손상의 유무 및 기능의 적부	육안 및 작동확인		
			조명설비의 손상의 유무	육안		
		펌프	누설의 유무	육안		
			변형·손상의 유무	육안		
			이상진동·소음·발열 등의 유무	작동확인		
			도장상황 및 부식의 유무	육안		
			고정상황의 적부	육안		
		펌프기초	균열·손상의 유무	육안		
			고정상황의 적부	육안		
		펌프접지	단선의 유무	육안		
			접합부의 탈락의 유무	육안		
			접지저항치의 적부	저항치측정		
		주위·바닥·집유설비· 유분리장치	균열·손상의 유무	육안		
			체유·체수·토사 등의 퇴적의 유무	육안		
	피그장치	보유공지	허가외 물건의 존치 여부	육안		
		본체	누설의 유무	육안		
			변형·손상의 유무	육안		
			내압방출설비의 기능의 적부	작동확인		
		바닥·배수구·집유설비	균열·손상의 유무	육안		
			체유·체수·토사 등의 퇴적의 유무	육안		
	주입·토출구	로딩암	누설의 유무	육안		
			변형·손상의 유무	육안		
			도장상황 및 부식의 유무	육안		
			고정상황의 적부	육안		
			기능의 적부	작동확인		
		기타	누설의 유무	육안		
			변형·손상의 유무	육안		
	배관	지상·해상설치 배관	안전거리내 보호대상물 신설 여부	육안		
			보유공지내 허가외 물건의 존치 여부	육안		
			누설의 유무	육안		
			변형·손상의 유무	육안		
			도장상황 및 부식의 유무	육안 및 두께측정		
			지표면과의 이격상황의 적부	육안		

(2쪽)

배관·플랜지 등	배관	지하매설배관	누설의 유무	육안	
			안전거리내 보호대상물 신설 여부	육안	
		해저설치배관	누설의 유무	육안	
			변형·손상의 유무	육안	
			해저매설상황의 적부	육안	
	프렌지·교체밸브·제어밸브 등		누설의 유무	육안	
			변형·손상의 유무	육안	
			도장상황 및 부식의 유무	육안	
			볼트의 풀림의 유무	육안	
			밸브개폐표시의 유무	육안	
			밸브잠금상항의 적부	육안	
			밸브개폐기능의 적부	작동확인	
	누설확산방지장치		변형·손상의 유무	육안	
			도장상항 및 부식의 유무	육안	
			체유·체수의 유무	육안	
			검지장치의 작동상황의 적부	작동확인	
	랙·지지대 등		변형·손상의 유무	육안	
			도장상항 및 부식의 유무	육안	
			고정상황의 적부	육안	
			방호설비의 변형·손상의 유무	육안	
	배관비트 등		균열·손상의 유무	육안	
			체유·체수·토사 등의 퇴적의 유무	육안	
	배기구		누설의 여부	육안	
			도장상황 및 부식의 유무	육안	
			기능의 적부	작동확인	
	해상배관 및 지지물의 방호설비		변형·손상의 유무	육안	
			부착상황의 적부	육안	
	긴급차단밸브		손상의 유무	육안	
			개폐상황표시의 유무	육안	
			주위장애물의 유무	육안	
			기능의 적부	작동확인	
	배관접지		단선의 유무	육안	
			접합부의 탈락의 유무	육안	
			접지저항치의 적부	저항치측정	
	배관절연물 등		변형·손상의 유무	저항치측정	
			절연저항치의 유무	육안	
	가열·보온설비		변형·손상의 유무	육안	
			고정상황의 적부	육안	
			안전장치의 기능의 적부	작동확인	
	전기방식설비		단자함의 손상 및 토사 등의 퇴적의 유무	육안	
			단선 및 단자의 풀림의 유무	육안	
			방식전위(전류)의 적부	전위측정	
	배관응력검지장치		변형·손상의 유무	육안	
			배관응력의 적부	육안	
			지시상황의 적부	육안	
터널내 증기체류 방지조치	배출설비		급배기닥트의 변형·손상의 유무	육안	
			인화방지망의 손상·막힘의 유무	육안	
			배기구부근의 화기의 유무	육안	
			가연성증기경보장치의 작동상황의 적부	작동확인	
	부속설비		배수구·집유설비·유분리장치의 균열·손상·체유·체수·토사 등의 퇴적의 유무	육안	
			배수펌프의 손상의 유무	육안	
			조명설비의 손상의 유무	육안	
			방호설비·안전설비 등의 손상의 유무	육안	
	압력계 (압력경보)		본체 및 방호설비의 변형·손상의 유무	육안	
			부착부의 풀림의 유무	육안	
			지시상황의 적부	육안	
			경보기능의 적부	작동확인	

운전상태감시장치	유량계 (유량경보)	본체 및 방호설비의 변형·손상의 유무	육안		
		부착부의 풀림의 유무	육안		
		지시상황의 적부	육안		
		경보기능의 적부	작동확인		
	온도계 (온도과승검지)	본체 및 방호설비의 변형·손상의 유무	육안		
		부착부의 풀림의 유무	육안		
		지시상황의 적부	육안		
		경보기능의 적부	작동확인		
	과대진동검지장치	본체 및 방호설비의 변형·손상의 유무	육안		
		부착부의 풀림의 유무	육안		
		지시상황의 적부	육안		
		경보기능의 적부	작동확인		
	누설검지장치	손상의 유무	육안		
		막힘의 유무	육안		
		작동상황의 적부	육안		
		경보기능의 적부	작동확인		
안전제어장치		수동기동장치의 주위장애물의 유무	육안		
		기능의 적부	작동확인		
압력안전장치		변형·손상의 유무	육안		
		기능의 적부	작동확인		
경보설비 및 통보설비		변형·손상의 유무	육안		
		부착부의 풀림의 유무	육안		
		기능의 적부	작동확인		
순찰차등	순찰차	배치의 적부	육안		
		적재기자재의 종류·수량·기능의 적부	육안 및 작동확인		
	기자재등	창고	건물의 손상의 유무	육안		
			정리상황의 적부	육안		
		기자재	기자재의 종류·수량 적부	육안		
			기자재의 변형·손상의 유무 및 기능의 적부	육안 및 작동확인		
비상전원	자가발전설비	변형·손상의 유무	육안		
		주위장해물건의 유무	육안		
		연료량의 적부	육안		
		기능의 적부	작동확인		
	축전지설비	변형·손상의 유무	육안		
		단자볼트풀림 등의 유무	육안		
		전해액량의 적부	육안		
		기능의 적부	작동확인		
감진장치 등		손상의 유무	육안		
		기능의 적부	작동확인		
피뢰설비		손상의 유무	육안		
		피뢰도선의 단선·손상의 유무	육안		
		접지저항치의 적부	저항치측정		
전기설비		배선 및 기기의 손상의 유무	육안		
		기능의 적부	작동확인		
표시·표지·게시판		기재사항의 적부 및 손상의 유무	육안		
소화설비	소화기	위치·설치수·압력의 적부	육안		
	그 밖의 소화설비	소화설비 점검표에 의할 것			
기타사항					

[별지 제18호서식] (1쪽)

옥내 옥외		소화전설비	일반점검표	점검연월일 : . . . 점검자 : 서명(또는 인)	
제조소등의 구분			제조소등의 설치허가 연월일 및 허가번호		
소화설비의 호칭번호					

점검항목			점검내용	점검방법	점검결과	조치 연월일 및 내용
수원	수조		누수·변형·손상의 유무	육안		
	수원량·상태		수원량의 적부	육안		
			부유물·침전물의 유무	육안		
	급수장치		부식·손상의 유무	육안		
			기능의 적부	작동확인		
흡수장치	흡수조		누수·변형·손상의 유무	육안		
			물의 양·상태의 적부	육안		
	밸브		변형·손상의 유무	육안		
			개폐상태 및 기능의 적부	육안 및 작동확인		
	자동급수장치		변형·손상의 유무	육안		
			기능의 적부	육안		
	감수경보장치		변형·손상의 유무	육안		
			기능의 적부	작동확인		
가압송수장치	전동기		변형·손상의 유무	육안		
			회전부 등의 급유상태의 적부	육안		
			기능의 적부	작동확인		
			고정상태의 적부	육안		
			이상소음·진동·발열의 유무	육안		
	내연기관	본체	변형·손상의 유무	육안		
			회전부 등의 급유상태의 적부	육안		
			기능의 적부	작동확인		
			고정상태의 적부	육안		
			이상소음·진동·발열의 유무	육안		
		연료탱크	누설·부식·변형의 유무	육안		
			연료량의 적부	육안		
			밸브개폐상태 및 기능의 적부	육안 및 작동확인		
		윤활유	현저한 노후의 유무 및 양의 적부	육안		
		축전지	부식·변형·손상의 유무	육안		
			전해액량의 적부	육안		
			단자전압의 적부	전압측정		
		동력전달장치	부식·변형·손상의 유무	육안		
			기능의 적부	육안		
		기동장치	부식·변형·손상의 유무	육안		
			기능의 적부	작동확인		
			회전수의 적부	육안		
		냉각장치	냉각수의 누수의 유무 및 물의 양·상태의 적부	육안		
			부식·변형·손상의 유무	육안		
			기능의 적부	작동확인		
		급배기장치	변형·손상의 유무	육안		
			주위의 가연물의 유무	육안		
			기능의 적부	작동확인		
	펌프		누수·부식·변형·손상의 유무	육안		
			회전부 등의 급유상태의 적부	육안		
			기능의 적부	작동확인		
			고정상태의 적부	육안		
			이상소음·진동·발열의 유무	작동확인		
			압력의 적부	육안		
			계기판의 적부	육안		

	기동장치	조작부주위의 장애물의 유무	육안		
		표지의 손상의 유무 및 기재사항의 적부	육안		
		기능의 적부	작동확인		
전동기제어장치	제어반	변형·손상의 유무	육안		
		조작관리상 지장의 유무	육안		
	전원전압	전압의 지시상항	육안		
		전원등의 점등상황	작동확인		
	계기 및 스위치류	변형·손상의 유무	육안		
		단자의 풀림·탈락의 유무	육안		
		개폐상황 및 기능의 적부	육안 및 작동확인		
	휴즈류	손상·용단의 유무	육안		
		종류·용량의 적부	육안		
		예비품의 유무	육안		
	차단기	단자의 풀림·탈락의 유무	육안		
		접점의 소손의 유무	육안		
		기능의 적부	작동확인		
	결선접속	풀림·탈락·피복손상의 유무	육안		
배관등	밸브류	변형·손상의 유무	육안		
		개폐상태 및 작동의 적부	작동확인		
	여과장치	변형·손상의 유무	육안		
		여과망의 손상·이물의 퇴적의 유무	육안		
	배관	누설·변형·손상의 유무	육안		
		도장상황 및 부식의 적부	육안		
		드레인비트의 손상의 유무	육안		
소화전	소화전함	부식·변형·손상의 유무	육안		
		주위장해물의 유무	육안		
		부속공구의 비치의 상태 및 표지의 적부	육안		
	호스 및 노즐	변형·손상의 유무	육안		
		수량 및 기능의 적부	육안		
	표시등	손상의 유무	육안		
		점등의 상황	작동확인		
예비동력원	자가발전설비	본체	변형·손상의 유무	육안		
			회전부 등의 급유상태의 적부	육안		
			기능의 적부	작동확인		
			고정상태의 적부	육안		
			이상소음·진동·발열의 유무	작동확인		
			절연저항치의 적부	저항치측정		
		연료탱크	누설·부식·변형의 유무	육안		
			연료량의 적부	육안		
			밸브개폐상태 및 기능의 적부	육안 및 작동확인		
		윤활유	현저한 노후의 유무 및 양의 적부	육안		
		축전지	부식·변형·손상의 유무	육안		
			전해액량 및 단자전압의 적부	육안 및 전압측정		
		냉각장치	냉각수의 누수의 유무	육안		
			물의 양·상태의 적부	육안		
			부식·변형·손상의 유무	육안		
			기능의 적부	작동확인		
		급배기장치	변형·손상의 유무	육안		
			주위의 가연물의 유무	육안		
			기능의 적부	작동확인		
	축전지설비	부식·변형·손상의 유무	육안		
		전해액량 및 단자전압의 적부	육안 및 전압측정		
		기능의 적부	작동확인		
	기동장치	부식·변형·손상의 유무	육안		
		조작부주위의 장애물의 유무	육안		
		기능의 적부	작동확인		
기타사항					

[별지 제19호서식] (1쪽)

			물분무소화설비 스프링클러설비	일반점검표	점검연월일 :　．　． 점검자 :　　서명(또는 인)
제조소등의 구분			제조소등의 설치허가 연월일 및 허가번호		
소화설비의 호칭번호					

점검항목			점검내용	점검방법	점검결과	조치 연월일 및 내용
수원	수조		누수·변형·손상의 유무	육안		
	수원량·상태		수원량의 적부	육안		
			부유물·침전물의 유무	육안		
	급수장치		부식·손상의 유무	육안		
			기능의 적부	작동확인		
흡수장치	흡수조		누수·변형·손상의 유무	육안		
			물의 양·상태의 적부	육안		
	밸브		변형·손상의 유무	육안		
			개폐상태 및 기능의 적부	육안 및 작동확인		
	자동급수장치		변형·손상의 유무	육안		
			기능의 적부	육안		
	감수경보장치		변형·손상의 유무	육안		
			기능의 적부	작동확인		
가압송수장치	내연기관	전동기	변형·손상의 유무	육안		
			회전부 등의 급유상태의 적부	육안		
			기능의 적부	작동확인		
			고정상태의 적부	육안		
			이상소음·진동·발열의 유무	육안		
		본체	변형·손상의 유무	육안		
			회전부 등의 급유상태의 적부	육안		
			기능의 적부	작동확인		
			고정상태의 적부	육안		
			이상소음·진동·발열의 유무	육안		
		연료탱크	누설·부식·변형의 유무	육안		
			연료량의 적부	육안		
			밸브개폐상태 및 기능의 적부	육안 및 작동확인		
		윤활유	현저한 노후의 유무 및 양의 적부	육안		
		축전지	부식·변형·손상의 유무	육안		
			전해액량의 적부	육안		
			단자전압의 적부	전압측정		
		동력전달장치	부식·변형·손상의 유무	육안		
			기능의 적부	육안		
		기동장치	부식·변형·손상의 유무	육안		
			기능의 적부	작동확인		
			회전수의 적부	육안		
		냉각장치	냉각수의 누수의 유무 및 물의 양·상태의 적부	육안		
			부식·변형·손상의 유무	육안		
			기능의 적부	작동확인		
		급배기장치	변형·손상의 유무	육안		
			주위의 가연물의 유무	육안		
			기능의 적부	작동확인		
	펌프		누수·부식·변형·손상의 유무	육안		
			회전부 등의 급유상태의 적부	육안		
			기능의 적부	작동확인		
			고정상태의 적부	육안		
			이상소음·진동·발열의 유무	작동확인		
			압력의 적부	육안		
			계기판의 적부	육안		

	기동장치		조작부주위의 장애물의 유무	육안	
			표지의 손상의 유무 및 기재사항의 적부	육안	
			기능의 적부	작동확인	
전동기제어장치	제어반		변형·손상의 유무	육안	
			조작관리상 지장의 유무	육안	
	전원전압		전압의 지시상황	육안	
			전원등의 점등상황	작동확인	
	계기 및 스위치류		변형·손상의 유무	육안	
			단자의 풀림·탈락의 유무	육안	
			개폐상황 및 기능의 적부	육안 및 작동확인	
	휴즈류		손상·용단의 유무	육안	
			종류·용량의 적부	육안	
			예비품의 유무	육안	
	차단기		단자의 풀림·탈락의 유무	육안	
			접점의 소손의 유무	육안	
			기능의 적부	작동확인	
	결선접속		풀림·탈락·피복손상의 유무	육안	
배관등	밸브류		변형·손상의 유무	육안	
			개폐상태 및 작동의 적부	작동확인	
	여과장치		변형·손상의 유무	육안	
			여과망의 손상·이물의 퇴적의 유무	육안	
	배관		누설·변형·손상의 유무	육안	
			도장상황 및 부식의 유무	육안	
			드레인비트의 손상의 유무	육안	
	헤드		변형·손상의 유무	육안	
			부착각도의 적부	육안	
			기능의 적부	조작확인	
예비동력원	자가발전설비	본체	변형·손상의 유무	육안	
			회전부 등의 급유상태의 적부	육안	
			기능의 적부	작동확인	
			고정상태의 적부	육안	
			이상소음·진동·발열의 유무	작동확인	
			절연저항치의 적부	저항치측정	
		연료탱크	누설·부식·변형의 유무	육안	
			연료량의 적부	육안	
			밸브개폐상태 및 기능의 적부	육안 및 작동확인	
		윤활유	현저한 노후의 유무 및 양의 적부	육안	
		축전지	부식·변형·손상의 유무	육안	
			전해액량 및 단자전압의 적부	육안 및 전압측정	
		냉각장치	냉각수의 누수의 유무	육안	
			물의 양·상태의 적부	육안	
			부식·변형·손상의 유무	육안	
			기능의 적부	작동확인	
		급배기장치	변형·손상의 유무	육안	
			주위의 가연물의 유무	육안	
			기능의 적부	작동확인	
	축전지설비		부식·변형·손상의 유무	육안	
			전해액량 및 단자전압의 적부	육안 및 전압측정	
			기능의 적부	작동확인	
	기동장치		부식·변형·손상의 유무	육안	
			조작부주위의 장애물의 유무	육안	
			기능의 적부	작동확인	
기타사항					

[별지 제20호서식] (1쪽)

		포소화설비 일반점검표		점검연월일 : . . . 점검자 : 서명(또는 인)	
제조소등의 구분			제조소등의 설치허가 연월일 및 허가번호		
소화설비의 호칭번호					
점검항목		점검내용	점검방법	점검결과	조치 연월일 및 내용
수원	수조	누수·변형·손상의 유무	육안		
	수원량·상태	수원량의 적부	육안		
		부유물·침전물의 유무	육안		
	급수장치	부식·손상의 유무	육안		
		기능의 적부	작동확인		
흡수장치	흡수조	누수·변형·손상의 유무	육안		
		물의 양·상태의 적부	육안		
	밸브	변형·손상의 유무	육안		
		개폐상태 및 기능의 적부	육안 및 작동확인		
	자동급수장치	변형·손상의 유무	육안		
		기능의 적부	육안		
	감수경보장치	변형·손상의 유무	육안		
		기능의 적부	작동확인		
가압송수장치	전동기	변형·손상의 유무	육안		
		회전부 등의 급유상태의 적부	육안		
		기능의 적부	작동확인		
		고정상태의 적부	육안		
		이상소음·진동·발열의 유무	육안		
	내연기관 본체	변형·손상의 유무	육안		
		회전부 등의 급유상태의 적부	육안		
		기능의 적부	작동확인		
		고정상태의 적부	육안		
		이상소음·진동·발열의 유무	육안		
	연료탱크	누설·부식·변형의 유무	육안		
		연료량의 적부	육안		
		밸브개폐상태 및 기능의 적부	육안 및 작동확인		
	윤활유	현저한 노후의 유무 및 양의 적부	육안		
	축전지	부식·변형·손상의 유무	육안		
		전해액량의 적부	육안		
		단자전압의 적부	전압측정		
	동력전달장치	부식·변형·손상의 유무	육안		
		기능의 적부	육안		
	기동장치	부식·변형·손상의 유무	육안		
		기능의 적부	작동확인		
		회전수의 적부	육안		
	냉각장치	냉각수의 누수의 유무 및 물의 양·상태의 적부	육안		
		부식·변형·손상의 유무	육안		
		기능의 적부	작동확인		
	급배기장치	변형·손상의 유무	육안		
		주위의 가연물의 유무	육안		
		기능의 적부	작동확인		
	펌프	누수·부식·변형·손상의 유무	육안		
		회전부 등의 급유상태의 적부	육안		
		기능의 적부	작동확인		
		고정상태의 적부	육안		
		이상소음·진동·발열의 유무	작동확인		
		압력의 적부	육안		
		계기판의 적부	육안		

약제저장탱크	탱크	누설의 유무	육안		
		변형·손상의 유무	육안		
		도장상황 및 부식의 유무	육안		
		배관접속부의 이탈의 유무	육안		
		고정상태의 적부	육안		
		통기관의 막힘의 유무	육안		
		압력탱크방식의 경우 압력계의 지시상황	육안		
	소화약제	변질·침전물의 유무	육안		
		양의 적부	육안		
약제혼합장치		변질·침전물의 유무	육안		
		양의 적부	육안		
기동장치	수동기동장치	조작부주위의 장해물의 유무	육안		
		표지의 손상의 유무 및 기재사항의 적부	육안		
		기능의 적부	작동확인		
	자동기동장치	기동용수압개폐장치 (압력스위치·압력탱크)	변형·손상의 유무	육안		
			압력계의 지시상황	육안		
			기능의 적부	작동확인		
		화재감지장치 (감지기·폐쇄형헤드)	변형·손상의 유무	육안		
			주위장해물의 유무	육안		
			기능의 적부	작동확인		
전동기제어장치	제어반	변형·손상의 유무	육안		
		조작관리상 지장의 유무	육안		
	전원전압	전압의 지시상황	육안		
		전원등의 점등상황	작동확인		
	계기 및 스위치류	변형·손상의 유무	육안		
		단자의 풀림·탈락의 유무	육안		
		개폐상황 및 기능의 적부	육안 및 작동확인		
	휴즈류	손상·용단의 유무	육안		
		종류·용량의 적부	육안		
		예비품의 유무	육안		
	차단기	단자의 풀림·탈락의 유무	육안		
		접점의 소손의 유무	육안		
		기능의 적부	작동확인		
	결선접속	풀림·탈락·피복손상의 유무	육안		
유수·압력검지장치	자동경보밸브 (유수작동밸브)	변형·손상의 유무	육안		
		기능의 적부	작동확인		
	리타딩챔버	변형·손상의 유무	육안		
		기능의 적부	작동확인		
	압력스위치	단자의 풀림·이탈·손상의 유무	육안		
		기능의 적부	작동확인		
	경보·표시장치	변형·손상의 유무	육안		
		기능의 적부	작동확인		
배관등	밸브류	변형·손상의 유무	육안		
		개폐상태 및 작동의 적부	작동확인		
	여과장치	변형·손상의 유무	육안		
		여과망의 손상·이물의 퇴적의 유무	육안		
	배관	누설·변형·손상의 유무	육안		
		도장상황 및 부식의 유무	육안		
		드레인비트의 손상의 유무	육안		
	저부포주입법의 외부격납함	변형·손상의 유무	육안		
		호스격납상태의 적부	육안		
포방출	포헤드	변형·손상의 유무	육안		
		부착각도의 적부	육안		
		공기취입구의 막힘의 유무	육안		
		기능의 적부	작동확인		
	포챔버	본체의 부식·변형·손상의 유무	육안		
		봉판의 부착상태 및 손상의 유무	육안		

(3쪽)

출구		공기수입구 및 스크린의 막힘의 유무	육안		
		기능의 적부	작동확인		
	포모니터노즐	변형·손상의 유무	육안		
		공기수입구 및 필터의 막힘의 유무	육안		
		기능의 적부	작동확인		
포소화전	소화전함	부식·변형·손상의 유무	육안		
		주위장해물의 유무	육안		
		부속공구의 비치의 상태 및 표지의 적부	육안		
	호스 및 노즐	변형·손상의 유무	육안		
		수량 및 기능의 적부	육안		
	표시등	손상의 유무	육안		
		점등의 상황	작동확인		
연결송액구		변형·손상의 유무	육안		
		주위장해물의 유무	육안		
		표시의 적부	육안		
예비동력원	자가발전설비	본체	변형·손상의 유무	육안		
			회전부 등의 급유상태의 적부	육안		
			기능의 적부	작동확인		
			고정상태의 적부	육안		
			이상소음·진동·발열의 유무	작동확인		
			절연저항치의 적부	저항치측정		
		연료탱크	누설·부식·변형의 유무	육안		
			연료량의 적부	육안		
			밸브개폐상태 및 기능의 적부	육안 및 작동확인		
		윤활유	현저한 노후의 유무 및 양의 적부	육안		
		축전지	부식·변형·손상의 유무	육안		
			전해액량 및 단자전압의 적부	육안 및 전압측정		
		냉각장치	냉각수의 누수의 유무	육안		
			물의 양·상태의 적부	육안		
			부식·변형·손상의 유무	육안		
			기능의 적부	작동확인		
		급배기장치	변형·손상의 유무	육안		
			주위의 가연물의 유무	육안		
			기능의 적부	작동확인		
	축전지설비		부식·변형·손상의 유무	육안		
			전해액량 및 단자전압의 적부	육안 및 전압측정		
			기능의 적부	작동확인		
	기동장치		부식·변형·손상의 유무	육안		
			조작부주위의 장애물의 유무	육안		
			기능의 적부	작동확인		
기타사항						

[별지 제21호서식] (1쪽)

이산화탄소소화설비				점검연월일 : . . . 점검자 : 서명(또는 인)	
제조소등의 구분			제조소등의 설치허가 연월일 및 허가번호		
소화설비의 호칭번호					
점검항목			점검내용	점검방법	점검결과	조치 연월일 및 내용

점검항목			점검내용	점검방법	점검결과	조치 연월일 및 내용
이산화탄소소화약제저장용기등		소화약제저장용기	설치상황의 적부	육안		
			변형·손상의 유무	육안		
		소화약제	양의 적부	육안		
	고압식	용기밸브	변형·손상·부식의 유무	육안		
			개폐상황의 적부	육안		
		용기밸브개방장치	변형·손상·부식의 유무	육안		
			기능의 적부	작동확인		
	저압식	안전장치	변형·손상·부식의 유무	육안		
		압력경보장치	변형·손상의 유무	육안		
			기능의 적부	작동확인		
		압력계	변형·손상의 유무	육안		
			지시상황의 적부	육안		
		액면계	변형·손상의 유무	육안		
		자동냉동기	변형·손상의 유무	육안		
			기능의 적부	작동확인		
		방출밸브	변형·손상·부식의 유무	육안		
			개폐상황의 적부	육안		
기동용가스용기등		용기	변형·손상의 유무	육안		
			가스량의 적부	육안		
		용기밸브	변형·손상·부식의 유무	육안		
			개폐상황의 적부	육안		
		용기밸브개방장치	변형·손상·부식의 유무	육안		
			기능의 적부	작동확인		
		조작관	변형·손상·부식의 유무	육안		
선택밸브			손상·변형의 유무	육안		
			개폐상황의 적부	작동확인		
			기능의 적부	작동확인		
기동장치		수동기동장치	조작부주위의 장해물의 유무	육안		
			표지의 손상의 유무 및 기재사항의 적부	육안		
			기능의 적부	작동확인		
	자동기동장치	자동수동전환장치	변형·손상의 유무	육안		
			기능의 적부	작동확인		
		화재감지장치	변형·손상의 유무	육안		
			감지장해의 유무	육안		
			기능의 적부	작동확인		
경보장치			변형·손상의 유무	육안		
			기능의 적부	작동확인		
압력스위치			단자의 풀림·탈락·손상의 유무	육안		
			기능의 적부	작동확인		
제어장치		제어반	변형·손상의 유무	육안		
			조작관리상 지장의 유무	육안		
		전원전압	전압의 지시상황	육안		
			전원등의 점등상황	작동확인		
		계기 및 스위치류	변형·손상의 유무	육안		
			단자의 풀림·탈락의 유무	육안		
			개폐상황 및 기능의 적부	육안 및 작동확인		
		휴즈류	손상·용단의 유무	육안		
			종류·용량의 적부 및 예비품의 유무	육안		

	차단기	단자의 풀림·탈락의 유무	육안		
		접점의 소손의 유무	육안		
		기능의 적부	작동확인		
	결선접속	풀림·탈락·피복손상의 유무	육안		
배관등	밸브류	변형·손상의 유무	육안		
		개폐상태 및 작동의 적부	작동확인		
	역류방지밸브	부착방향의 적부	육안		
		기능의 적부	작동확인		
	배관	누설·변형·손상·부식의 유무	육안		
	파괴판·안전장치	변형·손상·부식의 유무	육안		
	방출표시등	손상의 유무	육안		
		점등의 상황	육안		
	분사헤드	변형·손상·부식의 유무	육안		
이동식노즐	호스·호스릴·노즐	변형·손상의 유무	육안		
		부식의 유무	육안		
	노즐개폐밸브	변형·손상의 유무	육안		
		부식의 유무	육안		
		기능의 적부	작동확인		
예비동력원	자가발전설비	본체	변형·손상의 유무	육안	
			회전부 등의 급유상태의 적부	육안	
			기능의 적부	작동확인	
			고정상태의 적부	육안	
			이상소음·진동·발열의 유무	작동확인	
			절연저항치의 적부	저항치측정	
		연료탱크	누설·부식·변형의 유무	육안	
			연료량의 적부	육안	
			밸브개폐상태 및 기능의 적부	육안 및 작동확인	
		윤활유	현저한 노후의 유무 및 양의 적부	육안	
		축전지	부식·변형·손상의 유무	육안	
			전해액량 및 단자전압의 적부	육안 및 전압측정	
		냉각장치	냉각수의 누수의 유무	육안	
			물의 양·상태의 적부	육안	
			부식·변형·손상의 유무	육안	
			기능의 적부	작동확인	
		급배기장치	변형·손상의 유무	육안	
			주위의 가연물의 유무	육안	
			기능의 적부	작동확인	
	축전지설비		부식·변형·손상의 유무	육안	
			전해액량 및 단자전압의 적부	육안 및 전압측정	
			기능의 적부	작동확인	
	기동장치		부식·변형·손상의 유무	육안	
			조작부주위의 장애물의 유무	육안	
			기능의 적부	작동확인	
기타사항					

[별지 제22호서식] (1쪽)

		할로겐화물소화설비		일반점검표	점검연월일 : . . . 점검자 : 서명(또는 인)	
제조소등의 구분				제조소등의 설치허가 연월일 및 허가번호		
소화설비의 호칭번호						

점검항목				점검내용	점검방법	점검결과	조치 연월일 및 내용
할로겐화물소화약제저장용기등		소화약제저장용기		설치상황의 적부	육안		
				변형·손상의 유무	육안		
		소화약제		양 및 내압의 적부	육안 및 압력측정		
	축압식	용기밸브		변형·손상·부식의 유무	육안		
				개폐상황의 적부	육안		
		용기밸브개방장치		변형·손상·부식의 유무	육안		
				기능의 적부	작동확인		
	가압식	방출밸브		변형·손상·부식의 유무	육안		
				개폐상황의 적부	육안		
		안전장치		변형·손상·부식의 유무	육안		
		압력계		변형·손상의 유무	육안		
		가압가스용기등	용기	설치상황의 적부 및 변형·손상의 유무	육안		
			가스량	양·내압의 적부	육안 및 압력측정		
			용기밸브	변형·손상·부식의 유무	육안		
				개폐상황의 적부	육안		
			용기밸브개방장치	변형·손상·부식의 유무	육안		
				기능의 적부	작동확인		
			압력조정기	변형·손상의 유무	육안		
				기능의 적부	작동확인		
기동용가스용기등		용기		변형·손상의 유무	육안		
				가스량의 적부	육안		
		용기밸브		변형·손상·부식의 유무	육안		
				개폐상황의 적부	육안		
		용기밸브개방장치		변형·손상·부식의 유무	육안		
				기능의 적부	작동확인		
		조작관		변형·손상·부식의 유무	육안		
		선택밸브		손상·변형의 유무	육안		
				개폐상황 및 기능의 적부	작동확인		
기동장치		수동기동장치		조작부주위의 장해물의 유무	육안		
				표지의 손상의 유무 및 기재사항의 적부	육안		
				기능의 적부	작동확인		
	자동기동장치	자동수동전환장치		변형·손상의 유무	육안		
				기능의 적부	작동확인		
		화재감지장치		변형·손상의 유무	육안		
				감지장해의 유무	육안		
				기능의 적부	작동확인		
		경보장치		변형·손상의 유무	육안		
				기능의 적부	작동확인		
		압력스위치		단자의 풀림·탈락·손상의 유무	육안		
				기능의 적부	작동확인		
제어장치		제어반		변형·손상의 유무	육안		
				조작관리상 지장의 유무	육안		
		전원전압		전압의 지시상황 및 전원등의 점등상황	육안 및 작동확인		
		계기 및 스위치류		변형·손상 및 단자의 풀림·탈락의 유무	육안		
				개폐상황 및 기능의 적부	육안 및 작동확인		
		휴즈류		손상·용단의 유무	육안		
				종류·용량의 적부 및 예비품의 유무	육안		

	차단기	단자의 풀림·탈락의 유무	육안		
		접점의 소손의 유무	육안		
		기능의 적부	작동확인		
	결선접속	풀림·탈락·피복손상의 유무	육안		
배관 등	밸브류	변형·손상의 유무	육안		
		개폐상태 및 작동의 적부	작동확인		
	역류방지밸브	부착방향의 적부	육안		
		기능의 적부	작동확인		
	배관	누설·변형·손상·부식의 유무	육안		
	파괴판·안전장치	변형·손상·부식의 유무	육안		
방출표시등		손상의 유무	육안		
		점등의 상황	육안		
분사헤드		변형·손상·부식의 유무	육안		
이동식 노즐	호스·호스릴·노즐	변형·손상의 유무	육안		
		부식의 유무	육안		
	노즐개폐밸브	변형·손상의 유무	육안		
		부식의 유무	육안		
		기능의 적부	작동확인		
예비동력원	자가발전설비	본체	변형·손상의 유무	육안	
			회전부 등의 급유상태의 적부	육안	
			기능의 적부	작동확인	
			고정상태의 적부	육안	
			이상소음·진동·발열의 유무	작동확인	
			절연저항치의 적부	저항치측정	
		연료탱크	누설·부식·변형의 유무	육안	
			연료량의 적부	육안	
			밸브개폐상태 및 기능의 적부	육안 및 작동확인	
		윤활유	현저한 노후의 유무 및 양의 적부	육안	
		축전지	부식·변형·손상의 유무	육안	
			전해액량 및 단자전압의 적부	육안 및 전압측정	
		냉각장치	냉각수의 누수의 유무	육안	
			물의 양·상태의 적부	육안	
			부식·변형·손상의 유무	육안	
			기능의 적부	작동확인	
		급배기장치	변형·손상의 유무	육안	
			주위의 가연물의 유무	육안	
			기능의 적부	작동확인	
	축전지설비		부식·변형·손상의 유무	육안	
			전해액량 및 단자전압의 적부	육안 및 전압측정	
			기능의 적부	작동확인	
	기동장치		부식·변형·손상의 유무	육안	
			조작부주위의 장애물의 유무	육안	
			기능의 적부	작동확인	
기타사항					

[별지 제23호서식] (1쪽)

		분말소화설비 일반점검표		점검연월일 : . . . 점검자 : 서명(또는 인)	
제조소등의 구분			제조소등의 설치허가 연월일 및 허가번호		
소화설비의 호칭번호					
점검항목			점검내용	점검방법	점검결과	조치 연월일 및 내용

점검항목				점검내용	점검방법	점검결과	조치 연월일 및 내용
분말소화약제저장용기등		소화약제저장용기		설치상황의 적부	육안		
				변형·손상의 유무	육안		
		소화약제		양 및 내압의 적부	육안 및 압력측정		
	축압식	용기밸브		변형·손상·부식의 유무	육안		
				개폐상황의 적부	육안		
		용기밸브개방장치		변형·손상·부식의 유무	육안		
				기능의 적부	작동확인		
		지시압력계		변형·손상의 유무 및 지시상황의 적부	육안		
	가압식	방출밸브		변형·손상·부식의 유무	육안		
				개폐상황의 적부	육안		
		안전장치		변형·손상·부식의 유무	육안		
		정압작동장치		변형·손상의 유무	육안		
		가압가스용기등	용기	설치상황의 적부 및 변형·손상의 유무	육안		
			가스량	양·내압의 적부	육안 및 압력측정		
			용기밸브	변형·손상·부식의 유무	육안		
				개폐상황의 적부	육안		
			용기밸브개방장치	변형·손상·부식의 유무	육안		
				기능의 적부	작동확인		
			압력조정기	변형·손상의 유무 및 기능의 적부	육안 및 작동확인		
기동용가스용기등		용기		변형·손상의 유무	육안		
				가스량의 적부	육안		
		용기밸브		변형·손상·부식의 유무	육안		
				개폐상황의 적부	육안		
		용기밸브개방장치		변형·손상·부식의 유무	육안		
				기능의 적부	작동확인		
		조작관		변형·손상·부식의 유무	육안		
선택밸브				손상·변형의 유무	육안		
				개폐상황 및 기능의 적부	작동확인		
기동장치		수동기동장치		조작부주위의 장해물의 유무	육안		
				표지의 손상의 유무 및 기재사항의 적부	육안		
				기능의 적부	작동확인		
	자동기동장치	자동수동전환장치		변형·손상의 유무	육안		
				기능의 적부	작동확인		
		화재감지장치		변형·손상의 유무	육안		
				감지장해의 유무	육안		
				기능의 적부	작동확인		
경보장치				변형·손상의 유무	육안		
				기능의 적부	작동확인		
압력스위치				단자의 풀림·탈락·손상의 유무	육안		
				기능의 적부	작동확인		
제어장치		제어반		변형·손상의 유무	육안		
				조작관리상 지장의 유무	육안		
		전원전압		전압의 지시상황 및 전원등의 점등상황	육안 및 작동확인		
		계기 및 스위치류		변형·손상 및 단자의 풀림·탈락의 유무	육안		
				개폐상황 및 기능의 적부	육안 및 작동확인		
		휴즈류		손상·용단의 유무	육안		
				종류·용량의 적부 및 예비품의 유무	육안		

	차단기	단자의 풀림·탈락의 유무	육안		
		접점의 소손의 유무	육안		
		기능의 적부	작동확인		
	결선접속	풀림·탈락·피복손상의 유무	육안		
배관 등	밸브류	변형·손상의 유무	육안		
		개폐상태 및 작동의 적부	작동확인		
	역류방지밸브	부착방향의 적부	육안		
		기능의 적부	작동확인		
	배관	누설·변형·손상·부식의 유무	육안		
	파괴판·안전장치	변형·손상·부식의 유무	육안		
	방출표시등	손상의 유무	육안		
		점등의 상황	육안		
	분사헤드	변형·손상·부식의 유무	육안		
이동식 노즐	호스·호스릴·노즐	변형·손상의 유무	육안		
		부식의 유무	육안		
	노즐개폐밸브	변형·손상의 유무	육안		
		부식의 유무	육안		
		기능의 적부	작동확인		
예비동력원	자가발전설비	본체	변형·손상의 유무	육안		
			회전부 등의 급유상태의 적부	육안		
			기능의 적부	작동확인		
			고정상태의 적부	육안		
			이상소음·진동·발열의 유무	작동확인		
			절연저항치의 적부	저항치측정		
		연료탱크	누설·부식·변형의 유무	육안		
			연료량의 적부	육안		
			밸브개폐상태 및 기능의 적부	육안 및 작동확인		
		윤활유	현저한 노후의 유무 및 양의 적부	육안		
		축전지	부식·변형·손상의 유무	육안		
			전해액량 및 단자전압의 적부	육안 및 전압측정		
		냉각장치	냉각수의 누수의 유무	육안		
			물의 양·상태의 적부	육안		
			부식·변형·손상의 유무	육안		
			기능의 적부	작동확인		
		급배기장치	변형·손상의 유무	육안		
			주위의 가연물의 유무	육안		
			기능의 적부	작동확인		
	축전지설비	부식·변형·손상의 유무	육안		
		전해액량 및 단자전압의 적부	육안 및 전압측정		
		기능의 적부	작동확인		
	기동장치	부식·변형·손상의 유무	육안		
		조작부주위의 장애물의 유무	육안		
		기능의 적부	작동확인		
기타사항					

[별지 제24호서식]

		자동화재탐지설비	일반점검표	점검연월일 : . . . 점검자 : 서명(또는 인)	
제조소등의 구분			제조소등의 설치허가 연월일 및 허가번호		
탐지설비의 호칭번호					
점검항목		점검내용	점검방법	점검결과	조치 연월일 및 내용
감지기		변형·손상의 유무	육안		
		감지장해의 유무	육안		
		기능의 적부	작동확인		
중계기		변형·손상의 유무	육안		
		표시의 적부	육안		
		기능의 적부	작동확인		
수신기 (통합조작반)		변형·손상의 유무	육안		
		표시의 적부	육안		
		경계구역일람도의 적부	육안		
		기능의 적부	작동확인		
주음향장치 지구음향장치		변형·손상의 유무	육안		
		기능의 적부	작동확인		
발신기		변형·손상의 유무	육안		
		기능의 적부	작동확인		
비상전원		변형·손상의 유무	육안		
		전환의 적부	작동확인		
배선		변형·손상의 유무	육안		
		접속단자의 풀림·탈락의 유무	육안		
기타사항					

모아바 www.moa-ba.com
모아소방전기학원 www.moate.co.kr

모아 위험물기능장 실기(기본이론+과년도)

Master Craftsman Hazardous material

2

과년도 문제풀이

제72회 과년도 문제풀이(2022년)

01. 이송취급소 배관 용접부의 침투탐상시험결과의 판정기준 3가지를 쓰시오.

> **정답**
> 1. 균열이 확인된 경우에는 불합격으로 할 것
> 2. 선상 및 원형상의 결함크기가 4[mm]를 초과할 경우에는 불합격으로 할 것
> 3. 2 이상의 결함지시모양이 동일 선상에 연속해서 존재하고 그 상호간의 간격이 2[mm] 이하인 경우에는 상호간의 간격을 포함하여 연속된 하나의 결함지시모양으로 간주할 것. 다만, 결함지시모양 중 짧은 쪽의 길이가 2[mm] 이하이면서 결함지시모양 상호간의 간격 이하인 경우에는 독립된 결함지시모양으로 한다.

> **해설** 세부기준 제32조 침투탐상시험의 방법 및 판정기준
> ⑤ 침투탐상시험결과의 판정기준
> 1. 균열이 확인된 경우에는 불합격으로 할 것
> 2. 선상 및 원형상의 결함크기가 4[mm]를 초과할 경우에는 불합격으로 할 것
> 3. 2 이상의 결함지시모양이 동일 선상에 연속해서 존재하고 그 상호간의 간격이 2[mm] 이하인 경우에는 상호간의 간격을 포함하여 연속된 하나의 결함지시모양으로 간주할 것. 다만, 결함지시모양 중 짧은 쪽의 길이가 2[mm] 이하이면서 결함지시모양 상호간의 간격 이하인 경우에는 독립된 결함지시모양으로 한다.
> 4. 결함지시모양이 존재하는 임의의 개소에 있어서 2,500[mm^2]의 사각형(한 변의 최대길이는 150[mm]로 한다) 내에 길이 1[mm]를 초과하는 결함지시모양의 길이의 합계가 8[mm]를 초과하는 경우에는 불합격으로 할 것

02. 분자량이 85이고 380[℃]에서 분해되는 산화제로 암모니아에 녹는 물질에 대하여 다음에 답하시오.
 ① 명칭
 ② 위험등급
 ③ 분해반응식
 ④ 플라스틱 용기(드럼 제외)에 저장 시 최대 가능수량 (L)

> **정답**
> ① 질산나트륨 (칠레초석), ② Ⅱ등급
> ③ $2NaNO_3 \rightarrow 2NaNO_2 + O_2 \uparrow$, ④ 10[ℓ]

해설

1. 질산나트륨

화학식	분자량	류별	지정수량	비중	융점	분해온도	위험등급
$NaNO_3$	85	제1류	300[kg]	2.27	308[℃]	380[℃]	II

2. 운반용기의 최대용적 또는 중량 (규칙 별표 18 관련)

1. 고체위험물												
운반 용기				수납 위험물의 종류								
내장 용기		외장 용기		제1류			제2류		제3류			제5류	
용기의 종류	최대용적 또는 중량	용기의 종류	최대용적 또는 중량	I	II	III	II	III	I	II	III	I	II
유리용기 또는 플라스틱 용기	10ℓ	나무상자 또는 플라스틱상자(필요에 따라 불활성의 완충재를 채울 것)	125kg	○	○	○	○	○	○	○	○	○	○
			225kg		○	○		○		○	○		○
		파이버판상자(필요에 따라 불활성의 완충재를 채울 것)	40kg	○	○	○	○	○	○	○	○	○	○
			55kg		○	○		○		○	○		○
금속제 용기	30ℓ	나무상자 또는 플라스틱상자	125kg	○	○	○	○	○	○	○	○	○	○
			225kg		○	○		○		○	○		○
		파이버판상자	40kg	○	○	○	○	○	○	○	○	○	○
			55kg		○	○		○		○	○		○
플라스틱 필름포대 또는 종이포대	5kg	나무상자 또는 플라스틱상자	50kg	○	○	○	○	○	○	○	○	○	○
	50kg		50kg		○	○	○	○		○	○		○
	125kg		125kg		○	○	○	○					
	225kg		225kg			○		○					
	5kg	파이버판상자	40kg	○	○	○	○	○		○	○	○	○
	40kg		40kg		○	○	○	○		○	○		○
	55kg		55kg			○		○					
		금속제용기(드럼 제외)	60ℓ	○	○	○	○	○	○	○	○	○	○
		플라스틱용기 (드럼 제외)	10ℓ		○	○	○	○		○	○		○
			30ℓ			○	○	○					
		금속제드럼	250ℓ	○	○	○	○	○	○	○	○	○	○
		플라스틱드럼 또는 파이버드럼 (방수성이 있는 것)	60ℓ	○	○	○	○	○	○	○	○	○	○
			250ℓ		○	○		○		○	○		○

| | 합성수지포대(방수성이 있는 것), 플라스틱필름포대, 섬유포대(방수성이 있는 것) 또는 종이포대(여러겹으로서 방수성이 있는 것) | 50kg | ○ | ○ | ○ | ○ | | ○ | ○ | | ○ |

참고) 시험에 가끔 나오는 분자량

구분	화학식	분자량	특징
과산화나트륨	Na_2O_2	78	물과 접촉 시 산소를 발생, 물에는 녹으나 에틸알코올에는 녹지 않음
벤젠	C_6H_6	78	무색투명한 방향성, 휘발성액체로 알코올, 에테르 등 유기용제에 용해
톨루엔	$C_6H_5CH_3$	92	무색투명한 휘발성 액체로 물에 녹지 않고, 에테르, 벤젠의 유기용제에는 녹으며 인화점 4 [℃]
질산칼륨	KNO_3	101	분해온도가 400[℃]이고 물과 글리세린에 잘 녹으며 흑색화약의 원료
시안화수소	HCN	27	메탄과 암모니아를 백금 촉매하에서 산소와 반응시켜 얻어지는 반응성이 강한 것
질산나트륨	$NaNO_3$	85	무색, 무취 투명한 결정 또는 백색분말의 고체, 조해성 있고 강한 산화제
과산화칼륨	K_2O_2	110	무색 또는 오렌지색의 결정
과염소산칼륨	$KClO_4$	139(138.5)	융점 610[℃], 400[℃]에서 분해가 시작되어 600[℃]에서 완전 분해하는 사방정계 결정의 산화제
디에틸에테르	$C_2H_5OC_2H_5$	74	무색투명한 특유의 향이 있는 액체
아세토니트릴	CH_3CN	41	제1석유류 수용성
트리에틸알루미늄	$(C_2H_5)_3Al$	114	지정수량 10[kg] 비중이 0.83인 제3류 위험물
질산은	$AgNO_3$	170	무색무취이고 투명한 결정, 융점 212 [℃], 사진감광제로 사용하는 1류 위험물
클로로벤젠	C_6H_5Cl	112.6	마취성, 석유와 비슷한 냄새가 나는 무색 액체, 고온에서 진한 황산과 반응하여 P-클로로술폰산을 만든다.
과망간산칼륨	$KMnO_4$	158	비중이 2.7이고 흑자색의 결정, 물과 알코올에 녹으면 진한 보라색을 나타내는 물질
염소산칼륨	$KClO_3$	122.5	광택 있는 무취, 무색의 단사정계 판상결정, 백색 분말
아크릴로니트릴	$CH_2=CHCN$	53	특유의 냄새 무색의 액체로 특유의 냄새 제1석유류
니트로글리세린	$C_3H_5(ONO_2)_3$	227	비중 1.6
트리니트로톨루엔	$C_6H_2CH_3(NO_2)_3$	227	담황색의 침상 결정을 가진 폭발성 고체

의산메틸	HCOOCH$_3$	60	인화점 -19[℃], 럼주와 같은 향기, 가수분해하여 제2석유류 생성
인화칼슘	Ca$_3$P$_2$	182.18	적갈색 금수성물질로서 비중이 약 2.5, 융점이 1,600[℃], 지정수량 300[kg]
탄화알루미늄	Al$_4$C$_3$	143	인화폭발의 위험, 물과 반응하여 가연성인 메탄가스를 생성

03. 마그네슘에 대한 물음에 답하시오.

㉮ 연소반응식
㉯ 물과의 반응식
㉰ 물과 반응하여 발생하는 가연성가스의 위험도

정 답

㉮ $2Mg + O_2 \rightarrow 2MgO$
㉯ $Mg + 2H_2O \rightarrow Mg(OH)_2 + H_2$
㉰ 17.75

해설 마그네슘

1. 연소하면 산화마그네슘을 생성한다. $2Mg + O_2 \rightarrow 2MgO + Q$ [kcal]
2. 물과 반응하면 가연성가스인 수소가스를 발생한다. $Mg + 2H_2O \rightarrow Mg(OH)_2 + H_2 \uparrow$
3. 수소의 위험도 (수소의 연소범위 : 4.0 ~ 75[%])

   위험도 $H = \dfrac{U-L}{L}$, 여기서 U : 폭발 상한계 [%], L : 폭발 하한계 [%]

   ∴ 위험도 $H = \dfrac{75-4}{4} = 17.75$

04. 메탄과 암모니아를 백금 촉매로 제조하는 것으로 분자량이 27이고 융점이 -14℃인 맹독성 물질에 대하여 답하시오.

① 품명
② 증기비중
③ 위험등급

정 답
① 제1석유류(수용성)
② 0.932
③ Ⅱ등급

해 설 시안화수소(제4류/인화성액체/제1석유류(수용성)/400[ℓ]/Ⅱ등급)

화학식	구조식	분자량	인화점	융점	증기비중
HCN	H–C≡N	27	–18[℃]	–14[℃]	(1+12+14)/29 = 0.932

05. 트리에틸알루미늄과 다음 물질의 반응식을 쓰시오.

① 물
② 산소
③ 염산

정 답
① $(C_2H_5)_3Al + 3H_2O \rightarrow Al(OH)_3 + 3C_2H_6 \uparrow$
② $2(C_2H_5)_3Al + 21O_2 \rightarrow Al_2O_3 + 15H_2O + 12CO_2 \uparrow$
③ $(C_2H_5)_3Al + 3HCl \rightarrow AlCl_3 + 3C_2H_6 \uparrow$

해 설 트리에틸알루미늄의 반응식
1. 공기와의 반응 $2(C_2H_5)_3Al + 21O_2 \rightarrow Al_2O_3 + 15H_2O + 12CO_2 \uparrow$
2. 물과의 반응 $(C_2H_5)_3Al + 3H_2O \rightarrow Al(OH)_3 + 3C_2H_6 \uparrow$
3. 염소와 반응 $(C_2H_5)_3Al + 3Cl_2 \rightarrow AlCl_3 + 3C_2H_5Cl \uparrow$
4. 메틸알코올과 반응 $(C_2H_5)_3Al + 3CH_3OH \rightarrow Al(CH_3O)_3 + 3C_2H_6 \uparrow$
5. 염산과 반응 $(C_2H_5)_3Al + 3HCl \rightarrow AlCl_3 + 3C_2H_6 \uparrow$

06. 80[wt%] 아세톤 수용액 300[kg]을 보관하고 있는 탱크에 화재가 일어났을 때 다량의 물에 의하여 희석소화를 시키고자 한다. 아세톤의 최종 희석 농도를 3[wt%] 이하로 하기로 하고 실제 소화수의 양은 이론 양의 1.5배의 준비하기 위해서 저장하여야 하는 소화수의 양[kg]을 구하시오.

정 답

11,550[kg]

해 설

1. 용질(CH_3COCH_3)의 g수 : 300kg×0.8 = 240[kg]
2. 용액의 g수 : 300kg + 물
3. 농도 = (용질/용액)×100

    $3[wt\%] = \dfrac{240[kg]}{300+물[kg]} \times 100$ ∴ 물 = 7,700[kg]

4. 실제 소화수의 양 = 7,700[kg] × 1.5 = 11,550[kg]

07. 제6류 위험물에 관한 사항이다. 다음 물음에 답하시오.

1. 질산의 분해반응식
2. 과산화수소 분해반응식
3. 할로겐간 화합물의 화학식 1개를 쓰시오.

정 답

1. $4HNO_3 \rightarrow 2H_2O + 4NO_2 + O_2$
2. $2H_2O_2 \rightarrow 2H_2O + O_2$
3. IF_5(오불화요오드), BrF_3(삼불화브롬), BrF_5(오불화브롬) 등에서 1개 쓸 것

해설 할로겐간 화합물 : 서로 다른 2개의 할로겐 원소로 이루어진 화합물

AX	AX_3	AX_5	AX_7
Cl–F Br–F Br–Cl I–Cl I–Br	ClF_3 BrF_3 IF_3 ICl_3	ClF_5 BrF_5 IF_5	IF_7

08. 가연성 증기가 체류할 우려가 있는 제조소에 배출설비를 하려고 한다. 배출능력은 몇 [m³/h] 이상이어야 하는가? (단, 전역방출방식이 아닌 경우이고, 배출장소의 크기는 가로 8[m], 세로 6[m], 높이 4[m]이다)

정답

3,840[m³/h]

해설

1. 국소방식과 전역방식의 배출능력
    1) 국소방식 : 1시간당 배출장소 용적의 20배 이상
    2) 전역방식 : 바닥 1[m²]당 18[m³] 이상
2. 배출설비를 설치해야 하는 장소 : 가연성 증기 미분이 체류할 우려가 있는 건축물
    배출장소의 용적 = 8[m] × 6[m] × 4[m] = 192[m³]
    배출능력은 1시간당 배출장소 용적의 20배 이상이므로 배출능력은
    192[m³] × 20배 = 3,840 [m³/h]

09. 옥내저장소에 아래의 위험물을 저장하려 한다. 다음 물음에 답하시오. (단, 유별이 다른 것은 내화구조의 벽으로 구분하여 저장한다)

제2석유류(비수용성) 2,000[L], 제 3석유류 비수용성 4,000[L], 유기과산화물 100[kg]

① 학교로부터 안전거리 32[m] 확보 시 설치가능 여부는?
② 주거건물로부터 안전거리 20[m] 확보 시 설치가능 여부는?
③ 문화재로부터 안전거리 52[m] 확보 시 설치가능 여부는?
④ 담 또는 토제를 설치하지 않았을 때의 보유공지는?

정답

① 설치불가
② 설치불가
③ 설치불가
④ 20[m] 이상

해설

1. 지정과산화물 : 제5류 위험물 중 유기과산화물 또는 이를 함유하는 것으로서 지정수량이 10[kg]인 것
2. 지정수량의 배수
    $= \dfrac{2,000}{1,000} + \dfrac{4,000}{2,000} + \dfrac{100}{10} = 14$배
3. 위험물의 성질에 따른 옥내저장소의 특례
    지정과산화물을 저장 또는 취급하는 옥내저장소에 대하여 강화되는 기준은 다음 각목과 같다.
    가. 옥내저장소는 당해 옥내저장소의 외벽으로부터 별표 4 Ⅰ제1호 가목 내지 다목의 규정에 의

한 건축물의 외벽 또는 이에 상당하는 공작물의 외측까지의 사이에 부표 1에 정하는 안전거리를 두어야 한다.

나. 옥내저장소의 저장창고 주위에는 부표 2에 정하는 너비의 공지를 보유하여야 한다. 다만, 2 이상의 옥내저장소를 동일한 부지 내에 인접하여 설치하는 때에는 당해 옥내저장소의 상호간 공지의 너비를 동표에 정하는 공지 너비의 3분의 2로 할 수 있다.

[부표 1] 지정과산화물 옥내저장소의 안전거리

저장 또는 취급하는 위험물의 최대수량	안전거리					
	주거용건축물		학교·유치원등		문화재	
	저장창고의 주위에 비고 제1호에 정하는 담 또는 토제를 설치한 경우	왼쪽란에 정하는 경우 외의 경우	저장창고의 주위에 비고 제1호에 정하는 담 또는 토제를 설치한 경우	왼쪽란에 정하는 경우 외의 경우	저장창고의 주위에 비고 제1호에 정하는 담 또는 토제를 설치한 경우	왼쪽란에 정하는 경우 외의 경우
10배 이하	20m 이상	40m 이상	30m 이상	50m 이상	50m 이상	60m 이상
10배 초과 20배 이하	22m 이상	45m 이상	33m 이상	55m 이상	54m 이상	65m 이상
20배 초과 40배 이하	24m 이상	50m 이상	36m 이상	60m 이상	58m 이상	70m 이상
40배 초과 60배 이하	27m 이상	55m 이상	39m 이상	65m 이상	62m 이상	75m 이상
60배 초과 90배 이하	32m 이상	65m 이상	45m 이상	75m 이상	70m 이상	85m 이상
90배 초과 150배 이하	37m 이상	75m 이상	51m 이상	85m 이상	79m 이상	95m 이상
150배 초과 300배 이하	42m 이상	85m 이상	57m 이상	95m 이상	87m 이상	105m 이상
300배 초과	47m 이상	95m 이상	66m 이상	110m 이상	100m 이상	120m 이상

비고

1. 담 또는 토제는 다음 각목에 적합한 것으로 하여야 한다. 다만, 지정수량의 5배 이하인 지정과산화물의 옥내저장소에 대하여는 당해 옥내저장소의 저장창고의 외벽을 두께 30cm 이상의 철근콘크리트조 또는 철골철근콘크리트조로 만드는 것으로서 담 또는 토제에 대신할 수 있다.
   가. 담 또는 토제는 저장창고의 외벽으로부터 2m 이상 떨어진 장소에 설치할 것. 다만, 담 또는 토제와 당해 저장창고와의 간격은 당해 옥내저장소의 공지의 너비의 5분의 1을 초과할 수 없다.
   나. 담 또는 토제의 높이는 저장창고의 처마높이 이상으로 할 것
   다. 담은 두께 15cm 이상의 철근콘크리트조나 철골철근콘크리트조 또는 두께 20cm 이상의 보강콘크리트블록조로 할 것
   라. 토제의 경사면의 경사도는 60도 미만으로 할 것

2. 지정수량의 5배 이하인 지정과산화물의 옥내저장소에 당해 옥내저장소의 저장창고의 외벽을 제1호 단서의 규정에 의한 구조로 하고 주위에 제1호 각목의 규정에 의한 담 또는 토제를 설치하는 때에는 별표 4 Ⅰ 제1호 가목에 정하는 건축물 등까지의 사이의 거리를 10m 이상으로 할 수 있다.

[부표 2] 지정과산화물 옥내저장소의 보유공지

저장 또는 취급하는 위험물의 최대수량	공지의 너비	
	저장창고의 주위에 비고 제1호에 담 또는 토제를 설치하는 경우	왼쪽란에 정하는 경우 외의 경우
5배 이하	3.0m 이상	10m 이상
5배 초과 10배 이하	5.0m 이상	15m 이상
10배 초과 20배 이하	6.5m 이상	20m 이상
20배 초과 40배 이하	8.0m 이상	25m 이상
40배 초과 60배 이하	10.0m 이상	30m 이상
60배 초과 90배 이하	11.5m 이상	35m 이상
90배 초과 150배 이하	13.0m 이상	40m 이상
150배 초과 300배 이하	15.0m 이상	45m 이상
300배 초과	16.5m 이상	50m 이상

비고
1. 담 또는 토제는 다음 각목에 적합한 것으로 하여야 한다. 다만, 지정수량의 5배 이하인 지정과산화물의 옥내저장소에 대하여는 당해 옥내저장소의 저장창고의 외벽을 두께 30cm 이상의 철근콘크리트조 또는 철골철근콘크리트조로 만드는 것으로서 담 또는 토제에 대신할 수 있다.
   가. 담 또는 토제는 저장창고의 외벽으로부터 2m 이상 떨어진 장소에 설치할 것. 다만, 담 또는 토제와 당해 저장창고와의 간격은 당해 옥내저장소의 공지의 너비의 5분의 1을 초과할 수 없다.
   나. 담 또는 토제의 높이는 저장창고의 처마높이 이상으로 할 것
   다. 담은 두께 15cm 이상의 철근콘크리트조나 철골철근콘크리트조 또는 두께 20cm 이상의 보강콘크리트블록조로 할 것
   라. 토제의 경사면의 경사도는 60도 미만으로 할 것
2. 지정수량의 5배 이하인 지정과산화물의 옥내저장소에 당해 옥내저장소의 저장창고의 외벽을 제1호 단서의 규정에 의한 구조로 하고 주위에 제1호 각목의 규정에 의한 담 또는 토제를 설치하는 때에는 그 공지의 너비를 2m 이상으로 할 수 있다.

10. 다음 소화약제 저장용기의 충전비를 쓰시오.

① 이산화탄소 소화약제 고압식
② 이산화탄소 소화약제 저압식
③ 하론 2402 가압식
④ 하론 2402 축압식
⑤ HFC-125

정 답

① 1.5 이상 1.9 이하
② 1.1 이상 1.4 이하
③ 0.51 이상 0.67 이하
④ 0.67 이상 2.75 이하
⑤ 1.2 이상 1.5 이하

해설 저장용기에 충전 기준

1. 불활성가스 소화설비
   1) 이산화탄소 소화약제
      고압식인 경우에는 1.5 이상 1.9 이하이고, 저압식인 경우에는 1.1 이상 1.4 이하일 것
   2) IG-100, IG-55 또는 IG-541 소화약제
      저장용기의 충전압력을 21℃의 온도에서 32[MPa] 이하로 할 것
   3) 할로겐화물 소화설비
      (1) 할로겐화물소화설비에 사용하는 소화약제는 하론2402, 하론 1211, 하론 1301, HFC-23, HFC-125, HFC-227ea 또는 FK-5-1-12로 할 것
      (2) 저장용기 등의 충전비

	하론2402	하론1211	하론1301 HFC-227ea	HFC-23 HFC-125	FK-5-1-12
가압식	0.51 이상 0.67 이하	0.7 이상 1.4 이하			
축압식	0.67 이상 2.75 이하		0.9 이상 1.6 이하	1.2 이상 1.5 이하	0.7 이상 1.6 이하

11. 분자량이 78, 인화점이 −11[℃], 융점 5.5[℃]이고 방향성이 있는 액체로 증기는 독성이 있다. 이 물질 2[kg]이 산소와 반응할 때 반응식과 이론산소량을 구하시오.

[정답]
- 반응식 : $2C_6H_6 + 15O_2 \rightarrow 12CO_2 + 6H_2O$
- 이론산소량 : 6.15[kg]

[해설]
1. 벤젠의 물성

구조식	화학식	분자량	인화점(℃)	비점(℃)	착화점(℃)	비중	연소범위(%)
(벤젠 고리 구조)	C_6H_6	78	−11	80	562	0.9	1.4~7.1

2. 반응식 : $2C_6H_6 + 15O_2 \rightarrow 12CO_2 + 6H_2O$
3. 이론산소량 156[kg] : 480[kg] = 2[kg] : X[kg]
   ∴ X = 6.15[kg]

12. 제5류 위험물인 니트로글리콜에 대하여 물음에 답하시오.

㉮ 구조식
㉯ 공업용 제품의 액체색상
㉰ 액체의 비중
㉱ 1분자 내 질소의 중량[wt%]
㉲ 액체상태의 최고폭속[m/s]

[정답]

㉮
$$H-\overset{\overset{H}{|}}{\underset{\underset{NO_2}{|}}{\overset{|}{C}}}-\overset{\overset{H}{|}}{\underset{\underset{NO_2}{|}}{\overset{|}{C}}}-H$$
또는 $O_2N-O-CH_2-CH_2-O-NO_2$

㉯ 담황색 또는 분홍색 액체
㉰ 1.5
㉱ 18.42[wt%]
㉲ 7,800[m/s]

해설 니트로글리콜

1. 물성

화학식	구조식	비중	응고점
C₂H₄(ONO₂)₂	H H │ │ H─C─C─H │ │ O O │ │ NO₂ NO₂	1.5	-22[℃]

2. 순수한 것은 무색이나 공업용은 담황색 또는 분홍색의 액체이다.
3. 1분자 내 질소의 중량

   질소의 중량 = $\dfrac{질소의 분자량}{니트로글리콜의 분자량}$ = $\dfrac{28}{152} \times 100 = 18.42[wt\%]$

4. 액체상태의 최고폭속 : 7,800[m/s]

13. 아세트알데히드의 연소반응식과, 아세트알데히드를 저장 또는 취급하는 지하탱크저장소에 대하여 강화되는 기준 2가지를 쓰시오.

정답

1. 연소반응식 $2CH_3CHO + 5O_2 \rightarrow 4CO_2 + 4H_2O$
2. 강화되는 기준
   1) 지하저장탱크는 지반면하에 설치된 탱크전용실에 설치할 것
   2) 옥외저장탱크의 설비는 동·마그네슘·은·수은 또는 이들을 성분으로 하는 합금으로 만들지 아니할 것

해설

1. 아세트알데히드 반응식

아세트알데히드의 산화반응식	$2CH_3CHO + O_2 \rightarrow 2CH_3COOH$
아세트알데히드의 연소반응식	$2CH_3CHO + 5O_2 \rightarrow 4CO_2 + 4H_2O$

2. 위험물의 성질에 따른 지하탱크저장소의 특례(규칙 별표 8)
   1) 아세트알데히드등 및 히드록실아민등을 저장 또는 취급하는 지하탱크저장소는 당해 위험물의 성질에 따라 Ⅰ 내지 Ⅲ의 규정에 의한 기준에 의하되, 강화되는 기준은 제2호 및 제3호의 규정에 의하여야 한다.
   2) 아세트알데히드등을 저장 또는 취급하는 지하탱크저장소에 대하여 강화되는 기준은 다음 각 목과 같다.
      ⑴ Ⅰ제1호 단서의 규정에 불구하고 지하저장탱크는 지반면하에 설치된 탱크전용실에 설치할 것

(2) 지하저장탱크의 설비는 별표 6 XI의 규정에 의한 아세트알데히드등의 옥외저장탱크의 설비의 기준을 준용할 것. 다만, 지하저장탱크가 아세트알데히드등의 온도를 적당한 온도로 유지할 수 있는 구조인 경우에는 냉각장치 또는 보냉장치를 설치하지 아니할 수 있다.

3) 히드록실아민등을 저장 또는 취급하는 지하탱크저장소에 대하여 강화되는 기준은 별표 6 XI의 규정에 의한 히드록실아민등을 저장 또는 취급하는 옥외탱크저장소의 규정을 준용한다.

> ※ 별표 6 XI의 규정에 의한 아세트알데히드등의 옥외저장탱크의 설비의 기준
> 가. 옥외저장탱크의 설비는 동·마그네슘·은·수은 또는 이들을 성분으로 하는 합금으로 만들지 아니할 것
> 나. 옥외저장탱크에는 냉각장치 또는 보냉장치, 그리고 연소성 혼합기체의 생성에 의한 폭발을 방지하기 위한 불활성의 기체를 봉입하는 장치를 설치할 것

14. 옥외저장탱크에 대하여 다음에 답하시오.

① 압력탱크의 정의
② 압력탱크에 설치하여야 하는 안전장치 2가지
③ 밸브 없는 통기관을 설치하는 경우 저장 가능한 위험물의 유별을 모두 쓰시오.
④ 밸브 없는 통기관에 화염방지장치를 설치해야 하는 위험물의 인화점의 온도

정답
① 최대상용압력이 부압 또는 정압 5kPa을 초과하는 탱크
② 가. 자동적으로 압력의 상승을 정지시키는 장치
　　나. 감압 측에 안전밸브를 부착한 감압밸브
③ 제4류 위험물
④ 38[℃] 미만

해설 옥외탱크저장소
1. 옥외저장탱크중 압력탱크(최대상용압력이 부압 또는 정압 5[kPa]을 초과하는 탱크를 말한다)외의 탱크(제4류 위험물의 옥외저장탱크에 한한다)에 있어서는 밸브없는 통기관 또는 대기밸브부착 통기관을 다음 각목에 정하는 바에 의하여 설치하여야 하고, 압력탱크에 있어서는 별표 4 VIII 제4호의 규정에 의한 안전장치를 설치하여야 한다.
   1) 밸브없는 통기관
      (1) 지름은 30[mm] 이상일 것
      (2) 끝부분은 수평면보다 45도 이상 구부려 빗물 등의 침투를 막는 구조로 할 것
      (3) 인화점이 38[℃] 미만인 위험물만을 저장 또는 취급하는 탱크에 설치하는 통기관에는 화염방지장치를 설치하고, 그 외의 탱크에 설치하는 통기관에는 40메쉬(mesh) 이상의 구리망 또는 동등 이상의 성능을 가진 인화방지장치를 설치할 것. 다만, 인화점이 70[℃] 이상인 위험물만을 해당 위험물의 인화점 미만의 온도로 저장 또는 취급하는 탱크에 설치하는 통기관에는 인화방지장치를 설치하지 않을 수 있다.

(4) 가연성의 증기를 회수하기 위한 밸브를 통기관에 설치하는 경우에 있어서는 당해 통기관의 밸브는 저장탱크에 위험물을 주입하는 경우를 제외하고는 항상 개방되어 있는 구조로 하는 한편, 폐쇄하였을 경우에 있어서는 10[kPa] 이하의 압력에서 개방되는 구조로 할 것. 이 경우 개방된 부분의 유효단면적은 777.15[mm^2] 이상이어야 한다.

2) 대기밸브부착 통기관
  (1) 5[kPa] 이하의 압력차이로 작동할 수 있을 것
  (2) 가목3)의 기준에 적합할 것

2. 압력계 및 안전장치(규칙 별표 4)
위험물을 가압하는 설비 또는 그 취급하는 위험물의 압력이 상승할 우려가 있는 설비에는 압력계 및 다음 각목의 1에 해당하는 안전장치를 설치하여야 한다. 다만, 라목의 파괴판은 위험물의 성질에 따라 안전밸브의 작동이 곤란한 가압설비에 한한다.
1) 자동적으로 압력의 상승을 정지시키는 장치
2) 감압 측에 안전밸브를 부착한 감압밸브
3) 안전밸브를 겸하는 경보장치
4) 파괴판

3. 밸브없는 통기관
1) 지름은 30[mm] 이상일 것
2) 끝부분은 수평면보다 45도 이상 구부려 빗물 등의 침투를 막는 구조로 할 것
3) 인화점이 38[℃] 미만인 위험물만을 저장 또는 취급하는 탱크에 설치하는 통기관에는 화염방지장치를 설치하고, 그 외의 탱크에 설치하는 통기관에는 40메쉬(mesh) 이상의 구리망 또는 동등 이상의 성능을 가진 인화방지장치를 설치할 것. 다만, 인화점이 70[℃] 이상인 위험물만을 해당 위험물의 인화점 미만의 온도로 저장 또는 취급하는 탱크에 설치하는 통기관에는 인화방지장치를 설치하지 않을 수 있다.
4) 가연성의 증기를 회수하기 위한 밸브를 통기관에 설치하는 경우에 있어서는 당해 통기관의 밸브는 저장탱크에 위험물을 주입하는 경우를 제외하고는 항상 개방되어 있는 구조로 하는 한편, 폐쇄하였을 경우에 있어서는 10[kPa] 이하의 압력에서 개방되는 구조로 할 것. 이 경우 개방된 부분의 유효단면적은 777.15[mm^2] 이상이어야 한다.

15. 트리니트로톨루엔의 제법과 분해반응식을 쓰시오.

정답

1. 제법

$$C_6H_5CH_3 + 3HNO_3 \xrightarrow[\text{니트로화}]{C-H_2SO_4} C_6H_2CH_3(NO_2)_3 + 3H_2O$$

2. 분해반응식
$2C_6H_2CH_3(NO_2)_3 \rightarrow 2C + 3N_2\uparrow + 5H_2\uparrow + 12CO\uparrow$

[해설] 트리니트로톨루엔(Tri Nitro Toluene, TNT)
1. 유별/품명/지정수량 : 제5류 위험물 중 니트로화합물로서 200[kg]
2. 물성

화학식	성상	융점	착화온도	비점	인화점	비중
$C_6H_2CH_3(NO_2)_3$	담황색 침상결정 강력한 폭약	80.1[℃]	약 300[℃]	240[℃]	2[℃]	1

16. 아래 조건을 동시에 충족시키는 제4류 위험물의 품명 2가지를 쓰시오.

㉮ 옥내저장소에 저장할 때 저장창고의 바닥면적을 1,000[m²] 이하로 하여야 하는 위험물
㉯ 옥외저장소에 저장·취급할 수 없는 위험물

[정답]
- 특수인화물
- 제1석유류(인화점이 0[℃] 미만인 것)

[해설] 옥내저장소의 기준
1. 저장창고의 바닥면적 1,000[m²] 이하

위험물을 저장하는 창고의 종류	기준면적
① 제1류 위험물 중 아염소산염류, 염소산염류, 과염소산염류, 무기과산화물, 그밖에 지정 수량이 50[kg]인 위험물 ② 제3류 위험물 중 칼륨, 나트륨, 알킬알루미늄, 알킬리튬, 그밖에 지정수량이 10[kg]인 위험물 및 황린 ③ 제4류 위험물 중 특수인화물, 제1석유류 및 알코올류 ④ 제5류 위험물 중 유기과산화물, 질산에스테르류, 그밖에 지정수량이 10[kg]인 위험물 ⑤ 제6류 위험물	1,000 [m²] 이하
① ~ ⑤의 위험물외의 위험물을 저장하는 창고	2,000 [m²] 이하
위의 전부에 해당하는 위험물을 내화구조의 격벽으로 완전히 구획된 실에 각각 저장하는 창고(제4석유류, 동식물유류, 제6류 위험물은 500[m²]을 초과할 수 없다)	1,500 [m²] 이하

2. 옥외저장소에 저장할 수 있는 위험물
  1) 제2류 위험물 중 유황, 인화성 고체(인화점이 0[℃] 이상인 것에 한함)
  2) 제4류 위험물 중 제1석유류(인화점이 0[℃] 이상인 것에 한함), 알코올류, 제2석유류, 제3석유류, 제4석유류, 동식물유류
  3) 제6류 위험물

17. 다음은 방화상 유효한 담의 높이를 산정하는 그림이다. ①, ②, ③에 알맞은 명칭과, $H > pD^2 + a$ 인 경우에 h를 구하는 공식을 쓰시오.

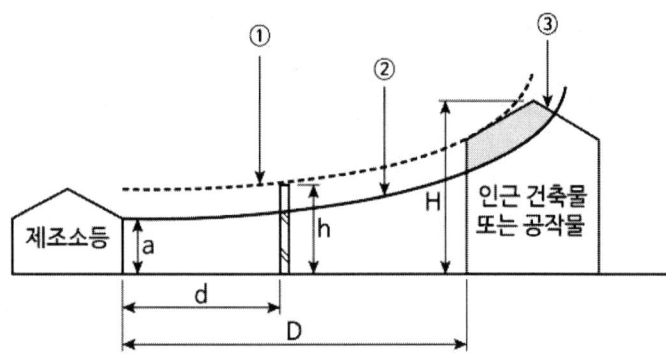

정 답
① 보정연소한계곡선
② 연소한계곡선
③ 연소위험범위
④ $h = H - p(D^2 - d^2)$

해설 방화상 유효한 담의 높이 산정

1. $H \leq pD^2 + a$인 경우 h = 2
2. $H > pD^2 + a$인 경우 $h = H - p(D^2 - d^2)$, 담의 높이 4 [m] 이상일 때 4 [m]로 하고 소화설비를 보강하여야 한다.

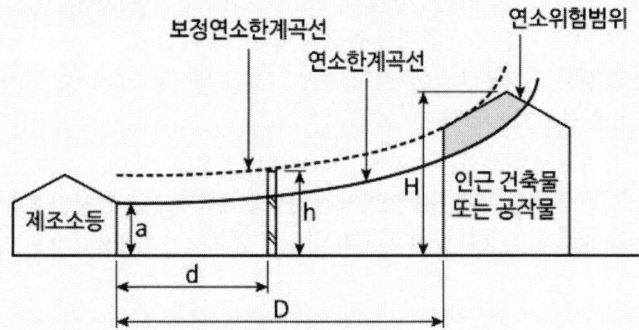

D : 제조소 등과 인근건축물 또는 공작물과의 거리 [m]
H : 인근 건축물 또는 공작물과의 높이 [m]
a : 제조소 등의 외벽의 높이 [m]
d : 제조소 등과 방화상 유효한 담과의 거리 [m]
h : 방화상 유효한 담의 높이 [m]
p : 상 수

18. 판매취급소에 대해 다음 물음에 답하시오.

1) 판매취급소의 용도로 사용하는 부분에 상층이 있는 경우에 있어서는 상층의 바닥을 (①) 구조로 하는 동시에 상층으로의 (②)를 방지하기 위한 조치를 강구하고, 상층이 없는 경우에는 지붕을 (③)로 할 것
2) 판매취급소의 용도로 사용하는 부분 중 연소의 우려가 없는 부분에 한하여 창을 두되, 당해 창에는 (④)을 설치할 것
3) 배합실에서 옮겨 담는 작업을 할 수 있는 위험물을 모두 쓰시오. (없으면 "없음"이라고 적을 것)

> 염소산칼륨 500kg, 유황 1000kg, 톨루엔 2000L, 벤젠 200L, 경유 1000L

정답

1) ① 내화 ② 연소 ③ 내화 ④ 갑종방화문 또는 을종방화문
2) 염소산칼륨, 유황, 경유

해설

※ 판매취급소의 기준(별표 14)

> 1. 제1종 판매취급소 기준 : 지정수량의 20배 이하인 판매취급소
>   가. 제1종 판매취급소는 건축물의 1층에 설치할 것
>   나. 제1종 판매취급소에는 보기 쉬운 곳에 "위험물 판매취급소(제1종)"라는 표시를 한 표지와 방화에 관하여 필요한 사항을 게시한 게시판을 설치하여야 한다.
>   다. 제1종 판매취급소의 용도로 사용되는 건축물의 부분은 내화구조 또는 불연재료로 하고, 판매취급소로 사용되는 부분과 다른 부분과의 격벽은 내화구조로 할 것
>   라. 제1종 판매취급소의 용도로 사용하는 건축물의 부분은 보를 불연재료로 하고, 천장을 설치하는 경우에는 천장을 불연재료로 할 것
>   마. 제1종 판매취급소의 용도로 사용하는 부분에 상층이 있는 경우에 있어서는 그 상층의 바닥을 내화구조로 하고, 상층이 없는 경우에 있어서는 지붕을 내화구조 또는 불연재료로 할 것
>   바. 제1종 판매취급소의 용도로 사용하는 부분의 창 및 출입구에는 갑종방화문 또는 을종방화문을 설치할 것
>   사. 제1종 판매취급소의 용도로 사용하는 부분의 창 또는 출입구에 유리를 이용하는 경우에는 망입유리로 할 것
>   아. 제1종 판매취급소의 용도로 사용하는 건축물에 설치하는 전기설비는 전기사업법에 의한 전기설비기술기준에 의할 것
>   자. 위험물을 배합하는 실은 다음에 의할 것
>   (1) 바닥면적은 6m² 이상 15m² 이하로 할 것
>   (2) 내화구조 또는 불연재료로 된 벽으로 구획할 것
>   (3) 바닥은 위험물이 침투하지 아니하는 구조로 하여 적당한 경사를 두고 집유설비를 할 것
>   (4) 출입구에는 수시로 열 수 있는 자동폐쇄식의 갑종방화문을 설치할 것

(5) 출입구 문턱의 높이는 바닥면으로부터 0.1m 이상으로 할 것
(6) 내부에 체류한 가연성의 증기 또는 가연성의 미분을 지붕 위로 방출하는 설비를 할 것
2. 제2종 판매취급소 기준 : 지정수량의 40배 이하인 판매취급소
제1호가목·나목 및 사목 내지 자목의 규정을 준용하는 외에 다음 각목의 기준에 의한다.
 가. 제2종 판매취급소의 용도로 사용하는 부분은 벽·기둥·바닥 및 보를 내화구조로 하고, 천장이 있는 경우에는 이를 불연재료로 하며, 판매취급소로 사용되는 부분과 다른 부분과의 격벽은 내화구조로 할 것
 나. 제2종 판매취급소의 용도로 사용하는 부분에 상층이 있는 경우에 있어서는 상층의 바닥을 내화구조로 하는 동시에 상층으로의 연소를 방지하기 위한 조치를 강구하고, 상층이 없는 경우에는 지붕을 내화구조로 할 것
 다. 제2종 판매취급소의 용도로 사용하는 부분 중 연소의 우려가 없는 부분에 한하여 창을 두되, 당해 창에는 갑종방화문 또는 을종방화문을 설치할 것
 라. 제2종 판매취급소의 용도로 사용하는 부분의 출입구에는 갑종방화문 또는 을종방화문을 설치할 것. 다만, 해당 부분 중 연소의 우려가 있는 벽에 설치하는 출입구에는 수시로 열 수 있는 자동폐쇄식의 갑종방화문을 설치해야 한다.

※ 판매취급소에서의 취급기준(별표 18)

1. 판매취급소에서는 도료류, 제1류 위험물 중 염소산염류 및 염소산염류만을 함유한 것, 유황 또는 인화점이 38℃ 이상인 제4류 위험물을 배합실에서 배합하는 경우 외에는 위험물을 배합하거나 옮겨 담는 작업을 하지 아니할 것

염소산염류	염소산염류만을 함유한 것	유황	인화점이 38℃ 이상인 제4류 위험물
염소산칼륨	-	유황	• 경유(50~70℃) • 벤젠(-11℃) • 톨루엔(4℃)

2. 위험물은 별표 19 Ⅰ의 규정에 의한 운반용기에 수납한 채로 판매할 것
3. 판매취급소에서 위험물을 판매할 때에는 위험물이 넘치거나 비산하는 계량기(액용되를 포함한다)를 사용하지 아니할 것

19. 주유취급소에 대하여 다음 물음에 답하시오.

① 고정주유설비와 대지경계선 간의 거리 산정 시 기준점은?
② 고정주유설비와 고정급유설비 간 고정주유설비의 기산점은?
③ 주유취급소 내에 상치장소를 확보 할 경우 이동탱크저장소 상치장소의 설치기준을 쓰시오.
④ 탱크를 지하에 매설하지 않아도 되는 주유취급소 특례 3가지를 쓰시오.
⑤ 압축수소충전설비 주유 취급소에 다음 보기의 탱크 외에 지하에 매설이 가능한 탱크의 종류와 그 탱크의 최대용량을 쓰시오.

[보기]	• 고정주유설비 또는 고정급유설비에 직접 접속하는 전용탱크 (5만 L) • 보일러 등에 직접 접속하는 전용탱크 (1기) • 자동차 등을 점검, 정비하는 작업장 등에서 사용하는 폐유탱크 (2기) • 고정주유설비 또는 고정급유설비에 직접 접속하는 간이탱크 (6백L)

정답

① 고정주유설비의 중심선
② 고정급유설비의 중심선
③ 1. 옥외에 있는 상치장소는 화기를 취급하는 장소 또는 인근의 건축물로부터 5[m] 이상(인근의 건축물이 1층인 경우에는 3[m] 이상)의 거리를 확보하여야 한다. 다만, 하천의 공지나 수면, 내화구조 또는 불연재료의 담 또는 벽 그 밖에 이와 유사한 것에 접하는 경우를 제외한다.
  2. 옥내에 있는 상치장소는 벽·바닥·보·서까래 및 지붕이 내화구조 또는 불연재료로 된 건축물의 1층에 설치하여야 한다.
④ 항공기주유취급소의 특례, 철도주유취급소의 특례, 선박주유취급소의 특례
⑤ 개질장치에 접속하는 원료탱크 50,000[ℓ] 이하

해설

1. 주유취급소의 위치·구조 및 설비의 기준

> Ⅳ. 고정주유설비 등
>   4. 고정주유설비 또는 고정급유설비는 다음 각목의 기준에 적합한 위치에 설치하여야 한다.
>   가. 고정주유설비의 중심선을 기점으로 하여 도로경계선까지 4m 이상, 부지경계선·담 및 건축물의 벽까지 2m(개구부가 없는 벽까지는 1m) 이상의 거리를 유지하고, 고정급유설비의 중심선을 기점으로 하여 도로경계선까지 4m 이상, 부지경계선 및 담까지 1m 이상, 건축물의 벽까지 2m(개구부가 없는 벽까지는 1m) 이상의 거리를 유지할 것
>   나. 고정주유설비와 고정급유설비의 사이에는 4m 이상의 거리를 유지할 것
>
> Ⅲ. 탱크
>   1. 주유취급소에는 다음 각목의 탱크 외에는 위험물을 저장 또는 취급하는 탱크를 설치할 수 없다. 다만, 별표 10 Ⅰ의 규정에 의한 이동탱크저장소의 상시주차장소를 주유공지 또는 급유공지 외의 장소에 확보하여 이동탱크저장소(당해주유취급소의 위험물의 저장 또는 취급에 관계된 것에 한한다)를 설치하는 경우에는 그러하지 아니하다.
>   가. 자동차 등에 주유하기 위한 고정주유설비에 직접 접속하는 전용탱크로서 50,000ℓ 이하의 것
>   나. 고정급유설비에 직접 접속하는 전용탱크로서 50,000ℓ 이하의 것
>   다. 보일러 등에 직접 접속하는 전용탱크로서 10,000ℓ 이하의 것
>   라. 자동차 등을 점검·정비하는 작업장 등(주유취급소안에 설치된 것에 한한다)에서 사용하는 폐유·윤활유 등의 위험물을 저장하는 탱크로서 용량(2 이상 설치하는 경우에는 각 용량의 합계를 말한다)이 2,000ℓ 이하인 탱크(이하 "폐유탱크등"이라 한다)
>   마. 고정주유설비 또는 고정급유설비에 직접 접속하는 3기 이하의 간이탱크. 다만, 「국토의 계획 및 이용에 관한 법률」에 의한 방화지구안에 위치하는 주유취급소의 경우를 제외한다.

2. 제1호가목 내지 라목의 규정에 의한 탱크(다목 및 라목의 규정에 의한 탱크는 용량이 1,000ℓ를 초과하는 것에 한한다)는 옥외의 지하 또는 캐노피 아래의 지하(캐노피 기둥의 하부를 제외한다)에 매설하여야 한다.

XVI. 수소충전설비를 설치한 주유취급소의 특례

1. 전기를 원동력으로 하는 자동차등에 수소를 충전하기 위한 설비(압축수소를 충전하는 설비에 한정한다)를 설치하는 주유취급소(옥내주유취급소 외의 주유취급소에 한정하며, 이하 "압축수소충전설비 설치 주유취급소"라 한다)의 특례는 제2호부터 제5호까지와 같다.
2. 압축수소충전설비 설치 주유취급소에는 Ⅲ 제1호의 규정에 불구하고 인화성 액체를 원료로 하여 수소를 제조하기 위한 개질장치(改質裝置)(이하 "개질장치"라 한다)에 접속하는 원료탱크(50,000ℓ 이하의 것에 한정한다)를 설치할 수 있다. 이 경우 원료탱크는 지하에 매설하되, 그 위치, 구조 및 설비는 Ⅲ 제3호가목을 준용한다.

X. 항공기주유취급소의 특례

1. 비행장에서 항공기, 비행장에 소속된 차량 등에 주유하는 주유취급소에 대하여는 Ⅰ, Ⅱ, Ⅲ제1호·제2호, Ⅳ제2호·제3호(주유관의 길이에 관한 규정에 한한다), Ⅶ 및 Ⅷ의 규정을 적용하지 아니한다.

XI. 철도주유취급소의 특례

1. 철도 또는 궤도에 의하여 운행하는 차량에 주유하는 주유취급소에 대하여는 Ⅰ 내지 Ⅷ의 규정을 적용하지 아니한다.

XIV. 선박주유취급소의 특례

1. 선박에 주유하는 주유취급소에 대하여는 Ⅰ제1호, Ⅲ제1호 및 제2호, Ⅳ제3호(주유관의 길이에 관한 규정에 한한다) 및 Ⅶ의 규정을 적용하지 아니한다.

2. 이동탱크저장소의 위치·구조 및 설비의 기준(별표 10)

Ⅰ. 상치장소

이동탱크저장소의 상치장소는 다음 각호의 기준에 적합하여야 한다.

1. 옥외에 있는 상치장소는 화기를 취급하는 장소 또는 인근의 건축물로부터 5m 이상(인근의 건축물이 1층인 경우에는 3m 이상)의 거리를 확보하여야 한다. 다만, 하천의 공지나 수면, 내화구조 또는 불연재료의 담 또는 벽 그 밖에 이와 유사한 것에 접하는 경우를 제외한다.
2. 옥내에 있는 상치장소는 벽·바닥·보·서까래 및 지붕이 내화구조 또는 불연재료로 된 건축물의 1층에 설치하여야 한다.

제71회 과년도 문제풀이(2022년)

01. 위험물의 성질란에 규정된 성상을 2가지 이상 포함하는 물품을 복수성상물품이라 한다. 이 물품이 속하는 품명의 판단기준을 괄호 안에 맞는 류별을 쓰시오.

> ㉮ 복수성상물품이 산화성 고체의 성상 및 가연성 고체의 성상을 가지는 경우 :
>   ( )류 위험물
> ㉯ 복수성상물품이 산화성 고체의 성상 및 자기반응성 물질의 성상을 가지는 경우 :
>   ( )류 위험물
> ㉰ 복수성상물품이 가연성 고체의 성상과 자연발화성 물질의 성상 및 금수성 물질의 성상을 가지는 경우 : ( )류 위험물
> ㉱ 복수성상물품이 자연발화성 물질의 성상, 금수성 물질의 성상 및 인화성액체의 성상을 가지는 경우 : ( )류 위험물
> ㉲ 복수성상물품이 인화성 액체의 성상 및 자기반응성 물질의 성상을 가지는 경우 :
>   ( )류 위험물

정답
㉮ 제2류, ㉯ 제5류, ㉰ 제3류, ㉱ 제3류, ㉲ 제5류

해설
성질란에 규정된 성상을 2가지 이상 포함하는 물품(이하 "복수성상물품"이라 한다)이 속하는 품명은 다음에 의한다.
① 복수성상품이 산화성 고체(제1류)의 성상 및 가연성 고체(제2류)의 성상을 가지는 경우 :
   제2류 제8호의 규정에 의한 품명
② 복수성상물품이 산화성 고체(제1류)의 성상 및 자기반응성 물질(제5류)의 성상을 가지는 경우 :
   제5류 제11호의 규정에 의한 품명
③ 복수성상물품이 인화성 액체(제4류)의 성상 및 자기반응성 물질(제5류)의 성상을 가지는 경우 :
   제5류 제11호의 규정에 의한 품명
④ 복수성상물품이 자연발화성 물질(제3류)의 성상, 금수성 물질의 성상(제3류) 및 인화성액체(제4류)의 성상을 가지는 경우 : 제3류 제12호의 규정에 의한 품명
⑤ 복수성상물품이 가연성 고체(제2류)의 성상과 자연발화성 물질의 성상(제3류) 및 금수성 물질(제3류)의 성상을 가지는 경우 : 제3류 제12호의 규정에 의한 품명

02. 다음 표에 위험물의 품명을 채워 넣으시오.

유별	품명	지정수량
제1류	브롬산염류, 질산염류, (①)	300[kg]
제2류	황화린, 적린, (②)	100[kg]
	(③)	1,000[kg]
제3류	금속의 수소화물, (④), 칼슘 또는 알루미늄의 탄화물	300[kg]
제5류	니트로화합물, 니트로소화합물, 아조화합물, 디아조화합물, (⑤)	200[kg]

정답

① 요오드산염류
② 유황
③ 인화성고체
④ 금속의 인화물
⑤ 히드라진유도체

03. 다음 물질 중 분해 시 산소가 생성되는 물질을 골라 그 분해반응식을 쓰시오.

염소산나트륨, 질산칼륨, 메탄올, 트리에틸알루미늄, 니트로글리세린

정답

염소산나트륨	$2NaClO_3 \rightarrow 2NaCl + 3O_2 \uparrow$
질산칼륨	$2KNO_3 \rightarrow 2KNO_2 + O_2 \uparrow$
니트로글리세린	$4C_3H_5(ONO_2)_3 \rightarrow 12CO_2 + 10H_2O + 6N_2 + O_2$

04. 다음 보기의 물질들 간 반응으로 생성된 기체들이 아래의 비율로 혼합되었을 때 혼합가스의 폭발하한계를 구하시오.

[보기]	• 탄화알루미늄과 물과 반응 시 생성기체 30[%] • 탄화칼슘이 물과 반응 시 생성기체 45[%] • 아연이 물과 반응 시 생성기체 25[%]

정답

3.31[%]

해설

1. 화학반응식

    $Al_4C_3 + 12H_2O \rightarrow 4Al(OH)_3 + 3CH_4 \uparrow$

    $CaC_2 + 2H_2O \rightarrow Ca(OH)_2 + C_2H_2 \uparrow$

    $Zn + 2H_2O \rightarrow Zn(OH)_2 + H_2 \uparrow$

2. 폭발범위

구분	메탄	아세틸렌	수소
폭발범위	5~15[%]	2.5~81[%]	4~75[%]

3. 혼합가스의 폭발하한계

    $$L_m = \frac{100}{\frac{V_1}{L_1}+\frac{V_2}{L_2}+\frac{V_3}{L_3}} = \frac{100}{\frac{30}{5}+\frac{45}{2.5}+\frac{25}{4}} = 3.31[\%]$$

05. 다음에 주어진 정보에 적합한 위험물의 명칭과 시성식을 쓰시오.

품명	분자량	명칭	시성식
특수인화물	74		
제1석유류(비수용성)	53		
제2석유류	46		

정답

품명	분자량	명칭	시성식
특수인화물	74	디에틸에테르	$C_2H_5OC_2H_5$
제1석유류(비수용성)	53	아크릴로니트릴	$CH_2=CHCN$
제2석유류	46	의산	HCOOH

06. 다음 위험물안전관리법령의 옥외탱크저장소의 기준에 대해 답하시오.

① 보유공지에 관한 다음 표의 빈칸에 알맞은 말을 쓰시오.

저장 또는 취급하는 위험물의 최대수량	공지의 너비
지정수량의 500배 이하	3[m] 이상
지정수량의 500 초과 2000배 이하	(㉠)[m] 이상
지정수량의 1000배 초과 2000배 이하	(㉡)[m] 이상
지정수량의 2000배 초과 3000배 이하	12[m] 이상
지정수량의 3000배 초과 4000배 이하	15[m] 이상
지정수량의 4000배 초과	당해 탱크의 수평단면의 최대지름 (가로형인 경우에는 긴 변)과 높이 중 큰 것과 같은 거리 이상. 다만, 30[m] 초과의 경우에는 30[m] 이상으로 할 수 있고, 15[m] 미만의 경우에는 15[m] 이상으로 하여야 한다.

② 지정수량의 2500배인 옥외저장탱크(원주길이 50[m])에 대하여 보유공지 너비를 6m로 줄이기 위해, 물분무설비로 방호조치 시 필요한 분당 방사량은 얼마인가?

③ ②번의 수원 계산식을 참고하여 수원의 양 [m³]을 구하시오.

정답

① 5, 9 ② 1,850[ℓ/min] ③ 37[m³]

해설

1. 보유공지 너비

1) 옥외탱크저장소의 위치·구조 및 설비의 기준 보유공지(규칙 별표 6)

1. 옥외저장탱크(위험물을 이송하기 위한 배관 그 밖에 이에 준하는 공작물을 제외한다)의 주위에는 그 저장 또는 취급하는 위험물의 최대수량에 따라 옥외저장탱크의 측면으로부터 다음 표에 의한 너비의 공지를 보유하여야 한다.

저장 또는 취급하는 위험물의 최대수량	공지의 너비
지정수량의 500배 이하	3m 이상
지정수량의 500배 초과 1,000배 이하	5m 이상
지정수량의 1,000배 초과 2,000배 이하	9m 이상
지정수량의 2,000배 초과 3,000배 이하	12m 이상
지정수량의 3,000배 초과 4,000배 이하	15m 이상
지정수량의 4,000배 초과	당해 탱크의 수평단면의 최대지름(가로형인 경우에는 긴 변)과 높이 중 큰 것과 같은 거리 이상. 다만, 30m 초과의 경우에는 30m 이상으로 할 수 있고, 15m 미만의 경우에는 15m 이상으로 하여야 한다.

2) 제6류 위험물 외의 위험물을 저장 또는 취급하는 옥외저장탱크(지정수량의 4,000배를 초과하여 저장 또는 취급하는 옥외저장탱크를 제외한다)를 동일한 방유제안에 2개 이상 인접하여 설치하는 경우 그 인접하는 방향의 보유공지는 제1호의 규정에 의한 보유공지의 3분의 1 이상의 너비로 할 수 있다. 이 경우 보유공지의 너비는 3m 이상이 되어야 한다.
3) 제6류 위험물을 저장 또는 취급하는 옥외저장탱크는 제1호의 규정에 의한 보유공지의 3분의 1 이상의 너비로 할 수 있다. 이 경우 보유공지의 너비는 1.5m 이상이 되어야 한다.
4) 제6류 위험물을 저장 또는 취급하는 옥외저장탱크를 동일구내에 2개 이상 인접하여 설치하는 경우 그 인접하는 방향의 보유공지는 제3호의 규정에 의하여 산출된 너비의 3분의 1 이상의 너비로 할 수 있다. 이 경우 보유공지의 너비는 1.5m 이상이 되어야 한다.
5) 제1)호의 규정에도 불구하고 옥외저장탱크(이하 "공지단축 옥외저장탱크"라 한다)에 다음 각목의 기준에 적합한 물분무설비로 방호조치를 하는 경우에는 그 보유공지를 제1)호의 규정에 의한 보유공지의 2분의 1 이상의 너비(최소 3m 이상)로 할 수 있다. 이 경우 공지단축 옥외저장탱크의 화재시 1㎡당 20kW 이상의 복사열에 노출되는 표면을 갖는 인접한 옥외저장탱크가 있으면 당해 표면에도 다음 각목의 기준에 적합한 물분무설비로 방호조치를 함께하여야 한다.
가. 탱크의 표면에 방사하는 물의 양은 탱크의 원주길이 1m에 대하여 분당 37ℓ 이상으로 할 것
나. 수원의 양은 가목의 규정에 의한 수량으로 20분 이상 방사할 수 있는 수량으로 할 것
다. 탱크에 보강링이 설치된 경우에는 보강링의 아래에 분무헤드를 설치하되, 분무헤드는 탱크의 높이 및 구조를 고려하여 분무가 적정하게 이루어 질 수 있도록 배치할 것
라. 물분무소화설비의 설치기준에 준할 것
2. 지정수량의 2500배인 옥외저장탱크 (원주길이 50[m])에 대하여 보유공지 너비를 6m로 줄이기 위해, 물분무설비로 방호조치 시 필요한 분당 방사량
분당 방사량 = 50[m] × 37[ℓ/min·m] = 1,850[ℓ/min]
3. 수원 = 원주길이 × 37[ℓ/min·m] × 20[min] = 50 × 37 × 20 = 37,000[ℓ] = 37[m³]

07. 물과 반응하지 않고 자연발화 시 흰색 가스가 발생하는 위험등급 1등급인 물질에 대해 답하시오.

① 발생하는 흰색가스의 명칭 및 화학식은?
② 위 물질과 수산화칼륨수용액과의 반응식을 쓰시오.
③ 상기물질 저장 시 옥내저장소 면적은?

정답
1. 황린, P_4
2. $P_4 + 3KOH + 3H_2O \rightarrow 3KH_2PO_2 + PH_3 \uparrow$
3. 1,000m² 이하

해설
1. 황린 (제3류/자연발화성/Ⅰ등급)

화학식	발화점	비중	지정수량	융점
P_4	34[℃]	1.82	20[kg]	44[℃]

1) 백색 또는 담황색의 자연발화성 고체

2) 물과 반응하지 않기 때문에 pH9(약알칼리) 물속에 저장
   (1) $P_4 + 3KOH + 3H_2O \rightarrow PH_3 + 3KH_2PO_2$(차아인산칼륨)
   (2) 강알칼리 용액과 반응하면 유독성의 포스핀가스(PH_3)를 발생한다.
3) 벤젠, 알코올에 일부 용해 이황화탄소, 삼염화린, 염화황에 잘 녹음
4) 증기는 공기보다 무겁고 자극적이며 맹독성
5) 발화점이 낮아 자연발화 일으킴 34[℃]
   • $P_4 + 5O_2 \rightarrow 2P_2O_5$
6) 공기를 차단하고 250℃로 가열하면 적린이 된다.

2. 옥내저장소 저장창고의 바닥면적

단층건물	다층건물	복합용도
• 위험등급 I (4류 II 포함) : 1,000m² 이하 • 위험등급 II : 2,000m² 이하 • 위험등급 I + II : 1,000m² 이하 • 위험등급 I 격벽 II : 1,500m² 이하 (I 등급 500m² 초과금지)	• 대상 : 제2류, 제4류 (단, 인화성고체, 인화점 70℃ 미만 제외) • 바닥면적 1,000m² 이하	바닥면적 75m² 이하

즉, 황린은 위험등급 I 이므로 1,000m² 이하에 해당한다.

08.
[보기]에서 어떤 물질의 제조방법을 설명하고 있다. 이러한 방법으로 제조되는 4류 위험물에 대한 각 물음에 답하시오.

[보기]
• 에탄올을 산화시켜 제조
• 황산수은 촉매하에서 아세틸렌에 물을 첨가시켜 제조

㉮ 위험도는?
㉯ 이 물질이 공기 중 산소에 의해 산화하여 다른 종류의 4류 위험물이 생성되는 반응식은?

정답
㉮ 위험도 : 12.9
㉯ $2CH_3CHO + O_2 \rightarrow 2CH_3COOH$

해설
1. Acetaldehyde(아세트알데히드) 제법
   1) 에틸렌의 직접산화법(Hoechst·Wacker법) : 에틸렌을 산소로 산화하여 아세트알데히드로 만드는 것인데, 촉매로는 소량의 염화 Pd(파라듐)을 포함한 염화동 수용액이 사용된다. 이 촉매가 산소를 운반하는 역할을 한다.

2) 아세틸렌의 수화법(카바이드법) : 아세틸렌과 물을 수은(황산제이수은)을 촉매로 하여 액상 수화하는 방법으로, 이 반응은 수은 이온이 촉매 작용을 하여 황산 산성의 황산수은용액 중에 가스상의 아세틸렌을 불어 넣어 행한다(이 방법에 의한 제조는 현재 중지되어있고 전면적으로 석유화학법으로 전환되었다).

3) 에탄올의 산화 또는 탈수소법

4) 파라핀계 탄화수소의 산화법

2. 위험도

위험도 = $\dfrac{57-4.1}{4.1}$ = 12.90

3. 아세트알데히드 산화반응 : 산소와 결합하는 반응, 수소 또는 전자를 잃는 반응

$C_2H_5OH \rightarrow CH_3CHO \rightarrow CH_3COOH$

에탄올 → 아세트알데히드 → 아세트산

09.

경유인 액체위험물을 상부를 개방한 용기에 저장하는 경우 표면적이 50 [m²]이고, 국소방출방식의 분말소화설비를 설치하고자 할 때 제3종 분말소화약제의 저장량은 얼마로 하여야 하는가?

정답

286[kg]

해설

1. 국소방출방식 분말소화설비 약제량 계산

  저장량 = 방호대상물 표면적(m²) × 계수 × 5.2kg/m² × 1.1
  = 50m² × 1.0 × 5.2kg/m² × 1.1 = 286kg

2. 분말소화약제 국소방출방식 약제량 기준

국소방출방식의 분말소화설비는 산출된 양에 저장 또는 취급하는 위험물에 따라 별표 2에 정한 소화약제에 따른 계수를 곱하고 다시 1.1을 곱한 양 이상으로 할 것

  1) 면적식의 국소방출방식

  액체 위험물을 상부를 개방한 용기에 저장하는 경우 등 화재 시 연소면이 한 면에 한정되고 위험물이 비산할 우려가 없는 경우에는 다음 표에 정한 비율로 계산한 양

소화약제의 종별	방호대상물의 표면적 1m²당 소화약제의 양 (kg)
제1종분말	8.8
제2종분말 또는 제3종분말	5.2
제4종분말	3.6
제5종분말	소화약제에 따라 필요한 양

2) 위험물의 종류에 대한 가스계 및 분말 소화약제의 계수

소화약제의 종별 위험물의 종류	이산화탄소	IG-100	IG-55	IG-541	할로겐화물						분 말			
					하론 1301	하론 1211	HFC-23	HFC-125	HFC-227ea	FK-5-1-12	제1종	제2종	제3종	제4종
아크릴로니트릴	1.2	1.2	1.2	1.2	1.4	1.2	1.4	1.4	1.4	1.4	1.2	1.2	1.2	1.2
아세트알데히드	1.1	1.1	1.1	1.1	1.1	1.1	1.1	1.1	1.1	1.1	–	–	–	–
아세트니트릴	1.0	1.0	1.0	1.0	1.0	1.0	1.0	1.0	1.0	1.0	1.0	1.0	1.0	1.0
아세톤	1.0	1.0	1.0	1.0	1.0	1.0	1.0	1.0	1.0	1.0	1.0	1.0	1.0	1.0
아닐린	1.1	1.1	1.1	1.1	1.1	1.1	1.1	1.1	1.1	1.1	1.0	1.0	1.0	1.0
이소옥탄	1.0	1.0	1.0	1.0	1.0	1.0	1.0	1.0	1.0	1.0	1.1	1.1	1.1	1.1
이소프렌	1.0	1.0	1.0	1.0	1.2	1.0	1.2	1.2	1.2	1.2	1.1	1.1	1.1	1.1
이소프로필아민	1.0	1.0	1.0	1.0	1.0	1.0	1.0	1.0	1.0	1.0	1.1	1.1	1.1	1.1
이소프로필에테르	1.0	1.0	1.0	1.0	1.0	1.0	1.0	1.0	1.0	1.0	1.1	1.1	1.1	1.1
이소헥산	1.0	1.0	1.0	1.0	1.0	1.0	1.0	1.0	1.0	1.0	1.1	1.1	1.1	1.1
이소헵탄	1.0	1.0	1.0	1.0	1.0	1.0	1.0	1.0	1.0	1.0	1.1	1.1	1.1	1.1
이소펜탄	1.0	1.0	1.0	1.0	1.0	1.0	1.0	1.0	1.0	1.0	1.1	1.1	1.1	1.1
에탄올	1.2	1.2	1.2	1.2	1.0	1.2	1.0	1.0	1.0	1.0	1.2	1.2	1.2	1.2
에틸아민	1.0	1.0	1.0	1.0	1.0	1.0	1.0	1.0	1.0	1.0	1.1	1.1	1.1	1.1
염화비닐	1.1	1.1	1.1	1.1	1.1	1.1	1.1	1.1	1.1	1.1	–	–	1.0	–
옥탄	1.2	1.2	1.2	1.2	1.0	1.0	1.0	1.0	1.0	1.0	1.1	1.1	1.1	1.1
휘발유	1.0	1.0	1.0	1.0	1.0	1.0	1.0	1.0	1.0	1.0	1.0	1.0	1.0	1.0
포름산(개미산)에틸	1.0	1.0	1.0	1.0	1.0	1.0	1.0	1.0	1.0	1.0	1.1	1.1	1.1	1.1
포름산(개미산)프로필	1.0	1.0	1.0	1.0	1.0	1.0	1.0	1.0	1.0	1.0	1.1	1.1	1.1	1.1
포름산(개미산)메틸	1.0	1.0	1.0	1.0	1.4	1.4	1.4	1.4	1.4	1.4	1.1	1.1	1.1	1.1
경유	1.0	1.0	1.0	1.0	1.0	1.0	1.0	1.0	1.0	1.0	1.0	1.0	1.0	1.0
원유	1.0	1.0	1.0	1.0	1.0	1.0	1.0	1.0	1.0	1.0	1.0	1.0	1.0	1.0
초산(아세트산)	1.1	1.1	1.1	1.1	1.1	1.1	1.1	1.1	1.1	1.1	1.0	1.0	1.0	1.0
초산에틸	1.0	1.0	1.0	1.0	1.0	1.0	1.0	1.0	1.0	1.0	1.0	1.0	1.0	1.0
초산메틸	1.0	1.0	1.0	1.0	1.0	1.0	1.0	1.0	1.0	1.0	1.1	1.1	1.1	1.1
산화프로필렌	1.8	1.8	1.8	1.8	2.0	1.8	2.0	2.0	2.0	2.0	–	–	–	–
사이클로헥산	1.0	1.0	1.0	1.0	1.0	1.0	1.0	1.0	1.0	1.0	1.1	1.1	1.1	1.1
디에틸아민	1.0	1.0	1.0	1.0	1.0	1.0	1.0	1.0	1.0	1.0	1.1	1.1	1.1	1.1
디에틸에테르	1.2	1.2	1.2	1.2	1.2	1.0	1.2	1.2	1.2	1.2	–	–	–	–
디옥산	1.6	1.6	1.6	1.6	1.8	1.6	1.8	1.8	1.8	1.8	1.2	1.2	1.2	1.2
중유(重油)	1.0	1.0	1.0	1.0	1.0	1.0	1.0	1.0	1.0	1.0	1.0	1.0	1.0	1.0
윤활유	1.0	1.0	1.0	1.0	1.0	1.0	1.0	1.0	1.0	1.0	1.0	1.0	1.0	1.0
테트라하이드로퓨란	1.0	1.0	1.0	1.0	1.4	1.4	1.4	1.4	1.4	1.4	1.2	1.2	1.2	1.2
등유	1.0	1.0	1.0	1.0	1.0	1.0	1.0	1.0	1.0	1.0	1.0	1.0	1.0	1.0
트리에틸아민	1.0	1.0	1.0	1.0	1.0	1.0	1.0	1.0	1.0	1.0	1.1	1.1	1.1	1.1
톨루엔	1.0	1.0	1.0	1.0	1.0	1.0	1.0	1.0	1.0	1.0	1.0	1.0	1.0	1.0
나프타	1.0	1.0	1.0	1.0	1.0	1.0	1.0	1.0	1.0	1.0	1.0	1.0	1.0	1.0
채종유	1.1	1.1	1.1	1.1	1.1	1.1	1.1	1.1	1.1	1.1	1.0	1.0	1.0	1.0
이황화탄소	3.0	3.0	3.0	3.0	4.2	1.0	4.2	4.2	4.2	4.2	–	–	–	–
비닐에틸에테르	1.2	1.2	1.2	1.2	1.6	1.2	1.6	1.6	1.6	1.6	1.1	1.1	1.1	1.1
피리딘	1.1	1.1	1.1	1.1	1.1	1.1	1.1	1.1	1.1	1.1	1.0	1.0	1.0	1.0

부탄올	1.1	1.1	1.1	1.1	1.1	1.1	1.1	1.1	1.1	1.0	1.0	1.0	1.0
프로판올	1.0	1.0	1.0	1.0	1.0	1.2	1.0	1.0	1.0	1.0	1.0	1.0	1.0
2-프로판올	1.0	1.0	1.0	1.0	1.0	1.0	1.0	1.0	1.0	1.1	1.1	1.1	1.1
프로필아민	1.0	1.0	1.0	1.0	1.0	1.0	1.0	1.0	1.0	1.1	1.1	1.1	1.1
헥산	1.0	1.0	1.0	1.0	1.0	1.0	1.0	1.0	1.0	1.2	1.2	1.2	1.2
헵탄	1.0	1.0	1.0	1.0	1.0	1.0	1.0	1.0	1.0	1.0	1.0	1.0	1.0
벤젠	1.0	1.0	1.0	1.0	1.0	1.0	1.0	1.0	1.0	1.2	1.2	1.2	1.2
펜탄	1.0	1.0	1.0	1.0	1.0	1.0	1.0	1.0	1.0	1.4	1.4	1.4	1.4
메타놀	1.6	1.6	1.6	1.6	2.2	2.4	2.2	2.2	2.2	2.2	1.2	1.2	1.2	1.2
메틸에틸케톤	1.0	1.0	1.0	1.0	1.0	1.0	1.0	1.0	1.0	1.0	1.0	1.2	1.0
모노클로로벤젠	1.1	1.1	1.1	1.1	1.1	1.1	1.1	1.1	1.1	–	–	1.0	–
그밖의 것	1.1	1.1	1.1	1.1	1.1	1.1	1.1	1.1	1.1	1.1	1.1	1.1	1.1

(비고) "–" 표시는 해당 위험물에 소화약제로 사용 불가함을 표시한다.

10. 과산화칼륨과 초산은 반응하면 제6류 위험물이 생성된다.

① 둘의 반응식을 쓰시오.
② 생성되는 6류 위험물의 열분해 반응식을 쓰시오.

정답

① $K_2O_2 + 2CH_3COOH \rightarrow 2CH_3COOK + H_2O_2 \uparrow$
② $2H_2O_2 \rightarrow 2H_2O + O_2$

11. 위험물 탱크안전성능검사의 대상이 되는 탱크의 검사 4가지를 적으시오.

정답

① 기초·지반검사
② 충수·수압검사
③ 용접부 검사
④ 암반탱크검사

해설 탱크안전성능검사의 대상이 되는 탱크 등[규칙 제8조]

1. 기초·지반검사 : 옥외탱크저장소의 액체위험물탱크 중 그 용량이 100만[ℓ] 이상인 탱크
2. 충수(充水)·수압검사 : 액체위험물을 저장 또는 취급하는 탱크. 다만, 다음 각 목의 어느 하나에 해당하는 탱크는 제외한다.
   1) 제조소 또는 일반취급소에 설치된 탱크로서 용량이 지정수량 미만인 것
   2) 「고압가스 안전관리법」 제17조제1항에 따른 특정설비에 관한 검사에 합격한 탱크
   3) 「산업안전보건법」 제84조제1항에 따른 안전인증을 받은 탱크
3. 용접부 검사 : 제1호의 규정에 의한 탱크. 다만, 탱크의 저부에 관계된 변경공사(탱크의 옆판과 관련되는 공사를 포함하는 것을 제외한다)시에 행하여진 법 제18조제2항의 규정에 의한 정기검

사에 의하여 용접부에 관한 사항이 행정안전부령으로 정하는 기준에 적합하다고 인정된 탱크를 제외한다.
4. 암반탱크검사 : 액체위험물을 저장 또는 취급하는 암반 내의 공간을 이용한 탱크

12. 다음 괄호를 채워 넣으시오.

가. 제1류 위험물, 제3류 위험물 중 자연발화성 물질, 제4류 위험물 중 특수인화물, (①) 위험물 또는 (②) 위험물은 차광성이 있는 피복으로 가릴 것
나. 제1류 위험물 중 (③)의 과산화물 또는 이를 함유한 것, 제2류 위험물 중 (④)·(⑤)·(⑥) 또는 이들 중 어느 하나 이상을 함유한 것 또는 제3류 위험물 중 금수성 물질은 방수성이 있는 피복으로 덮을 것
다. 제5류 위험물 중 (⑦)℃ 이하의 온도에서 분해될 우려가 있는 것은 보냉 컨테이너에 수납하는 등 적정한 온도관리를 할 것
라. 액체위험물 또는 위험등급 (⑧)의 고체위험물을 기계에 의하여 하역하는 구조로 된 운반용기에 수납하여 적재하는 경우에는 당해 용기에 대한 충격 등을 방지하기 위한 조치를 강구할 것

정답
① 제5류 ② 제6류 ③ 알칼리금속 ④ 철분 ⑤ 금속분 ⑥ 마그네슘 ⑦ 55 ⑧ Ⅱ

해설 위험물의 운반에 관한 기준

Ⅱ. 적재방법
5. 적재하는 위험물의 성질에 따라 일광의 직사 또는 빗물의 침투를 방지하기 위하여 유효하게 피복하는 등 다음 각목에 정하는 기준에 따른 조치를 하여야 한다(중요기준).
  가. 제1류 위험물, 제3류 위험물 중 자연발화성 물질, 제4류 위험물 중 특수인화물, 제5류 위험물 또는 제6류 위험물은 차광성이 있는 피복으로 가릴 것
  나. 제1류 위험물 중 알칼리금속의 과산화물 또는 이를 함유한 것, 제2류 위험물 중 철분·금속분·마그네슘 또는 이들중 어느 하나 이상을 함유한 것 또는 제3류 위험물 중 금수성물질은 방수성이 있는 피복으로 덮을 것
  다. 제5류 위험물 중 55℃ 이하의 온도에서 분해될 우려가 있는 것은 보냉 컨테이너에 수납하는 등 적정한 온도관리를 할 것
  라. 액체위험물 또는 위험등급Ⅱ의 고체위험물을 기계에 의하여 하역하는 구조로 된 운반용기에 수납하여 적재하는 경우에는 당해 용기에 대한 충격 등을 방지하기 위한 조치를 강구할 것. 다만, 위험등급Ⅱ의 고체위험물을 플렉서블(Flexible)의 운반용기, 파이버판제의 운반용기 및 목제의 운반용기 외의 운반용기에 수납하여 적재하는 경우에는 그러하지 아니하다.

13. ANFO 폭약을 만드는데 사용되는 고체 성상의 위험물에 대해 답하시오.

① 화학식
② 품명
③ 분해폭발반응식(질소, 산소, 수증기 생성)

정답

① NH_4NO_3
② 질산염류
③ $2NH_4NO_3 \rightarrow 4H_2O + 2N_2 + O_2 \uparrow$

해설

1. 질산암모늄(제1류/산화성고체/질산염류)

화학식	위험등급	비중	지정수량	분해온도
NH_4NO_3	II등급	1.73	300[kg]	220[℃]

  1) 분해반응식 $NH_4NO_3 \rightarrow N_2O + 2H_2O$
  2) 폭발반응식 $2NH_4NO_3 \rightarrow 4H_2O + 2N_2 + O_2 \uparrow$

14. 다음에서 설명하는 2가지 물질의 반응식을 쓰시오.

- 산화하여 아세트알데히드를 생성하는 제4류 위험물로 지정수량이 400[L]이다.
- 무른 경금속으로 비중이 0.97, 융점이 97.7℃인 자연발화성물질이다.

정답

$2Na + 2C_2H_5OH \rightarrow 2C_2H_5ONa + H_2$

해설

1. 에틸알코올(주정, 에탄올)
   1) 무색투명한 와인 또는 위스키 냄새를 지닌 휘발성 강한 액체
   2) 탄소 함량이 적어 그을음이 적다.
   3) 산화 : $C_2H_5OH \rightarrow CH_3CHO \rightarrow CH_3COOH \rightarrow CO_2 + H_2O$로 분해 배출
   4) 요오드포름 반응
2. 나트륨(Na, 비중 0.97, 융점 97.7℃)
   1) 은백색의 광택이 있는 무른 경금속으로 노란색 불꽃을 내면서 연소
   2) 보호액(등유, 경유, 유동파라핀)을 넣은 내통에 밀봉 저장
   3) 요오드산과 접촉 시 폭발하며, 수은과 격렬 반응 및 폭발 반응

4) 나트륨과 물과 반응 : 2Na + 2H$_2$O → 2NaOH + H$_2$
5) 알코올, 산과 반응하면 수소가스 발생
   (1) 알코올과 반응 : 2Na + 2C$_2$H$_5$OH → 2C$_2$H$_5$ONa + H$_2$↑
6) 액체암모니아와 반응 : 2Na + 2NH$_3$ → 2NaNH$_2$ + H$_2$↑

15. 트리에틸알루미늄과 아래 물질들의 반응식을 쓰시오

① 물
② 산소
③ 메탄올

정답

① 물 (C$_2$H$_5$)$_3$Al + 3H$_2$O → Al(OH)$_3$ + 3C$_2$H$_6$↑
② 산소 2(C$_2$H$_5$)$_3$Al + 21O$_2$ → Al$_2$O$_3$ + 15H$_2$O + 12CO$_2$↑
③ 메탄올 (C$_2$H$_5$)$_3$Al + 3CH$_3$OH → Al(CH$_3$O)$_3$ + 3C$_2$H$_6$↑

해설

트리에틸알루미늄의 반응식	
산소	2(C$_2$H$_5$)$_3$Al + 21O$_2$ → Al$_2$O$_3$ + 15H$_2$O + 12CO$_2$↑
물	(C$_2$H$_5$)$_3$Al + 3H$_2$O → Al(OH)$_3$ + 3C$_2$H$_6$↑
염산	(C$_2$H$_5$)$_3$Al + 3HCl → AlCl$_3$ + 3C$_2$H$_6$↑
염소	(C$_2$H$_5$)$_3$Al + 3Cl$_2$ → AlCl$_3$ + 3C$_2$H$_5$Cl↑
메탄올	(C$_2$H$_5$)$_3$Al + 3CH$_3$OH → Al(CH3O)$_3$ + 3C$_2$H$_6$↑
에탄올	(C$_2$H$_5$)$_3$Al + 3C$_2$H$_5$OH → Al(C$_2$H$_5$O)$_3$ + 3C$_2$H$_6$↑

16. 인화점 -37[℃], 비중이 0.82이고 지정수량이 50[L]인 물질에 대해 답하시오.

① 구조식
② 증기비중
③ 압력탱크 저장 시 온도는?
④ 보냉장치가 없을 시 온도는?

정답

① 구조식

$$\text{H-}\underset{\text{H}}{\overset{\text{H}}{\text{C}}}-\underset{\text{O}}{\text{C}}-\underset{\text{H}}{\overset{\text{H}}{\text{C}}}-\text{H}$$

② 증기비중 = (12×3+1×6+16) ÷ 29 = 2
③ 40[℃] 이하
④ 40[℃] 이하

해설

1. 산화프로필렌

화학식	구조식	인화점	발화점	연소범위
C_3H_6O	◁—CH_3 (O)	-37℃	465℃	2.5~38.5 [%]

1) 무색투명한 자극성 액체
2) Cu, Mg, Ag, Hg와 반응 아세틸레이트 생성
3) 저장용기 내 불연성가스나 수증기 봉입장치 할 것
4) 알코올포, 이산화탄소, 분말소화 효과

2. 위험물탱크 등 내부 유지온도

위험물탱크 등		유지온도
옥외탱크, 옥내탱크, 지하탱크 중 비압력탱크	아세트알데히드	15℃ 이하
옥외탱크, 옥내탱크, 지하탱크 중 비압력탱크	디에틸에테르, 산화프로필렌	30℃ 이하
압력탱크	아세트알데히드 등, 디에틸에테르 등	40℃ 이하
보냉장치가 없는 이동저장탱크	아세트알데히드 등, 디에틸에테르 등	40℃ 이하
보냉장치가 있는 이동저장탱크	아세트알데히드 등, 디에틸에테르 등	비점 이하
옥내저장소	용기 수납하여 저장	55℃ 이하

17. 제5류 위험물인 과산화벤조일과 니트로글리세린의 구조식을 그리시오.

정답

과산화벤조일	니트로글리세린
(구조식: 벤조일 퍼옥사이드)	H H H | | | H – C – C – C – H | | | O O O | | | NO₂ NO₂ NO₂

해설 벤조일 퍼옥사이드와 니트로 글리세린 물성

화학식	분자량	인화점	비점	착화점	비중	물리적상태
$(C_6H_5CO)_2O_2$	242	80℃	폭발함	80℃	1.33	무색 결정
$C_3H_5(ONO_2)_3$	227	-	218℃	-	1.6	액체 혹은 고체

18. 다음은 분말 소화약제 저장용기 설치기준이다. 빈칸에 알맞은 말을 쓰시오.

- 온도가 (①)℃ 이하이고 온도 변화가 적은 장소에 설치할 것
- (②) 및 빗물이 침투할 우려가 적은 장소에 설치할 것
- 저장용기 [축압식인 것은 내압력이 (③)MPa인 것에 한한다]에는 용기밸브를 설치할 것
- 가압식의 저장용기 등에는 (④)밸브를 설치할 것
- 보기 쉬운 장소에 충전소화약제량, 소화약제의 종류, (⑤) (가압식인 것에 한한다) 제조년월 및 제조자명을 표시할 것

정답

① 40 ② 직사일광 ③ 1.0 ④ 방출 ⑤ 최고사용압력

해설

1. 분말소화약제 저장용기 설치기준
   1) 방호구역 외의 장소에 설치할 것
   2) 온도가 40℃ 이하이고 온도 변화가 적은 장소에 설치할 것
   3) 직사일광 및 빗물이 침투할 우려가 적은 장소에 설치할 것
   4) 저장용기에는 안전장치(용기밸브에 설치되어 있는 것을 포함)를 설치할 것
   5) 저장용기의 외면에 소화약제의 종류와 양, 제조년도 및 제조자를 표시할 것

2. 1항 외에 다음에 정하는 것에 의할 것
  1) 저장탱크는 「압력용기 - 설계 및 제조 일반」(KS B 6750)의 기준에 적합한 것 또는 이와 동등 이상의 강도 및 내식성이 있는 것을 사용할 것
  2) 저장용기등에는 안전장치를 설치할 것
  3) 저장용기(축압식인 것은 내압력이 1.0MPa인 것에 한한다)에는 용기밸브를 설치할 것
  4) 가압식의 저장용기 등에는 방출밸브를 설치할 것
  5) 보기 쉬운 장소에 충전소화약제량, 소화약제의 종류, 최고사용압력(가압식인 것에 한한다) 제조년월 및 제조자명을 표시할 것

19. 위험물안전관리에 관한 세부기준의 포소화설비에 대하여 다음에 답하시오.

1. 다음 그림을 보고 기호에 해당하는 포방출구의 종류를 쓰시오.

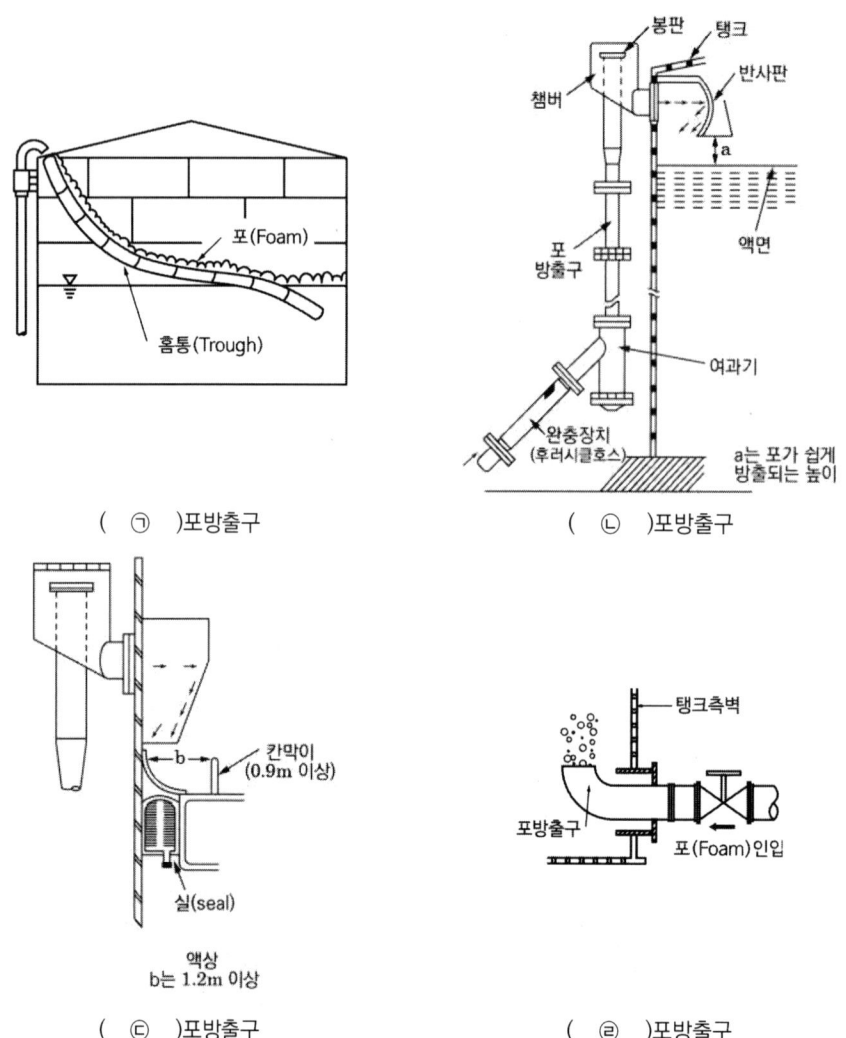

(㉠)포방출구   (㉡)포방출구

(㉢)포방출구   (㉣)포방출구

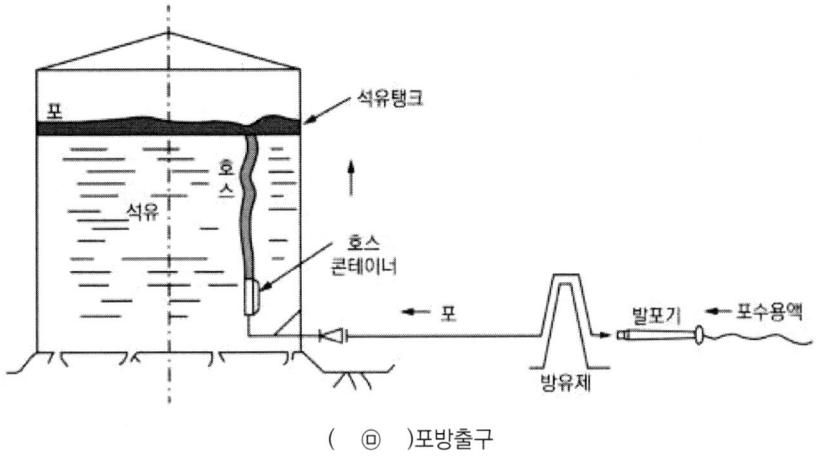

(ⓐ)포방출구

2. 고정지붕구조의 탱크에 상부포주입법을 이용하는 것으로서 방출된 포가 액면 아래로 몰입되거나 액면을 뒤섞지 않고 액면상을 덮을 수 있는 통계단 또는 미끄럼판 등의 설비 및 탱크내의 위험물증기가 외부로 역류되는 것을 저지할 수 있는 구조·기구를 갖는 포방출구를 위 그림에서 찾아 해당하는 기호를 쓰시오.

3. 공기포소화약제의 혼합방식의 종류 2가지를 쓰시오.

4. 포헤드방식의 포헤드 설치기준이다. 괄호에 맞는 말을 쓰시오.

● 방호대상물의 표면적 (㉠)m²당 1개 이상의 헤드를, 방호대상물의 표면적 1m²당의 방사량이 (㉡)L/min 이상의 비율로 계산한 양의 포수용액을 표준방사량으로 방사할 수 있도록 설치 할 것

5. 포모니터의 설치기준이다. 괄호에 알맞은 말을 쓰시오.

● 포모니터노즐은 모든 노즐을 동시에 사용할 경우에 각 노즐선단의 방사량이 (㉠)L/min 이상이고 수평방사거리가 (㉡)m 이상이 되도록 설치할 것

6. 다음 보기에 따른 고정포소화설비의 수원량을 계산하는 식을 쓰시오.

보기	• 고정포방출구의 종류 및 위험물의 구분에 따라 선정된 포수용액량 : A[ℓ/m²] • 직경 10[m], 높이 15[m]인 위험물 탱크 • 보조포소화전의 방사량 : B[ℓ/min] (보조포소화전은 1개) • 방사시간 : C[min]

정답

1. ㉠ I형 ㉡ II형 ㉢ 특형 ㉣ III형(SSI) ㉤ IV형(semi-SSI)
2. I형
3. 펌프프로포셔너 방식, 프레저프로포셔너
4. ㉠ 9, ㉡ 6.5
5. ㉠ 1,900, ㉡ 30
6. $(\frac{\pi}{4} \times 10^2 \times A) + (1 \times B \times C)$

해설 포소화설비의 기준(세부기준 제133조)

제133조(포소화설비의 기준) 포소화설비의 기준은 다음 각 호와 같다.

1. 포방출구

   1) I형 : 고정지붕구조의 탱크에 상부포주입법(고정포방출구를 탱크옆판의 상부에 설치하여 액표면상에 포를 방출하는 방법을 말한다. 이하 같다)을 이용하는 것으로서 방출된 포가 액면 아래로 몰입되거나 액면을 뒤섞지 않고 액면상을 덮을 수 있는 통계단 또는 미끄럼판 등의 설비 및 탱크내의 위험물증기가 외부로 역류되는 것을 저지할 수 있는 구조·기구를 갖는 포방출구

   2) II형 : 고정지붕구조 또는 부상덮개부착고정지붕구조(옥외저장탱크의 액상에 금속제의 플로팅, 팬 등의 덮개를 부착한 고정지붕구조의 것을 말한다. 이하 같다)의 탱크에 상부포주입법을 이용하는 것으로서 방출된 포가 탱크옆판의 내면을 따라 흘러내려 가면서 액면 아래로 몰입되거나 액면을 뒤섞지 않고 액면상을 덮을 수 있는 반사판 및 탱크내의 위험물증기가 외부로 역류되는 것을 저지할 수 있는 구조·기구를 갖는 포방출구

   3) 특형 : 부상지붕구조의 탱크에 상부포주입법을 이용하는 것으로서 부상지붕의 부상부분상에 높이 0.9m 이상의 금속제의 칸막이(방출된 포의 유출을 막을 수 있고 충분한 배수능력을 갖는 배수구를 설치한 것에 한한다)를 탱크옆판의 내측으로부터 1.2m 이상 이격하여 설치하고 탱크옆판과 칸막이에 의하여 형성된 환상부분(이하 "환상부분"이라 한다)에 포를 주입하는 것이 가능한 구조의 반사판을 갖는 포방출구

   4) III형 : 고정지붕구조의 탱크에 저부포주입법(탱크의 액면하에 설치된 포방출구로부터 포를 탱크내에 주입하는 방법을 말한다)을 이용하는 것으로서 송포관(발포기 또는 포발생기에 의하여 발생된 포를 보내는 배관을 말한다. 당해 배관으로 탱크내의 위험물이 역류되는 것을 저지할 수 있는 구조·기구를 갖는 것에 한한다. 이하 같다)으로부터 포를 방출하는 포방출구

   5) IV형 : 고정지붕구조의 탱크에 저부포주입법을 이용하는 것으로서 평상시에는 탱크의 액면 하의 저부에 설치된 격납통(포를 보내는 것에 의하여 용이하게 이탈되는 캡을 갖는 것을 포함한다)에 수납되어 있는 특수호스 등이 송포관의 말단에 접속되어 있다가 포를 보내는 것에 의하여 특수호스 등이 전개되어 그 선단이 액면까지 도달한 후 포를 방출하는 포방출구(나) 포방출구는 다음 표에 의하여 탱크의 직경, 구조 및 포방출구의 종류에 따른 수 이상의 개수를 탱크옆판의 외주에 균등한 간격으로 설치 할 것(주) III형의 포방출구를 이용하는 것은 온도 20℃의 물 100g에 용해되는 양이 1g 미만인 위험물(이하 "비수용성"이라 한다) 이면서 저장온도가 50℃ 이하 또는 동점도(動粘度)가 100cSt 이하인 위험물을 저장 또는 취급하는 탱크에 한하여 설치 가능하다.

2. 보조포소화전

   1) 방유제 외측의 소화활동상 유효한 위치에 설치하되 각각의 보조포소화전 상호간의 보행거리가 75m 이하가 되도록 설치할 것

2) 보조포소화전은 3개(호스접속구가 3개 미만인 경우에는 그 개수)의 노즐을 동시에 사용할 경우에 각각의 노즐선단의 방사압력이 0.35MPa 이상이고 방사량이 400ℓ/min 이상의 성능이 되도록 설치할 것

3) 보조포소화전은 옥외소화전설비의 옥외소화전의 기준의 예에 준하여 설치할 것

3. 포헤드방식의 포헤드

1) 포헤드는 방호대상물의 모든 표면이 포헤드의 유효사정 내에 있도록 설치할 것

2) 방호대상물의 표면적(건축물의 경우에는 바닥면적. 이하 같다) $9m^2$당 1개 이상의 헤드를, 방호대상물의 표면적 $1m^2$당의 방사량이 6.5ℓ/min 이상의 비율로 계산한 양의 포수용액을 표준방사량으로 방사할 수 있도록 설치할 것

3) 방사구역은 $100m^2$ 이상(방호대상물의 표면적이 $100m^2$ 미만인 경우에는 당해 표면적)으로 할 것

4. 포 혼합장치

1) 펌프프로포셔너 : 펌프에 의해 가압된 압력수가 펌프 토출측의 바이패스 관로를 따라 농도조절밸브에서 조정된 포소화약제를 흡입측으로 보내어 약제를 혼합하는 방식

2) 라인프로포셔너 : 펌프와 발포기의 중간에 설치된 벤츄리관의 벤츄리 작용에 따라 포소화약제를 흡입, 혼합하는 방식

3) 프레저프로포셔너 : 펌프와 발포기 중간에 설치된 벤츄리관의 벤츄리작용과 펌프 가압수의 압력에 따라 약제를 흡입, 혼합하는 방식

4) 프레저사이드프로포셔너 : 펌프 토출관에 압입기를 설치하여 약제 압입용 펌프로 포소화약제를 압입시켜 혼합하는 방식

6. 고정포소화설비 수원

고정포방출구의 수원의 양 + 보조포소화전의 수원의 양 + 송액관에 들어가는 물의 양

1) 포방출구는 다음 표의 위험물의 구분 및 포방출구의 종류에 따라 정한 액표면적 $1m^2$당 필요한 포수용액양에 당해 탱크의 액표면적(특형의 포방출구를 설치하는 경우는 환상부분의 면적으로 한다)을 곱하여 얻은 양을 동표의 위험물의 구분 및 포방출구의 종류에 따라 정한 방출율(액표면적 $1m^2$당 매분당의 포수용액의 방사량) 이상으로 표에서 정한 개수[고정지붕구조의 탱크 중 탱크직경이 24m 미만인 것은 당해 포방출구(Ⅲ형 및 Ⅳ형은 제외)의 개수에서 1을 뺀 개수]에 유효하게 방출할 수 있도록 설치할 것

포방출구의 종류 위험물의 구분	Ⅰ형		Ⅱ형		특형		Ⅲ형		Ⅳ형	
	포수액량 [ℓ/m^2]	방출율 [ℓ/m^2·min]	포수액량 [ℓ/m^2]	방출율 [ℓ/m^2·min]	포수액량 [ℓ/m^2]	방출율 [ℓ/m^2·min]	포수액량 [ℓ/m^2]	방출율 [ℓ/m^2·min]	포수액량 [ℓ/m^2]	방출율 [ℓ/m^2·min]
제4류 위험물 중 인화점이 21[℃] 미만인 것	120	4	220	4	240	8	220	4	220	4
제4류 위험물 중 인화점이 21[℃] 이상 70[℃] 미만인 것	80	4	120	4	160	8	120	4	120	4
제4류 위험물 중 인화점이 70[℃] 이상인 것	60	4	100	4	120	8	100	4	100	4

2) 보조포소화전 설치기준
   (1) 방유제 외측의 소화활동상 유효한 위치에 설치하되 각각의 보조포소화전 상호간의 보행거리가 75m 이하가 되도록 설치할 것
   (2) 보조포소화전은 3개(호스접속구가 3개 미만인 경우에는 그 개수)의 노즐을 동시에 사용할 경우에 각각의 노즐선단의 방사압력이 0.35MPa 이상이고 방사량이 400ℓ/min 이상의 성능이 되도록 설치할 것
   (3) 연결송액구는 다음 식에 의하여 구해진 수 이상을 스프링클러설비의 송수구 기준의 예에 의하여 설치할 것

$$N = \frac{Aq}{C}$$

N : 연결송액구의 설치 수
A : 탱크의 최대수평단면적(단위 m^2)
q : 제1호가목(1)(다)에서 정한 탱크의 액표면적 1m^{2}당 방사하여야 할 포수용액의 방출율 (단위 ℓ/min)
C : 연결송액구 1구당의 표준송액량(800ℓ/min)

수원량 Q = [(A × Q$_1$ × T) + (N × 8000)] + V$_p$

수원량 Q = ($\frac{\pi}{4} \times 10^2 \times A$) + (1개 × B × C) = 78.5A + BC

참고) 포소화설비의 종류(출처: 위험물실무해설서)

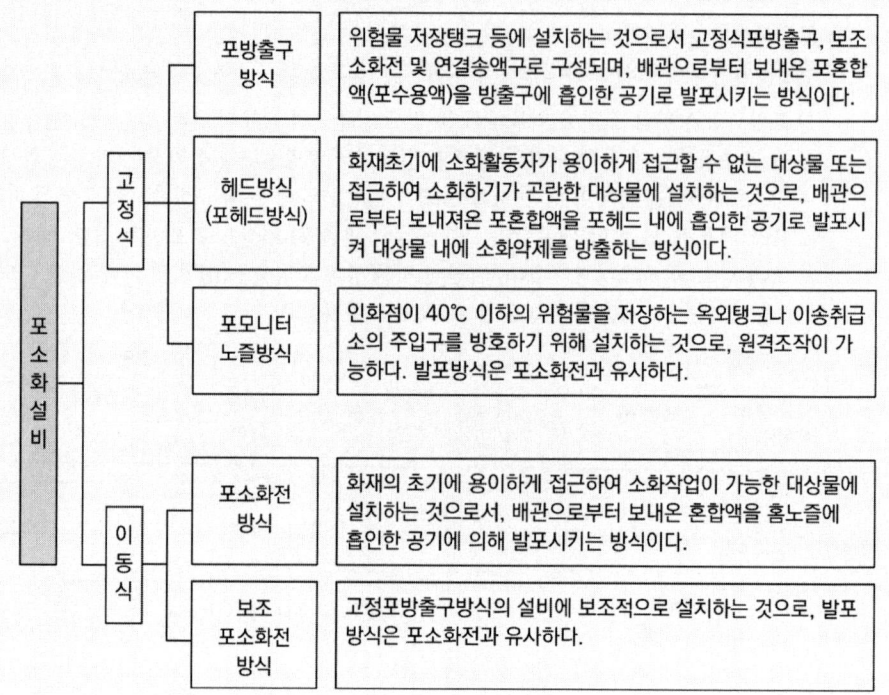

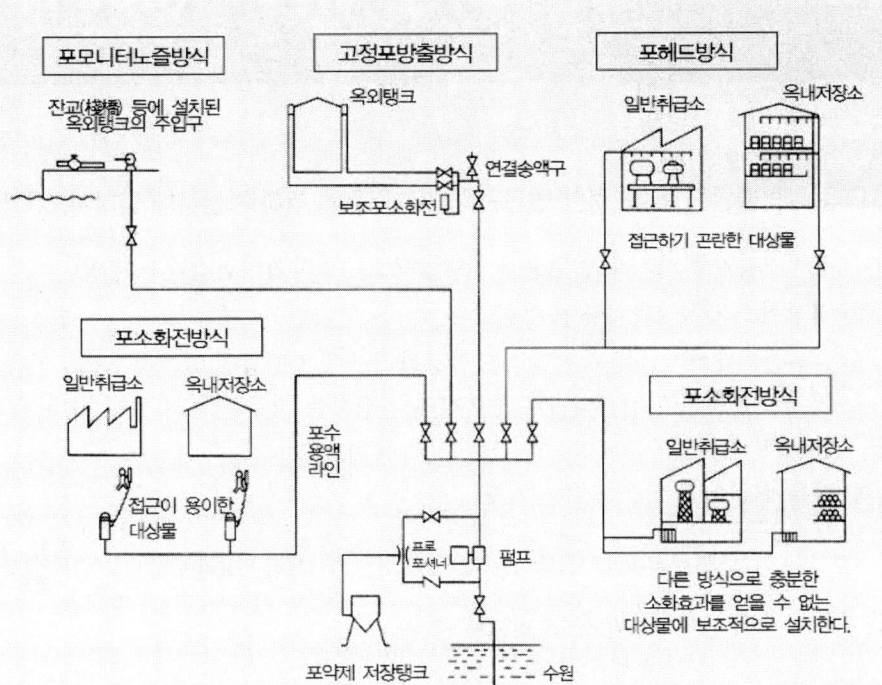

제70회 과년도 문제풀이(2021년)

01. 다음 위험물안전관리법령상 안전관리 대행기관에 대하여 물음에 답하시오.(10점)

1) 장비 2가지를 쓰시오(안전용구, 두께측정기, 소화설비점검기구 제외).
2) 지정취소 사유 2가지를 쓰시오.
3) 안전관리대행기관의 기술인력을 안전관리자로 지정함에 있어서 1인의 기술인력을 다수의 제조소등의 안전관리자로 중복하여 지정하는 경우 관리 가능한 최대 제조소 등의 수를 쓰시오.
4) 다음 빈칸에 들어갈 말을 쓰시오.

지정받은 사항의 변경이 있는 때	변경 신고기한	휴업·재개업 또는 폐업 신고기한
영업소의 소재지, 법인명칭 또는 대표자를 변경하는 경우	①	②

5) 제조소 등의 관계인은 안전관리원을 지정하여 대행기관이 지정한 안전관리자의 업무를 보조하게 하여야 한다. 안전관리원을 선임하지 않아도 되는 조건을 쓰시오.
6) 기술인력이 위험물의 취급작업에 참여하지 않는 경우 기술인력이 점검 및 감독을 매 월 기준으로 몇 회 이상 실시하여야 하는지 저장소와 저장소 외로 나누어 설명하시오.

정답

1. ① 절연저항계
   ② 접지저항측정기
2. ① 허위 그 밖의 부정한 방법으로 지정을 받은 때
   ② 다른 사람에게 지정서를 대여한 때
3. 제조소등의 수가 25를 초과하지 아니하도록 지정하여야 한다.
4. ① 14일 이내
   ② 14일 전
5. 지정수량의 20배 이하를 저장하는 저장소는 제외한다.
6. 매월 4회(저장소의 경우에는 매월 2회) 이상 실시

해설 안전관리대행기관(위험물안전관리법 시행규칙)

1. 제57조(안전관리대행기관의 지정 등)
   1) 「기업활동 규제완화에 관한 특별조치법」 제40조제1항제3호의 규정에 의하여 위험물안전관리자의 업무를 위탁받아 수행할 수 있는 안전관리대행기관은 다음 각호의 1에 해당하는 기관으로서 별표 22의 안전관리대행기관의 지정기준을 갖추어 소방청장의 지정을 받아야 한다.

① 법 제16조제2항의 규정에 의한 탱크시험자로 등록한 법인

② 다른 법령에 의하여 안전관리업무를 대행하는 기관으로 지정·승인 등을 받은 법인

2) 안전관리대행기관으로 지정받고자 하는 자는 별지 제33호서식의 신청서(전자문서로 된 신청서를 포함)에 다음 각 호의 서류(전자문서 포함)를 첨부하여 소방청장에게 제출하여야 한다.

① 삭제

② 기술인력 연명부 및 기술자격증

③ 사무실의 확보를 증명할 수 있는 서류

④ 장비보유명세서

3) 제2항의 규정에 의한 지정신청을 받은 소방청장은 자격요건·기술인력 및 시설·장비보유 현황 등을 검토하여 적합하다고 인정하는 때에는 별지 제34호서식의 위험물안전관리대행기관지정서를 발급하고, 제2항제2호의 규정에 의하여 제출된 기술인력의 기술자격증에는 그 자격자가 안전관리대행기관의 기술인력자임을 기재하여 교부하여야 한다.

4) 소방청장은 안전관리대행기관에 대하여 필요한 지도·감독을 하여야 한다.

5) 안전관리대행기관은 지정받은 사항의 변경이 있는 때에는 그 사유가 있는 날부터 14일 이내에, 휴업·재개업 또는 폐업을 하고자 하는 때에는 휴업·재개업 또는 폐업하고자 하는 날의 14일 전에 별지 제35호서식의 신고서(전자문서로 된 신고서 포함)에 다음 각호의 구분에 의한 해당 서류(전자문서 포함)를 첨부하여 소방청장에게 제출하여야 한다.

① 영업소의 소재지, 법인명칭 또는 대표자를 변경하는 경우

가. 삭제

나. 위험물안전관리대행기관지정서

② 기술인력을 변경하는 경우

가. 기술인력자의 연명부

나. 변경된 기술인력자의 기술자격증

③ 휴업·재개업 또는 폐업을 하는 경우 : 위험물안전관리대행기관지정서

6) 제2항에 따른 신청서 또는 제5항제1호에 따른 신고서를 제출받은 경우에 담당공무원은 법인 등기사항증명서를 제출받는 것에 갈음하여 그 내용을 「전자정부법」제36조제1항에 따른 행정정보의 공동이용을 통하여 확인하여야 한다.

2. [규칙 별표 22] 안전관리대행기관의 지정기준(제57조제1항 관련)

기술인력	1. 위험물기능장 또는 위험물산업기사 1인 이상 2. 위험물산업기사 또는 위험물기능사 2인 이상 3. 기계분야 및 전기분야의 소방설비기사 1인 이상
시설	전용사무실을 갖출 것

장비	1. 절연저항계(절연저항측정기) 2. 접지저항측정기(최소눈금 0.1Ω 이하) 3. 가스농도측정기(탄화수소계 가스의 농도측정이 가능할 것) 4. 정전기 전위측정기 5. 토크렌치(Torque Wrench : 볼트와 너트를 규정된 회전력에 맞춰 조이는 데 사용하는 도구) 6. 진동시험기 7. 삭제 〈2016. 8. 2.〉 8. 표면온도계(-10℃ ~ 300℃) 9. 두께측정기(1.5mm ~ 99.9mm) 10. 삭제 〈2016. 8. 2.〉 11. 안전용구(안전모, 안전화, 손전등, 안전로프 등) 12. 소화설비점검기구(소화전밸브압력계, 방수압력측정계, 포콜렉터, 헤드렌치, 포콘테이너)

비고 : 기술인력란의 각호에 정한 2 이상의 기술인력을 동일인이 겸할 수 없다.

3. 제58조(안전관리대행기관의 지정취소 등)

1) 「기업활동 규제완화에 관한 특별조치법」 제40조제3항의 규정에 의하여 소방청장은 안전관리대행기관이 다음 각호의 1에 해당하는 때에는 별표 2의 기준에 따라 그 지정을 취소하거나 6월 이내의 기간을 정하여 그 업무의 정지를 명하거나 시정하게 할 수 있다. 다만, 제1호 내지 제3호의 1에 해당하는 때에는 그 지정을 취소하여야 한다.

① 허위 그 밖의 부정한 방법으로 지정을 받은 때

② 탱크시험자의 등록 또는 다른 법령에 의하여 안전관리업무를 대행하는 기관의 지정ㆍ승인 등이 취소된 때

③ 다른 사람에게 지정서를 대여한 때

④ 별표 22의 안전관리대행기관의 지정기준에 미달되는 때

⑤ 제57조제4항의 규정에 의한 소방청장의 지도ㆍ감독에 정당한 이유 없이 따르지 아니하는 때

⑥ 제57조제5항의 규정에 의한 변경ㆍ휴업 또는 재개업의 신고를 연간 2회 이상 하지 아니한 때

⑦ 안전관리대행기관의 기술인력이 제59조의 규정에 의한 안전관리업무를 성실하게 수행하지 아니한 때

2) 소방청장은 안전관리대행기관의 지정ㆍ업무정지 또는 지정취소를 한 때에는 이를 관보에 공고하여야 한다.

3) 안전관리대행기관의 지정을 취소한 때에는 지정서를 회수하여야 한다.

4. 제59조(안전관리대행기관의 업무수행)

1) 안전관리대행기관은 안전관리자의 업무를 위탁받는 경우에는 영 제13조 및 영 별표 6의 규정에 적합한 기술인력을 당해 제조소등의 안전관리자로 지정하여 안전관리자의 업무를 하게 하여야 한다.

2) 안전관리대행기관은 제1항의 규정에 의하여 기술인력을 안전관리자로 지정함에 있어서 1

인의 기술인력을 다수의 제조소등의 안전관리자로 중복하여 지정하는 경우에는 영 제12조 제1항 및 이 규칙 제56조의 규정에 적합하게 지정하거나 안전관리자의 업무를 성실히 대행할 수 있는 범위 내에서 관리하는 제조소등의 수가 25를 초과하지 아니하도록 지정하여야 한다. 이 경우 각 제조소등(지정수량의 20배 이하를 저장하는 저장소는 제외한다)의 관계인은 당해 제조소등마다 위험물의 취급에 관한 국가기술자격자 또는 법 제28조제1항에 따른 안전교육을 받은 자를 안전관리원으로 지정하여 대행기관이 지정한 안전관리자의 업무를 보조하게 하여야 한다.

3) 제1항에 따라 안전관리자로 지정된 안전관리대행기관의 기술인력 또는 제2항에 따라 안전관리원으로 지정된 자는 위험물의 취급작업에 참여하여 법 제15조 및 이 규칙 제55조에 따른 안전관리자의 책무를 성실히 수행하여야 하며, 기술인력이 위험물의 취급작업에 참여하지 아니하는 경우에 기술인력은 제55조제3호 가목에 따른 점검 및 동조제6호에 따른 감독을 매월 4회(저장소의 경우에는 매월 2회) 이상 실시하여야 한다.

4) 안전관리대행기관은 제1항의 규정에 의하여 안전관리자로 지정된 안전관리대행기관의 기술인력이 여행·질병 그 밖의 사유로 인하여 일시적으로 직무를 수행할 수 없는 경우에는 안전관리대행기관에 소속된 다른 기술인력을 안전관리자로 지정하여 안전관리자의 책무를 계속 수행하게 하여야 한다.

02. 위험물안전관리법상 안전교육을 받아야 하는 대상자 3가지를 쓰시오. 〈개정 2021.06.08.〉

정답

1. 안전관리자로 선임된 자
2. 탱크시험자의 기술인력으로 종사하는 자
3. 위험물운반자로 종사하는 자

해설 시행령 제20조(안전교육대상자)

1. 안전관리자로 선임된 자
2. 탱크시험자의 기술인력으로 종사하는 자
3. 법 제20조제2항에 따른 위험물운반자로 종사하는 자
4. 법 제21조제1항에 따른 위험물운송자로 종사하는 자

03. 다음 소화약제의 분해반응식을 쓰시오.

1) 제1종 분말소화약제(270℃)
2) 제3종 분말소화약제(190℃)

정답

1) $2NaHCO_3 \rightarrow Na_2CO_3 + CO_2 + H_2O$
2) $NH_4H_2PO_4 \rightarrow NH_3 + H_3PO_4$

해설 분말소화약제의 열분해 반응식

1. 제1종 분말
   1) 1차 분해반응식(270[℃]) $2NaHCO_3 \rightarrow Na_2CO_3 + CO_2 + H_2O - Q[kcal]$
   2) 2차 분해반응식(850[℃]) $2NaHCO_3 \rightarrow Na_2O + 2CO_2 + H_2O - Q[kcal]$
2. 제2종 분말
   1) 1차 분해반응식(190[℃]) $2KHCO_3 \rightarrow K_2CO_3 + CO_2 + H_2O - Q[kcal]$
   2) 2차 분해반응식(590[℃]) $2KHCO_3 \rightarrow K_2O + 2CO_2 + H_2O - Q[kcal]$
3. 제3종 분말
   1) 190[℃]에서 분해 $NH_4H_2PO_4 \rightarrow NH_3 + H_3PO_4$(인산, 올소인산)
   2) 215[℃]에서 분해 $2H_3PO_4 \rightarrow H_2O + H_4P_2O_7$(피로인산)
   3) 300[℃]에서 분해 $H_4P_2O_7 \rightarrow H_2O + 2HPO_3$(메타인산)
4. 제4종 분말 $2KHCO_3 + (NH_2)_2CO \rightarrow K_2CO_3 + 2NH_3 + 2CO_2 - Q[kcal]$

04. 전역방출방식의 불활성가스소화설비에 대하여 다음 물음에 답하시오.

1) 이산화탄소를 방사하는 분사헤드 중 고압식의 것에 있어서는 (①)MPa 이상, 저압식의 것에 있어서는 (②)MPa 이상일 것
2) "IG-100", "IG-55", "IG-541"의 구성성분과 각 구성비를 쓰시오.
3) "IG-100", "IG-55", "IG-541" 혼합물을 방사하는 분사헤드는 (③)MPa 이상일 것

정답

1) ① 2.1   ② 1.05
2) 질소("IG-100"), 질소와 아르곤의 용량비가 50대50인 혼합물("IG-55"), 질소와 아르곤과 이산화탄소의 용량비가 52대40대8인 혼합물("IG-541")
3) ③ 1.9

해설 세부기준 제134조(불활성가스소화설비의 기준)

1. 전역방출방식의 불활성가스소화설비의 분사헤드는 다음 각목에 정한 것에 의할 것
    1) 방사된 소화약제가 방호구역의 전역에 균일하고 신속하게 방사할 수 있도록 설치할 것
    2) 분사헤드의 방사압력은 다음에 정한 기준에 의할 것
        (1) 이산화탄소를 방사하는 분사헤드 중 고압식의 것(소화약제가 상온으로 용기에 저장되어 있는 것)에 있어서는 2.1MPa 이상, 저압식의 것(소화약제가 영하 18℃ 이하의 온도로 용기에 저장되어 있는 것)에 있어서는 1.05MPa 이상일 것
        (2) 질소(이하 "IG-100"이라 한다), 질소와 아르곤의 용량비가 50대50인 혼합물(이하 "IG-55"라 한다) 또는 질소와 아르곤과 이산화탄소의 용량비가 52대40대8인 혼합물(이하 "IG-541"이라 한다)을 방사하는 분사헤드는 1.9MPa 이상일 것
        ③ 이산화탄소를 방사하는 것은 제3호가목에 정하는 소화약제의 양을 60초 이내에 균일하게 방사하고, IG-100, IG-55 또는 IG-541을 방사하는 것은 제3호가목에 정하는 소화약제의 양의 95% 이상을 60초 이내에 방사할 것
2. 국소방출방식(이산화탄소 소화약제에 한한다)의 불활성가스소화설비(이산화탄소소화설비에 한한다)의 분사헤드는 제1호나목(1)의 예에 의하는 것 외에 다음 각목에 정한 것에 의할 것
    1) 분사헤드는 방호대상물의 모든 표면이 분사헤드의 유효사정 내에 있도록 설치할 것
    2) 소화약제의 방사에 의해서 위험물이 비산되지 않는 장소에 설치할 것
    3) 제3호나목에 정하는 소화약제의 양을 30초 이내에 균일하게 방사할 것

05. 다음은 위험물안전관리법에서 정하는 액상의 정의이다. 빈칸을 채우시오.

"액상"이라 함은 수직으로 된 시험관(안지름 (①)mm, 높이 (②)mm의 원통형유리관을 말한다)에 시료를 (③)mm까지 채운 다음 당해 시험관을 수평으로 하였을 때 시료액면의 선단이 (④)mm를 이동하는데 걸리는 시간이 (⑤)초 이내에 있는 것을 말한다.

정답

① 30, ② 120, ③ 55, ④ 30, ⑤ 90

해설 위험물안전관리법 시행령 [별표 1] 비고

1. "산화성고체"라 함은 고체[액체(1기압 및 섭씨 20도에서 액상인 것 또는 섭씨 20도 초과 섭씨 40도 이하에서 액상인 것을 말한다. 이하 같다)또는 기체(1기압 및 섭씨 20도에서 기상인 것을 말한다)외의 것을 말한다. 이하 같다]로서 산화력의 잠재적인 위험성 또는 충격에 대한 민감성을 판단하기 위하여 소방청장이 정하여 고시(이하 "고시"라 한다)하는 시험에서 고시로 정하는 성질과 상태를 나타내는 것을 말한다. 이 경우 "액상"이라 함은 수직으로 된 시험관(안지름 30mm, 높이 120mm의 원통형유리관을 말한다)에 시료를 55mm까지 채운 다음 당해 시험관을 수평으로 하였을 때 시료액면의 선단이 30mm를 이동하는데 걸리는 시간이 90초 이내에 있는 것을 말한다.

06. 위험물안전관리법령상 피뢰침을 설치하여야 하는 옥외탱크 저장소에 피뢰침을 제외할 수 있는 조건 3가지를 쓰시오. 〈개정 2021.07.13.〉

정답

1. 탱크에 저항이 5Ω 이하인 접지시설을 설치하는 경우
2. 인근 피뢰설비의 보호범위 내에 들어가는 경우
3. 주위의 상황에 따라 안전상 지장이 없는 경우

해설 옥외저장탱크의 외부구조 및 설비(규칙 별표 6)

지정수량의 10배 이상인 옥외탱크저장소(제6류 위험물의 옥외탱크저장소를 제외한다)에는 별표 4 Ⅷ 제7호의 규정에 준하여 피뢰침을 설치하여야 한다. 다만, 탱크에 저항이 5Ω 이하인 접지시설을 설치하거나 인근 피뢰설비의 보호범위 내에 들어가는 등 주위의 상황에 따라 안전상 지장이 없는 경우에는 피뢰침을 설치하지 아니할 수 있다.

07.
적갈색 금수성물질로서 비중이 약 2.5, 융점이 1,600[℃], 지정수량 300[kg]인 제3류 위험물에 대하여 다음 물음에 답하시오.

1) 물과의 반응식
2) 위험등급

정답

1) $Ca_3P_2 + 6H_2O \rightarrow 3Ca(OH)_2 + 2PH_3$
2) Ⅲ

해설 인화칼슘(Ca_3P_2)

1. 금속의 인화물, 지정수량 300kg, 위험등급 Ⅲ
    1) 적갈색 괴상고체・알코올, 에테르에는 녹지 않는다.
    2) 건조한 공기 중에서 안정하나 300[℃] 이상에서는 산화한다.
    3) 물과 반응 $Ca_3P_2 + 6H_2O \rightarrow 3Ca(OH)_2 + 2PH_3$
    4) 산과 반응 $Ca_3P_2 + 6HCl \rightarrow 3CaCl_2 + 2PH_3$
2. 물성

화학식	분자량	비중	융점	색상/형태	결정
Ca_3P_2	182.18	2.5	약 1600℃	적갈색 결정성 분말 또는 회색 덩어리	흡습성

08. 지정수량의 5배를 초과하는 지정과산화물의 옥내저장소의 안전거리 산정 시 다음 사항에 대하여 답하시오.

1) 담과 저장창고의 외벽으로부터 거리
2) 담의 높이
3) 담의 두께 및 재질

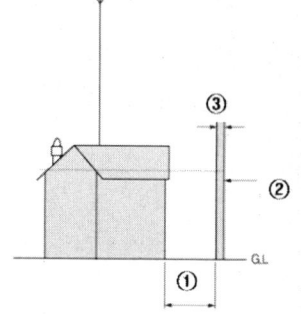

> **정답**
>
> 1) 2m 이상 떨어진 장소에 설치할 것. 다만, 담 또는 토제와 당해 저장창고와의 간격은 당해 옥내저장소의 공지의 너비의 5분의 1을 초과할 수 없다.
> 2) 저장창고의 처마높이 이상
> 3) 두께 15cm 이상의 철근콘크리트조나 철골철근콘크리트조 또는 두께 2015cm 이상의 보강콘크리트블록조로 할 것
>
> **해설** 지정과산화물의 옥내저장소의 안전거리(규칙 별표 5)
>
> 1. 담 또는 토제는 다음 각목에 적합한 것으로 하여야 한다. 다만, 지정수량의 5배 이하인 지정과산화물의 옥내저장소에 대하여는 당해 옥내저장소의 저장창고의 외벽을 두께 30cm 이상의 철근콘크리트조 또는 철골철근콘크리트조로 만드는 것으로서 담 또는 토제에 대신할 수 있다.
>   1) 담 또는 토제는 저장창고의 외벽으로부터 2m 이상 떨어진 장소에 설치할 것. 다만, 담 또는 토제와 당해 저장창고와의 간격은 당해 옥내저장소의 공지의 너비의 5분의 1을 초과할 수 없다.
>   2) 담 또는 토제의 높이는 저장창고의 처마높이 이상으로 할 것
>   3) 담은 두께 15cm 이상의 철근콘크리트조나 철골철근콘크리트조 또는 두께 20cm 이상의 보강콘크리트블록조로 할 것
>   4) 토제의 경사면의 경사도는 60도 미만으로 할 것
> 2. 지정수량의 5배 이하인 지정과산화물의 옥내저장소에 당해 옥내저장소의 저장창고의 외벽을 제1호 단서의 규정에 의한 구조로 하고 주위에 제1호 각목의 규정에 의한 담 또는 토제를 설치하는 때에는 별표 4 Ⅰ 제1호 가목에 정하는 건축물 등까지의 사이의 거리를 10m 이상으로 할 수 있다.

09. 벤젠에서 수소 1개를 메틸기로 1개로 치환된 물질의 구조식, 물질명, 품명, 지정수량을 쓰시오.

[정답]

1. 구조식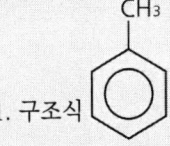

2. 물질명 : 톨루엔
3. 품명 : 제4류 위험물 제1석유류(비수용성)
4. 지정수량 : 200[L]

[해설] 톨루엔

1. 물성

화학식	분자량	독성	인화점	비점	연소범위	착화점	비중
$C_6H_5CH_3$	92	작다	4[℃]	111[℃]	1.4~6.7[%]	552[℃]	0.87

2. 제법

$$\bigcirc + CH_3Cl \xrightarrow{AlCl_3} \bigcirc\!\!-CH_3 + HCl$$

3. 성질
   1) 무색투명한 독성이 있는 액체
   2) 물에 불용, 아세톤, 알코올, 유기용제에 잘 녹음
   3) 증기는 마취성이 있고 인화점이 낮다.

10. 알루미늄과 다음 물질과의 화학반응식을 쓰시오.

1) 산소   2) 물   3) 염산

정답

1) $4Al + 3O_2 \rightarrow 2Al_2O_3$
2) $2Al + 6H_2O \rightarrow 2Al(OH)_3 + 3H_2$
3) $2Al + 6HCl \rightarrow 2AlCl_3 + 3H_2$

해설 알루미늄

1. 은백색 광택이 있는 무른 경금속으로 연성과 전성이 풍부
2. 수분, 할로겐원소 접촉 시 자연발화위험
3. 산, 알칼리, 물과 반응하면 수소가스 발생
   1) 물과 반응 : $2Al + 6H_2O \rightarrow 2Al(OH)_3 + 3H_2$
   2) 염산과 반응 : $2Al + 6HCl \rightarrow 2AlCl_3 + 3H_2$
   3) 수산화나트륨과 반응 : $2Al + 2NaOH + 2H_2O \rightarrow 2NaAlO_2 + 3H_2$
4. 진한질산에는 침식당하지 않으나 황산, 묽은 염산, 묽은 질산에 잘 녹음
5. 테르밋 반응 : $Al + Fe_2O_3 \rightarrow 2Fe + Al_2O_3$
6. 산소반응 : $4Al + 3O_2 \rightarrow 2Al_2O_3$

11. 분자량 78인 위험물로 물과 접촉 시 산소를 발생하는 물질에 대하여 답하시오.

1) 물과의 반응식
2) 이산화탄소와의 반응식

정답

1) $2Na_2O_2 + 2H_2O \rightarrow 4NaOH + O_2 \uparrow$
2) $Na_2O_2 + 2CO_2 \rightarrow 2Na_2CO_3 + O_2 \uparrow$

해설 과산화나트륨(Na_2O_2)

물성 : 몰, 질량 : 77.98g/mol, 밀도 : 2.8g/cm³, 녹는점 : 675℃

1. 순수한 것은 백색(일반적인 것은 담황색), 정방정계 분말
2. 에틸알코올에 녹지 않음
   • $Na_2O_2 + 2C_2H_5OH \rightarrow 2C_2H_5ONa + H_2O_2 \uparrow$
3. 백색분말로서 흡습성 있다.
4. 물과 심하게 발열반응하며 과량일 때 폭발위험

- $2Na_2O_2 + 2H_2O \rightarrow 4NaOH + O_2 \uparrow$
5. CaC_2, Mg, Al분말, CH_3COOH, 에테르, 알코올 등과 혼합 시 발화
6. 산과 반응하여 H_2O_2 생성
   - $Na_2O_2 + 2HCl \rightarrow 2NaCl + H_2O_2 \uparrow$
7. 피부에 닿으면 부식된다.
8. 습한 유기물, 종이, 섬유류에 접촉하면 연소한다.
9. 강한 충격이나 고온으로 가열시 폭발
   - $2Na_2O_2 \rightarrow 2Na_2O + O_2 \uparrow$
10. CO_2와 반응 $Na_2O_2 + 2CO_2 \rightarrow 2Na_2CO_3 + O_2 \uparrow$

12. 알콜 10g 물20g 비중 0.94 혼합액의 부피(㎖)는?

정답

31.91[mL]

해설 혼합액의 부피

1) 용액은 10[g] + 20[g] = 30[g]이고, 이 용액의 비중이 0.94[g/mL]이다.
2) 비중 = 0.94[g/cm³] = 0.94[g/mL] = 940[g/L]
   1[L] = 1,000[cm³] = 1,000[mL]
   ∴ 용액의 부피 = 30[g] ÷ 0.94[g/mL] = 31.91[mL]

13. 다음 제4류 위험물에 대하여 화학식, 품명, 수용성/비수용성 여부를 채워 넣으시오.

명칭	화학식	품명	수용성/비수용성
MEK			
아닐린			
클로로벤젠			
시클로헥산			
피리딘			

정답

명칭	화학식	품명	수용성/비수용성
MEK	$CH_3COC_2H_5$	제1석유류	비수용성
아닐린	$C_6H_5NH_2$	제3석유류	비수용성
클로로벤젠	C_6H_5Cl	제2석유류	비수용성
시클로헥산	C_6H_{12}	제1석유류	비수용성
피리딘	C_5H_5N	제1석유류	수용성

14. 이송취급소 배관을 해상에 설치하는 경우의 기준 3가지를 쓰시오.

정답

가. 배관은 지진·풍압·파도 등에 대하여 안전한 구조의 지지물에 의하여 지지할 것
나. 배관은 선박 등의 항행에 의하여 손상을 받지 아니하도록 해면과의 사이에 필요한 공간을 확보하여 설치할 것
다. 선박의 충돌 등에 의해서 배관 또는 그 지지물이 손상을 받을 우려가 있는 경우에는 견고하고 내구력이 있는 보호설비를 설치할 것

해설 규칙 별표 15. 이송취급소 배관설치의 기준

7. 해상설치
   배관을 해상에 설치하는 경우에는 다음 각목의 기준에 의하여야 한다.
   가. 배관은 지진·풍압·파도 등에 대하여 안전한 구조의 지지물에 의하여 지지할 것
   나. 배관은 선박 등의 항행에 의하여 손상을 받지 아니하도록 해면과의 사이에 필요한 공간을 확보하여 설치할 것
   다. 선박의 충돌 등에 의해서 배관 또는 그 지지물이 손상을 받을 우려가 있는 경우에는 견고하고 내구력이 있는 보호설비를 설치할 것
   라. 배관은 다른 공작물(당해 배관의 지지물을 제외한다)에 대하여 배관의 유지관리상 필요한 간격을 보유할 것

15. 히드록실아민 등을 취급하는 제조소의 안전거리를 구하는 공식을 쓰고, 사용되는 기호의 의미를 설명하시오.

> **정답**
> ① 공식 $D = 51.1\sqrt[3]{N}$
> ② 기호의 의미 D : 거리(m)
>   N : 해당 제조소에서 취급하는 히드록실아민등의 지정수량의 배수

해설 히드록실아민등을 취급하는 제조소의 특례

가. 지정수량 이상의 히드록실아민등을 취급하는 제조소의 위치는 건축물의 벽 또는 이에 상당하는 공작물의 외측으로부터 해당 제조소의 외벽 또는 이에 상당하는 공작물의 외측까지의 사이에 다음 식에 의하여 요구되는 거리 이상의 안전거리를 둘 것

$D = 51.1\sqrt[3]{N}$

D : 거리(m)
N : 해당 제조소에서 취급하는 히드록실아민등의 지정수량의 배수

16. 금속칼륨 50[kg], 인화칼슘 6,000[kg]을 저장 시 소화약제인 건조사의 필요량[L]을 구하시오.

> **정답**
> 250[L]
>
> 소요단위 $= \dfrac{50[kg]}{10[kg] \times 10} + \dfrac{6{,}000[kg]}{300[kg] \times 10} = 2.5$단위
>
> 능력단위 마른모래 50[L] = 0.5단위 이므로 2.5단위는 50[L] × 5배 = 250[L]

해설 소화설비의 설치기준(규칙 별표 17)

가. 전기설비의 소화설비
   제조소등에 전기설비(전기배선, 조명기구 등은 제외한다)가 설치된 경우에는 당해 장소의 면적 100m² 마다 소형수동식소화기를 1개 이상 설치할 것

나. 소요단위 및 능력단위
   1) 소요단위 : 소화설비의 설치대상이 되는 건축물 그 밖의 공작물의 규모 또는 위험물의 양의 기준단위
   2) 능력단위 : 1)의 소요단위에 대응하는 소화설비의 소화능력의 기준단위

다. 소요단위의 계산방법
   건축물 그 밖의 공작물 또는 위험물의 소요단위의 계산방법은 다음의 기준에 의할 것
   1) 제조소 또는 취급소의 건축물은 외벽이 내화구조인 것은 연면적(제조소등의 용도로 사용되

는 부분 외의 부분이 있는 건축물에 설치된 제조소등에 있어서는 당해 건축물중 제조소등에 사용되는 부분의 바닥면적의 합계를 말한다. 이하 같다) 100m²를 1소요단위로 하며, 외벽이 내화구조가 아닌 것은 연면적 50m²를 1소요단위로 할 것

2) 저장소의 건축물은 외벽이 내화구조인 것은 연면적 150m²를 1소요단위로 하고, 외벽이 내화구조가 아닌 것은 연면적 75m²를 1소요단위로 할 것

3) 제조소등의 옥외에 설치된 공작물은 외벽이 내화구조인 것으로 간주하고 공작물의 최대수평투영면적을 연면적으로 간주하여 1) 및 2)의 규정에 의하여 소요단위를 산정할 것

4) 위험물은 지정수량의 10배를 1소요단위로 할 것

라. 소화설비의 능력단위

1) 수동식소화기의 능력단위는 수동식소화기의형식승인및검정기술기준에 의하여 형식승인 받은 수치로 할 것

2) 기타 소화설비의 능력단위는 다음의 표에 의할 것

소화설비	용량	능력단위
소화전용(轉用)물통	8ℓ	0.3
수조(소화전용물통 3개 포함)	80ℓ	1.5
수조(소화전용물통 6개 포함)	190ℓ	2.5
마른 모래(삽 1개 포함)	50ℓ	0.5
팽창질석 또는 팽창진주암(삽 1개 포함)	160ℓ	1.0

17. 다음 제6류위험물에 대한 질문에 답하시오.

> 1) 크산토프로테인 반응하는 물질이 위험물이 되기 위한 조건을 쓰시오.
> 2) N_2H_4와 반응하여 질소와 물을 발생시키는 물질이 물과 산소를 발생시키는 분해반응식을 쓰시오.
> 3) 할로겐간화합물의 화학식 3개를 쓰시오.

정답

1) 비중이 1.49 이상인 것
2) $2H_2O_2 \rightarrow 2H_2O + O_2$
3) ClF_3, BrF_3, BrF_5

해설 제6류 위험물

1. 질산
    1) 비중이 1.49 이상인 것
    2) 부동태화(금속 표면에 산화 피막을 입혀 내식성 ↑) : Co, Fe, Ni, Cr, Al
    3) 크산토프로테인반응 : 단백질 검출반응으로 진한 질산을 가해 가열하면 황색(노란색)으로 변하고, 냉각하여 염기성이 되면 등황색을 띤다.

2. 과산화수소(농도가 36[wt%] 이상인 것)
    1) 히드라진과 혼촉하면 분해 발화, 폭발
        • $N_2H_4 + 2H_2O_2 \rightarrow 4H_2O + N_2$, 유도탄에 사용
    2) 저장용기 : 밀봉하지 말고 착색 유리병에 구멍이 있는 마개 사용
    3) 상온에서 서서히 분해 산소 발생 폭발위험으로 통기 위함.
        • $2H_2O_2 \rightarrow 2H_2O + O_2$

3. 할로겐간화합물 : 서로 다른 2개의 할로겐 원소로 이루어진 화합물

AX	AX_3	AX_5	AX_7
Cl-F	ClF_3	ClF_5	IF_7
Br-F	BrF_3	BrF_5	
Br-Cl	IF_3	IF_5	
I-Cl	ICl_3		
I-Br			

18. 위험물안전관리법령상 제조소 건축물의 구조에 대하여 답하시오.

1) 건축물에 있어서 위험물이 스며들 우려가 있는 부분에 대하여는 아스팔트 그 밖에 부식되지 아니하는 재료로 피복하여야 하는 위험물의 류별을 모두 쓰시오.
2) 지붕을 덮는 재료를 쓰시오.(내화구조 제외)
3) 위험물을 취급하는 건축물의 창 및 출입구에 유리를 이용하는 경우 어떤 유리를 설치하는지 쓰시오.
4) 액체의 위험물을 취급하는 건축물의 바닥 설치 기준 2가지를 쓰시오.

정답

1) 제6류 위험물
2) 폭발력이 위로 방출될 정도의 가벼운 불연재료
3) 망입유리
4) 위험물이 스며들지 못하는 재료를 사용하고, 적당한 경사를 두어 그 최저부에 집유설비를 하여야 한다.

해설 Ⅳ. 건축물의 구조(규칙 별포 4)

1. 지하층이 없도록 하여야 한다. 다만, 위험물을 취급하지 아니하는 지하층으로서 위험물의 취급장소에서 새어나온 위험물 또는 가연성의 증기가 흘러 들어갈 우려가 없는 구조로 된 경우에는 그러하지 아니하다.
2. 벽·기둥·바닥·보·서까래 및 계단을 불연재료로 하고, 연소(延燒)의 우려가 있는 외벽(소방청장이 정하여 고시하는 것에 한한다)은 출입구 외의 개구부가 없는 내화구조의 벽으로 하여야 한다. 이 경우 제6류 위험물을 취급하는 건축물에 있어서 위험물이 스며들 우려가 있는 부분에 대하여는 아스팔트 그 밖에 부식되지 아니하는 재료로 피복하여야 한다.
3. 지붕(작업공정상 제조기계시설 등이 2층 이상에 연결되어 설치된 경우에는 최상층의 지붕을 말한다)은 폭발력이 위로 방출될 정도의 가벼운 불연재료로 덮어야 한다. 다만, 위험물을 취급하는 건축물이 다음 각목의 1에 해당하는 경우에는 그 지붕을 내화구조로 할 수 있다.
   가. 제2류 위험물(분말상태의 것과 인화성고체를 제외한다), 제4류 위험물 중 제4석유류·동식물유류 또는 제6류 위험물을 취급하는 건축물인 경우
   나. 다음의 기준에 적합한 밀폐형 구조의 건축물인 경우
      1) 발생할 수 있는 내부의 과압(過壓) 또는 부압(負壓)에 견딜 수 있는 철근콘크리트조일 것
      2) 외부화재에 90분 이상 견딜 수 있는 구조일 것
4. 출입구와 「산업안전보건기준에 관한 규칙」 제17조에 따라 설치하여야 하는 비상구에는 갑종방화문 또는 을종방화문을 설치하되, 연소의 우려가 있는 외벽에 설치하는 출입구에는 수시로 열 수 있는 자동폐쇄식의 갑종방화문을 설치하여야 한다.
5. 위험물을 취급하는 건축물의 창 및 출입구에 유리를 이용하는 경우에는 망입유리(두꺼운 판유리에 철망을 넣은 것)로 하여야 한다.
6. 액체의 위험물을 취급하는 건축물의 바닥은 위험물이 스며들지 못하는 재료를 사용하고, 적당한 경사를 두어 그 최저부에 집유설비를 하여야 한다.

19. 다음 위험물의 주의사항에 대하여 빈칸을 채우시오.

명칭	제조소 등 게시판 주의사항	운반용기 주의사항
트리니트로페놀		
철분		
적린		
과염소산		
과요오드산		

정답

명칭	제조소 등 게시판 주의사항	운반용기 주의사항
트리니트로페놀	화기엄금	"화기엄금" 및 "충격주의"
철분	화기주의	"화기주의" 및 "물기엄금"
적린	화기주의	"화기주의"
과염소산	해당사항 없음	"가연물접촉주의"
과요오드산	해당사항 없음	"화기·충격주의" 및 "가연물접촉주의"

해설

1. 제조소 등 저장 또는 취급하는 위험물에 따라 주의사항을 표시한 게시판을 설치할 것 (규칙 별표 4)
    1) 제1류 위험물 중 알칼리금속의 과산화물과 이를 함유한 것 또는 제3류 위험물 중 금수성물질에 있어서는 "물기엄금"
    2) 제2류 위험물(인화성고체를 제외한다)에 있어서는 "화기주의"
    3) 제2류 위험물 중 인화성고체, 제3류 위험물 중 자연발화성물질, 제4류 위험물 또는 제5류 위험물에 있어서는 "화기엄금"
2. 수납하는 위험물에 따라 다음의 규정에 의한 주의사항 (규칙 별표 19)
    1) 제1류 위험물 중 알칼리금속의 과산화물 또는 이를 함유한 것에 있어서는 "화기·충격주의", "물기엄금" 및 "가연물접촉주의", 그 밖의 것에 있어서는 "화기·충격주의" 및 "가연물접촉주의"
    2) 제2류 위험물 중 철분·금속분·마그네슘 또는 이들 중 어느 하나 이상을 함유한 것에 있어서는 "화기주의" 및 "물기엄금", 인화성고체에 있어서는 "화기엄금", 그 밖의 것에 있어서는 "화기주의"
    3) 제3류 위험물 중 자연발화성물질에 있어서는 "화기엄금" 및 "공기접촉엄금", 금수성물질에 있어서는 "물기엄금"
    4) 제4류 위험물에 있어서는 "화기엄금"
    5) 제5류 위험물에 있어서는 "화기엄금" 및 "충격주의"
    6) 제6류 위험물에 있어서는 "가연물접촉주의"

    단, 위 규정에 불구하고 제1류·제2류 또는 제4류 위험물(위험등급 I 의 위험물을 제외한다)의 운반용기로서 최대용적이 1 ℓ 이하인 운반용기의 품명 및 주의사항은 위험물의 통칭명 및 당해 주의사항과 동일한 의미가 있는 다른 표시로 대신할 수 있다.

제69회 과년도 문제풀이(2021년)

01. 다음 위험물시설 변경계획에서 사용개시까지의 흐름을 보고 물음에 답하시오.

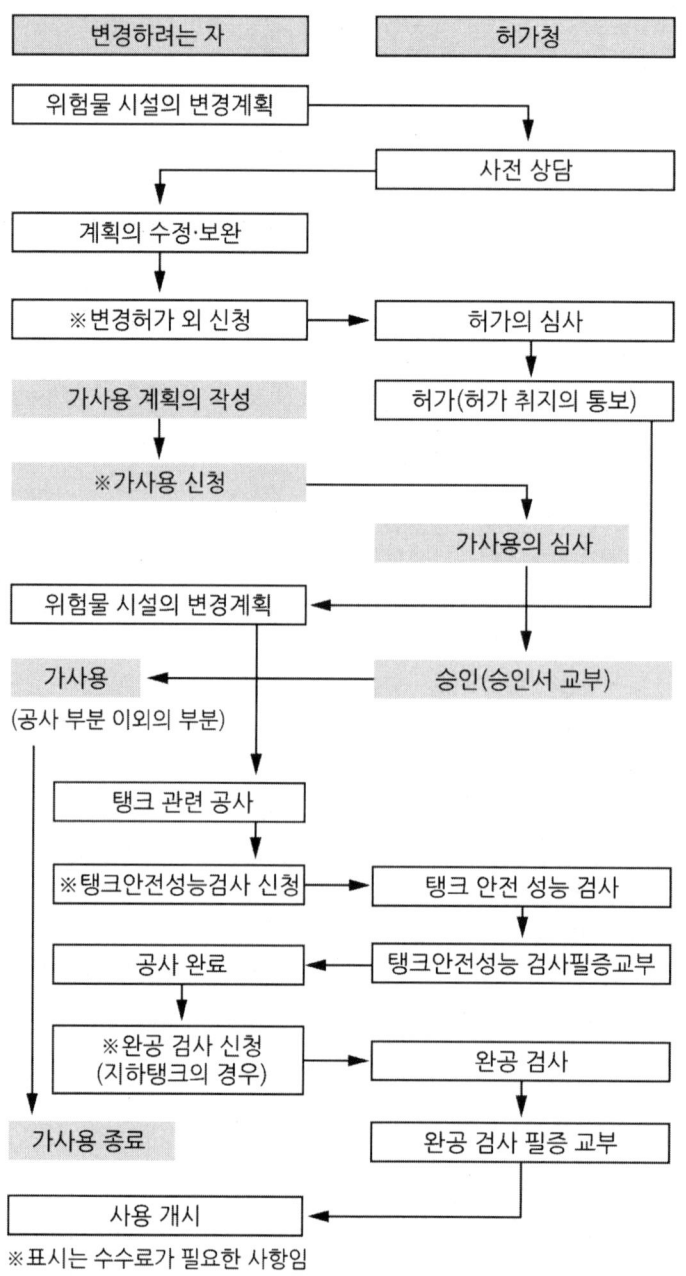

※표시는 수수료가 필요한 사항임

1) 허가를 받지 아니하고 당해 제조소 등을 설치하거나 그 위치·구조 또는 설비를 변경할 수 있으며, 신고를 하지 아니하고 위험물의 품명·수량 또는 지정수량의 배수를 변경할 수 있는 경우에 대하여 다음 표를 완성하시오.

제조소명	대상	지정수량
①	주택의 난방시설 (공동주택의 중앙난방시설을 제외한다)	제한없음
저장소	농예용·축산용 또는 수산용으로 필요한 난방시설 또는 건조시설	②
제조소등	③	제한없음

2) 탱크안전성능검사 4가지 중 3가지를 쓰시오.
3) 다음 탱크의 완공검사 시기를 쓰시오.
   ① 지하탱크가 있는 제조소 등의 경우
   ② 이동탱크저장소의 경우
4) 위험물제조소 등의 설치·변경 허가 시 한국소방산업기술원의 기술검토를 받아야 하는 사항을 쓰시오.
5) 시·도지사로부터 기술원이 위탁받아 수행하는 탱크안전성능검사 업무에 해당하는 탱크를 쓰시오.

정답

1) ① 저장소 또는 취급소 ② 20배 이하 ③ 군사목적 또는 군부대시설
2) ① 기초·지반검사 ② 충수(充水)·수압검사 ③ 용접부검사
3) ① 당해 지하탱크를 매설하기 전 ② 이동저장탱크를 완공하고 상치장소를 확보한 후
4) ① 지정수량의 1천배 이상의 위험물을 취급하는 제조소 또는 일반취급소 : 구조·설비에 관한 사항
   ② 옥외탱크저장소(저장용량이 50만 리터 이상인 것만 해당한다) 또는 암반탱크저장소 : 위험물탱크의 기초·지반, 탱크본체 및 소화설비에 관한 사항
5) ① 용량이 100만리터 이상인 액체 위험물을 저장하는 탱크
   ② 암반탱크
   ③ 지하탱크저장소의 위험물탱크 중 행정안전부령이 정하는 액체 위험물탱크

해설 위험물시설의 설치 및 변경

1. 위험물시설의 설치 및 변경 등(법 제6조)
   ① 제조소등을 설치하고자 하는 자는 대통령령이 정하는 바에 따라 그 설치장소를 관할하는 특별시장·광역시장·특별자치시장·도지사 또는 특별자치도지사(시·도지사)의 허가를 받아야 한다. 제조소등의 위치·구조 또는 설비 가운데 행정안전부령이 정하는 사항을 변경하고자 하는 때에도 또한 같다.
   ② 제조소등의 위치·구조 또는 설비의 변경 없이 당해 제조소등에서 저장하거나 취급하는 위험물의 품명·수량 또는 지정수량의 배수를 변경하고자 하는 자는 변경하고자 하는 날의 1일

전까지 행정안전부령이 정하는 바에 따라 시·도지사에게 신고하여야 한다.

③ 제1항 및 제2항의 규정에 불구하고 다음 각 호의 어느 하나에 해당하는 제조소등의 경우에는 허가를 받지 아니하고 당해 제조소등을 설치하거나 그 위치·구조 또는 설비를 변경할 수 있으며, 신고를 하지 아니하고 위험물의 품명·수량 또는 지정수량의 배수를 변경할 수 있다.

1. 주택의 난방시설(공동주택의 중앙난방시설을 제외한다)을 위한 저장소 또는 취급소
2. 농예용·축산용 또는 수산용으로 필요한 난방시설 또는 건조시설을 위한 지정수량 20배 이하의 저장소

> ⓐ 제조소등의 설치 및 변경의 허가(규칙 제6조)
> ① 법 제6조제1항에 따라 제조소등의 설치허가 또는 변경허가를 받으려는 자는 설치허가 또는 변경허가신청서에 행정안전부령으로 정하는 서류를 첨부하여 시·도지사에게 제출하여야 한다.
> ② 시·도지사는 제1항에 따른 제조소등의 설치허가 또는 변경허가 신청 내용이 다음 각 호의 기준에 적합하다고 인정하는 경우에는 허가를 하여야 한다.
> 1. 제조소등의 위치·구조 및 설비가 법 제5조제4항의 규정에 의한 기술기준에 적합할 것
> 2. 제조소등에서의 위험물의 저장 또는 취급이 공공의 안전유지 또는 재해의 발생방지에 지장을 줄 우려가 없다고 인정될 것
> 3. 다음 각 목의 제조소등은 해당 목에서 정한 사항에 대하여 「소방산업의 진흥에 관한 법률」 제14조에 따른 한국소방산업기술원(기술원)의 기술검토를 받고 그 결과가 행정안전부령으로 정하는 기준에 적합한 것으로 인정될 것. 다만, 보수 등을 위한 부분적인 변경으로서 소방청장이 정하여 고시하는 사항에 대해서는 기술원의 기술검토를 받지 않을 수 있으나 행정안전부령으로 정하는 기준에는 적합해야 한다.
>   가. 지정수량의 1천배 이상의 위험물을 취급하는 제조소 또는 일반취급소 : 구조·설비에 관한 사항
>   나. 옥외탱크저장소(저장용량이 50만 리터 이상인 것만 해당한다) 또는 암반탱크저장소 : 위험물탱크의 기초·지반, 탱크본체 및 소화설비에 관한 사항
> ③ 제2항 제3호 각 목의 어느 하나에 해당하는 제조소등에 관한 설치허가 또는 변경허가를 신청하는 자는 그 시설의 설치계획에 관하여 미리 기술원의 기술검토를 받아 그 결과를 설치허가 또는 변경허가신청서류와 함께 제출할 수 있다.

2. 군용위험물시설의 설치 및 변경에 대한 특례(법 제7조)

① 군사목적 또는 군부대시설을 위한 제조소등을 설치하거나 그 위치·구조 또는 설비를 변경하고자 하는 군부대의 장은 대통령령이 정하는 바에 따라 미리 제조소등의 소재지를 관할하는 시·도지사와 협의하여야 한다.
② 군부대의 장이 제1항의 규정에 따라 제조소등의 소재지를 관할하는 시·도지사와 협의한 경우에는 제6조제1항의 규정에 따른 허가를 받은 것으로 본다.
③ 군부대의 장은 제1항의 규정에 따라 협의한 제조소등에 대하여는 제8조 및 제9조의 규정에 불구하고 탱크안전성능검사와 완공검사를 자체적으로 실시할 수 있다. 이 경우 완공검사를

자체적으로 실시한 군부대의 장은 지체없이 행정안전부령이 정하는 사항을 시·도지사에게 통보하여야 한다.

3. 탱크안전성능검사(법 제8조)

① 위험물을 저장 또는 취급하는 탱크로서 대통령령이 정하는 탱크(위험물탱크)가 있는 제조소 등의 설치 또는 그 위치·구조 또는 설비의 변경에 관하여 제6조제1항의 규정에 따른 허가를 받은 자가 위험물탱크의 설치 또는 그 위치·구조 또는 설비의 변경공사를 하는 때에는 제9조제1항의 규정에 따른 완공검사를 받기 전에 제5조제4항의 규정에 따른 기술기준에 적합한 지의 여부를 확인하기 위하여 시·도지사가 실시하는 ⓐ탱크안전성능검사를 받아야 한다. 이 경우 시·도지사는 제6조제1항의 규정에 따른 허가를 받은 자가 제16조제1항의 규정에 따른 탱크안전성능시험자 또는 「소방산업의 진흥에 관한 법률」 제14조에 따른 ⓑ한국소방산업기술원(기술원)로부터 탱크안전성능시험을 받은 경우에는 대통령령이 정하는 바에 따라 당해 탱크안전성능검사의 전부 또는 일부를 면제할 수 있다.

② 제1항의 규정에 따른 탱크안전성능검사의 내용은 대통령령으로 정하고, 탱크안전성능검사의 실시 등에 관하여 필요한 사항은 행정안전부령으로 정한다.

> ⓐ 탱크안전성능검사의 대상이 되는 탱크 등(령 제8조)
>   ① 기초·지반검사 : 옥외탱크저장소의 액체위험물탱크 중 그 용량이 100만리터 이상인 탱크
>   ② 충수(充水)·수압검사 : 액체위험물을 저장 또는 취급하는 탱크. 다만, 다음 각 목의 어느 하나에 해당하는 탱크는 제외한다.
>   가. 제조소 또는 일반취급소에 설치된 탱크로서 용량이 지정수량 미만인 것
>   나. 「고압가스 안전관리법」 제17조제1항에 따른 특정설비에 관한 검사에 합격한 탱크
>   다. 「산업안전보건법」 제84조제1항에 따른 안전인증을 받은 탱크
>   ③ 용접부검사 : 제1호의 규정에 의한 탱크. 다만, 탱크의 저부에 관계된 변경공사(탱크의 옆판과 관련되는 공사를 포함하는 것을 제외한다)시에 행하여진 법 제18조제2항의 규정에 의한 정기검사에 의하여 용접부에 관한 사항이 행정안전부령으로 정하는 기준에 적합하다고 인정된 탱크를 제외한다.
>   ④ 암반탱크검사 : 액체위험물을 저장 또는 취급하는 암반내의 공간을 이용한 탱크

탱크안전성능검사의 내용(제8조제2항관련) (규칙 별표 4)	
구분	검사내용
1. 기초·지반검사	가. 제8조제1항제1호의 규정에 의한 탱크 중 나목외의 탱크 : 탱크의 기초 및 지반에 관한 공사에 있어서 당해 탱크의 기초 및 지반이 행정안전부령으로 정하는 기준에 적합한지 여부를 확인함
	나. 제8조제1항제1호의 규정에 의한 탱크 중 행정안전부령으로 정하는 탱크 : 탱크의 기초 및 지반에 관한 공사에 상당한 것으로서 행정안전부령으로 정하는 공사에 있어서 당해 탱크의 기초 및 지반에 상당하는 부분이 행정안전부령으로 정하는 기준에 적합한지 여부를 확인함
2. 충수·수압검사	탱크에 배관 그 밖의 부속설비를 부착하기 전에 당해 탱크 본체의 누설 및 변형에 대한 안전성이 행정안전부령으로 정하는 기준에 적합한지 여부를 확인함
3. 용접부검사	탱크의 배관 그 밖의 부속설비를 부착하기 전에 행하는 당해 탱크의 본체에 관한 공사에 있어서 탱크의 용접부가 행정안전부령으로 정하는 기준에 적합한지 여부를 확인함
4. 암반탱크검사	탱크의 본체에 관한 공사에 있어서 탱크의 구조가 행정안전부령으로 정하는 기준에 적합한지 여부를 확인함

ⓑ 탱크안전성능검사의 면제
② 위험물탱크에 대한 충수·수압검사를 면제받고자 하는 자는 위험물탱크안전성능시험자(이하 "탱크시험자"라 한다) 또는 기술원으로부터 충수·수압검사에 관한 탱크안전성능시험을 받아 법 제9조제1항에 따른 완공검사를 받기 전(지하에 매설하는 위험물탱크에 있어서는 지하에 매설하기 전)에 해당 시험에 합격하였음을 증명하는 서류(이하 "탱크시험합격확인증"이라 한다)를 시·도지사에게 제출해야 한다.
③ 시·도지사는 제2항에 따라 제출받은 탱크시험합격확인증과 해당 위험물탱크를 확인한 결과 법 제5조제4항에 따른 기술기준에 적합하다고 인정되는 때에는 해당 충수·수압검사를 면제한다.

4. 권한의 위임·위탁(법 제30조) ② 소방청장, 시·도지사, 소방본부장 또는 소방서장은 이 법에 따른 업무의 일부를 대통령령이 정하는 바에 따라 소방기본법 제40조의 규정에 의한 한국소방안전원(이하 "안전원"이라 한다) 또는 기술원에 위탁할 수 있다.

> ⓐ 한국소방산업기술원(기술원)로부터 탱크안전성능시험을 받은 경우(령 제9조)
> 제 제22조(업무의 위탁) ① 법 제30조제2항에 따라 다음 각 호의 어느 하나에 해당하는 업무는 기술원에 위탁한다.
> 1. 법 제8조제1항의 규정에 의한 시·도지사의 탱크안전성능검사 중 다음 각목의 1에 해당하는 탱크에 대한 탱크안전성능검사
>   가. 용량이 100만리터 이상인 액체위험물을 저장하는 탱크
>   나. 암반탱크
>   다. 지하탱크저장소의 위험물탱크 중 행정안전부령이 정하는 액체위험물탱크
> 2. 법 제9조제1항에 따른 시·도지사의 완공검사에 관한 권한 중 다음 각 목의 어느 하나에 해당하는 완공검사
>   가. 지정수량의 3천배 이상의 위험물을 취급하는 제조소 또는 일반취급소의 설치 또는 변경(사용 중인 제조소 또는 일반취급소의 보수 또는 부분적인 증설은 제외한다)

에 따른 완공검사
         나. 옥외탱크저장소(저장용량이 50만 리터 이상인 것만 해당한다) 또는 암반탱크저장
            소의 설치 또는 변경에 따른 완공검사
      3. 법 제18조제2항의 규정에 의한 소방본부장 또는 소방서장의 정기검사
      4. 법 제20조제2항에 따른 시·도지사의 운반용기 검사
      5. 법 제28조제1항의 규정에 의한 소방청장의 안전교육에 관한 권한 중 제20조제2호에
         해당하는 자에 대한 안전교육
   ② 법 제30조제2항의 규정에 의하여 법 제28조제1항의 규정에 의한 소방청장의 안전교육
      중 제20조제1호 및 제3호의 1에 해당하는 자에 대한 안전교육(별표 5의 안전관리자교육
      이수자 및 위험물운송자를 위한 안전교육을 포함한다)은 「소방기본법」 제40조의 규정에
      의한 한국소방안전원에 위탁한다.

5. 완공검사(법 제9조)
   ① 제6조제1항의 규정에 따른 허가를 받은 자가 제조소등의 설치를 마쳤거나 그 위치·구조 또
      는 설비의 변경을 마친 때에는 당해 제조소등마다 시·도지사가 행하는 완공검사를 받아 제5
      조제4항의 규정에 따른 기술기준에 적합하다고 인정받은 후가 아니면 이를 사용하여서는 아
      니된다. 다만, 제조소등의 위치·구조 또는 설비를 변경함에 있어서 제6조제1항 후단의 규정
      에 따른 변경허가를 신청하는 때에 화재예방에 관한 조치사항을 기재한 서류를 제출하는 경
      우에는 당해 변경공사와 관계가 없는 부분은 완공검사를 받기 전에 미리 사용할 수 있다.
   ② 제1항 본문의 규정에 따른 완공검사를 받고자 하는 자가 제조소등의 일부에 대한 설치 또는
      변경을 마친 후 그 일부를 미리 사용하고자 하는 경우에는 당해 제조소등의 일부에 대하여 완
      공검사를 받을 수 있다.

   > 완공검사의 신청시기(규칙 제20조) 법 제9조제1항의 규정에 의한 제조소등의 완공검사 신
   > 청시기는 다음 각호의 구분에 의한다.
   > 1. 지하탱크가 있는 제조소등의 경우 : 당해 지하탱크를 매설하기 전
   > 2. 이동탱크저장소의 경우 : 이동저장탱크를 완공하고 상치장소를 확보한 후
   > 3. 이송취급소의 경우 : 이송배관 공사의 전체 또는 일부를 완료한 후. 다만, 지하·하천 등
   >   에 매설하는 이송배관의 공사의 경우에는 이송배관을 매설하기 전
   > 4. 전체 공사가 완료된 후에는 완공검사를 실시하기 곤란한 경우 : 다음 각목에서 정하는 시기
   >   가. 위험물설비 또는 배관의 설치가 완료되어 기밀시험 또는 내압시험을 실시하는 시기
   >   나. 배관을 지하에 설치하는 경우에는 시·도지사, 소방서장 또는 기술원이 지정하는 부
   >   분을 매몰하기 직전
   >   다. 기술원이 지정하는 부분의 비파괴시험을 실시하는 시기
   > 5. 제1호 내지 제4호에 해당하지 아니하는 제조소등의 경우 : 제조소등의 공사를 완료한 후

02. 아세트알데히드가 은거울반응을 한 후 생성되는 제4류 위험물에 대하여 답하시오.

1) 시성식
2) 지정수량
3) 완전연소반응식

정 답

1) CH_3COOH
2) 2,000[L]
3) $CH_3COOH + 2O_2 \rightarrow 2CO_2 + 2H_2O$

해 설

1. 아세트알데히드 은거울반응
   알데히드에 암모니아성 질산은용액을 가하면 은이온을 은으로 환원시킴
   $CH_3CHO + 2Ag(NH_3)_2OH \rightarrow CH_3COOH + 2Ag + 4NH_3 + H_2O$

2. 아세트산
   1) 물성

명칭	화학식	분자량	인화점℃	착화점℃	비중	연소범위%
초산	CH_3COOH	60	40	427	1.05	5.4~16.9

   2) 류별 성상

류별	성질	품명	품목	지정수량	위험등급
제4류	인화성액체	제2석유류 수용성	아세트산	2,000L	III

3. 요오드포름, 은거울, 펠링반응
   1) 요오드포름반응 : 아세틸기, 알데히드기, 알콜기에 요오드, 수산화나트륨을 넣고 60~80℃ 가열하면 황색의 요오드포름 침전 생김.
      (1) $CH_3COCH_3 + 3I_2 + 4NaOH \rightarrow CH_3COONa + 3NaI + CHI_3 \downarrow + 3H_2O$
      (2) $CH_3CHO + 3I_2 + 4NaOH \rightarrow HCOONa + 3NaI + CHI_3 \downarrow + 3H_2O$
      (3) $C_2H_5OH + 4I_2 + 6NaOH \rightarrow HCOONa + 5NaI + CHI_3 \downarrow + 5H_2O$
   2) 은거울반응 : 알데히드에 암모니아성 질산은용액을 가하면 은이온을 은으로 환원
      $CH_3CHO + 2Ag(NH_3)_2OH \rightarrow CH_3COOH + 2Ag + 4NH_3 + H_2O$
   3) 펠링반응 : 알데히드를 펠링용액에 넣고 가열하면 산화구리의 붉은색 침전 생김.
      $CH_3CHO + 2Cu^{2+} + H_2O + NaOH \rightarrow CH_3COONa + 4H^+ + Cu_2O \downarrow$

03. 제4류 위험물인 휘발유에 대하여 다음 물음에 답하시오.

1) 휘발유의 체적 팽창계수가 0.00135[℃]이다. 20[L]의 휘발유가 0[℃]에서 25[℃]로 상승하는 경우에 체적을 계산하시오.
2) 휘발유 저장하던 이동저장탱크에 등유나 경유 주입할 때 다음의 기준에 따라 정전기 등에 의한 재해를 방지하기 위한 조치를 하여야 한다. 괄호 안에 알맞은 수치(단위 포함) 또는 용어를 쓰시오.
   - 이동저장탱크의 상부로부터 위험물을 주입할 때에는 위험물의 액표면이 주입관의 끝부분을 넘는 높이가 될 때까지 그 주입관 내의 유속을 초당 (㉮) 이하로 할 것
   - 이동저장탱크의 밑부분으로부터 위험물을 주입할 때에는 위험물의 액표면이 주입관의 정상 부분을 넘는 높이가 될 때까지 그 주입배관 내의 유속을 초당 (㉯) 이하로 할 것
   - 그 밖의 방법에 의한 위험물의 주입은 이동저장탱크에 (㉰)가 잔류하지 아니하도록 조치하고 안전한 상태로 있음을 확인한 후에 할 것

정답

1) 20.68[L]
2) ㉮ 1[m] ㉯ 1[m] ㉰ 가연성 증기

해설

1. 부피증가율
   1) $V = V_0(1 + \beta \Delta t)$ V 최종부피, V_0 팽창 전 부피, β 팽창계수, Δt 온도변화량
   2) 부피증가율(%) = $\dfrac{\text{팽창 후 부피} - \text{팽창 전 부피}}{\text{팽창 전 부피}} \times 100$
   3) 풀이) $20L(1 + 0.00135[℃] \times 25[℃]) = 20.675L ≒ 20.68L$

2. 이송취급소에서의 취급기준[별표 18]
   휘발유를 저장하던 이동저장탱크에 등유나 경유를 주입할 때 또는 등유나 경유를 저장하던 이동저장탱크에 휘발유를 주입할 때에는 다음의 기준에 따라 정전기등에 의한 재해를 방지하기 위한 조치를 할 것
   가) 이동저장탱크의 상부로부터 위험물을 주입할 때에는 위험물의 액표면이 주입관의 끝부분을 넘는 높이가 될 때까지 그 주입관내의 유속을 초당 1m 이하로 할 것
   나) 이동저장탱크의 밑부분으로부터 위험물을 주입할 때에는 위험물의 액표면이 주입관의 정상 부분을 넘는 높이가 될 때까지 그 주입배관내의 유속을 초당 1m 이하로 할 것
   다) 그 밖의 방법에 의한 위험물의 주입은 이동저장탱크에 가연성증기가 잔류하지 아니하도록 조치하고 안전한 상태로 있음을 확인한 후에 할 것

04. 다음 표를 참고하여 프로판 50[%], 부탄 15[%], 에탄 4[%], 나머지는 메탄으로 구성된 혼합가스의 폭발범위를 구하시오.

물질	폭발하한계	폭발상한계
A	2.0	9.5
B	1.8	8.4
C	3.0	12.0
D	5.0	15.0

정답

2.45[%] ~ 10.58[%]

해설 혼합가스의 폭발범위

1) 르샤틀리에 식(혼합가스) $\dfrac{100}{L} = \dfrac{V1}{L1} + \dfrac{V2}{L2} \cdots$, $\dfrac{100}{U} = \dfrac{V1}{U1} + \dfrac{V2}{U2} \cdots$

2) 폭발하한계 $\dfrac{100}{L} = \dfrac{50}{2.0} + \dfrac{15}{1.8} + \dfrac{4}{3.0} + \dfrac{31}{5.0}$ ∴ $LFL = 2.45\%$

3) 폭발상한계 $\dfrac{100}{U} = \dfrac{50}{9.5} + \dfrac{15}{8.4} + \dfrac{4}{12.0} + \dfrac{31}{15.0}$ ∴ $UFL = 10.584\%$

05. 다음 물질들과 물과의 반응식을 기술하고, 물과 반응할 때 각각의 경우 모두 포함되어있는 공통으로 생성되는 물질을 쓰시오.

칼슘, 수소화칼슘, 인화칼슘, 탄화칼슘

정답

1) 반응식
  ① 칼슘 $Ca + 2H_2O \rightarrow Ca(OH)_2 + H_2$
  ② 수소화칼슘 $CaH_2 + 2H_2O \rightarrow Ca(OH)_2 + 2H_2$
  ③ 인화칼슘 $Ca_3P_2 + 6H_2O \rightarrow 3Ca(OH)_2 + 2PH_3$
  ④ 탄화칼슘 $CaC_2 + 2H_2O \rightarrow Ca(OH)_2 + C_2H_2$

2) 공통으로 생성되는 물질 : 수산화칼슘 [$Ca(OH)_2$]

06. 성냥의 원료로 사용하기 위해 저장해 놓은 순수한 염소산나트륨이 조해되어 90[wt%]로 변하였다. 이것을 재활용 하여 3[wt%] 소독약으로 만들기 위해서는 조해된 염소산나트륨 1[kg]에 추가해야 하는 물의 양[kg]을 구하시오.

정답
29[kg]

해설 용액의 %농도

용액	용매	용질
둘 이상의 물질로 구성된 혼합물(소금물)	녹이는 물질(물)	녹는 물질(소금)

$$\%농도 = \frac{용질의 질량(g)}{용액의 질량(g)} \times 100(g)$$

1. 용질($NaClO_3$)의 g수 : 1kg × 0.9 = 0.9kg
2. 용액의 g수 : 1kg + 물
3. 농도=(용질/용액)×100

$$3[wt\%] = \frac{0.9[kg]}{1 + 물[kg]} \times 100 \quad \therefore \, 물 = 29kg$$

---

07. 휘발유를 저장하는 옥외저장탱크에 대하여 다음 물음에 답하시오.

1) 방유제의 재질
2) 방유제의 두께
3) 지하매설깊이
4) 높이가 1m를 넘는 방유제 및 간막이 둑의 안팎에는 방유제 내에 출입하기 위한 계단의 설치간격
5) 방유제 내의 설치하는 옥외저장탱크의 수는?(단, 방유제 내에 설치하는 모든 옥외저장탱크의 용량이 20만L 이하이다. 개수에 제한이 없으면 "제한없음"으로 기재할 것)

정답

1) ① 철근콘크리트
   ② 방유제와 옥외저장탱크 사이의 지표면은 불연성과 불침윤성이 있는 구조 (철근콘크리트 등)로 할 것
   ③ 다만, 누출된 위험물을 수용할 수 있는 전용유조 및 펌프 등의 설비를 갖춘 경우에는 방유제와 옥외저장탱크 사이의 지표면을 흙으로 할 수 있다.
2) 두께 0.2m 이상
3) 지하매설깊이 1m 이상

4) 50m마다

5) 10 이하

해설 Ⅰ. 옥외탱크저장소 방유제[규칙 별표6]

1. 인화성액체위험물(이황화탄소를 제외한다)의 옥외탱크저장소의 탱크 주위에는 다음 각목의 기준에 의하여 방유제를 설치하여야 한다.

   가. 방유제의 용량은 방유제안에 설치된 탱크가 하나인 때에는 그 탱크 용량의 110% 이상, 2기 이상인 때에는 그 탱크 중 용량이 최대인 것의 용량의 110% 이상으로 할 것. 이 경우 방유제의 용량은 당해 방유제의 내용적에서 용량이 최대인 탱크 외의 탱크의 방유제 높이 이하 부분의 용적, 당해 방유제내에 있는 모든 탱크의 지반면 이상 부분의 기초의 체적, 간막이 둑의 체적 및 당해 방유제 내에 있는 배관 등의 체적을 뺀 것으로 한다.

   나. 방유제는 높이 0.5m 이상 3m 이하, 두께 0.2m 이상, 지하매설깊이가 1m 이상으로 할 것. 다만, 방유제와 옥외저장탱크 사이의 지반면 아래에 불침윤성(不浸潤性) 구조물을 설치하는 경우에는 지하매설깊이를 해당 불침윤성 구조물까지로 할 수 있다.

   다. 방유제내의 면적은 8만m² 이하로 할 것

   라. 방유제내의 설치하는 옥외저장탱크의 수는 10(방유제내에 설치하는 모든 옥외저장탱크의 용량이 20만ℓ 이하이고, 당해 옥외저장탱크에 저장 또는 취급하는 위험물의 인화점이 70℃ 이상 200℃ 미만인 경우에는 20) 이하로 할 것. 다만, 인화점이 200℃ 이상인 위험물을 저장 또는 취급하는 옥외저장탱크에 있어서는 그러하지 아니하다.

   마. 방유제 외면의 2분의 1 이상은 자동차 등이 통행할 수 있는 3m 이상의 노면폭을 확보한 구내도로(옥외저장탱크가 있는 부지내의 도로를 말한다. 이하 같다)에 직접 접하도록 할 것. 다만, 방유제내에 설치하는 옥외저장탱크의 용량합계가 20만ℓ 이하인 경우에는 소화활동에 지장이 없다고 인정되는 3m 이상의 노면폭을 확보한 도로 또는 공지에 접하는 것으로 할 수 있다.

   바. 방유제는 옥외저장탱크의 지름에 따라 그 탱크의 옆판으로부터 다음에 정하는 거리를 유지할 것. 다만, 인화점이 200℃ 이상인 위험물을 저장 또는 취급하는 것에 있어서는 그러하지 아니하다.

   1) 지름이 15m 미만인 경우에는 탱크 높이의 3분의 1 이상

   2) 지름이 15m 이상인 경우에는 탱크 높이의 2분의 1 이상

   사. 방유제는 철근콘크리트로 하고, 방유제와 옥외저장탱크 사이의 지표면은 불연성과 불침윤성이 있는 구조(철근콘크리트 등)로 할 것. 다만, 누출된 위험물을 수용할 수 있는 전용유조(專用油槽) 및 펌프 등의 설비를 갖춘 경우에는 방유제와 옥외저장탱크 사이의 지표면을 흙으로 할 수 있다.

   아. 용량이 1,000만ℓ 이상인 옥외저장탱크의 주위에 설치하는 방유제에는 다음의 규정에 따라 당해 탱크마다 간막이 둑을 설치할 것

   1) 간막이 둑의 높이는 0.3m(방유제내에 설치되는 옥외저장탱크의 용량의 합계가 2억ℓ를 넘는 방유제에 있어서는 1m)이상으로 하되, 방유제의 높이보다 0.2m 이상 낮게 할 것

   2) 간막이 둑은 흙 또는 철근콘크리트로 할 것

   3) 간막이 둑의 용량은 간막이 둑안에 설치된 탱크의 용량의 10% 이상일 것

자. 방유제내에는 당해 방유제내에 설치하는 옥외저장탱크를 위한 배관(당해 옥외저장탱크의 소화설비를 위한 배관을 포함한다), 조명설비 및 계기시스템과 이들에 부속하는 설비 그 밖의 안전확보에 지장이 없는 부속설비 외에는 다른 설비를 설치하지 아니할 것

차. 방유제 또는 간막이 둑에는 해당 방유제를 관통하는 배관을 설치하지 아니할 것. 다만, 위험물을 이송하는 배관의 경우에는 배관이 관통하는 지점의 좌우방향으로 각 1m 이상까지의 방유제 또는 간막이 둑의 외면에 두께 0.1m 이상, 지하매설깊이 0.1m 이상의 구조물을 설치하여 방유제 또는 간막이 둑을 이중구조로 하고, 그 사이에 토사를 채운 후, 관통하는 부분을 완충재 등으로 마감하는 방식으로 설치할 수 있다.

카. 방유제에는 그 내부에 고인 물을 외부로 배출하기 위한 배수구를 설치하고 이를 개폐하는 밸브 등을 방유제의 외부에 설치할 것

타. 용량이 100만ℓ 이상인 위험물을 저장하는 옥외저장탱크에 있어서는 카목의 밸브 등에 그 개폐상황을 쉽게 확인할 수 있는 장치를 설치할 것

파. 높이가 1m를 넘는 방유제 및 간막이 둑의 안팎에는 방유제내에 출입하기 위한 계단 또는 경사로를 약 50m마다 설치할 것

하. 용량이 50만리터 이상인 옥외탱크저장소가 해안 또는 강변에 설치되어 방유제 외부로 누출된 위험물이 바다 또는 강으로 유입될 우려가 있는 경우에는 해당 옥외탱크저장소가 설치된 부지 내에 전용유조(專用油槽) 등 누출위험물 수용설비를 설치할 것

2. 제1호 가목·나목·사목 내지 파목의 규정은 인화성이 없는 액체위험물의 옥외저장탱크의 주위에 설치하는 방유제의 기술기준에 대하여 준용한다. 이 경우에 있어서 제1호 가목 중 "110%"는 "100%"로 본다.

3. 그 밖에 방유제의 기술기준에 관하여 필요한 사항은 소방청장이 정하여 고시한다.

08. 수소화나트륨이 물과 반응할 때의 화학반응식을 쓰고, 이때 발생된 가스의 위험도를 구하시오.

[정답]

① 반응식 : $NaH + H_2O \rightarrow NaOH + H_2 \uparrow$

② 위험도 : 17.75

[해설]

① 발생하는 가스 : 수소(폭발범위 : 4.0~75[%])

② 위험도 $H = \dfrac{U - L}{L}$ 여기서 U : 폭발 상한계 [%], L : 폭발 하한계 [%]

∴ 위험도(H) = $\dfrac{75 - 4}{4}$ = 17.75

09.
위험물의 성질란에 규정된 성상을 2가지 이상 포함하는 물품을 복수성상물품이라 한다. 이 물품이 속하는 품명의 판단기준을 괄호 안에 맞는 유별을 쓰시오.

> ㉮ 복수성상물품이 산화성 고체의 성상 및 가연성 고체의 성상을 가지는 경우 :
> ( )류 위험물
> ㉯ 복수성상물품이 산화성 고체의 성상 및 자기반응성 물질의 성상을 가지는 경우 :
> ( )류 위험물
> ㉰ 복수성상물품이 가연성 고체의 성상과 자연발화성 물질의 성상 및 금수성 물질의 성상을 가지는 경우 : ( )류 위험물
> ㉱ 복수성상물품이 자연발화성 물질의 성상, 금수성 물질의 성상 및 인화성액체의 성상을 가지는 경우 : ( )류 위험물
> ㉲ 복수성상물품이 인화성 액체의 성상 및 자기반응성 물질의 성상을 가지는 경우 :
> ( )류 위험물

[정답]
㉮ 제2류, ㉯ 제5류, ㉰ 제3류, ㉱ 제3류, ㉲ 제5류

[해설]
성질란에 규정된 성상을 2가지 이상 포함하는 물품(이하 "복수성상물품"이라 한다)이 속하는 품명은 다음에 의한다.

① 복수성상물품이 산화성 고체(제1류)의 성상 및 가연성 고체(제2류)의 성상을 가지는 경우 : 제2류 제8호의 규정에 의한 품명
② 복수성상물품이 산화성 고체(제1류)의 성상 및 자기반응성 물질(제5류)의 성상을 가지는 경우 : 제5류 제11호의 규정에 의한 품명
③ 복수성상물품이 가연성 고체(제2류)의 성상과 자연발화성 물질의 성상(제3류) 및 금수성 물질(제3류)의 성상을 가지는 경우 : 제3류 제12호의 규정에 의한 품명
④ 복수성상물품이 자연발화성 물질(제3류)의 성상, 금수성 물질의 성상(제3류) 및 인화성액체(제4류)의 성상을 가지는 경우 : 제3류 제12호의 규정에 의한 품명
⑤ 복수성상물품이 인화성 액체(제4류)의 성상 및 자기반응성 물질(제5류)의 성상을 가지는 경우 : 제5류 제11호의 규정에 의한 품명

10. 위험물안전관리법상 제2류 위험물인 인화성고체에 대해 다음 질문에 답하시오.

1. 정의
2. 운반용기의 외부에 표시해야 할 주의사항
3. 유별을 달리하는 위험물을 동일한 장소에 저장할 수 없는데 1[m] 이상 간격을 두고 일부 다른 유별을 저장할 수 있다. 인화성고체와 같이 저장할 수 있는 다른 유별을 모두 쓰시오. 없으면 "없음"이라고 쓰시오.

정답

1. 고형알코올 그 밖에 1기압에서 인화점이 섭씨 40도 미만인 고체
2. 화기엄금
3. 제4류 위험물

해설

1. 인화성고체 류별 성상

류별	성질	품명	품목	지정수량	위험등급
제2류	가연성고체	인화성고체	고형알코올 등	1,000kg	III

2. 옥내저장소 또는 옥외저장소의 유별을 달리 1m 간격 두고 저장 가능한 경우(1356/4235)

   1) 제1류 위험물(알칼리금속 과산화물제외)과 제5류 위험물을 저장하는 경우
   2) 제1류 위험물과 제6류 위험물을 저장하는 경우
   3) 제1류 위험물과 제3류 위험물 중 자연발화성 물질(황린)을 저장하는 경우
   4) 제2류 위험물 중 인화성고체와 제4류 위험물을 저장하는 경우
   5) 제3류 위험물 중 알킬알루미늄등과 제4류 위험물(알킬알루미늄 또는 알킬리튬을 함유한 것에 한한다)을 저장하는 경우
   6) 제4류 위험물 중 유기과산화물 또는 이를 함유하는 것과 제5류 위험물 중 유기과산화물 또는 이를 함유한 것을 저장하는 경우

11. 무색투명한 휘발성액체로 알코올, 에테르 등 유기용제에 용해되며 비중 0.89, 인화점 −11℃이고 겨울철에 동결되는 다음 물질에 대하여 답하시오.

1) 위험등급
2) 분 자 량
3) 완전 연소반응식

정답

1) 위험등급 Ⅱ
2) 78
3) $2C_6H_6 + 15O_2 \rightarrow 12CO_2 + 6H_2O$

해설 벤젠(Benzene, 벤졸)

1. 물성

화학식	분자량	지정수량	비중	비점	융점	인화점	착화점	연소범위
C_6H_6	78	200[L]	0.9	80[℃]	5.5[℃]	−11[℃]	562[℃]	1.4~7.1[%]

※ 벤젠 : 제4류 위험물 제1석유류(비수용성), 위험등급 Ⅱ, 지정수량 200[L]

2. 연소반응식
 $C_6H_6 + 7.5O_2 \rightarrow 6CO_2 + 3H_2O$

12. 벤젠에서 수소 1개를 메틸기로 1개로 치환된 물질에 대하여 답하시오.

1) 구조식
2) 증기비중
3) 진한 황산과 진한 질산의 혼산으로 니트로화시켰을 때 생성되는 물질명

정답

1)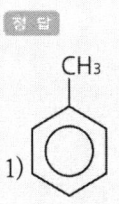

2) 3.17
3) 트리니트로톨루엔(TNT)

해설

1. 톨루엔

   1) 류별/품명/지정수량 : 제4류 위험물 제1석유류로서 200L

화학식	구조식	분자량	인화점℃	비점℃	착화점℃	비중	연소범위%
$C_6H_5CH_3$	CH₃ (벤젠고리)	92	4	111	552	0.871	1.4~6.7

   2) 증기비중 : $C_6H_5CH_3$ 분자량 = 92이므로 92/29 = 3.17

2. 트리니트로톨루엔(Tri Nitro Toluene, TNT)

   1) 유별/품명/지정수량 : 제5류 위험물 중 니트로화합물로서 200[kg]
   2) 물성

화학식	성상	융점	착화온도	비점	인화점	비중
$C_6H_2CH_3(NO_2)_3$	담황색 침상결정 강력한 폭약	80.1℃	약 300℃	240℃	2℃	1

   3) 제법 : 진한 황산과 진한 질산의 혼산으로 니트로화 시 생성된다.

   $$C_6H_5CH_3 + 3HNO_3 \xrightarrow[\text{니트로화}]{\text{C-}H_2SO_4} C_6H_2CH_3(NO_2)_3 + 3H_2O$$

13. 운송책임자의 감독·지원을 받아 운송하는 위험물인 알킬알루미늄에 대하여 다음 물음에 답하시오.

1) 알킬알루미늄 등을 저장 또는 취급하는 이동탱크저장소 이동저장탱크의 용량
2) 이동저장탱크는 그 외면의 도장 색상
3) 알킬알루미늄 중 비중이 0.84이고 물과 반응하여 에탄이 발생하는 물질이 공기 중 노출 시 반응식
4) 운송책임자의 자격요건
5) 이동탱크저장소에 비치하여야 하는 서류 2가지

> 정 답

1) 1,900L 미만
2) 적색
3) $2(C_2H_5)_3Al + 21O_2 \rightarrow Al_2O_3 + 15H_2O + 12CO_2$
4) ㉠ 당해 위험물의 취급에 관한 국가기술자격을 취득하고 관련 업무에 1년 이상 종사한 경력이 있는 자
   ㉡ 법 규정에 의한 위험물의 운송에 관한 안전교육을 수료하고 관련 업무에 2년 종사한 경력이 있는 자
5) 완공검사합격확인증과 정기점검기록

> 해 설

1. 알킬알루미늄등을 저장 또는 취급하는 이동탱크저장소 특례(규칙 별표10.X)
   가. Ⅱ제1호의 규정에 불구하고 이동저장탱크는 두께 10mm 이상의 강판 또는 이와 동등 이상의 기계적 성질이 있는 재료로 기밀하게 제작되고 1㎫ 이상의 압력으로 10분간 실시하는 수압시험에서 새거나 변형하지 아니하는 것일 것
   나. 이동저장탱크의 용량은 1,900ℓ 미만일 것
   다. Ⅱ제3호 가목의 규정에 불구하고, 안전장치는 이동저장탱크의 수압시험의 압력의 3분의 2를 초과하고 5분의 4를 넘지 아니하는 범위의 압력으로 작동할 것
   라. Ⅱ제1호 가목의 규정에 불구하고, 이동저장탱크의 맨홀 및 주입구의 뚜껑은 두께 10mm 이상의 강판 또는 이와 동등 이상의 기계적 성질이 있는 재료로 할 것
   마. Ⅲ제1호의 규정에 불구하고, 이동저장탱크의 배관 및 밸브 등은 당해 탱크의 윗부분에 설치할 것
   바. Ⅷ제1호 나목의 규정에 불구하고, 이동탱크저장소에는 이동저장탱크하중의 4배의 전단하중에 견딜 수 있는 걸고리체결금속구 및 모서리체결금속구를 설치할 것
   사. 이동저장탱크는 불활성의 기체를 봉입할 수 있는 구조로 할 것
   아. 이동저장탱크는 그 외면을 적색으로 도장하는 한편, 백색문자로서 동판(胴板)의 양측면 및 경판(鏡板)에 별표 4 Ⅲ제2호 라목의 규정에 의한 주의사항("물기엄금")을 표시할 것

2. 이동탱크저장소(규칙 별표 18 제조소등에서의 위험물의 저장 및 취급에 관한 기준)

관리	위험물의 류별, 품명, 최대수량, 적재중량 잘 보이도록 표시
비치	완공검사합격확인증과 정기점검기록 비치할 것
알킬알루미늄 등 저장취급	긴급 연락처, 응급조치사항, 방호복, 고무장갑, 밸브 등 죄는 결합공구, 휴대용확성기 비치
위험물 주입	인화점 40℃ 미만 위험물 주입 시는 이동저장탱크 원동기를 정지시킬 것

14. 일반취급소에서 취급하는 작업은 일부 특례를 기준으로 정하고 있다. 이 특례기준에 해당하는 종류 5가지의 정의와 지정수량의 배수에 대해 쓰시오.

정답

1. 분무도장작업등의 일반취급소 : 도장, 인쇄 또는 도포를 위하여 제2류 위험물 또는 제4류 위험물(특수인화물 제외)을 취급하는 일반취급소로서 지정수량의 30배 미만의 것
2. 세정작업의 일반취급소 : 세정을 위하여 위험물(인화점이 40℃ 이상인 제4류 위험물)을 취급하는 일반취급소로서 지정수량의 30배 미만의 것
3. 열처리작업 등의 일반취급소 : 열처리작업 또는 방전가공을 위하여 위험물(인화점이 70℃ 이상인 제4류 위험물)을 취급하는 일반취급소로서 지정수량의 30배 미만의 것
4. 보일러 등으로 위험물을 소비하는 일반취급소 : 보일러, 버너 그 밖의 이와 유사한 장치로 위험물(인화점이 38℃ 이상인 제4류 위험물)을 소비하는 일반취급소로서 지정수량의 30배 미만의 것
5. 충전하는 일반취급소 : 이동저장탱크에 액체위험물(알킬알루미늄등, 아세트알데히드등 및 히드록실아민 등을 제외)을 주입하는 일반취급소
6. 옮겨 담는 일반취급소 : 고정급유설비에 의하여 위험물(인화점이 38℃ 이상인 제4류 위험물)을 용기에 옮겨 담거나 4,000ℓ 이하의 이동저장탱크(용량이 2,000ℓ를 넘는 탱크에 있어서는 그 내부를 2,000ℓ 이하마다 구획한 것)에 주입하는 일반취급소로서 지정수량의 40배 미만인 것

해설 일반취급소 특례(규칙 별표16) 분.세.열.보.충.옮.유.절.열.화

가. 분무도장작업등의 일반취급소 : 도장, 인쇄 또는 도포를 위하여 제2류 위험물 또는 제4류 위험물(특수인화물 제외)을 취급하는 일반취급소로서 지정수량의 30배 미만의 것

나. 세정작업의 일반취급소 : 세정을 위하여 위험물(인화점이 40℃ 이상인 제4류 위험물)을 취급하는 일반취급소로서 지정수량의 30배 미만의 것

다. 열처리작업 등의 일반취급소 : 열처리작업 또는 방전가공을 위하여 위험물(인화점이 70℃ 이상인 제4류 위험물)을 취급하는 일반취급소로서 지정수량의 30배 미만의 것

라. 보일러 등으로 위험물을 소비하는 일반취급소 : 보일러, 버너 그 밖의 이와 유사한 장치로 위험물(인화점이 38℃ 이상인 제4류 위험물)을 소비하는 일반취급소로서 지정수량의 30배 미만의 것

마. 충전하는 일반취급소 : 이동저장탱크에 액체위험물(알킬알루미늄등, 아세트알데히드등 및 히드록실아민 등을 제외)을 주입하는 일반취급소

바. 옮겨 담는 일반취급소 : 고정급유설비에 의하여 위험물(인화점이 38℃ 이상인 제4류 위험물)을 용기에 옮겨 담거나 4,000ℓ 이하의 이동저장탱크(용량이 2,000ℓ를 넘는 탱크에 있어서는 그 내부를 2,000ℓ 이하마다 구획한 것)에 주입하는 일반취급소로서 지정수량의 40배 미만인 것

사. 유압장치 등을 설치하는 일반취급소 : 위험물을 이용한 유압장치 또는 윤활유 순환장치를 설치하는 일반취급소(고인화점 위험물만을 100℃ 미만의 온도로 취급하는 것)로서 지정수량의 50배 미만의 것

아. 절삭장치 등을 설치하는 일반취급소 : 절삭유의 위험물을 이용한 절삭장치, 연삭장치 그 밖의 이와 유사한 장치를 설치하는 일반취급소(고인화점 위험물만을 100℃ 미만의 온도로 취급하는 것)로서 지정수량의 30배 미만의 것

자. 열매체유 순환장치를 설치하는 일반취급소 : 위험물 외의 물건을 가열하기 위하여 위험물(고인화점 위험물)을 이용한 열매체유 순환장치를 설치하는 일반취급소로서 지정수량의 30배 미만의 것

차. 화학실험의 일반취급소 : 화학실험을 위하여 위험물을 취급하는 일반취급소로서 지정수량의 30배 미만의 것

15.
제1류 위험물 중 분자량 158, 지정수량 1,000 [kg]이고 물과 알코올에 녹으면 진한 보라색을 나타내는 물질에 대하여 다음 물음에 답하시오.

1) 240℃에서의 분해반응식
2) 묽은 황산과의 반응식

정답

1) $2KMnO_4 \rightarrow K_2MnO_4 + MnO_2 + O_2$
2) $4KMnO_4 + 6H_2SO_4 \rightarrow 2K_2SO_4 + 4MnSO_4 + 6H_2O + 5O_2$

해설 과망간산칼륨($KMnO_4$)

물성 : 몰 질량 : 158.034g/mol, 녹는점 : 240℃
1. 흑자색의 주상결정으로 산화력 및 살균력
2. 물, 알코올에 녹으면 진한 보라색 나타냄
3. 알코올, 에테르, 글리세린 등 유기물과 접촉을 피한다.
4. 진한 황산과 접촉하면 폭발적으로 반응
5. 강알칼리와 접촉하면 산소 방출
6. 목탄, 황, 금속분 등 환원성물질과 접촉 시 가열, 충격, 마찰에 의해 폭발
7. 알코올, 에테르, 글리세린 등 유기물과 접촉 폭발

1) 분해반응 : 2KMnO₄ → K₂MnO₄ + MnO₂ + O₂↑
2) 묽은황산반응 : 4KMnO₄ + 6H₂SO₄ → 2K₂SO₄ + 4MnSO₄ + 6H₂O + 5O₂↑
3) 진한황산반응 : 2KMnO₄ + H₂SO₄ → K₂SO₄ + 2HMnO₄
4) 염산과 반응 : 2KMnO₄ + 16HCl → 2KCl + 2MnCl₂ + 8H₂O + 5Cl₂↑

16. 지하 7층, 지상 9층인 다층건축물에 경유를 저장하는 옥내탱크저장소를 설치 시 다음 물음에 답하시오.

1) 경유를 저장할 수 있는 탱크전용실이 설치가능한 층은? (전층이면 전층이라고 기입)
2) 지상 3층에 경유를 저장 시 최대용량은?
3) 지하 2층 동일한 탱크전용실에 탱크 2기 설치 시 탱크 1기의 용량이 1만리터일 때 나머지 탱크 1기의 용량은?
4) 탱크 전용실에 펌프설비를 설치 시 턱의 높이는?

정답

1) 전층
2) 5천[L]
3) 1만[L]
4) 0.2[m] 이상

해설

1. 경유 저장 최대용량

품명	저장위치	지정수량	배수	탱크1	탱크2	최대용량
제2석유류	지상 3층	1,000L	5배	5,000L	-	5,000L
제2석유류	지하 2층	1,000L	20배	10,000L	10,000L	20,000L

2. 제조소등의 턱의 높이 정리

제조소 등 턱의 위치	턱의 높이
주유취급소 펌프실 출입구	0.1[m] 이상
판매취급소 배합실 출입구 문턱	0.1[m] 이상
제조소 옥외설비 바닥둘레 턱	0.15[m] 이상
옥외탱크저장소 펌프실 외 장소 설치 펌프설비 턱	0.15[m] 이상
옥외탱크저장소 펌프실 바닥 주위 턱	0.2[m] 이상
옥내탱크저장소 탱크전용실 펌프 설비 설치 시 턱	0.2[m] 이상

해설

옥내탱크저장소 중 탱크전용실을 단층건물 외의 건축물에 설치하는 것(제2류 위험물 중 황화린·적린 및 덩어리 유황, 제3류 위험물 중 황린, 제6류 위험물 중 질산 및 제4류 위험물 중 인화점이 38℃ 이상인 위험물만을 저장 또는 취급하는 것에 한한다)의 위치·구조 및 설비의 기술기준

가. 옥내저장탱크는 탱크전용실에 설치할 것. 이 경우 제2류 위험물 중 황화린·적린 및 덩어리 유황, 제3류 위험물 중 황린, 제6류 위험물 중 질산의 탱크전용실은 건축물의 1층 또는 지하층에 설치하여야 한다.

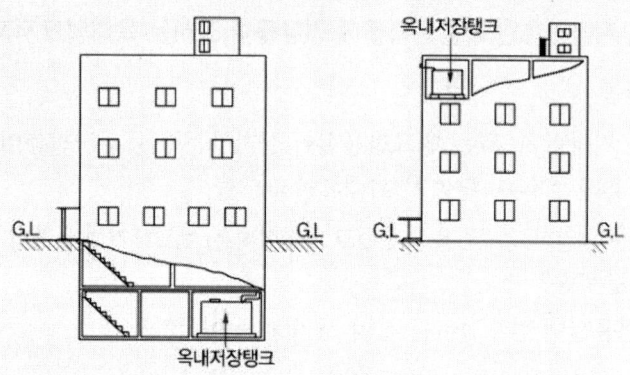

[그림 1-1] 단층건물 이외의 건축물에 설치하는 옥내탱크저장소

제2류 위험물 중 황화린·적린 및 덩어리유황
제3류 위험물 중 황린
제4류 위험물 중 인화점이 38℃ 이상인 위험물
제6류 위험물 중 질산

나. 옥내저장탱크의 주입구 부근에는 당해 옥내저장탱크의 위험물의 양을 표시하는 장치를 설치할 것. 다만, 당해 위험물의 양을 쉽게 확인할 수 있는 경우에는 그러하지 아니하다.

다. 탱크전용실이 있는 건축물에 설치하는 옥내저장탱크의 펌프설비는 다음의 1에 정하는 바에 의할 것

1) 탱크전용실외의 장소에 설치하는 경우에는 다음의 기준에 의할 것

가) 이 펌프실은 벽·기둥·바닥 및 보를 내화구조로 할 것

나) 펌프실은 상층이 있는 경우에 있어서는 상층의 바닥을 내화구조로 하고, 상층이 없는 경우에 있어서는 지붕을 불연재료로 하며, 천장을 설치하지 아니할 것

다) 펌프실에는 창을 설치하지 아니할 것. 다만, 제6류 위험물의 탱크전용실에 있어서는 갑종방화문 또는 을종방화문이 있는 창을 설치할 수 있다.

라) 펌프실의 출입구에는 갑종방화문을 설치할 것. 다만, 제6류 위험물의 탱크전용실에 있어서는 을종방화문을 설치할 수 있다.

마) 펌프실의 환기 및 배출의 설비에는 방화상 유효한 댐퍼 등을 설치할 것

2) 탱크전용실에 펌프설비를 설치하는 경우에는 견고한 기초 위에 고정한 다음 그 주위에는 불연재료로 된 턱을 0.2m 이상의 높이로 설치하는 등 누설된 위험물이 유출되거나 유입되지 아니하도록 하는 조치를 할 것

라. 탱크전용실은 벽·기둥·바닥 및 보를 내화구조로 할 것
마. 탱크전용실은 상층이 있는 경우에 있어서는 상층의 바닥을 내화구조로 하고, 상층이 없는 경우에 있어서는 지붕을 불연재료로 하며, 천장을 설치하지 아니할 것
바. 탱크전용실에는 창을 설치하지 아니할 것
사. 탱크전용실의 출입구에는 수시로 열 수 있는 자동폐쇄식의 갑종방화문을 설치할 것
아. 탱크전용실의 환기 및 배출의 설비에는 방화상 유효한 댐퍼 등을 설치할 것
자. 탱크전용실의 출입구의 턱의 높이를 당해 탱크전용실내의 옥내저장탱크(옥내저장탱크가 2 이상인 경우에는 모든 탱크)의 용량을 수용할 수 있는 높이 이상으로 하거나 옥내 저장탱크로부터 누설된 위험물이 탱크전용실 외의 부분으로 유출하지 아니하는 구조로 할 것
차. 옥내저장탱크의 용량(동일한 탱크전용실에 옥내저장탱크를 2 이상 설치하는 경우에는 각 탱크의 용량의 합계를 말한다)은 1층 이하의 층에 있어서는 지정수량의 40배(제4석 유류 및 동식물유류 외의 제4류 위험물에 있어서 당해 수량이 2만ℓ를 초과할 때에는 2만ℓ) 이하, 2층 이상의 층에 있어서는 지정수량의 10배(제4석유류 및 동식물유류 외의 제4류 위험물에 있어서 당해 수량이 5천ℓ를 초과할 때에는 5천ℓ) 이하일 것

〈표 9-1〉 탱크 설치 시 최대용량의 예

품명	위치	최대용량	배수
제2석유류	1층 이하	(비수용성) 20,000ℓ	20배
		(수용성) 20,000ℓ	10배
	2층 이상	(비수용성) 5,000ℓ	5배
		(수용성) 5,000ℓ	2.5배
제3석유류	1층 이하	(비수용성) 20,000ℓ	10배
		(수용성) 20,000ℓ	5배
	2층 이상	(비수용성) 5,000ℓ	2.5배
		(수용성) 5,000ℓ	1.25배
제4석유류	1층 이하	240,000ℓ	40배
	2층 이상	60,000ℓ	10배
동식물유류	1층 이하	400,000ℓ	40배
	2층 이상	100,000ℓ	10배

〈표 9-2〉 탱크 2기 설치 시 최대용량의 예

위치	품명 및 용량	배수	합계배수
1층 이하	〈제3석유류(비수용성) 20,000ℓ〉	10배	40배
	〈제4석유류(비수용성) 180,000ℓ〉	30	
2층 이상	〈제3석유류(비수용성) 5,000ℓ〉	2.5배	10배
	〈제4석유류(비수용성) 45,000ℓ〉	7.5배	

주) 2기 이상의 탱크를 하나의 탱크전용실에 설치하는 경우 층수에 따라 합계배수가 40배 또는 10배 이하이어야 한다.

17. 다음 위험물 중 지정수량이 2,000[L]인 것을 모두 고르시오.

> 아세트산, 아닐린, 에틸렌글리콜, 글리세린, 클로로벤젠, 니트로벤젠, 등유, 아세톤, 히드라진

정답

아세트산, 아닐린, 니트로벤젠, 히드라진

해설 제4류 위험물 비교

명칭	화학식	품명	지정수량	인화점℃	비점℃	착화점℃
아세트산	CH_3COOH	제2석유류(수)	2,000L	60~150	-	254~405
아닐린	$C_6H_5NH_2$	제3석유류	2,000L	75	185	538
에틸렌글리콜	$C_2H_6O_2$	제3석유류(수)	4,000L	111	198	413
글리세린	$C_3H_8O_3$	제3석유류(수)	4,000L	160	290	393
클로로벤젠	C_6H_5Cl	제2석유류	1,000L	32	638	1.11
니트로벤젠	$C_6H_5NO_2$	제3석유류	2,000L	210	538	1.02
등유	C_9~C_{18}	제2석유류	1,000L	40~70	-	220
아세톤	C_3H_6O	제1석유류(수)	400L	-18	56.3	538
히드라진	N_2H_4	제2석유류(수)	2,000L	52.2	-	270

18. 소화난이도 등급 I의 제조소 등에 설치하여야 하는 소화설비를 적으시오.

제조소 등의 구분			소화설비
옥내저장소	처마높이가 6 [m] 이상인 단층건물 또는 다른 용도의 부분이 있는 건축물에 설치한 옥내저장소		①
옥외탱크저장소	지중탱크 또는 해상탱크 외의 것	유황만을 저장·취급하는 것	②
		인화점 70 [℃] 이상의 제4류 위험물만을 저장·취급하는 것	③
옥내탱크저장소	유황만을 저장취급하는 것		④

정답
① 스프링클러설비 또는 이동식 외의 물분무등소화설비
② 물분무소화설비
③ 물분무소화설비 또는 고정식 포소화설비
④ 물분무소화설비

해설 소화난이도등급 Ⅰ의 제조소등에 설치하여야 하는 소화설비

제조소등의 구분		소화설비
제조소 및 일반취급소		옥내소화전설비, 옥외소화전설비, 스프링클러설비 또는 물분무등소화설비(화재발생시 연기가 충만할 우려가 있는 장소에는 스프링클러설비 또는 이동식 외의 물분무등소화설비에 한한다)
주유취급소		스프링클러설비(건축물에 한정한다), 소형수동식소화기등(능력단위의 수치가 건축물 그 밖의 공작물 및 위험물의 소요단위의 수치에 이르도록 설치할 것)
옥내 저장소	처마높이가 6m 이상인 단층건물 또는 다른 용도의 부분이 있는 건축물에 설치한 옥내저장소	스프링클러설비 또는 이동식 외의 물분무등소화설비
	그 밖의 것	옥외소화전설비, 스프링클러설비, 이동식 외의 물분무등소화설비 또는 이동식 포소화설비(포소화전을 옥외에 설치하는 것에 한한다)
옥외 탱크 저장소	지중탱크 또는 해상탱크 외의 것 - 유황만을 저장취급하는 것	물분무소화설비
	지중탱크 또는 해상탱크 외의 것 - 인화점 70℃ 이상의 제4류 위험물만을 저장취급하는 것	물분무소화설비 또는 고정식 포소화설비
	지중탱크 또는 해상탱크 외의 것 - 그 밖의 것	고정식 포소화설비(포소화설비가 적응성이 없는 경우에는 분말소화설비)
	지중탱크	고정식 포소화설비, 이동식 이외의 불활성가스소화설비 또는 이동식 이외의 할로겐화합물소화설비
	해상탱크	고정식 포소화설비, 물분무소화설비, 이동식이외의 불활성가스소화설비 또는 이동식 이외의 할로겐화합물소화설비

옥내 탱크 저장소	유황만을 저장취급하는 것	물분무소화설비
	인화점 70℃ 이상의 제4류 위험물만을 저장취급하는 것	물분무소화설비, 고정식 포소화설비, 이동식 이외의 불활성가스소화설비, 이동식 이외의 할로겐화합물소화설비 또는 이동식 이외의 분말소화설비
	그 밖의 것	고정식 포소화설비, 이동식 이외의 불활성가스소화설비, 이동식 이외의 할로겐화합물소화설비 또는 이동식 이외의 분말소화설비
옥외저장소 및 이송취급소		옥내소화전설비, 옥외소화전설비, 스프링클러설비 또는 물분무등소화설비(화재 발생 시 연기가 충만할 우려가 있는 장소에는 스프링클러설비 또는 이동식 이외의 물분무등소화설비에 한한다)
암반 탱크 저장소	유황만을 저장취급하는 것	물분무소화설비
	인화점 70℃ 이상의 제4류 위험물만을 저장취급하는 것	물분부소화설비 또는 고정식 포소화설비
	그 밖의 것	고정식 포소화설비(포소화설비가 적응성이 없는 경우에는 분말소화설비)

비고
1. 위 표 오른쪽란의 소화설비를 설치함에 있어서는 당해 소화설비의 방사범위가 당해 제조소, 일반취급소, 옥내저장소, 옥외탱크저장소, 옥내탱크저장소, 옥외저장소, 암반탱크저장소(암반탱크에 관계되는 부분을 제외한다) 또는 이송취급소(이송기지 내에 한한다)의 건축물, 그 밖의 공작물 및 위험물을 포함하도록 하여야 한다. 다만, 고인화점위험물만을 100℃ 미만의 온도에서 취급하는 제조소 또는 일반취급소의 경우에는 당해 제조소 또는 일반취급소의 건축물 및 그 밖의 공작물만 포함하도록 할 수 있다.
2. 고인화점위험물만을 100℃ 미만의 온도에서 취급하는 제조소 또는 일반취급소의 위험물에 대해서는 대형수동식소화기 1개 이상과 당해 위험물의 소요단위에 해당하는 능력단위의 소형수동식소화기를 설치하여야 한다. 다만, 당해 제조소 또는 일반취급소에 옥내·외소화전설비, 스프링클러설비 또는 물분무등소화설비를 설치한 경우에는 당해 소화설비의 방사능력범위 내에는 대형수동식소화기를 설치하지 아니할 수 있다.
3. 가연성증기 또는 가연성미분이 체류할 우려가 있는 건축물 또는 실내에는 대형수동식소화기 1개 이상과 당해 건축물, 그 밖의 공작물 및 위험물의 소요단위에 해당하는 능력단위의 소형수동식소화기 등을 추가로 설치하여야 한다.
4. 제4류 위험물을 저장 또는 취급하는 옥외탱크저장소 또는 옥내탱크저장소에는 소형수동식소화기 등을 2개 이상 설치하여야 한다.
5. 제조소, 옥내탱크저장소, 이송취급소, 또는 일반취급소의 작업공정상 소화설비의 방사능력범위 내에 당해 제조소등에서 저장 또는 취급하는 위험물의 전부가 포함되지 아니하는 경우에는 당해 위험물에 대하여 대형수동식소화기 1개 이상과 당해 위험물의 소요단위에 해당하는 능력단위의 소형수동식소화기 등을 추가로 설치하여야 한다.

19. 위험물의 저장기준에 대하여 괄호 안에 적당한 말을 쓰시오.

- 이동저장탱크에 알킬알루미늄등을 저장하는 경우에는 (①)㎪ 이하의 압력으로 불활성의 기체를 봉입하여 둘 것
- 옥외저장탱크·옥내저장탱크 또는 지하저장탱크 중 압력탱크에 있어서는 아세트알데히드등의 취출에 의하여 당해 탱크내의 압력이 (②) 이하로 저하하지 아니하도록, 압력탱크 외의 탱크에 있어서는 아세트알데히드등의 취출이나 온도의 저하에 의한 공기의 혼입을 방지할 수 있도록 불활성 기체를 봉입할 것
- 보냉장치가 있는 이동저장탱크에 저장하는 아세트알데히드 등 또는 디에틸에테르 등의 온도는 해당 위험물의 (③) 이하로 유지할 것
- 보냉장치가 없는 이동저장탱크에 저장하는 아세트알데히드 등 또는 디에틸에테르 등의 온도는 (④) [℃] 이하로 유지할 것

정답

① 20 ② 상용압력 ③ 비점 ④ 40

해설 알킬알루미늄등, 아세트알데히드등 및 디에틸에테르등(디에틸에테르 또는 이를 함유한 것)의 저장기준(중요기준)

가. 옥외저장탱크 또는 옥내저장탱크 중 압력탱크(최대상용압력이 대기압을 초과하는 탱크)에 있어서는 알킬알루미늄등의 취출에 의하여 당해 탱크내의 압력이 상용압력 이하로 저하하지 아니하도록, 압력탱크 외의 탱크에 있어서는 알킬알루미늄등의 취출이나 온도의 저하에 의한 공기의 혼입을 방지할 수 있도록 불활성의 기체를 봉입할 것

나. 옥외저장탱크·옥내저장탱크 또는 이동저장탱크에 새롭게 알킬알루미늄등을 주입하는 때에는 미리 당해 탱크안의 공기를 불활성기체와 치환하여 둘 것

다. 이동저장탱크에 알킬알루미늄등을 저장하는 경우에는 20㎪ 이하의 압력으로 불활성의 기체를 봉입하여 둘 것

라. 옥외저장탱크·옥내저장탱크 또는 지하저장탱크 중 압력탱크에 있어서는 아세트알데히드 등의 취출에 의하여 당해 탱크내의 압력이 상용압력 이하로 저하하지 아니하도록, 압력탱크 외의 탱크에 있어서는 아세트알데히드등의 취출이나 온도의 저하에 의한 공기의 혼입을 방지할 수 있도록 불활성 기체를 봉입할 것

마. 옥외저장탱크·옥내저장탱크·지하저장탱크 또는 이동저장탱크에 새롭게 아세트알데히드 등을 주입하는 때에는 미리 당해 탱크안의 공기를 불활성 기체와 치환하여 둘 것

바. 이동저장탱크에 아세트알데히드등을 저장하는 경우에는 항상 불활성의 기체를 봉입하여 둘 것

사. 옥외저장탱크·옥내저장탱크 또는 지하저장탱크 중 압력탱크 외의 탱크에 저장하는 디에틸에테르등 또는 아세트알데히드등의 온도는 산화프로필렌과 이를 함유한 것 또는 디에틸에테르등에 있어서는 30℃ 이하로, 아세트알데히드 또는 이를 함유한 것에 있어서는 15℃ 이하로 각각 유지할 것

아. 옥외저장탱크·옥내저장탱크 또는 지하저장탱크 중 압력탱크에 저장하는 아세트알데히드 등

또는 디에틸에테르등의 온도는 40℃ 이하로 유지할 것
자. 보냉장치가 있는 이동저장탱크에 저장하는 아세트알데히드등 또는 디에틸에테르등의 온도는 당해 위험물의 비점 이하로 유지할 것
차. 보냉장치가 없는 이동저장탱크에 저장하는 아세트알데히드등 또는 디에틸에테르등의 온도는 40℃ 이하로 유지할 것

제68회 과년도 문제풀이(2020년)

01. 다음에서 설명하는 물질에 대하여 답하시오.

> • 제4류 위험물로 증기비중 3.8이고 벤젠을 철 촉매 하에서 염소화시켜 제조
> • 황산을 촉매로 하여 트리클로로에탄올(C_2HCl_3O)과 반응해 DDT를 제조하는데 사용

가. 구조식
나. 위험등급
다. 지정수량
라. 이동탱크저장소 도선접지유무

정답

가.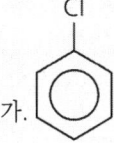

나. 위험등급 Ⅲ
다. 1,000L
라. 접지도선을 설치하여야 한다.

해설

1. 클로로벤젠
   1) 제4류 위험물 인화성액체 제2석유류 비수용성 지정수량 1000L 위험등급 Ⅲ
   2) 물성

화학식	분자량	비중	증기비중	비점	인화점	융점	구조식
C_6H_5Cl	112.6	1.1	3.88	132℃	27℃	-45℃	

   3) 특징 : 벤젠의 염화물이며 페닐기 에 염소가 붙어있다. 물에는 녹지 않고, 대부분의 유기용매와 임의의 비율로 섞인다.

4) 제법 : 벤젠을 철 촉매 하에서 염소화시켜 제조한다.

$$C_6H_6 \xrightarrow[FeCl_3]{Cl_2} C_6H_5Cl + HCl$$

5) 용도 : 황산을 촉매로 하여 트리클로로에탄올(C_2HCl_3O)과 반응해 DDT를 제조하는데 사용
   $C_2HCl_3O + 2C_6H_5Cl \rightarrow H_2O + C_{14}H_9Cl_5$

2. DDT(디디티) - $C_{14}H_9Cl_5$
   1) 유기염소계 살충제로써 색깔이 없고, 소수성이나, 지방이나 기름에는 잘녹는 특성을 지니고 있다.
   2) 구조식

3. 이동탱크저장소 접지도선

> 제4류 위험물중 특수인화물, 제1석유류 또는 제2석유류의 이동탱크저장소에는 다음의 각호의 기준에 의하여 접지도선을 설치하여야 한다.
> 1. 양도체(良導體)의 도선에 비닐 등의 절연재료로 피복하여 선단에 접지전극 등을 결착시킬 수 있는 클립(Clip) 등을 부착할 것
> 2. 도선이 손상되지 아니하도록 도선을 수납할 수 있는 장치를 부착할 것

02. 다음 제조소 등의 행정처분기준을 쓰시오.

위반사항	행정처분기준		
	1차	2차	3차
(1) 법 제6조제1항의 후단의 규정에 의한 변경허가를 받지 아니하고, 제조소등의 위치・구조 또는 설비를 변경한 때	경고 또는 사용정지 15일	①	허가취소
(2) 법 제9조의 규정에 의한 완공검사를 받지 아니하고 제조소등을 사용한 때	②	③	허가취소
(3) 법 제18조제2항의 규정에 의한 정기검사를 받지 아니한 때	사용정지 10일	④	⑤

정답

① 사용정지 60일 ② 사용정지 15일
③ 사용정지 60일 ④ 사용정지 30일 ⑤ 허가취소

해설 제조소 등에 대한 행정처분 기준[별표 2]

1. 일반기준
   가. 위반행위가 2 이상인 때에는 그 중 중한 처분기준(중한 처분기준이 동일한 때에는 그 중 하나의 처분기준을 말한다)에 의하되, 2 이상의 처분기준이 동일한 사용정지이거나 업무정지인 경우에는 중한 처분의 2분의 1까지 가중처분할 수 있다.
   나. 사용정지 또는 업무정지의 처분기간 중에 사용정지 또는 업무정지에 해당하는 새로운 위반행위가 있는 때에는 종전의 처분기간 만료일의 다음 날부터 새로운 위반행위에 따른 사용정지 또는 업무정지의 행정처분을 한다.
   다. 차수에 따른 행정처분기준은 최근 2년간 같은 위반행위로 행정처분을 받은 경우에 적용한다. 이 경우 기준적용일은 최근의 위반행위에 대한 행정처분일과 그 처분 후에 같은 위반행위를 한 날을 기준으로 한다.
   라. 사용정지 또는 업무정지의 처분기간이 완료될 때까지 위반행위가 계속되는 경우에는 사용정지 또는 업무정지의 행정처분을 다시 한다.
   마. 사용정지 또는 업무정지에 해당하는 위반행위로서 위반행위의 동기·내용·횟수 또는 그 결과 등을 고려할 때 제2호 각목의 기준을 적용하는 것이 불합리하다고 인정되는 경우에는 그 처분기준의 2분의 1기간까지 경감하여 처분할 수 있다.

2. 개별기준
   가. 제조소등에 대한 행정처분기준

위반사항	근거법규	행정처분기준		
		1차	2차	3차
(1) 법 제6조제1항의 후단의 규정에 의한 변경허가를 받지 아니하고, 제조소등의 위치·구조 또는 설비를 변경한 때	법 제12조	경고 또는 사용정지 15일	사용정지 60일	허가취소
(2) 법 제9조의 규정에 의한 완공검사를 받지 아니하고 제조소등을 사용한 때	법 제12조	사용정지 15일	사용정지 60일	허가취소
(3) 법 제14조제2항의 규정에 의한 수리·개조 또는 이전의 명령에 위반한 때	법 제12조	사용정지 30일	사용정지 90일	허가취소
(4) 법 제15조제1항 및 제2항의 규정에 의한 위험물안전관리자를 선임하지 아니한 때	법 제12조	사용정지 15일	사용정지 60일	허가취소
(5) 법 제15조제5항을 위반하여 대리자를 지정하지 아니한 때	법 제12조	사용정지 10일	사용정지 30일	허가취소
(6) 법 제18조제1항의 규정에 의한 정기점검을 하지 아니한 때	법 제12조	사용정지 10일	사용정지 30일	허가취소
(7) 법 제18조제2항의 규정에 의한 정기검사를 받지 아니한 때	법 제12조	사용정지 10일	사용정지 30일	허가취소

위반사항	근거법규			
(8) 법 제26조의 규정에 의한 저장·취급기준 준수명령을 위반한 때	법 제12조	사용정지 30일	사용정지 60일	허가취소

나. 안전관리대행기관에 대한 행정처분기준

위반사항	근거법규	행정처분기준		
		1차	2차	3차
(1) 허위 그 밖의 부정한 방법으로 등록을 한 때	제58조	지정취소		
(2) 탱크시험자의 등록 또는 다른 법령에 의한 안전관리업무대행기관의 지정·승인 등이 취소된 때	제58조	지정취소		
(3) 다른 사람에게 지정서를 대여한 때	제58조	지정취소		
(4) 별표 22의 규정에 의한 안전관리대행기관의 지정기준에 미달되는 때	제58조	업무정지 30일	업무정지 60일	지정취소
(5) 제57조제4항의 규정에 의한 소방청장의 지도·감독에 정당한 이유 없이 따르지 아니한 때	제58조	업무정지 30일	업무정지 60일	지정취소
(6) 제57조제5항의 규정에 의한 변경 등의 신고를 연간 2회 이상 하지 아니한 때	제58조	경고 또는 업무정지 30일	업무정지 90일	지정취소
(7) 안전관리대행기관의 기술인력이 제59조의 규정에 의한 안전관리업무를 성실하게 수행하지 아니한 때	제58조	경고	업무정지 90일	지정취소

다. 탱크시험자에 대한 행정처분기준

위반사항	근거법규	행정처분기준		
		1차	2차	3차
(1) 허위 그 밖의 부정한 방법으로 등록을 한 경우	법 제16조제5항	등록취소		
(2) 법 제16조제4항 각호의 1의 등록의 결격사유에 해당하게 된 경우	법 제16조제5항	등록취소		
(3) 다른 자에게 등록증을 빌려준 경우	법 제16조제5항	등록취소		
(4) 법 제16조제2항의 규정에 의한 등록기준에 미달하게 된 경우	법 제16조제5항	업무정지 30일	업무정지 60일	등록취소
(5) 탱크안전성능시험 또는 점검을 허위로 하거나 이 법에 의한 기준에 맞지 아니하게 탱크안전성능시험 또는 점검을 실시하는 경우 등 탱크시험자로서 적합하지 아니하다고 인정되는 경우	법 제16조제5항	업무정지 30일	업무정지 90일	등록취소

03. 위험물제조소 내의 위험물을 취급하는 배관의 재질에서 강관을 제외한 재질 3가지를 쓰시오.

정답 위험물제조소 배관의 재질
강관, 유리섬유강화플라스틱, 고밀도폴리에틸렌, 폴리우레탄

해설 위험물제조소 배관 기준
1. 배관의 재질은 강관 그 밖에 이와 유사한 금속성으로 하여야 한다. 다만, 다음 각 목의 기준에 적합한 경우에는 그러하지 아니하다.
   가. 배관의 재질은 한국산업규격의 유리섬유강화플라스틱·고밀도폴리에틸렌 또는 폴리우레탄으로 할 것
   나. 배관의 구조는 내관 및 외관의 이중으로 하고, 내관과 외관의 사이에는 틈새공간을 두어 누설 여부를 외부에서 쉽게 확인할 수 있도록 할 것. 다만, 배관의 재질이 취급하는 위험물에 의해 쉽게 열화될 우려가 없는 경우에는 그러하지 아니하다.
   다. 국내 또는 국외의 관련공인시험기관으로부터 안전성에 대한 시험 또는 인증을 받을 것
   라. 배관은 지하에 매설할 것. 다만, 화재 등 열에 의하여 쉽게 변형될 우려가 없는 재질이거나 화재 등 열에 의한 악영향을 받을 우려가 없는 장소에 설치되는 경우에는 그러하지 아니하다.
2. 배관에 걸리는 최대상용압력의 1.5배 이상의 압력으로 내압시험(불연성의 액체 또는 기체를 이용하여 실시하는 시험을 포함한다)을 실시하여 누설 그 밖의 이상이 없는 것으로 하여야 한다.
3. 배관을 지상에 설치하는 경우에는 지진·풍압·지반침하 및 온도변화에 안전한 구조의 지지물에 설치하되, 지면에 닿지 아니하도록 하고 배관의 외면에 부식방지를 위한 도장을 하여야 한다. 다만, 불변강관 또는 부식의 우려가 없는 재질의 배관의 경우에는 부식방지를 위한 도장을 아니할 수 있다.
4. 배관을 지하에 매설하는 경우에는 다음 각목의 기준에 적합하게 하여야 한다.
   가. 금속성 배관의 외면에는 부식방지를 위하여 도복장·코팅 또는 전기방식 등의 필요한 조치를 할 것
   나. 배관의 접합부분(용접에 의한 접합부 또는 위험물의 누설의 우려가 없다고 인정되는 방법에 의하여 접합된 부분을 제외한다)에는 위험물의 누설여부를 점검할 수 있는 점검구를 설치할 것
   다. 지면에 미치는 중량이 당해 배관에 미치지 아니하도록 보호할 것
5. 배관에 가열 또는 보온을 위한 설비를 설치하는 경우에는 화재예방상 안전한 구조로 하여야 한다.

04. 1기압 25 [℃]에서 에틸알코올 200 [g]이 완전 연소하기 위한 필요한 이론공기량[L]을 구하시오.

정답
1,518.67 [L]

해설
1. 에틸알코올 완전연소반응식 $C_2H_5OH + 3O_2 \rightarrow 2CO_2 + 3H_2O$
2. 비례식으로 에틸알코올 200g일 때 산소의 양을 구하면
   $46g : (3 \times 32)g : 200g : Xg$ ∴ $X = 417.39g$
3. 이상기체상태방정식으로 산소의 부피를 구하면
   $$V = \frac{WRT}{PM} = \frac{417.39 \times 0.08205 \times 298}{1 \times 32} = 318.92 L$$
4. 이론공기량 = 318.92L/0.21 = 1,518.67L

05. 다음 물음에 답하시오.

- 제4류 위험물 제 1석유류
- 분자량 60, 인화점 -19 [℃], 비중 0.98
- 달콤한 냄새
- 가수분해하여 제2석유류 생성

가. 가수분해하여 알코올류와 제2석유류를 생성하는 화학반응식을 쓰시오.
나. 가. 화학반응식에서 생성된 알코올류의 완전연소반응식을 쓰시오.
다. 가. 화학반응식에서 생성된 제2석유류의 완전연소반응식을 쓰시오.

정답
가. $HCOOCH_3 + H_2O \rightarrow CH_3OH + HCOOH$
나. $2CH_3OH + 3O_2 \rightarrow 4H_2O + 2CO_2$
다. $2HCOOH + O_2 \rightarrow 2H_2O + 2CO_2$

해설
1. 가수분해
   화학 반응 시 물과 반응하여 원래 하나였던 큰 분자가 몇 개의 이온이나 분자로 분해되는 반응
2. 의산메틸
   1) 물성

화학식	비중	비점	인화점	착화점	연소범위
HCOOCH$_3$	0.98	32[℃]	-19[℃]	449[℃]	5~20[%]

   2) 럼주와 같은 향기를 가진 무색, 투명한 액체이다.
   3) 의산과 메틸알코올의 축합물로서 가수분해하면 의산과 메틸알코올이 된다.
      $HCOOCH_3 + H_2O \rightarrow CH_3OH + HCOOH$

06. 드라이아이스를 100 [g], 압력이 100 [kPa], 온도가 30 [℃]일 때 기체의 부피는 몇 [L]인지 계산하시오.

정답
57.25 [L]

해설
$$V = \frac{WRT}{PM} = \frac{100g \times 0.08205 \times 303(K)}{\left(\frac{100KPa}{101.325KPa}\right) \times 1atm \times 44g} = 57.25L$$

07. 다음은 제6류 위험물과 유황을 옥외저장소에 저장할 때에 관한 내용이다. 다음 ( ) 안에 알맞은 답을 하시오.

㉮ (①) 또는 (②)을 저장하는 옥외저장소에는 불연성 또는 난연성의 천막 등을 설치하여 햇빛을 가릴 것
㉯ 경계표시에는 유황이 넘치거나 비산하는 것을 방지하기 위한 천막 등을 고정하는 장치를 설치하되, 천막 등을 고정하는 장치는 경계표시의 길이 (③) [m]마다 한개 이상 설치할 것
㉰ 유황을 저장 또는 취급하는 장소의 주위에는 (④)와 (⑤)를 설치할 것

[정답]
① 과산화수소
② 과염소산
③ 2
④ 배수구
⑤ 분리장치

[해설] 옥외저장소의 기준
1. 과산화수소 또는 과염소산을 저장하는 옥외저장소에는 불연성 또는 난연성의 천막 등을 설치하여 햇빛을 가릴 것
2. 경계표시에는 유황이 넘치거나 비산하는 것을 방지하기 위한 천막 등을 고정하는 장치를 설치하되, 천막 등을 고정하는 장치는 경계표시의 길이 2m 마다 한 개 이상 설치할 것
3. 유황을 저장 또는 취급하는 장소의 주위에는 배수구와 분리장치를 설치할 것

08. 위험물의 성질란에 규정된 성상을 2가지 이상 포함하는 물품을 복수성상물품이라 한다. 이 물품이 속하는 품명의 판단기준을 괄호 안에 맞는 유별을 쓰시오.

㉮ 복수성상물품이 산화성 고체의 성상 및 가연성 고체의 성상을 가지는 경우 : (　)류 위험물
㉯ 복수성상물품이 산화성 고체의 성상 및 자기반응성 물질의 성상을 가지는 경우 : (　)류 위험물
㉰ 복수성상물품이 가연성 고체의 성상과 자연발화성 물질의 성상 및 금수성 물질의 성상을 가지는 경우 : (　)류 위험물
㉱ 복수성상물품이 자연발화성 물질의 성상, 금수성 물질의 성상 및 인화성액체의 성상을 가지는 경우 : (　)류 위험물
㉲ 복수성상물품이 인화성 액체의 성상 및 자기반응성 물질의 성상을 가지는 경우 : (　)류 위험물

정답

㉮ 제2류 ㉯ 제5류 ㉰ 제3류 ㉱ 제3류 ㉲ 제5류

해설

성질란에 규정된 성상을 2가지 이상 포함하는 물품(이하 "복수성상물품"이라 한다)이 속하는 품명은 다음에 의한다.

1. 복수성상물품이 산화성 고체(제1류)의 성상 및 가연성 고체(제2류)의 성상을 가지는 경우 : 제2류 제8호의 규정에 의한 품명
2. 복수성상물품이 산화성 고체(제1류)의 성상 및 자기반응성 물질(제5류)의 성상을 가지는 경우 : 제5류 제11호의 규정에 의한 품명
3. 복수성상물품이 가연성 고체(제2류)의 성상과 자연발화성 물질의 성상(제3류) 및 금수성 물질(제3류)의 성상을 가지는 경우 : 제3류 제12호의 규정에 의한 품명
4. 복수성상물품이 자연발화성 물질(제3류)의 성상, 금수성 물질의 성상(제3류) 및 인화성 액체(제4류)의 성상을 가지는 경우 : 제3류 제12호의 규정에 의한 품명
5. 복수성상물품이 인화성 액체(제4류)의 성상 및 자기반응성 물질(제5류)의 성상을 가지는 경우 : 제5류 제11호의 규정에 의한 품명

09. 불활성가스소화설비에서 이산화탄소의 설치기준에 대한 설명이다. 물음에 답하시오.

가. 전역방출방식의 이산화탄소의 분사헤드의 방사압력은 고압식의 것에 있어서 몇 [MPa]인가?

나. 전역방출방식의 이산화탄소의 분사헤드의 방사압력은 저압식의 것에 있어서 몇 [MPa]인가?

다. 전역방출방식의 불활성가스(IG-541)의 분사헤드의 방사압력은 몇 [MPa]인가?

라. 전역방출방식의 불활성가스(IG-100)의 분사헤드의 방사압력은 몇 [MPa]인가?

마. 전역방출방식의 이산화탄소의 분사헤드는 소화약제의 양을 몇 초 이내에 균일하게 방사해야 하는가?

정답

가. 2.1MPa 이상   나. 1.05MPa 이상   다. 1.9MPa 이상
라. 1.9MPa 이상   마. 60초 이내

[해설] 세부기준 제134조(불활성가스소화설비의 기준)
1. 전역방출방식의 불활성가스소화설비의 분사헤드는 다음 각목에 정한 것에 의할 것
    1) 방사된 소화약제가 방호구역의 전역에 균일하고 신속하게 방사할 수 있도록 설치할 것
    2) 분사헤드의 방사압력은 다음에 정한 기준에 의할 것
        (1) 이산화탄소를 방사하는 분사헤드 중 고압식의 것(소화약제가 상온으로 용기에 저장되어 있는 것을 말한다. 이하 같다)에 있어서는 2.1MPa 이상, 저압식의 것(소화약제가 영하 18℃ 이하의 온도로 용기에 저장되어 있는 것을 말한다. 이하 같다)에 있어서는 1.05MPa 이상일 것
        (2) 질소(이하 "IG-100"이라 한다), 질소와 아르곤의 용량비가 50대50인 혼합물(이하 "IG-55"라 한다) 또는 질소와 아르곤과 이산화탄소의 용량비가 52대40대8인 혼합물(이하 "IG-541"이라 한다)을 방사하는 분사헤드는 1.9MPa 이상일 것
    3) 이산화탄소를 방사하는 것은 제3호가목에 정하는 소화약제의 양을 60초 이내에 균일하게 방사하고, IG-100, IG-55 또는 IG-541을 방사하는 것은 제3호가목에 정하는 소화약제의 양의 95% 이상을 60초 이내에 방사할 것

10. 규조토에 흡수시켜 다이너마이트를 제조할 때 사용하는 제5류 위험물에 대하여 다음 각 물음에 답하시오.

가. 품명
나. 화학식
다. 200℃에서 폭발분해반응식

[정답]

가. 질산에스테르류
나. $C_3H_5(ONO_2)_3$
다. $4C_3H_5(ONO_2)_3 \rightarrow 12CO_2\uparrow + 10H_2O + 6N_2\uparrow + O_2\uparrow$

[해설] 니트로글리세린

1. 물성

화학식	융점	비점	착화점
$C_3H_5(ONO_2)_3$	14 [℃]	160 [℃]	210 [℃]

2. 무색, 투명한 기름성의 액체(공업용 : 담황색)이다.
3. 알코올, 에테르, 벤젠, 아세톤, 등 유기용제에는 녹는다.
4. 가열, 마찰, 충격에 민감하다(폭발을 방지하기 위하여 다공성물질에 흡수시킨다)
    - 다공성 물질 : 규조토, 톱밥, 소맥분, 전분
5. 피부 및 호흡에 의해 인체의 순환계통에 용이하게 흡수된다.

6. 수산화나트륨-알코올의 혼합액에 분해하여 비폭발성물질로 된다.
7. 상온에서 액체이고 겨울에는 동결한다.
8. 일부가 동결한 것은 액상의 것보다 충격에 민감하다.
9. 규조토에 흡수시켜 다이너마이트를 제조할 때 사용한다.

11. 다음 위험물이 물과 반응할 때 반응식을 쓰시오. (단, 반응이 없으면 "반응 없음"이라고 기재할 것)

가. 과산화나트륨
나. 탄화칼슘
다. 트리메틸알루미늄
라. 인화칼슘
마. 아세트알데히드

정답

가. $2Na_2O_2 + 2H_2O \rightarrow 4NaOH + O_2$
나. $CaC_2 + 2H_2O \rightarrow Ca(OH)_2 + C_2H_2$
다. $(CH_3)_3Al + 3H_2O \rightarrow Al(OH)_3 + 3CH_4$
라. $Ca_3P_2 + 6H_2O \rightarrow 3Ca(OH)_2 + 2PH_3$
마. 반응 없음

해설

품목	과산화나트륨	탄화칼슘	트리메틸알루미늄	인화칼슘	아세트알데히드
화학식	Na_2O_2	CaC_2	$(CH_3)_3Al$	Ca_3P_2	CH_3CHO
류별	제1류	제3류	제3류	제3류	제4류
품명	무기과산화물	칼슘탄화물	알킬알루미늄	금속인화물	특수인화물
물반응가스	O_2	C_2H_2	CH_4	PH_3	반응 없음

12. 특수인화물 중 물에 저장하는 것에 대하여 다음 물음에 답하시오.

가. 연소반응식
나. 증기비중
다. 벽의 두께
라. 바닥의 두께

정답

가. $CS_2 + 3O_2 \rightarrow CO_2 + 2SO_2$
나. 2.62
다. 0.2m
라. 0.2m

해설 이황화탄소

1. 제4류위험물 인화성액체 특수인화물, 위험등급Ⅰ, 지정수량 50L
2. 연소반응식 : $CS_2 + 3O_2 \rightarrow CO_2 + 2SO_2$
3. 물성

명칭	화학식	분자량	인화점℃	비점℃	착화점℃	비중	연소범위%
S=C=S	CS_2	76	-30	46	100	1.26	1~44

4. 증기비중 : 76/29 = 2.62
5. 보관방법 : 이황화탄소의 옥외저장탱크는 벽 및 바닥의 두께가 0.2m 이상이고 누수가 되지 아니하는 철근콘크리트의 수조에 넣어 보관하여야 한다. 이 경우 보유공지·통기관 및 자동계량장치는 생략할 수 있다.
6. 용도 : 비스코스 레이온 수지, 셀로판, 사염화탄소 등 각종 화합물 합성의 재료, 살충제, 국소 마취제, 고무 황화 촉진제, 용매, 분석용 시약

13. 바닥면적 2,000m²의 옥내저장소 저장창고에 저장할 수 있는 제3류 위험물의 품명 5가지를 쓰시오.

> **정 답**
> 1. 알칼리금속(칼륨 및 나트륨은 제외한다) 및 알칼리토금속
> 2. 유기금속화합물(알킬알루미늄 및 알킬리튬은 제외한다)
> 3. 금속의 수소화물
> 4. 금속의 인화물
> 5. 칼슘 또는 알루미늄의 탄화물
>
> **해설** 옥내저장소 하나의 저장창고의 바닥면적
> 1. 다음의 위험물을 저장하는 창고 : 1,000m²
>   1) 제1류 위험물 중 아염소산염류, 염소산염류, 과염소산염류, 무기과산화물 그 밖에 지정수량이 50kg인 위험물
>   2) 제3류 위험물 중 칼륨, 나트륨, 알킬알루미늄, 알킬리튬 그 밖에 지정수량이 10kg인 위험물 및 황린
>   3) 제4류 위험물 중 특수인화물, 제1석유류 및 알코올류
>   4) 제5류 위험물 중 유기과산화물, 질산에스테르류 그 밖에 지정수량이 10kg인 위험물
>   5) 제6류 위험물
> 2. 가목의 위험물 외의 위험물을 저장하는 창고 : 2,000m²
> 3. 가목의 위험물과 나목의 위험물을 내화구조의 격벽으로 완전히 구획된 실에 각각 저장하는 창고 : 1,500m²(가목의 위험물을 저장하는 실의 면적은 500m²를 초과할 수 없다)

14. 제1류 위험물인 과산화칼륨이 다음과 같이 반응할 때 반응식을 쓰시오.

① 물과의 반응
② 이산화탄소와의 반응
③ 아세트산과의 반응

> **정 답**
> ① $2K_2O_2 + 2H_2O \rightarrow 4KOH + O_2$
> ② $2K_2O_2 + 2CO_2 \rightarrow 2K_2CO_3 + O_2 \uparrow$
> ③ $K_2O_2 + 2CH_3COOH \rightarrow 2CH_3COOK + H_2O_2$

해설 과산화칼륨(K_2O_2)

물성: 몰, 질량: 110.196g/mol, 녹는점: 490℃

1. 무색 또는 오렌지색 결정
2. 가열하면 산화칼륨과 산소 발생
   - $2K_2O_2 \rightarrow 2K_2O + O_2$
3. 물에 녹으면 수산화칼륨 산소 발생
   - $2K_2O_2 + 2H_2O \rightarrow 4KOH + O_2 \uparrow$
4. 흡습성, 에탄올에 잘 녹음
   - $K_2O_2 + 2C_2H_5OH \rightarrow 2C_2H_5OK + H_2O_2 \uparrow$
5. 가열하면 폭발을 일으키며 물과 반응하여 발열하고 심하면 폭발
6. 피부 접촉하면 피부 부식시킴
   - 이산화탄소와 반응: $2K_2O_2 + 2CO_2 \rightarrow 2K_2CO_3 + O_2 \uparrow$
   - 황산과 반응: $K_2O_2 + H_2SO_4 \rightarrow K_2SO_4 + H_2O_2 \uparrow$
   - 아세트산 반응: $K_2O_2 + 2CH_3COOH \rightarrow 2CH_3COOK + H_2O_2 \uparrow$

15. 위험물안전관리에 관한 세부기준에 따르면 배관 등의 용접부에는 방사선투과시험을 실시한다. 다만, 방사선투과시험을 실시하기 곤란한 경우 괄호에 알맞은 비파괴시험을 쓰시오.

> ① 두께 6 [mm] 이상인 배관에 있어서 (㉮) 및 (㉯)을 실시할 것, 다만 강자성체 외의 재료로 된 배관에 있어서는 (㉰)을 (㉱)으로 대체할 수 있다.
> ② 두께 6 [mm] 미만인 배관과 초음파탐상시험을 실시하기 곤란한 배관에 있어서는 (㉲)을 실시하여야 한다.

정답

㉮ 초음파탐상시험   ㉯ 자기탐상시험
㉰ 자기탐상시험   ㉱ 침투탐상시험
㉲ 자기탐상시험

해설 제122조(비파괴시험방법) [세부기준 제120조]

1. 배관 등의 용접부에는 방사선투과시험 또는 영상초음파탐상시험을 실시한다. 다만, 방사선투과시험 또는 영상초음파탐상시험을 실시하기 곤란한 경우에는 다음 각 호의 기준에 따른다.
   1) 두께가 6mm 이상인 배관에 있어서는 초음파탐상시험 및 자기탐상시험을 실시할 것. 다만, 강자성체 외의 재료로 된 배관에 있어서는 자기탐상시험을 침투탐상시험으로 대체할 수 있다.
   2) 두께가 6mm 미만인 배관과 초음파탐상시험을 실시하기 곤란한 배관에 있어서는 자기탐상시험을 실시할 것

2. 용접부의 방사선투과시험은 「강 용접 이음부의 방사선 투과 시험 방법」(KS B 0845), 「알루미늄 평판 접합 용접부의 방사선 투과 시험 방법」(KS D 0242) 및 「알루미늄관의 원둘레 용접부의 방사선 투과 시험 방법」(KS B 0838)을, 초음파탐상시험은 「강 용접부의 초음파 탐상 시험 방법」(KS B 0896)을, 자기탐상시험은 「철강 재료의 자분 탐상 시험 방법 및 자분 모양의 분류」(KS D 0213)를, 침투탐상시험은 「침투 탐상 시험 방법 및 침투 지시 모양의 분류」(KS B 0816)를 준용한다. 다만, 방사선투과시험에서 투과사진의 상질적용구분은 내부선원촬영 및 내부필름촬영방법의 경우에는 A급을 적용하고 2중벽편면 및 양면촬영방법은 P1급을 적용한다.

16. 다음 주어진 조건에 따라 위험물제조소의 방화상 유효한 담의 높이를 구하시오.

- 위험물제조소 외벽높이가 2 [m]
- 인근건축물과의 거리 5 [m]
- 인근건축물의 높이 6 [m]
- 제조소등과 방화상 유효한 담과의 거리 2.5 [m]
- 상수 0.15

정답

3.19 [m]

해설

방화상 유효한 담의 높이는 다음에 의하여 산정한 높이 이상으로 한다.

1. $H \leq pD^2+\alpha$인 경우 h=2
2. $H > pD^2+\alpha$인 경우 $h=H-p(D^2-d^2)$
   1) $6m > 0.15 \times 5^2+2$인 경우에 해당하므로 h=5.75
   2) $h=H-p(D^2-d^2)$에 의해 $h=6-0.15(5^2-2.5^2) = 3.19$ [m]
3. 가목 내지 나목에 의하여 산출된 수치가 2 미만일 때에는 담의 높이를 2m로, 4 이상일 때에는 담의 높이를 4m로 하되, 다음의 소화설비를 보강하여야 한다.
   1) 당해 제조소등의 소형소화기 설치대상인 것에 있어서는 대형소화기를 1개 이상 증설을 할 것
   2) 해당 제조소등이 대형소화기 설치대상인 것에 있어서는 대형소화기 대신 옥내소화전설비·옥외소화전설비·스프링클러설비·물분무소화설비·포소화설비·불활성가스소화설비·할로겐화합물소화설비·분말소화설비 중 적응소화설비를 설치할 것
   3) 해당 제조소등이 옥내소화전설비·옥외소화전설비·스프링클러설비·물분무소화설비·포소화설비·불활성가스소화설비·할로겐화합물소화설비 또는 분말소화설비 설치대상인 것에 있어서는 반경 30m마다 대형소화기 1개 이상을 증설할 것

17. 다음 위험물안전관리법에서 정하는 용어의 정의를 쓰시오.

가. 액체　　나. 기체　　다. 인화성고체

정답
가. 1기압 및 섭씨 20도에서 액상인 것 또는 섭씨 20도 초과 섭씨 40도 이하에서 액상인 것
나. 1기압 및 섭씨 20도에서 기상인 것
다. 고형알코올 그 밖에 1기압에서 인화점이 섭씨 40도 미만인 고체

해설 용어의 정의
1. "산화성고체"라 함은 고체[액체(1기압 및 섭씨 20도에서 액상인 것 또는 섭씨 20도 초과 섭씨 40도 이하에서 액상인 것을 말한다. 이하 같다)또는 기체(1기압 및 섭씨 20도에서 기상인 것을 말한다)외의 것을 말한다.]로서 산화력의 잠재적인 위험성 또는 충격에 대한 민감성을 판단하기 위하여 소방청장이 정하여 고시하는 시험에서 고시로 정하는 성질과 상태를 나타내는 것을 말한다. 이 경우 "액상"이라 함은 수직으로 된 시험관(안지름 30mm, 높이 120mm의 원통형유리관을 말한다)에 시료를 55mm까지 채운 다음 당해 시험관을 수평으로 하였을 때 시료액면의 선단이 30mm를 이동하는 데 걸리는 시간이 90초 이내에 있는 것을 말한다.
2. "인화성고체"라 함은 고형알코올 그 밖에 1기압에서 인화점이 섭씨 40도 미만인 고체를 말한다.

18. 다음 위험물 제조소에 방화에 관하여 필요한 게시판 설치 시 표시하여야 할 주의사항을 쓰시오. (해당 없으면 "해당없음"이라고 쓸 것)

가. 인화성고체　　나. 적린　　다. 질산　　라. 질산암모늄　　마. 과산화나트륨

정답
가. 화기엄금　　나. 화기주의
다. 해당없음　　라. 해당없음
마. 물기엄금

해설 표지 및 게시판(규칙 별표4)
1. 제조소에는 보기 쉬운 곳에 다음 각목의 기준에 따라 "위험물 제조소"라는 표시를 한 표지를 설치하여야 한다.
　가. 표지는 한 변의 길이가 0.3m 이상, 다른 한 변의 길이가 0.6m 이상인 직사각형으로 할 것
　나. 표지의 바탕은 백색으로, 문자는 흑색으로 할 것
2. 제조소에는 보기 쉬운 곳에 다음 각목의 기준에 따라 방화에 관하여 필요한 사항을 게시한 게시판을 설치하여야 한다.

가. 게시판은 한 변의 길이가 0.3m 이상, 다른 한 변의 길이가 0.6m 이상인 직사각형으로 할 것
나. 게시판에는 저장 또는 취급하는 위험물의 유별·품명 및 저장최대수량 또는 취급최대수량, 지정수량의 배수 및 안전관리자의 성명 또는 직명을 기재할 것
다. 나목의 게시판의 바탕은 백색으로, 문자는 흑색으로 할 것
라. 나목의 게시판 외에 저장 또는 취급하는 위험물에 따라 다음의 규정에 의한 주의사항을 표시한 게시판을 설치할 것
    1) 제1류 위험물 중 알칼리금속의 과산화물과 이를 함유한 것 또는 제3류 위험물 중 금수성물질에 있어서는 "물기엄금"
    2) 제2류 위험물(인화성고체를 제외한다)에 있어서는 "화기주의"
    3) 제2류 위험물 중 인화성고체, 제3류 위험물 중 자연발화성물질, 제4류 위험물 또는 제5류 위험물에 있어서는 "화기엄금"
마. 라목의 게시판의 색은 "물기엄금"을 표시하는 것에 있어서는 청색바탕에 백색문자로, "화기주의" 또는 "화기엄금"을 표시하는 것에 있어서는 적색바탕에 백색문자로 할 것

19. "A"는 부산물(비수용성, 인화점 210℃)을 이용하여 석유제품(비수용성, 인화점 60℃)으로 정제 및 제조하기 위해 위험물시설을 보유하고자 한다. "A"는 정제된 위험물을 옥외탱크에 10만리터를 저장, 이동탱크저장소를 이용하여 판매하고 추가로 2만리터를 더 저장하여 판매하기 위한 공간을 마련할 계획이다. 이 사업장의 시설은 다음과 같다. 물음에 답하시오.

- 석유제품 생산을 위한 부산물을 수집하기 위한 탱크로리 용량 5천리터 1대와 2만리터 1대
- 위험물에 속하는 부산물을 석유제품으로 정제하기 위한 시설(지정수량 10배)
- 제조한 석유제품을 저장하기 위한 용량이 10만리터인 옥외탱크저장소 1기
- 제조한 위험물을 출하하기 위해 탱크로리에 주입하는 일반취급소
- 제조한 위험물을 판매처에 운송하기 위한 용량 5천리터의 탱크로리 1대

가. 위 사업장에서 허가를 받아야 하는 제조소 등의 종류를 모두 쓰시오.
나. 위 사업장에 선임해야 하는 안전관리자에 대해 다음 물음에 답하시오.
    ① 위험물안전관리자 선임대상인 제조소 등의 종류를 모두 쓰시오.
    ② 선임가능한 자격가능자를 쓰시오.
    ③ 중복하여 선임할 수 있는 안전관리자의 최소인원은 몇 명인가?
다. 위 사업장에서 정기점검 대상에 해당하는 제조소 등을 모두 쓰시오.
라. 위 사업장의 제조소에 관해 다음 물음에 답하시오.
    ① 위 제조소의 보유공지는 몇 [m] 이상인가?
    ② 제조소와 인근에 위치한 종합병원과의 안전거리는 몇 [m]이상인가?(단, 제조소와 종합병원 사이에는 방화상 유효한 격벽이 설치되어 있지 않음)

> 정답

가. 이동탱크저장소, 제조소, 옥외탱크저장소, 충전하는 일반취급소
나. ① 제조소, 일반취급소, 옥외탱크저장소
　　② 위험물기능장, 위험물산업기사, 위험물기능사, 안전관리자교육이수자, 소방공무원 경력자 (경력이 3년 이상)
　　③ 2명
다. 제조소, 이동탱크저장소
라. ① 3[m]
　　② 30[m]

> 해설

1. 허가를 받아야 하는 제조소 등의 종류

> 1) 석유제품 생산을 위한 부산물을 수집하기 위한 탱크로리 용량 5천리터 1대와 2만리터 1대 : (이동탱크저장소 2개)
> 2) 위험물에 속하는 부산물을 석유제품으로 정제하기 위한 시설(지정수량 10배) : (제조소 1개)
> 3) 제조한 석유제품을 저장하기 위한 용량이 10만리터인 옥외탱크저장소 1기 : (옥외탱크저장소 1개)
> 4) 추가로 2만리터를 더 저장하여 판매하기 위한 공간을 마련할 계획(옥외탱크저장소 1개)
> 5) 제조한 위험물을 출하하기 위해 탱크로리에 주입하는 일반취급소 : (충전하는 일반 취급소 1개)
> 6) 제조한 위험물을 판매처에 운송하기 위한 용량 5천리터의 탱크로리 1대 : (이동탱크저장소 1개)

2. 위험물안전관리자 선임대상인 제조소 등의 종류(법 제15조)
   1) 제조소등[허가를 받지 아니하는 제조소등과 이동탱크저장소(차량에 고정된 탱크에 위험물을 저장 또는 취급하는 저장소를 말한다)를 제외]의 관계인은 위험물의 안전관리에 관한 직무를 수행하게 하기 위하여 제조소등마다 대통령령이 정하는 위험물의 취급에 관한 자격이 있는 자(위험물취급자격자)를 위험물안전관리자(안전관리자)로 선임하여야 한다. 다만, 제조소등에서 저장·취급하는 위험물이 「화학물질관리법」에 따른 유독물질에 해당하는 경우 등 대통령령이 정하는 경우에는 당해 제조소등을 설치한 자는 다른 법률에 의하여 안전관리업무를 하는 자로 선임된 자 가운데 대통령령이 정하는 자를 안전관리자로 선임할 수 있다. 이동탱크저장소에는 안전관리자 선임의무가 없는데, 이는 이동탱크저장소의 운행은 위험물운송자 자격이 있는 자에 한하여 허용하기 때문이다. 위험물운송자는 선임 및 신고의 절차는 없으며 자동차 운전면허증과 같이 자격을 소지한 자이면 이동탱크 저장소를 운행할 수 있다.

3. 위험물안전관리자로 선임할 수 있는 위험물취급자격자 등(령 제11조)

위험물취급자격자의 자격(령 별표5)

위험물취급자격자의 구분	취급할 수 있는 위험물
1. 「국가기술자격법」에 따라 위험물기능장, 위험물산업기사, 위험물기능사의 자격을 취득한 사람	별표 1의 모든 위험물
2. 안전관리자교육이수자(법 28조제1항에 따라 소방청장이 실시하는 안전관리자교육을 이수한 자를 말한다. 이하 별표 6에서 같다)	별표 1의 위험물 중 제4류 위험물
3. 소방공무원 경력자(소방공무원으로 근무한 경력이 3년 이상인 자를 말한다. 이하 별표 6에서 같다)	별표 1의 위험물 중 제4류 위험물

4. 중복하여 선임할 수 있는 안전관리자의 최소인원

  이동탱크 2대(부산물) → 제조소(부산물,위험물) → 옥외탱크저장소 2기(위험물) → 일반취급소(위험물) → 이동탱크저장소(위험물)

1) 1인의 안전관리자를 중복하여 선임할 수 있는 경우(령 제12조)

1인의 안전관리자를 중복 선임 경우	"A"씨 사업장 현황	안전관리자
1. 보일러·버너 또는 이와 비슷한 것으로서 위험물을 소비하는 장치로 이루어진 7개 이하의 일반취급소와 그 일반취급소에 공급하기 위한 위험물을 저장하는 저장소[일반취급소 및 저장소가 모두 동일구내(같은 건물 안 또는 같은 울 안을 말한다)에 있는 경우에 한한다. 이하 제2호에서 같다]를 동일인이 설치한 경우		
2. 위험물을 차량에 고정된 탱크 또는 운반용기에 옮겨 담기 위한 5개 이하의 일반취급소[일반취급소간의 거리(보행거리를 말한다. 제3호 및 제4호에서 같다)가 300m 이내인 경우에 한한다]와 그 일반취급소에 공급하기 위한 위험물을 저장하는 저장소를 동일인이 설치한 경우		
3. 동일구내에 있거나 상호 100m 이내의 거리에 있는 저장소로서 저장소의 규모, 저장하는 위험물의 종류 등을 고려하여 행정안전부령이 정하는 저장소를 동일인이 설치한 경우	옥외탱크저장소 2개소	1명
4. 다음 각목의 기준에 모두 적합한 5개 이하의 제조소등을 동일인이 설치한 경우 　가. 각 제조소등이 동일구내에 위치하거나 상호 100m 이내의 거리에 있을 것 　나. 각 제조소등에서 저장 또는 취급하는 위험물의 최대수량이 지정수량의 3천배 미만일 것. 다만, 저장소의 경우에는 그러하지 아니하다.	제조소, 일반취급소 2개소 지정수량 3천배 미만	1명
5. 그 밖에 제1호 또는 제2호의 규정에 의한 제조소등과 비슷한 것으로서 행정안전부령이 정하는 제조소등을 동일인이 설치한 경우		

② "대통령령이 정하는 제조소등"(법 15조 : 대리자의 자격이 있는 자를 각 제조소등별로 지정하여 안전관리자를 보조하게 하여야 한다. 대리자란 제조소등의 위험물 안전관리업무에 있어서 안전관리자를 지휘·감독하는 직위에 있는 자)
1. 제조소
2. 이송취급소
3. 일반취급소. 다만, 인화점이 38도 이상인 제4류 위험물만을 지정수량의 30배 이하로 취급하는 일반취급소로서 다음 각 목의 1에 해당하는 일반취급소를 제외한다.
   가. 보일러·버너 또는 이와 비슷한 것으로서 위험물을 소비하는 장치로 이루어진 일반취급소
   나. 위험물을 용기에 옮겨 담거나 차량에 고정된 탱크에 주입하는 일반취급소

2) 1인의 안전관리자를 중복하여 선임할 수 있는 저장소 등(규칙 제56조)

1인의 안전관리자를 중복 선임 저장소등	"A"씨 사업장 현황	안전관리자
1. 10개 이하의 옥내저장소	-	
2. 30개 이하의 옥외탱크저장소	2개소	1명
3. 옥내탱크저장소	-	
4. 지하탱크저장소	-	
5. 간이탱크저장소	-	
6. 10개 이하의 옥외저장소	-	
7. 10개 이하의 암반탱크저장소	-	

[해석기준]
- 본·제3호·제4호·제5호 상호 간의 중첩적용에 있어서는 제한이 없음
- 제1호·제2호·제6호 상호 간의 중첩적용에 있어서는 개수의 제한의 취지상 안전관리자를 중복 선임하고자 하는 각 저장소의 개수를 해당 저장소의 개수의 상한으로 나누어 얻은 값의 합계가 1을 초과할 수 없음
  예) 옥내저장소 5개와 옥외탱크저장소 15개의 안전관리자를 중복선임 하는 것은 가능함 (5/10 + 15/30 = 30/30)
  예) 옥외저장소 6개와 옥외탱크저장소 10개의 안전관리자를 중복선임 하는 것은 가능함 (6/10 + 10/30 = 28/30)
  예) 옥내저장소 5개와 옥외탱크저장소 20개의 안전관리자를 중복선임 하는 것은 불가함 (5/10 + 20/30 = 35/30)

5. 위 사업장에서 정기점검 대상에 해당하는 제조소 등(령 제16조)

정기점검대상	"A"씨 사업장 시설	대상여부
지정수량의 10배 이상의 위험물을 취급하는 제조소	위험물에 속하는 부산물(비수용성, 인화점 210℃)을 석유제품으로 정제하기 위한 시설(지정수량 10배)	○
지정수량의 200배 이상의 위험물을 저장하는 옥외탱크저장소	㉠ 제조한 석유제품(비수용성, 인화점 60℃)을 저장하기 위한 용량이 10만리터인 옥외탱크저장소 1기 : 옥외탱크저장소 지정수량 배수 $= \frac{100,000}{1,000} = 100$배 ㉡ 정제된 위험물을 추가로 2만리터(비수용성, 인화점 60℃)를 더 저장하여 판매하기 위한 공간을 마련할 계획 : 옥외탱크저장소 지정수량 배수 $= \frac{20,000}{1,000} = 20$배	×
지정수량의 10배 이상의 위험물을 취급하는 일반취급소. 다만, 제4류 위험물(특수인화물을 제외한다)만을 지정수량의 50배 이하로 취급하는 일반취급소(제1석유류·알코올류의 취급량이 지정수량의 10배 이하인 경우에 한한다)로서 다음 각목의 어느 하나에 해당하는 것을 제외한다. 가. 보일러·버너 또는 이와 비슷한 것으로서 위험물을 소비하는 장치로 이루어진 일반취급소 나. 위험물을 용기에 옮겨 담거나 차량에 고정된 탱크에 주입하는 일반취급소	제조한 위험물(비수용성, 인화점 60℃)을 출하하기 위해 탱크로리에 주입하는 일반취급소 : (충전하는 일반 취급소 1개)	×
이동탱크저장소	① 석유제품 생산을 위한 부산물(비수용성, 인화점 210℃)을 수집하기 위한 탱크로리 용량 5천리터 1대와 2만리터 1대 : 이동탱크저장소 지정수량 배수 $= \frac{5,000}{6,000} + \frac{20,000}{6,000} = 4.17$배 ② 제조한 위험물(비수용성, 인화점 60℃)을 판매처에 운송하기 위한 용량 5천리터의 탱크로리 1대 : 이동탱크저장소 지정수량 배수 $= \frac{5,000}{1,000} = 5$배	○

6. 제조소의 보유공지 및 안전거리

1) 보유공지

취급하는 위험물의 최대수량	공지의 너비
지정수량의 10배 이하	3m 이상
지정수량의 10배 초과	5m 이상

풀이) 위험물에 속하는 부산물을 석유제품으로 정제하기 위한 시설(지정수량 10배)이므로 공지의 너비는 3m이다.

2) 제조소의 안전거리

학교·병원·극장 그 밖에 다수인을 수용하는 시설 : 30m 이상

제67회 과년도 문제풀이(2020년)

01. 다음 물음에 답하시오.

1. 제조소를 구매한 자가 지위승계를 신고하고자 할 때 제출서류 3가지를 쓰시오.

2. 제조소등의 위치·구조 또는 설비의 변경 없이 당해 제조소등에서 저장하거나 취급하는 위험물의 품명·수량 또는 지정수량의 배수를 변경하고자 하는 자는 변경하고자 하는 날의 며칠 전까지 시·도지사에게 신고하여야 하는가?

3. B씨는 2019년 2월 1일 A씨로부터 위험물 취급소를 인수한 후 수익성이 없는 것으로 보여 2019년 2월 20일 용도폐기 후 2019년 3월 14일 용도폐지 신청을 하였다.
   ① 위반자는?
   ② 위반내용은?
   ③ 과태료는?

4. 화재예방과 화재 등 재해발생시의 비상조치를 위하여 기재하는 서류 및 제출시기를 쓰시오.

5. 안전관리자 퇴임 후 재선임시 선임신고 주체, 선임기한, 선임신고기한을 쓰시오.

6. 다음 위험물 취급 자격자의 자격사항에 대하여 빈칸을 채우시오.

위험물취급자격자의 구분	취급할 수 있는 위험물
1. 「국가기술자격법」에 따라 위험물기능장, 위험물산업기사, 위험물기능사의 자격을 취득한 사람	(①)
2. 안전관리자교육이수자(소방청장이 실시하는 안전관리자교육을 이수한 자)	(②)
3. 소방공무원 경력자(소방공무원으로 근무한 경력이 3년 이상인 자)	(③)

> **정답**
>
> 1. 별지 제28호 서식의 신고서(전자문서로 된 신고서를 포함한다)에 제조소등의 완공검사합격확인증과 지위승계를 증명하는 서류(전자문서를 포함한다)
> 2. 1일전
> 3. ① B씨
>   ② 용도를 폐지한 날부터 14일 이내에 시·도지사에게 신고하지 않음
>   ③ 과태료 250만 원 이하
> 4. 예방규정, 사용을 시작하기 전
> 5. 관계인, 30일 이내, 14일 이내

6. ① 모든 위험물
② 제4류 위험물
③ 제4류 위험물

해설

1. 지위승계 필요서류

   규칙 제22조(지위승계의 신고) 법 제10조제3항의 규정에 의하여 제조소등의 설치자의 지위승계를 신고하고자 하는 자는 별지 제28호서식의 신고서(전자문서로 된 신고서를 포함한다)에 제조소등의 완공검사합격확인증과 지위승계를 증명하는 서류(전자문서를 포함한다)를 첨부하여 시·도지사 또는 소방서장에게 제출하여야 한다.

2. 위험물의 품명·수량 또는 지정수량의 배수를 변경 신고

   법 제6조(위험물시설의 설치 및 변경 등)

   ① 제조소등을 설치하고자 하는 자는 대통령령이 정하는 바에 따라 그 설치장소를 관할하는 특별시장·광역시장·특별자치시장·도지사 또는 특별자치도지사(이하 "시·도지사"라 한다)의 허가를 받아야 한다. 제조소등의 위치·구조 또는 설비 가운데 행정안전부령이 정하는 사항을 변경하고자 하는 때에도 또한 같다.

   ② 제조소등의 위치·구조 또는 설비의 변경 없이 당해 제조소등에서 저장하거나 취급하는 위험물의 품명·수량 또는 지정수량의 배수를 변경하고자 하는 자는 변경하고자 하는 날의 1일 전까지 행정안전부령이 정하는 바에 따라 시·도지사에게 신고하여야 한다.

   ③ 제1항 및 제2항의 규정에 불구하고 다음 각 호의 어느 하나에 해당하는 제조소등의 경우에는 허가를 받지 아니하고 당해 제조소등을 설치하거나 그 위치·구조 또는 설비를 변경할 수 있으며, 신고를 하지 아니하고 위험물의 품명·수량 또는 지정수량의 배수를 변경할 수 있다.

   1. 주택의 난방시설(공동주택의 중앙난방시설을 제외한다)을 위한 저장소 또는 취급소
   2. 농예용·축산용 또는 수산용으로 필요한 난방시설 또는 건조시설을 위한 지정수량 20배 이하의 저장소
   3. 용도폐지

      1) 법 제11조(제조소등의 폐지) 제조소등의 관계인(소유자·점유자 또는 관리자를 말한다. 이하 같다)은 당해 제조소등의 용도를 폐지(장래에 대하여 위험물시설로서의 기능을 완전히 상실시키는 것을 말한다)한 때에는 행정안전부령이 정하는 바에 따라 제조소등의 용도를 폐지한 날부터 14일 이내에 시·도지사에게 신고하여야 한다.

      2) 법 제39조 과태료 500만 원 이하

         ① 규정에 따른 승인을 받지 아니한 자
         ② 규정에 따른 위험물의 저장 또는 취급에 관한 세부기준을 위반한 자
         ③ 규정에 따른 품명 등의 변경신고를 기간 이내에 하지 아니하거나 허위로 한 자
         ④ 규정에 따른 지위승계신고를 기간 이내에 하지 아니하거나 허위로 한 자
         ⑤ 규정에 따른 제조소등의 폐지신고 또는 안전관리자의 선임신고를 기간 이내에 하지 아니하거나 허위로 한 자
         ⑥ 규정을 위반하여 등록사항의 변경신고를 기간 이내에 하지 아니하거나 허위로 한 자
         ⑦ 규정을 위반하여 점검결과를 기록·보존하지 아니한 자

⑧ 규정에 따른 위험물의 운반에 관한 세부기준을 위반한 자

⑨ 규정을 위반하여 위험물의 운송에 관한 기준을 따르지 아니한 자

4. 비상조치

제17조(예방규정)

① 대통령령이 정하는 제조소등의 관계인은 당해 제조소등의 화재예방과 화재 등 재해발생시의 비상조치를 위하여 행정안전부령이 정하는 바에 따라 예방규정을 정하여 당해 제조소등의 사용을 시작하기 전에 시·도지사에게 제출하여야 한다. 예방규정을 변경한 때에도 또한 같다.

② 시·도지사는 제1항의 규정에 따라 제출한 예방규정이 제5조제3항의 규정에 따른 기준에 적합하지 아니하거나 화재예방이나 재해발생시의 비상조치를 위하여 필요하다고 인정하는 때에는 이를 반려하거나 그 변경을 명할 수 있다.

③ 제1항의 규정에 따른 제조소등의 관계인과 그 종업원은 예방규정을 충분히 잘 익히고 준수하여야 한다.

5. 안전관리자 선임신고

법 제15조(위험물안전관리자)

① 제조소등의 관계인은 위험물의 안전관리에 관한 직무를 수행하게 하기 위하여 제조소등마다 대통령령이 정하는 위험물의 취급에 관한 자격이 있는 자(이하 "위험물취급자격자"라 한다)를 위험물안전관리자(이하 "안전관리자"라 한다)로 선임하여야 한다. 다만, 제조소등에서 저장·취급하는 위험물이 「화학물질관리법」에 따른 유독물질에 해당하는 경우 등 대통령령이 정하는 경우에는 당해 제조소등을 설치한 자는 다른 법률에 의하여 안전관리업무를 하는 자로 선임된 자 가운데 대통령령이 정하는 자를 안전관리자로 선임할 수 있다.

② 제1항의 규정에 따라 안전관리자를 선임한 제조소등의 관계인은 그 안전관리자를 해임하거나 안전관리자가 퇴직한 때에는 해임하거나 퇴직한 날부터 30일 이내에 다시 안전관리자를 선임하여야 한다.

③ 제조소등의 관계인은 제1항 및 제2항에 따라 안전관리자를 선임한 경우에는 선임한 날부터 14일 이내에 행정안전부령으로 정하는 바에 따라 소방본부장 또는 소방서장에게 신고하여야 한다.

④ 제조소등의 관계인이 안전관리자를 해임하거나 안전관리자가 퇴직한 경우 그 관계인 또는 안전관리자는 소방본부장이나 소방서장에게 그 사실을 알려 해임되거나 퇴직한 사실을 확인받을 수 있다.

⑤ 제1항의 규정에 따라 안전관리자를 선임한 제조소등의 관계인은 안전관리자가 여행·질병 그 밖의 사유로 인하여 일시적으로 직무를 수행할 수 없거나 안전관리자의 해임 또는 퇴직과 동시에 다른 안전관리자를 선임하지 못하는 경우에는 국가기술자격법에 따른 위험물의 취급에 관한 자격취득자 또는 위험물안전에 관한 기본지식과 경험이 있는 자로서 행정안전부령이 정하는 자를 대리자(代理者)로 지정하여 그 직무를 대행하게 하여야 한다. 이 경우 대리자가 안전관리자의 직무를 대행하는 기간은 30일을 초과할 수 없다.

⑥ 안전관리자는 위험물을 취급하는 작업을 하는 때에는 작업자에게 안전관리에 관한 필요한 지시를 하는 등 행정안전부령이 정하는 바에 따라 위험물의 취급에 관한 안전관리와 감독을 하여야 하고, 제조소등의 관계인과 그 종사자는 안전관리자의 위험물 안전관리에 관한 의견을 존중하고 그 권고에 따라야 한다.

⑦ 제조소등에 있어서 위험물취급자격자가 아닌 자는 안전관리자 또는 제5항에 따른 대리자가 참여한 상태에서 위험물을 취급하여야 한다.

⑧ 다수의 제조소등을 동일인이 설치한 경우에는 제1항의 규정에 불구하고 관계인은 대통령령이 정하는 바에 따라 1인의 안전관리자를 중복하여 선임할 수 있다. 이 경우 대통령령이 정하는 제조소등의 관계인은 제5항에 따른 대리자의 자격이 있는 자를 각 제조소등별로 지정하여 안전관리자를 보조하게 하여야 한다.

⑨ 제조소등의 종류 및 규모에 따라 선임하여야 하는 안전관리자의 자격은 대통령령으로 정한다.

6. 위험물 취급 자격자의 자격(령 별표5)

위험물취급자격자의 구분	취급할 수 있는 위험물
1. 「국가기술자격법」에 따라 위험물기능장, 위험물산업기사, 위험물기능사의 자격을 취득한 사람	별표1의 모든 위험물
2. 안전관리자교육이수자(소방청장이 실시하는 안전관리자교육을 이수한 자)	별표1의 위험물 중 제4류 위험물
3. 소방공무원 경력자(소방공무원으로 근무한 경력이 3년 이상인 자)	별표1의 위험물 중 제4류 위험물

02. 할로겐화합물 소화약제 중 할론 1301에 대해 다음 각 물음에 답하시오. (단, F의 원자량은 19, Cl의 원자량은 35.5, Br의 원자량은 80, I의 원자량은 149이다)

① 할론 1301에서 각 숫자가 의미하는 원소를 쓰시오.
② 증기비중을 구하시오.

정답

①
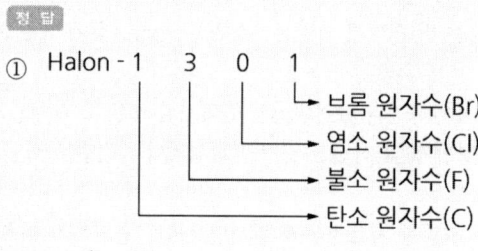

② 5.14

[해설] 할로겐화합물 소화약제
1. 개념 : Halon(Halogenated Hydrocarbon), 할로겐화합물 소화약제는 지방족 탄화수소인 메탄, 에탄 등에서 분자 내의 수소 일부 또는 전부가 할로겐족 원소인 F, Cl, Br, I로 치환된 화합물을 말한다.
2. 명명법
   1) 맨 앞에 Halon이란 명칭을 쓴다.
   2) 그 다음 구성 원소들의 개수를 C, F, Cl, Br, I의 순서대로 쓰되 해당 원소가 없는 경우는 0으로 표시한다.
   3) 맨 끝의 숫자가 0으로 끝나면 0을 생략한다(즉, I의 경우는 없어도 0을 표시하지 않는다).
3. 증기비중
   1) 할론 1301의 분자량 : 149
   2) 증기비중 = 149/29 = 5.14

03. 제1류 위험물인 과산화칼륨이 다음과 같이 반응할 때 반응식을 쓰시오. (단, 반응 없으면 "반응없음"으로 쓰시오)

① 물과의 반응
② 아세트산과의 반응
③ 염산과의 반응

[정답]

① 물과의 반응　　　　　$2K_2O_2 + 2H_2O \rightarrow 4KOH + O_2$
② 아세트산과의 반응　　$K_2O_2 + 2CH_3COOH \rightarrow 2CH_3COOK + H_2O_2$
③ 염산과의 반응　　　　$K_2O_2 + 2HCl \rightarrow 2KCl + H_2O_2$

04. 위험물 탱크시험자가 갖추어야 할 필수장비 3가지와 그 외 필요한 경우에 갖추어야 할 장비 2가지를 쓰시오.

[정답]

필수장비 : 자기탐상시험기, 영상초음파시험기, 초음파두께측정기
필요시 갖추어야할 장비 : 진공누설시험기, 수직·수평도 측정기, 기밀시험장치

해설 탱크시험자 갖추어야 할 장비(시행령 별표 7)

1. 필수장비 : 자기탐상시험기, 초음파두께측정기 및 다음 1) 또는 2) 중 어느 하나
   1) 영상초음파시험기
   2) 방사선투과시험기 및 초음파시험기
2. 필요한 경우에 두는 장비
   1) 충·수압시험, 진공시험, 기밀시험 또는 내압시험의 경우
      (1) 진공능력 53KPa 이상의 진공누설시험기
      (2) 기밀시험장치(안전장치가 부착된 것으로서 가압능력 200KPa 이상, 감압의 경우에는 감압능력 10KPa 이상·감도 10Pa 이하의 것으로서 각각의 압력 변화를 스스로 기록할 수 있는 것)
   2) 수직·수평도 시험의 경우 : 수직·수평도 측정기

※ 비고 : 둘 이상의 기능을 함께 가지고 있는 장비를 갖춘 경우에는 각각의 장비를 갖춘 것으로 봄

05. 지정수량 50kg, 분자량 78, 비중 2.8인 어떤 물질이 아세트산과 반응시 화학반응식을 쓰시오.

정답

$Na_2O_2 + 2CH_3COOH \rightarrow 2CH_3COONa + H_2O_2$

해설 과산화나트륨 물성

화학식	분자량	비중	융점	분해 온도
Na_2O_2	78	2.8	460 [℃]	460 [℃]

06. 다음 메탄 75 [%], 프로판 25 [%]로 구성된 혼합가스의 위험도를 구하시오. (단, 메탄 연소범위 5 ~ 15%, 프로판 연소범위 2.1 ~ 9.5%이다)

정답

2.52

해설

1. 혼합가스의 폭발범위

   1) 폭발하한계 $\dfrac{100}{L} = \dfrac{75}{5} + \dfrac{25}{2.1}$ ∴ $LFL = 3.72\%$

   2) 폭발상한계 $\dfrac{100}{U} = \dfrac{75}{15} + \dfrac{25}{9.5}$ ∴ $UFL = 13.1\%$

2. 혼합가스의 위험도

   $H = \dfrac{UFL - LFL}{LFL} = \dfrac{13.1 - 3.72}{3.72} = 2.52$

07. 1기압 35 [℃]에서 1,000 [m³]의 부피를 갖는 공기에 이산화탄소를 투입하여 산소를 15 [vol%]로 하려면 소요되는 이산화탄소의 양은 몇 [kg]인지 구하시오. (단, 처음 공기 중 산소의 농도는 21 [vol%]이고, 압력과 온도는 변하지 않는다)

정답

696.86[kg]

해설

1. CO_2 약제량 공식

   1) CO_2 체적 = $\dfrac{21 - O_2}{O_2} \times V$ (방호구역 체적)[m³]

   2) CO_2 농도 = $\dfrac{21 - O_2}{21} \times 100[\%]$

2. CO_2 약제량 계산

   1) CO_2 체적 = $\dfrac{21 - 15}{15} \times 1000 = 400\,\mathrm{m}^3$

   2) 이상기체상태방정식에 의해 압력을 구하면

   $W = \dfrac{PVM}{RT} = \dfrac{1\,atm \times 400\,m^3 \times 44}{0.082\,(m^3 \cdot atm/mol \cdot k) \times (273 + 35)K} = 696.86k$

08.
칼륨 지정수량의 50배, 인화성고체 지정수량의 50배가 저장된 옥내저장소에 대하여 다음 물음에 답하시오. (단, 내화구조의 격벽으로 완전 구획되어 있다)

① 저장창고 바닥의 최대면적
② 벽·기둥 및 바닥이 내화구조로 된 건축물인 경우 공지의 너비
③ 저장창고의 출입구에는 (　　　)을 설치하되, 연소의 우려가 있는 외벽에 있는 출입구에는 수시로 열 수 있는 (　　　)을 설치하여야 한다.

정답

① 1,500m² (칼륨을 저장하는 실의 면적은 500m²를 초과할 수 없다)
② 5m 이상
③ 갑종방화문 또는 을종방화문, 자동폐쇄식의 갑종방화문

해설 옥내저장소의 기준[규칙 별표 5]

1. 옥내저장소는 별표 4 I의 규정에 준하여 안전거리를 두어야 한다. 다만, 다음 각목의 1에 해당하는 옥내저장소는 안전거리를 두지 아니할 수 있다.
   1) 제4석유류 또는 동식물유류의 위험물을 저장 또는 취급하는 옥내저장소로서 그 최대수량이 지정수량의 20배 미만인 것
   2) 제6류 위험물을 저장 또는 취급하는 옥내저장소
   3) 지정수량의 20배(하나의 저장창고의 바닥면적이 150m² 이하인 경우에는 50배) 이하의 위험물을 저장 또는 취급하는 옥내저장소로서 다음의 기준에 적합한 것
      (1) 저장창고의 벽·기둥·바닥·보 및 지붕이 내화구조인 것
      (2) 저장창고의 출입구에 수시로 열 수 있는 자동폐쇄방식의 갑종방화문이 설치되어 있을 것
      (3) 저장창고에 창을 설치하지 아니할 것
2. 옥내저장소의 주위에는 그 저장 또는 취급하는 위험물의 최대수량에 따라 다음 표에 의한 너비의 공지를 보유하여야 한다. 다만, 지정수량의 20배를 초과하는 옥내저장소와 동일한 부지내에 있는 다른 옥내저장소와의 사이에는 동표에 정하는 공지의 너비의 3분의 1(당해 수치가 3m 미만인 경우에는 3m)의 공지를 보유할 수 있다.

저장 또는 취급하는 위험물의 최대수량	공지의 너비	
	벽·기둥 및 바닥이 내화구조로 된 건축물	그 밖의 건축물
지정수량의 5배 이하	-	0.5m 이상
지정수량의 5배 초과 10배 이하	1m 이상	1.5m 이상
지정수량의 10배 초과 20배 이하	2m 이상	3m 이상
지정수량의 20배 초과 50배 이하	3m 이상	5m 이상
지정수량의 50배 초과 200배 이하	5m 이상	10m 이상
지정수량의 200배 초과	10m 이상	15m 이상

3. 옥내저장소에는 별표 4 Ⅲ제1호의 기준에 따라 보기 쉬운 곳에 "위험물 옥내저장소"라는 표시를 한 표지와 동표 Ⅲ제2호의 기준에 따라 방화에 관하여 필요한 사항을 게시한 게시판을 설치하여야 한다.
4. 저장창고는 위험물의 저장을 전용으로 하는 독립된 건축물로 하여야 한다.
5. 저장창고는 지면에서 처마까지의 높이(이하 "처마높이"라 한다)가 6m 미만인 단층건물로 하고 그 바닥을 지반면보다 높게 하여야 한다. 다만, 제2류 또는 제4류 위험물만을 저장하는 창고로서 다음 각목의 기준에 적합한 창고의 경우에는 20m 이하로 할 수 있다.
   1) 벽·기둥·보 및 바닥을 내화구조로 할 것
   2) 출입구에 갑종방화문을 설치할 것
   3) 피뢰침을 설치할 것. 다만, 주위상황에 의하여 안전상 지장이 없는 경우에는 그러하지 아니하다.
6. 하나의 저장창고의 바닥면적(2 이상의 구획된 실이 있는 경우에는 각 실의 바닥면적의 합계)은 다음 각목의 구분에 의한 면적 이하로 하여야 한다. 이 경우 가목의 위험물과 나목의 위험물을 같은 저장창고에 저장하는 때에는 가목의 위험물을 저장하는 것으로 보아 그에 따른 바닥면적을 적용한다.
   1) 다음의 위험물을 저장하는 창고 : 1,000m^2
      (1) 제1류 위험물 중 아염소산염류, 염소산염류, 과염소산염류, 무기과산화물 그 밖에 지정수량이 50kg인 위험물
      (2) 제3류 위험물 중 칼륨, 나트륨, 알킬알루미늄, 알킬리튬 그 밖에 지정수량이 10kg인 위험물 및 황린
      (3) 제4류 위험물 중 특수인화물, 제1석유류 및 알코올류
      (4) 제5류 위험물 중 유기과산화물, 질산에스테르류 그 밖에 지정수량이 10kg인 위험물
      (5) 제6류 위험물
   2) 가목의 위험물 외의 위험물을 저장하는 창고 : 2,000m^2
   3) 가목의 위험물과 나목의 위험물을 내화구조의 격벽으로 완전히 구획된 실에 각각 저장하는 창고 : 1,500m^2(가목의 위험물을 저장하는 실의 면적은 500m^{2}를 초과할 수 없다)
7. 저장창고의 벽·기둥 및 바닥은 내화구조로 하고, 보와 서까래는 불연재료로 하여야 한다. 다만, 지정수량의 10배 이하의 위험물의 저장창고 또는 제2류와 제4류의 위험물(인화성고체 및 인화점이 70℃ 미만인 제4류 위험물을 제외한다)만의 저장창고에 있어서는 연소의 우려가 없는 벽·기둥 및 바닥은 불연재료로 할 수 있다.
8. 저장창고는 지붕을 폭발력이 위로 방출될 정도의 가벼운 불연재료로 하고, 천장을 만들지 아니하여야 한다. 다만, 제2류 위험물(분상의 것과 인화성고체를 제외한다)과 제6류 위험물만의 저장창고에 있어서는 지붕을 내화구조로 할 수 있고, 제5류 위험물만의 저장창고에 있어서는 당해 저장창고 내의 온도를 저온으로 유지하기 위하여 난연재료 또는 불연재료로 된 천장을 설치할 수 있다.
9. 저장창고의 출입구에는 갑종방화문 또는 을종방화문을 설치하되, 연소의 우려가 있는 외벽에 있는 출입구에는 수시로 열 수 있는 자동폐쇄식의 갑종방화문을 설치하여야 한다.
10. 저장창고의 창 또는 출입구에 유리를 이용하는 경우에는 망입유리로 하여야 한다.
11. 제1류 위험물 중 알칼리금속의 과산화물 또는 이를 함유하는 것, 제2류 위험물 중 철분·금속분·마그네슘 또는 이중 어느 하나 이상을 함유하는 것, 제3류 위험물 중 금수성물질 또는 제4류 위험물의 저장창고의 바닥은 물이 스며 나오거나 스며들지 아니하는 구조로 하여야 한다.

12. 액상의 위험물의 저장창고의 바닥은 위험물이 스며들지 아니하는 구조로 하고, 적당하게 경사지게 하여 그 최저부에 집유설비를 하여야 한다.
13. 저장창고에 선반 등의 수납장을 설치하는 경우에는 다음 각목의 기준에 적합하게 하여야 한다.
    1) 수납장은 불연재료로 만들어 견고한 기초 위에 고정할 것
    2) 수납장은 당해 수납장 및 그 부속설비의 자중, 저장하는 위험물의 중량 등의 하중에 의하여 생기는 응력에 대하여 안전한 것으로 할 것
    3) 수납장에는 위험물을 수납한 용기가 쉽게 떨어지지 아니하게 하는 조치를 할 것
14. 저장창고에는 별표 4 Ⅴ 및 Ⅵ의 규정에 준하여 채광·조명 및 환기의 설비를 갖추어야 하고, 인화점이 70℃ 미만인 위험물의 저장창고에 있어서는 내부에 체류한 가연성의 증기를 지붕 위로 배출하는 설비를 갖추어야 한다.
15. 저장창고에 설치하는 전기설비는 「전기사업법」에 의한 전기설비기술기준에 의하여야 한다.
16. 지정수량의 10배 이상의 저장창고(제6류 위험물의 저장창고를 제외한다)에는 피뢰침을 설치하여야 한다. 다만, 저장창고의 주위의 상황에 따라 안전상 지장이 없는 경우에는 피뢰침을 설치하지 아니할 수 있다.
17. 제5류 위험물 중 셀룰로이드 그 밖에 온도의 상승에 의하여 분해·발화할 우려가 있는 것의 저장창고는 당해 위험물이 발화하는 온도에 달하지 아니하는 온도를 유지하는 구조로 하거나 다음 각목의 기준에 적합한 비상전원을 갖춘 통풍장치 또는 냉방장치 등의 설비를 2 이상 설치하여야 한다.
    1) 상용전력원이 고장인 경우에 자동으로 비상전원으로 전환되어 가동되도록 할 것
    2) 비상전원의 용량은 통풍장치 또는 냉방장치 등의 설비를 유효하게 작동할 수 있는 정도일 것

09. 중탄산나트륨 270℃에서의 열분해 반응식을 쓰고, 중탄산나트륨 8.4 [g]이 반응해서 발생하는 이산화탄소는 몇 [L]인지 구하시오. (표준상태임)? (단, Na : 23, H : 1, C : 12, O : 16)

정답

1. 분해 반응식 : $2NaHCO_3 \rightarrow Na_2CO_3 + CO_2 + H_2O$
2. 발생하는 이산화탄소의 부피 : 1.12[L]

해설 제1종 분말소화약제(중탄산나트륨)

1. 분해 반응식
   $2NaHCO_3 \rightarrow Na_2CO_3 + CO_2 + H_2O$
2. 표준상태에서 이산화탄소의 부피를 구하면
   168g : 22.4L = 8.4g : xL
   $\therefore x = \dfrac{8.4[g] \times 22.4[L]}{2 \times 84[g]} = 1.12[L]$

10. 위험물 저장탱크에 설치하는 포소화설비의 포방출구(Ⅰ형, Ⅱ형, Ⅲ형, Ⅳ형, 특형)이다. ( ) 안에 적당한 말을 쓰시오.

> ㉮ ( )형 : 고정지붕구조(CRT)의 탱크에 저부포주입법(탱크의 액면 하에 설치된 포방출구부터 포를 탱크 내에 주입하는 방법)을 이용하는 것으로 송포관으로부터 포를 방출하는 포방출구
>
> ㉯ ( )형 : 고정지분구조의 탱크에 저부포주입법을 이용하는 것으로 평상시에는 탱크의 액면하의 저부에 격납통에 수납되어 있는 특수호스 등이 송포관의 말단에 접속되어 있다가 포를 보내어 선단의 액면까지 도달한 후 포를 방출하는 포방출구
>
> ㉰ ( ) : 부상지붕구조(FRT, Floating Roof Tank)의 탱크에 상부포주입법을 이용하는 것으로 부상지붕의 부상 부분상에 높이 0.9[m] 이상의 금속제의 간막이를 탱크 옆판의 내측으로부터 1.2[m] 이상 이격하여 설치하고, 탱크옆판과 간막이에 의하여 형성된 환상부분에 포를 주입하는 것이 가능한 구조의 반사판을 갖는 포방출구
>
> ㉱ ( )형 : 고정지붕구조(CRT) 또는 부상덮개부착 고정지붕구조의 탱크에 상부포 주입법을 이용하는 것으로 방출된 포가 탱크옆판의 내면을 따라 흘러 내려가면서 액면 아래로 몰입되거나 액면을 뒤섞지 않고 액면상을 덮을 수 있는 반사판 및 탱크 내의 위험물 증기가 외부로 역류되는 것을 저지할 수 있는 구조·기구를 갖는 포방출구
>
> ㉲ ( )형 : 고정지붕구조(CRT, Cone Roof Tank)의 탱크에 상부포주입법(고정포방출구를 탱크옆판의 상부에 설치하여 액표면상에 포를 방출하는 방법)을 이용하는 것으로 방출된 포가 액면 아래로 몰입되거나 액면을 뒤섞지 않고 액면상을 덮을 수 있는 통계단 또는 미끄럼판 등의 설비 및 탱크 내의 위험물 증기가 외부로 역류되는 것을 저지할 수 있는 구조·기구를 갖는 포방출구

정답
㉮ Ⅲ형　㉯ Ⅳ형　㉰ 특형　㉱ Ⅱ형　㉲ Ⅰ형

해설 고정식방출구의 종류

	Ⅰ형	Ⅱ형	Ⅲ형	Ⅳ형	특형
탱크	CRT탱크	CRT탱크 IFRT탱크	CRT탱크	CRT탱크	FRT탱크
주입	상부포주입법	상부포주입법	저부포주입법	저부포주입법	상부포주입법
방식	통계단, 미끄럼판	디플렉터	송포관	격납통	금속제간막이
약제	불,수,단,합	불,수,단,합	불,수	불,수,단,합	불,수,단,합
수용성	수용성액체용포소화약제				

11. 인화점이 -17.8℃, 분자량 27인 독성이 강한 제4류 위험물에 대하여 다음 물음에 답하시오.

① 물질명
② 구조식
③ 위험등급

정답

① 시안화수소(HCN)
② H-C≡N
③ Ⅱ등급

해설 시안화수소

1. 물성

구조식	화학식	분자량	인화점℃	비점℃	착화점℃	비중	연소범위 %
H-C≡N	HCN	27	-18	25.7	540	0.69	6~41

2. 류별 품명
제4류위험물 제1석유류 수용성 지정수량 400L, Ⅱ등급

12. 탄화리튬과 물과의 반응시 생성되는 가연성 기체의 완전연소 반응식을 쓰시오.

정답

$2C_2H_2 + 5O_2 \rightarrow 4CO_2 + 2H_2O$

해설

1. 탄화리튬과 물과의 반응식 $Li_2C_2 + 2H_2O \rightarrow 2LiOH + C_2H_2$
2. 아세틸렌의 완전연소반응식 $2C_2H_2 + 5O_2 \rightarrow 4CO_2 + 2H_2O$

13. 벤젠에 수은(Hg)을 촉매로 하여 질산을 반응시켜 제조하는 물질로 DDNP(Diazodinitro-Phenol)의 원료로 사용되는 위험물에 대하여 답하시오.

① 구조식
② 품명
③ 지정수량

[정답] 트리니트로페놀(TNP, 피크린산)

① 구조식 :

(구조식: 페놀 고리에 OH, 2,4,6 위치에 NO_2 3개)

② 품명 : 니트로화합물
③ 지정수량 : 200 [kg]

[해설]

트리니트로페놀: TNP, $C_6H_2OH(NO_2)_3$, 피크린산
① 광택 있는 황색의 침상결정이고 찬물에 미량 녹고, 알코올, 에테르, 온수에 잘 녹음. 분자량 229
② 쓴맛, 독성, 황색염료와 폭약으로 사용
③ 단독으로 가열, 마찰, 충격에 안정하고 연소 시 검은 연기, 폭발×

1. 디아조디니트로페놀(Diazodinitrophenol, DDNP)
   1) 화학식 : $C_6H_2N_4O_5$
   2) 화약류의 폭발에 사용되는 뇌관용 기폭약으로 널리 사용되고 있다.
   3) 피크린산을 디아조화 해서 얻어진다.
   4) 황색의 분말로, 녹는점을 나타내지 않고, 섭씨 180도 부근에서 분해 폭발한다.
   5) 물에는 불용, 아세톤에 녹으며, 빛에 의해 빨갛게 변한다.
   6) 구조식 :

2. 디아조화 반응(Diazotization)
   페닐기(-C_6H_5)에 NH_2(아민기)가 1개 붙은 형태의 화합물과 $NaNO_2$(아질산)를 서로 반응시켜서 페닐에 NH_2 대신 N_2(-N=N)가 붙은 디아조늄염을 만드는 반응을 디아조화 반응이라고 한다.

3. 디아조화합물(diazo compound : 디아조기(N_2=)를 가진 가장 간단한 화합물

14. 스테인리스강판으로 이동저장탱크의 방호틀과 방파판을 설치하고자 한다. 이때 사용재질의 인장강도 130 [N/mm²]이라면 방호틀과 방파판의 두께는 몇 [mm] 이상으로 하여야 하는가?

정답

방호틀 : 3.4 [mm] 이상, 방파판 : 2.4 [mm] 이상

해설

1. 이동저장탱크의 방파판

　　KS규격품인 스테인레스강판, 알루미늄합금판, 고장력강판으로서 두께가 다음 식에 의하여 산출된 수치(소수점 2자리 이하는 올림) 이상으로 한다.

$$t = \sqrt{\frac{270}{\sigma}} \times 1.6$$

　　t : 사용재질의 두께 (단위 mm)
　　σ : 사용재질의 인장강도 (단위 N/mm²)

2. 이동저장탱크의 방호틀

　　KS규격품인 스테인레스강판, 알루미늄합금판, 고장력강판으로서 두께가 다음 식에 의하여 산출된 수치(소수점 2자리 이하는 올림) 이상으로 한다.

$$t = \sqrt{\frac{270}{\sigma}} \times 2.3$$

　　t : 사용재질의 두께 (단위 mm)
　　σ : 사용재질의 인장강도 (단위 N/mm²)

3. 두께 계산

　1) 방호틀

$$t = \sqrt{\frac{270}{130}} \times 2.3 = 3.31mm$$

　2) 방파판

$$t = \sqrt{\frac{270}{130}} \times 1.6 = 2.31mm$$

15. 다음 소화설비의 능력단위에서 ( ) 안에 적당한 말을 쓰시오.

소화설비	용량	능력단위
소화전용 물통	(㉮) L	0.3
수조 (소화전용물통 3개 포함)	80 L	(㉯)
수조 (소화전용물통 (㉰)개 포함)	190 L	2.5
마른 모래 (삽 1개 포함)	(㉱) L	0.5
팽창질석 또는 팽창진주암(삽 1개 포함)	160 L	(㉲)

정답

㉮ 8   ㉯ 1.5   ㉰ 6   ㉱ 50   ㉲ 1.0

해설 소화설비의 능력단위

소화설비	용량	능력단위
소화전용 물통	8 L	0.3
수조 (소화전용물통 3개 포함)	80 L	1.5
수조 (소화전용물통 6개 포함)	190 L	2.5
마른 모래 (삽 1개 포함)	50 L	0.5
팽창질석 또는 팽창진주암(삽 1개 포함)	160 L	1.0

16. 주유취급소에는 담 또는 벽을 설치하는데 일부분을 방화상 유효한 구조의 유리로 부착할 때 다음 물음에 답하시오.

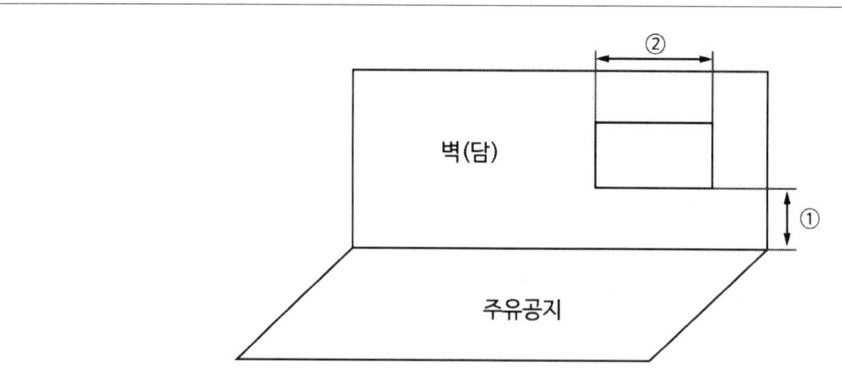

㉮ 유리의 설치높이
㉯ 유리판의 가로길이
㉰ 유리를 부착하는 범위는 전체의 담 또는 벽의 길이의 얼마를 초과하지 아니하는가?

정답

㉮ 70 [cm]를 초과하는 부분
㉯ 2 [m] 이내
㉰ 2/10

해설 주유취급소 담 또는 벽 설치기준

1. 주유취급소의 주위에는 자동차 등이 출입하는 쪽 외의 부분에 높이 2m 이상의 내화구조 또는 불연재료의 담 또는 벽을 설치하되, 주유취급소의 인근에 연소의 우려가 있는 건축물이 있는 경우에는 소방청장이 정하여 고시하는 바에 따라 방화상 유효한 높이로 하여야 한다.
2. 제1호에도 불구하고 다음 각 목의 기준에 모두 적합한 경우에는 담 또는 벽의 일부분에 방화상 유효한 구조의 유리를 부착할 수 있다.
   가. 유리를 부착하는 위치는 주입구, 고정주유설비 및 고정급유설비로부터 4m 이상 이격될 것
   나. 유리를 부착하는 방법은 다음의 기준에 모두 적합할 것
      1) 주유취급소 내의 지반면으로부터 70cm를 초과하는 부분에 한하여 유리를 부착할 것
      2) 하나의 유리판의 가로의 길이는 2m 이내일 것
   다. 유리를 부착하는 범위는 전체의 담 또는 벽의 길이의 10분의 2를 초과하지 아니할 것

17. 제4류 위험물 지정수량 50리터, 살충제로 사용되며 증기비중이 2.6인 어떤 물질에 대하여 다음 물음에 답하시오.

> 옥외저장탱크는 벽 및 바닥의 두께가 (㉮) [m] 이상이고 누수가 되지 아니하는 (㉯)의 수조에 넣어 보관하여야 한다. 이 경우 보유공지, 통기관, (㉰)는 생략한다.

1) 위의 괄호에 알맞은 답을 쓰시오.
2) 위에 저장하는 위험물의 완전연소반응식을 쓰시오.

정답

1) ㉮ 0.2 ㉯ 철근콘크리트 ㉰ 자동계량장치
2) $CS_2 + 3O_2 \rightarrow CO_2 + 2SO_2$

해설 이황화탄소

1. 구조식

명칭	화학식	분자량	인화점℃	비점℃	착화점℃	비중	연소범위 %
S=C=S	CS_2	76	-30	46	100	1.26	1~44

2. 보관방법 : 이황화탄소의 옥외저장탱크는 벽 및 바닥의 두께가 0.2m 이상이고 누수가 되지 아니하는 철근콘크리트의 수조에 넣어 보관하여야 한다. 이 경우 보유공지·통기관 및 자동계량장치는 생략할 수 있다.
3. 용도 : 비스코스 레이온 수지, 셀로판, 사염화 탄소 등 각종 화합물 합성의 재료, 살충제, 국소 마취제, 고무 황화 촉진제, 용매, 분석용 시약

18. 탄화칼슘 10kg이 물과의 반응 시 생성되는 가스는 70kPa, 30℃에서 부피는 몇 m³인지 계산하시오. (단, 1기압은 약 101.3kPa이다)

> **정답**
>
> $5.62m^3$
>
> **해설** 발생하는 가스의 부피
>
> 1. 탄화칼슘 물 반응식 : $CaC_2 + 2H_2O \rightarrow Ca(OH)_2 + C_2H_2$
> 2. 탄화칼슘 10kg이 반응할 때 발생하는 아세틸렌가스의 양은
>   64kg : 26kg = 10 : Xkg ∴ X = 4.0625kg
> 3. 이상기체상태방정식에 의해 부피를 구하면
> $$V = \frac{WRT}{PM} = \frac{4.0625kg \times 0.08205(m^3 \cdot atm/mol \cdot k) \times (273+30)K}{\frac{70kPa}{101.3kPa} \times 1atm \times 26kg} = 5.62m^3$$

19. 다음 물음에 답하시오.

① 화기·충격주의, 물기엄금, 가연물접촉주의 주의사항을 갖는 위험물을 덮을 때 쓰는 피복의 성질을 모두 쓰시오.
② 제2류 위험물 중 방수성 피복 덮개로 덮는 위험물의 주의사항을 쓰시오.
③ 차광성 피복 및 방수성 피복이 모두 덮여 있지 않은 위험물에 화기주의라고 표시되어 있다. 이에 해당하는 위험물의 품명을 모두 적으시오.

> **정답**
>
> ① 차광성, 방수성
> ② "화기주의" 및 "물기엄금"
> ③ 황화린, 적린, 유황, 그 밖에 행정안전부령으로 정하는 것
>
> **해설**
>
> 1. 화기·충격주의, 물기엄금, 가연물접촉주의 주의사항을 갖는 위험물 : 제1류 알칼리금속 과산화물
>   1) 제1류 위험물 중 알칼리금속의 과산화물 또는 이를 함유한 것에 있어서는 "화기·충격 주의", "물기엄금" 및 "가연물접촉주의", 그 밖의 것에 있어서는 "화기·충격주의" 및 "가연물접촉주의"
> 2. 알칼리금속 과산화물을 덮을 때 쓰는 피복의 성질
>   가. 제1류 위험물, 제3류 위험물 중 자연발화성물질, 제4류 위험물 중 특수인화물, 제5류 위험물 또는 제6류 위험물은 차광성이 있는 피복으로 가릴 것
>   나. 제1류 위험물 중 알칼리금속의 과산화물 또는 이를 함유한 것, 제2류 위험물 중 철분·금속분·마그네슘 또는 이들 중 어느 하나 이상을 함유한 것 또는 제3류 위험물 중 금수성 물질은 방수성이 있는 피복으로 덮을 것

3. 제2류 위험물 중 방수성 피복 덮개로 덮는 위험물(제2류 위험물 중 철분·금속분·마그네슘 또는 이들 중 어느 하나 이상을 함유한 것)의 주의사항 : "화기주의" 및 "물기엄금"

   2) 제2류 위험물 중 철분·금속분·마그네슘 또는 이들 중 어느 하나 이상을 함유한 것에 있어서는 "화기주의" 및 "물기엄금", 인화성고체에 있어서는 "화기엄금", 그 밖의 것에 있어서는 "화기주의"

4. 차광성 피복 및 방수성 피복이 모두 덮여 있지 않은 위험물

구분	제1류	제2류	제3류	제4류	제5류	제6류
차광성	○	×	자연발화성물질	특수인화물	○	○
방수성	알칼리금속 과산화물	철분·금속분· 마그네슘	금수성물질	×	×	×

5. 위 차광성 피복 및 방수성 피복이 모두 덮여 있지 않은 위험물 중 화기주의에 해당하는 위 험물의 품명 : 황화린, 적린, 유황, 그 밖에 행정안전부령으로 정하는 것

제2류 가연성고체	1. 황화린	100킬로그램	화기주의
	2. 적린	100킬로그램	화기주의
	3. 유황	100킬로그램	화기주의
	4. 철분	500킬로그램	화기주의 및 물기엄금
	5. 금속분	500킬로그램	화기주의 및 물기엄금
	6. 마그네슘	500킬로그램	화기주의 및 물기엄금
	7. 그 밖에 행정안전부령으로 정하는 것 8. 제1호 내지 제7호의 1에 해당하는 어느 하나 이상을 함유한 것	100킬로그램 또는 500킬로그램	화기주의
	9. 인화성고체	1,000킬로그램	화기엄금

제66회 과년도 문제풀이(2019년)

01. 압력이 152[kpa], 온도가 100[℃] 아세톤의 증기밀도는?

정답

2.84[g/L]

해설

증기밀도를 이상기체상태방정식에 의해 구하면

$PV = \dfrac{WRT}{M}$ 에서 $\dfrac{W}{V} = \dfrac{PM}{RT}$ 이므로 밀도 $\rho = \dfrac{\dfrac{152}{101.325} \times 58}{0.08205 \times (273+100)} = 2.84 g/\ell$

02. 제4류 위험물인 BTX의 명칭과 화학식은?

정답

B : 벤젠(Benzene) C_6H_6
T : 톨루엔(Toluene) $C_6H_5CH_3$
X : 크실렌(Xylene) $C_6H_4(CH_3)_2$

해설 BTX

1. 석유나 석탄의 분별증류를 통해 나오는 방향족
2. 독성 : 벤젠 > 톨루엔 > 크실렌
3. BTX 비교

구분	벤젠	톨루엔	크실렌(자일렌)
인화점	-11℃	4℃	17~32℃
품명	제1석유류	제1석유류	제2석유류
화학식	C_6H_6	$C_6H_5CH_3$	$C_6H_4(CH_3)_2$
구조식	(벤젠 구조식)	(톨루엔 구조식)	(크실렌 구조식)

03. 아세틸 퍼옥사이드의 구조식을 도시하고, 증기비중을 구하시오.

정답

1) 구조식 :
$$CH_3 - \overset{\overset{O}{\|}}{C} - O - O - \overset{\overset{O}{\|}}{C} - CH_3$$

2) 증기비중 : 4.07

해설

1. 아세틸퍼옥사이드

   1) 물성

화학식	품명	인화점	녹는점	발화점	분자량
(CH₃CO)₂O₂	유기과산화물	45℃	30℃	121℃	118g

   2) 구조식

   $$CH_3 - \overset{\overset{O}{\|}}{C} - O - O - \overset{\overset{O}{\|}}{C} - CH_3$$

   3) 특징

   (1) 제5류 위험물의 유기과산화물이다.

   (2) 화재 시 다량의 물로 냉각소화한다.

   (3) 희석제인 DMF를 75 [%] 첨가시켜서 0~5 [℃] 이하의 저온에서 저장한다.

   (4) 충격, 마찰에 의하여 분해하고 가열되면 폭발한다.

2. 증기비중

   1) (CH₃CO)₂O₂ / 29의 분자량 = (12+3+12+16)×2+32 = 118g

   2) 증기비중 = $\dfrac{118}{29}$ = 4.0689

04. 위험물안전관리법령상 위험물 탱크의 정의를 쓰시오.

㉮ 지중탱크
㉯ 해상탱크
㉰ 준특정옥외탱크저장소
㉱ 특정옥외탱크저장소

정답

㉮ 저부가 지반면 아래에 있고 상부가 지반면 이상에 있으며 탱크 내 위험물의 최고액면이 지반면 아래에 있는 원통종형식의 위험물탱크
㉯ 해상의 동일장소에 정치(定置)되어 육상에 설치된 설비와 배관 등에 의하여 접속된 위험물 탱크
㉰ 옥외탱크저장소중 그 저장 또는 취급하는 액체위험물의 최대수량이 50만ℓ 이상 100만ℓ 미만의 것
㉱ 옥외탱크저장소 중 그 저장 또는 취급하는 액체위험물의 최대수량이 100만ℓ 이상의 것

해설

1. 지중탱크라 함은 옥외저장탱크의 저부가 지반면 아래에 있고 상부가 지반면 이상에 있으며 탱크 내 위험물의 최고액면이 지반면 아래에 있는 원통종형식의 위험물탱크를 말하는 것이다.

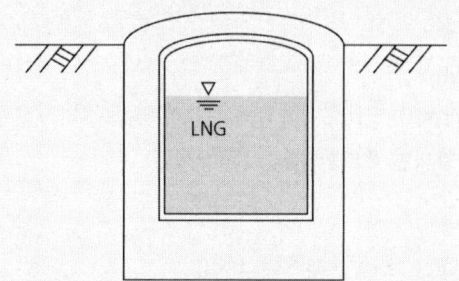

2. 해상탱크라 함은 해상의 동일장소에 정치(定置)되어 육상에 설치된 설비와 배관 등에 의하여 접속된 위험물 탱크를 일컫는 것으로 원유, 등유, 경유 또는 중유를 해상탱크에 저장 또는 취급하는 옥외탱크저장소 중 해상탱크를 10만 리터 이하마다 물로 채운 이중의 격벽으로 완전하게 구분하고, 해상탱크의 옆부분 및 밑부분을 물로 채운 이중벽의 구조로한 것에 대해 별도의 특례규정을 두고 있다.

3. 준특정옥외저장탱크
   옥외탱크저장소 중 그 저장 또는 취급하는 액체위험물의 최대수량이 50만ℓ 이상 100만ℓ 미만의 것

4. 특정옥외저장탱크
   옥외탱크저장소 중 그 저장 또는 취급하는 액체위험물의 최대수량이 100만ℓ 이상의 것

예제) 지중탱크의 옥외탱크저장소에 다음과 같은 조건의 위험물을 저장하고 있다면 지중탱크 지반면의 옆판에서 부지 경계선 사이에는 얼마 이상의 거리를 유지해야 하는가?

> • 저장위험물 : 에탄올
> • 지중탱크 수평단면의 내경 : 30 [m]
> • 지중탱크 밑판 표면에서 지반면까지의 높이 : 25 [m]
> • 부지 경계선의 높이·구조 : 높이 2 [m] 이상의 콘크리트조

해설 지중탱크에 관계된 옥외탱크저장소의 특례(규칙 별표6)

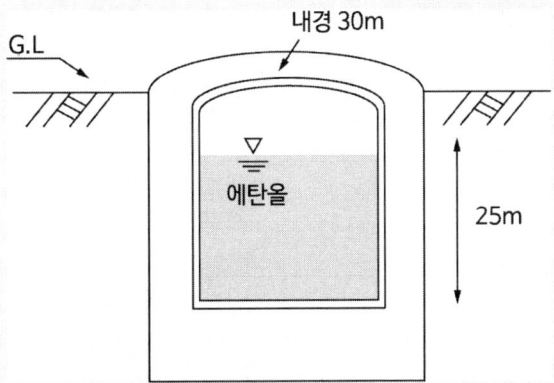

1. 저장위험물 : 에탄올 -18℃ → 50m
2. 지중탱크 수평단면의 내경 : 30[m]
   30m × 0.5=15m
3. 지중탱크 밑판 표면에서 지반면까지의 높이 : 25[m]
   15m < 25m이므로 25m
4. 부지 경계선의 높이·구조 : 높이 2[m] 이상의 콘크리트조
   25m < 50m이므로 50m를 지중탱크 지반면의 옆판에서 부지 경계선 사이 거리로 한다.

   나. 지중탱크의 옥외탱크저장소의 위치는 당해 옥외탱크저장소가 보유하는 부지의 경계선에서 지중탱크의 지반면의 옆판까지의 사이에, 당해 지중 탱크 수평단면의 내경의 수치에 0.5를 곱하여 얻은 수치(당해 수치가 지중탱크의 밑표면에서 지반면까지 높이의 수치보다 작은 경우에는 당해 높이의 수치)또는 50m(당해 지중탱크에 저장 또는 취급하는 위험물의 인화점이 21℃ 이상 70℃ 미만의 경우에 있어서는 40m, 70℃ 이상의 경우에 있어서는 30m)중 큰 것과 동일한 거리 이상의 거리를 유지할 것

05. 화학소방자동차에 갖추어야 하는 소화능력 및 설비의 기준에 관한 설명이다. 다음 ( ) 안에 적당한 말을 넣으시오.

화학소방자동차의 구분	소화능력 및 설비의 기준
포수용액 방사차	포수용액의 방사능력이 매분 (㉮)[ℓ] 이상일 것
	소화약액탱크 및 (㉯)를 비치할 것
	(㉰)[ℓ] 이상의 포수용액을 방사할 수 있는 양의 소화약제를 비치할 것
분말 방사차	분말의 방사능력이 매초 (㉱)[kg] 이상일 것
	분말탱크 및 가압용 가스설비를 비치할 것
	(㉲)[kg] 이상의 분말을 비치할 것

정답
㉮ 2,000
㉯ 소화약액 혼합장치
㉰ 10만
㉱ 35
㉲ 1,400

해설 화학소방자동차에 갖추어야 하는 소화능력 및 설비의 기준[규칙 별표 23]

화학소방자동차의 구분	소화능력 및 설비의 기준
포수용액 방사차	포수용액의 방사능력이 매분 2,000ℓ 이상일 것
	소화약액탱크 및 소화약액혼합장치를 비치할 것
	10만ℓ 이상의 포수용액을 방사할 수 있는 양의 소화약제를 비치할 것
분말 방사차	분말의 방사능력이 매초 35kg 이상일 것
	분말탱크 및 가압용가스설비를 비치할 것
	1,400kg 이상의 분말을 비치할 것
할로겐화합물 방사차	할로겐화합물의 방사능력이 매초 40kg 이상일 것
	할로겐화합물탱크 및 가압용가스설비를 비치할 것
	1,000kg 이상의 할로겐화합물을 비치할 것
이산화탄소 방사차	이산화탄소의 방사능력이 매초 40kg 이상일 것
	이산화탄소저장용기를 비치할 것
	3,000kg 이상의 이산화탄소를 비치할 것
제독차	가성소오다 및 규조토를 각각 50kg 이상 비치할 것

06. 포소화설비에서 공기포 소화약제 혼합방식 3가지를 쓰시오.

정답
① 펌프프로포셔너방식　　② 라인프로포셔너방식
③ 프레셔프로포셔너방식　④ 프레셔사이드프로포셔너방식

해설 포 혼합장치
① 펌프프로포셔너 : 펌프에 의해 가압된 압력수가 펌프 토출 측의 바이패스 관로를 따라 농도조절밸브에서 조정된 포소화약제를 흡입측으로 보내어 약제를 혼합하는 방식
② 라인프로포셔너 : 펌프와 발포기의 중간에 설치된 벤츄리관의 벤츄리 작용에 따라 포소화약제를 흡입, 혼합하는 방식
③ 프레저프로포셔너 : 펌프와 발포기 중간에 설치된 벤츄리관의 벤츄리작용과 펌프 가압수의 압력에 따라 약제를 흡입·혼합하는 방식
④ 프레저사이드프로포셔너 : 펌프 토출관에 압입기를 설치하여 약제 압입용 펌프로 포소화약제를 압입시켜 혼합하는 방식

07. 다음에 해당하는 반응식을 쓰시오.

㉮ 삼황화린의 연소반응식
㉯ 오황화린의 연소반응식
㉰ 오황화린의 물과의 반응식
㉱ 오황화린이 물과 반응 시 생성되는 기체의 연소반응식

정답
㉮ $P_4S_3 + 8O_2 \rightarrow 2P_2O_5 + 3SO_2$　　㉯ $2P_2S_5 + 15O_2 \rightarrow 2P_2O_5 + 10SO_2$
㉰ $P_2S_5 + 8H_2O \rightarrow 5H_2S + 2H_3PO_4$　　㉱ $2H_2S + 3O_2 \rightarrow 2H_2O + 2SO_2$

해설 황화린 종류

항목	삼황화린	오황화린	칠황화린
화학식	P_4S_3	P_2S_5	P_4S_7
외관(색상)	황색결정	담황색결정	담황색결정
착화점	100℃	142℃	-
물에 대한 용해성	불용성	용해, 조해성, 흡습성	용해, 끓는(더운)물 급격 분해
녹이는 물질	CS_2, 질산, 알칼리	CS_2, 알칼리, 글리세린, 알코올	CS_2, 질산, 황산

08.
제1종 분말소화약제인 탄산수소나트륨이 850[℃]에서 완전분해 반응식과 탄산수소나트륨 336[kg]이 1기압, 25[℃]에서 발생하는 탄산가스의 체적[m³]은 얼마인가?

정답
- 완전분해반응식 : $2NaHCO_3 \rightarrow Na_2O + 2CO_2 + H_2O$
- 탄산가스의 체적 : $97.80 m^3$

해설

1. 분말소화약제의 열분해 반응식
    1) 제1종 분말
        (1) 1차 분해반응식(270[℃])
            $2NaHCO_3 \rightarrow Na_2CO_3 + CO_2 + H_2O - Q[kcal]$
        (2) 2차 분해반응식(850[℃])
            $2NaHCO_3 \rightarrow Na_2O + 2CO_2 + H_2O - Q[kcal]$
    2) 2종 분말
        (1) 1차 분해반응식(190[℃])
            $2KHCO_3 \rightarrow K_2CO_3 + CO_2 + H_2O - Q[kcal]$
        (2) 2차 분해반응식(590[℃])
            $2KHCO_3 \rightarrow K_2O + 2CO_2 + H_2O - Q[kcal]$
    3) 제3종 분말
        (1) 190[℃]에서 분해
            $NH_4H_2PO_4 \rightarrow NH_3 + H_3PO_4$(인산, 올소인산)
        (2) 215[℃]에서 분해
            $2H_3PO_4 \rightarrow H_2O + H_4P_2O_7$(피로인산)
        (3) 300[℃]에서 분해
            $H_4P_2O_7 \rightarrow H_2O + 2HPO_3$(메타인산)
    4) 제4종 분말
        $2KHCO_3 + (NH_2)_2CO \rightarrow K_2CO_3 + 2NH_3 + 2CO_2 - Q[kcal]$

2. 탄산수소나트륨 336[kg]이 1기압, 25[℃]에서 발생하는 탄산가스의 체적[m3]
    1) $2NaHCO_3 \rightarrow Na_2O + 2CO_2 + H_2O$
    2) 비례식으로 탄산가스의 양을 구하면
        $(2 \times 84)kg : (2 \times 44)kg = 336kg : Xkg$ ∴ $X = 176kg$
    3) 이상기체상태방정식을 적용하여 부피를 구하면
        $$V = \frac{WRT}{PM} = \frac{176kg \times 0.08205(m^3 \cdot atm/mol \cdot k) \times (273+25)K}{1atm \times 44kg} = 97.80 m^3$$

09. 분해온도가 400[℃]이고 비중이 2.1, 물과 글리세린에 잘 녹으며 흑색화약의 원료로 사용하는 제1류 위험물에 대하여 다음 물음에 답하시오.

> ㉮ 화학식
> ㉯ 지정수량
> ㉰ 위험등급
> ㉱ 1기압, 400[℃]에서 이 물질 202[g]이 분해하였을 때 생성되는 산소의 부피[ℓ]는?

정답

㉮ KNO_3
㉯ 300[kg]
㉰ II
㉱ 55.22[ℓ]

해설

1. 질산칼륨(초석, KNO_3)

화학식	분자량	비중	융점	비점	분해 온도
KNO_3	101.1032	21	336℃	400℃	400℃

2) 성질
   (1) 무색 또는 백색결정 또는 분말이며 글리세린에는 잘 녹으나 알코올 안 녹음.
   (2) 강산화제이며 짠맛과 자극성 있다.
   (3) 분해하면 산소를 발생하고 아질산칼륨이 된다.
   - $2KNO_3 \rightarrow 2KNO_2 + O_2 \uparrow$
   (4) 물에 잘 녹지만 흡습성, 조해성 물질은 아니다.
   (5) 분해온도 이상 가열 시 산소 방출량 많아 화약, 폭약의 산소공급제로 이용
   (6) 흑색화약 75% 원료로 가열, 충격에 폭발하므로 주의해야 한다.
   - $4KNO_3 + 3S + 2C \rightarrow 2K_2CO_3 + 2N_2 + 3SO_2$
     (75%) (15%) (10%)

2. 1기압, 400[℃]에서 이 물질 202[g]이 분해하였을 때 생성되는 산소의 부피
   1) 분해반응식 $2KNO_3 \rightarrow 2KNO_2 + O_2 \uparrow$
   2) 비례식으로 산소의 질량을 구하면
      $(2 \times 101)g : 32g = 202g : Xg$ ∴ $X = 32g$
   3) 이상기체상태방정식을 적용하여 부피를 구하면
      $$V = \frac{WRT}{PM} = \frac{32g \times 0.08205(l.atm/mol.k) \times (273+400)K}{1atm \times 32g} = 55.22 L$$

10. 실온의 공기 중에서 표면에 치밀한 산화피막이 형성되어 내부를 보호하고 용접 시 테르밋 반응을 하는 제2류 위험물이다. 다음 물질과 반응할 때 반응식을 쓰시오.

> ㉮ 황산
> ㉯ 수산화나트륨 수용액

정답

㉮ $2Al + 3H_2SO_4 \rightarrow Al_2(SO_4)_3 + 3H_2$
㉯ $2Al + 2NaOH + 2H_2O \rightarrow 2NaAlO_2 + 3H_2$

해설

1. 알루미늄분 성질
    1) 은백색 광택이 있는 무른 경금속으로 연성과 전성이 풍부
    2) 수분, 할로겐원소 접촉 시 자연발화위험
    3) 산, 알칼리, 물과 반응하면 수소가스 발생
        - 물과 반응 : $2Al + 6H_2O \rightarrow 2Al(OH)_3 + 3H_2$
        - 염산과 반응 : $2Al + 6HCl \rightarrow 2AlCl_3 + 3H_2$
        - 황산과 반응 : $2Al + 3H_2SO_4 \rightarrow Al_2(SO_4)_3 + 3H_2$
        - 수산화나트륨과 반응 : $2Al + 2NaOH + 2H_2O \rightarrow 2NaAlO_2 + 3H_2$
    4) 진한질산에는 침식당하지 않으나 황산, 묽은 염산, 묽은 질산에 잘 녹음.

2. 테르밋(Thermite) 반응
    1) 알루미늄 분말이 금속 산화물 위에서 연소할 때 생기는 알루미늄의 환원력을 이용하여 금속을 얻는 반응. 이 반응에서 나오는 높은 열을 이용하여 크로뮴, 망가니즈 따위를 정련하거나 레일 따위를 이어 붙인다.
    2) 반응식 $Al + Fe_2O_3 \rightarrow 2Fe + Al_2O_3$

11. 다음 제3류 위험물이 물과 반응할 때 생성되는 기체를 쓰고, 반응하지 않으면 "발생기체 없음"이라고 적으시오.

㉮ 인화아연
㉯ 수소화리튬
㉰ 칼슘
㉱ 탄화칼슘
㉲ 탄화알루미늄

정답

㉮ $Zn_3P_2 + 6H_2O \rightarrow 3Zn(OH)_2 + 2PH_3$
㉯ $LiH + H_2O \rightarrow LiOH + H_2$
㉰ $Ca + 2H_2O \rightarrow Ca(OH)_2 + H_2$
㉱ $CaC_2 + 2H_2O \rightarrow Ca(OH)_2 + C_2H_2$
㉲ $Al_4C_3 + 12H_2O \rightarrow 4Al(OH)_3 + 3CH_4$

해설 물성 비교

화학식	분자량	융점	비점	착화점	비중	물리적 상태
인화아연	258	-	1,100℃	-	4.55	회색 고체 분말
수소화리튬	7.95	680℃	-	200℃	0.82	흰색, 투명결정
칼슘	40.08	845℃	1,420℃	-	1.55	은백색금속
탄화칼슘	64.1	2,370℃	-	-	2.21	흑회색의 괴상
탄화알루미늄	142.95	2,100℃	-	-	2.36	무색결정. 분말

12. 위험물안전관리에 관한 세부기준에서 방사선투과시험의 방법 및 판정기준에 대한 설명이다. 다음 물음에 답하시오.

> 용접부시험 중 방사선투과시험의 실시범위(촬영개소)는 재질, 판두께, 용접이음 등에 따라서 다르게 적용할 수 있으며 옆판 용접선의 방사선투과시험의 촬영개소는 다음에 의할 것을 원칙으로 한다. 괄호 안에 들어갈 말을 쓰시오.
>
> ㉮ 기본 촬영개소
> 수직이음은 용접사별로 용접한 이음(같은 단의 이음에 한한다)의 (①)[m]마다 임의의 위치 2개소(T이음부가 수직이면 촬영개소 전체 중 25[%] 이상 적용되도록 한다)로 하고, 수평이음은 용접사별로 용접한 이음의 (②)[m]마다 임의의 위치에 2개소로 한다.
> ㉯ 추가 촬영개소
>
> | 판두께 | 최하단 | 2단 이상의 단 |
> |---|---|---|
> | 10[mm] 이하 | 모든 수직이음의 임의의 위치 1개소 ||
> | 10[mm] 초과 25[mm] 이하 | 모든 수직이음의 임의의 위치 2개소(단, 1개소는 가장 아래 부분으로 한다) | 모든 수직·수평이음의 접합점 및 모든 수직이음의 임의 위치 1개소 |
> | 25[mm] 초과 | 모든 수직이음 100% (온길이) ||

정답

① 30m
② 60m

해설

1. 방사선투과 시험 : 투과된 방사선량의 차이에 따라 필름의 감광정도가 달라지게 되고, 감광정도에 따라 필름상에 농도차를 관찰하여 시험체 내부에 존재하는 결함의 종류, 위치, 크기 등을 판정한다.

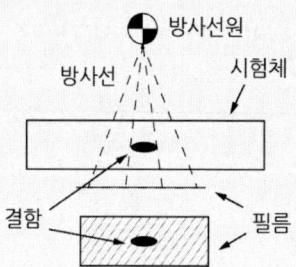

2. 탱크안전성능검사 등(세부기준)

제30조(기밀시험의 방법 및 판정기준)
1. 배관 등을 접속하기 전에 탱크내부를 비우고 모든 개구부를 완전히 폐쇄 한 이후에 실시 할 것
2. 내부 가압은 공기 또는 질소 등의 불활성가스를 사용하며 설계압력 이상의 압력으로 서서히 가압할 것
3. 탱크 본체 접속부 및 용접부 등에 발포제를 고루 도포 하였을 때 기포누설 및 영구변형 등의 이상이 없을 것

제31조(충수·수압시험의 방법 및 판정기준)
1. 충수·수압시험은 탱크가 완성된 상태에서 배관 등의 접속이나 내·외부에 대한 도장작업 등을 하기 전에 위험물탱크의 최대사용높이 이상으로 물을 가득 채워 실시할 것. 다만, 다음 각목의 어느 하나에 해당하는 경우에는 해당 목에 규정된 방법으로 대신할 수 있다.
   1) 에뉼러판 또는 밑판의 교체공사 중 옆판의 중심선으로부터 600mm 범위 외의 부분에 관련된 것으로서 당해 교체부분이 저부면적(에뉼러판 및 밑판의 면적)의 2의 1미만인 경우에는 교체부분의 전용접부에 대하여 초층용접 후 침투탐상시험을 하고 용접종료 후 자기탐상시험을 하는 방법
   2) 에뉼러판 또는 밑판의 교체공사 중 옆판의 중심선으로부터 600mm 범위 내의 부분에 관련된 것으로서 당해 교체부분이 당해 에뉼러판 또는 밑판의 원주길이의 50% 미만인 경우에는 교체부분의 전용접부에 대하여 초층용접 후 침투탐상시험을 하고 용접종료 후 자기탐상시험을 하며 밑판(에뉼러판을 포함)과 옆판이 용접되는 필렛용접부(완전용입용접)에는 초음파탐상시험을 하는 방법
2. 보온재가 부착된 탱크의 변경허가에 따른 충수·수압시험의 경우에는 보온재를 당해 탱크 옆판의 최하단으로부터 20cm 이상 제거하고 시험을 실시할 것
3. 충수시험은 탱크에 물이 채워진 상태에서 1,000㎘ 미만의 탱크는 12시간, 1,000㎘ 이상의 탱크는 24시간 이상 경과한 이후에 지반침하가 없고 탱크본체 접속부 및 용접부 등에서 누설 변형 또는 손상 등의 이상이 없을 것
4. 수압시험은 탱크의 모든 개구부를 완전히 폐쇄한 이후에 물을 가득 채우고 최대사용압력의 1.5배 이상의 압력을 가하여 10분 이상 경과한 이후에 탱크본체·접속부 및 용접부 등에서 누설 또는 영구변형 등의 이상이 없을 것. 다만, 규칙에서 시험압력을 정하고 있는 탱크의 경우에는 당해 압력을 시험압력으로 한다.
5. 탱크용량이 1,000㎘ 이상인 원통종형탱크는 제1호 내지 제4호의 시험 외에 수평도와 수직도를 측정하여 다음 각목의 기준에 적합할 것
   1) 옆판 최하단의 바깥쪽을 등간격으로 나눈 8개소에 스케일을 세우고 레벨측정기 등으로 수평도를 측정하였을 때 수평도는 300mm 이내이면서 직경의 1/100 이내 일 것
   2) 옆판 바깥쪽을 등간격으로 나눈 8개소의 수직도를 데오드라이트 등으로 측정하였을 때 수직도는 탱크 높이의 1/200 이내일 것. 다만, 변경허가에 따른 시험의 경우에는 127mm 이내이면서 1/100 이내이어야 한다.

6. 탱크용량이 1,000㎘ 이상인 원통종형 외의 탱크는 제1호 내지 제4호의 시험 외에 침하량을 측정하기 위하여 모든 기둥의 침하측정의 기준점(수준점)을 측정(기둥이 2개인 경우에는 각 기둥마다 2점을 측정)하여 그 차이를 각각의 기둥사이의 거리로 나눈 수치가 1/200 이내 일 것. 다만, 변경허가에 따른 시험의 경우에는 127mm 이내이면서 1/100 이내이어야 한다.

제32조(침투탐상시험의 방법 및 판정기준)

1. 용접부시험 중 침투탐상시험의 방법은 염색침투탐상시험과 형광침투탐상시험 중 적절한 시험방법을 선택하여 시험한다.
2. 침투탐상시험의 실시범위는 용접부와 모재의 경계선에서 모재쪽으로 모재판두께의 1/2 이상의 길이를 더한 범위로 한다.
3. 시험실시 전에 시험범위에 있는 스패터, 슬래그, 스케일, 기름 등의 부착물을 완전히 제거하여 깨끗하게 하고 시험면 및 결함 내에 잔류하는 용제, 수분 등을 충분히 건조시켜야 한다.
4. 침투탐상시험의 실시방법은 다음 각 호에 의한다.
   1) 침투액은 시험제품의 시험부위 및 침투액의 종류에 따라 분무, 솔질 등의 방법을 적용하고 침투에 필요한 시간동안 시험하는 부분의 표면을 침투액으로 적셔 둘 것
   2) 침투처리 후 표면에 부착되어 있는 침투액은 마른천으로 닦은 후 용제세정액을 소량 스며들게 한 천으로 완전히 닦아낼 것. 이 경우에 결함속에 침투되어 있는 침투액을 유출시킬 만큼 많은 세정액을 사용하지 아니하여야 한다.
   3) 잘 저어서 분산시킨 속건식 현상제를 분무상태로 시험면에 분무시켜 시험면 바탕의 소재가 희미하게 투시되어 보일 정도로 얇고 균일하게 도포할 것. 이 경우에 분무노즐과 시험면의 거리는 약 300mm로 한다.
   4) 현상제를 도포하고 10분이 경과한 후에 관찰 할 것. 다만, 결함지시모양의 등급분류시 결함지시모양이 지나치게 확대되어 실제의 결함과 크게 다른 경우에는 현상여건을 감안하여 그 시간을 단축시킬 수 있다.
   5) 고장력강판의 경우 용접후 24시간이 경과한 후 시험을 실시할 것
5. 침투탐상시험결과의 판정기준은 다음 각 호와 같다.
   1) 균열이 확인된 경우에는 불합격으로 할 것
   2) 선상 및 원형상의 결함크기가 4mm를 초과할 경우에는 불합격으로 할 것
   3) 2 이상의 결함지시모양이 동일 선상에 연속해서 존재하고 그 상호 간의 간격이 2mm 이하인 경우에는 상호 간의 간격을 포함하여 연속된 하나의 결함지시모양으로 간주할 것. 다만, 결함지시모양 중 짧은 쪽의 길이가 2mm 이하이면서 결함지시모양 상호 간의 간격 이하인 경우에는 독립된 결함지시모양으로 한다.
   4) 결함지시모양이 존재하는 임의의 개소에 있어서 2,500㎟의 사각형(한 변의 최대길이는 150mm로 한다) 내에 길이 1mm를 초과하는 결함지시모양의 길이의 합계가 8mm를 초과하는 경우에는 불합격으로 할 것
6. 제5항의 판정기준에 따라 부적합한 결함은 완전히 제거한 후 재용접 하고 그 부분에 대하여 재시험하여 적합하여야 한다.

7. 이 조에서 규정하지 아니한 사항은 「침투 탐상 시험 방법 및 침투 지시 모양의 분류」(KS B 0816)에 의한다.〈2015. 5. 6 개정〉

제33조(자기탐상시험의 방법 및 판정기준)

1. 용접부시험 중 자기탐상시험의 실시범위는 용접부와 모재의 경계선에서 모재쪽으로 모재판두께의 1/2 이상의 길이를 더한 범위로 한다.
2. 시험실시 전에 시험범위에 있는 스패터, 슬래그, 스케일, 기름 등의 부착물을 완전히 제거하고 깨끗하게 함과 동시에 시험실시범위의 온도가 시험에 지장이 없는 온도범위로 유지되도록 한다.
3. 자기탐상시험의 실시방법
    1) 자화장치는 교류전원으로 하며, 시험실시에 지장이 없는 범위로 연속통전이 가능하고 절연성이 좋은 교류 극간식 자화장치를 사용할 것
    2) 검사액 살포기는 자분을 균일하게 분산시킬 수 있고 검사액을 부드럽고 안정적으로 탐상유효범위에 적용시킬 수 있을 것
    3) 자분 및 검사액은 다음 각목에 의할 것
        ① 등유, 물 등에 형광자분 또는 비형광자분을 분산시킨 검사액을 사용하며, 검사액 속의 자분 분산농도는 형광자분의 경우에는 0.2g/ℓ 내지 2g/ℓ으로, 비형광자분의 경우에는 2g/ℓ 내지 10g/ℓ으로 할 것
        ② 자분의 분산이 좋지 않은 검사액과 성능이 열화된 검사액을 사용하지 아니할 것
    4) 표준시험편은 다음 각목 중에서 하나를 선택하여 사용할 것
        ① A1-7/50(직선형)
        ② A1-15/100(직선형)
        ③ A2-15/50(직선형)
        ④ A2-30/100(직선형)
    5) 시험범위에 대한 자화장치의 배치는 용접선에 대하여 거의 직각이 되도록 하고 시험면에 평행방향의 자장이 형성되도록 하며, 인접한 탐상유효범위가 서로 중복되도록 할 것
    6) 자분적용에 대한 자화의 시기는 연속법으로 할 것
    7) 자분의 적용은 다음 각목에 의할 것
        ① 특별히 인정된 경우를 제외하고는 습식법을 사용할 것
        ② 검사액의 적용은 탐상유효범위의 바깥쪽부터 탐상유효범위 전면을 적시도록 할 것
        ③ 통전시간 중의 검사액의 적용시간은 1단위시험 조작당 3초 이상을 표준으로 할 것
    8) 통전시간은 원칙으로 검사액의 적용시작시부터 그 탐상유효범위 내의 검사액의 유동이 정지할 때까지로 할 것
    9) 결함자분모양의 관찰은 다음 각목에 의할 것
        ① 결함자분모양의 관찰은 1단위시험의 조작시마다 할 것
        ② 결함자분모양이 나타났을 경우에는 결함자분모양을 제거한 후 다시 시험을 하여 결함자분모양이 전회의 시험결과와 동일하게 검출되는지를 확인할 것

③ 확인된 결함자분모양 중 유사자분모양은 제외할 것

④ 결함자분모양과 유사자분모양과의 판별이 곤란한 것은 허용한도 이내에서 표면을 매끄럽게 하고 재시험을 할 것

10) 탐상유효범위의 설정은 다음 각목에 의할 것

① 탐상유효범위의 설정은 자화장치, 용접선에 대한 자화장치의 배치, 검사액, 검사액의 적용방법, 검사액의 적용시간·통전시간, 탐상유효범위의 자외선강도·가시광선강도 등의 시험조건 및 실제 시험을 실시할 때의 조건 등을 고려하여 정할 것

② 탐상유효범위는 용접선에 홈이 평행 및 직각이 되도록 붙인 A형 표준시험편에 명료한 결함자분모양이 얻어지는 범위로 할 것

③ 시험개시전, 시험조건의 변경시, 시험중 의문이 발생했을 경우 등 필요한 경우에는 탐상유효범위를 재설정 할 것

11. 고장력강판의 경우 용접후 24시간이 경과한 후 시험을 실시할 것

4. 자기탐상시험결과의 판정기준

1) 균열이 확인된 경우에는 불합격으로 할 것

2) 선상 및 원형상의 결함크기가 4mm를 초과할 경우에는 불합격으로 할 것

3) 2 이상의 결함자분모양이 동일 선상에 연속해서 존재하고 그 상호 간의 간격이 2mm 이하인 경우에는 상호 간의 간격을 포함하여 연속된 하나의 결함자분모양으로 간주할 것. 다만, 결함자분모양 중 짧은 쪽의 길이가 2mm 이하이면서 결함자분모양 상호 간의 간격 이하인 경우에는 독립된 결함자분모양으로 한다.

4) 결함자분모양이 존재하는 임의의 개소에 있어서 2500㎟의 사각형(한변의 최대길이는 150mm로 한다) 내에 길이 1mm를 초과하는 결함자분모양의 길이의 합계가 8mm를 초과하는 경우에는 불합격으로 할 것

5) 자기탐상시험결과 결함자분모양이 원형모양이어서 판정이 곤란할 경우는 침투탐상시험에 의하여 판정할 것

5. 제4항의 판정기준에 따라 불합격된 경우에는 다음 각 호에 의한다.

1) 자기탐상시험 결과 부적합한 결함은 완전히 제거한 후 재용접하고 그 부분에 대하여 재시험하여 적합할 것

2) 밑판 및 에뉼러판의 이음용접부중 3매 겹침부등을 제외한 용접부가 부적합한 경우에는 밑판(에뉼러판을 포함한다)의 3매겹침부를 제외한 전용접부의 15%를 시험하고, 다시 부적합한 경우에는 전용접부를 시험할 것

6. 이 조에서 규정하지 아니한 사항은 「철강 재료의 자분 탐상 시험 방법 및 자분 모양의 분류」(KS D 0213)에 의하고, 자기탐상시험을 실시하기 곤란한 경우 침투탐상시험으로 대체할 수 있다.

제34조(방사선투과시험의 방법 및 판정기준)

1. 용접부시험 중 방사선투과시험의 실시범위(촬영개소)는 재질, 판두께, 용접이음 등에 따라서 다르게 적용할 수 있으며 옆판 용접선의 방사선투과시험의 촬영개소는 다음 각 호에 의할 것을 원칙으로 한다.

   1) 기본 촬영개소

      ① 수직이음은 용접사별로 용접한 이음(같은 단의 이음에 한한다. 이하 나목에서 같다)의 30m마다 임의의 위치 2개소(T이음부가 수직이음촬영개소 전체 중 25% 이상 적용되도록 한다)

      ② 수평이음은 용접사별로 용접한 이음의 60m마다 임의의 위치 2개소

   2) 추가 촬영개소

판두께	최하단	2단 이상의 단
10mm 이하	모든 수직이음의 임의 위치 1개소	
10mm 초과 25mm 이하	모든 수직이음의 임의의 위치 2개소 (단, 1개소는 가장 아래부분으로 한다)	모든 수직·수평이음의 접합점 및 모든 수직이음의 임의 위치 1개소
25mm 초과	모든 수직이음 100% (온길이)	

   (비고) 수직이음과 수평이음의 접합점 촬영은 수직이음을 주로 한다.

2. 구조변경된 탱크의 옆판 보수용접이음부는 제1항의 촬영개소와 함께 보수용접이음과 기존용접이음이 접하는 모든 접합점에 대하여 방사선투과시험을 하며 접합점을 기준으로 기존 용접이음의 방향에 대하여 촬영한다. 다만, 밑판 또는 에뉼러판과 용접되는 옆판이음부는 자기탐상시험을 할 수 있다.

3. 방사선투과시험의 실시방법은 다음 각 호에 의한다.

   1) 방사선투과시험에 사용하는 필름의 크기는 너비 85mm×길이 305mm 또는 너비 114mm×길이 305mm를 원칙으로 하고 초미립자 필름으로 할 것

   2) 증감지는 금속박(연박)으로 하고 촬영조건에 따라 가장 적합한 것을 선택할 것

   3) 투과사진의 필요조건인 투과도계의 식별 최소선지름, 투과사진의 농도범위, 계조계의 수치는 「강 용접 이음부의 방사선 투과 시험 방법」(KS B 0845) 부속서1의 A급을 적용할 것

   4) 방사선투과시험은 피검사부의 재질, 판두께, 용접 조건 등을 고려하여 용접 후 적절한 시간이 경과한 다음에 촬영하고, 고장력강판의 경우 용접 후 24시간이 경과한 후 시험을 실시할 것

4. 방사선투과시험결과의 판정기준

   1) 균열·용입부족 및 융합부족이 없어야 하고 언더컷의 깊이가 수직이음에서는 0.4mm, 수평이음에서는 0.8mm 이내일 것

   2) 기공과 슬래그 또는 이와 유사한 결함에 대해서는 「강 용접 이음부의 방사선 투과 시험 방법」 (KS B 0845)의 3류 이상을 합격으로 할 것. 다만, 고장력강판을 사용하는 모든 판의

수직이음과 두께 25mm를 초과하는 연강판의 수직이음에 대해서는 2류 이상을 합격으로 한다.

5. 제4항의 판정기준에 따라 불합격된 경우에는 다음 각 호에 의한다.
   1) 전용접부(옆판의 각 수직이음부, T이음부 전체와 개구부 및 최하단 수직이음부의 가장 아랫부분을 말한다)에 대하여 방사선투과시험을 실시한 것은 부적합한 개소의 결함을 완전히 제거한 후 재용접하고 그 부분에 대하여 재시험하여 적합할 것
   2) 부분 용접부(제1호의 시험개소 외의 임의의 시험개소를 말한다)에 대하여 방사선투과시험을 실시한 것은 해당 용접부(부적합한 부분을 용접한 용접사에 의하여 수행된 같은 단의 모든 이음부를 말한다)에 대하여 임의의 2개소를 선정하여 다음 각목에 의하여 시험할 것. 다만, 이 시험을 생략하고 해당 용접부의 전체를 시험하거나 1회에 한하여 보수할 수 있다.
      ① 새로 선정한 2개소가 적합한 경우 최초시험에서 부적합 된 결함을 완전히 제거한 후 재용접하고 그 부분에 대하여 재시험하여 적합할 것. 다만, 결함이 필름 끝에서 75mm 이내에 있으면 인접 개소가 적합할 때까지 시험하여야 한다.
      ② 새로 선정한 2개소에 대하여 시험결과 1개소 이상 부적합 된 경우에는 해당 용접부의 전체에 대하여 시험하여 부적합 된 모든 개소의 결함을 완전히 제거한 후 재용접하고 그 부분에 대하여 재시험하여 적합할 것. 다만, 이 시험을 생략하고 1회에 한하여 해당 용접부의 전체를 보수할 수 있다.
      ③ 해당 용접부의 전체에 대하여 시험을 생략하고 전체를 보수한 경우에는 새로 선정한 2개소를 시험하여 적합하여야 하고 1개소 이상 부적합하면 해당 용접부의 전체에 대하여 시험하여 부적합하면 모든 개소의 결함을 완전히 제거한 후 재용접하고 그 부분에 대하여 재시험하여 적합할 것
   3) 에눌러판 맞대기 용접부의 전체개소 중 50%에 대하여 방사선투과시험을 실시하여 1개소 이상 부적합한 경우에는 부적합한 부분을 용접한 용접사에 의하여 수행된 모든 용접개소를 추가로 시험할 것
6. 이 조에서 규정하지 아니한 사항은 「강 용접 이음부의 방사선 투과 시험 방법」(KS B 0845)에 의하고, 방사선투과시험을 실시하기 곤란한 경우 초음파탐상시험으로 대체할 수 있다.

제35조(초음파탐상시험의 방법 및 판정기준)

1. 용접부시험 중 초음파탐상시험의 실시범위는 제34조의 방사선투과시험을 하는 범위로 하며 방사선투과시험 1개소는 초음파탐상시험을 하는 용접선의 길이 300mm와 같다.
2. 완전용입의 수직이음 및 수평이음의 맞대기 용접부의 초음파탐상시험의 실시방법은 다음 각 호에 의한다.
   가. 탐상에 있어서는 경사각법을 적용하고 시험주파수는 5㎒ 또는 4㎒를 사용할 것
   나. 탐상감도는 STB-A2를 사용하여 조정하고 결함에코 평가대상은 M검출레벨로 할 것
3. 초음파탐상시험결과의 판정기준은 다음 각 호와 같다.

1) 결함의 평가는 모재의 두께에 따라서 다음 표 1의 A, B 또는 C의 수치로 구분되는 결함 지시 길이와 다음 표 2의 최대에코높이의 영역에 따라 평가할 것. 다만, 평가할 때 다음 각목에 정한 사항을 고려하여야 한다.

   가. 동일 깊이에 존재한다고 간주되는 2개 이상의 결함지시 상호 간의 간격이 어느 하나의 결함지시길이 이하일 경우에는 이들 2개 이상의 결함지시길이의 합에 결함지시 상호 간의 간격을 더한 것을 결함지시길이로 할 것

   나. 가목에 의해서 얻어진 결함지시길이 및 1개 결함의 결함지시길이를 2 방향에서 탐상하여 다른 수치가 나온 경우에는 큰 쪽의 수치를 결함지시길이로 할 것

2) 제34조의 방사선투과시험에 적용되는 3류 이상의 결함으로 규정된 개소에 대해서는 제1호에 정한 결함의 평가점에 의하여 3점 이하이고 결함이 가장 조밀한 용접부의 길이 300mm당 평가점의 합이 5점 이하인 것을 합격으로 할 것

3) 제34조의 방사선투과시험에 적용되는 2류 이상의 결함으로 규정된 개소에 대해서는 제1호에 정한 결함의 평가점에 의하여 2점 이하이고 결함이 가장 조밀한 용접부의 길이 300mm당 평가점의 합이 4점 이하인 것을 합격으로 할 것

4. 제3항 또는 제6항제2호의 판정기준에 의하여 불합격된 경우에는 제34조제5항의 예에 의한다.
5. 이 조에서 규정하지 아니한 사항은 「강 용접부의 초음파 탐상 시험 방법」(KS B 0896)에 의한다.
6. 영상초음파탐상시험 장비를 사용할 경우 제2항 및 제3항에도 불구하고 다음 각 호의 기준을 따른다.

1) 실시방법

   가. 탐상부위는 용접부 및 용접부의 각 양쪽면으로 최소 25mm 또는 모재두께 중 작은 값을 더하여 열영향부를 포함할 것.

   나. 사각빔탐상에 간섭받는 부위를 제외하고 관련된 자료 및 정보 등을 자동으로 기록하는 컴퓨터가 내장된 장비로 수행할 것.

   다. 탐촉자의 위치, 움직임 및 구성품의 검사범위 등을 나타내는 시험절차서를 작성할 것. 이 경우 초음파의 주사각도, 방향, 검사대상의 재질, 치수, 시험결과 판정을 위한 표준화되고 재현가능한 방법이 포함되어야 한다.

   라. 얇은 쪽 모재두께 6mm 이상 10mm 미만에 대한 영상초음파탐상시험은 다음 추가기준을 만족하여야 한다.

      (1) 시험주파수는 10㎒ 이상을 사용할 것. 다만, 모재 재질이 오스테나이트계 스테인레스강인 경우에는 그러하지 아니하다.

      (2) 영상초음파탐상 시험범위의 내외면은 추가적으로 용접종료 후 자기탐상시험을 실시할 것.

2) 결함의 판정기준

   가. 결함의 치수는 해당 결함부위가 완전히 포함되는 직사각형으로 정의하여야 한다. 결함의 길이(l)는 내부압력 유지면과 평행하게 작성하여야 하고 결함의 높이(h)는 내부압력 유지면에 수직으로 작성하여야 한다.

   나. 두께를 관통하는 방향으로 표면과 결함사이의 공간이 해당 결함 측정 높이의 1/2 미만일 경우 이 결함은 표면결함으로 분류하여야 하며, 결함의 높이를 해당재료의

표면까지 연장하여야 한다.

다. 최대허용 결함길이는 다음표에서 정하는 길이로 하며, 균열, 용입부족 및 융합부족은 허용하지 아니한다.

용접부의 두께(T)[1], mm	허용 결함 길이(ℓ), mm								
	표면결함[2]의 높이(h), mm				표현하결함의 높이(h), mm				
	1	2	2.5	3	1	2	3	4	5	6
6~10 미만	6	허용하지 않음			6	허용하지 않음				
10~13 미만	8	8	8	4	14	14	5	4	허용하지 않음	
13~19 미만	8	8	8	4	38	38	8	5	4	3
19~25 미만	8	8	8	4	75	75	13	8	6	5
25~32 미만	9	9	8	4	100	100	20	9	8	6
32~40 미만	9	9	8	4	125	125	30	10	8	8
40~44 미만	9	9	8	4	150	150	38	10	9	8

⟨1⟩ t = 허용 덧붙임을 제외한 용접부 두께. 용접부에서 두께가 다른 맞대기 용접 이음은 얇은 쪽의 두께이다.

⟨2⟩ 합격된 모든 표면결함은 이 표의 크기 제한값을 충족시켜야 하며, 추가로 자기탐상시험/침투탐상시험에 대한 추가시험사항을 충족시켜야 한다.

라. 다중결함의 평가

(1) 인접결합면들 사이의 거리가 13mm 이하일 경우 주로 평면들에 평행한 방향의 불연속 결함들은 단일 평면내에 있는 것으로 간주한다.

(2) 나란히 배열된 두 결함 사이의 간격이 두 결함 중 긴 길이 또는 높이 미만일 경우 두 결함은 단일결함으로 간주한다.

3. 이 조에서 정하지 아니한 시험범위, 방법, 절차 또는 신기술을 적용한 검사에 관한 세부적인 사항 등은 기술원장이 정할 수 있다.

제36조(진공시험의 방법 및 판정기준)

1. 용접부시험 중 진공시험의 장비는 다음 각 호에 의한다.
   1) 진공상자는 사용 및 이동이 편리한 크기로 하고 상부면은 검사부위를 관찰할 수 있도록 투명하게 하며 바닥면은 검사면에 밀착될 수 있도록 할 것
   2) 요구되는 진공은 진공펌프 또는 공기흡출기 등을 이용하여 조성할 것
   3) 게이지는 0kPa 내지 101kPa의 진공범위를 나타낼 수 있어야 하고 시험하는 동안 시험자가 쉽게 읽을 수 있도록 진공상자에 접속될 것

2. 시험실시 전에 시험범위에 있는 스패터・슬래그・스케일・기름 등을 제거하고 시험범위의 표면온도를 5℃ 내지 50℃ 범위로 유지하여야 한다.

3. 진공시험의 실시방법은 다음 각 호에 의한다.
   1) 기포용액은 진공상자를 시험부에 밀착시키기 전에 검사부위의 표면에 분무 또는 솔질 등으로 균일하게 도포할 것
   2) 진공상자는 기포용액이 도포된 부위에 정치하고 상자의 내부는 53kPa 이상의 부압이 걸리도록 할 것

> 3) 상자 내의 진공상태는 최소한 10초 이상 유지할 것
> 4) 연속되는 시험에 있어서 진공상자의 인접 시험부위는 최소한 50mm 이상 중첩시킬 것
> 4. 진공시험의 결과 기포생성 등 누설이 확인되는 경우에는 불합격으로 할 것

13. 위험물제조소 등의 관계인은 예방규정을 작성하여야 하는데 작성 내용 5가지를 쓰시오. (단, 그 밖에 위험물의 안전관리에 관하여 필요한 사항은 제외한다)

정답
1. 위험물의 안전관리업무를 담당하는 자의 직무 및 조직에 관한 사항
2. 안전관리자가 여행·질병 등으로 인하여 그 직무를 수행할 수 없을 경우 그 직무의 대리자에 관한 사항
3. 자체소방대를 설치하여야 하는 경우에는 자체소방대의 편성과 화학소방자동차의 배치에 관한 사항
4. 위험물의 안전에 관계된 작업에 종사하는 자에 대한 안전교육 및 훈련에 관한 사항
5. 위험물시설 및 작업장에 대한 안전순찰에 관한 사항

해설 예방규정의 작성 등[규칙 제63조]
① 법 제17조제1항에 따라 영 제15조 각 호의 어느 하나에 해당하는 제조소등의 관계인은 다음 각 호의 사항이 포함된 예방규정을 작성하여야 한다.
1. 위험물의 안전관리업무를 담당하는 자의 직무 및 조직에 관한 사항
2. 안전관리자가 여행·질병 등으로 인하여 그 직무를 수행할 수 없을 경우 그 직무의 대리자에 관한 사항
3. 영 제18조의 규정에 의하여 자체소방대를 설치하여야 하는 경우에는 자체소방대의 편성과 화학소방자동차의 배치에 관한 사항
4. 위험물의 안전에 관계된 작업에 종사하는 자에 대한 안전교육 및 훈련에 관한 사항
5. 위험물시설 및 작업장에 대한 안전순찰에 관한 사항
6. 위험물시설·소방시설 그 밖의 관련시설에 대한 점검 및 정비에 관한 사항
7. 위험물시설의 운전 또는 조작에 관한 사항
8. 위험물 취급작업의 기준에 관한 사항
9. 이송취급소에 있어서는 배관공사 현장책임자의 조건 등 배관공사 현장에 대한 감독체제에 관한 사항과 배관주위에 있는 이송취급소 시설 외의 공사를 하는 경우 배관의 안전확보에 관한 사항
10. 재난 그 밖의 비상시의 경우에 취하여야 하는 조치에 관한 사항
11. 위험물의 안전에 관한 기록에 관한 사항
12. 제조소등의 위치·구조 및 설비를 명시한 서류와 도면의 정비에 관한 사항
13. 그 밖에 위험물의 안전관리에 관하여 필요한 사항

② 예방규정은 「산업안전보건법」 제20조의 규정에 의한 안전보건관리규정과 통합하여 작성할 수 있다.
③ 영 제15조 각 호의 어느 하나에 해당하는 제조소등의 관계인은 예방규정을 제정하거나 변경한 경우에는 별지 제39호서식의 예방규정제출서에 제정 또는 변경한 예방규정 1부를 첨부하여 시·도지사 또는 소방서장에게 제출하여야 한다.

14. 지정수량 10[kg], 분자량이 114인 제3류 위험물에 대하여 다음 물음에 답하시오.

㉮ 물과의 반응식
㉯ 물과 반응 시 생성되는 기체의 위험도

정 답

㉮ $(C_2H_5)_3Al + 3H_2O \rightarrow Al(OH)_3 + 3C_2H_6$
㉯ 3.13

해 설

1. 트리에틸알루미늄 반응식
  1) 물과의 반응 $(C_2H_5)_3Al + 3H_2O \rightarrow Al(OH)_3 + 3C_2H_6$
  2) 공기와의 반응 $2(C_2H_5)_3Al + 21O_2 \rightarrow Al_2O_3 + 15H_2O + 12CO_2$
  3) 염소와 반응 $(C_2H_5)_3Al + 3Cl_2 \rightarrow AlCl_3 + 3C_2H_5Cl$
  4) 가열분해반응 $2(C_2H_5)_3Al \rightarrow 2Al + 3H_2 + 6C_2H_4$
  5) 염산과 반응 $(C_2H_5)_3Al + 3HCl \rightarrow AlCl_3 + 3C_2H_6$
  6) 메탄올과 반응 $(C_2H_5)_3Al + 3CH_3OH \rightarrow Al(CH_3O)_3 + 3C_2H_6$ (알루미늄메틸레이트)

2. 위험도 : 연소범위를 폭발하한계로 나눈 값

$$H = \frac{UFL - LFL}{LFL}$$

에탄(C_2H_6)연소범위 3~12.4%이므로 $H = \frac{12.4 - 3}{3}$ 그러므로 $H = 3.13$이다

3. 가연성가스의 폭발범위

종류	하한계(%)	상한계(%)
아세틸렌(C_2H_2)	2.5	81.0
수소(H_2)	4.0	75.0
일산화탄소(CO)	12.5	74.0
메탄(CH_4)	5.0	15.0
에탄(C_2H_6)	3.0	12.4

프로판(C_3H_8)	2.1	9.5
부탄(C_4H_{10})	1.8	8.4
휘발유	1.4	7.6
벤젠(C_6H_6)	1.4	7.1
톨루엔($C_6H_5CH_3$)	1.4	6.7
아세톤(CH_3COCH_3)	2.5	12.8
이황화탄소(CS_2)	1.0	44

15. 과산화칼륨이 아세트산과 반응식을 쓰고, 이 때 생성되는 제6류 위험물의 열분해반응식을 쓰시오.

> **정 답**
>
> 1. 반응식 : $K_2O_2 + 2CH_3COOH \rightarrow 2CH_3COOK + H_2O_2$
> 2. 열분해반응식 : $2H_2O_2 \rightarrow 2H_2O + O_2$
>
> **해 설** 과산화칼륨(K_2O_2)
>
> 물성 : 몰 질량 : 110.196g/mol, 녹는점 : 490℃
>
> 1. 무색 또는 오렌지색 결정
> 2. 가열하면 산화칼륨과 산소 발생
>   - $2K_2O_2 \rightarrow 2K_2O + O_2$
> 3. 물에 녹으면 수산화칼륨 산소발생
>   - $2K_2O_2 + 2H_2O \rightarrow 4KOH + O_2 \uparrow$
> 4. 흡습성, 에탄올에 잘 녹음.
>   - $K_2O_2 + 2C_2H_5OH \rightarrow 2C_2H_5OK + H_2O_2 \uparrow$
> 5. 가열하면 폭발을 일으키며 물과 반응하여 발열하고 심하면 폭발
> 6. 피부 접촉하면 피부 부식시킴.
>   - 이산화탄소와 반응 : $2K_2O_2 + 2CO_2 \rightarrow 2K_2CO_3 + O_2 \uparrow$
>   - 황산과 반응 : $K_2O_2 + H_2SO_4 \rightarrow K_2SO_4 + H_2O_2 \uparrow$
>   - 아세트산 반응 : $K_2O_2 + 2CH_3COOH \rightarrow 2CH_3COOK + H_2O_2 \uparrow$

16. 제2류 위험물에 대하여 다음 표를 채우시오.

품명	지정수량	위험등급
(①), (②), 유황	(⑦)[kg]	(⑨)
(③), (④), (⑤)	500[kg]	(⑩)
(⑥)	(⑧)[kg]	Ⅲ

정답

① 황화린, ② 적린, ③ 철분, ④ 금속분, ⑤ 마그네슘
⑥ 인화성고체, ⑦ 100, ⑧ 1,000, ⑨ Ⅱ, ⑩ Ⅲ

해설 제2류 위험물 가연성고체

1. 황화린	100kg
2. 적린	100kg
3. 유황	100kg
4. 철분	500kg
5. 금속분	500kg
6. 마그네슘	500kg
7. 그 밖에 행정안전부령으로 정하는 것 8. 제1호 내지 제7호의 1에 해당하는 어느 하나 이상을 함유한 것	100kg 또는 500kg
9. 인화성고체	1,000kg

17. 다음 중 물보다 비중이 큰 것을 모두 물질명으로 쓰시오.

CS_2, HCOOH, CH_3COOH, $C_6H_5CH_3$, $CH_3COC_2H_5$, C_6H_5Br

정답

이산화탄소, 의산, 아세트산, 브로모벤젠

해설 위험물 비교
1. 석유의 물리적 성질
   1) 석유의 비중이 커지면 C/H비가 커진다.
   2) 석유의 비중이 커지면 점도가 증가한다.
   3) 석유의 비중이 커지면 착화점이 높아진다.
   4) 석유의 비중이 커지면 발열량과 연소특성은 나빠진다.

5) 증기압이 큰 것은 인화점 및 착화점이 낮아서 위험하다.
6) 인화점이 낮을수록 연소가 잘된다.

2. 위험물 비교

품목	이황화탄소	포름산	아세트산	톨루엔	메틸에틸케톤	브로모벤젠
화학식	CS_2	HCOOH	CH_3COOH	$C_6H_5CH_3$	$CH_3COC_2H_5$	C_6H_5Br
품명	특수인화물	제2석유류	제2석유류	제1석유류	제1석유류	제2석유류
비중	1.26	1.22	1.05	0.87	0.81	1.49
인화점	-30℃	55℃	40℃	4℃	-7℃	51℃
구조식	S=C=S	(구조식)	(구조식)	(구조식)	(구조식)	(구조식)

품목	플루오르벤젠	클로로벤젠	브로모벤젠	클로로(2-)요오드벤젠	플로로요오드벤젠
화학식	C_6H_5F	C_6H_5Cl	C_6H_5Br	ClC_6H_4I	FC_6H_4I
품명	제1석유류	제2석유류	제2석유류	제3석유류	제2석유류
비중	1.02	1.1	1.49	1.95	1.89
인화점	-15℃	27℃	51℃	112℃	67℃
구조식	(구조식)	(구조식)	(구조식)	(구조식)	(구조식)

18. 위험물안전관리법령상 암반탱크저장소의 설치기준 3가지와 암반탱크에 적합한 수리조건 2가지를 쓰시오.

정답

1. 암반탱크 설치기준
    ㉠ 암반탱크는 암반투수계수가 1초당 10만분의 1[m] 이하인 천연암반 내에 설치할 것
    ㉡ 암반탱크는 저장할 위험물의 증기압을 억제할 수 있는 지하수면하에 설치할 것
    ㉢ 암반탱크는 내벽은 암반균열에 의한 낙반을 방지할 수 있도록 볼트·콘크리트 등으로 보강할 것
② 수리 조건
    ㉠ 암반탱크 내로 유입되는 지하수의 양은 암반 내의 지하수 충전량보다 적을 것
    ㉡ 암반탱크의 상부로 물을 주입하여 수압을 유지할 필요가 있는 경우에는 수벽공을 설치할 것

해 설 암반탱크저장소의 위치·구조 및 설비의 기준[규칙 별표12]

Ⅰ. 암반탱크
   1. 암반탱크저장소의 암반탱크는 다음 각목의 기준에 의하여 설치하여야 한다.
      가. 암반탱크는 암반투수계수가 1초당 10만분의 1m 이하인 천연암반내에 설치할 것
      나. 암반탱크는 저장할 위험물의 증기압을 억제할 수 있는 지하수면하에 설치할 것
      다. 암반탱크의 내벽은 암반균열에 의한 낙반을 방지할 수 있도록 볼트·콘크리트 등으로 보강할 것
   2. 암반탱크는 다음 각목의 기준에 적합한 수리조건을 갖추어야 한다.
      가. 암반탱크내로 유입되는 지하수의 양은 암반내의 지하수 충전량보다 적을 것
      나. 암반탱크의 상부로 물을 주입하여 수압을 유지할 필요가 있는 경우에는 수벽공을 설치할 것
      다. 암반탱크에 가해지는 지하수압은 저장소의 최대운영압보다 항상 크게 유지할 것

Ⅱ. 지하수위 관측공의 설치
   암반탱크저장소 주위에는 지하수위 및 지하수의 흐름 등을 확인·통제할 수 있는 관측공을 설치하여야 한다.

Ⅲ. 계량장치
   암반탱크저장소에는 위험물의 양과 내부로 유입되는 지하수의 양을 측정할 수 있는 계량구와 자동측정이 가능한 계량장치를 설치하여야 한다.

Ⅳ. 배수시설
   암반탱크저장소에는 주변 암반으로부터 유입되는 침출수를 자동으로 배출할 수 있는 시설을 설치하고 침출수에 섞인 위험물이 직접 배수구로 흘러 들어가지 아니하도록 유분리장치를 설치하여야 한다.

Ⅴ. 펌프설비
   암반탱크저장소의 펌프설비는 점검 및 보수를 위하여 사람의 출입이 용이한 구조의 전용공동에 설치하여야 한다. 다만, 액중펌프(펌프 또는 전동기를 저장탱크 또는 암반탱크안에 설치하는 것을 말한다. 이하 같다)를 설치한 경우에는 그러하지 아니하다.

Ⅵ. 위험물제조소 및 옥외탱크저장소에 관한 기준의 준용
   1. 암반탱크저장소에는 별표 4 Ⅲ제1호의 기준에 따라 보기 쉬운 곳에 "위험물 암반탱크저장소"라는 표시를 한 표지와 동표 Ⅲ제2호의 기준에 따라 방화에 관하여 필요한 사항을 게시한 게시판을 설치하여야 한다.
   2. 별표 4 Ⅷ제4호·제6호, 동표 Ⅹ 및 별표 6 Ⅵ제9호의 규정은 암반탱크저장소의 압력계·안전장치, 정전기 제거설비, 배관 및 주입구의 설치에 관하여 이를 준용한다.

19. 다음에 제시된 주유취급소의 그림을 보고, 다음 물음에 답하시오.(10점)

1) 옥내주유취급소에 관한 사항에 대해 괄호 안에 들어갈 말을 쓰시오.

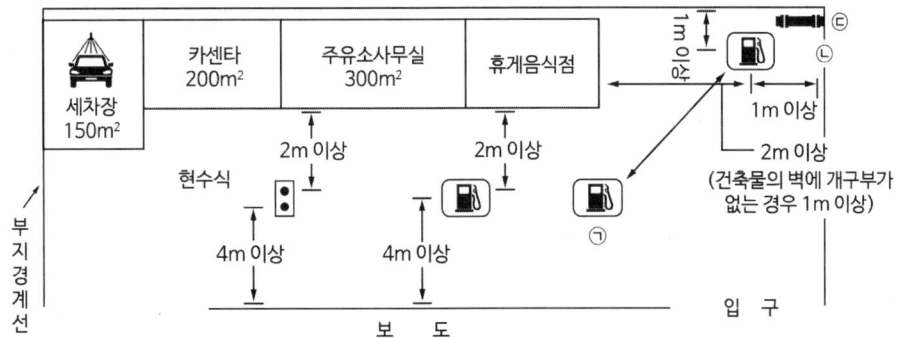

① 건축물 안에 설치하는 주유취급소
② 캐노피·처마·차양·부연·발코니 및 루버의 (   )이 주유취급소의 (   )의 3분의 1을 초과하는 주유취급소

2) ㉠과 ㉡의 명칭은?

3) ㉠의 주위에는 주유를 받으려는 자동차 등이 출입할 수 있도록 콘크리트로 포장한 공간을 보유해야 한다. 이 장소의 명칭과 크기를 쓰시오.
① 명칭 :
② 크기 :

4) 담 또는 벽의 일부분에 방화상 유효한 구조의 유리를 부착하는 경우이다.
① ㉡과의 거리 :
② 유리를 부착하는 범위는 담 또는 벽의 길이의 (   )를 초과하지 아니할 것

5) ㉢은 지하저장탱크의 주입관이다. 정전기 제거를 위해 설치하는 것은?

6) 폐유 등의 위험물을 저장하는 탱크의 용량은?

7) 주유원 간이대기실의 바닥면적은?

8) 휴게음식점의 최대면적은?

9) 건축물 중 사무실 그 밖의 화기를 사용하는 곳은 다음의 기준에 적합한 구조로 해야 한다. 그 이유에 대해 쓰시오.
① 출입구 또는 사이통로의 문턱의 높이를 15[cm] 이상으로 할 것
② 높이 1[m] 이하의 부분에 있는 창 등은 밀폐시킬 것

10) 해당 주유소에 대하여 다음에 답하시오.
① 소화난이도 등급 :
② 설치해야 하는 소화설비 :

> 정답

1) 수평투영면적, 공지면적
2) ㉠ 고정주유설비, ㉡ 고정급유설비
3) ① 명칭 : 주유공지
   ② 크기 : 너비 15[m] 이상, 길이 6[m] 이상
4) ① 4, ② 2/10
5) 접지전극
6) 2,000[ℓ] 이하
7) 2.5[m^2]
8) 500[m^2]
9) 누설한 가연성의 증기가 그 내부에 유입되지 아니하도록 하기 위하여
10) ① Ⅰ등급
   ② 스프링클러설비(건축물에 한정한다), 소형수동식소화기 등(능력단위의 수치가 건축물 그 밖의 공작물 및 위험물의 소요단위의 수치에 이르도록 설치할 것)

> 해설 주유취급소의 위치·구조 및 설비의 기준[별표 13]

Ⅰ. 주유공지 및 급유공지

1. 주유취급소의 고정주유설비(펌프기기 및 호스기기로 되어 위험물을 자동차등에 직접 주유하기 위한 설비로서 현수식의 것을 포함한다. 이하 같다)의 주위에는 주유를 받으려는 자동차 등이 출입할 수 있도록 너비 15m 이상, 길이 6m 이상의 콘크리트 등으로 포장한 공지(이하 "주유공지"라 한다)를 보유하여야 하고, 고정급유설비(펌프기기 및 호스기기로 되어 위험물을 용기에 옮겨 담거나 이동저장탱크에 주입하기 위한 설비로서 현수식의 것을 포함한다. 이하 같다)를 설치하는 경우에는 고정급유설비의 호스기기의 주위에 필요한 공지(이하 "급유공지"라 한다)를 보유하여야 한다.

2. 제1호의 규정에 의한 공지의 바닥은 주위 지면보다 높게 하고, 그 표면을 적당하게 경사지게 하여 새어나온 기름 그 밖의 액체가 공지의 외부로 유출되지 아니하도록 배수구·집유설비 및 유분리장치를 하여야 한다.

Ⅱ. 표지 및 게시판

주유취급소에는 별표 4 Ⅲ제1호의 기준에 준하여 보기 쉬운 곳에 "위험물 주유취급소"라는 표시를 한 표지, 동표 Ⅲ제2호의 기준에 준하여 방화에 관하여 필요한 사항을 게시한 게시판 및 황색바탕에 흑색문자로 "주유중엔진정지"라는 표시를 한 게시판을 설치하여야 한다.

Ⅲ. 탱크

1. 주유취급소에는 다음 각목의 탱크 외에는 위험물을 저장 또는 취급하는 탱크를 설치할 수 없다. 다만, 별표 10 Ⅰ의 규정에 의한 이동탱크저장소의 상치장소를 주유공지 또는 급유공지 외의 장소에 확보하여 이동탱크저장소(당해주유취급소의 위험물의 저장 또는 취급에 관계된 것에 한한다)를 설치하는 경우에는 그러하지 아니하다.

가. 자동차 등에 주유하기 위한 고정주유설비에 직접 접속하는 전용탱크로서 50,000ℓ 이하의 것

나. 고정급유설비에 직접 접속하는 전용탱크로서 50,000ℓ 이하의 것

다. 보일러 등에 직접 접속하는 전용탱크로서 10,000ℓ 이하의 것
라. 자동차 등을 점검·정비하는 작업장 등(주유취급소안에 설치된 것에 한한다)에서 사용하는 폐유·윤활유 등의 위험물을 저장하는 탱크로서 용량(2 이상 설치하는 경우에는 각 용량의 합계를 말한다)이 2,000ℓ 이하인 탱크(이하 "폐유탱크등"이라 한다)
마. 고정주유설비 또는 고정급유설비에 직접 접속하는 3기 이하의 간이탱크. 다만,「국토의 계획 및 이용에 관한 법률」에 의한 방화지구안에 위치하는 주유취급소의 경우를 제외한다.

2. 제1호가목 내지 라목의 규정에 의한 탱크(다목 및 라목의 규정에 의한 탱크는 용량이 1,000ℓ를 초과하는 것에 한한다)는 옥외의 지하 또는 캐노피 아래의 지하(캐노피 기둥의 하부를 제외한다)에 매설하여야 한다.

3. 제Ⅰ호의 규정에 의하여 설치하는 전용탱크·폐유탱크등 또는 간이탱크의 위치·구조 및 설비의 기준은 다음 각목과 같다.
   가. 지하에 매설하는 전용탱크 또는 폐유탱크등의 위치·구조 및 설비는 별표 8 Ⅰ[제5호·제10호(게시판에 관한 부분에 한한다)·제11호(액중펌프설비에 관한 부분을 제외한다)·제14호 및 용량 10,000ℓ를 넘는 탱크를 설치하는 경우에 있어서는 제1호 단서를 제외한다.]·별표 8 Ⅱ[별표 8 Ⅰ제5호·제10호(게시판에 관한 부분에 한한다)·제11호(액중펌프설비에 관한 부분을 제외한다)·제14호를 제외한다.] 또는 별표 8 Ⅲ[별표 8 Ⅰ제5호·제10호(게시판에 관한 부분에 한한다)·제11호(액중펌프설비에 관한 부분을 제외한다)·제14호를 제외한다.]의 규정에 의한 지하저장탱크의 위치·구조 및 설비의 기준을 준용할 것
   나. 지하에 매설하지 아니하는 폐유탱크등의 위치·구조 및 설비는 별표 7 Ⅰ(제1호 다목을 제외한다)의 규정에 의한 옥내저장탱크의 위치·구조·설비 또는 시·도의 조례에 정하는 지정수량 미만인 탱크의 위치·구조 및 설비의 기준을 준용할 것
   다. 간이탱크의 구조 및 설비는 별표 9 제4호 내지 제8호의 규정에 의한 간이저장탱크의 구조 및 설비의 기준을 준용하되, 자동차 등과 충돌할 우려가 없도록 설치할 것

Ⅳ. 고정주유설비 등

1. 주유취급소에는 자동차 등의 연료탱크에 직접 주유하기 위한 고정주유설비를 설치하여야 한다.
2. 주유취급소의 고정주유설비 또는 고정급유설비는 Ⅲ제1호 가목·나목 또는 마목의 규정에 의한 탱크중 하나의 탱크만으로부터 위험물을 공급받을 수 있도록 하고, 다음 각목의 기준에 적합한 구조로 하여야 한다.
   가. 펌프기기는 주유관 선단에서의 최대토출량이 제1석유류의 경우에는 분당 50ℓ 이하, 경유의 경우에는 분당 180ℓ 이하, 등유의 경우에는 분당 80ℓ 이하인 것으로 할 것. 다만, 이동저장탱크에 주입하기 위한 고정급유설비의 펌프기기는 최대토출량이 분당 300ℓ 이하인 것으로 할 수 있으며, 분당 토출량이 200ℓ 이상인 것의 경우에는 주유설비에 관계된 모든 배관의 안지름을 40mm 이상으로 하여야 한다.
   나. 이동저장탱크의 상부를 통하여 주입하는 고정급유설비의 주유관에는 당해 탱크의 밑부분에 달하는 주입관을 설치하고, 그 토출량이 분당 80ℓ를 초과하는 것은 이동저장탱크에 주입하는 용도로만 사용할 것
   다. 고정주유설비 또는 고정급유설비는 난연성 재료로 만들어진 외장을 설치할 것. 다만, Ⅸ의 규정에 의한 기준에 적합한 펌프실에 설치하는 펌프기기 또는 액중펌프에 있어서는 그러하지 아니하다.

라. 고정주유설비 또는 고정급유설비의 본체 또는 노즐 손잡이에 주유작업자의 인체에 축적되는 정전기를 유효하게 제거할 수 있는 장치를 설치할 것
3. 고정주유설비 또는 고정급유설비의 주유관의 길이(선단의 개폐밸브를 포함한다)는 5m(현수식의 경우에는 지면위 0.5m의 수평면에 수직으로 내려 만나는 점을 중심으로 반경 3m) 이내로 하고 그 선단에는 축적된 정전기를 유효하게 제거할 수 있는 장치를 설치하여야 한다.
4. 고정주유설비 또는 고정급유설비는 다음 각목의 기준에 적합한 위치에 설치하여야 한다.
   가. 고정주유설비의 중심선을 기점으로 하여 도로경계선까지 4m 이상, 부지경계선·담 및 건축물의 벽까지 2m(개구부가 없는 벽까지는 1m) 이상의 거리를 유지하고, 고정급유설비의 중심선을 기점으로 하여 도로경계선까지 4m 이상, 부지경계선 및 담까지 1m 이상, 건축물의 벽까지 2m(개구부가 없는 벽까지는 1m) 이상의 거리를 유지할 것
   나. 고정주유설비와 고정급유설비의 사이에는 4m 이상의 거리를 유지할 것

V. 건축물 등의 제한 등
1. 주유취급소에는 주유 또는 그에 부대하는 업무를 위하여 사용되는 다음 각목의 건축물 또는 시설 외에는 다른 건축물 그 밖의 공작물을 설치할 수 없다.
   가. 주유 또는 등유·경유를 옮겨 담기 위한 작업장
   나. 주유취급소의 업무를 행하기 위한 사무소
   다. 자동차 등의 점검 및 간이정비를 위한 작업장
   라. 자동차 등의 세정을 위한 작업장
   마. 주유취급소에 출입하는 사람을 대상으로 한 점포·휴게음식점 또는 전시장
   바. 주유취급소의 관계자가 거주하는 주거시설
   사. 전기자동차용 충전설비(전기를 동력원으로 하는 자동차에 직접 전기를 공급하는 설비를 말한다. 이하 같다)
   아. 그 밖의 소방청장이 정하여 고시하는 건축물 또는 시설
2. 제1호 각목의 건축물 중 주유취급소의 직원 외의 자가 출입하는 나목·다목 및 마목의 용도에 제공하는 부분의 면적의 합은 1,000m²를 초과할 수 없다.
3. 다음 각목의 1에 해당하는 주유취급소(이하 "옥내주유취급소"라 한다)는 소방청장이 정하여 고시하는 용도로 사용하는 부분이 없는 건축물(옥내주유취급소에서 발생한 화재를 옥내주유취급소의 용도로 사용하는 부분 외의 부분에 자동적으로 유효하게 알릴 수 있는 자동화재탐지설비 등을 설치한 건축물에 한한다)에 설치할 수 있다.
   가. 건축물안에 설치하는 주유취급소
   나. 캐노피·처마·차양·부연·발코니 및 루버의 수평투영면적이 주유취급소의 공지면적(주유취급소의 부지면적에서 건축물 중 벽 및 바닥으로 구획된 부분의 수평투영면적을 뺀 면적을 말한다)의 3분의 1을 초과하는 주유취급소

VI. 건축물 등의 구조
1. 주유취급소에 설치하는 건축물 등은 다음 각목의 규정에 의한 위치 및 구조의 기준에 적합하여야 한다.
   가. 건축물, 창 및 출입구의 구조는 다음의 기준에 적합하게 할 것
      1) 건축물의 벽·기둥·바닥·보 및 지붕을 내화구조 또는 불연재료로 할 것. 다만, V제2

호에 따른 면적의 합이 500m²를 초과하는 경우에는 건축물의 벽을 내화구조로 하여야 한다.

2) 창 및 출입구(V제1호 다목 및 라목의 용도에 사용하는 부분에 설치한 자동차 등의 출입구를 제외한다)에는 방화문 또는 불연재료로 된 문을 설치할 것. 이 경우 V제2호에 따른 면적의 합이 500m²를 초과하는 주유취급소로서 하나의 구획실의 면적이 500m²를 초과하거나 2층 이상의 층에 설치하는 경우에는 해당 구획실 또는 해당 층의 2면 이상의 벽에 각각 출입구를 설치하여야 한다.

나. V제1호 바목의 용도에 사용하는 부분은 개구부가 없는 내화구조의 바닥 또는 벽으로 당해 건축물의 다른 부분과 구획하고 주유를 위한 작업장 등 위험물취급장소에 면한 쪽의 벽에는 출입구를 설치하지 아니할 것

다. 사무실 등의 창 및 출입구에 유리를 사용하는 경우에는 망입유리 또는 강화유리로 할 것. 이 경우 강화유리의 두께는 창에는 8mm 이상, 출입구에는 12mm 이상으로 하여야 한다.

라. 건축물 중 사무실 그 밖의 화기를 사용하는 곳(V제1호 다목 및 라목의 용도에 사용하는 부분을 제외한다)은 누설한 가연성의 증기가 그 내부에 유입되지 아니하도록 다음의 기준에 적합한 구조로 할 것

1) 출입구는 건축물의 안에서 밖으로 수시로 개방할 수 있는 자동폐쇄식의 것으로 할 것

2) 출입구 또는 사이통로의 문턱의 높이를 15cm 이상으로 할 것

3) 높이 1m 이하의 부분에 있는 창 등은 밀폐시킬 것

마. 자동차 등의 점검·정비를 행하는 설비는 다음의 기준에 적합하게 할 것

1) 고정주유설비로부터 4m 이상, 도로경계선으로부터 2m 이상 떨어지게 할 것. 다만, V제1호 다목의 규정에 의한 작업장 중 바닥 및 벽으로 구획된 옥내의 작업장에 설치하는 경우에는 그러하지 아니하다.

2) 위험물을 취급하는 설비는 위험물의 누설·넘침 또는 비산을 방지할 수 있는 구조로 할 것

바. 자동차 등의 세정을 행하는 설비는 다음의 기준에 적합하게 할 것

1) 증기세차기를 설치하는 경우에는 그 주위의 불연재료로 된 높이 1m 이상의 담을 설치하고 출입구가 고정주유설비에 면하지 아니하도록 할 것. 이 경우 담은 고정주유설비로부터 4m 이상 떨어지게 하여야 한다.

2) 증기세차기 외의 세차기를 설치하는 경우에는 고정주유설비로부터 4m 이상, 도로경계선으로부터 2m 이상 떨어지게 할 것. 다만, V제1호 라목의 규정에 의한 작업장 중 바닥 및 벽으로 구획된 옥내의 작업장에 설치하는 경우에는 그러하지 아니하다.

사. 주유원간이대기실은 다음의 기준에 적합할 것

1) 불연재료로 할 것

2) 바퀴가 부착되지 아니한 고정식일 것

3) 차량의 출입 및 주유작업에 장애를 주지 아니하는 위치에 설치할 것

4) 바닥면적이 2.5m² 이하일 것. 다만, 주유공지 및 급유공지 외의 장소에 설치하는 것은 그러하지 아니하다.

아. 전기자동차용 충전설비는 다음의 기준에 적합할 것

1) 충전기기(충전케이블로 전기자동차에 전기를 직접 공급하는 기기를 말한다. 이하 같다)의 주위에 전기자동차 충전을 위한 전용 공지(주유공지 또는 급유공지 외의 장소를 말

하며, 이하 "충전공지"라 한다)를 확보하고, 충전공지 주위를 페인트 등으로 표시하여 그 범위를 알아보기 쉽게 할 것

2) 전기자동차용 충전설비를 Ⅴ. 건축물 등의 제한 등의 제1호 각 목의 건축물 밖에 설치하는 경우 충전공지는 고정주유설비 및 고정급유설비의 주유관을 최대한 펼친 끝 부분에서 1m 이상 떨어지도록 할 것

3) 전기자동차용 충전설비를 Ⅴ. 건축물 등의 제한 등의 제1호 각 목의 건축물 안에 설치하는 경우에는 다음의 기준에 적합할 것

　가) 해당 건축물의 1층에 설치할 것

　나) 해당 건축물에 가연성 증기가 남아 있을 우려가 없도록 별표 4 Ⅴ 제1호다목에 따른 환기설비 또는 별표 4 Ⅵ에 따른 배출설비를 설치할 것

4) 전기자동차용 충전설비의 전력공급설비[전기자동차에 전원을 공급하기 위한 전기설비로서 전력량계, 인입구(引入口) 배선, 분전반 및 배선용 차단기 등을 말한다.]는 다음의 기준에 적합할 것

　가) 분전반은 방폭성능을 갖출 것. 다만, 분전반을 고정주유설비(제1석유류를 취급하는 고정주유설비만 해당한다. 이하 이 목에서 같다)의 중심선으로부터 6미터 이상, 전용탱크(제1석유류를 취급하는 전용탱크만 해당한다. 이하 이 목에서 같다) 주입구의 중심선으로부터 4미터 이상, 전용탱크 통기관 선단의 중심선으로부터 2미터 이상 이격하여 설치하는 경우에는 그러하지 아니하다.

　나) 전력량계, 누전차단기 및 배선용 차단기는 분전반 내에 설치할 것

　다) 인입구 배선은 지하에 설치할 것

　라) 「전기사업법」에 따른 전기설비의 기술기준에 적합할 것

5) 충전기기와 인터페이스[충전기기에서 전기자동차에 전기를 공급하기 위하여 연결하는 커플러(coupler), 인렛(inlet), 케이블 등을 말한다. 이하 같다.]는 다음의 기준에 적합할 것

　가) 충전기기는 방폭성능을 갖출 것. 다만, 충전설비의 전원공급을 긴급히 차단할 수 있는 장치를 사무소 내부 또는 충전기기 주변에 설치하고, 충전기기를 고정주유설비의 중심선으로부터 6미터 이상, 전용탱크 주입구의 중심선으로부터 4미터 이상, 전용탱크 통기관 선단의 중심선으로부터 2미터 이상 이격하여 설치하는 경우에는 그러하지 아니하다.

　나) 인터페이스의 구성 부품은 「전기용품안전 관리법」에 따른 기준에 적합할 것

6) 충전작업에 필요한 주차장을 설치하는 경우에는 다음의 기준에 적합할 것

　가) 주유공지, 급유공지 및 충전공지 외의 장소로서 주유를 위한 자동차 등의 진입·출입에 지장을 주지 않는 장소에 설치할 것

　나) 주차장의 주위를 페인트 등으로 표시하여 그 범위를 알아보기 쉽게 할 것

　다) 지면에 직접 주차하는 구조로 할 것

2. Ⅴ제3호의 규정에 의한 옥내주유취급소는 제1호의 기준에 의하는 외에 다음 각목에 정하는 기준에 적합한 구조로 하여야 한다.

　가. 건축물에서 옥내주유취급소의 용도에 사용하는 부분은 벽·기둥·바닥·보 및 지붕을 내화구조로 하고, 개구부가 없는 내화구조의 바닥 또는 벽으로 당해 건축물의 다른 부분

과 구획할 것. 다만, 건축물의 옥내주유취급소의 용도에 사용하는 부분의 상부에 상층이 없는 경우에는 지붕을 불연재료로 할 수 있다.

나. 건축물에서 옥내주유취급소(건축물 안에 설치하는 것에 한한다)의 용도에 사용하는 부분의 2 이상의 방면은 자동차 등이 출입하는 측 또는 통풍 및 피난상 필요한 공지에 접하도록 하고 벽을 설치하지 아니할 것

다. 건축물에서 옥내주유취급소의 용도에 사용하는 부분에는 가연성증기가 체류할 우려가 있는 구멍 · 구덩이 등이 없도록 할 것

라. 건축물에서 옥내주유취급소의 용도에 사용하는 부분에 상층이 있는 경우에는 상층으로의 연소를 방지하기 위하여 다음의 기준에 적합하게 내화구조로 된 캔틸레버를 설치할 것

  1) 옥내주유취급소의 용도에 사용하는 부분(고정주유설비와 접하는 방향 및 나목의 규정에 의하여 벽이 개방된 부분에 한한다)의 바로 위층의 바닥에 이어서 1.5m 이상 내어 붙일 것. 다만, 바로 위층의 바닥으로부터 높이 7m 이내에 있는 위층의 외벽에 개구부가 없는 경우에는 그러하지 아니하다.

  2) 캔틸레버 선단과 위층의 개구부(열지 못하게 만든 방화문과 연소방지상 필요한 조치를 한 것을 제외한다)까지의 사이에는 7m에서 당해 캔틸레버의 내어 붙인 거리를 뺀 길이 이상의 거리를 보유할 것

마. 건축물중 옥내주유취급소의 용도에 사용하는 부분 외에는 주유를 위한 작업장 등 위험물취급장소와 접하는 외벽에 창(망입유리로 된 붙박이 창을 제외한다) 및 출입구를 설치하지 아니할 것

Ⅶ. 담 또는 벽

1. 주유취급소의 주위에는 자동차 등이 출입하는 쪽 외의 부분에 높이 2m 이상의 내화구조 또는 불연재료의 담 또는 벽을 설치하되, 주유취급소의 인근에 연소의 우려가 있는 건축물이 있는 경우에는 소방청장이 정하여 고시하는 바에 따라 방화상 유효한 높이로 하여야 한다.

2. 제1호에도 불구하고 다음 각 목의 기준에 모두 적합한 경우에는 담 또는 벽의 일부분에 방화상 유효한 구조의 유리를 부착할 수 있다.

  가. 유리를 부착하는 위치는 주입구, 고정주유설비 및 고정급유설비로부터 4m 이상 이격될 것

  나. 유리를 부착하는 방법은 다음의 기준에 모두 적합할 것

    1) 주유취급소 내의 지반면으로부터 70cm를 초과하는 부분에 한하여 유리를 부착할 것
    2) 하나의 유리판의 가로의 길이는 2m 이내일 것
    3) 유리판의 테두리를 금속제의 구조물에 견고하게 고정하고 해당 구조물을 담 또는 벽에 견고하게 부착할 것
    4) 유리의 구조는 접합유리(두장의 유리를 두께 0.76mm 이상의 폴리비닐부티랄 필름으로 접합한 구조를 말한다)로 하되, 「유리구획 부분의 내화시험방법(KS F 2845)」에 따라 시험하여 비차열 30분 이상의 방화성능이 인정될 것

  다. 유리를 부착하는 범위는 전체의 담 또는 벽의 길이의 10분의 2를 초과하지 아니할 것

Ⅷ. 캐노피

주유취급소에 캐노피를 설치하는 경우에는 다음 각목의 기준에 의하여야 한다.

  가. 배관이 캐노피 내부를 통과할 경우에는 1개 이상의 점검구를 설치할 것

나. 캐노피 외부의 점검이 곤란한 장소에 배관을 설치하는 경우에는 용접이음으로 할 것
다. 캐노피 외부의 배관이 일광열의 영향을 받을 우려가 있는 경우에는 단열재로 피복할 것

Ⅸ. 펌프실 등의 구조

주유취급소 펌프실 그 밖에 위험물을 취급하는 실(이하 Ⅸ에서 "펌프실등"이라 한다)을 설치하는 경우에는 다음 각목의 기준에 적합하게 하여야 한다.

가. 바닥은 위험물이 침투하지 아니하는 구조로 하고 적당한 경사를 두어 집유설비를 설치할 것
나. 펌프실등에는 위험물을 취급하는데 필요한 채광·조명 및 환기의 설비를 할 것
다. 가연성 증기가 체류할 우려가 있는 펌프실등에는 그 증기를 옥외에 배출하는 설비를 설치할 것
라. 고정주유설비 또는 고정급유설비중 펌프기기를 호스기기와 분리하여 설치하는 경우에는 펌프실의 출입구를 주유공지 또는 급유공지에 접하도록 하고, 자동폐쇄식의 갑종방화문을 설치할 것
마. 펌프실등에는 별표 4 Ⅲ제1호의 기준에 따라 보기 쉬운 곳에 "위험물 펌프실", "위험물 취급실" 등의 표시를 한 표지와 동표 Ⅲ제2호의 기준에 따라 방화에 관하여 필요한 사항을 게시한 게시판을 설치하여야 한다.
바. 출입구에는 바닥으로부터 0.1m 이상의 턱을 설치할 것

Ⅹ. 항공기주유취급소의 특례

1. 비행장에서 항공기, 비행장에 소속된 차량 등에 주유하는 주유취급소에 대하여는 Ⅰ, Ⅱ, Ⅲ제1호·제2호, Ⅳ제2호·제3호(주유관의 길이에 관한 규정에 한한다), Ⅶ 및 Ⅷ의 규정을 적용하지 아니한다.

2. 제1호에서 규정한 것 외의 항공기주유취급소에 대한 특례는 다음 각목과 같다.

가. 항공기주유취급소에는 항공기 등에 직접 주유하는데 필요한 공지를 보유할 것
나. 제1호의 규정에 의한 공지는 그 지면을 콘크리트 등으로 포장할 것
다. 제1호의 규정에 의한 공지에는 누설한 위험물 그 밖의 액체가 공지의 외부로 유출되지 아니하도록 배수구 및 유분리장치를 설치할 것. 다만, 누설한 위험물 등의 유출을 방지하기 위한 조치를 한 경우에는 그러하지 아니하다.
라. 지하식(호스기기가 지하의 상자에 설치된 형식을 말한다. 이하 같다)의 고정주유설비를 사용하여 주유하는 항공기주유취급소의 경우에는 다음의 기준에 의할 것
　1) 호스기기를 설치한 상자에는 적당한 방수조치를 할 것
　2) 고정주유설비의 펌프기기와 호스기기를 분리하여 설치한 항공기주유취급소의 경우에는 당해 고정주유설비의 펌프기기를 정지하는 등의 방법에 의하여 위험물저장탱크로부터 위험물의 이송을 긴급히 정지할 수 있는 장치를 설치할 것
마. 연료를 이송하기 위한 배관(이하 "주유배관"이란 한다) 및 당해 주유배관의 끝부분에 접속하는 호스기기를 사용하여 주유하는 항공기주유취급소의 경우에는 다음의 기준에 의할 것
　1) 주유배관의 끝부분에는 밸브를 설치할 것
　2) 주유배관의 끝부분을 지면 아래의 상자에 설치한 경우에는 당해 상자에 대하여 적당한 방수조치를 할 것
　3) 주유배관의 끝부분에 접속하는 호스기기는 누설우려가 없도록 하는 등 화재예방상 안전한 구조로 할 것

4) 주유배관의 끝부분에 접속하는 호스기기에는 주유호스의 선단에 축적되는 정전기를 유효하게 제거하는 장치를 설치할 것
  5) 항공기주유취급소에는 펌프기기를 정지하는 등의 방법에 의하여 위험물저장탱크로부터 위험물의 이송을 긴급히 정지할 수 있는 장치를 설치할 것
 바. 주유배관의 끝부분에 접속하는 호스기기를 적재한 차량(이하 "주유호스차"라 한다)을 사용하여 주유하는 항공기주유취급소의 경우에는 마목1)·2) 및 5)의 규정에 의하는 외에 다음의 기준에 의할 것
  1) 주유호스차는 화재예방상 안전한 장소에 상치할 것
  2) 주유호스차에는 별표 10 Ⅸ제1호 가목 및 나목의 규정에 의한 장치를 설치할 것
  3) 주유호스차의 호스기기는 별표 10 Ⅸ제1호 다목, 마목 본문 및 사목의 규정에 의한 주유탱크차의 주유설비의 기준을 준용할 것
  4) 주유호스차의 호스기기에는 접지도선을 설치하고 주유호스의 선단에 축적되는 정전기를 유효하게 제거할 수 있는 장치를 설치할 것
  5) 항공기주유취급소에는 정전기를 유효하게 제거할 수 있는 접지전극을 설치할 것
 사. 주유탱크차를 사용하여 주유하는 항공기주유취급소에는 정전기를 유효하게 제거할 수 있는 접지전극을 설치할 것

Ⅺ. 철도주유취급소의 특례
 1. 철도 또는 궤도에 의하여 운행하는 차량에 주유하는 주유취급소에 대하여는 Ⅰ 내지 Ⅷ의 규정을 적용하지 아니한다.
 2. 제1호에서 규정한 것 외의 철도주유취급소에 대한 특례는 다음 각목과 같다.
  가. 철도 또는 궤도에 의하여 운행하는 차량에 직접 주유하는데 필요한 공지를 보유할 것
  나. 가목의 규정에 의한 공지중 위험물이 누설할 우려가 있는 부분과 고정주유설비 또는 주유배관의 선단부 주위에 있어서는 그 지면을 콘크리트 등으로 포장할 것
  다. 나목의 규정에 의하여 포장한 부분에는 누설한 위험물 그 밖의 액체가 외부로 유출되지 아니하도록 배수구 및 유분리장치를 설치할 것
  라. 지하식의 고정주유설비를 이용하여 주유하는 경우에는 Ⅹ제2호 라목의 규정을 준용할 것
  마. 주유배관의 끝부분에 접속한 호스기기를 이용하여 주유하는 경우에는 Ⅹ제2호 마목의 규정을 준용할 것

Ⅻ. 고속국도주유취급소의 특례
 고속국도의 도로변에 설치된 주유취급소에 있어서는 Ⅲ제1호가목 및 나목의 규정에 의한 탱크의 용량을 60,000ℓ 까지 할 수 있다.

ⅩⅢ. 자가용주유취급소의 특례
 주유취급소의 관계인이 소유·관리 또는 점유한 자동차 등에 대하여만 주유하기 위하여 설치하는 자가용주유취급소에 대하여는 Ⅰ제1호의 규정을 적용하지 아니한다.

ⅩⅣ. 선박주유취급소의 특례
 1. 선박에 주유하는 주유취급소에 대하여는 Ⅰ제1호, Ⅲ제1호 및 제2호, Ⅳ제3호(주유관의 길이에 관한 규정에 한한다) 및 Ⅶ의 규정을 적용하지 아니한다.

2. 제1호에서 규정한 것외의 선박주유취급소(고정주유설비를 수상의 구조물에 설치하는 선박주유취급소는 제외한다)에 대한 특례는 다음 각목과 같다.
   가. 선박주유취급소에는 선박에 직접 주유하기 위한 공지와 계류시설을 보유할 것
   나. 가목의 규정에 의한 공지, 고정주유설비 및 주유배관의 선단부의 주위에는 그 지반면을 콘크리트 등으로 포장할 것
   다. 나목의 규정에 의하여 포장된 부분에는 누설한 위험물 그 밖의 액체가 공지의 외부로 유출되지 아니하도록 배수구 및 유분리장치를 설치할 것. 다만, 누설한 위험물 등의 유출을 방지하기 위한 조치를 한 경우에는 그러하지 아니하다.
   라. 지하식의 고정주유설비를 이용하여 주유하는 경우에는 X제2호 라목의 규정을 준용할 것
   마. 주유배관의 끝부분에 접속한 호스기기를 이용하여 주유하는 경우에는 X제2호 마목의 규정을 준용할 것
   바. 선박주유취급소에서는 위험물이 유출될 경우 회수 등의 응급조치를 강구할 수 있는 설비를 설치할 것
3. 제1호에서 규정한 것 외의 고정주유설비를 수상의 구조물에 설치하는 선박주유취급소에 대한 특례는 다음 각 목과 같다.
   가. Ⅰ제2호 및 Ⅳ제4호를 적용하지 않을 것
   나. 선박주유취급소에는 선박에 직접 주유하는 주유작업과 선박의 계류를 위한 수상구조물을 다음의 기준에 따라 설치할 것
      1) 수상구조물은 철재·목재 등의 견고한 재질이어야 하며, 그 기둥을 해저 또는 하저에 견고하게 고정시킬 것
      2) 선박의 충돌로부터 수상구조물의 손상을 방지할 수 있는 철재로 된 보호구조물을 해저 또는 하저에 견고하게 고정시킬 것
   다. 수상구조물에 설치하는 고정주유설비의 주유작업 장소의 바닥은 불침윤성·불연성의 재료로 포장을 하고, 그 주위에 새어나온 위험물이 외부로 유출되지 않도록 집유설비를 다음의 기준에 따라 설치할 것
      1) 새어나온 위험물을 직접 또는 배수구를 통하여 집유설비로 수용할 수 있는 구조로 할 것
      2) 집유설비는 수시로 용이하게 개방하여 고여 있는 빗물과 위험물을 제거할 수 있는 구조로 할 것
   라. 수상구조물에 설치하는 고정주유설비는 다음의 기준에 따라 설치할 것
      1) 주유호스의 끝부분에 수동개폐장치를 부착한 주유노즐을 설치하고, 개방한 상태로 고정시키는 장치를 부착하지 않을 것
      2) 주유노즐은 선박의 연료탱크가 가득 찬 경우 자동적으로 정지시키는 구조일 것
      3) 주유호스는 200kg중 이하의 하중에 의하여 깨져 분리되거나 또는 이탈되어야 하고, 깨져 분리되거나 또는 이탈된 부분으로부터의 위험물 누출을 방지할 수 있는 구조일 것
   마. 수상구조물에 설치하는 고정주유설비에 위험물을 공급하는 배관계에 위험물 차단밸브를 다음의 기준에 따라 설치할 것. 다만, 위험물을 공급하는 탱크의 최고 액표면의 높이가 해당 배관계의 높이보다 낮은 경우에는 그렇지 않다.

1) 고정주유설비의 인근에서 주유작업자가 직접 위험물의 공급을 차단할 수 있는 수동식의 차단밸브를 설치할 것
2) 배관 경로 중 육지 내의 지점에서 위험물의 공급을 차단할 수 있는 수동식의 차단밸브를 설치할 것

바. 긴급한 경우에 고정주유설비의 펌프를 정지시킬 수 있는 긴급제어장치를 설치할 것
사. 지하식의 고정주유설비를 이용하여 주유하는 경우에는 X제2호라목을 준용할 것
아. 주유배관의 끝부분에 접속하는 호스기기를 이용하여 주유하는 경우에는 X제2호마목을 준용할 것
자. 선박주유취급소에는 위험물이 유출될 경우 회수 등의 응급조치를 강구할 수 있는 설비를 다음의 기준에 따라 준비하여 둘 것

1) 오일펜스 : 수면 위로 20cm 이상 30cm 미만으로 노출되고, 수면 아래로 30cm 이상 40cm 미만으로 잠기는 것으로서, 60m 이상의 길이일 것
2) 유처리제, 유흡착제 또는 유겔화제 : 다음의 계산식을 충족하는 양 이상일 것
$20X + 50Y + 15Z = 10,000$
X : 유처리제의 양(ℓ)
Y : 유흡착제의 양(kg)
Z : 유겔화제의 양[액상(ℓ), 분말(kg)]

XV. 고객이 직접 주유하는 주유취급소의 특례

1. 고객이 직접 자동차 등의 연료탱크 또는 용기에 위험물을 주입하는 고정주유설비 또는 고정급유설비(이하 "셀프용고정주유설비" 또는 "셀프용고정급유설비"라 한다)를 설치하는 주유취급소의 특례는 제2호 내지 제5호와 같다.
2. 셀프용고정주유설비의 기준은 다음의 각목과 같다.
   가. 주유호스의 끝부분에 수동개폐장치를 부착한 주유노즐을 설치할 것. 다만, 수동개폐장치를 개방한 상태로 고정시키는 장치가 부착된 경우에는 다음의 기준에 적합하여야 한다.
      1) 주유작업을 개시함에 있어서 주유노즐의 수동개폐장치가 개방상태에 있는 때에는 당해 수동개폐장치를 일단 폐쇄시켜야만 다시 주유를 개시할 수 있는 구조로 할 것
      2) 주유노즐이 자동차 등의 주유구로부터 이탈된 경우 주유를 자동적으로 정지시키는 구조일 것
   나. 주유노즐은 자동차 등의 연료탱크가 가득 찬 경우 자동적으로 정지시키는 구조일 것
   다. 주유호스는 200kg중 이하의 하중에 의하여 깨져 분리되거나 또는 이탈되어야 하고, 깨져 분리되거나 또는 이탈된 부분으로부터의 위험물 누출을 방지할 수 있는 구조일 것
   라. 휘발유와 경유 상호 간의 오인에 의한 주유를 방지할 수 있는 구조일 것
   마. 1회의 연속주유량 및 주유시간의 상한을 미리 설정할 수 있는 구조일 것. 이 경우 주유량의 상한은 휘발유는 100ℓ 이하, 경유는 200ℓ 이하로 하며, 주유시간의 상한은 4분 이하로 한다.
3. 셀프용고정급유설비의 기준은 다음 각목과 같다.
   가. 급유호스의 끝부분에 수동개폐장치를 부착한 급유노즐을 설치할 것
   나. 급유노즐은 용기가 가득찬 경우에 자동적으로 정지시키는 구조일 것

다. 1회의 연속급유량 및 급유시간의 상한을 미리 설정할 수 있는 구조일 것 이 경우 급유량의 상한은 100ℓ 이하, 급유시간의 상한은 6분 이하로 한다.

4. 셀프용고정주유설비 또는 셀프용고정급유설비의 주위에는 다음 각목에 의하여 표시를 하여야 한다.

　가. 셀프용고정주유설비 또는 셀프용고정급유설비의 주위의 보기 쉬운 곳에 고객이 직접 주유할 수 있다는 의미의 표시를 하고 자동차의 정차위치 또는 용기를 놓는 위치를 표시할 것

　나. 주유호스 등의 직근에 호스기기 등의 사용방법 및 위험물의 품목을 표시할 것

　다. 셀프용고정주유설비 또는 셀프용고정급유설비와 셀프용이 아닌 고정주유설비 또는 고정급유설비를 함께 설치하는 경우에는 셀프용이 아닌 것의 주위에 고객이 직접 사용할 수 없다는 의미의 표시를 할 것

5. 고객에 의한 주유작업을 감시·제어하고 고객에 대한 필요한 지시를 하기 위한 감시대와 필요한 설비를 다음 각목의 기준에 의하여 설치하여야 한다.

　가. 감시대는 모든 셀프용고정주유설비 또는 셀프용고정급유설비에서의 고객의 취급작업을 직접 볼 수 있는 위치에 설치할 것

　나. 주유 중인 자동차 등에 의하여 고객의 취급작업을 직접 볼 수 없는 부분이 있는 경우에는 당해 부분의 감시를 위한 카메라를 설치할 것

　다. 감시대에는 모든 셀프용고정주유설비 또는 셀프용고정급유설비로의 위험물 공급을 정지시킬 수 있는 제어장치를 설치할 것

　라. 감시대에는 고객에게 필요한 지시를 할 수 있는 방송설비를 설치할 것

ⅩⅥ. 수소충전설비를 설치한 주유취급소의 특례

1. 전기를 원동력으로 하는 자동차등에 수소를 충전하기 위한 설비(압축수소를 충전하는 설비에 한정한다)를 설치하는 주유취급소(옥내주유취급소 외의 주유취급소에 한정하며, 이하 "압축수소충전설비 설치 주유취급소"라 한다)의 특례는 제2호부터 제5호까지와 같다.

2. 압축수소충전설비 설치 주유취급소에는 Ⅲ 제1호의 규정에 불구하고 인화성 액체를 원료로 하여 수소를 제조하기 위한 개질장치(改質裝置)(이하 "개질장치"라 한다)에 접속하는 원료탱크(50,000ℓ 이하의 것에 한정한다)를 설치할 수 있다. 이 경우 원료탱크는 지하에 매설하되, 그 위치, 구조 및 설비는 Ⅲ 제3호가목을 준용한다.

3. 압축수소충전설비 설치 주유취급소에 설치하는 설비의 기술기준은 다음의 각목과 같다.

　가. 개질장치의 위치, 구조 및 설비는 별표 4 Ⅶ, 같은 표 Ⅷ 제1호부터 제4호까지, 제6호 및 제8호와 같은 표 Ⅹ에서 정하는 사항 외에 다음의 기준에 적합하여야 한다.

　　1) 개질장치는 자동차등이 충돌할 우려가 없는 옥외에 설치할 것

　　2) 개질원료 및 수소가 누출된 경우에 개질장치의 운전을 자동으로 정지시키는 장치를 설치할 것

　　3) 펌프설비에는 개질원료의 토출압력이 최대상용압력을 초과하여 상승하는 것을 방지하기 위한 장치를 설치할 것

　　4) 개질장치의 위험물 취급량은 지정수량의 10배 미만일 것

　나. 압축기(壓縮機)는 다음의 기준에 적합하여야 한다.

　　1) 가스의 토출압력이 최대상용압력을 초과하여 상승하는 경우에 압축기의 운전을 자동

으로 정지시키는 장치를 설치할 것

2) 토출측과 가장 가까운 배관에 역류방지밸브를 설치할 것

3) 자동차등의 충돌을 방지하는 조치를 마련할 것

다. 충전설비는 다음의 기준에 적합하여야 한다.

1) 위치는 주유공지 또는 급유공지 외의 장소로 하되, 주유공지 또는 급유공지에서 압축수소를 충전하는 것이 불가능한 장소로 할 것

2) 충전호스는 자동차등의 가스충전구와 정상적으로 접속하지 않는 경우에는 가스가 공급되지 않는 구조로 하고, 200kg 중 이하의 하중에 의하여 깨져 분리되거나 또는 이탈되어야 하며, 깨져 분리되거나 또는 이탈된 부분으로부터 가스 누출을 방지할 수 있는 구조일 것

3) 자동차등의 충돌을 방지하는 조치를 마련할 것

4) 자동차등의 충돌을 감지하여 운전을 자동으로 정지시키는 구조일 것

라. 가스배관은 다음의 기준에 적합하여야 한다.

1) 위치는 주유공지 또는 급유공지 외의 장소로 하되, 자동차등이 충돌할 우려가 없는 장소로 하거나 자동차등의 충돌을 방지하는 조치를 마련할 것

2) 가스배관으로부터 화재가 발생한 경우에 주유공지·급유공지 및 전용탱크·폐유탱크 등·간이탱크의 주입구로의 연소확대를 방지하는 조치를 마련할 것

3) 누출된 가스가 체류할 우려가 있는 장소에 설치하는 경우에는 접속부를 용접할 것. 다만, 당해 접속부의 주위에 가스누출 검지설비를 설치한 경우에는 그러하지 아니하다.

4) 축압기(蓄壓器)로부터 충전설비로의 가스 공급을 긴급히 정지시킬 수 있는 장치를 설치할 것. 이 경우 당해 장치의 기동장치는 화재발생 시 신속히 조작할 수 있는 장소에 두어야 한다.

마. 압축수소의 수입설비(受入設備)는 다음의 기준에 적합하여야 한다.

1) 위치는 주유공지 또는 급유공지 외의 장소로 하되, 주유공지 또는 급유공지에서 가스를 수입하는 것이 불가능한 장소로 할 것

2) 자동차등의 충돌을 방지하는 조치를 마련할 것

4. 압축수소충전설비 설치 주유취급소의 기타 안전조치의 기술기준은 다음 각 목과 같다

가. 압축기, 축압기 및 개질장치가 설치된 장소와 주유공지, 급유공지 및 전용탱크·폐유탱크 등·간이탱크의 주입구가 설치된 장소 사이에는 화재가 발생한 경우에 상호 연소확대를 방지하기 위하여 높이 1.5m 정도의 불연재료의 담을 설치할 것

나. 고정주유설비·고정급유설비 및 전용탱크·폐유탱크등·간이탱크의 주입구로부터 누출된 위험물이 충전설비·축압기·개질장치에 도달하지 않도록 깊이 30cm, 폭 10cm의 집유 구조물을 설치할 것

다. 고정주유설비(현수식의 것을 제외한다)·고정급유설비(현수식의 것을 제외한다) 및 간이탱크의 주위에는 자동차등의 충돌을 방지하는 조치를 마련할 것

5. 압축수소충전설비와 관련된 설비의 기술기준은 제2호부터 제4호까지에서 규정한 사항 외에 「고압가스 안전관리법 시행규칙」 별표 5에서 정하는 바에 따른다.

※ 소화난이도등급 I 의 제조소등에 설치하여야 하는 소화설비

제조소등의 구분	소화설비
주유취급소	스프링클러설비(건축물에 한정한다), 소형수동식소화기등(능력단위의 수치가 건축물 그 밖의 공작물 및 위험물의 소요단위의 수치에 이르도록 설치할 것)

제65회 과년도 문제풀이(2019년)

01. 다음 물질의 연소반응식을 쓰고, 불연성 물질일 경우 "연소반응 없음"이라고 쓰시오.

> ㉮ 과염소산암모늄
> ㉯ 과염소산
> ㉰ 메틸에틸케톤
> ㉱ 트리에틸알루미늄
> ㉲ 메탄올

정답

㉮ 과염소산암모늄 : 연소반응 없음

㉯ 과염소산 : 연소반응 없음

㉰ 메틸에틸케톤 : $2CH_3COC_2H_5 + 11O_2 \rightarrow 8CO_2 + 8H_2O$

㉱ 트리에틸알루미늄 : $2(C_2H_5)_3Al + 21O_2 \rightarrow Al_2O_3 + 12CO_2 + 15H_2O$

㉲ 메탄올 : $2CH_3OH + 3O_2 \rightarrow 2CO_2 + 4H_2O$

해설

1. 분해반응식
   $NH_4ClO_4 \rightarrow NH_4Cl + 2O_2$
   $HClO_4 \rightarrow HCl + 2O_2$

2. 각 위험물의 특징

품목	과염소산암모늄	과염소산	메틸에틸케톤	트리에틸알루미늄	메탄올
화학식	NH_4NO_3	$HClO_4$	$(C_2H_5)_3Al$	Ca_3P_2	CH_3CHO
류별	제1류	제3류	제4류	제3류	제4류 알코올류
품명	과염소산염류	과염소산	1석유류	알킬알루미늄	특수인화물
성질	불연성	불연성	인화성	자연발화성 및 금수성	인화성

02. 다음 주어진 구조식의 위험물에 대하여 답하시오.

[구조식]
CH₂-ONO₂
CH₂-ONO₂

㉮ 물질명   ㉯ 유별
㉰ 품명   ㉱ 지정수량
㉲ 제법

정답

㉮ 물질명 : 니트로글리콜
㉯ 유별 : 제5류 위험물
㉰ 품명 : 질산에스테르류
㉱ 지정수량 : 10[kg]
㉲ 제법 : 에틸렌글리콜에 질산과 황산으로 니트로화시켜 제조한다.

해설 니트로글리콜

1. 물성

화학식	분자량	융점	비점	인화점	비중	증기밀도
$C_2H_4N_2O_6$	152	-22℃	114℃	257℃	1.5	5.2

2. 성질
   - 제법 : $C_2H_4(OH)_2 + 2HNO_3 \rightarrow C_2H_4(ONO_2)_2 + 2H_2O$
   - 순수한 것은 무색이나 공업용은 담황색 또는 분홍색의 액체
   - 알코올, 아세톤, 벤젠에 잘 녹음.
   - 산의 존재 하에 분해가 촉진되며 폭발

3. 류별/품명
   - 제5류위험물 질산에스테르류 10kg, 위험등급 I

03. 포소화설비에서 고정포방출구의 포수액량을 (   ) 안에 기입하시오.

포방출구의 종류 위험물의 구분	I형		II형		특형	
	방출율 [ℓ/m²·min]	포수액량 [ℓ/m²]	방출율 [ℓ/m²·min]	포수액량 [ℓ/m²]	방출율 [ℓ/m²·min]	포수액량 [ℓ/m²]
제4류 위험물 중 인화점이 21[℃] 미만인 것	4	(㉮)	4	(㉰)	8	(㉲)
제4류 위험물 중 인화점이 21[℃] 이상 70[℃] 미만인 것	4	(㉯)	4	(㉱)	8	(㉳)
제4류 위험물 중 인화점이 70[℃] 이상인 것	4	(㉰)	4	(㉲)	8	(㉴)

정답

㉮ 120, ㉯ 80, ㉰ 60, ㉱ 220, ㉲ 120, ㉳ 100, ㉴ 240, ㉵ 160, ㉶ 120

해설 포소화설비 고정포방출구의 방출량 및 방사시간

포방출구는 다음 표의 위험물의 구분 및 포방출구의 종류에 따라 정한 액표면적 1m²당 필요한 포수용액양에 당해 탱크의 액표면적(특형의 포방출구를 설치하는 경우는 환상부분의 면적으로 한다. 이하 같다)을 곱하여 얻은 양을 동표의 위험물의 구분 및 포방출구의 종류에 따라 정한 방출율(액표면적 1m²당 매분당의 포수용액의 방출량) 이상으로 (나)의 표에서 정한 개수[고정지붕구조의 탱크 중 탱크직경이 24m 미만인 것은 당해 포방출구(III형 및 IV형은 제외)의 개수에서 1을 뺀 개수]에 유효하게 방출할 수 있도록 설치할 것

포방출구의 종류 위험물의 구분	I형		II형		특형		III형		IV형	
	방출율 [ℓ/m²·min]	포수액량 [ℓ/m²]	방출율 [ℓ/m²·min]	포수액량 [ℓ/m²]	방출율 [ℓ/m²·min]	포수액량 [ℓ/m²]	방출율 [ℓ/m²·min]	포수액량 [ℓ/m²]	방출율 [ℓ/m²·min]	포수액량 [ℓ/m²]
제4류 위험물 중 인화점이 21[℃] 미만인 것	4	120	4	220	8	240	4	220	4	220
제4류 위험물 중 인화점이 21[℃] 이상 70[℃] 미만인 것	4	80	4	120	8	160	4	120	4	120
제4류 위험물 중 인화점이 70[℃] 이상인 것	4	60	4	100	8	120	4	100	4	100

04. 석유 속에 1[kg]의 Na이 보관되어 있는 용기에 2[L]의 공간이 있다. 여기에 물 18[g]이 들어가서 Na과 완전히 반응하였다. 용기 내부의 최대압력은 몇 기압인가? (단, 용기의 내부압력은 1[atm], 온도는 30[℃], R은 0.082[L·atm/g-mol·k]이다)

> **정답**
> 7.21atm
>
> **해설**
> 용기의 내부압력이 1atm이라고 주어졌으므로 6.21atm + 1atm = 7.21atm

05. 트리에틸알루미늄과 물과의 반응식을 쓰고, 생성되는 기체의 위험도를 구하라.

> **정답**
> - 반응식 : $(C_2H_5)_3Al + 3H_2O \rightarrow Al(OH)_3 + 3C_2H_6$
> - 위험도 : 3.13
>
> **해설**
> 1. 트리에틸알루미늄 반응식
>   1) 물과의 반응 : $(C_2H_5)_3Al + 3H_2O \rightarrow Al(OH)_3 + 3C_2H_6$
>   2) 공기와의 반응 : $2(C_2H_5)_3Al + 21O_2 \rightarrow Al_2O_3 + 15H_2O + 12CO_2$
>   3) 염소와 반응 : $(C_2H_5)_3Al + 3Cl_2 \rightarrow AlCl_3 + 3C_2H_5Cl$
>   4) 가열분해반응 : $2(C_2H_5)_3Al \rightarrow 2Al + 3H_2 + 6C_2H_4$
>   5) 염산과 반응 : $(C_2H_5)_3Al + 3HCl \rightarrow AlCl_3 + 3C_2H_6$
>   6) 메탄올과 반응 : $(C_2H_5)_3Al + 3CH_3OH \rightarrow Al(CH_3O)_3 + 3C_2H_6$(알루미늄메틸레이트)
> 2. 위험도 : 연소범위를 폭발하한계로 나눈 값
> $$H = \frac{UFL - LFL}{LFL}$$
>   에탄 (C_2H_6)연소범위 3~12.4%이므로 $H = \frac{12.4 - 3}{3}$ 그러므로 $H = 3.13$이다.

06. 이동저장탱크로부터 직접 위험물을 선박의 연료탱크에 주입 시 취급기준을 3가지 쓰시오.

정답

1. 선박이 이동하지 아니하도록 계류시킬 것
2. 이동탱크저장소가 움직이지 않도록 조치를 강구할 것
3. 이동탱크저장소의 주입설비를 접지할 것. 다만 인화점이 40[℃] 이상의 위험물을 주입하는 경우에는 그러하지 아니하다.

해설 선박주유취급소에서의 취급기준[규칙 별표 18]

1. 선박에 주유하는 때에는 고정주유설비 또는 주유배관의 끝부분에 접속한 호스기기를 사용하여 직접 주유할 것(중요기준)
2. 선박에 주유하는 때에는 선박이 이동하지 아니하도록 계류시킬 것
3. 수상구조물에 설치하는 고정주유설비를 이용하여 주유작업을 할 때에는 5m 이내에 다른 선박의 정박 또는 계류를 금지할 것
4. 수상구조물에 설치하는 고정주유설비의 주위에 설치하는 집유설비 내에 고인 빗물 또는 위험물은 넘치지 않도록 수시로 수거하고, 수거물은 유분리장치를 이용하거나 폐기물 처리 방법에 따라 처리할 것
5. 수상구조물에 설치하는 고정주유설비를 이용한 주유작업은 위험물을 공급하는 배관·펌프 및 그 부속 설비의 안전을 확인한 후에 시작할 것(중요기준)
6. 수상구조물에 설치하는 고정주유설비를 이용한 주유작업이 종료된 후에는 별표 13 XIV제3호마목에 따른 차단밸브를 모두 잠글 것(중요기준)
7. 수상구조물에 설치하는 고정주유설비를 이용한 주유작업은 총 톤수가 300미만인 선박에 대해서만 실시할 것(중요기준)

07. 다음 그림을 보고 질문에 답하시오.(10점)

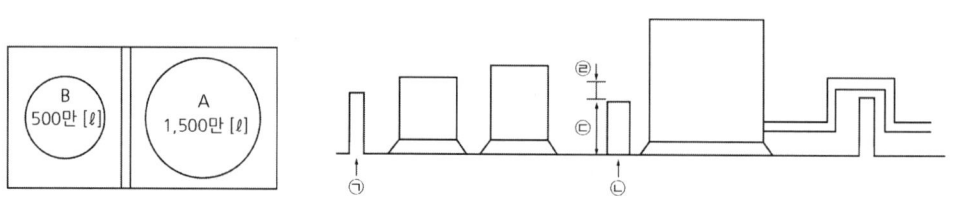

㉮ 허가를 받아야 하는 제조소 등의 명칭을 쓰시오.

㉯ ㉠의 명칭과 설치 목적
  - 명칭 :
  - 설치목적 :

㉰ 알맞은 답을 쓰시오.
  - ㉡의 명칭 :
  - ㉢의 최소 높이 :
  - ㉣의 최소차이 :

㉱ ㉠의 최소 용량

㉲ ㉠의 용량범위에 해당하는 부분에 빗금을 치시오.

㉳ 방유제와 옥외저장탱크 사이의 지표면은 불연성과 불침윤성이 있는 구조로서 철근 콘크리트로 해야 하나 흙으로 할 수 있는 경우를 쓰시오.

㉴ A탱크의 안전성능검사 목록을 모두 다 쓰시오.(A탱크는 비압력탱크이다)

㉵ 상기 그림의 저장소는 정기점검 대상이다. 정기점검 기준을 쓰시오.

㉶ 상기 그림의 저장소가 동일 구내에 있는 경우에 1인 안전관리자를 몇 개까지 중복하여 선임할 수 있는가?

㉷ 상기 그림의 저장소가 정기점검을 받는 시기는 완공검사합격확인증을 교부받은 날로부터 몇 년이며 최근의 검사를 받은 날로부터 몇 년인가?

정답

㉮ 옥외탱크저장소

㉯ ㉠의 명칭과 설치 목적
  - 명칭 : 방유제
  - 설치목적 : 탱크로부터 누출된 위험물의 확산방지 및 원활한 소화활동을 위하여

㉰ 알맞은 답을 쓰시오.
  - ㉡의 명칭 : 간막이둑
  - ㉢의 최소 높이 : 0.3[m]
  - ㉣의 최소차이 : 0.2[m]

㉮ ㉠의 최소 용량 : 1,650만[ℓ] 이상

계산) 1,500만L × 1.1 = 1,650만[ℓ]

㉯ ㉠의 용량범위에 해당하는 부분에 빗금을 치시오.

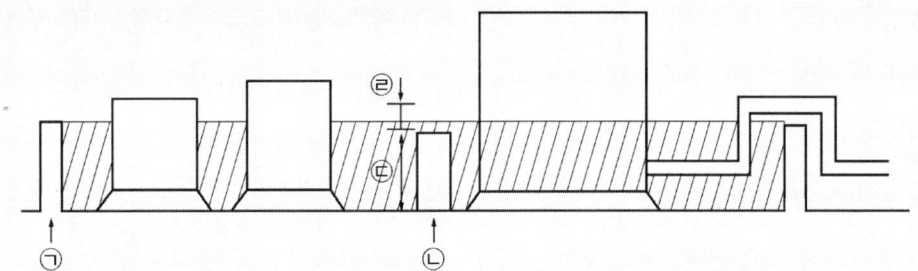

㉰ 누출된 위험물을 수용할 수 있는 전용유조 및 펌프 등의 설비를 갖춘 경우에는 방유제와 옥외저장탱크 사이의 지표면을 흙으로 할 수 있다.

㉱ 탱크안전성능검사

기초·지반검사, 충수·수압검사, 용접부검사

㉲ 지정수량의 200배 이상의 위험물을 취급하는 옥외탱크저장소

㉳ 30개 이하

㉴ 1. 특정·준특정옥외탱크저장소의 설치허가에 따른 완공검사합격확인증을 발급받은 날부터 12년
2. 최근의 정밀정기검사를 받은 날부터 11년

해설

Ⅰ. 옥외탱크저장소 방유제[규칙 별표6]

1. 인화성액체위험물(이황화탄소를 제외한다)의 옥외탱크저장소의 탱크 주위에는 다음 각목의 기준에 의하여 방유제를 설치하여야 한다.

가. 방유제의 용량은 방유제안에 설치된 탱크가 하나인 때에는 그 탱크 용량의 110% 이상, 2기 이상인 때에는 그 탱크 중 용량이 최대인 것의 용량의 110% 이상으로 할 것. 이 경우 방유제의 용량은 당해 방유제의 내용적에서 용량이 최대인 탱크 외의 탱크의 방유제 높이 이하 부분의 용적, 당해 방유제내에 있는 모든 탱크의 지반면 이상 부분의 기초의 체적, 간막이 둑의 체적 및 당해 방유제 내에 있는 배관 등의 체적을 뺀 것으로 한다.

나. 방유제는 높이 0.5m 이상 3m 이하, 두께 0.2m 이상, 지하매설깊이 1m 이상으로 할 것. 다만, 방유제와 옥외저장탱크 사이의 지반면 아래에 불침윤성(不浸潤性) 구조물을 설치하는 경우에는 지하매설깊이를 해당 불침윤성 구조물까지로 할 수 있다.

다. 방유제내의 면적은 8만m^2 이하로 할 것

라. 방유제내의 설치하는 옥외저장탱크의 수는 10(방유제내에 설치하는 모든 옥외저장탱크의 용량이 20만ℓ 이하이고, 당해 옥외저장탱크에 저장 또는 취급하는 위험물의 인화점이 70℃ 이상 200℃ 미만인 경우에는 20) 이하로 할 것. 다만, 인화점이 200℃ 이상인 위험물을 저장 또는 취급하는 옥외저장탱크에 있어서는 그러하지 아니하다.

마. 방유제 외면의 2분의 1 이상은 자동차 등이 통행할 수 있는 3m 이상의 노면폭을 확보한 구내도로(옥외저장탱크가 있는 부지내의 도로를 말한다. 이하 같다)에 직접 접하도록 할 것. 다만, 방유제내에 설치하는 옥외저장탱크의 용량합계가 20만ℓ 이하인 경우에는 소화

활동에 지장이 없다고 인정되는 3m 이상의 노면폭을 확보한 도로 또는 공지에 접하는 것으로 할 수 있다.

바. 방유제는 옥외저장탱크의 지름에 따라 그 탱크의 옆판으로부터 다음에 정하는 거리를 유지할 것. 다만, 인화점이 200℃ 이상인 위험물을 저장 또는 취급하는 것에 있어서는 그러하지 아니하다.
  1) 지름이 15m 미만인 경우에는 탱크 높이의 3분의 1 이상
  2) 지름이 15m 이상인 경우에는 탱크 높이의 2분의 1 이상

사. 방유제는 철근콘크리트로 하고, 방유제와 옥외저장탱크 사이의 지표면은 불연성과 불침윤성이 있는 구조(철근콘크리트 등)로 할 것. 다만, 누출된 위험물을 수용할 수 있는 전용유조(專用油槽) 및 펌프 등의 설비를 갖춘 경우에는 방유제와 옥외저장탱크 사이의 지표면을 흙으로 할 수 있다.

아. 용량이 1,000만ℓ 이상인 옥외저장탱크의 주위에 설치하는 방유제에는 다음의 규정에 따라 당해 탱크마다 간막이 둑을 설치할 것
  1) 간막이 둑의 높이는 0.3m(방유제내에 설치되는 옥외저장탱크의 용량의 합계가 2억ℓ를 넘는 방유제에 있어서는 1m)이상으로 하되, 방유제의 높이보다 0.2m 이상 낮게 할 것
  2) 간막이 둑은 흙 또는 철근콘크리트로 할 것
  3) 간막이 둑의 용량은 간막이 둑안에 설치된 탱크의 용량의 10% 이상일 것

자. 방유제내에는 당해 방유제내에 설치하는 옥외저장탱크를 위한 배관(당해 옥외저장탱크의 소화설비를 위한 배관을 포함한다), 조명설비 및 계기시스템과 이들에 부속하는 설비 그 밖의 안전확보에 지장이 없는 부속설비 외에는 다른 설비를 설치하지 아니할 것

차. 방유제 또는 간막이 둑에는 해당 방유제를 관통하는 배관을 설치하지 아니할 것. 다만, 위험물을 이송하는 배관의 경우에는 배관이 관통하는 지점의 좌우방향으로 각 1m 이상까지의 방유제 또는 간막이 둑의 외면에 두께 0.1m 이상, 지하매설깊이 0.1m 이상의 구조물을 설치하여 방유제 또는 간막이둑을 이중구조로 하고, 그 사이에 토사를 채운 후, 관통하는 부분을 완충재 등으로 마감하는 방식으로 설치할 수 있다.

카. 방유제에는 그 내부에 고인 물을 외부로 배출하기 위한 배수구를 설치하고 이를 개폐하는 밸브 등을 방유제의 외부에 설치할 것

타. 용량이 100만ℓ 이상인 위험물을 저장하는 옥외저장탱크에 있어서는 카목의 밸브 등에 그 개폐상황을 쉽게 확인할 수 있는 장치를 설치할 것

파. 높이가 1m를 넘는 방유제 및 간막이 둑의 안팎에는 방유제내에 출입하기 위한 계단 또는 경사로를 약 50m마다 설치할 것

하. 용량이 50만리터 이상인 옥외탱크저장소가 해안 또는 강변에 설치되어 방유제 외부로 누출된 위험물이 바다 또는 강으로 유입될 우려가 있는 경우에는 해당 옥외탱크저장소가 설치된 부지 내에 전용유조(專用油槽) 등 누출위험물 수용설비를 설치할 것

2. 제1호 가목·나목·사목 내지 파목의 규정은 인화성이 없는 액체위험물의 옥외저장탱크의 주위에 설치하는 방유제의 기술기준에 대하여 준용한다. 이 경우에 있어서 제1호 가목 중 "110%"는 "100%"로 본다.

3. 그 밖에 방유제의 기술기준에 관하여 필요한 사항은 소방청장이 정하여 고시한다.

Ⅱ. 탱크안전성능검사
 1) 탱크안전성능검사의 대상이 되는 탱크 등[규칙 제8조])
  ① 기초·지반검사 : 옥외탱크저장소의 액체위험물탱크 중 그 용량이 100만리터 이상인 탱크
  ② 충수(充水)·수압검사 : 액체위험물을 저장 또는 취급하는 탱크. 다만, 다음 각 목의 어느 하나에 해당하는 탱크는 제외한다.
   가. 제조소 또는 일반취급소에 설치된 탱크로서 용량이 지정수량 미만인 것
   나. 「고압가스 안전관리법」 제17조제1항에 따른 특정설비에 관한 검사에 합격한 탱크
   다. 「산업안전보건법」 제84조제1항에 따른 안전인증을 받은 탱크
  ③ 용접부검사 : 제1호의 규정에 의한 탱크. 다만, 탱크의 저부에 관계된 변경공사(탱크의 옆판과 관련되는 공사를 포함하는 것을 제외한다)시에 행하여진 법 제18조제2항의 규정에 의한 정기검사에 의하여 용접부에 관한 사항이 행정안전부령으로 정하는 기준에 적합하다고 인정된 탱크를 제외한다.
  ④ 암반탱크검사 : 액체위험물을 저장 또는 취급하는 암반내의 공간을 이용한 탱크
 2) 탱크안전성능검사의 내용

구분	검사내용
1. 기초·지반검사	가. 제8조제1항제1호의 규정에 의한 탱크 중 나목외의 탱크 : 탱크의 기초 및 지반에 관한 공사에 있어서 당해 탱크의 기초 및 지반이 행정안전부령으로 정하는 기준에 적합한지 여부를 확인함
	나. 제8조제1항제1호의 규정에 의한 탱크 중 행정안전부령으로 정하는 탱크 : 탱크의 기초 및 지반에 관한 공사에 상당한 것으로서 행정안전부령으로 정하는 공사에 있어서 당해 탱크의 기초 및 지반에 상당하는 부분이 행정안전부령으로 정하는 기준에 적합한지 여부를 확인함
2. 충수·수압검사	탱크에 배관 그 밖의 부속설비를 부착하기 전에 당해 탱크 본체의 누설 및 변형에 대한 안전성이 행정안전부령으로 정하는 기준에 적합한지 여부를 확인함
3. 용접부검사	탱크의 배관 그 밖의 부속설비를 부착하기 전에 행하는 당해 탱크의 본체에 관한 공사에 있어서 탱크의 용접부가 행정안전부령으로 정하는 기준에 적합한지 여부를 확인함
4. 암반탱크검사	탱크의 본체에 관한 공사에 있어서 탱크의 구조가 행정안전부령으로 정하는 기준에 적합한지 여부를 확인함

Ⅲ. 1인의 안전관리자를 중복하여 선임할 수 있는 경우 등(령 제12조)
 ① 법 제15조제8항 전단에 따라 다수의 제조소등을 설치한 자가 1인의 안전관리자를 중복하여 선임할 수 있는 경우는 다음 각 호의 어느 하나와 같다.
  1. 보일러·버너 또는 이와 비슷한 것으로서 위험물을 소비하는 장치로 이루어진 7개 이하의 일반취급소와 그 일반취급소에 공급하기 위한 위험물을 저장하는 저장소[일반취급소 및 저장소가 모두 동일구내(같은 건물 안 또는 같은 울 안을 말한다)에 있는 경우에 한한다.]를 동일인이 설치한 경우
  2. 위험물을 차량에 고정된 탱크 또는 운반용기에 옮겨 담기 위한 5개 이하의 일반취급소[일반취급소간의 거리(보행거리를 말한다. 제3호 및 제4호에서 같다)가 300미터 이내인 경우

에 한한다.]와 그 일반취급소에 공급하기 위한 위험물을 저장하는 저장소를 동일인이 설치한 경우

3. 동일구내에 있거나 상호 100미터 이내의 거리에 있는 저장소로서 저장소의 규모, 저장하는 위험물의 종류 등을 고려하여 행정안전부령이 정하는 저장소를 동일인이 설치한 경우

4. 다음 각목의 기준에 모두 적합한 5개 이하의 제조소등을 동일인이 설치한 경우
   가. 각 제조소등이 동일구내에 위치하거나 상호 100미터 이내의 거리에 있을 것
   나. 각 제조소등에서 저장 또는 취급하는 위험물의 최대수량이 지정수량의 3천배 미만일 것. 다만, 저장소의 경우에는 그러하지 아니하다.

5. 그 밖에 제1호 또는 제2호의 규정에 의한 제조소등과 비슷한 것으로서 행정안전부령이 정하는 제조소등을 동일인이 설치한 경우

※ 규칙 제56조(1인의 안전관리자를 중복하여 선임할 수 있는 저장소 등)
   ① 영 제12조제1항제3호에서 "행정안전부령이 정하는 저장소"라 함은 다음 각호의 1에 해당하는 저장소를 말한다.
   1. 10개 이하의 옥내저장소
   2. 30개 이하의 옥외탱크저장소
   3. 옥내탱크저장소
   4. 지하탱크저장소
   5. 간이탱크저장소
   6. 10개 이하의 옥외저장소
   7. 10개 이하의 암반탱크저장소

   ② 영 제12조제1항제5호에서 "행정안전부령이 정하는 제조소등"이라 함은 선박주유취급소의 고정주유설비에 공급하기 위한 위험물을 저장하는 저장소와 당해 선박주유취급소를 말한다.

   ③ 법 제15조제8항 후단에서 "대통령령이 정하는 제조소등"이란 다음 각 호의 어느 하나에 해당하는 제조소등을 말한다.

※ 법 제15조제8항
   ⑧ 다수의 제조소등을 동일인이 설치한 경우에는 제1항의 규정에 불구하고 관계인은 대통령령이 정하는 바에 따라 1인의 안전관리자를 중복하여 선임할 수 있다. 이 경우 대통령령이 정하는 제조소등의 관계인은 제5항에 따른 대리자의 자격이 있는 자를 각 제조소등별로 지정하여 안전관리자를 보조하게 하여야 한다.

   1. 제조소
   2. 이송취급소
   3. 일반취급소. 다만, 인화점이 38도 이상인 제4류 위험물만을 지정수량의 30배 이하로 취급하는 일반취급소로서 다음 각목의 1에 해당하는 일반취급소를 제외한다.
      가. 보일러·버너 또는 이와 비슷한 것으로서 위험물을 소비하는 장치로 이루어진 일반취급소
      나. 위험물을 용기에 옮겨 담거나 차량에 고정된 탱크에 주입하는 일반취급소

Ⅳ. 정기점검[규칙 제8장]
 1) 제64조(정기점검의 횟수) 제조소등의 관계인은 당해 제조소등에 대하여 연 1회 이상 정기점검을 실시하여야 한다.
 2) 제65조(특정·준특정옥외탱크저장소의 정기점검)
  ① 법 제18조제1항에 따라 옥외탱크저장소 중 저장 또는 취급하는 액체위험물의 최대수량이 50만리터 이상인 것(이하 "특정·준특정옥외탱크저장소"라 한다)에 대하여는 제64조에 따른 정기점검 외에 다음 각 호의 어느 하나에 해당하는 기간 이내에 1회 이상 특정·준특정옥외저장탱크(특정·준특정옥외탱크저장소의 탱크를 말한다. 이하 같다)의 구조 등에 관한 안전점검(이하 "구조안전점검"이라 한다)을 하여야 한다. 다만, 해당 기간 이내에 특정·준특정옥외저장탱크의 사용중단 등으로 구조안전점검을 실시하기가 곤란한 경우에는 별지 제39호의2서식에 따라 관할소방서장에게 구조안전점검의 실시기간 연장신청(전자문서에 의한 신청을 포함한다)을 할 수 있으며, 그 신청을 받은 소방서장은 1년(특정·준특정옥외저장탱크의 사용을 중지한 경우에는 사용중지기간)의 범위에서 실시기간을 연장할 수 있다.
   1. 제조소등의 설치허가에 따른 영 제10조제2항의 완공검사합격확인증을 교부받은 날부터 12년
   2. 법 제18조제2항의 규정에 의한 최근의 정기검사를 받은 날부터 11년
   3. 제2항에 따라 특정·준특정옥외저장탱크에 안전조치를 한 후 제71조제2항에 따른 기술원에 구조안전점검시기 연장신청을 하여 해당 안전조치가 적정한 것으로 인정받은 경우에는 법 제18조제2항에 따른 최근의 정기검사를 받은 날부터 13년
  ② 제1항제3호에 따른 특정·준특정옥외저장탱크의 안전조치는 특정·준특정옥외저장탱크의 부식 등에 대한 안전성을 확보하는 데 필요한 다음 각 호의 어느 하나의 조치로 한다.
   1. 특정·준특정옥외저장탱크의 부식방지 등을 위한 다음 각 목의 조치
    가. 특정·준특정옥외저장탱크의 내부의 부식을 방지하기 위한 코팅[유리입자(글래스플레이크)코팅 또는 유리섬유강화플라스틱 라이닝에 한한다.] 또는 이와 동등 이상의 조치
    나. 특정·준특정옥외저장탱크의 에뉼러판 및 밑판 외면의 부식을 방지하는 조치
    다. 특정·준특정옥외저장탱크의 에뉼러판 및 밑판의 두께가 적정하게 유지되도록 하는 조치
    라. 특정·준특정옥외저장탱크에 구조상의 영향을 줄 우려가 있는 보수를 하지 아니하거나 변형이 없도록 하는 조치
    마. 현저한 부등침하가 없도록 하는 조치
    바. 지반이 충분한 지지력을 확보하는 동시에 침하에 대하여 충분한 안전성을 확보하는 조치
    사. 특정·준특정옥외저장탱크의 유지관리체제의 적정 유지
   2. 위험물의 저장관리 등에 관한 다음 각목의 조치
    가. 부식의 발생에 영향을 주는 물 등의 성분의 적절한 관리
    나. 특정·준특정옥외저장탱크에 대하여 현저한 부식성이 있는 위험물을 저장하지 아니하도록 하는 조치
    다. 부식의 발생에 현저한 영향을 미치는 저장조건의 변경을 하지 아니하도록 하는 조치

라. 특정·준특정옥외저장탱크의 에뉼러판 및 밑판의 부식율(에뉼러판 및 밑판이 부식에 의하여 감소한 값을 판의 경과연수로 나누어 얻은 값을 말한다)이 연간 0.05밀리미터 이하일 것

마. 특정·준특정옥외저장탱크의 에뉼러판 및 밑판 외면의 부식을 방지하는 조치

바. 특정·준특정옥외저장탱크의 에뉼러판 및 밑판의 두께가 적정하게 유지되도록 하는 조치

사. 특정·준특정옥외저장탱크에 구조상의 영향을 줄 우려가 있는 보수를 하지 아니하거나 변형이 없도록 하는 조치

아. 현저한 부등침하가 없도록 하는 조치

자. 지반이 충분한 지지력을 확보하는 동시에 침하에 대하여 충분한 안전성을 확보하는 조치

차. 특정·준특정옥외저장탱크의 유지관리체제의 적정 유지

3) 제67조(정기점검의 실시자)
① 제조소등의 관계인은 법 제18조제1항의 규정에 의하여 당해 제조소등의 정기점검을 안전관리자(제65조의 규정에 의한 정기점검에 있어서는 제66조의 규정에 의하여 소방청장이 정하여 고시하는 점검방법에 관한 지식 및 기능이 있는 자에 한한다) 또는 위험물운송자(이동탱크저장소의 경우에 한한다)로 하여금 실시하도록 하여야 한다. 이 경우 옥외탱크저장소에 대한 구조안전점검을 위험물안전관리자가 직접 실시하는 경우에는 점검에 필요한 영 별표 7의 인력 및 장비를 갖춘 후 이를 실시하여야 한다.
② 제1항에도 불구하고 제조소등의 관계인은 안전관리대행기관(제65조에 따른 특정·준특정옥외탱크저장소의 정기점검은 제외한다) 또는 탱크시험자에게 정기점검을 의뢰하여 실시할 수 있다. 이 경우 해당 제조소등의 안전관리자는 안전관리대행기관 또는 탱크시험자의 점검현장에 입회하여야 한다.

4) 제68조(정기점검의 기록·유지)
① 법 제18조제1항의 규정에 의하여 제조소등의 관계인은 정기점검 후 다음 각호의 사항을 기록하여야 한다.
   1. 점검을 실시한 제조소등의 명칭
   2. 점검의 방법 및 결과
   3. 점검연월일
   4. 점검을 한 안전관리자 또는 점검을 한 탱크시험자와 점검에 입회한 안전관리자의 성명
② 제1항의 규정에 의한 정기점검기록은 다음 각호의 구분에 의한 기간 동안 이를 보존하여야 한다.
   1. 제65조제1항의 규정에 의한 옥외저장탱크의 구조안전점검에 관한 기록 : 25년(동항제3호에 규정한 기간의 적용을 받는 경우에는 30년)
   2. 제1호에 해당하지 아니하는 정기점검의 기록 : 3년

5) 정기점검 대상인 위험물 제조소 등
   • 지정수량의 10배 이상의 위험물을 취급하는 제조소, 일반취급소
   • 지정수량의 100배 이상의 위험물을 취급하는 옥외저장소

- 지정수량의 150배 이상의 위험물을 취급하는 옥내저장소
- 지정수량의 200배 이상의 위험물을 취급하는 옥외탱크저장소
- 암반탱크저장소, 이송취급소
- 지하탱크저장소
- 이동탱크저장소
- 위험물을 취급하는 탱크로서 지하에 매설된 탱크가 있는 제조소, 주유취급소, 일반취급소

Ⅴ. 정기검사[규칙 제9장]

제70조(정기검사의 시기)

① 법 제18조제2항에 따라 정기검사를 받아야 하는 특정·준특정옥외탱크저장소의 관계인은 다음 각 호에 규정한 기간 이내에 정기검사를 받아야 한다. 다만, 재난 그 밖의 비상사태의 발생, 안전유지상의 필요 또는 사용상황 등의 변경으로 해당 시기에 정기검사를 실시하는 것이 적당하지 아니하다고 인정되는 때에는 소방서장의 직권 또는 관계인의 신청에 따라 소방서장이 따로 지정하는 시기에 정기검사를 받을 수 있다.

  1. 특정·준특정옥외탱크저장소의 설치허가에 따른 완공검사합격확인증을 발급받은 날부터 12년
  2. 최근의 정기검사를 받은 날부터 11년

③ 법 제18조제2항에 따라 정기검사를 받아야 하는 특정·준특정옥외탱크저장소의 관계인은 제1항에도 불구하고 정기검사를 제65조제1항에 따른 구조안전점검을 실시하는 때에 함께 받을 수 있다.

제71조(정기검사의 신청 등)

① 법 제18조제2항에 따라 정기검사를 받아야 하는 특정·준특정옥외탱크저장소의 관계인은 별지 제44호서식의 신청서(전자문서로 된 신청서를 포함한다)에 다음 각 호의 서류(전자문서를 포함한다)를 첨부하여 기술원에 제출하고 별표 25 제8호에 따른 수수료를 기술원에 납부하여야 한다. 다만, 제2호 및 제4호의 서류는 정기검사를 실시하는 때에 제출할 수 있다.

  1. 별지 제5호서식의 구조설비명세표
  2. 제조소등의 위치·구조 및 설비에 관한 도면
  3. 완공검사합격확인증
  4. 밑판, 옆판, 지붕판 및 개구부의 보수이력에 관한 서류

② 제65조제1항제3호의 규정에 의한 기간 이내에 구조안전점검을 받고자 하는 자는 별지 제40호서식 또는 별지 제41호서식의 신청서(전자문서로 된 신청서를 포함한다)를 제1항의 규정에 의한 신청시에 함께 제출하여야 한다.

③ 제70조제1항 단서의 규정에 의하여 정기검사 시기를 변경하고자 하는 자는 별지 제45호서식의 신청서(전자문서로 된 신청서를 포함한다)에 정기검사 시기의 변경을 필요로 하는 사유를 기재한 서류(전자문서를 포함한다)를 첨부하여 소방서장에게 제출하여야 한다.

④ 기술원은 정기검사를 실시한 결과 특정·준특정옥외저장탱크의 수직도·수평도에 관한 사항(지중탱크에 대한 것을 제외한다), 특정·준특정옥외저장탱크의 밑판(지중탱크에 있어서는 누액방지판)의 두께에 관한 사항, 특정·준특정옥외저장탱크의 용접부에 관한 사항 및 특정·준특정옥외저장탱크의 지붕·옆판·부속설비의 외관이 제72조제4항에 따라 소방청장

이 정하여 고시하는 기술상의 기준에 적합한 것으로 인정되는 때에는 검사종료일부터 10일 이내에 별지 제46호서식의 정기검사필증을 관계인에게 교부하고 그 결과보고서를 작성하여 소방서장에게 제출하여야 한다.
⑤ 기술원은 정기검사를 실시한 결과 부적합한 경우에는 개선하여야 하는 사항을 신청자에게 통보하고 개선할 사항을 통보받은 관계인은 개선을 완료한 후 정기검사신청서를 기술원에 다시 제출하여야 한다.
⑥ 정기검사를 받은 제조소등의 관계인과 정기검사를 실시한 기술원은 정기검사필증 등 정기검사에 관한 서류를 당해 제조소등에 대한 차기 정기검사시까지 보관하여야 한다.

08. 다음 위험물의 정의를 쓰시오.

㉮ 유황
㉯ 철분
㉰ 인화성 고체

정답

㉮ 유황은 순도가 60[중량%] 이상인 것을 말한다(이 경우 순도측정에 있어서 불순물은 활석 등 불연성물질과 수분에 한한다)
㉯ 철분이라 함은 철의 분말로서 53마이크로미터의 표준체를 통과하는 것이 50[중량%] 미만인 것은 제외한다.
㉰ 인화성고체라 함은 고형알코올 그 밖에 1기압에서 인화점이 40[℃] 미만인 고체를 말한다.

해설 위험물의 정의[령 별표1]

1. "산화성고체"라 함은 고체[액체(1기압 및 섭씨 20도에서 액상인 것 또는 섭씨 20도 초과 섭씨 40도 이하에서 액상인 것을 말한다. 이하 같다)또는 기체(1기압 및 섭씨 20도에서 기상인 것을 말한다)외의 것을 말한다. 이하 같다.]로서 산화력의 잠재적인 위험성 또는 충격에 대한 민감성을 판단하기 위하여 소방청장이 정하여 고시(이하 "고시"라 한다)하는 시험에서 고시로 정하는 성질과 상태를 나타내는 것을 말한다. 이 경우 "액상"이라 함은 수직으로 된 시험관(안지름 30밀리미터, 높이 120밀리미터의 원통형유리관을 말한다)에 시료를 55밀리미터까지 채운 다음 당해 시험관을 수평으로 하였을 때 시료액면의 선단이 30밀리미터를 이동하는데 걸리는 시간이 90초 이내에 있는 것을 말한다.
2. "가연성고체"라 함은 고체로서 화염에 의한 발화의 위험성 또는 인화의 위험성을 판단하기 위하여 고시로 정하는 시험에서 고시로 정하는 성질과 상태를 나타내는 것을 말한다.
3. 유황은 순도가 60중량퍼센트 이상인 것을 말한다. 이 경우 순도측정에 있어서 불순물은 활석 등 불연성물질과 수분에 한한다.
4. "철분"이라 함은 철의 분말로서 53마이크로미터의 표준체를 통과하는 것이 50중량퍼센트 미만인 것은 제외한다.

5. "금속분"이라 함은 알칼리금속·알칼리토류금속·철 및 마그네슘외의 금속의 분말을 말하고, 구리분·니켈분 및 150마이크로미터의 체를 통과하는 것이 50중량퍼센트 미만인 것은 제외한다.
6. 마그네슘 및 제2류 제8호의 물품 중 마그네슘을 함유한 것에 있어서는 다음 각목의 1에 해당하는 것은 제외한다.
    가. 2밀리미터의 체를 통과하지 아니하는 덩어리 상태의 것
    나. 직경 2밀리미터 이상의 막대 모양의 것
7. 황화린·적린·유황 및 철분은 제2호의 규정에 의한 성상이 있는 것으로 본다.
8. "인화성고체"라 함은 고형알코올 그 밖에 1기압에서 인화점이 섭씨 40도 미만인 고체를 말한다.
9. "자연발화성물질 및 금수성물질"이라 함은 고체 또는 액체로서 공기 중에서 발화의 위험성이 있거나 물과 접촉하여 발화하거나 가연성가스를 발생하는 위험성이 있는 것을 말한다.
10. 칼륨·나트륨·알킬알루미늄·알킬리튬 및 황린은 제9호의 규정에 의한 성상이 있는 것으로 본다.
11. "인화성액체"라 함은 액체(제3석유류, 제4석유류 및 동식물유류의 경우 1기압과 섭씨 20도에서 액체인 것만 해당한다)로서 인화의 위험성이 있는 것을 말한다. 다만, 다음 각 목의 어느 하나에 해당하는 것을 법 제20조제1항의 중요기준과 세부기준에 따른 운반용기를 사용하여 운반하거나 저장(진열 및 판매를 포함한다)하는 경우는 제외한다.
    가. 「화장품법」 제2조제1호에 따른 화장품 중 인화성액체를 포함하고 있는 것
    나. 「약사법」 제2조제4호에 따른 의약품 중 인화성액체를 포함하고 있는 것
    다. 「약사법」 제2조제7호에 따른 의약외품(알코올류에 해당하는 것은 제외한다) 중 수용성인 인화성액체를 50부피퍼센트 이하로 포함하고 있는 것
    라. 「의료기기법」에 따른 체외진단용 의료기기 중 인화성액체를 포함하고 있는 것
    마. 「생활화학제품 및 살생물제의 안전관리에 관한 법률」 제3조제4호에 따른 안전확인대상생활화학제품(알코올류에 해당하는 것은 제외한다) 중 수용성인 인화성액체를 50부피퍼센트 이하로 포함하고 있는 것
12. "특수인화물"이라 함은 이황화탄소, 디에틸에테르 그 밖에 1기압에서 발화점이 섭씨 100도 이하인 것 또는 인화점이 섭씨 영하 20도 이하이고 비점이 섭씨 40도 이하인 것을 말한다.
13. "제1석유류"라 함은 아세톤, 휘발유 그 밖에 1기압에서 인화점이 섭씨 21도 미만인 것을 말한다.
14. "알코올류"라 함은 1분자를 구성하는 탄소원자의 수가 1개부터 3개까지인 포화1가 알코올(변성알코올을 포함한다)을 말한다. 다만, 다음 각목의 1에 해당하는 것은 제외한다.
    가. 1분자를 구성하는 탄소원자의 수가 1개 내지 3개의 포화1가 알코올의 함유량이 60중량퍼센트 미만인 수용액
    나. 가연성액체량이 60중량퍼센트 미만이고 인화점 및 연소점(태그개방식인화점측정기에 의한 연소점을 말한다. 이하 같다)이 에틸알코올 60중량퍼센트 수용액의 인화점 및 연소점을 초과하는 것
15. "제2석유류"라 함은 등유, 경유 그 밖에 1기압에서 인화점이 섭씨 21도 이상 70도 미만인 것을 말한다. 다만, 도료류 그 밖의 물품에 있어서 가연성 액체량이 40중량퍼센트 이하이면서 인화점이 섭씨 40도 이상인 동시에 연소점이 섭씨 60도 이상인 것은 제외한다.
16. "제3석유류"라 함은 중유, 클레오소트유 그 밖에 1기압에서 인화점이 섭씨 70도 이상 섭씨 200도 미만인 것을 말한다. 다만, 도료류 그 밖의 물품은 가연성 액체량이 40중량퍼센트 이하인 것은 제외한다.

17. "제4석유류"라 함은 기어유, 실린더유 그 밖에 1기압에서 인화점이 섭씨 200도 이상 섭씨 250도 미만의 것을 말한다. 다만 도료류 그 밖의 물품은 가연성 액체량이 40중량퍼센트 이하인 것은 제외한다.

18. "동식물유류"라 함은 동물의 지육 등 또는 식물의 종자나 과육으로부터 추출한 것으로서 1기압에서 인화점이 섭씨 250도 미만인 것을 말한다. 다만, 법 제20조제1항의 규정에 의하여 행정안전부령으로 정하는 용기기준과 수납·저장기준에 따라 수납되어 저장·보관되고 용기의 외부에 물품의 통칭명, 수량 및 화기엄금(화기엄금과 동일한 의미를 갖는 표시를 포함한다)의 표시가 있는 경우를 제외한다.

19. "자기반응성물질"이라 함은 고체 또는 액체로서 폭발의 위험성 또는 가열분해의 격렬함을 판단하기 위하여 고시로 정하는 시험에서 고시로 정하는 성질과 상태를 나타내는 것을 말한다.

20. 제5류제11호의 물품에 있어서는 유기과산화물을 함유하는 것 중에서 불활성고체를 함유하는 것으로서 다음 각목의 1에 해당하는 것은 제외한다.
    가. 과산화벤조일의 함유량이 35.5중량퍼센트 미만인 것으로서 전분가루, 황산칼슘2수화물 또는 인산1수소칼슘2수화물과의 혼합물
    나. 비스(4클로로벤조일)퍼옥사이드의 함유량이 30중량퍼센트 미만인 것으로서 불활성고체와의 혼합물
    다. 과산화지크밀의 함유량이 40중량퍼센트 미만인 것으로서 불활성고체와의 혼합물
    라. 1·4비스(2-터셔리부틸퍼옥시이소프로필)벤젠의 함유량이 40중량퍼센트 미만인 것으로서 불활성고체와의 혼합물
    마. 시크로헥사놀퍼옥사이드의 함유량이 30중량퍼센트 미만인 것으로서 불활성고체와의 혼합물

21. "산화성액체"라 함은 액체로서 산화력의 잠재적인 위험성을 판단하기 위하여 고시로 정하는 시험에서 고시로 정하는 성질과 상태를 나타내는 것을 말한다.

22. 과산화수소는 그 농도가 36중량퍼센트 이상인 것에 한하며, 제21호의 성상이 있는 것으로 본다.

23. 질산은 그 비중이 1.49 이상인 것에 한하며, 제21호의 성상이 있는 것으로 본다.

24. 위 표의 성질란에 규정된 성상을 2가지 이상 포함하는 물품(이하 이 호에서 "복수성상물품"이라 한다)이 속하는 품명은 다음 각목의 1에 의한다.
    가. 복수성상물품이 산화성고체의 성상 및 가연성고체의 성상을 가지는 경우 : 제2류제8호의 규정에 의한 품명
    나. 복수성상물품이 산화성고체의 성상 및 자기반응성물질의 성상을 가지는 경우 : 제5류제11호의 규정에 의한 품명
    다. 복수성상물품이 가연성고체의 성상과 자연발화성물질의 성상 및 금수성물질의 성상을 가지는 경우 : 제3류제12호의 규정에 의한 품명
    라. 복수성상물품이 자연발화성물질의 성상, 금수성물질의 성상 및 인화성액체의 성상을 가지는 경우 : 제3류제12호의 규정에 의한 품명
    마. 복수성상물품이 인화성액체의 성상 및 자기반응성물질의 성상을 가지는 경우 : 제5류제11호의 규정에 의한 품명

25. 위 표의 지정수량란에 정하는 수량이 복수로 있는 품명에 있어서는 당해 품명이 속하는 유(類)의 품명 가운데 위험성의 정도가 가장 유사한 품명의 지정수량란에 정하는 수량과 같은 수량을 당해 품명의 지정수량으로 한다. 이 경우 위험물의 위험성을 실험·비교하기 위한 기준은 고시로 정할 수 있다.

26. 위 표의 기준에 따라 위험물을 판정하고 지정수량을 결정하기 위하여 필요한 실험은 「국가표준기본법」제23조에 따라 인정을 받은 시험·검사기관, 「소방산업의 진흥에 관한 법률」제14조에 따른 한국소방산업기술원, 중앙소방학교 또는 소방청장이 지정하는 기관에서 실시할 수 있다. 이 경우 실험 결과에는 실험한 위험물에 해당하는 품명과 지정수량이 포함되어야 한다.

09. 다음 위험물의 위험등급을 Ⅰ, Ⅱ, Ⅲ로 구분하시오.

아염소산칼륨, 과산화나트륨, 과망간산나트륨, 마그네슘, 황화린, 나트륨, 인화알루미늄, 휘발유, 니트로글리세린

정답

1. 위험등급Ⅰ : 아염소산칼륨, 과산화나트륨, 나트륨, 니트로글리세린
2. 위험등급Ⅱ : 황화린, 휘발유
3. 위험등급Ⅲ : 과망간산나트륨, 마그네슘, 인화알루미늄

해설 위험등급

1. 위험등급 Ⅰ의 위험물
    1) 제1류 위험물 중 아염소산염류(아염소산칼륨), 염소산염류, 과염소산염류, 무기과산화물(과산화나트륨), 지정수량이 50 [kg]인 위험물
    2) 제3류 위험물 중 칼륨, 나트륨, 알킬알루미늄, 알킬리튬, 황린, 지정수량이 10 [kg]인 위험물
    3) 제4류 위험물 중 특수인화물
    4) 제5류 위험물 중 유기과산화물, 질산에스테르류(니트로글리세린), 지정수량이 10 [kg]인 위험물
    5) 제6류 위험물

2. 위험등급 Ⅱ의 위험물
    1) 제1류 위험물 중 브롬산염류, 질산염류, 요오드산염류, 지정수량이 300 [kg]인 위험물
    2) 제2류 위험물 중 황화린, 적린, 유황, 지정수량이 100 [kg]인 위험물
    3) 제3류 위험물 중 알칼리금속(칼륨, 나트륨 제외) 및 알칼리토금속, 유기금속화합물(알킬알루미늄 및 알킬리튬은 제외), 지정수량이 50 [kg]인 위험물
    4) 제4류 위험물 중 제1석유류(휘발유), 알코올류
    5) 제5류 위험물 중 위험등급 Ⅰ에 정하는 위험물 외의 것

3. 위험등급 Ⅲ의 위험물
    1) 과망간산나트륨
    2) 마그네슘
    3) 인화알루미늄(금속의 인화물)

10. 화학공장의 위험성 평가 분석기법 중 정성적인 기법과 정량적인 기법의 종류를 각각 3가지씩 쓰시오.

> **정답**
> ① 정성적인 기법
> • 체크 리스트법
> • 안전성 검토법
> • 예비위험 분석법
>
> ② 정량적인 기법
> • 결함 수 분석법
> • 사건 수 분석법
> • 원인결과 분석법

해설 위험성 평가기법

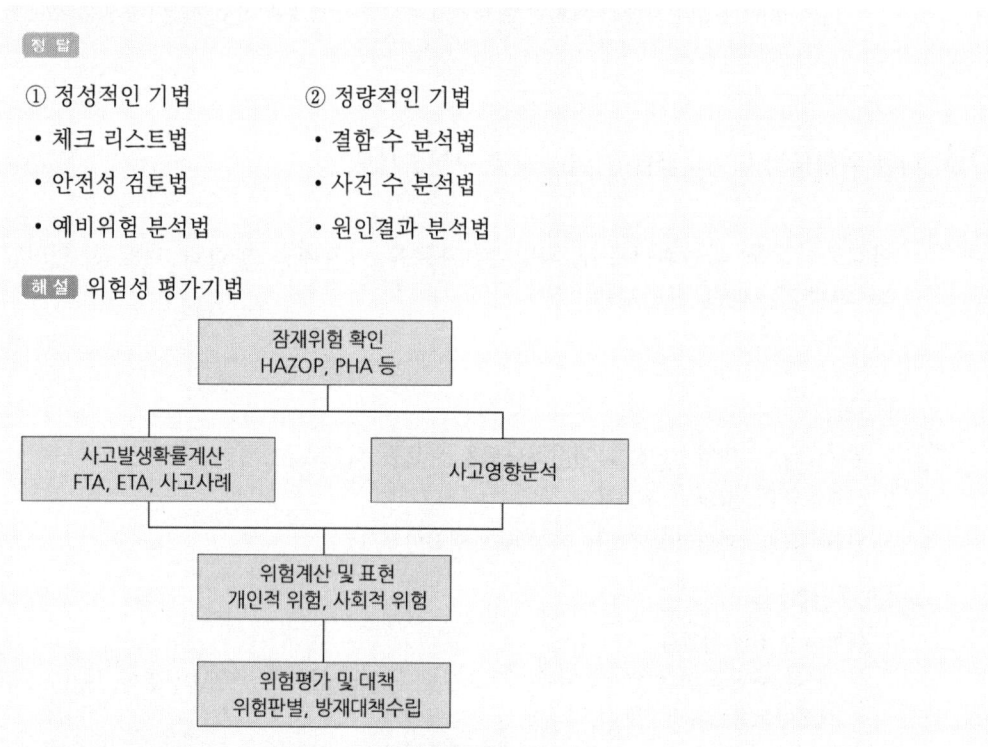

1. 정성적 평가기법
   - 분석용이, 결과도출신속, 비전문가 접근용이, 주관적 평가가 되기 쉽다.

안전성검토법(Safety Review)	과거 발생 사고요인을 해소하였는지 검토
사고예상 질문분석법(What if)	전문가질문을 통해 위험 예측
체크리스트(Checklist)	공정, 오류, 결함상태, 위험상황을 목록화 함
이상위험도 분석법(FMECA, Failure Mode Effects & Criticality Analysis)	공정 및 설비의 고장형태 및 영향, 고장형태별 위험도 순위 등을 결정하는 기법
작업자실수 분석법(Human Error Analysis)	운전원, 정비원 등 실수 요소 파악 및 평가 원인을 추적하여 정량적으로 상대적 순위 결정
상대위험순위 분석법(Dow & Mond Indices)	공정 및 설비에 존재하는 위험에 대한 상대위험순위를 수치화하여 그 피해정도를 나타냄
위험과 운전성 분석법(HAZOP, Hazard & operability studies)	전문가들이 모여 연구방법 의해 공정 위험요소와 운전상 문제점을 찾아내어 제거하는 기법
예비위험분석(PHA, Preliminary hazard analysis)	관련정보가 적은 상태에서 위험물질과 공정요소에 초점을 맞추어 초기 위험을 확인하는 기법

2. 정량적 평가기법
   - 객관적 수치, 분석시간길고, 도출어려움, 전문가 의한 평가

구분	결함수분석법(FTA)	사건수분석법(ETA)	원인결과분석법(CA)
구성	결과 → 원인	원인 → 결과	원인과 결과 분석
방법	연역적방법	귀납적방법	-

11. 다음 탱크의 내용적을 구하는 공식에 해당하는 탱크의 그림을 그리고, 기호를 표시하시오.

㉮ $V = \dfrac{\pi ab}{4}(\ell + \dfrac{\ell_1 + \ell_2}{3})$

㉯ $V = \pi r^2 \ell$

정 답

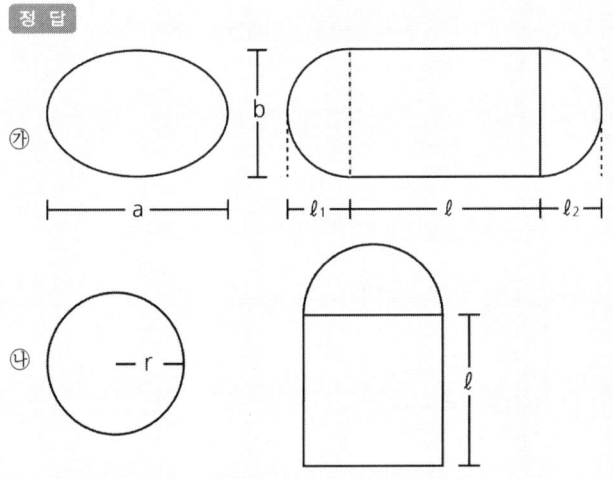

해설 탱크의 내용적 계산방법[세부기준 별표1]

1. 타원형 탱크의 내용적
   가. 양쪽이 볼록한 것

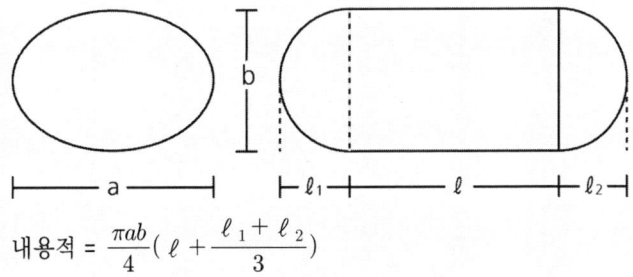

내용적 = $\dfrac{\pi ab}{4}(\ell + \dfrac{\ell_1 + \ell_2}{3})$

나. 한쪽은 볼록하고 다른 한쪽은 오목한 것

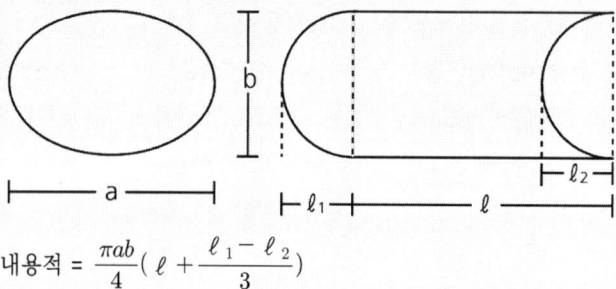

내용적 = $\dfrac{\pi ab}{4}(\ell + \dfrac{\ell_1 - \ell_2}{3})$

2. 원통형 탱크의 내용적

   가. 횡으로 설치한 것

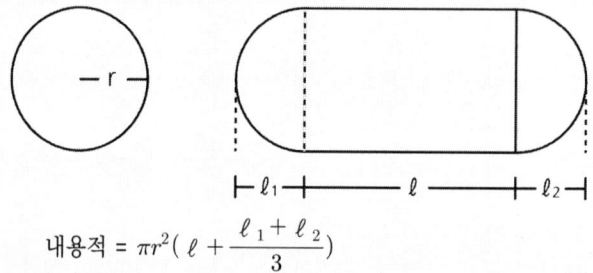

내용적 = $\pi r^2 (\ell + \dfrac{\ell_1 + \ell_2}{3})$

   나. 종으로 설치한 것

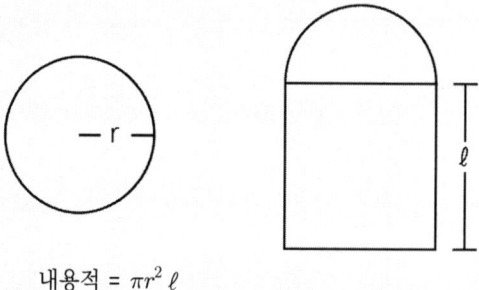

내용적 = $\pi r^2 \ell$

3. 그 밖의 탱크 : 통상의 수학적 계산방법에 의할 것. 다만, 쉽게 그 내용적을 계산하기 어려운 탱크에 있어서는 당해 탱크의 내용적의 근사계산에 의할 수 있다.

12. 다음 할로겐화합물 소화약제의 저장용기의 충전비를 쓰시오.

> ㉮ 할론 2402 중에서 가압식 저장용기 등에 저장하는 것은 (   ) 이상 (   ) 이하
> ㉯ 할론 2402 중에서 축압식 저장용기 등에 저장하는 것은 (   ) 이상 (   ) 이하
> ㉰ 할론 1211은 (   ) 이상 (   ) 이하
> ㉱ 할론 1301은 (   ) 이상 (   ) 이하
> ㉲ HFC-23은 (   ) 이상 (   ) 이하

정답

㉮ 0.51 이상 0.67 이하
㉯ 0.67 이상 2.75 이하
㉰ 0.7 이상 1.4 이하
㉱ 0.9 이상 1.6 이하
㉲ 1.2 이상 1.5 이하

해설 할로겐화물소화설비 저장용기 등의 충전비[세부기준 제135조]

1. 소화약제 : 할론 2402, 할론 1211, 할론 1301, HFC-23, HFC-125 또는 HFC-227ea
2. 저장용기 등의 충전비

할론2402		할론1211	할론1301 및 HFC-227ea	HFC-23 및 HFC-125
가압식	축압식			
0.51 이상 0.67 이하	0.67 이상 2.75 이하	0.7 이상 1.4 이하	0.9 이상 1.6 이하	1.2 이상 1.5 이하

• FK-5-1-12는 0.7 이상 1.6 이하일 것

13. 디에틸에테르와 에틸알코올이 각각 4 : 1의 비율로 혼합되어 있는 위험물이 있다. 이 위험물의 폭발하한계를 구하시오. (단, 에틸에테르의 폭발범위는 1.91~48[%], 에틸알코올의 폭발범위는 4.3 ~ 19[%]이다)

정답

2.15%

해설

1. 혼합가스의 폭발한계(폭발범위)

$$\frac{100}{L_m} = \frac{V_1}{L_1} + \frac{V_2}{L_2} + \frac{V_3}{L_3} \cdots \frac{V_n}{L_n}, \quad \frac{100}{U_m} = \frac{V_1}{U_1} + \frac{V_2}{U_2} + \frac{V_3}{U_3} \cdots \frac{V_n}{U_n}$$

여기서, L_m : 혼합가스의 폭발한계(하한값, 상한값의 용량[vol%])

V_1, V_2, V_3, V_4, V_n : 가연성가스의 용량[vol%]
L_1, L_2, L_3, L_4, L_n : 가연성가스의 하한값 또는 상한값[vol%]
U_1, U_2, U_3, U_4, U_n : 가연성가스의 상한값 또는 상한값[vol%]

① 하한 값을 구하면

$$\frac{100}{LFL} = \frac{80[\%]}{1.91[\%]} + \frac{20[\%]}{4.3[\%]} \quad \therefore LFL = 2.15[\%]$$

② 상한 값을 구하면

$$\frac{100}{UFL} = \frac{80[\%]}{48[\%]} + \frac{20[\%]}{19[\%]} \quad \therefore UFL = 36.77[\%]$$

14. 안전관리대행기관의 지정기준에서 갖추어야 할 장비 중 소화설비점검기구 5가지를 쓰시오.

정답

소화전밸브압력계, 방수압력측정계, 포콜렉터, 헤드렌치, 포컨테이너

해설 안전관리대행기관의 지정기준

기술인력	1. 위험물기능장 또는 위험물산업기사 1인 이상 2. 위험물산업기사 또는 위험물기능사 2인 이상 3. 기계분야 및 전기분야의 소방설비기사 1인 이상
시설	전용사무실을 갖출 것
장비	1. 절연저항계(절연저항측정기) 2. 접지저항측정기(최소눈금 0.1Ω 이하) 3. 가스농도측정기(탄화수소계 가스의 농도측정이 가능할 것) 4. 정전기 전위측정기 5. 토크렌치 　(Torque Wrench: 볼트와 너트를 규정된 회전력에 맞춰 조이는 데 사용하는 도구) 6. 진동시험기 7. 삭제 〈2016. 8. 2.〉 8. 표면온도계(-10℃ ~ 300℃) 9. 두께측정기(1.5mm ~ 99.9mm) 10. 삭제 〈2016. 8. 2.〉 11. 안전용구(안전모, 안전화, 손전등, 안전로프 등) 12. 소화설비점검기구(소화전밸브압력계, 방수압력측정계, 포콜렉터, 헤드렌치, 포콘테이너)

비고 : 기술인력란의 각호에 정한 2 이상의 기술인력을 동일인이 겸할 수 없다.

15. 다음은 옥내저장소의 설치기준이다. 괄호 안에 알맞은 말을 채워 넣으시오.

> ㉮ 연소의 우려가 있는 외벽에 있는 출입구는 수시로 열 수 있는 (　　)의 (　　)을 설치하여야 한다.
> ㉯ 저장창고의 창 또는 출입구에 유리를 이용하는 경우에는 (　　)로 하여야 한다.
> ㉰ 제1류 위험물 중 알칼리금속의 과산화물 또는 이를 함유하는 것, 제2류 위험물 중 철분·금속분·마그네슘 또는 이중 어느 하나 이상을 함유하는 것, 제3류 위험물 중 금수성물질 또는 (　　)의 저장창고의 바닥은 물이 스며 나오거나 스며들지 아니하는 구조로 하여야 한다.
> ㉱ (　　)의 위험물의 저장창고의 바닥은 위험물이 스며들지 아니하는 구조로 하고, 적당하게 경사지게 하여 그 최저부에 (　　)를 하여야 한다.
> ㉲ 저장창고에 선반 등의 수납장을 설치하는 경우에는 수납장은 (　　)로 만들어 견고한 기초 위에 고정할 것

정답

㉮ 자동폐쇄식, 갑종방화문
㉯ 망입유리
㉰ 제4류 위험물
㉱ 액상, 집유설비
㉲ 불연재료

해설 옥내저장소의 기준

제조소 등의 구분	제조소등의 규모, 저장 또는 취급하는 위험물의 품명 및 최대수량 등
제조소 일반취급소	연면적 1,000m² 이상인 것
	지정수량의 100배 이상인 것(고인화점위험물만을 100℃ 미만의 온도에서 취급하는 것 및 제48조의 위험물을 취급하는 것은 제외)
	지반면으로부터 6m 이상의 높이에 위험물 취급설비가 있는 것(고인화점위험물만을 100℃ 미만의 온도에서 취급하는 것은 제외)
	일반취급소로 사용되는 부분 외의 부분을 갖는 건축물에 설치된 것(내화구조로 개구부 없이 구획된 것, 고인화점위험물만을 100℃ 미만의 온도에서 취급하는 것 및 별표 16 X의2의 화학실험의 일반취급소는 제외)
주유취급소	별표 13 V제2호에 따른 면적의 합이 500m²를 초과하는 것

옥내 저장소	지정수량의 150배 이상인 것(고인화점위험물만을 저장하는 것 및 제48조의 위험물을 저장하는 것은 제외)	
	연면적 150m² 를 초과하는 것(150m² 이내마다 불연재료로 개구부 없이 구획된 것 및 인화성고체 외의 제2류 위험물 또는 인화점 70℃ 이상의 제4류 위험물만을 저장하는 것은 제외)	
	처마높이가 6m 이상인 단층건물의 것	
	옥내저장소로 사용되는 부분 외의 부분이 있는 건축물에 설치된 것(내화구조로 개구부 없이 구획된 것 및 인화성고체 외의 제2류 위험물 또는 인화점 70℃ 이상의 제4류 위험물만을 저장하는 것은 제외)	
옥외 탱크 저장소	액표면적이 40m² 이상인 것(제6류 위험물을 저장하는 것 및 고인화점위험물만을 100℃ 미만의 온도에서 저장하는 것은 제외)	
	지반면으로부터 탱크 옆판의 상단까지 높이가 6m 이상인 것(제6류 위험물을 저장하는 것 및 고인화점위험물만을 100℃ 미만의 온도에서 저장하는 것은 제외)	
	지중탱크 또는 해상탱크로서 지정수량의 100배 이상인 것(제6류 위험물을 저장하는 것 및 고인화점위험물만을 100℃ 미만의 온도에서 저장하는 것은 제외)	
	고체위험물을 저장하는 것으로서 지정수량의 100배 이상인 것	
옥내 탱크 저장소	액표면적이 40m² 이상인 것(제6류 위험물을 저장하는 것 및 고인화점위험물만을 100℃ 미만의 온도에서 저장하는 것은 제외)	
	바닥면으로부터 탱크 옆판의 상단까지 높이가 6m 이상인 것(제6류 위험물을 저장하는 것 및 고인화점위험물만을 100℃ 미만의 온도에서 저장하는 것은 제외)	
	탱크전용실이 단층건물 외의 건축물에 있는 것으로서 인화점 38℃ 이상 70℃ 미만의 위험물을 지정수량의 5배 이상 저장하는 것(내화구조로 개구부 없이 구획된 것은 제외한다)	
옥외 저장소	별표 11 Ⅲ덩어리 상태의 유황을 저장하는 것으로서 경계표시 내부의 면적(2 이상의 경계표시가 있는 경우에는 각 경계표시의 내부의 면적을 합한 면적)이 100m² 이상인 것의 위험물을 저장하는 것으로서 지정수량의 100배 이상인 것	
	별표 11 Ⅲ의 위험물을 저장하는 것으로서 지정수량의 100배 이상인 것	
암반 탱크 저장소	액표면적이 40m² 이상인 것(제6류 위험물을 저장하는 것 및 고인화점위험물만을 100℃ 미만의 온도에서 저장하는 것은 제외)	
	고체위험물만을 저장하는 것으로서 지정수량의 100배 이상인 것	
이송 취급소	모든 대상	

비고 : 제조소등의 구분별로 오른쪽 란에 정한 제조소등의 규모, 저장 또는 취급하는 위험물의 수량 및 최대수량 등의 어느 하나에 해당하는 제조소등은 소화난이도등급 Ⅰ에 해당하는 것으로 한다.

16. 다음은 소화난이도 등급 I 에 해당하는 제조소 등의 기준이다. 괄호 안의 제조소 등의 명칭을 쓰시오.

제조소 등의 구분	제조소 등의 규모, 저장 또는 취급하는 위험물의 종류 및 최대 수량 등
(①)	액표면적이 40[m²] 이상인 것(제6류 위험물을 저장하는 것 또는 고인화점위험물만을 100[℃] 미만의 온도에서 저장하는 것은 제외)
	지반면으로부터 탱크 옆판의 상단까지 높이가 6[m] 이상인 것(제6류 위험물을 저장하는 것 또는 고인화점위험물만을 100[℃] 미만의 온도에서 저장하는 것은 제외)
	지중탱크 또는 해상탱크로서 지정수량의 100배 이상인 것(제6류 위험물을 저장하는 것 또는 고인화점위험물만을 100[℃] 미만의 온도에서 저장하는 것은 제외)
	고체 위험물을 저장하는 것으로서 지정수량의 100배 이상인 것
(②)	액표면적이 40[m²] 이상인 것(제6류 위험물을 저장하는 것 또는 고인화점위험물만을 100[℃] 미만의 온도에서 저장하는 것은 제외)
	바닥면으로부터 탱크 옆판의 상단까지 높이가 6[m] 이상인 것(제6류 위험물을 저장하는 것 또는 고인화점위험물만을 100[℃] 미만의 온도에서 저장하는 것은 제외)
	탱크전용실이 단층건물 외의 건축물에 있는 것으로서 인화점이 38[℃] 이상 70[℃] 미만의 위험물을 지정수량의 5배 이상 저장하는 것(내화구조로 개구부 없이 구획된 것은 제외한다)
(③)	모든 대상

정답

① 옥외탱크저장소
② 옥내탱크저장소
③ 이송취급소

해설 소화난이등급 I 에 해당하는 제조소등

제조소 등의 구분	제조소등의 규모, 저장 또는 취급하는 위험물의 품명 및 최대수량 등
옥외 탱크 저장소	액표면적이 40m² 이상인 것(제6류 위험물을 저장하는 것 및 고인화점위험물만을 100℃ 미만의 온도에서 저장하는 것은 제외)
	지반면으로부터 탱크 옆판의 상단까지 높이가 6m 이상인 것(제6류 위험물을 저장하는 것 및 고인화점위험물만을 100℃ 미만의 온도에서 저장하는 것은 제외)
	지중탱크 또는 해상탱크로서 지정수량의 100배 이상인 것(제6류 위험물을 저장하는 것 및 고인화점위험물만을 100℃ 미만의 온도에서 저장하는 것은 제외)
	고체위험물을 저장하는 것으로서 지정수량의 100배 이상인 것
	액표면적이 40m² 이상인 것(제6류 위험물을 저장하는 것 및 고인화점위험물만을 100℃ 미만의 온도에서 저장하는 것은 제외) 바닥면으로부터 탱크 옆판의 상단까지 높이가 6m 이상인 것(제6류 위험물을 저장하는 것 및 고인화점위험물만을 100℃ 미만의 온도에서 저장하는 것은 제외)

	탱크전용실이 단층건물 외의 건축물에 있는 것으로서 인화점 38℃ 이상 70℃ 미만의 위험물을 지정수량의 5배 이상 저장하는 것(내화구조로 개구부 없이 구획된 것은 제외한다)
이송취급소	모든 대상

17. 다음은 이송취급소의 배관공사 시 설치해야 하는 주의표지이다. ( ) 안에 알맞은 말을 쓰시오.

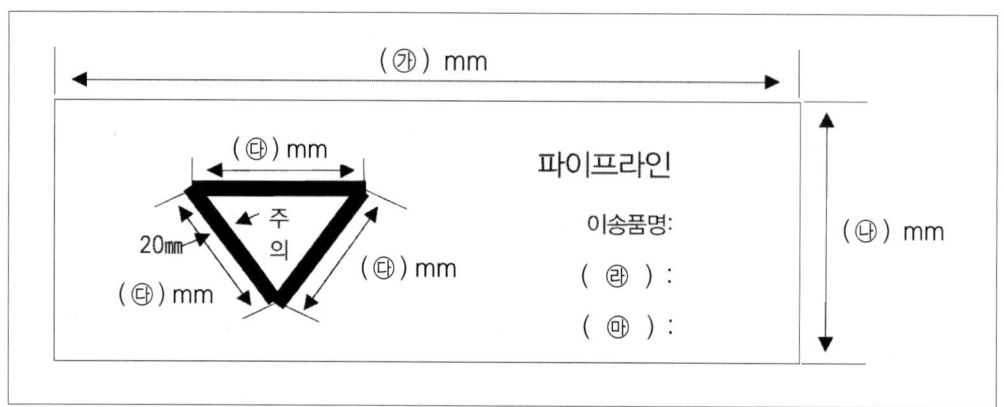

정답

㉮ 1,000[mm] ㉯ 500[mm]
㉰ 250[mm] ㉱ 이송자명
㉲ 긴급연락처

해설 이송취급소 배관 경로의 위치표지·주의표시 및 주의표지[세부기준 제125조]
1. 위치표지는 다음 각목에 의하여 지하매설의 배관경로에 설치할 것
   1) 배관 경로 약 100m 마다의 개소, 수평곡관부 및 기타 안전상 필요한 개소에 설치할 것
   2) 위험물을 이송하는 배관이 매설되어 있는 상황 및 기점에서의 거리, 매설위치, 배관의 축방향, 이송자명 및 매설연도를 표시할 것

2. 주의표시는 다음 각목에 의하여 지하매설의 배관경로에 설치할 것. 다만, 방호구조물 또는 이중관 기타의 구조물에 의하여 보호된 배관에 있어서는 그러하지 아니하다.
   1) 배관의 바로 위에 매설할 것
   2) 주의표시와 배관의 윗부분과의 거리는 0.3m로 할 것
   3) 재질은 내구성을 가진 합성수지로 할 것
   4) 폭은 배관의 외경 이상으로 할 것
   5) 색은 황색으로 할 것
   6) 위험물을 이송하는 배관이 매설된 상황을 표시할 것

3. 주의표지는 다음 각목에 의하여 지상배관의 경로에 설치할 것
   1) 일반인이 접근하기 쉬운 장소 기타 배관의 안전상 필요한 장소의 배관 직근에 설치할 것

2) 양식은 다음 그림과 같이 할 것

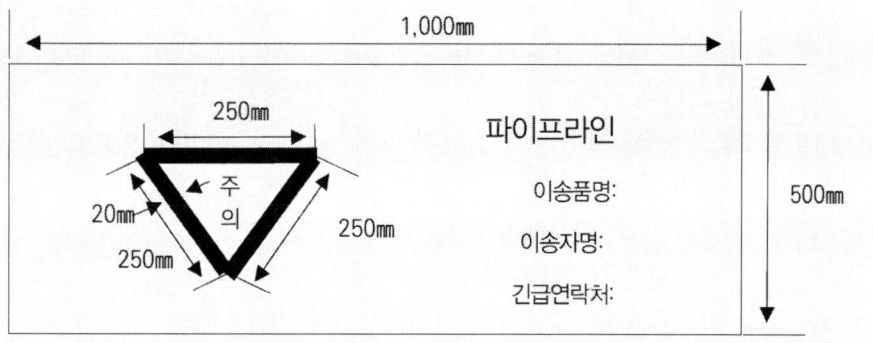

(비고)
1. 금속제의 판으로 할 것
2. 바탕은 백색(역정삼각형내는 황색)으로 하고, 문자 및 역정삼각형의 모양은 흑색으로 할 것
3. 바탕색의 재료는 반사도료 기타 반사성을 가진 것으로 할 것
4. 역정삼각형 정점의 둥근 반경은 10mm로 할 것
5. 이송품명에는 위험물의 화학명 또는 통칭명을 기재할 것

18. 분자량이 78, 방향성이 있는 액체로 증기는 독성이 있고 인화점이 -11[℃]이다. 이 위험물 2[kg]이 산소와 반응할 때 반응식과 이론산소량은? (단, 계산은 이 위험물 1[mol] 기준으로 계산하시오.)

정답

1. 벤젠 1몰의 산소 반응식 : $C_6H_6 + 7.5O_2 \rightarrow 6CO_2 + 3H_2O$
2. 이론산소량 : 6.15kg

해설

1. 벤젠의 물성

구조식	화학식	분자량	인화점℃	비점℃	착화점℃	비중	연소범위%
⌬	C_6H_6	78	-11	80	562	0.9	1.4~7.1

2. 벤젠의 완전연소반응식
   $C_6H_6 + 7.5O_2 \rightarrow 6CO_2 + 3H_2O$

3. 벤젠 2kg이 완전연소시 이론산소량을 비례식으로 나타내면
   78kg : 240kg = 2kg : Xkg   ∴ X = 6.15kg

19. 다음 제시된 두 물질의 반응식을 쓰시오.

> ㉮ 은백색의 광택이 있는 제3류 위험물로서 무른 경금속이고 비중이 0.97, 융점이 97.8[℃]이다.
> ㉯ 제4류 위험물로서 분자량이 46이고, 지정수량은 400[L], 산화하면 아세트알데히드가 생성된다.

정답

$2Na + 2C_2H_5OH \rightarrow 2C_2H_5ONa + H_2$

해설

1. 나트륨과 에틸알코올

화학식	분자량	인화점	비점	융점	착화점	비중
Na	23	-	880℃	97.8℃	〉115℃ (in dry air)	0.97
C_2H_5OH	46	13℃	78.3℃	-144℃	423℃	0.79

2. 알코올 산화

Primary alcohol → aldehyde → acid

3. 에틸알코올 산화·환원 반응
   에탄올(C_2H_5OH) ⇌ 아세트알데히드(CH_3CHO) ⇌ 아세트산(CH_3COOH)

제64회 과년도 문제풀이(2018년)

01. 인화폭발의 위험이 있는 제3류 위험물로 분자량은 144이다. 물과 반응하여 가연성인 메탄가스를 생성하는 물질의 화학식과 화학반응식을 쓰시오.

정답
- 화학식 : Al_4C_3
- 화학반응식 : $Al_4C_3 + 12H_2O \rightarrow 4Al(OH)_3 + 3CH_4 \uparrow$

해설 탄화알루미늄(Al_4C_3)

1. 물성

분자량	물리적 상태	색상	비중	융점
143	결정 또는 분말	무색 또는 황색	2.36	2,100℃

2. 황색(순수한 것은 백색)의 단단한 결정 또는 분말
3. 밀폐용기에 저장 질소가스 등 불연성가스 봉입 빗물침투 ×
4. 물반응식 $Al_4C_3 + 12H_2O \rightarrow 4Al(OH)_3 + 3CH_4$

02. 다음 위험물을 인화점이 낮은 순서대로 나열하시오.

㉮ 디에틸에테르
㉯ 벤젠
㉰ 에탄올
㉱ 산화프로필렌
㉲ 톨루엔
㉳ 아세톤

정답
㉮, ㉱, ㉳, ㉯, ㉲, ㉰

해설 인화점 비교

디에틸에테르	벤젠	에탄올	산화프로필렌	톨루엔	아세톤
-45℃	-11℃	13℃	-37℃	4℃	-18℃

03. 다음에 제시된 연소현상의 정의와 발생 원인에 대하여 설명하시오.

㉮ 리프팅
㉯ 역화

정답

㉮ 연료가스의 분출속도가 연소속도보다 빠를 때 불꽃이 버너의 노즐에서 떨어져 나가서 연소하는 현상
㉯ 연료가스의 분출속도가 연소속도보다 느릴 때 불꽃이 연소기의 내부로 들어가 혼합 관 속에서 연소하는 현상

해설 연소의 이상현상

1. 불완전연소
   1) 산소량이 부족하여 일산화탄소(CO)가 발생되는 경우
   2) 염공에서 연료가스가 연소 시 가스와 공기의 혼합이 불충분하거나 연소온도가 낮을 경우에 황염이나 그을음이 발생하는 연소현상
      (ø>1 : 연료과잉, 환기지배형화재, 대표적인 것이 건물화재)
   3) 원인
      ① 공기와의 접촉 및 혼합이 불충분할 때
      ② 과대한 가스량 또는 필요량의 공기가 없을 때
      ③ 배기가스의 배출이 불량 시
      ④ 불꽃이 저온 물체에 접촉되어 온도가 내려갈 때

2. 역화(Back Fire)
   1) 연료가 연소 시 연료의 분출속도가 연소속도보다 느릴 때 불꽃이 염공 속으로 빨려 들어가 혼합관 속에서 연소하는 현상을 말한다.
   2) 원인
      ① 1차 공기가 적을 경우
      ② 공급가스의 압력이 낮을 경우
      ③ 염공이 크거나 부식에 의해 확대되었을 경우

3. 리프팅(Lifting), 부상화염(Lift Flame)
   1) 불꽃이 염공 위에 들뜨는 현상으로 염공에서 연료가스의 분출속도가 연소속도보다 빠를 때 발생
   2) 원인
      ① 1차 공기가 너무 많을 경우
      ② 공급가스의 압력이 높을 경우
      ③ 버너의 염공이 작거나 막혔을 경우

4. 황염(Yellow Tip)
   1) 불꽃의 색이 황색으로 되는 현상으로 염공에서 연료가스의 연소 시 공기량의 조절이 적정하지 못하여 완전연소가 이루어지지 않을 때에 발생한다.
   2) 원인 : 1차 공기가 부족할 때

5. 블로우 오프(Blow Off)
   1) 불꽃이 날려서 꺼지는 현상
   2) 원인 : 염공에서 연료가스의 분출속도가 연소속도보다 클 때, 주위 공기의 움직임에 따라 불꽃이 꺼지는 현상

04. 에탄 30[%], 프로판 45[%], 부탄 25[%]의 비율로 혼합되어 있는 가스가 있다. 이 혼합가스의 폭발하한계를 구하시오.

정답

2.21%

해설

1. 혼합가스의 폭발한계(폭발범위)

$$\frac{100}{L_m} = \frac{V_1}{L_1} + \frac{V_2}{L_2} + \frac{V_3}{L_3} \cdots \frac{V_n}{L_n}$$

여기서, L_m : 혼합가스의 폭발한계(하한값, 상한값의 용량[vol%])

2. 연소범위
   ① 에탄 : 3~12.4[%]
   ② 프로판 : 2.1~9.5[%]
   ③ 부탄 : 1.8~8.4[%]

3. 혼합가스의 폭발 하한 값을 구하면

$$\frac{100}{LFL} = \frac{30}{3.0} + \frac{45}{2.1} + \frac{25}{1.8} \quad \therefore LFL = 2.21[\%]$$

05. 제5류 위험물인 피크린산에 대하여 다음 물음에 답하시오.

㉮ 구조식
㉯ 질소의 함유량[wt%]

정답

㉮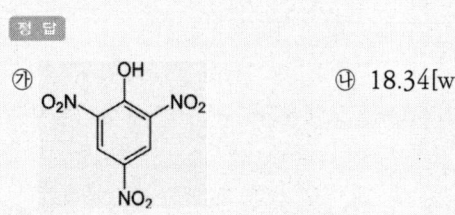

㉯ 18.34[wt%]

해설

1. 트리니트로페놀(TNP, 피크린산) 특징

화학식	분자량	구조식	녹는점	인화점	발화점	비중
$C_6H_2OH(NO_2)_3$	229		121℃	150℃	300℃	1.8

㉠ 제법: C₆H₅OH + 3HNO₃ →(H₂SO₄/니트로화) C₆H₂(NO₂)₃OH + 3H₂O

㉡ 광택 있는 황색의 침상결정이고 찬물에 미량 녹고 알코올, 에테르, 온수에 잘 녹음
㉢ 쓴맛, 독성, 황색염료와 폭약으로 사용
㉣ 단독으로 가열, 마찰, 충격에 안정하고 연소 시 검은 연기, 폭발X
㉤ 금속염과 혼합 폭발 심함, 가솔린, 알코올, 요오드, 황 혼합 시 심한 폭발

2. $C_6H_2OH(NO_2)_3$ 질소함유량

$$질소함유량 = \frac{42}{229} \times 100 = 18.34[wt\%]$$

06. $C_6H_2CH_3(NO_2)_3$의 물질에 대한 다음 물음에 답하시오.

㉮ 명칭
㉯ 위험물안전관리법령상 품명
㉰ 구조식

> **정답**
>
> ㉮ T.N.T(트리니트로톨루엔)   ㉯ 니트로화합물   ㉰
>
> (구조식: 벤젠고리에 CH_3 1개, NO_2 3개가 결합된 구조)

해설 트리니트로톨루엔(Tri Nitro Toluene, TNT)

1) 유별/품명/지정수량 : 제5류 위험물 중 니트로화합물로서 200[kg]
2) 구조식

(벤젠고리에 CH_3, O_2N, NO_2, NO_2가 결합된 구조)

3) 물성

화학식	성상	융점	착화온도	비점	인화점	비중
$C_6H_2CH_3(NO_2)_3$	담황색 침상결정 강력한 폭약	80.1℃	약 300℃	240℃	2℃	1

4) 제법 :

페놀(OH) + $3HNO_3$ $\xrightarrow[\text{니트로화}]{H_2SO_4}$ TNT + $3H_2O$

5) 충격에 민감하지 않으나 급격한 타격으로 폭발
6) 물에 녹지 않고 알코올에 가열하면 녹고, 아세톤, 벤젠, 에테르에 잘 녹음
7) 충격감도는 피크르산보다 약하다.

07. 방화상 유효한 담의 높이를 구하는 2개의 식을 쓰시오.

정답
- $H \leq pD^2 + a$인 경우 h=2
- $H > pD^2 + a$인 경우 $h = H - p(D^2 - d^2)$

해설 방화상 유효한 담의 높이 산정
1) $H \leq pD^2 + \alpha$ 인 경우 h=2
2) $H > pD^2 + \alpha$ 인 경우 $h = H - p(D^2 - d^2)$

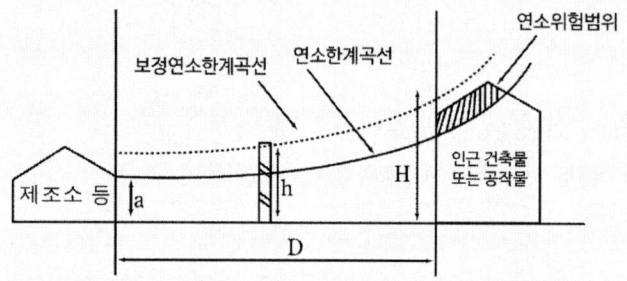

D : 제조소 등과 인근건축물 또는 공작물과의 거리 [m]
H : 인근 건축물 또는 공작물과의 높이 [m]
a : 제조소 등의 외벽의 높이 [m]
d : 제조소 등과 방화상 유효한 담과의 거리 [m]
h : 방화상 유효한 담의 높이 [m]
p : 상 수

인근 건축물 또는 공작물 구분	p의 값
목조 : 방화구조 또는 내화구조이고 방화문미설치	0.04
방화구조 : 제조소등 면한 부분의 개구부에 을종방화문 설치	0.15
방화구조 또는 내화구조이고 제조소 등 면한 부분의 개구부에 갑종방화문 설치	∞

08. 알루미늄이 다음 물질과 반응할 때 반응식을 쓰시오.

㉮ 염산
㉯ 수산화나트륨 수용액

정답

㉮ $2Al + 6HCl \rightarrow 2AlCl_3 + 3H_2$

㉯ $2Al + 2NaOH + 2H_2O \rightarrow 2NaAlO_2 + 3H_2$

해설 알루미늄분
① 은백색 광택이 있는 무른 경금속으로 연성과 전성이 풍부
② 수분, 할로겐원소 접촉 시 자연발화위험
③ 산, 알칼리, 물과 반응하면 수소가스 발생
- 물과 반응 : $2Al + 6H_2O \rightarrow 2Al(OH)_3 + 3H_2$
- 염산과 반응 : $2Al + 6HCl \rightarrow 2AlCl_3 + 3H_2$
- 수산화나트륨과 반응 : $2Al + 2NaOH + 2H_2O \rightarrow 2NaAlO_2 + 3H_2$
④ 진한질산에는 침식당하지 않으나 황산, 묽은 염산, 묽은 질산에 잘 녹음.
⑤ 테르밋 반응 : $Al + Fe_2O_3 \rightarrow 2Fe + Al_2O_3$

알루미늄(Al)

09. 이동탱크저장소의 기준에 따라 칸막이로 구획된 부분에 안전장치를 설치하여야 한다. 다음 각각의 경우 안전장치가 작동하여야 하는 압력의 기준을 쓰시오.

㉮ 상용압력이 18[kPa]인 탱크
㉯ 상용압력이 21[kPa]인 탱크

정답 이동탱크저장소 안전장치 및 방파판

1. 안전장치 작동 압력 계산
   ㉮ 상용압력이 18[kPa]인 탱크 : 20 kPa 이상 24 kPa 이하
   ㉯ 상용압력이 21[kPa]인 탱크 : 21 kPa × 1.1 = 23.1 kPa 이하

2. 이동저장탱크의 구조
   1) 이동저장탱크의 구조는 다음 각목의 기준에 의하여야 한다.
      가. 탱크(맨홀 및 주입관의 뚜껑을 포함한다)는 두께 3.2mm 이상의 강철판 또는 이와 동등 이상의 강도·내식성 및 내열성이 있다고 인정하여 소방청장이 정하여 고시하는 재료 및 구조로 위험물이 새지 아니하게 제작할 것
      나. 압력탱크(최대상용압력이 46.7 kPa 이상인 탱크를 말한다) 외의 탱크는 70 kPa의 압력으로, 압력탱크는 최대상용압력의 1.5배의 압력으로 각각 10분간의 수압시험을 실시하여

새거나 변형되지 아니할 것. 이 경우 수압시험은 용접부에 대한 비파괴시험과 기밀시험으로 대신할 수 있다.

2) 이동저장탱크는 그 내부에 4,000ℓ 이하마다 3.2mm 이상의 강철판 또는 이와 동등 이상의 강도·내열성 및 내식성이 있는 금속성의 것으로 칸막이를 설치하여야 한다. 다만, 고체인 위험물을 저장하거나 고체인 위험물을 가열하여 액체 상태로 저장하는 경우에는 그러하지 아니하다.

3) 칸막이로 구획된 각 부분마다 맨홀과 안전장치 및 방파판을 설치하여야 한다. 다만, 칸막이로 구획된 부분의 용량이 2,000ℓ 미만인 부분에는 방파판을 설치하지 아니할 수 있다.

　가. 안전장치

　　상용압력이 20 kPa 이하인 탱크에 있어서는 20 kPa 이상 24 kPa 이하의 압력에서, 상용압력이 20 kPa를 초과하는 탱크에 있어서는 상용압력의 1.1배 이하의 압력에서 작동하는 것으로 할 것

　나. 방파판

1) 두께 1.6mm 이상의 강철판 또는 이와 동등 이상의 강도·내열성 및 내식성이 있는 금속성의 것으로 할 것

2) 하나의 구획부분에 2개 이상의 방파판을 이동탱크저장소의 진행방향과 평행으로 설치하되, 각 방파판은 그 높이 및 칸막이로부터의 거리를 다르게 할 것

3) 하나의 구획부분에 설치하는 각 방파판의 면적의 합계는 당해 구획부분의 최대 수직단면적의 50% 이상으로 할 것. 다만, 수직단면이 원형이거나 짧은 지름이 1m 이하의 타원형일 경우에는 40% 이상으로 할 수 있다.

4) 맨홀·주입구 및 안전장치 등이 탱크의 상부에 돌출되어 있는 탱크에 있어서는 다음 각목의 기준에 의하여 부속장치의 손상을 방지하기 위한 측면틀 및 방호틀을 설치하여야 한다. 다만, 피견인자동차에 고정된 탱크에는 측면틀을 설치하지 아니할 수 있다.

　가. 측면틀

　　① 탱크 뒷부분의 입면도에 있어서 측면틀의 최외측과 탱크의 최외측을 연결하는 직선(이하 Ⅱ에서 "최외측선"이라 한다)의 수평면에 대한 내각이 75도 이상이 되도록 하고, 최대수량의 위험물을 저장한 상태에 있을 때의 당해 탱크중량의 중심점과 측면틀의 최외측을 연결하는 직선과 그 중심점을 지나는 직선중 최외측선과 직각을 이루는 직선과의 내각이 35도 이상이 되도록 할 것

　　② 외부로부터 하중에 견딜 수 있는 구조로 할 것

　　③ 탱크상부의 네 모퉁이에 당해 탱크의 전단 또는 후단으로부터 각각 1m 이내의 위치에 설치할 것

　　④ 측면틀에 걸리는 하중에 의하여 탱크가 손상되지 아니하도록 측면틀의 부착부분에 받침판을 설치할 것

　나. 방호틀

　　① 두께 2.3mm 이상의 강철판 또는 이와 동등 이상의 기계적 성질이 있는 재료로써 산모양의 형상으로 하거나 이와 동등 이상의 강도가 있는 형상으로 할 것

　　② 정상부분은 부속장치보다 50mm 이상 높게 하거나 이와 동등 이상의 성능이 있는 것으로 할 것

5) 탱크의 외면에는 방청도장을 하여야 한다. 다만, 탱크의 재질이 부식의 우려가 없는 스테인레스 강판 등인 경우에는 그러하지 아니하다.

10. 비중이 0.8인 메탄올 10[ℓ]가 완전히 연소될 때 소요되는 이론산소량[kg]과 생성되는 이산화탄소의 부피는 25[℃], 1기압일 때 몇 [m³]인지 구하시오.

정답
- 이론산소량 : 12[kg]
- 이산화탄소의 부피 : 6.11[m³]

해설

1. 메탄올 완전연소반응식
   $2CH_3OH + 3O_2 \rightarrow 2CO_2 + 4H_2O$

2. 메탄올 분자량 = 12 + 3 + 16 + 1 = 32
   비중이 0.8인 메탄올 10L일 때 질량 $0.8 = \frac{Xkg}{10L}$ 이므로 X = 8kg이다.

3. 이론산소량 : 8kg의 메탄올 완전연소시 물의 생성을 비례식으로 나타내면
   64kg : 96kg = 8kg : Xkg ∴ X = 12kg이다.

4. 이산화탄소의 부피
   1) 메탄올 8kg일 때 CO₂ 질량을 비례식으로 구하면
      64kg : 88kg = 8kg : Xkg ∴ X = 11kg
   2) 이상기체상태방정식에 의해 부피를 구하면
      $PV = \frac{W}{M}RT$에서 $V = \frac{WRT}{PM} = \frac{11kg \times 0.082(l.atm/mol.k) \times (273+25)K}{1atm \times 44g} = 6.1099 m^3$

11. 1,500만[ℓ]와 용량이 적은 3개의 옥외탱크저장소가 있다. 간막이 둑에 대하여 다음 물음에 답하시오.

㉮ 간막이 둑의 설치기준
㉯ 간막이 둑의 최소높이
㉰ 간막이 둑의 용량

정답

㉮ 용량이 1,000만[ℓ] 이상인 옥외저장탱크의 주위
㉯ 0.3[m] 이상
㉰ 150만[ℓ] 이상

해설
용량이 1,000만ℓ 이상인 옥외저장탱크의 주위에 설치하는 방유제에는 다음의 규정에 따라 당해 탱크마다 간막이 둑을 설치할 것

1) 간막이 둑의 높이는 0.3m(방유제 내에 설치되는 옥외저장탱크의 용량의 합계가 2억 ℓ를 넘는 방유제에 있어서는 1m) 이상으로 하되, 방유제의 높이보다 0.2m 이상 낮게 할 것
2) 간막이 둑은 흙 또는 철근콘크리트로 할 것
3) 간막이 둑의 용량은 간막이 둑 안에 설치된 탱크의 용량의 10% 이상일 것

12. 분자량 138.5, 융점 610[℃]인 제1류 위험물이다. 다음 물음에 답하시오.

㉮ 지정수량
㉯ 분해반응식
㉰ 이 물질 277[g]을 610[℃]에서 분해하여 생성되는 산소량은 0.8[atm]에서 몇 [ℓ]인가?

정답

㉮ 50[kg]
㉯ $KClO_4 \rightarrow KCl + 2O_2 \uparrow$
㉰ 362.25[ℓ]

해설

1. 과염소산칼륨
   1) 물성

화학식	분자량	융점	비중	발화점
$KClO_4$	138.5	610℃	2.52	400℃

   2) 성상
      (1) 무색, 무취의 사방정계 결정
      (2) 알코올, 에테르에 녹지 않으며, 물에도 잘 녹지 않는다.
      (3) 400[℃] 부근 분해시작 610[℃]에서 완전분해 산소방출
          $KClO_4 \rightarrow KCl + 2O_2$
      (4) 인, 유황, 탄소, 암모니아, 유기물과 접촉 시 가열, 충격, 마찰에 의해 분해폭발
      (5) MnO_2와 접촉하면 분해촉진 산소방출

2. 계산
   1) 분해반응식 $KClO_4 \rightarrow KCl + 2O_2$ 에서
      $138.5g : 64g = 277g : Xg$ ∴ $X = 128g$
   2) 이상기체상태방정식에 의해 부피를 구하면
   $$V = \frac{WRT}{PM} = \frac{128g \times 0.08205(l \cdot atm/mol \cdot k) \times (273+610)K}{(0.8atm) \times 32g} = 362.25L$$

13. 다음 표의 빈칸을 채우시오.

항목 종류	화학식	증기비중	품명
에탄올	㉮	1.6	알코올류
프로판올	㉯	2.07	㉰
n-부탄올	㉱	㉲	㉳
글리세린	㉴	3.2	㉵

정답

- ㉮ C_2H_5OH
- ㉯ C_3H_7OH
- ㉰ 알코올류
- ㉱ C_4H_9OH
- ㉲ 2.55
- ㉳ 제2석유류
- ㉴ $C_3H_5(OH)_3$
- ㉵ 제3석유류 수용성

해설 위험물 비교

구분	에탄올	프로판올	n-부탄올	글리세린
화학식	C_2H_5OH	C_3H_7OH	C_4H_9OH	$C_3H_5(OH)_3$
품명	알코올류	알코올류	제2석유류	제3석유류 수용성
구조식	H H | | H-C-C-O-H | | H H	H H H | | | H-C-C-C-OH | | | H H H	H H H H | | | | H-C-C-C-C-O-H | | | | H H H H	H H H | | | H-C-C-C-H | | | H H H

14. 분해온도가 400[℃]이고 물과 글리세린에 잘 녹으며 흑색화약의 원료로 사용하는 위험물에 대하여 다음 물음에 답하시오.

㉮ 분해반응식
㉯ 위험등급
㉰ 표준상태에서 이 물질 1[kg]을 분해하였을 때 발생하는 산소의 부피는 몇 [ℓ]인지 구하시오.

정답

㉮ $2KNO_3 \rightarrow 2KNO_2 + O_2 \uparrow$
㉯ Ⅱ
㉰ 110.89[ℓ]

해설

1. 제1류위험물 산화성 고체 품명 및 지정수량

1. 아염소산염류	50킬로그램
2. 염소산염류	50킬로그램
3. 과염소산염류	50킬로그램
4. 무기과산화물	50킬로그램
5. 브롬산염류	300킬로그램
6. 질산염류	300킬로그램
7. 요오드산염류	300킬로그램
8. 과망간산염류	1,000킬로그램
9. 중크롬산염류	1,000킬로그램
10. 그 밖에 행정안전부령으로 정하는 것 11. 제1호 내지 제10호의1에 해당하는 어느 하나 이상을 함유한 것	50킬로그램, 300킬로그램 또는 1,000킬로그램

2. 질산칼륨

   ㉮ 물성

화학식	분자량	비중	융점	분해 온도
KNO_3	101	21	336[℃]	400[℃]

   ㉯ 분해반응식 : $2KNO_3 \rightarrow 2KNO_2 + O_2 \uparrow$
   ㉰ 질산칼륨 : 제1류 위험물(산화제)

3. 표준상태에서 이 물질 1[kg]을 분해하였을 때 발생하는 산소의 부피를 비례식으로 계산하면
   $(2 \times 101)g : 22.4L = 1,000g : XL$ ∴ $X = 110.89L$

15. 액체상태의 물 1[m³]가 표준대기압 100[℃]에서 기체상태로 될 때 수증기의 부피가 약 1,700배로 증가하는 것을 이상기체방정식으로 설명하시오. (물의 비중은 1,000[kg/m³]이다)

정답

1. 1g의 물을 몰로 변환하면
   18g : 1몰 = 1g : X몰 ∴ X = 0.05555몰

2. 즉, 1,000kg의 물은 55,555.55몰이 된다.

3. 여기에 이상기체상태방정식을 적용하여 부피를 구하면

   PV=nRT에서 $V = \dfrac{nRT}{P}$

   $V = \dfrac{55,555.55 mol \times 0.08205 [atm \cdot l/mol \cdot K] \times (273+100)[K]}{1[atm]}$

   $= 1,700,258 [l] = 1,700 [m^3]$

   ∴ 물 1[m³]이 100[%] 수증기로 증발하였을 때 체적은 약 1,700배가 된다.

해설 물의 부피팽창에 관한 다른 풀이

1. 1g의 물을 몰로 변환하면
   18g : 1몰 = 1g : X몰 ∴ X = 0.0555몰

2. 1g의 물을 STP상태 부피로 변환하면
   0.0555몰 × 22.4L ≒ 1.244L = 1,244cm³

3. 1g의 물이 100℃로 변할 때 부피를 구하면
   273℃ : 1,244cm³ = 373℃ : Xcm³ ∴ X ≒ 1,700cm³

4. 즉, 1g의 물이 100℃의 수증기로 변할 때 체적팽창은 1,700배에 달한다.

16. 선박주유취급소의 특례 중 수상구조물에 설치하는 고정주유설비의 설치기준 3가지를 쓰시오.

정답
- 주유호스의 끝부분에 수동개폐장치를 부착한 주유노즐을 설치하고, 개방한 상태로 고정시키는 장치를 부착하지 않을 것
- 주유노즐은 선박의 연료탱크가 가득 찬 경우 자동적으로 정지시키는 구조일 것
- 주유호스는 200[kg] 중 이하의 하중에 의하여 깨져 분리되거나 또는 이탈되어야 하고, 깨져 분리되거나 또는 이탈된 부분으로부터의 위험물 누출을 방지할 수 있는 구조일 것

해설

1. 선박주유취급소의 특례[규칙 별표13]
   가. 선박주유취급소에는 선박에 직접 주유하기 위한 공지와 계류시설을 보유할 것
   나. 가목의 규정에 의한 공지, 고정주유설비 및 주유배관의 선단부의 주위에는 그 지반면을 콘크리트 등으로 포장할 것
   다. 나목의 규정에 의하여 포장된 부분에는 누설한 위험물 그 밖의 액체가 공지의 외부로 유출되지 아니하도록 배수구 및 유분리장치를 설치할 것. 다만, 누설한 위험물 등의 유출을 방지하기 위한 조치를 한 경우에는 그러하지 아니하다.
   라. 지하식의 고정주유설비를 이용하여 주유하는 경우에는 X제2호 라목의 규정을 준용할 것
   마. 주유배관의 끝부분에 접속한 호스기기를 이용하여 주유하는 경우에는 X제2호 마목의 규정을 준용할 것
   바. 선박주유취급소에서는 위험물이 유출될 경우 회수 등의 응급조치를 강구할 수 있는 설비를 설치할 것

2. 고정주유설비를 수상의 구조물에 설치하는 선박주유취급소에 대한 특례
   가. 선박주유취급소에는 선박에 직접 주유하는 주유작업과 선박의 계류를 위한 수상구조물을 다음의 기준에 따라 설치할 것
      1) 수상구조물은 철재·목재 등의 견고한 재질이어야 하며, 그 기둥을 해저 또는 하저에 견고하게 고정시킬 것
      2) 선박의 충돌로부터 수상구조물의 손상을 방지할 수 있는 철재로 된 보호구조물을 해저 또는 하저에 견고하게 고정시킬 것
   나. 수상구조물에 설치하는 고정주유설비의 주유작업 장소의 바닥은 불침윤성·불연성의 재료로 포장을 하고, 그 주위에 새어나온 위험물이 외부로 유출되지 않도록 집유설비를 다음의 기준에 따라 설치할 것
      1) 새어나온 위험물을 직접 또는 배수구를 통하여 집유설비로 수용할 수 있는 구조로 할 것
      2) 집유설비는 수시로 용이하게 개방하여 고여 있는 빗물과 위험물을 제거할 수 있는 구조로 할 것
   다. 수상구조물에 설치하는 고정주유설비는 다음의 기준에 따라 설치할 것
      1) 주유호스의 끝부분에 수동개폐장치를 부착한 주유노즐을 설치하고, 개방한 상태로 고정시키는 장치를 부착하지 않을 것

2) 주유노즐은 선박의 연료탱크가 가득 찬 경우 자동적으로 정지시키는 구조일 것

3) 주유호스는 200kg중 이하의 하중에 의하여 깨져 분리되거나 또는 이탈되어야 하고, 깨져 분리되거나 또는 이탈된 부분으로부터의 위험물 누출을 방지할 수 있는 구조일 것

라. 수상구조물에 설치하는 고정주유설비에 위험물을 공급하는 배관계에 위험물 차단밸브를 다음의 기준에 따라 설치할 것. 다만, 위험물을 공급하는 탱크의 최고 액표면의 높이가 해당 배관계의 높이보다 낮은 경우에는 그렇지 않다.

1) 고정주유설비의 인근에서 주유작업자가 직접 위험물의 공급을 차단할 수 있는 수동식의 차단밸브를 설치할 것

2) 배관 경로 중 육지 내의 지점에서 위험물의 공급을 차단할 수 있는 수동식의 차단밸브를 설치할 것

마. 긴급한 경우에 고정주유설비의 펌프를 정지시킬 수 있는 긴급제어장치를 설치할 것

바. 선박주유취급소에는 위험물이 유출될 경우 회수 등의 응급조치를 강구할 수 있는 설비를 다음의 기준에 따라 준비하여 둘 것

1) 오일펜스 : 수면 위로 20cm 이상 30cm 미만으로 노출되고, 수면 아래로 30cm 이상 40cm 미만으로 잠기는 것으로서, 60m 이상의 길이일 것

2) 유처리제, 유흡착제 또는 유겔화제 : 다음의 계산식을 충족하는 양 이상일 것

$20X + 50Y + 15Z = 10,000$

X : 유처리제의 양(ℓ)

Y : 유흡착제의 양(kg)

Z : 유겔화제의 양[액상(ℓ), 분말(kg)]

17. 소화난이도 등급 I 에 해당하는 제조소 등의 기준에 대한 설명이다. 다음 빈칸을 채우시오.

제조소 등의 구분	제조소 등의 규모, 저장 또는 취급하는 위험물의 품명 및 최대수량 등
옥외 탱크저장소	액표면적이 (㉮)[m²] 이상인 것(제6류 위험물을 저장하는 것 및 고인화점위험물만을 (㉰)[℃] 미만의 온도에서 저장하는 것은 제외)
	지면으로부터 탱크 옆판의 상단까지 높이가 (㉯)[m] 이상인 것(제6류 위험물을 저장하는 것 및 고인화위험물만을 (㉰)[℃] 미만의 온도에서 저장하는 것은 제외)
	지중탱크 또는 해상탱크로서 지정수량의 (㉱)배 이상인 것(제6류위험물을 저장하는 것 및 고인화점위험물만을 (㉰)[℃] 미만의 온도에서 저장하는 것은 제외)
	고체위험물을 저장하는 것으로서 지정수량의 (㉱)배 이상인 것
옥내 탱크저장소	액표면적이 (㉮)[m²] 이상인 것(제6류 위험물을 저장하는 것 및 고인화점위험물만을 (㉰)[℃] 미만의 온도에서 저장하는 것은 제외
	바닥면으로부터 탱크 옆판의 상단까지 높이가 (㉯)[m] 이상인 것(제6류 위험물을 저장하는 것 및 고인화점위험물만을 (㉰)[℃] 미만의 온도에서 저장하는 것은 제외)
	탱크전용실이 단층건물 외의 건축물에 있는 것으로서 인화점 38[℃] 이상 70[℃] 미만의 위험물을 지정수량의 (㉲)배 이상 저장하는 것(내화구조로 개구부 없이 구획된 것은 제외한다)

정답

㉮ 40, ㉯ 6, ㉰ 100, ㉱ 100, ㉲ 5

해설 소화난이등급 I 에 해당하는 제조소등

제조소 등의 구분	제조소등의 규모, 저장 또는 취급하는 위험물의 품명 및 최대수량 등
옥외 탱크 저장소	액표면적이 40m² 이상인 것(제6류 위험물을 저장하는 것 및 고인화점위험물만을 100℃ 미만의 온도에서 저장하는 것은 제외)
	지반면으로부터 탱크 옆판의 상단까지 높이가 6m 이상인 것(제6류 위험물을 저장하는 것 및 고인화점위험물만을 100℃ 미만의 온도에서 저장하는 것은 제외)
	지중탱크 또는 해상탱크로서 지정수량의 100배 이상인 것(제6류 위험물을 저장하는 것 및 고인화점위험물만을 100℃ 미만의 온도에서 저장하는 것은 제외)
	고체위험물을 저장하는 것으로서 지정수량의 100배 이상인 것
옥내 탱크 저장소	액표면적이 40m² 이상인 것(제6류 위험물을 저장하는 것 및 고인화점위험물만을 100℃ 미만의 온도에서 저장하는 것은 제외) 바닥면으로부터 탱크 옆판의 상단까지 높이가 6m 이상인 것(제6류 위험물을 저장하는 것 및 고인화점위험물만을 100℃ 미만의 온도에서 저장하는 것은 제외)
	탱크전용실이 단층건물 외의 건축물에 있는 것으로서 인화점 38℃ 이상 70℃ 미만의 위험물을 지정수량의 5배 이상 저장하는 것(내화구조로 개구부없이 구획된 것은 제외한다)

18. 이송취급소의 특례기준 중 다음 특정이송취급소에 관하여 다음 ( ) 안에 적당한 내용을 답하시오.

> 위험물을 이송하기 위한 배관의 연장(당해 배관의 기점 또는 종점이 2 이상인 경우에는 임의의 기점에서 임의의 종점까지의 당해 배관의 연장 중 최대의 것을 말한다. 이하 같다)이 (㉮)[km]를 초과하거나 위험물을 이송하기 위한 배관에 관계된 최대상용압력이 (㉯)[㎪] 이상이고 위험물을 이송하기 위한 배관의 연장이 (㉰)[km] 이상인 것

정답
㉮ 15, ㉯ 950, ㉰ 7

해설 이송취급소의 위치·구조 및 설비의 기준[규칙 별표15]

Ⅰ. 설치장소
 1. 이송취급소는 다음 각목의 장소 외의 장소에 설치하여야 한다.
    가. 철도 및 도로의 터널 안
    나. 고속국도 및 자동차전용도로의 차도·길어깨 및 중앙분리대
    다. 호수·저수지 등으로서 수리의 수원이 되는 곳
    라. 급경사지역으로서 붕괴의 위험이 있는 지역
 2. 다음 각목의 장소에 이송취급소를 설치할 수 있다.
    가. 지형상황 등 부득이한 사유가 있고 안전에 필요한 조치를 하는 경우
    나. 제1호 나목 또는 다목의 장소에 횡단하여 설치하는 경우

Ⅱ. 배관 등의 재료 및 구조
 1. 배관·관이음쇠 및 밸브("배관등")의 재료는 다음 각목의 규격에 적합한 것으로 하거나 이와 동등 이상의 기계적 성질이 있는 것으로 하여야 한다.
    가. 배관 : 고압배관용 탄소강관(KS D 3564), 압력배관용 탄소강관(KS D 3562), 고온배관용 탄소강관(KS D 3570) 또는 배관용 스테인레스강관(KS D 3576)
    나. 관이음쇠 : 배관용강제 맞대기용접식 관이음쇠(KS B 1541), 철강재 관플랜지 압력단계(KS B 1501), 관플랜지의 치수허용자(KS B 1502), 강제 용접식 관플랜지(KS B 1503), 철강재 관플랜지의 기본치수(KS B 1511)또는 관플랜지의 개스킷자리치수(KS B 1519)
    다. 밸브 : 주강 플랜지형 밸브(KS B 2361)
 2. 배관등의 구조는 다음 각목의 하중에 의하여 생기는 응력에 대한 안전성이 있어야 한다.
    가. 위험물의 중량, 배관등의 내압, 배관등과 그 부속설비의 자중, 토압, 수압, 열차하중, 자동차하중 및 부력 등의 주하중
    나. 풍하중, 설하중, 온도변화의 영향, 진동의 영향, 지진의 영향, 배의 닻에 의한 충격의 영향, 파도와 조류의 영향, 설치공정상의 영향 및 다른 공사에 의한 영향 등의 종하중
 3. 교량에 설치하는 배관은 교량의 굴곡·신축·진동 등에 대하여 안전한 구조로 하여야 한다.
 4. 배관의 두께는 배관의 외경에 따라 다음 표에 정한 것 이상으로 하여야 한다.

배관의 외경(단위 mm)	배관의 두께(단위 mm)
114.3 미만	4.5
114.3 이상 139.8 미만	4.9
139.8 이상 165.2 미만	5.1
165.2 이상 216.3 미만	5.5
216.3 이상 355.6 미만	6.4
356.6 이상 508.0 미만	7.9
508.0 이상	9.5

5. 제2호 내지 제4호의 규정한 것 외에 배관등의 구조에 관하여 필요한 사항은 소방청장이 정하여 고시한다.
6. 배관의 안전에 영향을 미칠 수 있는 신축이 생길 우려가 있는 부분에는 그 신축을 흡수하는 조치를 강구하여야 한다.
7. 배관등의 이음은 아크용접 또는 이와 동등 이상의 효과를 갖는 용접방법에 의하여야 한다. 다만, 용접에 의하는 것이 적당하지 아니한 경우는 안전상 필요한 강도가 있는 플랜지이음으로 할 수 있다.
8. 플랜지이음을 하는 경우에는 당해 이음부분의 점검을 하고 위험물의 누설확산을 방지하기 위한 조치를 하여야 한다. 다만, 해저 입하배관의 경우에는 누설확산방지조치를 아니할 수 있다.
9. 지하 또는 해저에 설치한 배관등에 다음의 각목의 기준에 내구성이 있고 전기절연저항이 큰 도복장재료를 사용하여 외면부식을 방지하기 위한 조치를 하여야 한다.
   가. 도장재(塗裝材) 및 복장재(覆裝材)는 다음의 기준 또는 이와 동등 이상의 방식효과를 갖는 것으로 할 것
      1) 도장재는 수도용강관아스팔트도복장방법(KS D 8306)에 정한 아스팔트 에나멜, 수도용강관콜타르에나멜도복장방법(KS D 8307)에 정한 콜타르 에나멜
      2) 복장재는 수도용강관아스팔트도복장방법(KS D 8306)에 정한 비니론크로스, 글라스크로스, 글라스매트 또는 폴리에틸렌, 헤시안크로스, 타르에폭시, 페트로라튬테이프, 경질염화비닐라이닝강관, 폴리에틸렌열수축튜브, 나이론12수지
   나. 방식피복의 방법은 수도용강관아스팔트도복장방법(KS D 8306)에 정한 방법, 수도용강관콜타르에나멜도복장방법(KS D 8307)에 정한 방법 또는 이와 동등 이상의 부식방지효과가 있는 방법에 의할 것
10. 지상 또는 해상에 설치한 배관등에는 외면부식을 방지하기 위한 도장을 실시하여야 한다.
11. 지하 또는 해저에 설치한 배관등에는 다음의 각목의 기준에 의하여 전기방식조치를 하여야 한다. 이 경우 근접한 매설물 그 밖의 구조물에 대하여 영향을 미치지 아니하도록 필요한 조치를 하여야 한다.
    가. 방식전위는 포화황산동전극 기준으로 마이너스 0.8V 이하로 할 것
    나. 적절한 간격(200m 내지 500m)으로 전위측정단자를 설치할 것
    다. 전기철로 부지 등 전류의 영향을 받는 장소에 배관등을 매설하는 경우에는 강제배류법 등에 의한 조치를 할 것

12. 배관등에 가열 또는 보온하기 위한 설비를 설치하는 경우에는 화재예방상 안전하고 다른 시설물에 영향을 주지 아니하는 구조로 하여야 한다.

Ⅲ. 배관설치의 기준

1. 지하매설

배관을 지하에 매설하는 경우에는 다음 각목의 기준에 의하여야 한다.

가. 배관은 그 외면으로부터 건축물·지하가·터널 또는 수도시설까지 각각 다음의 규정에 의한 안전거리를 둘 것. 다만, 2) 또는 3)의 공작물에 있어서는 적절한 누설확산방지조치를 하는 경우에 그 안전거리를 2분의 1의 범위 안에서 단축할 수 있다.

 1) 건축물(지하가내의 건축물을 제외한다) : 1.5m 이상

 2) 지하가 및 터널 : 10m 이상

 3) 「수도법」에 의한 수도시설(위험물의 유입우려가 있는 것에 한한다) : 300m 이상

나. 배관은 그 외면으로부터 다른 공작물에 대하여 0.3m 이상의 거리를 보유 할 것. 다만, 0.3m 이상의 거리를 보유하기 곤란한 경우로서 당해 공작물의 보전을 위하여 필요한 조치를 하는 경우에는 그러하지 아니하다.

다. 배관의 외면과 지표면과의 거리는 산이나 들에 있어서는 0.9m 이상, 그 밖의 지역에 있어서는 1.2m 이상으로 할 것. 다만, 당해 배관을 각각의 깊이로 매설하는 경우와 동등 이상의 안전성이 확보되는 견고하고 내구성이 있는 구조물(이하 "방호구조물"이라 한다) 안에 설치하는 경우에는 그러하지 아니하다.

라. 배관은 지반의 동결로 인한 손상을 받지 아니하는 적절한 깊이로 매설할 것

마. 성토 또는 절토를 한 경사면의 부근에 배관을 매설하는 경우에는 경사면의 붕괴에 의한 피해가 발생하지 아니하도록 매설할 것

바. 배관의 입상부, 지반의 급변부 등 지지조건이 급변하는 장소에 있어서는 굽은관을 사용하거나 지반개량 그 밖에 필요한 조치를 강구할 것

사. 배관의 하부에는 사질토 또는 모래로 20cm(자동차 등의 하중이 없는 경우에는 10cm) 이상, 배관의 상부에는 사질토 또는 모래로 30cm(자동차 등의 하중에 없는 경우에는 20cm) 이상 채울 것

2. 도로 밑 매설

배관을 도로 밑에 매설하는 경우에는 제1호(나목 및 다목을 제외한다)의 규정에 의하는 외에 다음 각목의 기준에 의하여야 한다.

가. 배관은 원칙적으로 자동차하중의 영향이 적은 장소에 매설할 것

나. 배관은 그 외면으로부터 도로의 경계에 대하여 1m 이상의 안전거리를 둘 것

다. 시가지(도시지역 단, 공업지역 제외) 도로의 밑에 매설하는 경우에는 배관의 외경보다 10cm 이상 넓은 견고하고 내구성이 있는 재질의 판("보호판")을 배관의 상부로부터 30cm 이상 위에 설치할 것. 다만, 방호구조물 안에 설치하는 경우에는 그러하지 아니하다.

라. 배관은 그 외면으로부터 다른 공작물에 대하여 0.3m 이상의 거리를 보유할 것. 다만, 배관의 외면에서 다른 공작물에 대하여 0.3m 이상의 거리를 보유하기 곤란한 경우로서 당해 공작물의 보전을 위하여 필요한 조치를 하는 경우에는 그러하지 아니하다.

마. 시가지 도로의 노면 아래에 매설하는 경우에는 배관의 외면과 노면과의 거리는 1.5m 이상, 보호판 또는 방호구조물의 외면과 노면과의 거리는 1.2m 이상으로 할 것

바. 시가지 외의 도로의 노면 아래에 매설하는 경우에는 배관의 외면과 노면과의 거리는 1.2m 이상으로 할 것

사. 포장된 차도에 매설하는 경우에는 포장부분의 노반(차단층)의 밑에 매설하고, 배관의 외면과 노반의 최하부와의 거리는 0.5m 이상으로 할 것

아. 노면 밑외의 도로 밑에 매설하는 경우에는 배관의 외면과 지표면과의 거리는 1.2m[보호판 또는 방호구조물에 의하여 보호된 배관에 있어서는 0.6m(시가지의 도로 밑에 매설하는 경우에는 0.9m)] 이상으로 할 것

자. 전선·수도관·하수도관·가스관 또는 이와 유사한 것이 매설되어 있거나 매설할 계획이 있는 도로에 매설하는 경우에는 이들의 상부에 매설하지 아니할 것. 다만, 다른 매설물의 깊이가 2m 이상인 때에는 그러하지 아니하다.

3. 철도부지 밑 매설 배관을 철도부지(철도차량을 운행하기 위한 궤도와 이를 받치는 노반 또는 공작물로 구성된 시설을 설치하거나 설치하기 위한 용지를 말한다. 이하 같다)에 인접하여 매설하는 경우에는 제1호(다목을 제외한다)의 규정에 의하는 외에 다음 각목의 기준에 의하여야 한다.

  가. 배관은 그 외면으로부터 철도 중심선에 대하여는 4m 이상, 당해 철도부지(도로에 인접한 경우를 제외한다)의 용지경계에 대하여는 1m 이상의 거리를 유지할 것. 다만, 열차하중의 영향을 받지 아니하도록 매설하거나 배관의 구조가 열차하중에 견딜 수 있도록 된 경우에는 그러하지 아니하다.

  나. 배관의 외면과 지표면과의 거리는 1.2m 이상으로 할 것

4. 하천 홍수관리구역 내 매설

  배관을 「하천법」 제12조에 따라 지정된 홍수관리구역 내에 매설하는 경우에는 제1호의 규정을 준용하는 것 외에 제방 또는 호안이 하천 홍수관리구역의 지반면과 접하는 부분으로부터 하천관리상 필요한 거리를 유지하여야 한다.

5. 지상설치

  배관을 지상에 설치하는 경우에는 다음 각목의 기준에 의하여야 한다.

  가. 배관이 지표면에 접하지 아니하도록 할 것

  나. 배관[이송기지의 구내에 설치되어진 것 제외]은 다음의 기준에 의한 안전거리를 둘 것

  1) 철도(화물수송용으로만 쓰이는 것을 제외) 또는 도로 (공업지역 또는 전용공업지역에 있는 것을 제외)의 경계선으로부터 25m 이상

  2) 별표 4 Ⅰ제1호 나목1)·2)·3) 또는 4)의 규정에 의한 시설로부터 45m 이상

  3) 별표 4 Ⅰ제1호 다목의 규정에 의한 시설로부터 65m 이상

  4) 별표 4 Ⅰ제1호 라목1)·2)·3)·4) 또는 5)의 규정에 의한 시설로부터 35m 이상

  5) 「국토의 계획 및 이용에 관한 법률」에 의한 공공공지 또는 「도시공원법」에 의한 도시공원으로부터 45m 이상

  6) 판매시설·숙박시설·위락시설 등 불특정다중을 수용하는 시설 중 연면적 1,000m^2 이상인 것으로부터 45m 이상

  7) 1일 평균 20,000명 이상 이용하는 기차역 또는 버스터미널로부터 45m 이상

  8) 「수도법」에 의한 수도시설 중 위험물이 유입될 가능성이 있는 것으로부터 300m 이상

  9) 주택 또는 1) 내지 8)과 유사한 시설 중 다수의 사람이 출입하거나 근무하는 것으로부터 25m 이상

다. 배관(이송기지의 구내에 설치된 것을 제외한다)의 양측면으로부터 당해 배관의 최대상용 압력에 따라 다음 표에 의한 너비(「국토의 계획 및 이용에 관한 법률」에 의한 공업지역 또는 전용공업지역에 설치한 배관에 있어서는 그 너비의 3분의 1)의 공지를 보유할 것. 다만, 양단을 폐쇄한 밀폐구조의 방호구조물 안에 배관을 설치하거나 위험물의 유출확산을 방지할 수 있는 방화상 유효한 담을 설치하는 등 안전상 필요한 조치를 하는 경우에는 그러하지 아니하다.

배관의 최대상용압력	공지의 너비
0.3MPa 미만	5m 이상
0.3MPa 이상 1MPa 미만	9m 이상
1MPa 이상	15m 이상

라. 배관은 지진·풍압·지반침하·온도변화에 의한 신축 등에 대하여 안전성이 있는 철근콘크리트조 또는 이와 동등 이상의 내화성이 있는 지지물에 의하여 지지되도록 할 것. 다만, 화재에 의하여 당해 구조물이 변형될 우려가 없는 지지물에 의하여 지지되는 경우에는 그러하지 아니하다.

마. 자동차·선박 등의 충돌에 의하여 배관 또는 그 지지물이 손상을 받을 우려가 있는 경우에는 견고하고 내구성이 있는 보호설비를 설치 할 것

바. 배관은 다른 공작물(당해 배관의 지지물을 제외한다)에 대하여 배관의 유지관리상 필요한 간격을 가질 것

사. 단열재 등으로 배관을 감싸는 경우에는 일정구간마다 점검구를 두거나 단열재 등을 쉽게 떼고 붙일 수 있도록 하는 등 점검이 쉬운 구조로 할 것

6. 해저설치
배관을 해저에 설치하는 경우에는 다음 각목의 기준에 의하여야 한다.
가. 배관은 해저면 밑에 매설할 것. 다만, 선박의 닻 내림 등에 의하여 배관이 손상을 받을 우려가 없거나 그 밖에 부득이한 경우에는 그러하지 아니하다.
나. 배관은 이미 설치된 배관과 교차하지 말 것. 다만, 교차가 불가피한 경우로서 배관의 손상을 방지하기 위한 방호조치를 하는 경우에는 그러하지 아니하다.
다. 배관은 원칙적으로 이미 설치된 배관에 대하여 30m 이상의 안전거리를 둘 것
라. 2본 이상의 배관을 동시에 설치하는 경우에는 배관이 상호 접촉하지 아니하도록 필요한 조치를 할 것
마. 배관의 입상부에는 방호시설물을 설치할 것. 다만, 계선부표(繫船浮標)에 도달하는 입상배관이 강제 외의 재질인 경우에는 그러하지 아니하다.
바. 배관을 매설하는 경우에는 배관외면과 해저면(당해 배관을 매설하는 해저에 대한 준설계획이 있는 경우에는 그 계획에 의한 준설 후 해저면의 0.6m 아래를 말한다)과의 거리는 닻내림의 충격, 토질, 매설하는 재료, 선박교통사정 등을 감안하여 안전한 거리로 할 것
사. 패일 우려가 있는 해저면 아래에 매설하는 경우에는 배관의 노출을 방지하기 위한 조치를 할 것
아. 배관을 매설하지 아니하고 설치하는 경우에는 배관이 연속적으로 지지되도록 해저면을 고를 것

자. 배관이 부양 또는 이동할 우려가 있는 경우에는 이를 방지하기 위한 조치를 할 것
7. 해상설치
   배관을 해상에 설치하는 경우에는 다음 각목의 기준에 의하여야 한다.
   가. 배관은 지진·풍압·파도 등에 대하여 안전한 구조의 지지물에 의하여 지지할 것
   나. 배관은 선박 등의 항행에 의하여 손상을 받지 아니하도록 해면과의 사이에 필요한 공간을 확보하여 설치할 것
   다. 선박의 충돌 등에 의해서 배관 또는 그 지지물이 손상을 받을 우려가 있는 경우에는 견고하고 내구력이 있는 보호설비를 설치할 것
   라. 배관은 다른 공작물(당해 배관의 지지물을 제외한다)에 대하여 배관의 유지관리상 필요한 간격을 보유할 것
8. 도로횡단설치
   가. 배관을 도로 아래에 매설할 것. 다만, 지형의 상황 그 밖에 특별한 사유에 의하여 도로 상공 외의 적당한 장소가 없는 경우에는 안전상 적절한 조치를 강구하여 도로상공을 횡단하여 설치할 수 있다.
   나. 배관을 매설하는 경우에는 제2호(가목 및 나목을 제외한다)의 규정을 준용하되, 배관을 금속관 또는 방호구조물 안에 설치할 것
   다. 배관을 도로상공을 횡단하여 설치하는 경우에는 제5호(가목을 제외한다)의 규정을 준용하되, 배관 및 당해 배관에 관계된 부속설비는 그 아래의 노면과 5m 이상의 수직거리를 유지할 것
9. 철도 밑 횡단매설
   철도부지를 횡단하여 배관을 매설하는 경우에는 제3호(가목을 제외한다) 및 제8호 나목의 규정을 준용한다.
10. 하천 등 횡단설치
    하천 또는 수로를 횡단하여 배관을 설치하는 경우에는 다음 각목의 기준에 의하여야 한다.
    가. 하천 또는 수로를 횡단하여 배관을 설치하는 경우에는 배관에 과대한 응력이 생기지 아니하도록 필요한 조치를 하여 교량에 설치할 것. 다만, 교량에 설치하는 것이 적당하지 아니한 경우에는 하천 또는 수로의 밑에 매설할 수 있다.
    나. 하천 또는 수로를 횡단하여 배관을 매설하는 경우에는 배관을 금속관 또는 방호구조물 안에 설치하고, 당해 금속관 또는 방호구조물의 부양이나 선박의 닻 내림 등에 의한 손상을 방지하기 위한 조치를 할 것
    다. 하천 또는 수로의 밑에 배관을 매설하는 경우에는 배관의 외면과 계획하상(계획하상이 최심하상보다 높은 경우에는 최심하상)과의 거리는 다음의 규정에 의한 거리 이상으로 하되, 호안 그 밖에 하천관리시설의 기초에 영향을 주지 아니하고 하천바닥의 변동·패임 등에 의한 영향을 받지 아니하는 깊이로 매설하여야 한다.
      1) 하천을 횡단하는 경우 : 4.0m
      2) 수로를 횡단하는 경우
        가)「하수도법」제2조제3호에 따른 하수도(상부가 개방되는 구조로 된 것에 한한다) 또는 운하 : 2.5m

나) 가)의 규정에 의한 수로에 해당되지 아니하는 좁은 수로(용수로 그 밖에 유사한 것을 제외한다) : 1.2m

라. 하천 또는 수로를 횡단하여 배관을 설치하는 경우에는 가목 내지 다목의 규정에 의하는 외에 제2호(나목·다목 및 사목을 제외한다) 및 제5호(가목을 제외한다)의 규정을 준용할 것

Ⅳ. 기타 설비 등

1. 누설확산방지조치

    배관을 시가지·하천·수로·터널·도로·철도 또는 투수성(透水性) 지반에 설치하는 경우에는 누설된 위험물의 확산을 방지할 수 있는 강철제의 관·철근콘크리트조의 방호구조물 등 견고하고 내구성이 있는 구조물의 안에 설치하여야 한다.

2. 가연성증기의 체류방지조치

    배관을 설치하기 위하여 설치하는 터널(높이 1.5m 이상인 것에 한한다)에는 가연성 증기의 체류를 방지하는 조치를 하여야 한다.

3. 부등침하 등의 우려가 있는 장소에 설치하는 배관부등침하 등 지반의 변동이 발생할 우려가 있는 장소에 배관을 설치하는 경우에는 배관이 손상을 받지 아니하도록 필요한 조치를 하여야 한다.

4. 굴착에 의하여 주위가 노출된 배관의 보호

    굴착에 의하여 주위가 일시 노출되는 배관은 손상되지 아니하도록 적절한 보호조치를 하여야 한다.

5. 비파괴시험

    가. 배관등의 용접부는 비파괴시험을 실시하여 합격할 것. 이 경우 이송기지내의 지상에 설치된 배관등은 전체 용접부의 20% 이상을 발췌하여 시험할 수 있다.

    나. 가목의 규정에 의한 비파괴시험의 방법, 판정기준 등은 소방청장이 정하여 고시하는 바에 의할 것

6. 내압시험

    가. 배관등은 최대상용압력의 1.25배 이상의 압력으로 4시간 이상 수압을 가하여 누설 그 밖의 이상이 없을 것. 다만, 내압시험을 실시한 배관등의 시험구간 상호 간을 연결하는 부분 또는 내압시험을 위하여 배관등의 내부공기를 뽑아낸 후 폐쇄한 곳의 용접부는 제5호의 비파괴시험으로 갈음할 수 있다.

    나. 가목의 규정에 의한 내압시험의 방법, 판정기준 등은 소방청장이 정하여 고시하는 바에 의할 것

7. 운전상태의 감시장치

    가. 배관계(배관등 및 위험물 이송에 사용되는 일체의 부속설비를 말한다. 이하 같다)에는 펌프 및 밸브의 작동상황 등 배관계의 운전상태를 감시하는 장치를 설치할 것

    나. 배관계에는 압력 또는 유량의 이상변동 등 이상한 상태가 발생하는 경우에 그 상황을 경보하는 장치를 설치할 것

8. 안전제어장치

    배관계에는 다음 각목에 정한 제어기능이 있는 안전제어장치를 설치하여야 한다.

    가. 압력안전장치·누설검지장치·긴급차단밸브 그 밖의 안전설비의 제어회로가 정상으로 되어 있지 아니하면 펌프가 작동하지 아니하도록 하는 제어기능

나. 안전상 이상상태가 발생한 경우에 펌프·긴급차단밸브 등이 자동 또는 수동으로 연동하여 신속히 정지 또는 폐쇄되도록 하는 제어기능

9. 압력안전장치

　가. 배관계에는 배관내의 압력이 최대상용압력을 초과하거나 유격작용 등에 의하여 생긴 압력이 최대상용압력의 1.1배를 초과하지 아니하도록 제어하는 장치(이하 "압력안전장치"라 한다)를 설치할 것

　나. 압력안전장치의 재료 및 구조는 Ⅱ제1호 내지 제5호의 기준에 의할 것

　다. 압력안전장치는 배관계의 압력변동을 충분히 흡수할 수 있는 용량을 가질 것

10. 누설검지장치 등

　가. 배관계에는 다음의 기준에 적합한 누설검지장치를 설치할 것

　　1) 가연성증기를 발생하는 위험물을 이송하는 배관계의 점검상자에는 가연성증기를 검지하는 장치

　　2) 배관계내의 위험물의 양을 측정하는 방법에 의하여 자동적으로 위험물의 누설을 검지하는 장치 또는 이와 동등 이상의 성능이 있는 장치

　　3) 배관계내의 압력을 측정하는 방법에 의하여 위험물의 누설을 자동적으로 검지하는 장치 또는 이와 동등 이상의 성능이 있는 장치

　　4) 배관계내의 압력을 일정하게 정지시키고 당해 압력을 측정하는 방법에 의하여 위험물의 누설을 검지하는 장치 또는 이와 동등 이상의 성능이 있는 장치

　나. 배관을 지하에 매설한 경우에는 안전상 필요한 장소(하천 등의 아래에 매설한 경우에는 금속관 또는 방호구조물의 안을 말한다)에 누설검지구를 설치할 것. 다만, 배관을 따라 일정한 간격으로 누설을 검지할 수 있는 장치를 설치하는 경우에는 그러하지 아니하다.

11. 긴급차단밸브

　가. 배관에는 다음의 기준에 의하여 긴급차단밸브를 설치할 것. 다만, 2) 또는 3)에 해당하는 경우로서 당해 지역을 횡단하는 부분의 양단의 높이 차이로 인하여 하류측으로부터 상류측으로 역류될 우려가 없는 때에는 하류측에는 설치하지 아니할 수 있으며, 4) 또는 5)에 해당하는 경우로서 방호구조물을 설치하는 등 안전상 필요한 조치를 하는 경우에는 설치하지 아니할 수 있다.

　　1) 시가지에 설치하는 경우에는 약 4km의 간격

　　2) 하천·호소 등을 횡단하여 설치하는 경우에는 횡단하는 부분의 양 끝

　　3) 해상 또는 해저를 통과하여 설치하는 경우에는 통과하는 부분의 양 끝

　　4) 산림지역에 설치하는 경우에는 약 10km의 간격

　　5) 도로 또는 철도를 횡단하여 설치하는 경우에는 횡단하는 부분의 양 끝

　나. 긴급차단밸브는 다음의 기능이 있을 것

　　1) 원격조작 및 현지조작에 의하여 폐쇄되는 기능

　　2) 제10호의 규정에 의한 누설검지장치에 의하여 이상이 검지된 경우에 자동으로 폐쇄되는 기능

　다. 긴급차단밸브는 그 개폐상태가 당해 긴급차단밸브의 설치장소에서 용이하게 확인될 수 있을 것

라. 긴급차단밸브를 지하에 설치하는 경우에는 긴급차단밸브를 점검상자 안에 유지할 것. 다만, 긴급차단밸브를 도로외의 장소에 설치하고 당해 긴급차단밸브의 점검이 가능하도록 조치하는 경우에는 그러하지 아니하다.

마. 긴급차단밸브는 당해 긴급차단밸브의 관리에 관계하는 자외의 자가 수동으로 개폐할 수 없도록 할 것

12. 위험물 제거조치

   배관에는 서로 인접하는 2개의 긴급차단밸브 사이의 구간마다 당해 배관안의 위험물을 안전하게 물 또는 불연성기체로 치환할 수 있는 조치를 하여야 한다.

13. 감진장치 등

   배관의 경로에는 안전상 필요한 장소와 25km의 거리마다 감진장치 및 강진계를 설치하여야 한다.

14. 경보설비

   이송취급소에는 다음 각목의 기준에 의하여 경보설비를 설치하여야 한다.

   가. 이송기지에는 비상벨장치 및 확성장치를 설치할 것

   나. 가연성증기를 발생하는 위험물을 취급하는 펌프실등에는 가연성증기 경보설비를 설치할 것

15. 순찰차 등

   배관의 경로에는 다음 각목의 기준에 따라 순찰차를 배치하고 기자재창고를 설치하여야 한다.

   가. 순찰차

   1) 배관계의 안전관리상 필요한 장소에 둘 것
   2) 평면도·종횡단면도 그 밖에 배관등의 설치상황을 표시한 도면, 가스탐지기, 통신장비, 휴대용조명기구, 응급누설방지기구, 확성기, 방화복(또는 방열복), 소화기, 경계로프, 삽, 곡괭이 등 점검·정비에 필요한 기자재를 비치할 것

   나. 기자재창고

   1) 이송기지, 배관경로(5km 이하인 것을 제외한다)의 5km 이내마다의 방재상 유효한 장소 및 주요한 하천·호소·해상·해저를 횡단하는 장소의 근처에 각각 설치할 것. 다만, 특정이송취급소 외의 이송취급소에 있어서는 배관경로에는 설치하지 아니할 수 있다.
   2) 기자재창고에는 다음의 기자재를 비치할 것

   　가) 3%로 희석하여 사용하는 포소화약제 400ℓ 이상, 방화복(또는 방열복) 5벌 이상, 삽 및 곡괭이 각 5개 이상
   　나) 유출한 위험물을 처리하기 위한 기자재 및 응급조치를 위한 기자재

16. 비상전원

   운전상태의 감시장치·안전제어장치·압력안전장치·누설검지장치·긴급차단밸브·소화설비 및 경보설비에는 상용전원이 고장인 경우에 자동적으로 작동할 수 있는 비상전원을 설치하여야 한다.

17. 접지 등

   가. 배관계에는 안전상 필요에 따라 접지 등의 설비를 할 것
   나. 배관계는 안전상 필요에 따라 지지물 그 밖의 구조물로부터 절연할 것
   다. 배관계에는 안전상 필요에 따라 절연용접속을 할 것

라. 피뢰설비의 접지장소에 근접하여 배관을 설치하는 경우에는 절연을 위하여 필요한 조치를 할 것

18. 피뢰설비

　　이송취급소(위험물을 이송하는 배관등의 부분을 제외한다)에는 피뢰설비를 설치하여야 한다. 다만, 주위의 상황에 의하여 안전상 지장이 없는 경우에는 그러하지 하지 아니하다.

19. 전기설비

　　이송취급소에 설치하는 전기설비는 「전기사업법」에 의한 전기설비기술기준에 의하여야 한다.

20. 표지 및 게시판

　가. 이송취급소(위험물을 이송하는 배관등의 부분을 제외한다)에는 별표 4 Ⅲ제1호의 기준에 따라 보기 쉬운 곳에 "위험물 이송취급소"라는 표시를 한 표지와 동표 Ⅲ제2호의 기준에 따라 방화에 관하여 필요한 사항을 게시한 게시판을 설치하여야 한다.

　나. 배관의 경로에는 소방청장이 정하여 고시하는 바에 따라 위치표지·주의표시 및 주의표지를 설치하여야 한다.

21. 안전설비의 작동시험

　　안전설비로서 소방청장이 정하여 고시하는 것은 소방청장이 정하여 고시하는 방법에 따라 시험을 실시하여 정상으로 작동하는 것이어야 한다.

22. 선박에 관계된 배관계의 안전설비 등

　　위험물을 선박으로부터 이송하거나 선박에 이송하는 경우의 배관계의 안전설비 등에 있어서 제7호 내지 제21호의 규정에 의하는 것이 현저히 곤란한 경우에는 다른 안전조치를 강구할 수 있다.

23. 펌프 등

　　펌프 및 그 부속설비(이하 "펌프등"이라 한다)를 설치하는 경우에는 다음 각목의 기준에 의하여야 한다.

　가. 펌프등(펌프를 펌프실 내에 설치한 경우에는 당해 펌프실을 말한다. 이하 나목에서 같다)은 그 주위에 다음 표에 의한 공지를 보유할 것. 다만, 벽·기둥 및 보를 내화구조로 하고 지붕을 폭발력이 위로 방출될 정도의 가벼운 불연재료로 한 펌프실에 펌프를 설치한 경우에는 다음 표에 의한 공지의 너비의 3분의 1로 할 수 있다.

펌프등의 최대상용압력	공지의 너비
1MPa 미만	3m 이상
1MPa 이상 3MPa 미만	5m 이상
3MPa 이상	15m 이상

　나. 펌프등은 주변에 안전거리를 둘 것. 다만, 위험물의 유출확산을 방지할 수 있는 방화상 유효한 담 등의 공작물을 주위상황에 따라 설치하는 등 안전상 필요한 조치를 하는 경우에는 그러하지 아니하다.

　다. 펌프는 견고한 기초 위에 고정하여 설치할 것

　라. 펌프를 설치하는 펌프실은 다음의 기준에 적합하게 할 것

　　1) 불연재료의 구조로 할 것. 이 경우 지붕은 폭발력이 위로 방출될 정도의 가벼운 불연재료이어야 한다.

2) 창 또는 출입구를 설치하는 경우에는 갑종방화문 또는 을종방화문으로 할 것

3) 창 또는 출입구에 유리를 이용하는 경우에는 망입유리로 할 것

4) 바닥은 위험물이 침투하지 아니하는 구조로 하고 그 주변에 높이 20cm 이상의 턱을 설치할 것

5) 누설한 위험물이 외부로 유출되지 아니하도록 바닥은 적당한 경사를 두고 그 최저부에 집유설비를 할 것

6) 가연성증기가 체류할 우려가 있는 펌프실에는 배출설비를 할 것

7) 펌프실에는 위험물을 취급하는데 필요한 채광·조명 및 환기 설비를 할 것

마. 펌프등을 옥외에 설치하는 경우에는 다음의 기준에 의할 것

1) 펌프등을 설치하는 부분의 지반은 위험물이 침투하지 아니하는 구조로 하고 그 주위에는 높이 15cm 이상의 턱을 설치할 것

2) 누설한 위험물이 외부로 유출되지 아니하도록 배수구 및 집유설비를 설치할 것

24. 피그장치

피그장치를 설치하는 경우에는 다음 각목의 기준에 의하여야 한다.

가. 피그장치는 배관의 강도와 동등 이상의 강도를 가질 것

나. 피그장치는 당해 장치의 내부압력을 안전하게 방출할 수 있고 내부압력을 방출한 후가 아니면 피그를 삽입하거나 배출할 수 없는 구조로 할 것

다. 피그장치는 배관 내에 이상응력이 발생하지 아니하도록 설치할 것

라. 피그장치를 설치한 장소의 바닥은 위험물이 침투하지 아니하는 구조로 하고 누설한 위험물이 외부로 유출되지 아니하도록 배수구 및 집유설비를 설치할 것

마. 피그장치의 주변에는 너비 3m 이상의 공지를 보유할 것. 다만, 펌프실내에 설치하는 경우에는 그러하지 아니하다.

25. 밸브

교체밸브·제어밸브 등은 다음 각목의 기준에 의하여 설치하여야 한다.

가. 밸브는 원칙적으로 이송기지 또는 전용부지내에 설치할 것

나. 밸브는 그 개폐상태가 당해 밸브의 설치장소에서 쉽게 확인할 수 있도록 할 것

다. 밸브를 지하에 설치하는 경우에는 점검상자 안에 설치할 것

라. 밸브는 당해 밸브의 관리에 관계하는 자가 아니면 수동으로 개폐할 수 없도록 할 것

26. 위험물의 주입구 및 토출구

위험물의 주입구 및 토출구는 다음 각목의 기준에 의하여야 한다.

가. 위험물의 주입구 및 토출구는 화재예방상 지장이 없는 장소에 설치할 것

나. 위험물의 주입구 및 토출구는 위험물을 주입하거나 토출하는 호스 또는 배관과 결합이 가능하고 위험물의 유출이 없도록 할 것

다. 위험물의 주입구 및 토출구에는 위험물의 주입구 또는 토출구가 있다는 내용과 화재예방과 관련된 주의사항을 표시한 게시판을 설치할 것

라. 위험물의 주입구 및 토출구에는 개폐가 가능한 밸브를 설치할 것

27. 이송기지의 안전조치

가. 이송기지의 구내에는 관계자 외의 자가 함부로 출입할 수 없도록 경계표시를 할 것. 다

만, 주위의 상황에 의하여 관계자 외의 자가 출입할 우려가 없는 경우에는 그러하지 아니하다.

나. 이송기지에는 다음의 기준에 의하여 당해 이송기지 밖으로 위험물이 유출되는 것을 방지할 수 있는 조치를 할 것

1) 위험물을 취급하는 시설(지하에 설치된 것을 제외한다)은 이송기지의 부지경계선으로부터 당해 배관의 최대상용압력에 따라 다음 표에 정한 거리(「국토의 계획 및 이용에 관한 법률」에 의한 전용공업지역 또는 공업지역에 설치하는 경우에는 당해 거리의 3분의 1의 거리)를 둘 것

배관의 최대상용압력	거리
0.3MPa 미만	5m 이상
0.3MPa 이상 1MPa 미만	9m 이상
1MPa 이상	15m 이상

2) 제4류 위험물(온도 20℃의 물 100g에 용해되는 양이 1g 미만인 것에 한한다)을 취급하는 장소에는 누설한 위험물이 외부로 유출되지 아니하도록 유분리장치를 설치할 것

3) 이송기지의 부지경계선에 높이 50cm 이상의 방유제를 설치할 것

V. 이송취급소의 기준의 특례

1. 위험물을 이송하기 위한 배관의 연장(당해 배관의 기점 또는 종점이 2 이상인 경우에는 임의의 기점에서 임의의 종점까지의 당해 배관의 연장 중 최대의 것을 말한다. 이하 같다)이 15km를 초과하거나 위험물을 이송하기 위한 배관에 관계된 최대상용압력이 950kPa 이상이고 위험물을 이송하기 위한 배관의 연장이 7km 이상인 것("특정이송취급소")이 아닌 이송취급소에 대하여는 Ⅳ 제7호 가목, Ⅳ 제8호 가목, Ⅳ 제10호 가목2) 및 3)과 제13호의 규정은 적용하지 아니한다.

2. Ⅳ 제9호 가목의 규정은 유격작용등에 의하여 배관에 생긴 응력이 주하중에 대한 허용응력도를 초과하지 아니하는 배관계로서 특정이송취급소 외의 이송취급소에 관계된 것에는 적용하지 아니한다.

3. Ⅳ 제10호 나목의 규정은 위험물을 이송하기 위한 배관에 관계된 최대상용압력이 1MPa 미만이고 내경이 100mm 이하인 배관으로서 특정이송취급소 외의 이송취급소에 관계된 것에는 적용하지 아니한다.

4. 특정이송취급소 외의 이송취급소에 설치된 배관의 긴급차단밸브는 Ⅳ제11호나목1)의 규정에 불구하고 현지조작에 의하여 폐쇄하는 기능이 있는 것으로 할 수 있다. 다만, 긴급차단밸브가 다음 각목의 1에 해당하는 배관에 설치된 경우에는 그러하지 아니하다.

가. 「하천법」 제7조제2항에 따른 국가하천·하류부근에 「수도법」 제3조제17호에 따른 수도시설(취수시설에 한한다)이 있는 하천 또는 계획하폭이 50m 이상인 하천으로서 위험물이 유입될 우려가 있는 하천을 횡단하여 설치된 배관

나. 해상·해저·호소등을 횡단하여 설치된 배관

다. 산 등 경사가 있는 지역에 설치된 배관

라. 철도 또는 도로 중 산이나 언덕을 절개하여 만든 부분을 횡단하여 설치된 배관

5. 제1호 내지 제4호에 규정하지 아니한 것으로서 특정이송취급소가 아닌 이송취급소의 기준의 특례에 관하여 필요한 사항은 소방청장이 정하여 고시 할 수 있다.

19. 이산화탄소소화설비 일반점검표의 수동기동장치 점검내용 3가지를 쓰시오.

정답

1. 조작부 주위의 장애물의 유무
2. 표지의 손상의 유무 및 기재사항의 적부
3. 기능의 적부

해설 이산화탄소 소화설비 일반점검표 기동장치

기동장치	수동기동장치	조작부주위의 장해물의 유무	육안
		표지의 손상의 유무 및 기재사항의 적부	육안
		기능의 적부	작동확인
	자동기동장치	자동수동전환장치	변형·손상의 유무	육안
			기능의 적부	작동확인
		화재감지장치	변형·손상의 유무	육안
			감지장해의 유무	육안
			기능의 적부	작동확인

20. 트리에틸알루미늄이 다음 각 물질과 반응할 때 발생하는 가연성 가스를 화학식으로 쓰시오.
(단, 가연성가스가 발생하지 않으면 "반응없음"이라고 쓸 것)

① H_2O
② Cl_2
③ CH_3OH
④ HCl

정답

① $(C_2H_5)_3Al + 3H_2O \rightarrow Al(OH)_3 + 3C_2H_6$
② $(C_2H_5)_3Al + 3Cl_2 \rightarrow AlCl_3 + 3C_2H_5Cl$
③ $(C_2H_5)_3Al + 3C_2H_5OH \rightarrow Al(C_2H_5O)_3 + 3C_2H_6$
④ $(C_2H_5)_3Al + 3HCl \rightarrow AlCl_3 + 3C_2H_6$

해설

① 물과의 반응 : $(C_2H_5)_3Al + 3H_2O \rightarrow Al(OH)_3 + 3C_2H_6$
② 염소와 반응 : $(C_2H_5)_3Al + 3Cl_2 \rightarrow AlCl_3 + 3C_2H_5Cl$
③ 에틸알코올과 반응 : $(C_2H_5)_3Al + 3C_2H_5OH$
　　　　　　　　　　$\rightarrow Al(C_2H_5O)_3 + 3C_2H_6$(알루미늄에틸레이트(Ethylate, Athylat))
④ 염화수소와 반응 : $(C_2H_5)_3Al + 3HCl \rightarrow AlCl_3 + 3C_2H_6$

제63회 과년도 문제풀이(2018년)

01. 지하저장탱크에 과충전을 방지하는 장치를 설치하는 방법 2가지를 쓰시오.

[정답]
1. 탱크용량을 초과하는 위험물이 주입될 때 자동으로 그 주입구를 폐쇄하거나 위험물의 공급을 자동으로 차단하는 방법
2. 탱크용량의 90%가 찰 때 경보음을 울리는 방법

[해설]
지하저장탱크에는 다음 각목의 1에 해당하는 방법으로 과충전을 방지하는 장치를 설치하여야 한다.
[규칙 별표8]

1) 탱크용량을 초과하는 위험물이 주입될 때 자동으로 그 주입구를 폐쇄하거나 위험물의 공급을 자동으로 차단하는 방법
2) 탱크용량의 90%가 찰 때 경보음을 울리는 방법

02. 특정옥외저장탱크의 용접방법을 쓰시오.

    가. 에뉼러판과 에뉼러판
    나. 에뉼러판과 밑판
    다. 옆판과 에뉼러판
    라. 옆판의 세로이음 및 가로이음 용접

[정답]
가. 에뉼러판과 에뉼러판 : 뒷면에 재료를 댄 맞대기용접
나. 에뉼러판과 밑판 : 뒷면에 재료를 댄 맞대기용접 또는 겹치기 용접
다. 옆판과 에뉼러판 : 부분용입 그룹용접 또는 동등 이상 용접강도가 있는 용접방법
라. 옆판의 세로이음 및 가로이음 용접 : 완전용입 맞대기용접

[해설] 특정옥외저장탱크의 용접(겹침보수 및 육성보수와 관련되는 것을 제외) 방법
가. 옆판의 용접
  1) 세로이음 및 가로이음은 완전용입 맞대기용접으로 할 것
  2) 옆판의 세로이음은 단을 달리하는 옆판의 각각의 세로이음과 동일선상에 위치하지 아니하도록 할 것. 이 경우 당해 세로이음간의 간격은 서로 접하는 옆판중 두꺼운 쪽 옆판의 5배 이상으로 하여야 한다.

나. 옆판과 에뉼러판(에뉼러판이 없는 경우에는 밑판)과의 용접은 부분용입그룹용접 또는 이와 동등 이상의 용접강도가 있는 용접방법으로 용접할 것. 이 경우에 있어서 용접 비드(bead)는 매끄러운 형상을 가져야 한다.

다. 에뉼러판과 에뉼러판은 뒷면에 재료를 댄 맞대기용접으로 하고, 에뉼러판과 밑판 및 밑판과 밑판의 용접은 뒷면에 재료를 댄 맞대기용접 또는 겹치기용접으로 용접할 것. 이 경우에 에뉼러판과 밑판의 용접부의 강도 및 밑판과 밑판의 용접부의 강도에 유해한 영향을 주는 흠이 있어서는 아니된다.

라. 필렛용접의 사이즈(부등사이즈가 되는 경우에는 작은 쪽의 사이즈)는 다음 식에 의하여 구한 값으로 할 것

$t_1 \geq S \geq \sqrt{2t_2}$ (단, $S \geq 4.5$)

t_1 : 얇은 쪽의 강판의 두께(mm)
t_2 : 두꺼운 쪽의 강판의 두께(mm)
S : 사이즈(mm)

03. 다음 타원형 탱크의 최대용량을 구하시오.

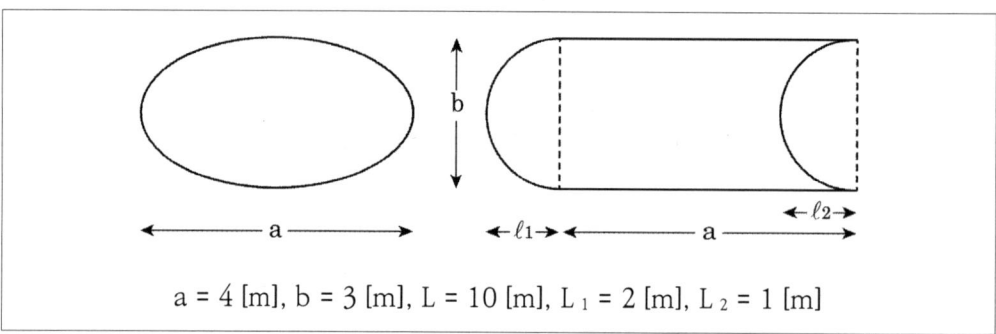

$a = 4$ [m], $b = 3$ [m], $L = 10$ [m], $L_1 = 2$ [m], $L_2 = 1$ [m]

[정 답]

92.47 m³

[해 설]

탱크의 최대용량 = 탱크의 내용적 - 공간용적

내용적 = $\dfrac{\pi ab}{4}\left(l + \dfrac{l_1 - l_2}{3}\right) = \dfrac{3.14 \times 4 \times 3}{4}\left(10 + \dfrac{2-1}{3}\right) = 97.34\,[m^3]$

공간용적 = 내용적의 5/100 이상 10/100 이하

탱크의 최대용량 = $97.34 - (97.34 \times 0.05) = 92.47\,[m^3]$

04. 니트로글리세린 454g이 완전 연소해 분해할 때 발생하는 기체의 체적은 200℃ 1기압에서 몇 리터인가? (단, 이상기체상태방정식에 의한다)

정답

562.74 [l]

해설 니트로글리세린의 분해반응식

1) 니트로글리세린 분해반응식

   $4C_3H_5(ONO_2)_3 \rightarrow 12CO_2 + 10H_2O + 6N_2 + O_2$

2) 4몰의 N.G 폭발하여 29몰의 가스가 생성, 즉 부피가 7.25배 증가
3) N.G 1몰의 분자량 227g이므로 454g은 비례식으로

   1몰 : 227g = x몰 : 454g이므로 x = 2몰이 된다.
4) N.G 454g이 폭발 시 부피는 2몰×7.25배 = 14.5몰 가스 생성
5) 1기압 200℃에서 폭발 당시 부피를 구하면

$$V = \frac{nRT}{P} = \frac{14.5 \times 0.08205 \times 473}{1atm} = 562.74L$$

예제) 니트로글리세린 500g이 부피 320mL의 용기에서 완전 분해폭발하여 폭발온도가 1,000℃일 경우 압력(atm)을 구하시오. (단, 이상기체상태방정식에 따른다)

정답

5212.69atm

해설 니트로글리세린의 분해반응식

1) 니트로글리세린 분해반응식

   $4C_3H_5(ONO_2)_3 \rightarrow 12CO_2 + 10H_2O + 6N_2 + O_2$

2) 4몰의 N.G 폭발하여 29몰의 가스가 생성, 즉 부피가 7.25배 증가
3) N.G 1몰의 분자량 227g이므로 500g은 비례식으로

   1몰 : 227g = x몰 : 500g이므로 x = 2.2026몰이 된다.
4) N.G 50g이 폭발시 부피는 2.2026몰 × 7.25배 = 15.97몰 가스 생성
5) 320mL의 용기에서 폭발온도 1,000℃ 폭발 당시 압력을 구하면

$$P = \frac{nRT}{V} = \frac{15.97 \times 0.08205 \times 1273}{0.32L} = 5212.69atm$$

05. 주유취급소의 특례기준에서 셀프용고정주유설비의 설치기준이다. 다음 물음에 답하시오.

1. 셀프용고정주유설비 휘발유 주유량의 상한은?
2. 셀프용고정주유설비 경유 주유량의 상한은?
3. 셀프용고정주유설비 주유시간의 상한은?
4. 셀프용고정급유설비 1회 연속급유량의 상한은?
5. 셀프용고정급유설비 급유시간의 상한은?

> **정 답**
> 1. 100ℓ 이하
> 2. 200ℓ 이하
> 3. 4분 이하
> 4. 100ℓ 이하
> 5. 6분 이하
>
> **해설** 고객이 직접 주유하는 주유취급소의 특례(시행규칙 별표13)
> 1. 셀프용 고정 주유설비
>   다. 주유호스는 200kg 중 이하의 하중에 의하여 깨져 분리되거나 또는 이탈되어야 하고, 깨져 분리되거나 또는 이탈된 부분으로부터의 위험물 누출을 방지할 수 있는 구조일 것
>   라. 휘발유와 경유 상호 간의 오인에 의한 주유를 방지할 수 있는 구조일 것
>   마. 1회의 연속주유량 및 주유시간의 상한을 미리 설정할 수 있는 구조일 것. 이 경우 주유량의 상한은 휘발유는 100ℓ 이하, 경유는 200ℓ 이하로 하며, 주유시간의 상한은 4분 이하로 한다.
> 2. 셀프용 고정 급유설비
>   가. 급유호스의 끝부분에 수동개폐장치를 부착한 급유노즐을 설치할 것
>   나. 급유노즐은 용기가 가득찬 경우에 자동적으로 정지시키는 구조일 것
>   다. 1회의 연속급유량 및 급유시간의 상한을 미리 설정할 수 있는 구조일 것 이 경우 급유량의 상한은 100ℓ 이하, 급유시간의 상한은 6분 이하로 한다.

06. 분자량이 약 139이고 400[℃]에서 분해가 시작되어 600[℃]에서 완전 분해하는 사방정계 결정의 산화제이다. 지정수량이 50[kg]인 이 물질에 대해 답하시오.

㉮ 화학식
㉯ 분해반응식
㉰ 운반용기 외부에 표시해야 할 주의사항

정답

㉮ KClO₄

㉯ KClO₄ → KCl + 2O₂

㉰ 화기주의, 충격주의, 가연물 접촉주의

해설 과염소산칼륨

분자량	융점	분해온도	비중
138.5	610 [℃]	400~600 [℃]	2.5

㉱ 주의사항

류별		저장 및 취급 시	운반 시
제1류	알칼리금속 과산화물	물기엄금	화기, 충격주의, 물기엄금, 가연물 접촉주의
	기타		화기, 충격주의, 가연물 접촉주의
제2류	인화성고체	화기엄금	화기엄금
	철분, 마그네슘, 금속분		물기엄금, 화기주의
	기타	화기주의	화기주의
제3류	자연발화성물질	화기엄금	화기엄금, 공기접촉 엄금
	금수성물질	물기엄금	물기엄금
제4류		화기엄금	화기엄금
제5류		화기엄금	화기엄금, 충격주의
제6류			가연물 접촉주의

07. 트리에틸알루미늄과 다음 물질과의 반응식을 쓰시오.

① 공기

② 물

③ 염산

④ 에탄올

정답

① $2(C_2H_5)_3Al + 21O_2 \rightarrow Al_2O_3 + 15H_2O + 12CO_2 \uparrow$

② $(C_2H_5)_3Al + 3H_2O \rightarrow Al(OH)_3 + 3C_2H_6 \uparrow$

③ $(C_2H_5)_3Al + 3HCl \rightarrow AlCl_3 + 3C_2H_6 \uparrow$

④ $(C_2H_5)_3Al + 3C_2H_5OH \rightarrow Al(C_2H_5O)_3 + 3C_2H_6 \uparrow$

해설 트리에틸알루미늄의 반응식
① 공기와의 반응 $2(C_2H_5)_3Al + 21O_2 \rightarrow Al_2O_3 + 15H_2O + 12CO_2\uparrow$
② 물과의 반응 $(C_2H_5)_3Al + 3H_2O \rightarrow Al(OH)_3 + 3C_2H_6\uparrow$
③ 염소와 반응 $(C_2H_5)_3Al + 3Cl_2 \rightarrow AlCl_3 + 3C_2H_5Cl\uparrow$
④ 메틸알코올과 반응 $(C_2H_5)_3Al + 3CH_3OH \rightarrow Al(CH_3O)_3 + 3C_2H_6\uparrow$
⑤ 염산과 반응 $(C_2H_5)_3Al + 3HCl \rightarrow AlCl_3 + 3C_2H_6\uparrow$

08. 경유 12만리터를 저장 중인 해상탱크에 설치하여야 하는 소화설비 3가지를 쓰시오.

정답
고정식포소화설비, 물분무소화설비, 이동식 이외의 불활성가스소화설비 또는 이동식 이외의 할로겐화합물소화설비

해설 소화난이도등급 I 의 제조소등에 설치하여야 하는 소화설비

옥외탱크저장소	지중탱크 또는 해상탱크 외의 것	유황만을 저장 취급하는 것	물분무소화설비
		인화점 70℃ 이상의 제4류 위험물만을 저장취급하는 것	물분무소화설비 또는 고정식 포소화설비
		그 밖의 것	고정식 포소화설비(포소화설비가 적응성이 없는 경우에는 분말소화설비)
	지중탱크		고정식 포소화설비, 이동식 이외의 불활성가스소화설비 또는 이동식 이외의 할로겐화합물소화설비
	해상탱크		고정식 포소화설비, 물분무소화설비, 이동식이외의 불활성가스소화설비 또는 이동식 이외의 할로겐화합물소화설비

09. 다음 위험물안전관리법상 정의를 쓰시오.

1. 인화성고체
2. 제1석유류
3. 동식물유류

정 답 위험물안전관리법상 정의

① 고형알코올 그 밖에 1기압에서 인화점이 섭씨 40도 미만인 고체를 말한다.
② 아세톤, 휘발유 그 밖에 1기압에서 인화점이 섭씨 21도 미만인 것을 말한다.
③ 동물의 지육 등 또는 식물의 종자나 과육으로부터 추출한 것으로서 1기압에서 인화점이 섭씨 250도 미만인 것을 말한다.

해 설

1. 인화성고체
 "인화성고체"라 함은 고형알코올 그 밖에 1기압에서 인화점이 섭씨 40도 미만인 고체를 말한다.
2. 인화성액체
 "특수인화물"이라 함은 이황화탄소, 디에틸에테르 그 밖에 1기압에서 발화점이 섭씨 100도 이하인 것 또는 인화점이 섭씨 영하 20도 이하이고 비점이 섭씨 40도 이하인 것을 말한다.
13. "제1석유류"라 함은 아세톤, 휘발유 그 밖에 1기압에서 인화점이 섭씨 21도 미만인 것을 말한다.
14. "알코올류"라 함은 1분자를 구성하는 탄소원자의 수가 1개부터 3개까지인 포화1가 알코올(변성알코올을 포함한다)을 말한다. 다만, 다음 각목의 1에 해당하는 것은 제외한다.
 가. 1분자를 구성하는 탄소원자의 수가 1개 내지 3개의 포화1가 알코올의 함유량이 60중량퍼센트 미만인 수용액
 나. 가연성액체량이 60중량퍼센트 미만이고 인화점 및 연소점(태그개방식인화점측정기에 의한 연소점을 말한다. 이하 같다)이 에틸알코올 60중량퍼센트 수용액의 인화점 및 연소점을 초과하는 것
15. "제2석유류"라 함은 등유, 경유 그 밖에 1기압에서 인화점이 섭씨 21도 이상 70도 미만인 것을 말한다. 다만, 도료류 그 밖의 물품에 있어서 가연성 액체량이 40중량퍼센트 이하이면서 인화점이 섭씨 40도 이상인 동시에 연소점이 섭씨 60도 이상인 것은 제외한다.
16. "제3석유류"라 함은 중유, 클레오소트유 그 밖에 1기압에서 인화점이 섭씨 70도 이상 섭씨 200도 미만인 것을 말한다. 다만, 도료류 그 밖의 물품은 가연성 액체량이 40중량퍼센트 이하인 것은 제외한다.
17. "제4석유류"라 함은 기어유, 실린더유 그 밖에 1기압에서 인화점이 섭씨 200도 이상 섭씨 250도 미만의 것을 말한다. 다만 도료류 그 밖의 물품은 가연성 액체량이 40중량퍼센트 이하인 것은 제외한다.
18. "동식물유류"라 함은 동물의 지육 등 또는 식물의 종자나 과육으로부터 추출한 것으로서 1기압에서 인화점이 섭씨 250도 미만인 것을 말한다. 다만, 법 제20조제1항의 규정에 의하여 행정안전부령으로 정하는 용기기준과 수납·저장기준에 따라 수납되어 저장·보관되고 용기의 외부에 물품의 통칭명, 수량 및 화기엄금(화기엄금과 동일한 의미를 갖는 표시를 포함한다)의 표시가 있는 경우를 제외한다.

10. 아세트알데히드를 다음과 같이 저장할 경우 유지해야 할 저장온도를 쓰시오.

    1. 보냉장치가 있는 이동저장탱크
    2. 보냉장치가 없는 이동저장탱크
    3. 지하저장탱크 중 압력탱크에 저장
    4. 옥내저장탱크 중 압력탱크에 저장
    5. 옥외저장탱크 중 압력탱크 외의 탱크에 저장

정답

1. 비점 이하
2. 40℃ 이하
3. 40℃ 이하
4. 40℃ 이하
5. 15℃ 이하

해설

위험물탱크 등		유지온도
옥외탱크. 옥내탱크. 지하탱크 중 비압력탱크	아세트알데히드	15℃ 이하
	디에틸에테르, 산화프로필렌	30℃ 이하
압력탱크	아세트알데히드, 디에틸에테르	40℃ 이하
보냉장치가 없는 이동저장탱크	아세트알데히드, 디에틸에테르	40℃ 이하
보냉장치가 있는 이동저장탱크	아세트알데히드, 디에틸에테르	비점 이하
옥내저장소	용기 수납하여 저장	55℃ 이하

11. 질산 600리터, 과염소산 300리터, 과산화수소 1,200리터를 저장소에 저장할 때 지정수량의 배수를 구하시오. (단, 질산의 비중 1.51, 과염소산의 비중 1.76, 과산화수소의 비중 1.46이다)

정답

10.62배

해설 지정수량의 배수

$$\frac{1.51[kg/l] \times 600[l]}{300[kg]} + \frac{1.76[kg/l] \times 300[l]}{300[kg]} + \frac{1.46[kg/l] \times 1200[l]}{300[kg]}$$

∴ 지정수량의 배수 = 10.62배

12. 위험물의 성질란에 규정된 성상을 2가지 이상 포함하는 물품을 복수성상물품이라 한다. 괄호 안에 맞는 류별을 쓰시오.

> ㉮ 복수성상물품이 산화성 고체의 성상 및 가연성 고체의 성상을 가지는 경우 : ( )류 위험물
> ㉯ 복수성상물품이 산화성 고체의 성상 및 자기반응성 물질의 성상을 가지는 경우 : ( )류 위험물
> ㉰ 복수성상물품이 가연성 고체의 성상과 자연발화성 물질의 성상 및 금수성 물질의 성상을 가지는 경우 : ( )류 위험물
> ㉱ 복수성상물품이 자연발화성 물질의 성상, 금수성 물질의 성상 및 인화성 액체의 성상을 가지는 경우 : ( )류 위험물
> ㉲ 복수성상물품이 인화성 액체의 성상 및 자기반응성 물질의 성상을 가지는 경우 : ( )류 위험물

정답

㉮ 제2류, ㉯ 제5류, ㉰ 제3류, ㉱ 제3류, ㉲ 제5류

해설

성질란에 규정된 성상을 2가지 이상 포함하는 물품(이하 "복수성상물품"이라 한다)이 속하는 품명은 다음에 의한다.

① 복수성상품이 산화성 고체(제1류)의 성상 및 가연성 고체(제2류)의 성상을 가지는 경우 : 제2류 제8호의 규정에 의한 품명
② 복수성상물품이 산화성 고체(제1류)의 성상 및 자기반응성 물질(제5류)의 성상을 가지는 경우 : 제5류 제11호의 규정에 의한 품명
③ 복수성상물품이 인화성 액체(제4류)의 성상 및 자기반응성 물질(제5류)의 성상을 가지는 경우 : 제5류 제11호의 규정에 의한 품명
④ 복수성상물품이 자연발화성 물질(제3류)의 성상, 금수성 물질의 성상(제3류) 및 인화성액체(제4류)의 성상을 가지는 경우 : 제3류 제12호의 규정에 의한 품명
⑤ 복수성상물품이 가연성 고체(제2)류의 성상과 자연발화성 물질의 성상(제3류) 및 금수성 물질(제3류)의 성상을 가지는 경우 : 제3류 제12호의 규정에 의한 품명

13.
가연성 증기가 체류할 우려가 있는 제조소에 배출설비를 하려고 한다. 배출능력은 몇 [m³/h] 이상이어야 하는가? (단, 전역방출방식이 아닌 경우이고, 배출장소의 크기는 가로 8[m], 세로 6[m], 높이 4[m]이다)

정답

3,840[m³/h]

해설

1. 국소방식과 전역방식의 배출능력
   ⓐ 국소방식 : 1시간당 배출장소 용적의 20배 이상
   ⓑ 전역방식 : 바닥 1m²당 18m³ 이상

2. 배출설비를 설치해야 하는 장소 : 가연성 증기 미분이 체류할 우려가 있는 건축물
   [풀이]
   배출장소의 용적 = 8[m] × 6[m] × 4[m] = 192[m³]
   배출능력은 1시간당 배출장소 용적의 20배 이상인 것으로 해야 하므로 배출능력은 3,840[m³/h]

14.
다음 [보기]의 위험물을 적재하고자 한다. 질문에 답하시오. (단, 양쪽 다 해당되는 경우는 중복, 해당되지 않는 경우 적지 말 것)

[보기]	
① K_2O_2	② H_2O_2
③ P_2S_5	④ CH_3COOH
⑤ CH_3CHO	⑥ CH_3COCH_3
⑦ K	⑧ $C_6H_5NO_2$
⑨ Mg	⑩ $C_6H_5NH_2$

가. 차광성 피복 :

나. 방수성 피복 :

정답

가. 차광성 : ① 과산화칼륨, ⑤ 아세트알데히드, ② 과산화수소
나. 방수성 : ① 과산화칼륨, ⑦ 칼륨, ⑨ 마그네슘

해설 적재위험물에 따른 조치

① 차광성 피복 : 제1류, 제3류 중 자연발화성, 제4류 특수인화물, 제5류, 제6류
② 방수성 피복 : 제1류 중 알칼리금속 과산화물, 제2류 중 철.마.금, 제3류 금수성물질

15. 휘발유를 취급하는 설비에서 하론 1301을 사용하여 고정식 벽의 면적이 50[m²]이고, 전체 둘레면적 200[m²]일 때 용적식 국소방출방식의 소화약제의 양[kg]은? (단 방호공간의 체적은 600m³이다)

정답

2,437.5 [kg]

해설 국소방출방식의 할로겐화물 소화설비

(1) 또는 (2)에 의하여 산출된 양에 저장 또는 취급하는 위험물에 따라 별표 2에 정한 소화약제에 따른 계수를 곱하고 다시 하론2402 또는 하론1211에 있어서는 1.1, 하론1301에 있어서는 1.25를 각각 곱한 양 이상으로 할 것

(1) 면적식의 국소방출방식
  액체 위험물을 상부를 개방한 용기에 저장하는 경우 등 화재 시 연소면이 한 면에 한정되고 위험물이 비산할 우려가 없는 경우에는 방호대상물의 표면적 1m²당 하론2402에 있어서는 8.8kg, 하론1211에 있어서는 7.6kg, 하론1301에 있어서는 6.8kg의 비율로 계산한 양

(2) 용적식의 국소방출방식 : 다음 식에 의하여 구해진 양에 방호공간의 체적을 곱한 양

$$Q = X - Y\frac{a}{A}$$

Q : 단위체적당 소화약제의 양[kg/m³]
a : 방호대상물 주위에 실제로 설치된 고정벽의 면적 합계[m²]
A : 방호공간 전체 둘레의 면적[m²]
X 및 Y : 다음 표에 정한 소화약제의 종류에 따른 수치

소화약제의 종별	X의 수치	Y의 수치
할론2402	5.2	3.9
할론 1211	4.4	3.3
할론1301	4.0	3.0

[풀이]

$$Q = \left(X - Y\frac{a}{A}\right) \times 1.25 \times 계수 = \left(4 - 3 \times \frac{50}{200}\right) \times 1.25 \times 1.0 = 4.0625 \,[\text{kg/m}^3]$$

약제저장량 $= 600\,[\text{m}^3] \times 4.0625\,[\text{kg/m}^3] = 2437.5\,[\text{kg}]$

[세부기준 별표 2] 위험물의 종류에 대한 가스계 및 분말 소화약제의 계수(제134조·제135조 및 제136조 관련)

(비고) "-" 표시는 해당 위험물에 소화약제로 사용 불가함을 표시한다.

소화약제의 종별 위험물의 종류	이산화탄소	IG-100	IG-55	IG-541	할로겐화물						분 말			
					하론1301	하론1211	HFC-23	HFC-125	HFC-227ea	FK-5-1-12	제1종	제2종	제3종	제4종
아크릴로니트릴	1.2	1.2	1.2	1.2	1.4	1.2	1.4	1.4	1.4	1.4	1.2	1.2	1.2	1.2
아세트알데히드	1.1	1.1	1.1	1.1	1.1	1.1	1.1	1.1	1.1	1.1	-	-	-	-
아세트니트릴	1.0	1.0	1.0	1.0	1.0	1.0	1.0	1.0	1.0	1.0	1.0	1.0	1.0	1.0
아세톤	1.0	1.0	1.0	1.0	1.0	1.0	1.0	1.0	1.0	1.0	1.0	1.0	1.0	1.0
아닐린	1.1	1.1	1.1	1.1	1.1	1.1	1.1	1.1	1.1	1.1	1.0	1.0	1.0	1.0
이소옥탄	1.0	1.0	1.0	1.0	1.0	1.0	1.0	1.0	1.0	1.0	1.1	1.1	1.1	1.1
이소프렌	1.0	1.0	1.0	1.0	1.0	1.0	1.2	1.2	1.2	1.2	1.1	1.1	1.1	1.1
이소프로필아민	1.0	1.0	1.0	1.0	1.0	1.0	1.0	1.0	1.0	1.0	1.1	1.1	1.1	1.1
이소프로필에테르	1.0	1.0	1.0	1.0	1.0	1.0	1.0	1.0	1.0	1.0	1.1	1.1	1.1	1.1
이소헥산	1.0	1.0	1.0	1.0	1.0	1.0	1.0	1.0	1.0	1.0	1.1	1.1	1.1	1.1
이소헵탄	1.0	1.0	1.0	1.0	1.0	1.0	1.0	1.0	1.0	1.0	1.1	1.1	1.1	1.1
이소펜탄	1.0	1.0	1.0	1.0	1.0	1.0	1.0	1.0	1.0	1.0	1.1	1.1	1.1	1.1
에탄올	1.2	1.2	1.2	1.2	1.0	1.0	1.2	1.0	1.0	1.0	1.2	1.2	1.2	1.2
에틸아민	1.0	1.0	1.0	1.0	1.0	1.0	1.0	1.0	1.0	1.0	1.1	1.1	1.1	1.1
염화비닐	1.1	1.1	1.1	1.1	1.1	1.1	1.1	1.1	1.1	1.1	-	-	1.0	-
옥탄	1.2	1.2	1.2	1.2	1.0	1.0	1.0	1.0	1.0	1.0	1.1	1.1	1.1	1.1
휘발유	1.0	1.0	1.0	1.0	1.0	1.0	1.0	1.0	1.0	1.0	1.0	1.0	1.0	1.0
포름산(개미산)에틸	1.0	1.0	1.0	1.0	1.0	1.0	1.0	1.0	1.0	1.0	1.1	1.1	1.1	1.1
포름산(개미산)프로필	1.0	1.0	1.0	1.0	1.0	1.0	1.0	1.0	1.0	1.0	1.1	1.1	1.1	1.1
포름산(개미산)메틸	1.0	1.0	1.0	1.0	1.4	1.4	1.4	1.4	1.4	1.4	1.1	1.1	1.1	1.1
경유	1.0	1.0	1.0	1.0	1.0	1.0	1.0	1.0	1.0	1.0	1.0	1.0	1.0	1.0
원유	1.0	1.0	1.0	1.0	1.0	1.0	1.0	1.0	1.0	1.0	1.0	1.0	1.0	1.0
초산(아세트산)	1.1	1.1	1.1	1.1	1.1	1.1	1.1	1.1	1.1	1.1	1.0	1.0	1.0	1.0
초산에틸	1.0	1.0	1.0	1.0	1.0	1.0	1.0	1.0	1.0	1.0	1.0	1.0	1.0	1.0
초산메틸	1.0	1.0	1.0	1.0	1.0	1.0	1.0	1.0	1.0	1.0	1.1	1.1	1.1	1.1
산화프로필렌	1.8	1.8	1.8	1.8	2.0	1.8	2.0	2.0	2.0	2.0	-	-	-	-
사이클로헥산	1.0	1.0	1.0	1.0	1.0	1.0	1.0	1.0	1.0	1.0	1.1	1.1	1.1	1.1
디에틸아민	1.0	1.0	1.0	1.0	1.0	1.0	1.0	1.0	1.0	1.0	1.1	1.1	1.1	1.1
디에틸에테르	1.2	1.2	1.2	1.2	1.2	1.0	1.2	1.2	1.2	1.2	-	-	-	-
디옥산	1.6	1.6	1.6	1.6	1.8	1.6	1.8	1.8	1.8	1.8	1.2	1.2	1.2	1.2
중유(重油)	1.0	1.0	1.0	1.0	1.0	1.0	1.0	1.0	1.0	1.0	1.0	1.0	1.0	1.0
윤활유	1.0	1.0	1.0	1.0	1.0	1.0	1.0	1.0	1.0	1.0	1.0	1.0	1.0	1.0
테트라하이드로퓨란	1.0	1.0	1.0	1.0	1.4	1.4	1.4	1.4	1.4	1.4	1.2	1.2	1.2	1.2
등유	1.0	1.0	1.0	1.0	1.0	1.0	1.0	1.0	1.0	1.0	1.0	1.0	1.0	1.0
트리에틸아민	1.0	1.0	1.0	1.0	1.0	1.0	1.0	1.0	1.0	1.0	1.1	1.1	1.1	1.1
톨루엔	1.0	1.0	1.0	1.0	1.0	1.0	1.0	1.0	1.0	1.0	1.0	1.0	1.0	1.0
나프타	1.0	1.0	1.0	1.0	1.0	1.0	1.0	1.0	1.0	1.0	1.0	1.0	1.0	1.0
채종유	1.1	1.1	1.1	1.1	1.1	1.1	1.1	1.1	1.1	1.1	1.0	1.0	1.0	1.0
이황화탄소	3.0	3.0	3.0	3.0	4.2	1.0	4.2	4.2	4.2	4.2	-	-	-	-
비닐에틸에테르	1.2	1.2	1.2	1.2	1.6	1.4	1.6	1.6	1.6	1.6	1.1	1.1	1.1	1.1
피리딘	1.1	1.1	1.1	1.1	1.1	1.1	1.1	1.1	1.1	1.1	1.0	1.0	1.0	1.0
부타놀	1.1	1.1	1.1	1.1	1.1	1.1	1.1	1.1	1.1	1.1	1.0	1.0	1.0	1.0

프로판올	1.0	1.0	1.0	1.0	1.0	1.2	1.0	1.0	1.0	1.0	1.0	1.0	1.0	1.0
2-프로판올	1.0	1.0	1.0	1.0	1.0	1.0	1.0	1.0	1.0	1.0	1.1	1.1	1.1	1.1
프로필아민	1.0	1.0	1.0	1.0	1.0	1.0	1.0	1.0	1.0	1.0	1.1	1.1	1.1	1.1
헥산	1.0	1.0	1.0	1.0	1.0	1.0	1.0	1.0	1.0	1.0	1.2	1.2	1.2	1.2
헵탄	1.0	1.0	1.0	1.0	1.0	1.0	1.0	1.0	1.0	1.0	1.0	1.0	1.0	1.0
벤젠	1.0	1.0	1.0	1.0	1.0	1.0	1.0	1.0	1.0	1.0	1.2	1.2	1.2	1.2
펜탄	1.0	1.0	1.0	1.0	1.0	1.0	1.0	1.0	1.0	1.0	1.4	1.4	1.4	1.4
메타놀	1.6	1.6	1.6	1.6	2.2	2.4	2.2	2.2	2.2	2.2	1.2	1.2	1.2	1.2
메틸에틸케톤	1.0	1.0	1.0	1.0	1.0	1.0	1.0	1.0	1.0	1.0	1.0	1.0	1.2	1.0
모노클로로벤젠	1.1	1.1	1.1	1.1	1.1	1.1	1.1	1.1	1.1	1.1	-	-	1.0	-
그 밖의 것	1.1	1.1	1.1	1.1	1.1	1.1	1.1	1.1	1.1	1.1	1.1	1.1	1.1	1.1

16. 제6류 위험물에 관한 사항이다. 다음 물음에 답하시오.

1. 질산의 분해반응식
2. 과산화수소 분해반응식
3. 할로겐간 화합물의 화학식 1개를 쓰시오.

정답

1. $4HNO_3 \rightarrow 2H_2O + 4NO_2 + O_2$
2. $2H_2O_2 \rightarrow 2H_2O + O_2$
3. IF_5(오불화요오드), BrF_3(삼불화브롬), BrF_5(오블화브롬) 등에서 1개 쓸 것

해설 할로겐간 화합물 : 서로 다른 2개의 할로겐 원소로 이루어진 화합물

AX	AX$_3$	AX$_5$	AX$_7$
Cl-F Br-F Br-Cl I-Cl I-Br	ClF$_3$ BrF$_3$ IF$_3$ ICl$_3$	ClF$_5$ BrF$_5$ IF$_5$	IF$_7$

17. 위험물안전관리법상 관계인이 예방규정을 정하여야 할 대상 5가지를 쓰시오.

> **정답**
> ① 지정수량 10배 이상의 위험물을 취급하는 제조소
> ② 지정수량 100배 이상의 위험물을 저장하는 옥외저장소
> ③ 지정수량 150배 이상의 위험물을 저장하는 옥내저장소
> ④ 지정수량 200배 이상의 위험물을 저장하는 옥외탱크저장소
> ⑤ 암반탱크저장소
>
> **해설** 관계인이 예방규정을 정하여야 하는 제조소등[령 제15조]
> 1. 지정수량의 10배 이상의 위험물을 취급하는 제조소
> 2. 지정수량의 100배 이상의 위험물을 저장하는 옥외저장소
> 3. 지정수량의 150배 이상의 위험물을 저장하는 옥내저장소
> 4. 지정수량의 200배 이상의 위험물을 저장하는 옥외탱크저장소
> 5. 암반탱크저장소
> 6. 이송취급소
> 7. 지정수량의 10배 이상의 위험물을 취급하는 일반취급소. 다만, 제4류 위험물(특수인화물을 제외한다)만을 지정수량의 50배 이하로 취급하는 일반취급소(제1석유류·알코올류의 취급량이 지정수량의 10배 이하인 경우에 한한다)로서 다음 각목의 어느 하나에 해당하는 것을 제외한다.
>   가. 보일러·버너 또는 이와 비슷한 것으로서 위험물을 소비하는 장치로 이루어진 일반취급소
>   나. 위험물을 용기에 옮겨 담거나 차량에 고정된 탱크에 주입하는 일반취급소

18. 위험물안전관리법상 제2류위험물인 인화성고체에 대해 다음 질문에 답하시오.

> 1. 정의
> 2. 운반용기의 외부에 표시해야 할 주의사항
> 3. 유별을 달리하는 위험물을 동일한 장소에 저장할 수 없는데 1[m] 이상 간격을 두고 일부 다른 유별을 저장할 수 있다. 인화성고체와 같이 저장할 수 있는 다른 유별을 모두 쓰시오. 없으면 "없음"이라고 쓰시오.

정답

1. 고형알코올 그 밖에 1기압에서 인화점이 섭씨 40도 미만인 고체
2. 화기엄금
3. 제4류 위험물

해설 옥내저장소 또는 옥외저장소의 유별을 달리 1m 간격 두고 저장 가능한 경우(1356/4235)
1. 제1류 위험물(알칼리금속 과산화물 제외)과 제5류 위험물을 저장하는 경우
2. 제1류 위험물과 제6류 위험물을 저장하는 경우
3. 제1류 위험물과 제3류 위험물 중 자연발화성 물질(황린)을 저장하는 경우
4. 제2류 위험물 중 인화성고체와 제4류 위험물을 저장하는 경우
5. 제3류 위험물 중 알킬알루미늄등과 제4류 위험물(알킬알루미늄 또는 알킬리튬을 함유한 것에 한한다)을 저장하는 경우
6. 제4류 위험물 중 유기과산화물 또는 이를 함유하는 것과 제5류 위험물 중 유기과산화물 또는 이를 함유한 것을 저장하는 경우

19. 다음 화학반응식을 쓰시오.

1. 탄화칼슘
   ① 물과의 반응
   ② ①에서 나오는 가스의 완전연소반응식

2. 탄화알루미늄
   ① 물과의 반응
   ② ①에서 나오는 가스의 완전연소반응식

정답

1. 탄화칼슘
   1) $CaC_2 + 2H_2O \rightarrow Ca(OH)_2 + C_2H_2 \uparrow$
   2) $2C_2H_2 + 5O_2 \rightarrow 4CO_2 + 2H_2O$
2. 탄화알루미늄
   1) $Al_4C_3 + 12H_2O \rightarrow 3Al(OH)_3 + 3CH_4 \uparrow$
   2) $CH_4 + 2O_2 \rightarrow CO_2 + 2H_2O$

해설
1. 탄화칼슘(카바이드, CaC_2)
   1) 순수한 것은 무색투명하나 보통 회흑색 괴상 덩어리 상태 결정
   2) 에테르에는 녹지 않고 물과 알코올에는 분해

3) 공기 중 안정하지만 350℃ 이상에서는 산화
4) 물과 반응하면 아세틸렌가스 발생
- $CaC_2 + 2H_2O \rightarrow Ca(OH)_2 + C_2H_2$

5) 은, 수은, 동, 마그네슘 등 접촉하면 폭발성 금속 아세틸레이트 생성
- $C_2H_2 + 2Cu \rightarrow Cu_2C_2 + H_2$

2. 탄화알루미늄(Al_4C_3)
1) 물성

품명	분자량	색상	융점	물리적상태	비중
칼슘 또는 알루미늄의 탄화물	143	무색 또는 황색	2100 [℃]	결정 또는 분말	2.36

2) 황색(순수한 것은 백색)의 단단한 결정 또는 분말
3) 밀폐용기에 저장 질소가스 등 불연성가스 봉입 빗물침투 ×
4) 물반응식 $Al_4C_3 + 12H_2O \rightarrow 4Al(OH)_3 + 3CH_4$

20. 디에틸에테르에 대하여 다음 물음에 답하시오.

1. 구조식
2. 인화점, 비점
3. 2,550[L]일 때 옥내저장소의 보유공지 너비 (단, 내화구조이다)
4. 공기중 장시간 노출 시 생성물질
5. 생성된 물질의 검출방법

정 답

1.
```
    H   H     H   H
    |   |     |   |
H - C - C - O - C - C - H
    |   |     |   |
    H   H     H   H
```

2. 인화점 : -45 [℃] 비점 : 34.5 [℃]
3. 5m 이상
4. 과산화물
5. 10 [%] KI(요오드화칼륨)용액을 첨가하여 황색으로 변하는지 확인한다.

해설 디에틸에테르

1. 물성

화학식	분자량	인화점℃	비점℃	착화점℃	비중	연소범위%
$C_2H_5OC_2H_5$	74	-45	34.5	180℃	0.72	1.9~48

2. 특징
   1) 휘발성이 강한 무색투명한 특유의 향이 있는 액체이다.
   2) 물에 약간 녹고 알코올에 잘 녹으며 발생된 증기는 마취성이 있다.
   3) 공기와 장기간 접촉하면 과산화물이 생성되므로 갈색 병에 저장해야 한다.
   4) 에테르는 전기불량도체이므로 정전기 발생에 주의해야 한다.
   5) 동식물성 섬유로 여과 시 정전기 발생이 쉽다.
   6) 용기의 공간용적을 2% 이상 차지한다.

3. 제법
   - 에탄올에 진한 황산을 넣고 130~140℃ 반응시키면 축합반응에 의해 생성
   - $C_2H_5OH + C_2H_5OH \rightarrow C_2H_5OC_2H_5 + H_2O$

4. 옥내저장소 보유공지 계산

   1) 지정수량의 배수 = $\dfrac{2,550}{50} = 51$배

   2) 옥내저장소 보유공지 : 5m 이상

위험물의 취급	보유공지 너비	
	벽, 기둥 및 바닥의 내화구조	그 밖의 건축물
지정수량의 5배 이하	-	0.5m 이상
지정수량의 5배 초과~10배 이하	1m 이상	1.5m 이상
지정수량의 10배 초과~20배 이하	2m 이상	3m 이상
지정수량의 20배 초과~50배 이하	3m 이상	5m 이상
지정수량의 50배 초과~200배 이하	5m 이상	10m 이상
지정수량의 200배 초과	10m 이상	15m 이상

제62회 과년도 문제풀이(2017년)

01. 위험물 탱크안전성능검사의 대상이 되는 탱크의 검사 4가지를 적으시오.

정 답
① 기초·지반검사
② 충수·수압검사
③ 용접부 검사
④ 암반탱크검사

해설 탱크안전성능검사의 대상이 되는 탱크 등[규칙 제8조])
1. 기초·지반검사 : 옥외탱크저장소의 액체위험물탱크 중 그 용량이 100만 리터 이상인 탱크
2. 충수(充水)·수압검사 : 액체위험물을 저장 또는 취급하는 탱크. 다만, 다음 각 목의 어느 하나에 해당하는 탱크는 제외한다.
    1) 제조소 또는 일반취급소에 설치된 탱크로서 용량이 지정수량 미만인 것
    2) 「고압가스 안전관리법」 제17조제1항에 따른 특정설비에 관한 검사에 합격한 탱크
    3) 「산업안전보건법」 제84조제1항에 따른 안전인증을 받은 탱크
3. 용접부검사 : 제1호의 규정에 의한 탱크. 다만, 탱크의 저부에 관계된 변경공사(탱크의 옆판과 관련되는 공사를 포함하는 것을 제외한다)시에 행하여진 법 제18조제2항의 규정에 의한 정기검사에 의하여 용접부에 관한 사항이 행정안전부령으로 정하는 기준에 적합하다고 인정된 탱크를 제외한다.
4. 암반탱크검사 : 액체위험물을 저장 또는 취급하는 암반내의 공간을 이용한 탱크

02. 다음 물질에서 물과 반응하여 발생하는 가스의 위험도가 가장 큰 위험물이 물과 반응할 때 반응식과 발생하는 가스의 위험도를 구하시오.

① 탄화알루미늄
② 트리에틸알루미늄
③ 수소화칼륨
④ 탄화칼슘

정 답
• 반응식 : $CaC_2 + 2H_2O \rightarrow Ca(OH)_2 + C_2H_2$
• 위험도 : 31.4

해설 탄화칼슘이 물과 반응하면 아세틸렌(C_2H_2)가스가 발생한다.
1. 탄화알루미늄과 물 반응식 : $Al_4C_3 + 12H_2O \rightarrow 4Al(OH)_3 + 3CH_4$
2. 트리에틸알루미늄과 물 반응식 : $(C_2H_5)_3Al + 3H_2O \rightarrow Al(OH)_3 + 3C_2H_6$
3. 수소화칼륨과 물 반응식 : $KH + 2H_2O \rightarrow KOH + H_2$
4. 탄화칼슘이 물과 반응하면 아세틸렌(C_2H_2)가스가 발생한다.
    1) 반응식 : $CaC_2 + 2H_2O \rightarrow Ca(OH)_2 + C_2H_2$
    2) 아세틸렌의 폭발범위 : 2.5~81 [%]

    $$\therefore 위험도 = \frac{상한계 - 하한계}{하한계} = \frac{81 - 2.5}{2.5} = 31.4$$

5. 탄화알루미늄과 물 반응식 : $Al_4C_3 + 12H_2O \rightarrow 4Al(OH)_3 + 3CH_4$
6. 트리에틸알루미늄과 물 반응식 : $(C_2H_5)_3Al + 3H_2O \rightarrow Al(OH)_3 + 3C_2H_6$
7. 수소화칼륨과 물 반응식 : $KH + 2H_2O \rightarrow KOH + H_2$

03. 뚜껑이 개방된 용기에 1기압 10 [℃]의 공기가 있다. 이것을 400 [℃]로 가열할 때 처음 공기량의 몇 [%]가 용기 밖으로 나오는가?

정답
57.86 [%]

해설 보일샤를의 법칙

1. 1기압 10℃의 공기 부피 $\frac{22.4L}{273} = \frac{V_2}{283}$ $\therefore V_2 = 23.22L$

2. 1기압 400℃의 공기 부피 $\frac{23.22L}{283} = \frac{V_2'}{(273+400)}$ $\therefore V_2' = 55.22L$

3. 부피의 증가 $\frac{V_2'}{V_2} = \frac{55.22}{23.22} = 2.373$배

4. 용기 밖으로 나오는 공기량은 전체 증가된 공기 부피 - 처음공기 부피이므로 2.373 - 1 = 1.373배이다.

5. 따라서 처음 공기량의 $\frac{1.373}{2.373} \times 100 = 57.86\%$가 용기 밖으로 나온다.

04. 다음 제4류 위험물 동식물유류 중 건성유와 불건성유를 구분하시오.

들기름, 아마인유, 동유, 정어리기름, 올리브유, 피마자유, 동백유, 땅콩기름

정답
1. 건성유 : 들기름, 아마인유, 동유, 정어리기름
2. 불건성유 : 올리브유, 피마자유, 동백유, 땅콩기름

해설 동식물유류
1. 정의 : 동물의 지육 등 또는 식물의 종자나 과육으로부터 추출한 것으로서 1기압에서 인화점이 250℃ 미만인 것
2. 요오드가 : 유지 100g에 부가되는 요오드값이 g수 불포화도가 증가할수록 요오드값이 증가하며, 자연발화 위험 커진다.

	건성유	반건성유	불건성유
요오드값	130 이상	100~130	100 미만
산소와 결합여부	○	○	×
산소와 결합후 피막 여부	○	△	×
자연발화 위험성	크다	중간	작다
불포화도	크다	중간	적다
종류	해바라기유, 동유, 아마인유, 들기름, 정어리유	채종유, 목화씨유, 참기름, 콩기름, 청어유, 쌀겨유, 옥수수유	야자유, 올리브유, 피마자유, 낙화생(땅콩)유

3. 건성유 : 이중결합이 많아 불포화도가 높기 때문에 공기 중 산화되어 액표면에 피막을 만드는 기름
4. 반건성유 : 공기 중에서 건성유 보다 얇은 피막을 만드는 기름
5. 불건성유 : 공기 중에서 피막을 만들지 않는 안정된 기름

05. 다음 피난설비에 대하여 물음에 답하시오.

㉠ 위험물을 취급하는 제조소에서 피난설비를 설치해야 하는 제조소 등은?
㉡ 위 제조소 등에 피난설비를 설치해야 하는 기준은?(시행규칙 별표17)
㉢ 위 제조소 등에 설치해야 하는 피난설비를 하나 적으시오.

정답

㉮ 옥내주유취급소, 주유취급소
㉯ 피난설비 설치의 기준
① 주유취급소 중 건축물의 2층 이상의 부분을 전시장이나 휴게 음식점·점포로 사용하는 것은 당해 건축물의 2층 이상으로부터 주유취급소의 부지 밖으로 통하는 출입구와 당해 출입구로 통하는 통로·계단 및 출입구에 유도등을 설치해야 한다.
② 옥내주유취급소에 있어서는 당해 사무소 등의 출입구 및 피난구와 당해 피난구로 통하는 통로·계단 및 출입구에 유도등을 설치해야 한다.
③ 유도등에는 비상전원을 설치해야 한다.
㉰ 유도등

해설

1. 주유취급소 중 건축물의 2층 이상의 부분을 전시장이나 휴게 음식점·점포로 사용하는 것은 당해 건축물의 2층 이상으로부터 주유취급소의 부지 밖으로 통하는 출입구와 당해 출입구로 통하는 통로·계단 및 출입구에 유도등을 설치해야 한다.
2. 옥내주유취급소에 있어서는 당해 사무소 등의 출입구 및 피난구와 당해 피난구로 통하는 통로·계단 및 출입구에 유도등을 설치해야 한다.
3. 유도등에는 비상전원을 설치해야 한다.

06. 제5류 위험물인 과산화벤조일과 니트로글리세린의 구조식을 적으시오.

정답

• 과산화벤조일

$$\text{C}_6\text{H}_5-\overset{\overset{\displaystyle O}{\|}}{C}-O-O-\overset{\overset{\displaystyle O}{\|}}{C}-\text{C}_6\text{H}_5$$

• 니트로글리세린

$$\begin{array}{ccc} H & H & H \\ | & | & | \\ H-C-C-C-H \\ | & | & | \\ O & O & O \\ | & | & | \\ NO_2 & NO_2 & NO_2 \end{array}$$

해설

1. 과산화벤조일 : 제5류 위험물 유기과산화물

1) 물성

화학식	분자량	인화점℃	비점℃	착화점℃	비중	물리적 상태
$(C_6H_5CO)_2O_2$	242.24	80℃	폭발함	80℃	1.33 at 25℃	무색결정

2) 성질
(1) 무색, 무취의 백색결정 강산화성 물질
(2) 물에 녹지 않고 알코올에 약간 녹음

(3) 희석제 : 프탈산디메틸, 프탈산디부틸
(4) 발화되면 연소속도 빠르고 건조상태에서 위험
(5) 마찰, 충격으로 폭발 위험

2. 니트로글리세린

화학식	성상	품명	용도	비점	인화점	비중
$C_3H_5(ONO_2)_3$	무색, 투명한 기름성의 액체 (공업용 : 담황색)	질산에스테르류	규조토 흡수 다이너마이트	218℃	-	1.6

07. 안포폭약(ANFO)을 제조하는 원료인 제1류 위험물에 대하여 다음 물음에 답하시오.

㉮ 화학식
㉯ 고온으로 가열 시 분해반응식

정답

㉮ 화학식 : NH_4NO_3
㉯ 고온으로 가열시 분해반응식 : $NH_4NO_3 \rightarrow N_2O + 2H_2O$

해설 질산암모늄(ANFO폭약원료, NH_4NO_3)
물성 : 몰 질량 : 80.043g/mol, 밀도 : 1.72g/cm³, 녹는점 : 169.6 ℃
1. 무색무취의 결정, 조해성, 흡수성
2. 물, 알코올에 녹는다. (흡열반응)
3. 유기물과 혼합 가열하면 폭발한다.
   1) 가열분해반응 : $NH_4NO_3 \rightarrow N_2O + 2H_2O$
   2) 분해폭발반응 : $2NH_4NO_3 \rightarrow 4H_2O + 2N_2 + O_2 \uparrow$
4. ANFO폭약 : NH_4NO_3 94%와 경유 6% 혼합하여 제조

08. 다음 위험물의 저장·취급 공통기준에 대한 설명이다. (   )안에 적당한 말을 넣으시오.

> ㉮ 위험물을 저장 또는 취급하는 건축물 그 밖의 공작물 또는 설비는 당해 위험물의 성질에 따라 (   ) 또는 (   )를 실시하여야 한다.
> ㉯ 가연성의 액체·증기 또는 가스가 새거나 체류할 우려가 있는 장소 또는 가연성의 미분이 현저하게 부유할 우려가 있는 장소에서는 전선과 전기기구를 완전히 접속하고 (   )을 발하는 기계·기구·공구·신발 등을 사용하지 아니하여야 한다.
> ㉰ 위험물을 (   )중에 보존하는 경우에는 당해 위험물이 (   )으로부터 노출되지 아니하도록 하여야 한다.

정답

㉮ 차광, 환기
㉯ 불꽃
㉰ 보호액, 보호액

해설 제조소등 저장·취급의 공통기준

1. 제조소등에서 법 제6조제1항의 규정에 의한 허가 및 법 제6조제2항의 규정에 의한 신고와 관련되는 품명 외의 위험물 또는 이러한 허가 및 신고와 관련되는 수량 또는 지정수량의 배수를 초과하는 위험물을 저장 또는 취급하지 아니하여야 한다(중요기준).
2. 위험물을 저장 또는 취급하는 건축물 그 밖의 공작물 또는 설비는 당해 위험물의 성질에 따라 차광 또는 환기를 실시하여야 한다.
3. 위험물은 온도계, 습도계, 압력계 그 밖의 계기를 감시하여 당해 위험물의 성질에 맞는 적정한 온도, 습도 또는 압력을 유지하도록 저장 또는 취급하여야 한다.
4. 위험물을 저장 또는 취급하는 경우에는 위험물의 변질, 이물의 혼입 등에 의하여 당해 위험물의 위험성이 증대되지 아니하도록 필요한 조치를 강구하여야 한다.
5. 위험물이 남아 있거나 남아 있을 우려가 있는 설비, 기계·기구, 용기 등을 수리하는 경우에는 안전한 장소에서 위험물을 완전하게 제거한 후에 실시하여야 한다.
6. 위험물을 용기에 수납하여 저장 또는 취급할 때에는 그 용기는 당해 위험물의 성질에 적응하고 파손·부식·균열 등이 없는 것으로 하여야 한다.
7. 가연성의 액체·증기 또는 가스가 새거나 체류할 우려가 있는 장소 또는 가연성의 미분이 현저하게 부유할 우려가 있는 장소에서는 전선과 전기기구를 완전히 접속하고 불꽃을 발하는 기계·기구·공구·신발 등을 사용하지 아니하여야 한다.
8. 위험물을 보호액중에 보존하는 경우에는 당해 위험물이 보호액으로부터 노출되지 아니하도록 하여야 한다.

09. 위험물제조소에 설치하는 배출설비는 국소배출방식으로 하여야 하는데, 전역방출방식으로 할 수 있는 경우를 적으시오.

정 답
① 위험물취급설비가 배관이음 등으로만 된 경우
② 건축물의 구조·작업장소의 분포 등 조건에 의하여 전역방식이 유효한 경우

해 설 배출설비

가연성의 증기 또는 미분이 체류할 우려가 있는 건축물에는 그 증기 또는 미분을 옥외의 높은 곳으로 배출할 수 있도록 다음 각호의 기준에 의하여 배출설비를 설치하여야 한다.

1. 배출설비는 국소방식으로 하여야 한다. 다만, 다음 각목의 1에 해당하는 경우에는 전역방식으로 할 수 있다.
   가. 위험물취급설비가 배관이음 등으로만 된 경우
   나. 건축물의 구조·작업장소의 분포 등의 조건에 의하여 전역방식이 유효한 경우
2. 배출설비는 배풍기·배출닥트·후드 등을 이용하여 강제적으로 배출하는 것으로 하여야 한다.
3. 배출능력은 1시간당 배출장소 용적의 20배 이상인 것으로 하여야 한다. 다만, 전역방식의 경우에는 바닥면적 $1m^2$당 $18m^3$ 이상으로 할 수 있다.
4. 배출설비의 급기구 및 배출구는 다음 각목의 기준에 의하여야 한다.
   가. 급기구는 높은 곳에 설치하고, 가는 눈의 구리망 등으로 인화방지망을 설치할 것
   나. 배출구는 지상 2m 이상으로서 연소의 우려가 없는 장소에 설치하고, 배출닥트가 관통하는 벽부분의 바로 가까이에 화재시 자동으로 폐쇄되는 방화댐퍼를 설치할 것
5. 배풍기는 강제배기방식으로 하고, 옥내닥트의 내압이 대기압 이상이 되지 아니하는 위치에 설치하여야 한다.

10. 위험물제조소와 학교와의 거리가 20 [m]로 위험물안전에 의한 안전거리를 충족할 수 없어서 방화상 유효한 담을 설치하고자 한다. 위험물제조소 외벽높이가 10 [m], 학교의 높이는 15 [m]이며, 위험물제조소와 방화상 유효 담의 거리가 5 [m]인 경우 방화상 유효한 담의 높이는? (단, 학교건축물은 방화구조이고 위험물제조소에 면한 부분의 개구부에 방화문이 설치되지 않았다)

> [정 답]
>
> 2 [m]
>
> [해 설]
>
> 1. 방화상 유효한 담의 높이 산정
>   1) $H \leq pD^2 + \alpha$ 인 경우 h=2
>   2) $H > pD^2 + \alpha$ 인 경우 $h = H - p(D^2 - d^2)$

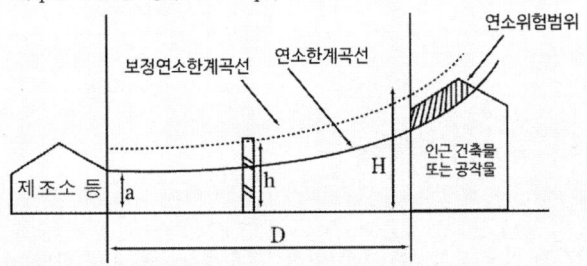

> D : 제조소 등과 인근건축물 또는 공작물과의 거리 [m]
> H : 인근 건축물 또는 공작물과의 높이 [m]
> a : 제조소 등의 외벽의 높이 [m]
> d : 제조소 등과 방화상 유효한 담과의 거리 [m]
> h : 방화상 유효한 담의 높이 [m]
> p : 상 수
>
> | 인근 건축물 또는 공작물 구분 | p의 값 |
> | --- | --- |
> | 목조 : 방화구조 또는 내화구조이고 방화문미설치 | 0.04 |
> | 방화구조 : 제조소등 면한 부분의 개구부에 을종방화문 설치 | 0.15 |
> | 방화구조 또는 내화구조이고 제조소 등 면한 부분의 개구부에 갑종방화문 설치 | ∞ |
>
> 2. 계산
>
> $15m \leq 0.04 \times 20^2 + 10$ 인 경우에 해당하므로 h = 2

11. 위험물의 성질란에 규정된 성상을 2가지 이상 포함하는 물품을 복수성상물품이라 한다. 이 물품이 속하는 품명의 판단기준을 (   ) 안에 맞는 유별을 쓰시오.

> ㉮ 복수성상물품이 산화성 고체의 성상 및 가연성 고체의 성상을 가지는 경우 : (   )류 위험물
> ㉯ 복수성상물품이 산화성 고체의 성상 및 자기반응성 물질의 성상을 가지는 경우 : (   )류 위험물
> ㉰ 복수성상물품이 가연성 고체의 성상과 자연발화성 물질의 성상 및 금수성 물질의 성상을 가지는 경우 : (   )류 위험물
> ㉱ 복수성상물품이 자연바라화성 물질의 성상, 금수성 물질의 성상 및 인화성 액체의 성상을 가지는 경우 : (   )류 위험물
> ㉲ 복수성상물품이 인화성 액체의 성상 및 자기반응성 물질의 성상을 가지는 경우 : (   )류 위험물

정 답

㉮ 제2류, ㉯ 제5류, ㉰ 제3류, ㉱ 제3류, ㉲ 제5류

해 설

성질란에 규정된 성상을 2가지 이상 포함하는 물품(이하 "복수성상물품"이라 한다)이 속하는 품명은 다음에 의한다.

① 복수성상물품이 산화성 고체(제1류)의 성상 및 가연성 고체(제2류)의 성상을 가지는 경우 : 제2류 제8호의 규정에 의한 품명
② 복수성상물품이 산화성 고체(제1류)의 성상 및 자기반응성 물질(제5류)의 성상을 가지는 경우 : 제5류 제11호의 규정에 의한 품명
③ 복수성상물품이 인화성 액체(제4류)의 성상 및 자기반응성 물질(제5류)의 성상을 가지는 경우 : 제5류 제11호의 규정에 의한 품명
④ 복수성상물품이 자연발화성 물질(제3류)의 성상, 금수성 물질의 성상(제3류) 및 인화성액체(제4류)의 성상을 가지는 경우 : 제3류 제12호의 규정에 의한 품명
⑤ 복수성상물품이 가연성 고체(제2류)의 성상과 자연발화성 물질의 성상(제3류) 및 금수성 물질(제3류)의 성상을 가지는 경우 : 제3류 제12호의 규정에 의한 품명

12. 제3류 위험물로서 원자량이 39.1이고, 무른 경금속으로 지정수량이 10kg인 위험물이 다음 물질과 반응할 때 반응식을 쓰시오.

㉮ 이산화탄소
㉯ 에틸알코올
㉰ 사염화탄소

정답

㉮ $4K + 3CO_2 \rightarrow 2K_2CO_3 + C$
㉯ $2K + 2C_2H_5OH \rightarrow 2C_2H_5OK + H_2$
㉰ $4K + CCl_4 \rightarrow 4KCl + C$

해설 칼륨(K, 비중 0.857)
1. 은백색의 광택이 있는 무른 경금속으로 보라색 불꽃을 내면서 연소
2. 할로겐화합물, 산소, 수증기 등과 접촉 발화위험
3. 피부에 접촉하면 화상, 이온화 경향이 큰 금속
4. 등유, 경유, 유동파라핀 등 보호액을 넣은 내통에 밀봉 저장 → 수분과 접촉을 차단하고, 공기 산화를 방지하려고

   1) 칼륨과 물 반응 : $2K + 2H_2O \rightarrow 2KOH + H_2 \uparrow$
   2) 연소반응 : $4K + O_2 \rightarrow 2K_2O$
   3) 이산화탄소와 반응 : $4K + 3CO_2 \rightarrow 2K_2CO_3 + C$
   4) 초산과 반응 : $2K + 2CH_3COOH \rightarrow 2CH_3COOK + H_2 \uparrow$
   5) 알코올과 반응 : $2K + 2C_2H_5OH \rightarrow 2C_2H_5OK + H_2 \uparrow$

13. 소화난이도 등급 I의 제조소 등에 설치하여야 하는 소화설비를 적으시오.

제조소 등의 구분		소화설비
옥내저장소	처마높이가 6 [m] 이상인 단층건물 또는 다른 용도의 부분이 있는 건축물에 설치한 옥내저장소	(1)
옥외탱크저장소	지중탱크 또는 해상탱크 외의 것	유황만을 저장·취급하는 것	(2)
		인화점 70 [℃] 이상의 제4류 위험물만을 저장·취급하는 것	(3)

정답

1. 스프링클러설비 또는 이동식 외의 물분무등소화설비
2. 물분무소화설비
3. 물분무소화설비 또는 고정식 포소화설비

해설 소화난이도등급 I 의 제조소등에 설치하여야 하는 소화설비

옥내 저장소	처마높이가 6m 이상인 단층건물 또는 다른 용도의 부분이 있는 건축물에 설치한 옥내저장소		스프링클러설비 또는 이동식 외의 물분무등소화설비
	그 밖의 것		옥외소화전설비, 스프링클러설비, 이동식 외의 물분무등소화설비 또는 이동식 포소화설비(포소화전을 옥외에 설치하는 것에 한한다)
옥외 탱크 저장소	지중탱크 또는 해상탱크 외의 것	유황만을 저장 취급하는 것	물분무소화설비
		인화점 70℃ 이상의 제4류 위험물만을 저장취급하는 것	물분무소화설비 또는 고정식 포소화설비
		그 밖의 것	고정식 포소화설비(포소화설비가 적응성이 없는 경우에는 분말소화설비)
	지중탱크		고정식 포소화설비, 이동식 이외의 불활성가스소화설비 또는 이동식 이외의 할로겐화합물소화설비
	해상탱크		고정식 포소화설비, 물분무소화설비, 이동식이외의 불활성가스소화설비 또는 이동식 이외의 할로겐화합물소화설비

14. 포소화설비의 수동식 기동장치의 설치기준 3가지만 쓰시오.

정답

1. 기동장치의 조작부에는 유리 등에 의한 방호조치가 되어 있을 것
2. 직접조작 또는 원격조작에 의하여 가압송수장치, 수동식개방밸브 및 포소화약제 혼합장치를 기동할 수 있을 것
3. 기동장치의 조작부 및 호스접속구에는 직근의 보기 쉬운 장소에 각각 "기동장치의 조작부" 또는 "접속구"라고 표시할 것

해설 수동식기동장치는 다음에 정한 것에 의할 것(세부기준 133조)

1. 직접조작 또는 원격조작에 의하여 가압송수장치, 수동식개방밸브 및 포소화약제 혼합장치를 기동할 수 있을 것
2. 2 이상의 방사구역을 갖는 포소화설비는 방사구역을 선택할 수 있는 구조로 할 것
3. 기동장치의 조작부는 화재시 용이하게 접근이 가능하고 바닥면으로부터 0.8 [m] 이상 1.5 [m]

이하의 높이에 설치할 것
4. 기동장치의 조작부에는 유리 등에 의한 방호조치가 되어 있을 것
5. 기동장치의 조작부 및 호스접속구에는 직근의 보기 쉬운 장소에 각각 "기동장치의 조작부" 또는 "접속구"라고 표시할 것

15. 이송취급소의 긴급차단밸브 허가 신청 시 첨부서류를 적으시오.

정답
1. 구조설명서(부대설비를 포함한다)
2. 기능설명서
3. 강도에 관한 설명서
4. 제어계통도
5. 밸브의 종류·형식 및 재료에 관하여 기재한 서류

해설 이송취급소 허가신청 첨부서류
1. 배관 : 위치도(축척 1/5만), 평면도(축척 1/3천), 종단도면, 횡단도면, 도로하천 횡단 금속관 등, 강도계산서, 접합부 구조도, 용접에 관한 설명서, 접합방법에 관한 기재 서류, 배관 기점. 분기점. 종점 위치 기재 서류, 연장에 관한 기재 서류, 주요 규격 및 재료 기재 서류, 기타
2. 긴급차단밸브 및 차단밸브 : 구조설명서(부대설비 포함), 기능설명서, 강도에 관한 설명서, 제어계통도, 밸브의 종류·형식 및 재료에 관하여 기재한 서류
3. 펌프 : 구조설명도, 강도에 관한 설명서, 용적식펌프의 압력상승방지장치에 관한 설명서, 고압판넬·변압기 등 전기설비의 계통도(원동기를 움직이기 위한 전기설비에 한한다),
4. 종류·형식·용량·양정·회전수 및 상용·예비의 구별에 관하여 기재한 서류
5. 실린더 등의 주요 규격 및 재료에 관하여 기재한 서류
6. 원동기의 종류 및 출력에 관하여 기재한 서류
7. 고압판넬의 용량에 관하여 기재한 서류
8. 변압기용량에 관하여 기재한 서류

16. 히드록실아민 200 [kg]을 취급하는 제조소에서 안전거리를 구하시오.

정답
64.38 [m]

해설 히드록실아민 등을 취급하는 제조소 안전거리
$D = 51.1\sqrt[3]{N}$
D : 거리[m], N : 해당 제조소에서 취급하는 지정수량의 배수

1) 히드록실아민 : 제5류 위험물 지정수량 100kg $D = 51.1\sqrt[3]{\dfrac{200}{100}} = 64.38m$

17. 할로겐 원소의 오존층 파괴 지수인 ODP를 구하는 식을 쓰고, 설명하시오.

정답

- ODP(Ozone Depletion Potential) = $\dfrac{\text{어떤 물질 1[kg]이 파괴하는 오존량}}{CFC-11\ 1[kg]\text{이 파괴하는 오존량}}$
- ODP(오존파괴지수)는 어떤 물질이 오존을 파괴하는 능력을 상대적으로 나타내는 지표이다. 이는 기준물질인 CFC-11($CFCl_3$)의 ODP를 1로 정하고 상대적으로 대기권에서의 어떤 물질의 수명, 물질 단위질량당 염소나 브롬 질량의 비, 활성염소와 브롬의 오존파괴능력 등을 고려해 그 물질의 ODP가 정해진다.
- GWP(Global Warming Potential, 지구온난화지수)

  GWP(지구온난화지수) = $\dfrac{\text{어떤물질 }1kg\text{이 기여하는 온난화정도}}{CO_2\ 1kg\text{이 기여하는 온난화정도}}$

18. 다음 주유취급소에 설치하는 표지 및 게시판에 대하여 답하시오.

표지 \ 항목	내용	문자의 색상	바탕의 색상
표지	㉮	흑색	㉯
게시판 표지	㉰	백색	㉱
게시판 표지	㉲	㉳	황색

[정답]
㉮ 위험물 주유취급소
㉯ 백색
㉰ 화기엄금
㉱ 적색
㉲ 주유 중 엔진정지
㉳ 흑색

[해설]

1. 주유취급소 표지 및 게시판
   주유취급소에는 별표 4 Ⅲ제1호의 기준에 준하여 보기 쉬운 곳에 "위험물 주유취급소"라는 표시를 한 표지, 동표 Ⅲ제2호의 기준에 준하여 방화에 관하여 필요한 사항을 게시한 게시판 및 황색바탕에 흑색문자로 "주유중엔진정지"라는 표시를 한 게시판을 설치하여야 한다.

2. 주의사항

위험물의 종류	주의사항	게시판의 색상
제1류 알칼리금속 과산화물 제3류 금수성물질	물기엄금	청색바탕 백색문자
제2류 (인화성고체 제외)	화기주의	적색바탕 백색문자
제2류 인화성고체, 제3류 자연발화성 물질, 제4류, 제5류 위험물	화기엄금	적색바탕 백색문자
제1류(알칼리과산화물제외), 제6류	별도 표시하지 않는다.	

19. 클리블랜드 개방식인화점측정기에 대한 설명으로 적당한 말을 쓰시오.

① 시험장소는 (㉮) 무풍의 장소로 할 것
② 「원유 및 석유제품 인화점 시험방법」(KS M 2010)에 의한 클리블랜드개방식 인화점 측정기의 시료컵의 표선(標線)까지 시험물품을 채우고 시험물품의 표면의 기포를 제거할 것
③ 시험불꽃을 점화하고 화염의 크기를 직경 (㉯) [mm]가 되도록 조정할 것
④ 시험물품의 온도가 60초간 (㉰) [℃]의 비율로 상승하도록 가열하고 설정온도보다 55 [℃] 낮은 온도에 달하면 가열을 조절하여 설정온도보다 28 [℃] 낮은 온도에서 60초간 (㉱) [℃]의 비율로 온도가 상승하도록 할 것
⑤ 시험물품의 온도가 설정온도보다 28 [℃] 낮은 온도에 달하면 시험불꽃을 시료컵의 중심을 횡단하여 일직선으로 (㉲)초간 통과시킬 것. 이 경우 시험불꽃의 중심을 시료컵 위쪽 가장자리의 상방 (㉳) [mm] 이하에서 수평으로 움직여야 한다.
⑥ ⑤의 방법에 의하여 인화하지 않는 경우에는 시험물품의 온도가 2 [℃] 상승할 때마다 시험불꽃을 시료컵의 중심을 횡단하여 일직선으로 1초간 통과시키는 조작을 인화할 때까지 반복할 것
⑦ ⑥의 방법에 의하여 인화한 온도와 설정온도와의 차가 4 [℃]를 초과하지 않는 경우에는 당해 온도를 인화점으로 할 것
⑧ ⑤의 방법에 의하여 인화한 경우 및 ⑥의 방법에 의하여 인화한 온도와 설정온도와의 차가 4 [℃]를 초과하는 경우에는 ② 내지 ⑥과 같은 순서로 반복하여 실시할 것

정답

㉮ 1기압　　㉯ 4
㉰ 14　　㉱ 5.5
㉲ 1　　㉳ 2

해설 위험물의 시험 및 판정

1. 위험물의 성상을 판정하기 위한 시험의 종류(위험물안전관리법 세부기준)

위험물 분류	시험종류	시험항목	적용시험
제1류 산화성 고체	산화성시험	연소시험	연소시험기
		대량연소시험	대량연소시험기
	충격민감성시험	낙구식타격감도시험	낙구식타격감도시험기
		철관시험	철관시험기
제2류 가연성 고체	착화성시험	작은불꽃착화시험	작은불꽃착화시험기
	인화성시험	인화점측정시험	신속평형법
제3류 자연발화성 및 금수성 물질	자연발화성시험	자연발화성시험	자연발화성시험대
	금수성시험	물과의 반응성 시험	물과의 반응성 시험기
제4류 인화성 액체	인화성시험	인화점측정시험	태그밀폐식(자동, 수동)
			신속평형법
			클리브랜드개방식 (자동, 수동)

제5류 자기반응성 물질	폭발성시험	열분석시험	DSC(시차주사열량계) DTA(시차열분석장치)
	가열분해성시험	압력용기시험	압력용기시험기
제6류 산화성 액체	산화성시험	연소시험	연소시험기

2. 위험물의 시험 및 판정[세부기준 제2장]

> **제14조(태그밀폐식인화점측정기에 의한 인화점 측정시험)** 태그(Tag)밀폐식인화점측정기에 의한 인화점 측정시험은 다음 각 호에 정한 방법에 의한다.
> 1. 시험장소는 1기압, 무풍의 장소로 할 것
> 2. 「원유 및 석유 제품 인화점 시험방법 - 태그 밀폐식시험방법」(KS M 2010)에 의한 인화점측정기의 시료컵에 시험물품 50㎤를 넣고 시험물품의 표면의 기포를 제거한 후 뚜껑을 덮을 것
> 3. 시험불꽃을 점화하고 화염의 크기를 직경이 4mm가 되도록 조정할 것
> 4. 시험물품의 온도가 60초간 1℃의 비율로 상승하도록 수조를 가열하고 시험물품의 온도가 설정온도보다 5℃ 낮은 온도에 도달하면 개폐기를 작동하여 시험불꽃을 시료컵에 1초간 노출시키고 닫을 것. 이 경우 시험불꽃을 급격히 상하로 움직이지 아니하여야 한다.
> 5. 제4호의 방법에 의하여 인화하지 않는 경우에는 시험물품의 온도가 0.5℃ 상승할 때마다 개폐기를 작동하여 시험불꽃을 시료컵에 1초간 노출시키고 닫는 조작을 인화할 때까지 반복할 것
> 6. 제5호의 방법에 의하여 인화한 온도가 60℃ 미만의 온도이고 설정온도와의 차가 2℃를 초과하지 않는 경우에는 당해 온도를 인화점으로 할 것
> 7. 제4호의 방법에 의하여 인화한 경우 및 제5호의 방법에 의하여 인화한 온도와 설정온도와의 차가 2℃를 초과하는 경우에는 제2호 내지 제5호에 의한 방법으로 반복하여 실시할 것
> 8. 제5호의 방법 및 제7호의 방법에 의하여 인화한 온도가 60℃ 이상의 온도인 경우에는 제9호 내지 제13호의 순서에 의하여 실시할 것
> 9. 제2호 및 제3호와 같은 순서로 실시할 것
> 10. 시험물품의 온도가 60초간 3℃의 비율로 상승하도록 수조를 가열하고 시험물품의 온도가 설정온도보다 5℃ 낮은 온도에 도달하면 개폐기를 작동하여 시험불꽃을 시료컵에 1초간 노출시키고 닫을 것. 이 경우 시험불꽃을 급격히 상하로 움직이지 아니하여야 한다.
> 11. 제10호의 방법에 의하여 인화하지 않는 경우에는 시험물품의 온도가 1℃ 상승마다 개폐기를 작동하여 시험불꽃을 시료컵에 1초간 노출시키고 닫는 조작을 인화할 때까지 반복할 것
> 12. 제11호의 방법에 의하여 인화한 온도와 설정온도와의 차가 2℃를 초과하지 않는 경우에는 당해 온도를 인화점으로 할 것
> 13. 제10호의 방법에 의하여 인화한 경우 및 제11호의 방법에 의하여 인화한 온도와 설정온도와의 차가 2℃를 초과하는 경우에는 제9호 내지 제11호와 같은 순서로 반복하여 실시할 것

제15조(신속평형법인화점측정기에 의한 인화점 측정시험) 신속평형법인화점측정기에 의한 인화점 측정시험은 다음 각 호에 정한 방법에 의한다.

1. 시험장소는 1기압, 무풍의 장소로 할 것
2. 신속평형법인화점측정기의 시료컵을 설정온도까지 가열 또는 냉각하여 시험물품(설정온도가 상온보다 낮은 온도인 경우에는 설정온도까지 냉각한 것) 2㎖를 시료컵에 넣고 즉시 뚜껑 및 개폐기를 닫을 것
3. 시료컵의 온도를 1분간 설정온도로 유지할 것
4. 시험불꽃을 점화하고 화염의 크기를 직경 4mm가 되도록 조정할 것
5. 1분 경과 후 개폐기를 작동하여 시험불꽃을 시료컵에 2.5초간 노출시키고 닫을 것. 이 경우 시험불꽃을 급격히 상하로 움직이지 아니하여야 한다.
6. 제5호의 방법에 의하여 인화한 경우에는 인화하지 않을 때까지 설정온도를 낮추고, 인화하지 않는 경우에는 인화할 때까지 설정온도를 높여 제2호 내지 제5호의 조작을 반복하여 인화점을 측정할 것

제16조(클리브랜드개방컵인화점측정기에 의한 인화점 측정시험)

1. 시험장소는 1기압, 무풍의 장소로 할 것
2. 「인화점 및 연소점 시험방법 - 클리브랜드 개방컵 시험방법」(KS M ISO 2592)에 의한 인화점 측정기의 시료컵의 표선(標線)까지 시험물품을 채우고 시험물품의 표면의 기포를 제거할 것
3. 시험불꽃을 점화하고 화염의 크기를 직경 4mm가 되도록 조정할 것
4. 시험물품의 온도가 60초간 14℃의 비율로 상승하도록 가열하고 설정온도보다 55℃ 낮은 온도에 달하면 가열을 조절하여 설정온도보다 28℃ 낮은 온도에서 60초간 5.5℃의 비율로 온도가 상승하도록 할 것
5. 시험물품의 온도가 설정온도보다 28℃ 낮은 온도에 달하면 시험불꽃을 시료컵의 중심을 횡단하여 일직선으로 1초간 통과시킬 것. 이 경우 시험불꽃의 중심을 시료컵 위쪽 가장자리의 상방 2mm 이하에서 수평으로 움직여야 한다.
6. 제5호의 방법에 의하여 인화하지 않는 경우에는 시험물품의 온도가 2℃ 상승할 때마다 시험불꽃을 시료컵의 중심을 횡단하여 일직선으로 1초간 통과시키는 조작을 인화할 때까지 반복할 것
7. 제6호의 방법에 의하여 인화한 온도와 설정온도와의 차가 4℃를 초과하지 않는 경우에는 당해 온도를 인화점으로 할 것
8. 제5호의 방법에 의하여 인화한 경우 및 제6호의 방법에 의하여 인화한 온도와 설정온도와의 차가 4℃를 초과하는 경우에는 제2호 내지 제6호와 같은 순서로 반복하여 실시할 것

20. 다음 불활성가스 할로겐화합물 및 불활성가스 소화약제의 구성원소와 성분비를 적으시오.

종류	IG-55	IG-100	IG-541
성분비	㉮	㉯	㉰

정답

㉮ N_2(50%), Ar(50%)

㉯ N_2(100%)

㉰ N_2(52%), Ar(40%), CO_2(8%)

해설

1. 할로겐화합물 및 불활성가스 소화약제 할로겐화합물계열

계열	소화약제	상품명	화학식
HFC	HFC-125	FE-25	C_2HF_5 (펜타플루오르에탄)
	HFC-227ea	FM-200	C_3HF_7 (헵타플루오르프로판)
	HFC-23	FE-13	CHF_3 (트리플루오르메탄)
	HFC-236fa	FE-36	$C_3H_2F_6$ (헥사플루오르프로판)
HCFC	HCFC BLEND A	NAF S-Ⅲ	HCFC-123 : 4.75%, HCFC-22 : 82% HCFC-124 : 9.5%, C10H16 : 3.75%
	HCFC-124	FE-241	C_2HF_4Cl (클로로테트라플루오르에탄)
FIC	FIC-13I1	Tiodide	CF_3I (트리플루오르이오다이드)
FC	FC-3-1-10	CEA-410	C_4F_{10} (퍼플루오르부탄)
	FK-5-1-12	Novec 1230	$C_6(O)F_{12}$ (fluorinated ketone)

참고) FK-5-1-12 플루오르화케톤(도데카플루오로-2-메틸펜탄-3-원)

Undeca 언데카 11
Dodeca 도데카 12

2. 불활성가스계열

 - N_2, Ar, CO_2 가스 중 하나 이상 성분을 기본으로 하는 소화약제

종류	화학식
IG-01	Ar
IG-100	N_2
IG-55	N_2(50%), Ar(50%)
IG-541(Inergen)	N_2(52%), Ar(40%), CO_2(8%)

제61회 과년도 문제풀이(2017년)

01. 특수인화물인 아세트알데히드에 대하여 다음 물음에 답하시오.
  ㉮ 위험도
  ㉯ 연소반응식

정답
㉮ 12.9
㉯ $2CH_3CHO + 5O_2 \rightarrow 4CO_2 + 4H_2O$

해설 아세트알데히드
1. 위험도
   1) 아세트알데히드의 연소범위 : 4.1~57 [%]
   2) 위험도 $= \dfrac{상한값 - 하한값}{하한값} = \dfrac{57 - 4.1}{4.1} = 12.90$
2. 연소반응식 : $2CH_3CHO + 5O_2 \rightarrow 4CO_2 + 4H_2O$

02. 옥외저장탱크에 설치하는 고정포 방출구에 대하여 구조, 주입방법 및 특징을 서술하시오.
  ㉮ I형
  ㉯ II형
  ㉰ III형

정답
㉮ I형 : 고정지붕구조의 탱크에 상부포주입법을 이용하는 것으로서 방출된 포가 액면 아래로 몰입되거나 액면을 뒤섞지 않고 액면상을 덮을 수 있는 통계단 또는 미끄럼판 등의 설비 및 탱크내의 위험물 증기가 외부로 역류되는 것을 저지할 수 있는 구조·기구를 갖는 포방출구
㉯ II형 : 고정지붕구조 또는 부상 덮개부착 고정지붕구조의 탱크에 상부포주입법을 이용하는 것으로 방출된 포가 탱크 옆판의 내면을 따라 흘러내려가면서 액면 아래로 몰입되거나 액면을 뒤섞지 않고 액면상을 덮을 수 있는 반사판 및 탱크 내의 위험물 증기가 외부로 역류되는 것을 저지할 수 있는 주고기구를 갖는 포방출구
㉰ III형 : 고정지붕구조의 탱크에 저부포주입법을 이용하는 것으로서 송포관으로부터 포를 방출하는 포방출구

해설

㉮ Ⅰ형 : 고정지붕구조의 탱크에 상부포주입법을 이용하는 것으로서 방출된 포가 액면 아래로 몰입 되거나 액면을 뒤섞지 않고 액면상을 덮을 수 있는 통계단 또는 미끄럼판 등의 설비 및 탱 크내의 위험물 증기가 외부로 역류되는 것을 저지할 수 있는 구조·기구를 갖는 포방출구

㉯ Ⅱ형 : 고정지붕구조 또는 부상 덮개부착 고정지붕구조의 탱크에 상부포주입법을 이용하는 것으 로 방출된 포가 탱크 옆판의 내면을 따라 흘러내려가면서 액면 아래로 몰입되거나 액면을 뒤섞지 않고 액면상을 엎을 수 있는 반사판 및 탱크 내의 위험물 증기가 외부로 역류되는 것을 저지할 수 있는 주고기구를 갖는 포방출구

㉰ Ⅲ형 : 고정지붕구조의 탱크에 저부포주입법을 이용하는 것으로서 송포관으로부터 포를 방출하 는 포방출구

㉱ Ⅳ형 : 탱크와 액면하의 저부에 설치된 격납통에 수납되어 있는 특수호스 등이 송포관 말단에 접 속되어 포방출시 특수호스등이 전개되어 액면까지 도달한 후 포 방출

㉲ 특형 : 부상지붕에 금속제간막이 설치하고 탱크 옆판과 간막이에 의해 형성된 환상부분에 포를 방사하는 구조 (금속제간막이 0.9 [m] 탱크옆판 내측으로부터 1.2 [m] 이상 이격)

03. 제3류 위험물로서 비중은 0.86이고 은백색의 무른 경금속으로 보라색 불꽃을 내면서 연소 하는 위험물에 대하여 다음 물음에 답하시오.

㉮ 지정수량
㉯ 연소반응식
㉰ 물과의 반응식

정답

㉮ 10 [kg]

㉯ $4K + O_2 \rightarrow 2K_2O$

㉰ $2K + 2H_2O \rightarrow 2KOH + H_2$

해설 칼륨(K, 비중 0.857)

1. 은백색의 광택이 있는 무른 경금속으로 보라색 불꽃을 내면서 연소
2. 할로겐화합물, 산소, 수증기 등과 접촉 발화위험
3. 피부에 접촉하면 화상, 이온화 경향이 큰 금속
4. 등유, 경유, 유동파라핀 등 보호액을 넣은 내통에 밀봉 저장 → 수분과 접촉을 차단하고, 공기 산 화를 방지하려고
   ① 칼륨과 물 반응 : $2K + 2H_2O \rightarrow 2KOH + H_2 \uparrow$
   ② 연소반응 : $4K + O_2 \rightarrow 2K_2O$
   ③ 이산화탄소와 반응 : $4K + 3CO_2 \rightarrow 2K_2CO_3 + C$

④ 초산과 반응 : 2K + 2CH₃COOH → 2CH₃COOK + H₂ ↑
⑤ 알코올과 반응 : 2K + 2C₂H₅OH → 2C₂H₅OK + H₂ ↑

04. 제1류 위험물 중 비중이 2.7이고 외관은 흑자색 결정이며, 물에 녹으면 진한 보라색을 나타내는 물질에 대하여 다음 물음에 답하시오.

㉮ 명칭과 지정수량
㉯ 분해반응식
㉰ 묽은 황산과 반응식
㉱ 진한 황산과 반응 시 생성되는 물질

정답

㉮ 과망간산칼륨, 1,000 [kg]
㉯ $2KMnO_4 \rightarrow K_2MnO_4 + MnO_2 + O_2$
㉰ $4KMnO_4 + 6H_2SO_4 \rightarrow 2K_2SO_4 + 4MnSO_4 + 6H_2O + 5O_2 \uparrow$
㉱ 황산칼륨, 과망간산

해설 과망간산칼륨($KMnO_4$)

물성 : 몰 질량 : 158.034g/mol, 녹는점 : 240℃
① 흑자색의 주상결정으로 산화력 및 살균력
② 물, 알코올에 녹으면 진한 보라색 나타냄.
③ 알코올, 에테르, 글리세린 등 유기물과 접촉을 피한다.
④ 진한 황산과 접촉하면 폭발적으로 반응
⑤ 강알칼리와 접촉하면 산소 방출
⑥ 목탄, 황, 금속분 등 환원성물질과 접촉 시 가열, 충격, 마찰에 의해 폭발
⑦ 알코올, 에테르, 글리세린 등 유기물과 접촉 폭발
  • 분해반응 : $2KMnO_4 \rightarrow K_2MnO_4 + MnO_2 + O_2 \uparrow$
  • 묽은황산반응 : $4KMnO_4 + 6H_2SO_4 \rightarrow 2K_2SO_4 + 4MnSO_4 + 6H_2O + 5O_2 \uparrow$
  • 진한황산반응 : $2KMnO_4 + H_2SO_4 \rightarrow K_2SO_4 + 2HMnO_4$
  • 염산과 반응 : $2KMnO_4 + 16HCl \rightarrow 2KCl + 2MnCl_2 + 8H_2O + 5Cl_2 \uparrow$

05. 위험물안전관리법령에 따른 소화설비에 관한 내용이다. [보기]의 내용을 참조하여 다음 물음에 답하시오.

> [보기]
> - 옥내소화전 6개를 제조소에 설치하였을 경우
> - 옥외소화전 3개를 옥외탱크저장소에 설치하였을 경우

㉮ 보기의 소화설비 중 수원의 용량이 가장 많은 소화설비를 쓰시오.
㉯ 보기의 소화설비 중 최소의 수원을 확보하여야 할 용량을 구하시오. (계산과정을 쓰시오)

정답
㉮ 옥외소화전설비
㉯ 79.5 [m³]

해설 수원의 양 계산

1. 소화설비 설치기준

구분	최대 기준개수	방수량	방사시간	방사압	수평거리	비상전원
옥내소화전	5개	260 ℓpm	30min	0.35Mpa	25m	45분 이상
옥외소화전	4개	450 ℓpm	30min	0.35Mpa	40m	45분 이상

2. 수원의 양
    1) 옥내소화전 5개 × 260 ℓpm × 30min = 39m³ 이상
    2) 옥외소화전 3개 × 450 ℓpm × 30min = 40.5m³ 이상
    3) 합계용량   79.5m³ 이상

06. 0.01 [wt%] 황을 함유한 1,000 [kg]의 코크스를 과잉공기 중에 완전 연소 시 발생되는 SO_2의 양은 몇 [g]인가?

정답

200 [g]

해설

1. 황의 질량 1,000kg의 코크스 × 0.01% = 100g
2. 황의 연소반응식 $S + O_2 \rightarrow SO_2$
3. 여기서 비례식으로 100g의 황을 연소시킬 때 SO_2의 양을 구하면
   32g : 64g = 100g : Xg 이므로 X = 200g이 된다.

07. 지하저장탱크의 주위에는 해당 탱크로부터 액체 위험물의 누설을 검사하기 위한 관을 4개소 이상 설치하여야 하는데, 설치 기준을 쓰시오.

정답

가. 이중관으로 할 것. 다만, 소공이 없는 상부는 단관으로 할 수 있다.
나. 재료는 금속관 또는 경질합성수지관으로 할 것
다. 관은 탱크전용실의 바닥 또는 탱크의 기초까지 닿게 할 것
라. 상부는 물이 침투하지 아니하는 구조로 하고, 뚜껑은 검사시에 쉽게 열 수 있도록 할 것

해설

지하저장탱크의 주위에는 당해 탱크로부터의 액체위험물의 누설을 검사하기 위한 관을 다음의 각 목의 기준에 따라 4개소 이상 적당한 위치에 설치하여야 한다.
가. 이중관으로 할 것. 다만, 소공이 없는 상부는 단관으로 할 수 있다.
나. 재료는 금속관 또는 경질합성수지관으로 할 것
다. 관은 탱크전용실의 바닥 또는 탱크의 기초까지 닿게 할 것
라. 관의 밑부분으로부터 탱크의 중심 높이까지의 부분에는 소공이 뚫려 있을 것. 다만, 지하수위가 높은 장소에 있어서는 지하수위 높이까지의 부분에 소공이 뚫려 있어야 한다.
마. 상부는 물이 침투하지 아니하는 구조로 하고, 뚜껑은 검사시에 쉽게 열 수 있도록 할 것

08. 다음 옥외저장탱크에 벤젠을 저장할 경우 탱크의 내용적[L]을 구하시오.

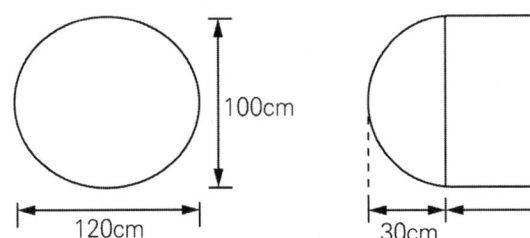

정답

2,543.4 [L]

해설

타원형 탱크의 내용적 = $\dfrac{\pi ab}{4}\left(l + \dfrac{l_1 + l_2}{3}\right)$

$\dfrac{\pi \times 1.2 \times 1}{4} \times \left(2.5 + \dfrac{0.3 + 0.3}{3}\right) = 2.5434 m^3 = 2,543.4 L$

09. 옥내소화전설비의 압력수조를 이용한 가압송수장치의 압력을 구하는 공식을 쓰고 기호를 설명하시오.

정답

$P = p_1 + p_2 + p_3 + 0.35$ [MPa]

P : 필요한 압력[MPa]

p_1 : 소방용 호스의 마찰손실수두압[MPa]

p_2 : 배관의 마찰손실수두압[MPa]

p_3 : 낙차의 환산수두압[MPa].

해설 가압송수장치는 다음 각목에 정한 것에 의하여 설치할 것

가. 고가수조를 이용한 가압송수장치는 (1) 및 (2)에 정한 것에 의할 것
  (1) 낙차(수조의 하단으로부터 호스접속구까지의 수직거리를 말한다. 이하 이 호에서 같다)는 다음 식에 의하여 구한 수치 이상으로 할 것

  $H = h_1 + h_2 + 35m$
  H : 필요낙차 (단위 m)
  h_1 : 방수용 호수의 마찰손실수두 (단위 m)
  h_2 : 배관의 마찰손실수두 (단위 m)

(2) 고가수조에는 수위계, 배수관, 오버플로우용 배수관, 보급수관 및 맨홀을 설치할 것

나. 압력수조를 이용한 가압송수장치는 (1) 내지 (3)에 정한 것에 의할 것
  (1) 압력수조의 압력은 다음 식에 의하여 구한 수치 이상으로 할 것

  > $P = p_1 + p_2 + p_3 + 0.35\text{MPa}$
  > P : 필요한 압력 (단위 MPa)
  > p_1 : 소방용호스의 마찰손실수두압 (단위 MPa)
  > p_2 : 배관의 마찰손실수두압 (단위 MPa)
  > p_3 : 낙차의 환산수두압 (단위 MPa)

  (2) 압력수조의 수량은 당해 압력수조 체적의 2/3 이하일 것
  (3) 압력수조에는 압력계, 수위계, 배수관, 보급수관, 통기관 및 맨홀을 설치할 것

다. 펌프를 이용한 가압송수장치는 (1) 내지 (8)에 정한 것에 의할 것
  (1) 펌프의 토출량은 옥내소화전의 설치개수가 가장 많은 층에 대해 당해 설치개수(설치개수가 5개 이상인 경우에는 5개로 한다)에 260ℓ/min를 곱한 양 이상이 되도록 할 것
  (2) 펌프의 전양정은 다음 식에 의하여 구한 수치 이상으로 할 것

  > $H = h_1 + h_2 + h_3 + 35\text{m}$
  > H : 펌프의 전양정 (단위 m)
  > h_1 : 소방용 호스의 마찰손실수두 (단위 m)
  > h_2 : 배관의 마찰손실수두 (단위 m)
  > h_3 : 낙차 (단위 m)

  (3) 펌프의 토출량이 정격토출량의 150%인 경우에는 전양정은 정격전양정의 65% 이상일 것
  (4) 펌프는 전용으로 할 것. 다만, 다른 소화설비와 병용 또는 겸용하여도 각각의 소화설비의 성능에 지장을 주지 아니하는 경우에는 그러하지 아니하다.
  (5) 펌프에는 토출측에 압력계, 흡입측에 연성계를 설치할 것
  (6) 가압송수장치에는 정격부하운전시 펌프의 성능을 시험하기 위한 배관설비를 설치할 것
  (7) 가압송수장치에는 체절운전시에 수온상승방지를 위한 순환배관을 설치할 것
  (8) 원동기는 전동기 또는 내연기관에 의한 것으로 할 것
  라. 가압송수장치에는 당해 옥내소화전의 노즐선단에서 방수압력이 0.7MPa을 초과하지 아니하도록 할 것
  마. 기동장치는 직접조작이 가능하고, 옥내소화전함의 내부 또는 그 직근의 장소에 설치된 조작부(자동화재탐지설비의 P형발신기를 포함한다)에서 원격조작이 가능하도록 할 것
  바. 가압송수장치는 직접조작에 의해서만 정지되도록 할 것
  사. 소방용호스 및 배관의 마찰손실계산은 Hazen & Williams 공식에 의할 것

10. 위험물 주유취급소에 고정주유설비 또는 고정급유설비의 설치기준에 대하여 (   ) 안에 적당한 숫자를 쓰시오.

> 고정주유설비의 중심선을 기점으로 하여 도로경계선까지 (㉮) [m] 이상, 부지경계선·담 및 건축물의 벽까지 (㉯) [m](개구부가 없는 벽까지는 1 [m]) 이상의 거리를 유지하고, 고정급유설비의 중심선을 기점으로 하여 도로경계선까지 (㉰) [m] 이상, 부지경계선 및 담까지 (㉱) [m] 이상, 건축물의 벽까지 2 [m](개구부가 없는 벽까지는 1 [m]) 이상의 거리를 유지할 것

정답

㉮ 4
㉯ 2
㉰ 4
㉱ 1

해설 주유취급소[규칙 별표13]

Ⅳ. 고정주유설비 등
  1. 주유취급소에는 자동차 등의 연료탱크에 직접 주유하기 위한 고정주유설비를 설치하여야 한다.
  2. 주유취급소의 고정주유설비 또는 고정급유설비는 Ⅲ제1호 가목·나목 또는 마목의 규정에 의한 탱크중 하나의 탱크만으로부터 위험물을 공급받을 수 있도록 하고, 다음 각목의 기준에 적합한 구조로 하여야 한다.
     가. 펌프기기는 주유관 선단에서의 최대토출량이 제1석유류의 경우에는 분당 50ℓ 이하, 경유의 경우에는 분당 180ℓ 이하, 등유의 경우에는 분당 80ℓ 이하인 것으로 할 것. 다만, 이동저장탱크에 주입하기 위한 고정급유설비의 펌프기기는 최대토출량이 분당 300ℓ 이하인 것으로 할 수 있으며, 분당 토출량이 200ℓ 이상인 것의 경우에는 주유설비에 관계된 모든 배관의 안지름을 40mm 이상으로 하여야 한다.
     나. 이동저장탱크의 상부를 통하여 주입하는 고정급유설비의 주유관에는 당해 탱크의 밑부분에 달하는 주입관을 설치하고, 그 토출량이 분당 80ℓ를 초과하는 것은 이동저장탱크에 주입하는 용도로만 사용할 것
     다. 고정주유설비 또는 고정급유설비는 난연성 재료로 만들어진 외장을 설치할 것. 다만, Ⅸ의 규정에 의한 기준에 적합한 펌프실에 설치하는 펌프기기 또는 액중펌프에 있어서는 그러하지 아니하다.
     라. 고정주유설비 또는 고정급유설비의 본체 또는 노즐 손잡이에 주유작업자의 인체에 축적되는 정전기를 유효하게 제거할 수 있는 장치를 설치할 것
  3. 고정주유설비 또는 고정급유설비의 주유관의 길이(선단의 개폐밸브를 포함한다)는 5m(현수식의 경우에는 지면위 0.5m의 수평면에 수직으로 내려 만나는 점을 중심으로 반경 3m) 이내로 하고 그 선단에는 축적된 정전기를 유효하게 제거할 수 있는 장치를 설치하여야 한다.
  4. 고정주유설비 또는 고정급유설비는 다음 각목의 기준에 적합한 위치에 설치하여야 한다.
     가. 고정주유설비의 중심선을 기점으로 하여 도로경계선까지 4m 이상, 부지경계선·담 및 건축물의 벽까지 2m(개구부가 없는 벽까지는 1m) 이상의 거리를 유지하고, 고정급유설비

의 중심선을 기점으로 하여 도로경계선까지 4m 이상, 부지경계선 및 담까지 1m 이상, 건축물의 벽까지 2m(개구부가 없는 벽까지는 1m) 이상의 거리를 유지할 것
나. 고정주유설비와 고정급유설비의 사이에는 4m 이상의 거리를 유지할 것

11. 위험물안전관리법령상 위험물의 분류에서 적당한 위험물의 품명을 쓰시오.

유별	품명	지정수량
제1류 위험물	차아염소산염류, 아염소산염류	50 [kg]
	염소산염류	50 [kg]
	과염소산염류	50 [kg]
	(㉮)	50 [kg]
제2류 위험물	황화린	100 [kg]
	적린	100 [kg]
	(㉯)	100 [kg]
	철분	500 [kg]
	금속분	500 [kg]
	(㉰)	500 [kg]
제3류 위험물	(㉱)	20 [kg]
제5류 위험물	니트로화합물	200 [kg]
	니트로소화합물	200 [kg]
	아조화합물, 디아조화합물	200 [kg]
	(㉲)	200 [kg]
	금속의 아지화합물, 질산구아니딘	200 [kg]

정답

㉮ 무기과산화물
㉯ 유황
㉰ 마그네슘
㉱ 황린
㉲ 히드라진 유도체

해설 위험물 및 지정수량[령 별표1]

위험물			지정수량
유별	성질	품명	
제1류	산화성 고체	1. 아염소산염류	50kg
		2. 염소산염류	50kg
		3. 과염소산염류	50kg
		4. 무기과산화물	50kg
		5. 브롬산염류	300kg
		6. 질산염류	300kg
		7. 요오드산염류	300kg
		8. 과망간산염류	1,000kg
		9. 중크롬산염류	1,000kg
		10. 그 밖에 행정안전부령으로 정하는 것 11. 제1호 내지 제10호의 1에 해당하는 어느 하나 이상을 함유한 것	50kg, 300kg 또는 1,000kg
제2류	가연성 고체	1. 황화린	100kg
		2. 적린	100kg
		3. 유황	100kg
		4. 철분	500kg
		5. 금속분	500kg
		6. 마그네슘	500kg
		7. 그 밖에 행정안전부령으로 정하는 것 8. 제1호 내지 제7호의 1에 해당하는 어느 하나 이상을 함유한 것	100kg 또는 500kg
		9. 인화성고체	1,000kg

		1. 칼륨		10kg
제3류	자연 발화성 물질 및 금수성 물질	2. 나트륨		10kg
		3. 알킬알루미늄		10kg
		4. 알킬리튬		10kg
		5. 황린		20kg
		6. 알칼리금속(칼륨 및 나트륨을 제외한다) 및 알칼리토금속		50kg
		7. 유기금속화합물(알킬알루미늄 및 알킬리튬을 제외한다)		50kg
		8. 금속의 수소화물		300kg
		9. 금속의 인화물		300kg
		10. 칼슘 또는 알루미늄의 탄화물		300kg
		11. 그 밖에 행정안전부령으로 정하는 것 12. 제1호 내지 제11호의 1에 해당하는 어느 하나 이상을 함유한 것		10kg, 20kg, 50kg 또는 300kg
제4류	인화성 액체	1. 특수인화물		50L
		2. 제1석유류	비수용성액체	200L
			수용성액체	400L
		3. 알코올류		400L
		4. 제2석유류	비수용성액체	1,000L
			수용성액체	2,000L
		5. 제3석유류	비수용성액체	2,000L
			수용성액체	4,000L
		6. 제4석유류		6,000L
		7. 동식물유류		10,000L

		1. 유기과산화물	10킬로그램
제5류	자기 반응성 물질	2. 질산에스테르류	10킬로그램
		3. 니트로화합물	200킬로그램
		4. 니트로소화합물	200킬로그램
		5. 아조화합물	200킬로그램
		6. 디아조화합물	200킬로그램
		7. 히드라진 유도체	200킬로그램
		8. 히드록실아민	100킬로그램
		9. 히드록실아민염류	100킬로그램
		10. 그 밖에 행정안전부령으로 정하는 것 11. 제1호 내지 제10호의 1에 해당하는 어느 하나 이상을 함유한 것	10킬로그램, 100킬로그램 또는 200킬로그램
제6류	산화성 액체	1. 과염소산	300킬로그램
		2. 과산화수소	300킬로그램
		3. 질산	300킬로그램
		4. 그 밖에 행정안전부령으로 정하는 것	300킬로그램
		5. 제1호 내지 제4호의 1에 해당하는 어느 하나 이상을 함유한 것	300킬로그램

12. 다음 위험물이 물과 반응할 때 반응식을 쓰시오. (단, 반응이 없으면 "반응 없음"이라고 기재할 것)

㉮ 과산화나트륨

㉯ 과염소산나트륨

㉰ 트리에틸알루미늄

㉱ 인화칼슘

㉲ 아세트알데히드

정답

㉮ $2Na_2O_2 + 2H_2O \rightarrow 4NaOH + O_2$

㉯ 반응 없음

㉰ $(C_2H_5)_3Al + 3H_2O \rightarrow Al(OH)_3 + 3C_2H_6$

㉱ $Ca_3P_2 + 6H_2O \rightarrow 3Ca(OH)_2 + 2PH_3$

㉲ 반응 없음

해설

품목	과산화나트륨	과염소산나트륨	트리에틸알루미늄	인화칼슘	아세트알데히드
화학식	Na_2O_2	$NaClO_4$	$(C_2H_5)_3Al$	Ca_3P_2	CH_3CHO
류별	제1류	제1류	제3류	제3류	제4류
품명	무기과산화물	과염소산염류	알킬알루미늄	금속인화물	특수인화물
물반응가스	O_2	반응없음	C_2H_5	PH_3	반응없음

13. 위험물안전관리법령상에서 규정한 제조소 등에서 안전거리와 보유공지를 두어야 하는 제조소 등의 명칭을 쓰시오.

정답

옥외저장소, 옥외탱크저장소, 옥내저장소, 제조소, 일반취급소, 이송취급소

해설 안전거리 및 보유공지

Ⅰ. 안전거리 규제의 대상
　위험물제조소, 일반취급소, 옥내저장소, 옥외탱크저장소, 옥외저장소, 이송취급소

Ⅱ. 보유공지 규제의 대상

1. 제조소 보유공지

취급하는 위험물의 최대수량	공지의 너비
지정수량의 10배 이하	3m 이상
지정수량의 10배 초과	5m 이상

2. 옥내저장소 보유공지

저장 또는 취급하는 위험물의 최대수량	공지의 너비	
	벽·기둥 및 바닥이 내화구조로 된 건축물	그 밖의 건축물
지정수량의 5배 이하	-	0.5m 이상
지정수량의 5배 초과 10배 이하	1m 이상	1.5m 이상
지정수량의 10배 초과 20배 이하	2m 이상	3m 이상
지정수량의 20배 초과 50배 이하	3m 이상	5m 이상
지정수량의 50배 초과 200배 이하	5m 이상	10m 이상
지정수량의 200배 초과	10m 이상	15m 이상

3. 옥외탱크저장소 보유공지

저장 또는 취급하는 위험물의 최대수량	공지의 너비
지정수량의 500배 이하	3m 이상
지정수량의 500배 초과 1,000배 이하	5m 이상
지정수량의 1,000배 초과 2,000배 이하	9m 이상
지정수량의 2,000배 초과 3,000배 이하	12m 이상
지정수량의 3,000배 초과 4,000배 이하	15m 이상
지정수량의 4,000배 초과	당해 탱크의 수평단면의 최대지름(횡형인 경우에는 긴 변)과 높이 중 큰 것과 같은 거리 이상. 다만, 30m 초과의 경우에는 30m 이상으로 할 수 있고, 15m 미만의 경우에는 15m 이상으로 하여야 한다.

4. 옥외저장소 보유공지

저장 또는 취급하는 위험물의 최대수량	공지의 너비
지정수량의 10배 이하	3m 이상
지정수량의 10배 초과 20배 이하	5m 이상
지정수량의 20배 초과 50배 이하	9m 이상
지정수량의 50배 초과 200배 이하	12m 이상
지정수량의 200배 초과	15m 이상

5. 간이탱크저장소

간이저장탱크는 움직이거나 넘어지지 아니하도록 지면 또는 가설대에 고정시키되, 옥외에 설치하는 경우에는 그 탱크의 주위에 너비 1m 이상의 공지를 두고, 전용실 안에 설치하는 경우에는 탱크와 전용실의 벽과의 사이에 0.5m 이상의 간격을 유지하여야 한다.

6. 일반취급소

위험물을 취급하는 설비(위험물을 이송하기 위한 배관을 제외한다)는 바닥에 고정하고, 당해 설비의 주위에 너비 3m 이상의 공지를 보유할 것. 다만, 당해 설비로부터 3m 미만의 거리에 있는 건축물의 벽(수시로 열 수 있는 자동폐쇄식의 갑종방화문이 달려 있는 출입구 외의 개구부가 없는 것에 한한다) 및 기둥이 내화구조인 경우에는 당해 설비에서 당해 벽 및 기둥까지의 공지를 보유하는 것으로 할 수 있다.

Ⅲ. 세정작업의 일반취급소의 특례

Ⅳ. 열처리작업등의 일반취급소의 특례

Ⅴ. 보일러등으로 위험물을 소비하는 일반취급소의 특례

Ⅵ. 충전하는 일반취급소의 특례

Ⅷ. 옮겨 담는 일반취급소의 특례

7. 이송취급소

1) 지상설치 배관(이송기지의 구내에 설치된 것을 제외한다)의 양측면으로부터 당해 배관의 최대상용압력에 따라 다음 표에 의한 너비(「국토의 계획 및 이용에 관한 법률」에 의한 공업지역 또는 전용공업지역에 설치한 배관에 있어서는 그 너비의 3분의 1)의 공지를 보유할 것. 다만, 양단을 폐쇄한 밀폐구조의 방호구조물 안에 배관을 설치하거나 위험물의 유출확산을 방지할 수 있는 방화상 유효한 담을 설치하는 등 안전상 필요한 조치를 하는 경우에는 그러하지 아니하다.

배관의 최대상용압력	공지의 너비
0.3MPa 미만	5m 이상
0.3MPa 이상 1MPa 미만	9m 이상
1MPa 이상	15m 이상

2) 펌프 등

펌프 및 그 부속설비(이하 "펌프등"이라 한다)를 설치하는 경우에는 다음 각목의 기준에 의하여야 한다.

가. 펌프등(펌프를 펌프실 내에 설치한 경우에는 당해 펌프실을 말한다. 이하 나목에서 같다)은 그 주위에 다음 표에 의한 공지를 보유할 것. 다만, 벽·기둥 및 보를 내화구조로 하고 지붕을 폭발력이 위로 방출될 정도의 가벼운 불연재료로 한 펌프실에 펌프를 설치한 경우에는 다음 표에 의한 공지의 너비의 3분의 1로 할 수 있다.

펌프등의 최대상용압력	공지의 너비
1MPa 미만	3m 이상
1MPa 이상 3MPa 미만	5m 이상
3MPa 이상	15m 이상

14. 어떤 화합물이 질량을 분석한 결과 나트륨 58.97 [%], 산소 41.03 [g]이었다. 이 화합물의 실험식과 분자식을 구하시오. (단, 이 화합물의 분자량은 78 [g/mol]이다)

> **정답**
> - 실험식 : NaO
> - 분자식 : Na_2O_2
>
> 1. 실험식 : 몰 = 질량/분자량이므로 몰비를 구한다.
> $Na : O = \dfrac{58.97}{23} : \dfrac{41.03}{16} = 1 : 1 = NaO$
> 2. 화합물의 분자량으로 몰을 구한다.
>   분자식 $NaO \times n = 78$ ∴ $n = 2$몰
> 3. 분자식은 실험식에 몰을 곱한다
> $NaO \times 2$몰 ∴ Na_2O_2

15. 위험물탱크안전성능검사에서 침투탐상시험의 판정기준 3가지를 쓰시오.

> **정답**
> ① 균열이 확인된 경우에는 불합격으로 해야 함
> ② 선상 및 원형상의 결함크기가 4 [mm]를 초과할 경우에는 불합격으로 해야 함
> ③ 2 이상 결함지시모양이 동일 선상에 연속해서 존재하고 그 상호 간격이 2 [mm] 이하인 경우 상호 간격을 포함하여 연속된 하나의 결함지시모양으로 간주해야 함
>
> **해설**
> ① 균열이 확인된 경우에는 불합격으로 해야 함
> ② 선상 및 원형상의 결함크기가 4 [mm]를 초과할 경우에는 불합격으로 해야 함
> ③ 2 이상 결함지시모양이 동일 선상에 연속해서 존재하고 그 상호 간격이 2 [mm] 이하인 경우 상호 간격을 포함하여 연속된 하나의 결함지시모양으로 간주해야 함
> ④ 결함지시모양이 존재하는 임의의 개소는 2,500 [mm^2]의 사각형(한변 최대길이는 150 [mm]) 내에 길이 1 [mm]를 초과하는 결함지시모양의 길이 합계가 8 [mm]를 초과하는 경우 불합격으로 해야 함

16. 벤젠에 수은(Hg)을 촉매로 하여 질산을 반응시켜 제조하는 물질로 DDNP (Diazodinitro
 - Phenol)의 원료로 사용되는 위험물의 구조식과 품명, 지정수량은?

정답

- 구조식 :

  (2,4,6-트리니트로페놀 구조식: OH, O₂N, NO₂, NO₂ 치환된 벤젠고리)

- 품명 : 니트로화합물
- 지정수량 : 200 [kg]

해설

1. 디아조디니트로페놀(diazodinitrophenol, 약자 DDNP, 화학식 $C_6H_2N_4O_5$)은 폭약의 하나임. 피크린산을 디아조화하여 얻어짐. 황색의 분말로, 녹는점을 나타내지 않고, 180 [℃] 부근에서 분해 폭발함. 물에는 불용, 아세톤에 녹으며, 빛에 의해 빨갛게 변함. 공업용 뇌관의 기폭약으로 넓게 쓰임.
   - 디아조화합물 : 디아조기($N_2=$)를 가진 가장 간단한 화합물

2. 트리니트로페놀(TNP, 피크린산) 특징

화학식	분자량	구조식	녹는점	인화점	발화점	비중
$C_6H_2OH(NO_2)_3$	229	(OH, O₂N, NO₂, NO₂ 치환된 벤젠)	121℃	150℃	300℃	1.8

㉠ 제법 :

$$\text{C}_6\text{H}_5\text{OH} + 3HNO_3 \xrightarrow[\text{니트로화}]{H_2SO_4} \text{C}_6\text{H}_2(\text{NO}_2)_3\text{CH}_3 + 3H_2O$$

㉡ 광택 있는 황색의 침상결정이고 찬물에 미량 녹고 알코올, 에테르, 온수에 잘 녹음
㉢ 쓴맛, 독성, 황색염료와 폭약으로 사용
㉣ 단독으로 가열, 마찰, 충격에 안정하고 연소 시 검은 연기, 폭발X
㉤ 금속염과 혼합 폭발 심함, 가솔린, 알코올, 요오드, 황 혼합 시 심한 폭발

17. 다음은 제6류 위험물과 유황을 옥외저장소에 저장할 때에 관한 내용이다. 다음 ( ) 안에 알맞은 답을 하시오.

> ㉮ (   ) 또는 (   )을 저장하는 옥외저장소에는 불연성 또는 난연성의 천막 등을 설치하여 햇빛을 가릴 것
> ㉯ 경계표시에는 유황이 넘치거나 비산하는 것을 방지하기 위한 천막 등을 고정하는 장치를 설치하되, 천막 등을 고정하는 장치는 경계표시의 길이 ( ) [m]마다 한 개 이상 설치할 것
> ㉰ 유황을 저장 또는 취급하는 장소의 주위에는 (   )와 (   )를 설치할 것

정답

㉮ 과산화수소, 과염소산
㉯ 2
㉰ 배수구, 분리장치

해설 옥외저장소의 기준

1. 옥외저장소 중 위험물을 용기에 수납하여 저장 또는 취급하는 것의 위치・구조 및 설비의 기술기준은 다음 각목과 같다.
   가. 옥외저장소는 별표 4 Ⅰ의 규정에 준하여 안전거리를 둘 것
   나. 옥외저장소는 습기가 없고 배수가 잘 되는 장소에 설치할 것
   다. 위험물을 저장 또는 취급하는 장소의 주위에는 경계표시(울타리의 기능이 있는 것에 한한다. 이와 같다)를 하여 명확하게 구분할 것
   라. 다목의 경계표시의 주위에는 그 저장 또는 취급하는 위험물의 최대수량에 따라 다음 표에 의한 너비의 공지를 보유할 것. 다만, 제4류 위험물 중 제4석유류와 제6류 위험물을 저장 또는 취급하는 옥외저장소의 보유공지는 다음 표에 의한 공지의 너비의 3분의 1 이상의 너비로 할 수 있다.

저장 또는 취급하는 위험물의 최대수량	공지의 너비
지정수량의 10배 이하	3m 이상
지정수량의 10배 초과 20배 이하	5m 이상
지정수량의 20배 초과 50배 이하	9m 이상
지정수량의 50배 초과 200배 이하	12m 이상
지정수량의 200배 초과	15m 이상

   마. 옥외저장소에는 별표 4 Ⅲ제1호의 기준에 따라 보기 쉬운 곳에 "위험물 옥외저장소"라는 표시를 한 표지와 동표 Ⅲ제2호의 기준에 따라 방화에 관하여 필요한 사항을 게시한 게시판을 설치하여야 한다.
   바. 옥외저장소에 선반을 설치하는 경우에는 다음의 기준에 의할 것
      1) 선반은 불연재료로 만들고 견고한 지반면에 고정할 것

2) 선반은 당해 선반 및 그 부속설비의 자중·저장하는 위험물의 중량·풍하중·지진의 영향 등에 의하여 생기는 응력에 대하여 안전할 것
3) 선반의 높이는 6m를 초과하지 아니할 것
4) 선반에는 위험물을 수납한 용기가 쉽게 낙하하지 아니하는 조치를 강구할 것

사. 과산화수소 또는 과염소산을 저장하는 옥외저장소에는 불연성 또는 난연성의 천막 등을 설치하여 햇빛을 가릴 것

아. 눈·비 등을 피하거나 차광 등을 위하여 옥외저장소에 캐노피 또는 지붕을 설치하는 경우에는 환기 및 소화활동에 지장을 주지 아니하는 구조로 할 것. 이 경우 기둥은 내화구조로 하고, 캐노피 또는 지붕을 불연재료로 하며, 벽을 설치하지 아니하여야 한다.

2. 옥외저장소 중 덩어리 상태의 유황만을 지반면에 설치한 경계표시의 안쪽에서 저장 또는 취급하는 것(제1호에 정하는 것을 제외한다)의 위치·구조 및 설비의 기술기준은 제1호 각목의 기준 및 다음 각목과 같다.

가. 하나의 경계표시의 내부의 면적은 100m² 이하일 것

나. 2 이상의 경계표시를 설치하는 경우에 있어서는 각각의 경계표시 내부의 면적을 합산한 면적은 1,000m² 이하로 하고, 인접하는 경계표시와 경계표시와의 간격을 제1호 라목의 규정에 의한 공지의 너비의 2분의 1 이상으로 할 것. 다만, 저장 또는 취급하는 위험물의 최대수량이 지정수량의 200배 이상인 경우에는 10m 이상으로 하여야 한다.

다. 경계표시는 불연재료로 만드는 동시에 유황이 새지 아니하는 구조로 할 것

라. 경계표시의 높이는 1.5m 이하로 할 것

마. 경계표시에는 유황이 넘치거나 비산하는 것을 방지하기 위한 천막 등을 고정하는 장치를 설치하되, 천막 등을 고정하는 장치는 경계표시의 길이 2m마다 한 개 이상 설치할 것

바. 유황을 저장 또는 취급하는 장소의 주위에는 배수구와 분리장치를 설치할 것

18. 이송취급소를 설치한 지역에서 지진을 감지하거나 지진의 정보를 얻은 경우 소방청장이 정하여 고시하는 바에 따라 재해를 방지하기 위한 조치를 강구하여야 한다. 다음에 해당하는 재해방지조치를 쓰시오.

㉮ 진도계 5 이상의 지진 정보를 얻은 경우
㉯ 진도계 4 이상의 지진 정보를 얻은 경우

> **정답**
> ㉮ 진도계 5 이상의 지진정보를 얻은 경우 : 펌프 정지 및 긴급차단밸브 폐쇄
> ㉯ 진도계 4 이상의 지진정보를 얻은 경우 : 당해 지역에 대한 지진재해정보를 계속 수집하고, 상황에 따라 펌프 정지 및 긴급차단밸브 폐쇄
>
> **해설** 지진 시의 재해방지조치(세부기준 제137조)
> 지진을 감지하거나 지진의 정보를 얻은 경우에 재해의 발생 또는 확대를 방지하기 위하여 조치하여야 하는 사항은 다음 각 호와 같다.
> 1. 특정이송취급소에 있어서 감진장치가 가속도 40gal을 초과하지 아니하는 범위내로 설정한 가속도 이상의 지진동을 감지한 경우에는 신속히 펌프의 정지, 긴급차단밸브의 폐쇄, 위험물을 이송하기 위한 배관 및 펌프 그리고 이것에 부속한 설비의 안전을 확인하기 위한 순찰 등 긴급 시에 적절한 조치가 강구되도록 준비해야 함
> 2. 이송취급소를 설치한 지역에 있어서 진도계 5 이상의 지진 정보를 얻은 경우에는 펌프의 정지 및 긴급차단밸브의 폐쇄를 행해야 함
> 3. 이송취급소를 설치한 지역에 있어서 진도계 4 이상의 지진 정보를 얻은 경우에는 당해 지역에 대한 지진재해정보를 계속 수집하고 그 상황에 따라 펌프의 정지 및 긴급차단밸브의 폐쇄를 행해야 함
> 4. 펌프의 정지 및 긴급차단밸브의 폐쇄를 행한 경우 또는 안전제어장치가 지진에 의하여 작동되어 펌프가 정지되고 긴급차단밸브가 폐쇄된 경우에는 위험물을 이송하기 위한 배관 및 펌프에 부속하는 설비의 안전을 확인하기 위한 순찰을 신속히 실시해야 함
> 5. 배관계가 강한 과도한 지진동을 받은 때에는 당해 배관에 관계된 최대상용압력의 1.25배의 압력으로 4시간 이상 수압시험(물 외의 적당한 기체 또는 액체를 이용하여 실시하는 시험을 포함함)을 하여 이상이 없음을 확인해야 함
> 6. 최대상용압력의 1.25배의 압력으로 수압시험을 하는 것이 적당하지 아니한 때에는 당해 최대상용압력의 1.25배 미만의 압력으로 수압시험을 실시해야 함. 이 경우 당해 수압시험의 결과가 이상이 없다고 인정된 때에는 당해 시험압력을 1.25로 나눈 수치 이하의 압력으로 이송하여야 함

19. 다음 소화설비의 적응성이 있으면 ○를 표시하시오.

소화설비의 구분		대상물의 구분			제4류 위험물
		제1류 위험물	제2류 위험물	제3류 위험물	
		알칼리금속의 과산화물 등	금속분	금수성 물품	
옥내소화전설비, 옥외소화전설비					
스프링클러설비					△
물분무등소화설비	물분무소화설비				○
	포소화설비				○
	불활성가스소화설비				
	할로겐화합물소화설비				
	분말 인산염류 등				
	분말 탄산수소염류 등				
	분말 그 밖의 것				

정답

소화설비의 구분		대상물의 구분			제4류 위험물
		제1류 위험물	제2류 위험물	제3류 위험물	
		알칼리금속의 과산화물 등	금속분	금수성 물품	
옥내소화전설비 · 옥외소화전설비					
스프링클러설비					△
물분무등소화설비	물분무소화설비				○
	포소화설비				○
	불활성가스소화설비				○
	할로겐화합물소화설비				○
	분말 인산염류 등				○
	분말 탄산수소염류 등	○	○	○	○
	분말 그 밖의 것	○	○	○	

해설 위험물의 성질에 따른 소화설비의 적응성

소화설비의 구분			건축물·그 밖의 공작물	전기설비	제1류 위험물		제2류 위험물			제3류 위험물		제4류 위험물	제5류 위험물	제6류 위험물
					알칼리금속과산화물 등	그 밖의 것	철분·금속분·마그네슘 등	인화성고체	그 밖의 것	금수성물품	그 밖의 것			
옥내소화전 또는 옥외소화전설비			○			○		○	○		○		○	○
스프링클러설비			○			○		○	○		○	△	○	○
물분무등 소화설비	물분무소화설비		○	○		○		○	○		○	○	○	○
	포소화설비		○			○		○	○		○	○	○	○
	불활성가스소화설비			○				○				○		
	할로겐화합물소화설비			○				○				○		
	분말	인산염류 등	○	○		○		○	○					○
		탄산수소염류 등		○	○		○	○	○		○	○		
		그 밖의 것			○		○			○				
대형, 소형 수동식 소화기	봉상수 소화기		○			○		○	○		○		○	○
	무상수 소화기		○	○		○		○	○		○		○	○
	봉상강화액 소화기		○			○		○	○		○		○	○
	무상강화액 소화기		○	○		○		○	○		○	○	○	○
	포 소화기		○			○		○	○		○	○	○	○
	이산화탄소 소화기			○				○				○		△
	할로겐화합물 소화기			○				○				○		
	분말	인산염류 소화기	○	○		○		○	○					○
		탄산수소염류 소화기		○	○		○	○	○		○	○		
		그 밖의 것			○		○			○				
기타	물통 또는 수조		○			○		○	○		○		○	○
	건조사				○	○	○	○	○	○	○	○	○	○
	팽창질석 또는 팽창진주암				○	○	○	○	○	○	○	○	○	○

"○"표시는 당해 소방대상물 및 위험물에 대하여 소화설비가 적응성이 있음을 표시하고, "△"표시는 제4류 위험물을 저장 또는 취급하는 장소의 살수기준면적에 따라 스프링클러설비의 살수밀도가 다음 표에 정하는 기준 이상인 경우에는 당해 스프링클러설비가 제4류 위험물에 대하여 적응성이 있음을, 제6류 위험물을 저장 또는 취급하는 장소로서 폭발의 위험이 없는 장소에 한하여 이산화탄소소화기가 제6류 위험물에 대하여 적응성이 있음을 각각 표시한다.

20.
위험물안전관리법령에서 규정한 유별을 달리하는 옥내저장소에서 1 [m] 이상의 간격을 두는 경우 다음 위험물을 동일한 옥내저장소에 저장할 수 있는 위험물의 종류를 쓰시오.

㉮ 제1류 위험물(알칼리금속의 과산화물은 제외)
㉯ 제6류 위험물
㉰ 제3류 위험물 중 자연발화성 물질
㉱ 제2류 위험물 중 인화성 고체

정답
㉮ 제5류 위험물
㉯ 제1류 위험물
㉰ 제1류 위험물
㉱ 제4류 위험물

해설 저장의 기준
1. 옥내저장소 또는 옥외저장소의 유별을 달리 1m 간격 두고 저장 가능한 경우(1356/4235)
   1) 제1류 위험물(알칼리금속 과산화물제외)과 제5류 위험물을 저장하는 경우
   2) 제1류 위험물과 제6류 위험물을 저장하는 경우
   3) 제1류 위험물과 제3류 위험물 중 자연발화성 물질(황린)을 저장하는 경우
   4) 제2류 위험물 중 인화성고체와 제4류 위험물을 저장하는 경우
   5) 제3류 위험물 중 알킬알루미늄등과 제4류 위험물(알킬알루미늄 또는 알킬리튬을 함유한 것에 한한다)을 저장하는 경우
   6) 제4류 위험물 중 유기과산화물 또는 이를 함유하는 것과 제5류 위험물 중 유기과산화물 또는 이를 함유한 것을 저장하는 경우
2. 제3류 위험물 중 황린 그 밖에 물속에 저장하는 물품과 금수성 물질은 동일한 저장소에 저장하지 아니한다.
3. 옥내저장소 동일 품명이라도 자연발화우려, 재해 증대 우려 위험물은 지정수량 10배 이하마다 0.3m 이상 간격 두어 저장한다.
4. 옥내, 옥외 저장소 저장높이

기계하역구조로 용기만을 겹쳐 쌓는 경우 옥외저장소 수납용기를 선반에 저장하는 경우	6m 초과금지
제4류 중 3, 4석유류, 동식물유류 수납용기만을 겹쳐 쌓는 경우	4m 초과금지
그 밖의 것(특, 1, 알, 2, 타르위험물)	3m 초과금지

제60회 과년도 문제풀이(2016년)

01. 위험물옥외저장소에 선반을 설치하는 경우에 설치기준을 쓰시오.

> **정답**
> 1. 선반은 불연재료로 만들고 견고한 지반면에 고정할 것
> 2. 선반은 당해 선반 및 그 부속설비의 자중·저장하는 위험물의 중량·풍하중·지진의 영향 등에 의하여 생기는 응력에 대하여 안전할 것
> 3. 선반의 높이는 6m를 초과하지 아니할 것
> 4. 선반에는 위험물을 수납한 용기가 쉽게 낙하하지 아니하는 조치를 강구할 것

02. 다음 ( ) 안에 적당한 말과 숫자를 쓰시오.

> ㉮ 알킬알루미늄 등의 이동탱크저장소에 있어서 이동저장탱크로부터 알킬알루미늄 등을 꺼낼 때에는 동시에 ( ) [kPa] 이하의 압력으로 불활성의 기체를 봉입할 것
> ㉯ 아세트알데히드 등의 제조소 또는 일반취급소에 있어서 아세트알데히드 등을 취급하는 설비에는 연소성 혼합기체의 생성에 의한 폭발 위험이 생겼을 경우 불활성의 기체 또는 ( )[아세트알데히드 등을 취급하는 탱크(옥외에 있는 탱크 또는 옥내에 있는 탱크로서 그 용량이 지정수량의 1/5 미만의 것을 제외한다)에 있어서는 불활성의 기체]를 봉입할 것
> ㉰ 아세트알데히드 등의 이동탱크저장소에 있어서 이동저장탱크로부터 아세트알데히드 등을 꺼낼 때에는 동시에 ( ) [kPa] 이하의 압력으로 불활성의 기체를 봉입할 것

> **정답**
> ㉮ 200, ㉯ 수증기, ㉰ 100

> 해설

1. 알킬알루미늄 등 및 아세트알데히드 등의 저장 취급 기준
   1) 저장 시
      (1) 알킬알루미늄 등 : 20kpa 이하의 압력으로 불활성기체 봉입
      (2) 아세트알데히드 등 : 불활성기체를 봉입
   2) 취급 시(꺼낼 경우)
      (1) 알킬알루미늄 등 : 200kpa 이하의 압력으로 불활성기체 봉입
      (2) 아세트알데히드 등 : 100kpa 이하의 압력으로 불활성기체 봉입

2. 아세트알데히드등을 취급하는 제조소의 특례
   1) 아세트알데히드등을 취급하는 설비는 은·수은·동·마그네슘 또는 이들을 성분으로 하는 합금으로 만들지 아니할 것
   2) 아세트알데히드등을 취급하는 설비에는 연소성 혼합기체의 생성에 의한 폭발을 방지하기 위한 불활성기체 또는 수증기를 봉입하는 장치를 갖출 것
   3) 아세트알데히드등을 취급하는 탱크(옥외에 있는 탱크 또는 옥내에 있는 탱크로서 그 용량이 지정수량의 5분의 1 미만의 것을 제외한다)에는 냉각장치 또는 저온을 유지하기 위한 장치(이하 "보냉장치"라 한다) 및 연소성 혼합기체의 생성에 의한 폭발을 방지하기 위한 불활성기체를 봉입하는 장치를 갖출 것. 다만, 지하에 있는 탱크가 아세트알데히드등의 온도를 저온으로 유지할 수 있는 구조인 경우에는 냉각장치 및 보냉장치를 갖추지 아니할 수 있다.
   4) 다목의 규정에 의한 냉각장치 또는 보냉장치는 2 이상 설치하여 하나의 냉각장치 도는 보냉장치가 고장난 때에도 일정 온도를 유지할 수 있도록 하고, 다음의 기준에 적합한 비상전원을 갖출 것
      (1) 상용전력원이 고장인 경우에 자동으로 비상전원으로 전환되어 가동되도록 할 것
      (2) 비상전원의 용량은 냉각장치 또는 보냉장치를 유효하게 작동할 수 있는 정도일 것
   5) 아세트알데히드등을 취급하는 탱크를 지하에 매설하는 경우에는 당해 탱크를 탱크전용실에 설치할 것

03. 탄화칼슘 10 [kg]이 물과 반응하였을 때 70 [kPa], 30 [℃]에서 몇 [m³]의 아세틸렌가스가 발생하는지 계산하시오. (단, 1기압은 약 101.3 [kPa]이다)

정답

$5.61[m^3]$

해설

1. 탄화칼슘 물 반응식 : $CaC_2 + 2H_2O \rightarrow Ca(OH)_2 + C_2H_2$
2. 탄화칼슘 10kg이 반응할 때 발생하는 아세틸렌가스의 양은
   64kg : 26kg = 10 : Xkg   ∴ X = 4.0625kg
3. 이상기체상태방정식에 의해 부피를 구하면

$$V = \frac{WRT}{PM} = \frac{4.0625 kg \times 0.082 (m^3 \cdot atm/mol \cdot k) \times (273+30)K}{\frac{70kPa}{101.3kPa} \times 1atm \times 26kg} = 5.61 m^3$$

04. 불활성가스 소화설비에서 전역방출방식의 안전조치를 3가지 쓰시오.

정답

① 기동장치의 방출용 스위치 등의 작동으로부터 저장용기의 용기밸브 또는 방출밸브의 개방까지의 시간이 20초 이상 되도록 지연장치를 설치할 것
② 수동기동장치에는 ①에 정한 시간 내에 소화약제가 방출되지 않도록 조치를 할 것
③ 방호구역의 출입구 등 보기 쉬운 장소에 소화약제가 방출된다는 사실을 알리는 표시등을 설치할 것

해설

1. 전역방출방식의 불활성가스소화설비의 분사헤드
   1) 방사된 소화약제가 방호구역의 전역에 균일하고 신속하게 방사할 수 있도록 설치할 것
   2) 분사헤드의 방사압력은 다음에 정한 기준에 의할 것
      (1) 이산화탄소를 방사하는 분사헤드 중 고압식의 것(소화약제가 상온으로 용기에 저장되어 있는 것을 말한다. 이하 같다)에 있어서는 2.1MPa 이상, 저압식의 것(소화약제가 영하 18℃ 이하의 온도로 용기에 저장되어 있는 것을 말한다. 이하 같다)에 있어서는 1.05MPa 이상일 것
      (2) 질소(이하 "IG-100"이라 한다), 질소와 아르곤의 용량비가 50대50인 혼합물(이하 "IG-55"라 한다) 또는 질소와 아르곤과 이산화탄소의 용량비가 52대40대8인 혼합물(이하 "IG-541"이라 한다)을 방사하는 분사헤드는 1.9MPa 이상일 것
   3) 이산화탄소를 방사하는 것은 제3호가목에 정하는 소화약제의 양을 60초 이내에 균일하게 방사하고, IG-100, IG-55 또는 IG-541을 방사하는 것은 제3호가목에 정하는 소화약제의 양의 95% 이상을 60초 이내에 방사할 것

2. 국소방출방식(이산화탄소 소화약제에 한한다)의 불활성가스소화설비(이산화탄소소화설비에 한한다)의 분사헤드는 제1호나목(1)의 예에 의하는 것 외에 다음 각목에 정한 것에 의할 것
   1) 분사헤드는 방호대상물의 모든 표면이 분사헤드의 유효사정 내에 있도록 설치할 것
   2) 소화약제의 방사에 의해서 위험물이 비산되지 않는 장소에 설치할 것
   3) 제3호나목에 정하는 소화약제의 양을 30초 이내에 균일하게 방사할 것
3. 전역방출방식 안전조치
   1) 기동장치의 방출용스위치 등의 작동으로부터 저장용기의 용기밸브 또는 방출밸브의 개방까지의 시간이 20초 이상 되도록 지연장치를 설치할 것
   2) 수동기동장치에는 (1)에 정한 시간내에 소화약제가 방출되지 않도록 조치를 할 것
   3) 방호구역의 출입구 등 보기 쉬운 장소에 소화약제가 방출된다는 사실을 알리는 표시등을 설치할 것

05. 옥외탱크저장소의 간막이 둑에 대하여 적당한 숫자를 쓰시오.

> 용량이 (㉮) [L] 이상인 경우 옥외저장탱크 주위에 설치하는 방유제 간막이 둑의 높이는 (㉯) [m][방유제 내에 설치되는 옥외저장탱크의 용량의 합계가 2억 [L]를 넘는 방유제에 있어서는 (㉰) [m]] 이상으로 하되, 방유제의 높이보다 (㉱) [m] 이상 낮게 할 것

정답
㉮ 1,000만
㉯ 0.3
㉰ 1
㉱ 0.2

해설
용량이 1,000만 ℓ 이상인 옥외저장탱크의 주위에 설치하는 방유제에는 다음의 규정에 따라 당해 탱크마다 간막이 둑을 설치할 것
1) 간막이 둑의 높이는 0.3m(방유제내에 설치되는 옥외저장탱크의 용량의 합계가 2억 ℓ를 넘는 방유제에 있어서는 1m)이상으로 하되, 방유제의 높이보다 0.2m 이상 낮게 할 것
2) 간막이 둑은 흙 또는 철근콘크리트로 할 것
3) 간막이 둑의 용량은 간막이 둑안에 설치된 탱크의 용량의 10% 이상일 것

06. 위험물의 운반에 관한 기준에서 위험등급 I등급에 해당하는 품명을 모두 적으시오.

㉮ 제1류 위험물
㉯ 제3류 위험물
㉰ 제5류 위험물

정답

㉮ 염소산염류, 과염소산염류, 아염소산염류, 무기과산화물 그 밖에 지정수량이 50 [kg]인 위험물
㉯ 나트륨, 알킬리튬, 황린, 칼륨, 알킬알루미늄 그 밖에 지정수량이 10 [kg] 또는 20 [kg]인 위험물
㉰ 질산에스테르류, 유기과산화물 그 밖에 지정수량이 10 [kg]인 위험물

해설 위험물의 위험등급

1. 위험등급 I의 위험물
   가. 제1류 위험물 중 아염소산염류, 염소산염류, 과염소산염류, 무기과산화물 그 밖에 지정수량이 50kg인 위험물
   나. 제3류 위험물 중 칼륨, 나트륨, 알킬알루미늄, 알킬리튬, 황린 그 밖에 지정수량이 10kg 또는 20kg인 위험물
   다. 제4류 위험물 중 특수인화물
   라. 제5류 위험물 중 유기과산화물, 질산에스테르류 그 밖에 지정수량이 10kg인 위험물
   마. 제6류 위험물

2. 위험등급 II의 위험물
   가. 제1류 위험물 중 브롬산염류, 질산염류, 요오드산염류 그 밖에 지정수량이 300kg인 위험물
   나. 제2류 위험물 중 황화린, 적린, 유황 그 밖에 지정수량이 100kg인 위험물
   다. 제3류 위험물 중 알칼리금속(칼륨 및 나트륨을 제외한다) 및 알칼리토금속, 유기금속화합물(알킬알루미늄 및 알킬리튬을 제외한다) 그 밖에 지정수량이 50kg인 위험물
   라. 제4류 위험물 중 제1석유류 및 알코올류
   마. 제5류 위험물 중 제1호 라목에 정하는 위험물 외의 것

3. 위험등급III의 위험물 : 제1호 및 제2호에 정하지 아니한 위험물

07. 분말소화약제의 열분해 반응식을 쓰시오.

㉮ 제1종 분말(270 [℃])
㉯ 제3종 분말(190 [℃])

정답

㉮ $2NaHCO_3 \rightarrow Na_2CO_3 + CO_2 + H_2O$

㉯ $NH_4H_2PO_4 \rightarrow NH_3 + H_3PO_4$

해설 분말소화약제 분해반응식 및 소화효과

종류	열분해 반응식	소화효과
제1종	1차 분해 $2NaHCO_3 \rightarrow Na_2CO_3 + CO_2 + H_2O$ 2차 분해 $2NaHCO_3 \rightarrow Na_2O + 2CO_2 + H_2O$	질식, 냉각, 부촉매
제2종	1차 분해 $2KHCO_3 \rightarrow K_2CO_3 + CO_2 + H_2O$ 2차 분해 $2KHCO_3 \rightarrow K_2O + 2CO_2 + H_2O$	질식, 냉각, 부촉매
제3종	190℃에서 분해 $NH_4H_2PO_4 \rightarrow H_3PO_4 + NH_3$ 215℃에서 분해 $2H_3PO_4 \rightarrow H_4P_2O_7 + H_2O$ 300℃에서 분해 $H_4P_2O_7 \rightarrow 2HPO_3 + H_2O$	질식, 냉각, 부촉매, 방진, 탈수
제4종	$2KHCO_3+(NH_2)_2CO \rightarrow K_2CO_3 + 2NH_3 + 2CO_2$	B, C급

08. 다음 사항에 대한 신고기한을 쓰시오.

사유 및 내용	기간
품명, 수량 또는 지정수량을 변경하고자 하는 날로부터	1일 이내
제조소 등의 설치자 지위를 승계한 날로부터	㉮
제조소 등의 용도폐지(휴업 및 폐업신고)	㉯
안전관리자의 선임신고	㉰
안전관리자의 퇴직 시 재선임기간	㉱

정 답

㉮ 30일 이내
㉯ 14일 이내
㉰ 14일 이내
㉱ 30일 이내

해 설

1. 제조소 등의 지위승계, 용도폐지신고, 취소 사용정지 등
    1) 지위 승계한 날부터 30일 이내 시도지사에 신고
    2) 용도 폐지 날부터 14일 이내 시도지사에 신고
    3) 제조소 등 설치허가 취소와 6개월 이내의 사용정지

2. 위험물안전관리자
    1) 재선임 : 해임 또는 퇴직 시 30일 이내
    2) 선·해임 신고 : 14일 이내
    3) 여행, 질병 기타사유로 직무 수행 불가능시 : 대리자 지정(30일 초과 금지)

3. 위험물시설의 설치 및 변경 등
    위험물 품명, 수량 또는 지정수량의 배수 변경 시 변경하고자 하는 날 1일 전까지 시도지사에 신고

09. 다음 물질의 반응식을 쓰시오.

㉮ 트리메틸알루미늄과 물의 반응식
㉯ ㉮에서 생성되는 기체의 완전연소반응식
㉰ 트리에틸알루미늄과 물의 반응식
㉱ ㉰에서 생성되는 기체의 완전연소반응식

정 답

㉮ $(CH_3)_3Al + 3H_2O \rightarrow Al(OH)_3 + 3CH_4$
㉯ $CH_4 + 2O_2 \rightarrow CO_2 + 2H_2O$
㉰ $(C_2H_5)_3Al + 3H_2O \rightarrow Al(OH)_3 + 3C_2H_6$
㉱ $2C_2H_6 + 7O_2 \rightarrow 4CO_2 + 6H_2O$

해 설 알킬알루미늄

1. 무색액체로 알킬기(C_nH_{2n+1})와 알루미늄이 결합한 화합물
2. 알킬기의 탄소 1~4개까지 화합물은 공기와 접촉하면 자연발화
3. 알킬기의 탄소 5개까지는 점화원에 의해 불이 붙고 6개 이상 공기 중 서서히 산화하여 흰 연기가 난다.
4. 벤젠이나 헥산으로 희석, 저장용기 상부는 불연성가스로 봉입

종류	화학식	상태	물과 반응 시 발생가스
트리메틸알루미늄	$(CH_3)_3Al$	무색 액체	CH_4
트리에틸알루미늄	$(C_2H_5)_3Al$	무색 액체	C_2H_6
트리프로필알루미늄	$(C_3H_7)_3Al$	무색 액체	C_3H_8
트리부틸알루미늄	$(C_4H_9)_3Al$	무색 액체	C_4H_{10}

10. 25 [℃]에서 포화용액 80 [g] 속에 25 [g]이 녹아있다. 용해도를 구하시오.

정답

45.45

해설

1. 용해도

   일정한 온도에서 용매 100g에 최대로 녹을 수 있는 용질의 g수

   용해도 = $\dfrac{용질의 g수}{(용매의 g수)} \times 100$

2. 계산

   1) 용매의 g수 = 80g - 25g = 55g

   2) 용질의 g수 = 25g

   3) 용해도 = $\dfrac{25g}{55g} \times 100 = 45.45$

11. 일반취급소에서 취급하는 작업은 일부 특례를 기준으로 정하고 있다. 이 특례기준에 해당하는 종류 5가지를 쓰시오.

> **정답**
> 1. 화학실험의 일반취급소
> 2. 세정작업의 일반취급소
> 3. 분무도장작업등의 일반취급소
> 4. 충전하는 일반취급소
> 5. 유압장치 등을 설치하는 일반취급소

> **해설**
> 1. 분무도장작업등의 일반취급소 : 도장, 인쇄 또는 도포를 위하여 제2류 위험물 또는 제4류 위험물(특수인화물 제외)을 취급하는 일반취급소로서 지정수량의 30배 미만의 것
> 2. 세정작업의 일반취급소 : 세정을 위하여 위험물(인화점이 40℃ 이상인 제4류 위험물)을 취급하는 일반취급소로서 지정수량의 30배 미만의 것
> 3. 열처리작업 등의 일반취급소 : 열처리작업 또는 방전가공을 위하여 위험물(인화점이 70℃ 이상인 제4류 위험물)을 취급하는 일반취급소로서 지정수량의 30배 미만의 것
> 4. 보일러 등으로 위험물을 소비하는 일반취급소 : 보일러, 버너 그 밖의 이와 유사한 장치로 위험물(인화점이 38℃ 이상인 제4류 위험물)을 소비하는 일반취급소로서 지정수량의 30배 미만의 것
> 5. 충전하는 일반취급소 : 이동저장탱크에 액체위험물(알킬알루미늄등, 아세트알데히드등 및 히드록실아민 등을 제외)을 주입하는 일반취급소
> 6. 옮겨 담는 일반취급소 : 고정급유설비에 의하여 위험물(인화점이 38℃ 이상인 제4류 위험물)을 용기에 옮겨 담거나 4,000ℓ 이하의 이동저장탱크(용량이 2,000ℓ를 넘는 탱크에 있어서는 그 내부를 2,000ℓ 이하마다 구획한 것)에 주입하는 일반취급소로서 지정수량의 40배 미만인 것
> 7. 유압장치 등을 설치하는 일반취급소 : 위험물을 이용한 유압장치 또는 윤활유 순환장치를 설치하는 일반취급소(고인화점 위험물만을 100℃ 미만의 온도로 취급하는 것)로서 지정수량의 50배 미만의 것
> 8. 절삭장치 등을 설치하는 일반취급소 : 절삭유의 위험물을 이용한 절삭장치, 연삭장치 그 밖의 이와 유사한 장치를 설치하는 일반취급소(고인화점 위험물만을 100℃ 미만의 온도로 취급하는 것)로서 지정수량의 30배 미만의 것
> 9. 열매체유 순환장치를 설치하는 일반취급소 : 위험물 외의 물건을 가열하기 위하여 위험물(고인화점 위험물)을 이용한 열매체유 순환장치를 설치하는 일반취급소로서 지정수량의 30배 미만의 것
> 10. 화학실험의 일반취급소 : 화학실험을 위하여 위험물을 취급하는 일반취급소로서 지정수량의 30배 미만의 것

12. 위험물 옥외저장탱크에 알코올류를 20만 리터, 30만 리터, 50만 리터 저장하고 있는 탱크 3기를 동일 방유제 내에 설치하고자 할 때 방유제의 최소용량[m³]을 구하시오.

정답
550 [m³]

해설
1. 옥외탱크저장소 방유제 용량
   1) 탱크 하나 : 탱크용량 110 [%] 이상(비인화성 100 [%])
   2) 2기 이상 : 110%Qmax
   3) 방유제용량 = 내용적-(최대탱크외 방유제 높이 이하 용적 + 기초체적 + 간막이 둑 체적 + 방유제 내 배관 체적)
2. 가장 큰 탱크 500,000 [l] × 110% = 550,000[l] = 550m³ 이상

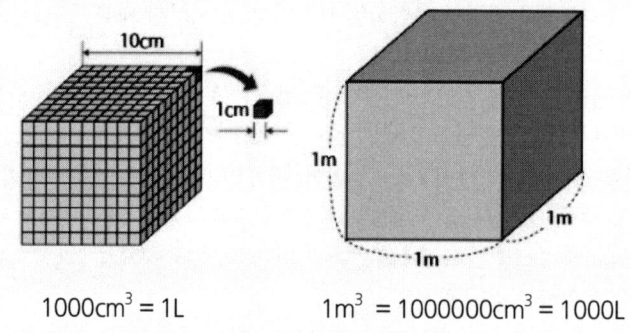

1000cm³ = 1L   1m³ = 1000000cm³ = 1000L

13. 무색 또는 오렌지색의 결정으로 분자량 110인 제1류 위험물에 대한 설명이다. 다음 물음에 답하시오.

㉮ 물과의 반응
㉯ 아세트산과 반응
㉰ 염산과 반응

정답
㉮ $2K_2O_2 + 2H_2O \rightarrow 4KOH + O_2$
㉯ $K_2O_2 + 2CH_3COOH \rightarrow 2CH_3COOK + H_2O_2$
㉰ $K_2O_2 + 2HCl \rightarrow 2KCl + H_2O_2$

해설 과산화칼륨
1. 무색 또는 오렌지색 결정
2. 가열하면 산화칼륨과 산소 발생 : $2K_2O_2 \rightarrow 2K_2O + O_2$

3. 물에 녹으면 수산화칼륨 산소발생 : $2K_2O_2 + 2H_2O \rightarrow 4KOH + O_2 \uparrow$
4. 흡습성, 에탄올에 잘 녹음 : $K_2O_2 + 2C_2H_5OH \rightarrow 2C_2H_5OK + H_2O_2 \uparrow$
5. 가열하면 폭발을 일으키며 물과 반응하여 발열하고 심하면 폭발
6. 피부 접촉하면 피부를 부식시킴
   1) 이산화탄소와 반응 : $2K_2O_2 + 2CO_2 \rightarrow 2K_2CO_3 + O_2 \uparrow$
   2) 황산과 반응 : $K_2O_2 + H_2SO_4 \rightarrow K_2SO_4 + H_2O_2 \uparrow$
   3) 아세트산 반응 : $K_2O_2 + 2CH_3COOH \rightarrow 2CH_3COOK + H_2O_2 \uparrow$

14. 위험물제조소 등은 제조소, 취급소, 저장소로 분류하는데 저장소의 종류 8가지를 쓰시오.

정답

간이탱크저장소, 이동탱크저장소, 지하탱크저장소, 암반탱크저장소, 옥내저장소, 옥외저장소, 옥외탱크저장소

해설 지정수량 이상의 위험물을 저장하기 위한 장소와 그에 따른 저장소의 구분

지정수량 이상의 위험물을 저장하기 위한 장소	저장소의 구분
1. 옥내(지붕과 기둥 또는 벽 등에 의하여 둘러싸인 곳을 말한다. 이하 같다)에 저장(위험물을 저장하는데 따르는 취급을 포함한다. 이하 이 표에서 같다)하는 장소. 다만, 제3호의 장소를 제외한다.	옥내저장소
2. 옥외에 있는 탱크(제4호 내지 제6호 및 제8호에 규정된 탱크를 제외한다. 이하 제3호에서 같다)에 위험물을 저장하는 장소	옥외탱크저장소
3. 옥내에 있는 탱크에 위험물을 저장하는 장소	옥내탱크저장소
4. 지하에 매설한 탱크에 위험물을 저장하는 장소	지하탱크저장소
5. 간이탱크에 위험물을 저장하는 장소	간이탱크저장소
6. 차량(피견인자동차에 있어서는 앞차축을 갖지 아니하는 것으로서 당해 피견인자동차의 일부가 견인자동차에 적재되고 당해 피견인자동차와 그 적재물의 중량의 상당부분이 견인자동차에 의하여 지탱되는 구조의 것에 한한다)에 고정된 탱크에 위험물을 저장하는 장소	이동탱크저장소
7. 옥외에 다음 각목의 1에 해당하는 위험물을 저장하는 장소. 다만, 제2호의 장소를 제외한다. 가. 제2류 위험물 중 유황 또는 인화성고체(인화점이 섭씨 0도 이상인 것에 한한다) 나. 제4류 위험물 중 제1석유류(인화점이 섭씨 0도 이상인 것에 한한다) · 알코올류 · 제2석유류 · 제3석유류 · 제4석유류 및 동식물유류 다. 제6류 위험물 라. 제2류 위험물 및 제4류 위험물중 특별시 · 광역시 또는 도의 조례에서 정하는 위험물(「관세법」 제154조의 규정에 의한 보세구역안에 저장하는 경우에 한한다)	옥외저장소

마. 「국제해사기구에 관한 협약」에 의하여 설치된 국제해사기구가 채택한 「국제해상위험물규칙」(IMDG Code)에 적합한 용기에 수납된 위험물	
8. 암반 내의 공간을 이용한 탱크에 액체의 위험물을 저장하는 장소	암반탱크저장소

15. 옥내저장소에 초산에틸 200 [L], 시클로헥산 500 [L], 클로로벤젠 2,000 [L], 에탄올아민 2,000 [L]를 저장할 때 지정수량의 배수를 구하시오.

정답

6배

해설

1. 위험물 지정수량

초산에틸	시클로헥산	클로로벤젠	에탄올아민
제1석유류	제1석유류	제2석유류	제3석유류 수용성
200L	200L	1,000L	4,000L

2. 지정수량의 배수 $= \dfrac{200}{200} + \dfrac{500}{200} + \dfrac{2,000}{1,000} + \dfrac{2,000}{4,000} = 6$배

3. 참고 : 화합물 속에 탄소 개수에 해당하는 접두어 및 류별 품명

C_1	C_2	C_3	C_4	C_5
메타	에타	프로타	부타	펜타
니트로메탄	니트로에탄	니트로프로판	클로로부탄	노르말펜탄 이소펜탄
니트로화합물	니트로화합물	4-2(비)	4-1(비)	특수인화물
C_6	C_7	C_8	C_9	C_{10}
헥타	헵타	옥타	노나	데카
노르말헥산 시클로헥산 시클로펜탄	노르말헵탄 시클로헵탄	노르말옥탄	시클로옥탄 노르말노난	노르말데칸
4-1(비)	4-1(비)	4-1(비)	4-2(비)	4-2(비)

16. 다음 제4류 위험물의 성상이다. 빈 칸에 적당한 내용을 채워 넣으시오.

품명	수용성 구분	인화점의 범위	지정수량	화학식
			2,000 [L]	HCOOH
		70 [℃] 이상 200 [℃] 미만		$C_6H_5NH_2$
제1석유류				C_6H_{12}
	수용성			CH_3CN

정답

품명	수용성 구분	인화점의 범위	지정수량	화학식
제2석유류	수용성	21 [℃] 이상 70 [℃] 미만	2,000 [L]	HCOOH
제3석유류	비수용성	70 [℃] 이상 200 [℃] 미만	2,000 [L]	$C_6H_5NH_2$
제1석유류	비수용성	21 [℃] 미만	200 [L]	C_6H_{12}
제1석유류	수용성	21 [℃] 미만	400 [L]	CH_3CN

해설 제4류위험물 인화점에 따른 품명

1. 특수인화물 : 발화점이 섭씨 100도 이하인 것 또는 인화점이 섭씨 영하 20도 이하이고 비점이 섭씨 40도 이하
2. 제1석유류 : 섭씨 21도 미만
3. 제2석유류 : 섭씨 21도 이상 70도 미만
4. 제3석유류 : 섭씨 70도 이상 섭씨 200도 미만
5. 제4석유류 : 섭씨 200도 이상 섭씨 250도 미만

17. 다음 설명에 해당하는 물질에 대하여 다음 물음에 답하시오.

- 휘발성이 강하고 진한 증기는 마취성이 있어 장시간 흡입 시 위험하다.
- 직사일광에 분해하여 과산화물을 생성하므로 갈색병에 저장하여 냉암소에 보관한다.
- 비중은 0.7, 증기비중은 2.6, 연소범위는 1.9~48 [%]이다.

㉮ 명칭, 화학식, 지정수량을 쓰시오.
㉯ 품명에 대한 위험물안전관리법령상 정의를 쓰시오.
㉰ 보냉장치가 없는 이동저장탱크에 저장할 때 저장온도[℃]를 쓰시오.

> 정답

㉮ 명칭 : 디에틸에테르
　화학식 : $C_2H_5OC_2H_5$
　지정수량 : 50 [L]
㉯ 디에틸에테르, 이황화탄소 그 밖에 1기압에서 발화점이 100 [℃] 이하인 것 또는 인화점이 -20 [℃] 이하이고, 비점이 40 [℃] 이하인 것
㉰ 40 [℃]

> 해설

1. 디에틸에테르
　1) 물성

화학식	분자량	인화점℃	비점℃	착화점℃	비중	연소범위%
$C_2H_5OC_2H_5$	74	-45	34.5	180℃	0.72	1.9~48

　2) 특징
　　(1) 휘발성이 강한 무색투명한 특유의 향이 있는 액체
　　(2) 물에 약간 녹고 알코올에 잘 녹으며 발생된 증기는 마취성이 있다.
　　(3) 공기와 장기간 접촉하면 과산화물이 생성되므로 갈색병에 저장
　　(4) 에테르는 전기불량도체이므로 정전기발생 주의
　　(5) 동식물성 섬유로 여과 시 정전기 발생 쉽다.
　　(6) 용기의 공간용적을 2% 이상
　3) 제법
　　(1) 에탄올에 진한 황산을 넣고 130~140℃ 반응시키면 축합반응에 의해 생성
　　(2) $C_2H_5OH + C_2H_5OH \rightarrow C_2H_5OC_2H_5 + H_2O$

2. 특수인화물 정의
　"특수인화물"이라 함은 이황화탄소, 디에틸에테르 그 밖에 1기압에서 발화점이 섭씨 100도 이하인 것 또는 인화점이 섭씨 영하 20도 이하이고 비점이 섭씨 40도 이하인 것을 말한다.

3. 위험물탱크 등 내부 유지온도

위험물탱크 등		유지온도
옥외탱크. 옥내탱크. 지하탱크 중 비압력탱크	아세트알데히드	15℃ 이하
	디에틸에테르, 산화프로필렌	30℃ 이하
압력탱크	아세트알데히드, 디에틸에테르	40℃ 이하
보냉장치가 없는 이동저장탱크	아세트알데히드, 디에틸에테르	40℃ 이하
보냉장치가 있는 이동저장탱크	아세트알데히드, 디에틸에테르	비점 이하
옥내저장소	용기 수납하여 저장	55℃ 이하

18. 제2류 위험물에 대하여 다음 물음에 답하시오.

㉮ 마그네슘과 물의 화학반응식
㉯ 인화성고체 - 고형알코올 그 밖의 1기압에서 인화점이 (　) [℃] 미만인 고체
㉰ 알루미늄과 염산이 반응하여 수소를 발생하는 화학반응식

정답

㉮ $Mg + 2H_2O \rightarrow Mg(OH)_2 + H_2$
㉯ 40
㉰ $2Al + 6HCl \rightarrow 2AlCl_3 + 3H_2$

해설

1. 마그네슘
   1) 정의 : 마그네슘 및 제2류제8호의 물품 중 마그네슘을 함유한 것에 있어서는 다음 각목의 1에 해당하는 것은 제외한다.
      가. 2밀리미터의 체를 통과하지 아니하는 덩어리 상태의 것
      나. 직경 2밀리미터 이상의 막대 모양의 것
   2) 마그네슘 물 반응식 $Mg + 2H_2O \rightarrow Mg(OH)_2 + H_2$
2. "인화성고체"라 함은 고형알코올 그 밖에 1기압에서 인화점이 섭씨 40도 미만인 고체를 말한다.
3. 금속분
   1) "금속분"이라 함은 알칼리금속·알칼리토류금속·철 및 마그네슘외의 금속의 분말을 말하고, 구리분·니켈분 및 150마이크로미터의 체를 통과하는 것이 50중량퍼센트 미만인 것은 제외한다.
   2) 알루미늄과 염산 반응식 $2Al + 6HCl \rightarrow 2AlCl_3 + 3H_2$

19. 주유취급소의 주유공지 및 급유공지에 대하여 (　)에 적당한 말을 쓰시오.

㉮ 주유취급소의 고정주유설비의 주위에는 주유를 받으려는 자동차 등이 출입할 수 있도록 너비 (　) [m] 이상, 길이 (　) [m] 이상의 콘크리트 등으로 포장한 공지를 보유하여야 하고, 고정급유설비를 설치하는 경우에는 고정급유설비의 (　)의 주위에 필요한 공지를 보유하여야 한다.
㉯ 공지의 바닥은 주위 지면보다 높게 하고 그 표면을 적당하게 경사지게 하여 새어나온 기름, 그 밖의 액체가 공지의 외부로 유출되지 아니하도록 (　)·(　) 및 (　)를 하여야 한다.

정답
㉮ 15, 6, 호스기기
㉯ 집유설비, 배수구, 유분리장치

해설 **주유공지 및 급유공지**

1. 주유취급소의 고정주유설비(펌프기기 및 호스기기로 되어 위험물을 자동차등에 직접 주유하기 위한 설비로서 현수식의 것을 포함한다. 이하 같다)의 주위에는 주유를 받으려는 자동차 등이 출입할 수 있도록 너비 15m 이상, 길이 6m 이상의 콘크리트 등으로 포장한 공지(이하 "주유공지"라 한다)를 보유하여야 하고, 고정급유설비(펌프기기 및 호스기기로 되어 위험물을 용기에 옮겨 담거나 이동저장탱크에 주입하기 위한 설비로서 현수식의 것을 포함한다. 이하 같다)를 설치하는 경우에는 고정급유설비의 호스기기의 주위에 필요한 공지(이하 "급유공지"라 한다)를 보유하여야 한다.
2. 제1호의 규정에 의한 공지의 바닥은 주위 지면보다 높게 하고, 그 표면을 적당하게 경사지게 하여 새어나온 기름 그 밖의 액체가 공지의 외부로 유출되지 아니하도록 배수구·집유설비 및 유분리장치를 하여야 한다.

20. 회백색의 금속분말로 묽은 염산에서 수소가스를 발생하며, 비중이 약 7.86, 융점 1,533[℃]인 제2류 위험물이 위험물안전관리법령상 위험물이 되기 위한 조건은?

정답
철의 분말로, 53 [μm]의 표준체를 통과하는 것이 50 [wt%] 이상인 것

해설
"가연성고체"라 함은 고체로서 화염에 의한 발화의 위험성 또는 인화의 위험성을 판단하기 위하여 고시로 정하는 시험에서 고시로 정하는 성질과 상태를 나타내는 것을 말한다.

> 3. 유황은 순도가 60중량퍼센트 이상인 것을 말한다. 이 경우 순도측정에 있어서 불순물은 활석 등 불연성물질과 수분에 한한다.
> 4. "철분"이라 함은 철의 분말로서 53마이크로미터의 표준체를 통과하는 것이 50중량퍼센트 미만인 것은 제외한다.
> 5. "금속분"이라 함은 알칼리금속·알칼리토류금속·철 및 마그네슘외의 금속의 분말을 말하고, 구리분·니켈분 및 150마이크로미터의 체를 통과하는 것이 50중량퍼센트 미만인 것은 제외한다.
> 6. 마그네슘 및 제2류제8호의 물품중 마그네슘을 함유한 것에 있어서는 다음 각목의 1에 해당하는 것은 제외한다.
>   가. 2밀리미터의 체를 통과하지 아니하는 덩어리 상태의 것
>   나. 직경 2밀리미터 이상의 막대 모양의 것
> 7. 황화린·적린·유황 및 철분은 제2호의 규정에 의한 성상이 있는 것으로 본다.
> 8. "인화성고체"라 함은 고형알코올 그 밖에 1기압에서 인화점이 섭씨 40도 미만인 고체를 말한다.

제59회 과년도 문제풀이(2016년)

01. 위험물옥외저장탱크의 상부에 포소화설비의 포방출구를 설치한다. 위험물 저장탱크에 따라 포방출구 설치기준이 다르다. 다음 물음에 답하시오.

㉮ 고정지붕탱크(Cone Roof Tank)에 설치하여야 하는 포방출구의 종류
㉯ 부상지붕탱크(Floating Roof Tank)에 설치하여야 하는 포방출구의 종류

정 답

㉮ Ⅰ형, Ⅱ형, Ⅲ형, Ⅳ형
㉯ 특형

해설 고정식방출구의 종류

	Ⅰ형	Ⅱ형	Ⅲ형	Ⅳ형	특형
탱크	CRT탱크	CRT탱크 IFRT탱크	CRT탱크	CRT탱크	FRT탱크
주입 방식	상부포주입법	상부포주입법	저부포주입법	저부포주입법	상부포주입법
	통계단, 미끄럼판	디플렉터	송포관	격납통	금속제간막이
약제	불,수,단,합	불,수,단,합	불,수	불,수,단,합	불,수,단,합
수용성			수용성액체용포소화약제		

02. 다음 물질의 명칭, 시성식, 품명에 적당한 말을 쓰시오.

명칭	시성식	품명
(㉮)	C_2H_5OH	(㉯)
에틸렌글리콜	(㉰)	제3석유류 수용성
(㉱)	$C_3H_5(OH)_3$	(㉲)

정 답

㉮ 에틸알코올, ㉯ 알코올류, ㉰ $C_2H_4(OH)_2$, ㉱ 글리세린, ㉲ 제3석유류 수용성

해설

명칭	시성식	품명
에틸알코올	C_2H_5OH	알코올류
에틸렌글리콜	$C_2H_4(OH)_2$	제3석유류 수용성
글리세린	$C_3H_5(OH)_3$	제3석유류 수용성

03. 지정수량의 20배(하나의 저장창고의 바닥면적이 150 [m²] 이하인 경우에는 50배) 이하의 위험물을 저장 또는 취급하는 옥내저장소에 안전거리를 두지 아니할 수 있는 기준 3가지를 쓰시오.

정답
① 저장창고에 창을 설치하지 아니할 것
② 저장창고의 출입구에 수시로 열 수 있는 자동폐쇄방식의 갑종방화문이 설치되어 있을 것
③ 저장창고의 벽·기둥·바닥·보 및 지붕이 내화구조인 것

해설 옥내저장소 안전거리 제외가능 장소
1. 제4석유류 또는 동식물유류의 위험물을 저장 또는 취급, 최대수량이 지정수량의 (20)배 미만
2. 제(6)류 위험물을 저장 또는 취급
3. 지정수량의 20배(하나의 저장창고의 바닥면적이 150 [m²] 이하인 경우에는 50배) 이하의 위험물을 저장 또는 취급하는 옥내저장소 중에서
   1) 저장창고의 벽·기둥·바닥·보 및 지붕이 내화구조인 것
   2) 저장창고의 출입구에 수시로 열 수 있는 자동폐쇄방식의 갑종방화문이 설치되어 있을 것
   3) 저장창고에 창을 설치하지 아니할 것

04. 제3종 분말약제인 인산암모늄의 각 온도에 따른 분해 반응식을 써라.

㉮ 190 [℃]에서 인산으로 분해될 때 반응식
㉯ 215 [℃]에서 피로인산으로 분해될 때 반응식
㉰ 300 [℃]에서 메타인산으로 분해될 때 반응식

정답

㉮ 190℃에서 분해 $NH_4H_2PO_4 \rightarrow H_3PO_4 + NH_3$

㉯ 215℃에서 분해 $2H_3PO_4 \rightarrow H_4P_2O_7 + H_2O$

㉰ 300℃에서 분해 $H_4P_2O_7 \rightarrow 2HPO_3 + H_2O$

해설

1. 인산

 인산(phosphoric acid)은 무기 산소산의 일종으로, 화학식은 H_3PO_4이다. 인산은 산 자체와 PO_{43}^-이온을 동시에 가리키기도 하며, 대체로 화학에서의 인산은 산으로서 인산을 포함하는 산성 반응물을 가리킨다.

2. 인산의 종류

 1) 인산(Phosphoric Acid)은 올소인산, 피로인산, 메타인산 등이 있는데, 일반적으로는 올소인산을 인산이라고 부른다. (H_3PO_4)

 2) 피로인산(Pyrophosphoric Acid)은 다중인산이다. 두 분자의 올소인산에서 한 분자의 물이 빠져 생긴 4가산이다. ($H_4P_2O_7$)

 3) 메타인산(Metaphosphoric Acid)은 보통의 인산보다 한 분자의 물이 적은 무색투명한 인산 (HPO_3)

05. 니트로글리세린 500 [g]이 부피 320 [mL]의 용기에서 완전 분해 폭발하여 폭발온도가 1,000 [℃]일 경우 압력[atm]은? (단, 이상기체상태방정식에 따른다)

정답

5212.69 [atm]

해설

1. 니트로글리세린의 완전분해반응식

 $4C_3H_5(ONO_2)_3 \rightarrow 12CO_2 + 10H_2O + 6N + O_2$

 $x[\text{mol}] = \dfrac{500\,[\text{g}] \times 29\,[\text{mol}]}{4 \times 227\,[\text{g}]} = 15.97\,[\text{mol}]$

2. 이상기체상태방정식을 이용하여 압력을 구하면

 $PV = nRT$에서 $P = \dfrac{nRT}{V}$

 $\therefore P = \dfrac{nRT}{V} = \dfrac{15.97\,[\text{mol}] \times 0.08205\,[\ell \cdot \text{atm/g-mol} \cdot \text{K}] \times (273+1{,}000)\,[\text{K}]}{0.32\,[\ell]}$

 $= 5212.69\,[\text{atm}]$

06. 치아염소산염류를 옥내저장소에 저장하려고 저장창고를 설치할 경우 다음 물음에 답하시오.

㉮ 저장창고는 지면에서 처마까지의 높이 몇 [m] 미만인 단층 건물로 하고, 그 바닥을 지반면보다 높게 하여야 하는가?
㉯ 저장창고의 보와 서까래의 재료는?
㉰ 하나의 저장창고의 면적은?
㉱ 연소 우려가 있는 외벽의 출입구에 설치하는 문은?
㉲ 저장창고의 창 또는 출입구에 사용하는 유리는?

정답

㉮ 6
㉯ 불연재료
㉰ 1,000 [m²]
㉱ 수시로 열 수 있는 자동폐쇄식의 갑종방화문
㉲ 망입유리

해설

Ⅰ. 옥내저장소의 기준
1. 옥내저장소는 안전거리를 두어야 한다. 다만, 다음 각목의 1에 해당하는 옥내저장소는 안전거리를 두지 아니할 수 있다.
   가. 제4석유류 또는 동식물유류의 위험물을 저장 또는 취급하는 옥내저장소로서 그 최대수량이 지정수량의 20배 미만인 것
   나. 제6류 위험물을 저장 또는 취급하는 옥내저장소
   다. 지정수량의 20배(하나의 저장창고의 바닥면적이 150m² 이하인 경우에는 50배) 이하의 위험물을 저장 또는 취급하는 옥내저장소로서 다음의 기준에 적합한 것
      1) 저장창고의 벽·기둥·바닥·보 및 지붕이 내화구조인 것
      2) 저장창고의 출입구에 수시로 열 수 있는 자동폐쇄방식의 갑종방화문이 설치되어 있을 것
      3) 저장창고에 창을 설치하지 아니할 것
2. 옥내저장소의 주위에는 그 저장 또는 취급하는 위험물의 최대수량에 따라 다음 표에 의한 너비의 공지를 보유하여야 한다. 다만, 지정수량의 20배를 초과하는 옥내저장소와 동일한 부지내에 있는 다른 옥내저장소와의 사이에는 동표에 정하는 공지의 너비의 3분의 1(당해 수치가 3m 미만인 경우에는 3m)의 공지를 보유할 수 있다.

저장 또는 취급하는 위험물의 최대수량	공지의 너비	
	벽·기둥 및 바닥이 내화구조로 된 건축물	그 밖의 건축물
지정수량의 5배 이하		0.5m 이상
지정수량의 5배 초과 10배 이하	1m 이상	1.5m 이상
지정수량의 10배 초과 20배 이하	2m 이상	3m 이상
지정수량의 20배 초과 50배 이하	3m 이상	5m 이상
지정수량의 50배 초과 200배 이하	5m 이상	10m 이상
지정수량의 200배 초과	10m 이상	15m 이상

3. 옥내저장소에는 별표 4 Ⅲ제1호의 기준에 따라 보기 쉬운 곳에 "위험물 옥내저장소"라는 표시를 한 표지와 동표 Ⅲ제2호의 기준에 따라 방화에 관하여 필요한 사항을 게시한 게시판을 설치하여야 한다.
4. 저장창고는 위험물의 저장을 전용으로 하는 독립된 건축물로 하여야 한다.
5. 저장창고는 지면에서 처마까지의 높이(이하 "처마높이"라 한다)가 6m 미만인 단층건물로 하고 그 바닥을 지반면보다 높게 하여야 한다. 다만, 제2류 또는 제4류의 위험물만을 저장하는 창고로서 다음 각목의 기준에 적합한 창고의 경우에는 20m 이하로 할 수 있다.
   가. 벽·기둥·보 및 바닥을 내화구조로 할 것
   나. 출입구에 갑종방화문을 설치할 것
   다. 피뢰침을 설치할 것. 다만, 주위상황에 의하여 안전상 지장이 없는 경우에는 그러하지 아니하다.
6. 하나의 저장창고의 바닥면적(2 이상의 구획된 실이 있는 경우에는 각 실의 바닥면적의 합계)은 다음 각목의 구분에 의한 면적 이하로 하여야 한다. 이 경우 가목의 위험물과 나목의 위험물을 같은 저장창고에 저장하는 때에는 가목의 위험물을 저장하는 것으로 보아 그에 따른 바닥면적을 적용한다.
   가. 다음의 위험물을 저장하는 창고 : 1,000m^2
      1) 제1류 위험물 중 아염소산염류, 염소산염류, 과염소산염류, 무기과산화물 그 밖에 지정수량이 50kg인 위험물
      2) 제3류 위험물 중 칼륨, 나트륨, 알킬알루미늄, 알킬리튬 그 밖에 지정수량이 10kg인 위험물 및 황린
      3) 제4류 위험물 중 특수인화물, 제1석유류 및 알코올류
      4) 제5류 위험물 중 유기과산화물, 질산에스테르류 그 밖에 지정수량이 10kg인 위험물
      5) 제6류 위험물
   나. 가목의 위험물 외의 위험물을 저장하는 창고 : 2,000m^2
   다. 가목의 위험물과 나목의 위험물을 내화구조의 격벽으로 완전히 구획된 실에 각각 저장하는 창고 : 1,500m^2(가목의 위험물을 저장하는 실의 면적은 500m^2를 초과할 수 없다)
7. 저장창고의 벽·기둥 및 바닥은 내화구조로 하고, 보와 서까래는 불연재료로 하여야 한다. 다만, 지정수량의 10배 이하의 위험물의 저장창고 또는 제2류와 제4류의 위험물(인화성고

체 및 인화점이 70℃ 미만인 제4류 위험물을 제외한다)만의 저장창고에 있어서는 연소의 우려가 없는 벽·기둥 및 바닥은 불연재료로 할 수 있다.

8. 저장창고는 지붕을 폭발력이 위로 방출될 정도의 가벼운 불연재료로 하고, 천장을 만들지 아니하여야 한다. 다만, 제2류 위험물(분상의 것과 인화성고체를 제외한다)과 제6류 위험물만의 저장창고에 있어서는 지붕을 내화구조로 할 수 있고, 제5류 위험물만의 저장창고에 있어서는 당해 저장창고 내의 온도를 저온으로 유지하기 위하여 난연재료 또는 불연재료로 된 천장을 설치할 수 있다.
9. 저장창고의 출입구에는 갑종방화문 또는 을종방화문을 설치하되, 연소의 우려가 있는 외벽에 있는 출입구에는 수시로 열 수 있는 자동폐쇄식의 갑종방화문을 설치하여야 한다.
10. 저장창고의 창 또는 출입구에 유리를 이용하는 경우에는 망입유리로 하여야 한다.
11. 제1류 위험물 중 알칼리금속의 과산화물 또는 이를 함유하는 것, 제2류 위험물 중 철분·금속분·마그네슘 또는 이중 어느 하나 이상을 함유하는 것, 제3류 위험물 중 금수성물질 또는 제4류 위험물의 저장창고의 바닥은 물이 스며 나오거나 스며들지 아니하는 구조로 하여야 한다.
12. 액상의 위험물의 저장창고의 바닥은 위험물이 스며들지 아니하는 구조로 하고, 적당하게 경사지게 하여 그 최저부에 집유설비를 하여야 한다.
13. 저장창고에 선반 등의 수납장을 설치하는 경우에는 다음 각목의 기준에 적합하게 하여야 한다.
    가. 수납장은 불연재료로 만들어 견고한 기초 위에 고정할 것
    나. 수납장은 당해 수납장 및 그 부속설비의 자중, 저장하는 위험물의 중량 등의 하중에 의하여 생기는 응력에 대하여 안전한 것으로 할 것
    다. 수납장에는 위험물을 수납한 용기가 쉽게 떨어지지 아니하게 하는 조치를 할 것
14. 저장창고에는 별표 4 Ⅴ 및 Ⅵ의 규정에 준하여 채광·조명 및 환기의 설비를 갖추어야 하고, 인화점이 70℃ 미만인 위험물의 저장창고에 있어서는 내부에 체류한 가연성의 증기를 지붕 위로 배출하는 설비를 갖추어야 한다.
15. 저장창고에 설치하는 전기설비는 「전기사업법」에 의한 전기설비기술기준에 의하여야 한다.
16. 지정수량의 10배 이상의 저장창고(제6류 위험물의 저장창고를 제외한다)에는 피뢰침을 설치하여야 한다. 다만, 저장창고의 주위의 상황에 따라 안전상 지장이 없는 경우에는 피뢰침을 설치하지 아니할 수 있다.
17. 제5류 위험물 중 셀룰로이드 그 밖에 온도의 상승에 의하여 분해·발화할 우려가 있는 것의 저장창고는 당해 위험물이 발화하는 온도에 달하지 아니하는 온도를 유지하는 구조로 하거나 다음 각목의 기준에 적합한 비상전원을 갖춘 통풍장치 또는 냉방장치 등의 설비를 2 이상 설치하여야 한다.
    가. 상용전력원이 고장인 경우에 자동으로 비상전원으로 전환되어 가동되도록 할 것
    나. 비상전원의 용량은 통풍장치 또는 냉방장치 등의 설비를 유효하게 작동할 수 있는 정도일 것

07. 옥외탱크저장소의 주변에 설치하는 유분리장치의 설치목적을 쓰시오.

정 답

유분리장치는 집유설비에 유입된 위험물이 직접 배수구에 흘러들어가지 아니하도록 위험물과 물과의 비중차를 이용하여 분리시키는 시설이다.

해설 옥외저장탱크의 펌프설비(규칙 별표 6)

1. 펌프설비의 주위에는 너비 3m 이상의 공지를 보유할 것. 다만, 방화상 유효한 격벽을 설치하는 경우와 제6류 위험물 또는 지정수량의 10배 이하 위험물의 옥외저장탱크의 펌프설비에 있어서는 그러하지 아니하다.
2. 펌프설비로부터 옥외저장탱크까지의 사이에는 당해 옥외저장탱크의 보유공지 너비의 3분의 1 이상의 거리를 유지할 것
3. 펌프설비는 견고한 기초 위에 고정할 것
4. 펌프 및 이에 부속하는 전동기를 위한 건축물 그 밖의 공작물(이하 "펌프실"이라 한다)의 벽·기둥·바닥 및 보는 불연재료로 할 것
5. 펌프실의 지붕을 폭발력이 위로 방출될 정도의 가벼운 불연재료로 할 것
6. 펌프실의 창 및 출입구에는 갑종방화문 또는 을종방화문을 설치할 것
7. 펌프실의 창 및 출입구에 유리를 이용하는 경우에는 망입유리로 할 것
8. 펌프실의 바닥의 주위에는 높이 0.2m 이상의 턱을 만들고 바닥은 콘크리트 등 위험물이 스며들지 아니하는 재료로 적당히 경사지게 하여 그 최저부에는 집유설비를 설치할 것
9. 펌프실에는 위험물을 취급하는데 필요한 채광, 조명 및 환기의 설비를 설치할 것
10. 가연성 증기가 체류할 우려가 있는 펌프실에는 그 증기를 옥외의 높은 곳으로 배출하는 설비를 설치할 것
11. 펌프실외의 장소에 설치하는 펌프설비에는 그 직하의 지반면의 주위에 높이 0.15m 이상의 턱을 만들고 당해 지반면은 콘크리트 등 위험물이 스며들지 아니하는 재료로 적당히 경사지게 하여 그 최저부에는 집유설비를 할 것. 이 경우 제4류 위험물(온도 20℃의 물 100g에 용해되는 양이 1g 미만인 것에 한한다)을 취급하는 펌프설비에 있어서는 당해 위험물이 직접 배수구에 유입하지 아니하도록 집유설비에 유분리장치를 설치하여야 한다.
12. 인화점이 21℃ 미만인 위험물을 취급하는 펌프설비에는 보기 쉬운 곳에 제9호 마목의 규정에 준하여 "옥외저장탱크 펌프설비"라는 표시를 한 게시판과 방화에 관하여 필요한 사항을 게시한 게시판을 설치할 것. 다만, 소방본부장 또는 소방서장이 화재예방상 당해 게시판을 설치할 필요가 없다고 인정하는 경우에는 그러하지 아니하다.

08. 제4류 위험물을 취급하는 제조소 또는 일반취급소에는 자체소방대를 설치하여야 한다. 자체소방대의 설치 제외 대상인 일반취급소 3가지를 쓰시오.

> **정답**
> ① 이동저장탱크 그 밖에 이와 유사한 장치로 위험물을 주입하는 일반취급소
> ② 보일러, 버너 그 밖에 이와 유사한 장치로 위험물을 소비하는 일반취급소
> ③ 용기에 위험물을 옮겨 담는 일반취급소

> **해설**
> 1. 자체소방대 설치대상 : 지정수량 3,000배 이상의 제4류 위험물을 취급하는 제조소 또는 일반취급소
> 2. 자체소방대 설치 제외대상 일반취급소
>   ㉠ 보일러, 버너 등의 장치로 위험물을 소비하는 일반취급소
>   ㉡ 이동저장탱크 등에 위험물을 주입하는 일반취급소
>   ㉢ 용기에 위험물을 옮겨 닮는 일반취급소
>   ㉣ 유압장치, 윤활유 순환장치 등 장치로 위험물을 취급하는 일반취급소
>   ㉤ 광산보안법 적용을 받는 일반취급소

09. 포소화설비의 기동장치에 대한 설명이다. 다음 ( ) 안에 적당한 말과 숫자를 쓰시오.

> ㉮ 자동식 기동장치는 (   )의 작동 또는 폐쇄형 스프링클러헤드의 개방과 연동하여 가압송수장치, 일제개방밸브 및 포소화약제 혼합장치가 기동될 수 있도록 할 것
> ㉯ 수동식 기동장치는 직접조작 또는 (   )에 의하여 가압송수장치, 수동식 개방밸브 및 포소화약제 혼합장치를 기동할 수 있을 것
> ㉰ 기동장치의 조작부는 (   ) [m] 이상 (   ) [m] 이하의 높이에 설치할 것
> ㉱ 기동장치의 (   )에는 유리 등에 의한 방호조치가 되어 있을 것

> **정답**
> ㉮ 자동화재탐지설비의 감지기
> ㉯ 원격조작
> ㉰ 0.8[m], 1.5[m]
> ㉱ 조작부

해설 포소화설비의 기동장치의 설치기준(위험물안전관리에 관한 세부기준 제133조)

1. 자동식 기동장치는 자동화재탐지설비 감지기의 작동 또는 폐쇄형 스프링클러헤드의 개방과 연동하여 가압송수장치, 일제개방밸브 및 포소화약제 혼합장치가 기동될 수 있도록 할 것. 다만, 자동화재탐지설비의 수신기가 설치되어 있는 장소에 상시 사람이 있고 화재 시 즉시 당해 조작부를 작동시킬 수 있는 경우에는 그러지 아니하다.
2. 수동식 기동장치는 다음에 정한 것에 의할 것
   1) 직접조작 또는 원격조작에 의하여 가압송수장치, 수동식 개방밸브 및 포소화약제 혼합장치를 기동할 수 있는 것
   2) 2 이상의 방사구역을 갖는 포소화설비는 방사구역을 선택할 수 있는 구조로 할 것
   3) 기동장치의 조작부에는 유리 등에 의한 방호조치가 돼 있을 것
   4) 기동장치의 조작부는 화재 시 용이하게 접근이 가능하고 바닥면으로부터 0.8 [m] 이상 1.5 [m] 이하의 높이에 설치할 것
   5) 기동장치의 조작부 및 호스접속구에는 직근의 보기 쉬운 장소에 각각 "기동장치의 조작부" 또는 "접속구"라고 표시할 것

10. 수소화나트륨이 물과 반응할 때의 화학반응식을 쓰고, 이때 발생된 가스의 위험도를 구하시오.

정답

1. 반응식 : $NaH + H_2O \rightarrow NaOH + H_2 \uparrow$
2. 위험도 : 17.75

해설

1. 발생하는 가스 : 수소(폭발범위 : 4.0~75[%])
2. 위험도 $H = \dfrac{U-L}{L}$ 여기서 U : 폭발 상한계 [%], L : 폭발 하한계 [%]

   ∴ 위험도(H) = $\dfrac{75-4}{4}$ = 17.75

11. 옥내저장소에 피리딘 400 [L], MEK 400 [L], 클로로벤젠 2,000 [L], 니트로벤젠 2,000 [L]를 저장할 때 지정수량의 배수를 구하시오.

정답

6배

해설

1. 지정수량의 배수 = $\dfrac{\text{저장(취급)량}}{\text{지정수량}} + \dfrac{\text{저장(취급)량}}{\text{지정수량}} + \cdots$

2. 각 위험물의 지정수량

품목	피리딘	MEK	클로로벤젠	니트로벤젠
품명	제1석유류 (수용성)	제1석유류 (비수용성)	제2석유류 (비수용성)	제3석유류 (비수용성)
지정수량	400[L]	200[L]	1,000[L]	2,000[L]

∴ 지정수량의 배수 = $\dfrac{400\,[L]}{400\,[L]} + \dfrac{400\,[L]}{200\,[L]} + \dfrac{2{,}000\,[L]}{1{,}000\,[L]} + \dfrac{2{,}000\,[L]}{2{,}000\,[L]} = 6$배

12. 위험물의 운반에 관한 기준에서 운반용기의 재질 5가지를 쓰시오.

정답

① 알루미늄판
② 유리
③ 금속판
④ 양철판
⑤ 강판

해설 운반용기 재질

강판 · 알루미늄판 · 양철판 · 유리 · 금속판 · 종이 · 플라스틱 · 섬유판 · 고무류 · 합성섬유 · 삼 · 짚 · 나무

13. 탄화칼슘이 물과 반응할 때 아세틸렌가스를 발생하는 반응식을 쓰시오.

> **정답**
> $CaC_2 + 2H_2O \rightarrow Ca(OH)_2 + C_2H_2$
>
> **해설** 탄화칼슘
> 1. 물과의 반응 : $CaC_2 + 2H_2O \rightarrow Ca(OH)_2 + C_2H_2 \uparrow$
> 2. 물과 반응하여 생성되는 가스는 아세틸렌(C_2H_2)이며, 폭발범위는 2.5~81 [%]이다.
> 3. 약 700 [℃] 이상에서 반응 : $CaC_2 + N_2 \rightarrow CaCN_2 + C$
> 4. 아세틸렌가스와 금속과의 반응 : $C_2H_2 + 2Ag \rightarrow Ag_2C_2 + H_2 \uparrow$

14. 방화상 유효한 담의 높이를 구하는 그림에서 ㉠, ㉡, ㉢의 명칭을 쓰시오.

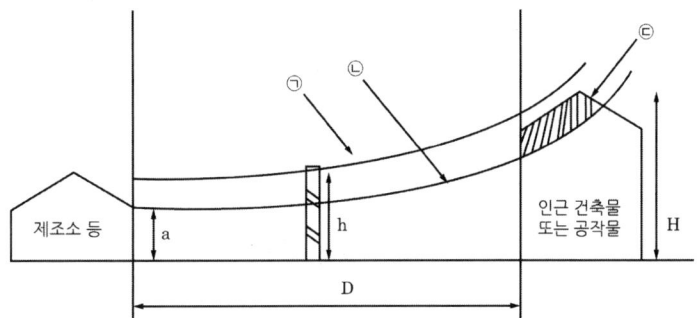

> **정답**
> ㉠ 보정연소한계곡선, ㉡ 연소한계곡선, ㉢ 연소위험범위
>
> **해설** 안전거리의 단축 방화상 유효한 담의 높이
> $H \leq PD^2 + a$ 인 경우 $h = 2$ 이상
> $H > PD^2 + a$ 인 경우 $h = H - P(D^2 - d^2)$ 이상
> ㉠ 보정연소한계곡선
> ㉡ 연소한계범위
> ㉢ 연소위험범위
>   D : 제조소 등과 인근 건축물 또는 공작물과의 거리
>   d : 제조소 등과 방화상 유효한 담과의 거리
>   H : 인근 건축물 또는 공작물 높이(M)　　a : 제조소 등의 외벽의 높이
>   h : 방화상 유효한 담의 높이　　　　　　p : 상수

15. ANFO 폭약에 사용되는 위험물에 대하여 답하시오.

㉮ 분자식
㉯ 같은 류의 위험등급이 동일한 품명 2가지
㉰ 폭발반응식

정 답

㉮ 분자식 : $N_2H_4O_3$
㉯ 브롬산염류, 요오드산염류
㉰ $2NH_4NO_3 \rightarrow 2N_2 + 4H_2O + O_2$

해 설

1. 질산암모늄(ANFO폭약원료)
   1) 무색무취의 결정, 조해성, 흡수성
   2) 물, 알코올에 녹는다(흡열반응).
   3) 유기물과 혼합 가열하면 폭발한다.
      가열분해반응 : $NH_4NO_3 \rightarrow N_2O + 2H_2O$
      분해폭발반응 : $2NH_4NO_3 \rightarrow 4H_2O + 2N_2 + O_2 \uparrow$
   4) ANFO폭약 : NH_4NO_3 94 [%]와 경유 6 [%] 혼합하여 제조
   5) 화학식 : NH_4NO_3 분자식 : $N_2H_4O_3$

2. 화학식 : 원자, 분자, 이온 등을 원소기호와 숫자를 이용해 나타내는 것
   1) 시성식 : 화합물의 특성을 나타내는 작용기를 사용하여 나타낸 식
   2) 구조식 : 화합물 분자 내에서의 원자의 결합상태를 나타낸 식
   3) 분자식 : 분자를 조성하는 원자의 종류와 수를 원소 기호와 숫자를 사용하여 나타낸 식
      예) H_2O, CO_2, H_2SO_4 등
   4) 실험식 : 물질을 구성하는 원자 수의 비를 가장 간단한 정수비로 나타낸 식

16. 전역방출방식의 불활성가스 소화설비에 대하여 다음 물음에 답하시오.

㉮ 고압식 이산화탄소를 사용할 경우 방사압력은?
㉯ 저압식 이산화탄소를 사용할 경우 방사압력은?
㉰ 질소 100 [%]를 사용하는 소화약제의 방사압력은?
㉱ 질소 50 [%], 아르곤 50[%]를 사용하는 소화약제의 방사압력은?
㉲ 질소 52 [%], 아르곤 40[%], 이산화탄소 8[%]를 사용하는 소화약제 95 [%] 이상을 몇 초 이내에 방사하여야 하는가?

정답

㉮ 2.1 [MPa] 이상 ㉯ 1.05 [MPa] 이상 ㉰ 1.9 [MPa] 이상
㉱ 1.9 [MPa] 이상 ㉲ 60초 이내

해설 불활성가스 소화약제 방사압력 및 방사시간

구분		전역방출방식			국소방출방식
		이산화탄소		불활성가스	이산화탄소
		고압식	저압식	IG-100, IG-55, IG-541	
방사압력		2.1Mpa 이상	1.05Mpa 이상	1.9Mpa 이상	-
방사시간		60초 이내	60초 이내	95% 이상 60초 이내	30초 이내
충전비(압력)		1.5 이상 1.9 이하	1.1 이상 1.4 이하	32Mpa 이하	
배관	강관	Sch 80 이상	Sch 40 이상	40℃에서 내부압력에 견디는 강관 및 동관	
	동관	16.5Mpa 이상	3.75Mpa 이상		

17. 제4류 위험물 중 특수인화물인 디에틸에테르에 대하여 물음에 답하시오.

㉮ 분자식
㉯ 시성식
㉰ 증기비중

정답

㉮ $C_4H_{10}O$, ㉯ $C_2H_5OC_2H_5$, ㉰ 2.55

해설

1. 화학식 : 원자, 분자, 이온 등을 원소기호와 숫자를 이용해 나타내는 것
    1) 시성식 : 화합물의 특성을 나타내는 작용기를 사용하여 나타낸 식
    2) 구조식 : 화합물 분자 내에서의 원자의 결합상태를 나타낸 식
    3) 분자식 : 분자를 조성하는 원자의 종류와 수를 원소 기호와 숫자를 사용하여 나타낸 식
       예) H_2O, CO_2, H_2SO_4 등
    4) 실험식 : 물질을 구성하는 원자 수의 비를 가장 간단한 정수비로 나타낸 식

2. 디에틸에테르
    1) 물성
    2) 증기비중 : 분자량/공기의 평균분자량(29) = 74/29 = 2.55

18. 다음 위험물의 완전 연소반응식을 쓰시오.

㉮ 적린
㉯ 황
㉰ 삼황화린

정답

㉮ $4P + 5O_2 \rightarrow 2P_2O_5$
㉯ $S + O_2 \rightarrow SO_2$
㉰ $P_4S_3 + 8O_2 \rightarrow 2P_2O_5 + 3SO_2$

해설 연소반응식

1. 적린의 연소반응식 : $4P + 5O_2 \rightarrow 2P_2O_5$
2. 황의 연소반응식 : $S + O_2 \rightarrow SO_2$
3. 황화린의 연소반응식
    1) 삼황화린 : $P_4S_3 + 8O_2 \rightarrow 2P_2O_5 + 3SO_2$
    2) 오황화린 : $2P_2S_5 + 15O_2 \rightarrow 2P_2O_5 + 10SO_2$

19. 위험물 탱크시험자가 갖추어야 할 필수장비 3가지와 그 외 필요한 경우에 갖추어야 할 장비 2가지를 쓰시오.

> **정답**
>
> 필수장비 : 자기탐상시험기, 영상초음파시험기, 초음파두께측정기
> 필요시 갖추어야할 장비 : 진공누설시험기, 수직・수평도 측정기, 기밀시험장치
>
> **해설** 탱크시험자 갖추어야 할 장비(시행령 별표 7)
> 1. 필수장비 : 자기탐상시험기, 초음파두께측정기 및 다음 1) 또는 2) 중 어느 하나
>   1) 영상초음파시험기
>   2) 방사선투과시험기 및 초음파시험기
> 2. 필요한 경우에 두는 장비
>   1) 충・수압시험, 진공시험, 기밀시험 또는 내압시험의 경우
>   ⑴ 진공능력 53KPa 이상의 진공누설시험기
>   ⑵ 기밀시험장치(안전장치가 부착된 것으로서 가압능력 200KPa 이상, 감압의 경우에는 감압 능력 10KPa 이상・감도 10Pa 이하의 것으로서 각각의 압력 변화를 스스로 기록할 수 있는 것)
>   2) 수직・수평도 시험의 경우 : 수직・수평도 측정기
>   ※ 비고 : 둘 이상의 기능을 함께 가지고 있는 장비를 갖춘 경우에는 각각의 장비를 갖춘 것으로 본다.

20. 신속평형법 인화점측정기에 의한 인화점측정 시험방법에서 ( ) 안에 적당한 말이나 숫자를 쓰시오.

> ㉮ 시험장소는 1기압, 무풍의 장소로 할 것
> ㉯ 신속평형법 인화점측정기의 시료컵을 설정온도까지 가열 또는 냉각하여 시험물품 (설정온도가 상온보다 낮은 온도인 경우에는 설정온도까지 냉각한 것) (㉠) [mL]를 시료컵에 넣고 즉시 뚜껑 및 개폐기를 닫을 것
> ㉰ 시료컵의 온도를 (㉡)분 간 설정온도로 유지할 것
> ㉱ 시험불꽃을 점화하고 화염의 크기를 직경 (㉢) [mm]가 되도록 조정할 것
> ㉲ (㉣)분 경과 후 개폐기를 작동하여 시험불꽃을 시료컵에 (㉤)초간 노출시키고 닫을 것. 이 경우 시험불꽃을 급격히 상하로 움직이지 아니하여야 한다.

> **정답**
> ㉮ 2, ㉯ 1, ㉰ 4, ㉱ 1, ㉲ 2.5

해설 신속평형법 인화점측정기에 의한 인화점측정 시험방법(위험물안전관리에 관한 세부기준 제15조)
1. 시험장소는 1기압, 무풍의 장소로 할 것
2. 신속평형법 인화점측정기의 시료컵을 설정온도까지 가열 또는 냉각하여 시험물품(설정온도가 상온보다 낮은 온도인 경우에는 설정온도까지 냉각한 것) 2 [ml]를 시료컵에 넣고 즉시 뚜껑 및 개폐기 닫을 것
3. 시료컵의 온도를 1분간 설정온도로 유지할 것
4. 시험불꽃을 점화하고 화염의 크기를 직경 4 [mm]가 되도록 조정할 것
5. 1분 경과 후 개폐기를 작동하여 시험불꽃을 시료컵에 2.5초간 노출시키고 닫을 것. 이 경우 시험 불꽃을 급격히 상하로 움직이지 않아야 한다.
6. 5.의 방법에 의하여 인화한 경우, 인화하지 않을 때까지 설정온도를 낮추고, 인화하지 않은 경우에는 인화할 때까지 설정온도를 높여 2. 내지 5.의 조작을 반복하여 인화점을 측정할 것

제58회 과년도 문제풀이(2015년)

01. 니트로글리세린이 폭발하는 경우 분해반응식을 쓰시오.

정답

$4C_3H_5(ONO_2)_3 \rightarrow 12CO_2\uparrow + 10H_2O + 6N_2\uparrow + O_2\uparrow$

해설 제5류위험물 분해반응식 정리

계수	화학식	분자량	C	CO	CO_2	N_2	H_2	H_2O	O_2	암기법
2	$C_{24}H_{29}O_9(ONO_2)_{11}$			24	24	11	17	12		
4	$C_3H_5(ONO_2)_3$	227			12이	6질		10물	1산	이물질산121061
1	$C_2H_4(ONO_2)_2$	152			2이	1질		2물		이물질221
2	$C_6H_2CH_3(NO_2)_3$	227	2탄	12일		3질	5수			일수질탄12532
2	$C_6H_2OH(NO_2)_3$	229	2탄	6일	4이	3질	3수			일수질탄이63324

02. 1 [kg]의 아연을 묽은염산에 녹였을 때 발생가스의 부피는 0.5 [atm], 27 [℃]에서 몇 [L]인가?

정답

752.5[L]

해설

1. 아연과 염산의 반응식 $Zn + 2HCl \rightarrow ZnCl_2 + H_2$
2. 아연(Zn)

원자번호	원자질량	녹는점	비점	비중
30	65.38	419.5℃	907℃	7

3. 여기서 비례식으로 1kg의 아연을 녹였을 때 발생가스의 양을 구하면
   65.38g : 2g = 1000g : Xg이므로 X = 30.59g이 된다.
4. 이상기체상태방정식에 의해 부피를 구하면
$$V = \frac{WRT}{PM} = \frac{30.59g \times 0.082(l.atm/mol.k) \times (273+27)K}{0.5atm \times 2g} = 752.514L$$

03. 다음 물질의 화학식을 쓰고 품명을 적으시오.

㉮ 메틸에틸케톤
㉯ 아닐린
㉰ 클로로벤젠
㉱ 시클로헥산
㉲ 피리딘

정답

㉮ 메틸에틸케톤
- 화학식 : $CH_3COC_2H_5$
- 품명 : 제1석유류(비수용성)

㉯ 아닐린
- 화학식 : $C_6H_5NH_2$
- 품명 : 제3석유류(비수용성)

㉰ 클로로벤젠
- 화학식 : C_6H_5Cl
- 품명 : 제2석유류(비수용성)

㉱ 시클로헥산
- 화학식 : C_6H_{12}
- 품명 : 제1석유류(비수용성)

㉲ 피리딘
- 화학식 : C_5H_5N
- 품명 : 제1석유류(수용성)

해설

항목 \ 종류	화학식	품명	지정수량
메틸에틸케톤	$CH_3COC_2H_5$	제1석유류(비수용성)	200 [L]
아닐린	$C_6H_5NH_2$	제3석유류(비수용성)	2,000[L]
클로로벤젠	C_6H_5Cl	제2석유류(비수용성)	1,000[L]
시클로헥산	C_6H_{12}	제1석유류(비수용성)	200[L]
피리딘	C_5H_5N	제1석유류(수용성)	400[L]

04. 위험물제조소의 옥내소화전에 설치된 방수구가 5개일 때 비상전원의 용량과 분당 최소 방수량을 쓰시오.

정답

① 45분 이상
② 1,300 [l/min]

해설

1. 소화설비 설치기준

구분	최대 기준개수	방수량	방사시간	방사압	수평거리	비상전원
옥내소화전	5개	260 ℓ pm	30min	0.35Mpa	25m	45분 이상
옥외소화전	4개	450 ℓ pm	30min	0.35Mpa	40m	45분 이상
스프링클러	폐쇄형 : 30개 개방형 : 150m²	80 ℓ pm	30min	0.1Mpa	1.7m	45분 이상
물 분무	$2\pi r$	37 ℓ/min·m	20min			설치
	표면적 1m²당	20 ℓ pm	30min	0.35Mpa		

2. 옥내소화전 분당 최소 방수량 = 260 ℓ pm × 5개 = 1,300 ℓ pm

05. 탄화칼슘 500 [g]이 물과 반응할 때 생성되는 기체는 표준상태에서의 부피(L)와 생성되는 가연성가스의 위험도를 구하시오.

정답

1. 부피 : 175 [L]
2. 위험도 : 31.4

해설

탄화칼슘이 물과 반응하면 아세틸렌(C_2H_2)가스가 발생한다.

1. 반응식 $CaC_2 + 2H_2O \rightarrow Ca(OH)_2 + C_2H_2$
2. 표준상태에서 부피 $CaC_2 + 2H_2O \rightarrow Ca(OH)_2 + C_2H_2$
   64g : 22.4L = 500g : xL
   $$\therefore x = \frac{500\,[g] \times 22.4\,[l]}{64\,[g]} = 175\,[l]$$
3. 아세틸렌의 폭발범위 : 2.5~81 [%]
   $$\therefore 위험도 = \frac{상한계 - 하한계}{하한계} = \frac{81 - 2.5}{2.5} = 31.4$$

06. 바닥면적이 2,000 [m²]의 옥내저장소의 저장창고에 저장할 수 있는 제3류 위험물의 품명 5가지를 쓰시오.

정답 제3류위험물 위험등급 II, III
1. 알칼리금속(칼륨 및 나트륨은 제외한다) 및 알칼리토금속
2. 유기금속화합물(알킬알루미늄 및 알킬리튬은 제외한다)
3. 금속의 수소화물
4. 금속의 인화물
5. 칼슘 또는 알루미늄의 탄화물

해설

위험물을 저장하는 창고의 종류	기준면적
① 제1류 위험물 중 아염소산염류, 염소산염류, 과염소산염류, 무기과산화물, 그밖에 지정수량이 50[kg]인 위험물 ② 제3류 위험물 중 칼륨, 나트륨, 알킬알루미늄, 알킬리튬, 그밖에 지정수량이 10[kg]인 위험물 및 황린 ③ 제4류 위험물 중 특수인화물, 제1석유류 및 알코올류 ④ 제5류 위험물 중 유기과산화물, 질산에스테르류, 그밖에 지정수량이 10[kg]인 위험물 ⑤ 제6류 위험물	1,000 [m²] 이하
① ~ ⑤의 위험물 외의 위험물을 저장하는 창고 [제3류 위험물] ① 알칼리금속(칼륨 및 나트륨은 제외한다) 및 알칼리토금속 ② 유기금속화합물(알킬알루미늄 및 알킬리튬은 제외한다) ③ 금속의 수소화물 ④ 금속의 인화물 ⑤ 칼슘 또는 알루미늄의 탄화물	2,000 [m²] 이하
위의 전부에 해당하는 위험물을 내화구조의 격벽으로 완전히 구획된 실에 각각 저장하는 창고(제4석유류, 동식물유류, 제6류 위험물은 500[m²]를 초과할 수 없다)	1,500 [m²] 이하

07. 분자량이 78이고, 물에는 녹으나 에틸알코올에는 녹지 않는 제1류 위험물이 초산과 반응할 때 반응식을 쓰시오.

정답

$Na_2O_2 + 2CH_3COOH \rightarrow 2CH_3COONa + H_2O_2$

해설 과산화나트륨(Na_2O_2)

물성 : 몰 질량 : 77.98g/mol, 밀도 : 2.8g/cm³, 녹는점 : 675℃

1. 순수한 것은 백색(일반적인 것은 담황색), 정방정계 분말
2. 에틸알코올에 녹지 않음.
   - $Na_2O_2 + 2C_2H_5OH \rightarrow 2C_2H_5ONa + H_2O_2 \uparrow$
3. 백색분말로서 흡습성 있다.
4. 물과 심하게 발열반응하며 과량일 때 폭발위험
   - $2Na_2O_2 + 2H_2O \rightarrow 4NaOH + O_2 \uparrow$
5. CaC_2, Mg, Al분말, CH_3COOH, 에테르, 알코올 등과 혼합 시 발화
6. 산과 반응하여 H_2O_2 생성
   - $Na_2O_2 + 2HCl \rightarrow 2NaCl + H_2O_2 \uparrow$
7. 피부에 닿으면 부식된다.
8. 습한 유기물, 종이, 섬유류에 접촉하면 연소한다.
9. 강한 충격이나 고온으로 가열시 폭발
   - $2Na_2O_2 \rightarrow 2Na_2O + O_2 \uparrow$

08. 위험물 옥외탱크저장소의 지붕구조 3가지를 쓰시오.

정답

1. 고정지붕구조
2. 부상지붕구조
3. 부상덮개부착 고정지붕 구조

해설

포방출구는 다음 표에 의하여 탱크의 직경, 구조 및 포방출구의 종류에 따른 수 이상의 개수를 탱크 옆판의 외주에 균등한 간격으로 설치할 것

탱크의 구조 및 포방출구의 종류 / 탱크직경	포방출구의 개수			
	고정지붕구조		부착덮개부착 고정지붕구조	부상지붕구조
	Ⅰ형 또는 Ⅱ형	Ⅲ형 또는 Ⅳ형	Ⅱ형	특형
13m 미만	2	1	2	2
13m 이상 19m 미만	2	1	3	3
19m 이상 24m 미만	2	1	4	4
24m 이상 35m 미만	2	2	5	5
35m 이상 42m 미만	3	3	6	6
42m 이상 46m 미만	4	4	7	7
46m 이상 53m 미만	6	6	8	8
53m 이상 60m 미만	8	8	10	10
60m 이상 67m 미만		10		10
67m 이상 73m 미만		12		12
73m 이상 79m 미만		14		12
79m 이상 85m 미만		16		14
85m 이상 90m 미만		18		14
90m 이상 95m 미만		20		16
90m 이상 99m 미만		22		16
99m 이상		24		18

(주) Ⅲ형의 포방출구를 이용하는 것은 온도 20℃의 물 100g에 용해되는 양이 1g 미만인 위험물(이하 "비수용성"이라 한다)이면서 저장온도가 50℃ 이하 또는 동점도(動粘度)가 100cSt 이하인 위험물을 저장 또는 취급하는 탱크에 한하여 설치 가능하다.

참고) 부상지붕의 경우 Foam이 원주주변을 따라 Foam Dam 안쪽으로 확산되어 가는 유형으로 고정지붕의 Foam 확산형태와는 차이가 있으며, 부상지붕의 화재유형인 Seal Fire를 초기에 진압하지 못하는 경우 부상지붕의 파괴침강으로 이어져 전면화재로 확산되므로 그 위험성이 더욱 커지게 된다. 따라서 부상지붕의 경우에는 고정지붕과 달리 원주길이에 초점

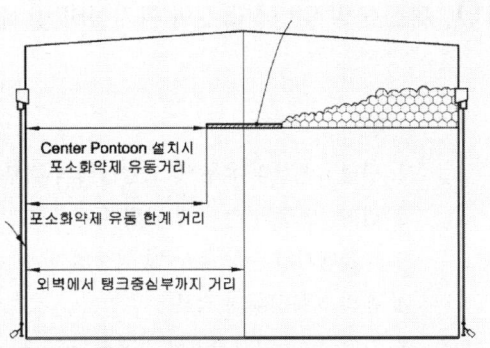

을 맞추어 폼챔버 최소개수를 규정하는 것이 바람직하므로 부상지붕탱크의 필요 최소 폼챔버 개수는 동일직경의 고정지붕의 경우보다 다소 많게 된다.

09. 트리에틸알루미늄이 물과 반응할 때 화학반응식을 쓰시오.

정답

$(C_2H_5)_3Al + 3H_2O \rightarrow Al(OH)_3 + 3C_2H_6$

해설

1. 알킬알루미늄 종류

종류	화학식	분자량	상태	물과 반응 시 발생가스
트리메틸알루미늄	$(CH_3)_3Al$	72	무색 액체	CH_4
트리에틸알루미늄	$(C_2H_5)_3Al$	114	무색 액체	C_2H_6
트리프로필알루미늄	$(C_3H_7)_3Al$	156	무색 액체	C_3H_8
트리부틸알루미늄	$(C_4H_9)_3Al$	198.32	무색 액체	C_4H_{10}

2. 알킬알루미늄의 반응식

  1) 공기와의 반응

  $2(C_2H_5)_3Al + 21O_2 \rightarrow Al_2O_3 + 15H_2O + 12CO_2 \uparrow$

  $2(CH_3)_3Al + 12O_2 \rightarrow Al_2O_3 + 9H_2O + 6CO_2 \uparrow$

  2) 물과의 반응

  $(C_2H_5)_3Al + 3H_2O \rightarrow Al(OH)_3 + 3C_2H_6 \uparrow$

  $(CH_3)_3Al + 3H_2O \rightarrow Al(OH)_3 + 3CH_4 \uparrow$

10. 제조소 및 일반취급소의 환기설비 및 배출설비를 점검할 때 점검표 항목 5가지를 쓰시오.

> **정답**
> 1. 변형·손상의 유무 및 고정상태의 적부
> 2. 인화방지망의 손상 및 막힘 유무
> 3. 방화댐퍼의 손상 유무 및 기능의 적부
> 4. 팬의 작동상황의 적부
> 5. 가연성증기경보장치의 작동상황

해설 제조소 및 일반취급소 일반점검표

환기·배출설비 등	변형·손상의 유무 및 고정상태의 적부	육안
	인화방지망의 손상 및 막힘 유무	육안
	방화댐퍼의 손상 유무 및 기능의 적부	육안 및 작동확인
	팬의 작동상황의 적부	작동확인
	가연성증기경보장치의 작동상황	작동확인

11. 제5류 위험물인 피크린산에 대하여 다음 물음에 답하시오.

㉮ 구조식
㉯ 질소의 함유량 [wt%]

> **정답**
> ㉮ 구조식 :
>
> $$\text{C}_6\text{H}_2(\text{OH})(\text{NO}_2)_3 \text{ (2,4,6-trinitrophenol)}$$
>
> ㉯ 질소의 함유량 : 18.34 [wt%]

해설 트리니트로 페놀(Tri Nitro Phenol, 피크린산)

1. 물성

화학식	비점	융점	착화점	비중	폭발온도	폭발속도
$C_6H_2(OH)(NO_2)_3$	255 [℃]	122.5 [℃]	300 [℃]	1.8	3,320 [℃]	7,359 [m/sec]

2. 질소의 함량 = N의 합/분자량의 합 × 100

   1) 피크린산의 분자량 [$C_6H_2(OH)(NO_2)_3$] = (12×6) + (1×2) + (16+1) + [(14+32)×3] = 229
   2) N(질소의 힘) = 14×3 = 42

   ∴ 피크린산 내의 질소의 함유량 = $\dfrac{42}{229} \times 100$ = 18.34 [%]

3. 피크린산의 분해반응식
   $2C_6H_2OH(NO_2)_3 \rightarrow 2C + 3N_2\uparrow + 3H_2\uparrow + 4CO_2\uparrow + 6CO\uparrow$

12. 위험물안전관리법령에서 "산화성고체"라 함은 고체(액체 또는 기체)로서 산화력의 잠재적인 위험성 또는 충격에 대한 민감성을 판단하기 위하여 소방청장이 정하여 고시하는 시험에서 고시로 정하는 성질과 상태를 나타내는 것을 말하는데, 액체와 기체의 정의를 쓰시오.

정답

1. 액체 : 1기압 및 20[℃]에서 액상인 것 또는 20[℃] 초과 40[℃] 이하에서 액상인 것
2. 기체 : 1기압 및 20[℃]에서 기상인 것

해설

"산화성고체"라 함은 고체[액체(1기압 및 섭씨 20도에서 액상인 것 또는 섭씨 20도 초과 섭씨 40도 이하에서 액상인 것을 말한다. 이하 같다) 또는 기체(1기압 및 섭씨 20도에서 기상인 것을 말한다) 외의 것을 말한다.]로서 산화력의 잠재적인 위험성 또는 충격에 대한 민감성을 판단하기 위하여 소방청장이 정하여 고시하는 시험에서 고시로 정하는 성질과 상태를 나타내는 것을 말한다. 이 경우 "액상"이라 함은 수직으로 된 시험관(안지름 30밀리미터, 높이 120밀리미터의 원통형유리관을 말한다)에 시료를 55밀리미터까지 채운 다음 당해 시험관을 수평으로 하였을 때 시료액면의 선단이 30밀리미터를 이동하는데 걸리는 시간이 90초 이내에 있는 것을 말한다. (시행령 별표1)

13. 특별한 경우에 허가를 받지 아니하고 위험물제조소 등을 설치하거나 그 위치·구조 또는 설비를 변경할 수 있으며, 신고를 하지 아니하고 위험물의 품명·수량 또는 지정수량의 배수를 변경할 수 있다. 이에 해당하는 것을 한 가지 쓰시오.

정답
주택의 난방시설(공동주택 중앙난방 제외)을 위한 저장소 또는 취급소

해설
허가를 받지 않고 위치, 구조 설비 변경하는 경우 신고하지 않고 품명, 지정수량의 배수를 변경하는 경우
1. 주택의 난방시설(공동주택 중앙난방 제외)을 위한 저장소 또는 취급소
2. 농예용·축산용·수산용으로 필요한 난방, 또는 건조시설을 위한 지정수량 20배 이하의 저장소

14. 다음은 간이탱크저장소의 설치기준에 관한 내용 중 ( ) 안에 알맞은 말을 쓰시오.

㉮ 하나의 간이탱크저장소에 설치하는 간이저장탱크는 그 수를 ( ) 이하로 하고, 동일한 품질의 위험물의 간이저장탱크를 2 이상 설치하지 아니하여야 한다.
㉯ 간이저장탱크는 움직이거나 넘어지지 아니하도록 지면 또는 가설대에 고정시키되, 옥외에 설치하는 경우에는 그 탱크의 주위에 너비 ( ) [m] 이상의 공지를 두고, 전용실 안에 설치하는 경우에는 탱크와 전용실의 벽과의 사이에 ( ) [m] 이상의 간격을 유지하여야 한다.
㉰ 간이저장탱크의 용량은 ( ) [ℓ] 이하이어야 한다.
㉱ 간이저장탱크는 두께 ( ) [mm] 이상의 강판으로 흠이 없도록 제작하여야 하며, 70 [kPa]의 압력으로 10분간의 수압시험을 실시하여 새거나 변형되지 아니하여야 한다.

정답
㉮ 3, ㉯ 1, 0.5, ㉰ 600, ㉱ 3.2

해설 간이탱크저장소의 기준
1. 하나의 간이탱크저장소에 설치하는 간이저장탱크는 그 수를 3 이하로 하고, 동일한 품질의 위험물의 간이저장탱크를 2 이상 설치하지 아니해야 한다.
2. 간이저장탱크는 움직이거나 넘어지지 않도록 지면 또는 가설대에 고정시키되, 옥외에 설치하는 경우에는 그 탱크의 주위에 너비 1[m] 이상의 공지를 두고, 전용실 안에 설치하는 경우에는 탱크와 전용실의 벽과의 사이에 0.5[m] 이상의 간격을 유지해야 한다.
3. 간이저장탱크의 용량은 600[ℓ] 이하여야 한다.

4. 간이저장탱크는 두께 3.2[mm] 이상의 강판으로 흠이 없도록 제작하여야 하며, 70[kPa]의 압력으로 10분간의 수압시험을 실시하여 새거나 변형되지 아니해야 한다.
5. 간이저장탱크의 외면에는 녹을 방지하기 위한 도장을 해야 한다.
6. 간이저장탱크에는 다음 기준에 적합한 밸브 없는 통기관을 설치해야 한다.
   1) 통기관의 지름은 25[mm] 이상으로 한다.
   2) 통기관은 옥외에 설치하되, 그 선단의 높이는 지상 1.5[m] 이상으로 한다.
   3) 통기관의 선단은 수평면에 대하여 아래로 45[°] 이상 구부려 빗물 등이 침투하지 않도록 한다.
   4) 가는 눈의 구리망 등으로 인화방지장치를 할 것. 다만, 인화점 70[℃] 이상의 위험물만을 70[℃] 미만의 온도로 저장 또는 취급하는 탱크에 설치하는 통기관에 있어서는 그러하지 아니하다.

15. 다음은 지하탱크저장소의 설비기준에 대한 설명이다. 적당한 숫자를 쓰시오.

㉮ 지하저장탱크의 윗부분은 지면으로부터 ( ) [m] 이상 아래에 있어야 한다.
㉯ 탱크전용실은 지하의 가장 가까운 벽·피트·가스관 등의 시설물 및 대지경계선으로부터 ( ) [m] 이상 떨어진 곳에 설치하고, 지하저장탱크와 탱크전용실의 안쪽과의 사이는 ( ) [m] 이상의 간격을 유지하도록 할 것.
㉰ 탱크전용실의 벽, 바닥 및 뚜껑의 두께는 ( ) [m] 이상일 것

정답

㉮ 0.6,   ㉯ 0.1,   ㉰ 0.3

해설 지하탱크저장소

1. 탱크전용실은 지하의 가장 가까운 벽·피트·가스관 등의 시설물 및 대지경계선으로부터 0.1[m] 이상 떨어진 곳에 설치하고, 지하저장탱크와 탱크전용실의 안쪽과의 사이는 0.1[m] 이상의 간격을 유지하며, 당해 탱크의 주위에 마른 모래 또는 습기 등에 의해 응고되지 아니하는 입자지름 5[mm] 이하의 마른 자갈분을 채워야 한다.
2. 지하저장탱크의 윗부분은 지면으로부터 0.6[m] 이상 아래에 있어야 한다.
3. 지하저장탱크를 2 이상 인접해 설치하는 경우에는 그 상호 간에 1[m](당해 2 이상의 지하저장탱크의 용량의 합계가 지정수량의 100배 이하인 때에는 0.5[m]) 이상의 간격을 유지하여야 한다. 다만, 그 사이에 탱크 전용실의 벽이나 두께 20[cm] 이상의 콘크리트 구조물이 있는 경우에는 그러하지 아니한다.
4. 탱크전용실의 구조
   1) 벽, 바닥 및 뚜껑의 두께는 0.3[m] 이상일 것
   2) 벽, 바닥 및 뚜껑의 내부에는 직경 9[mm]부터 13[mm]까지의 철근을 가로 및 세로 5[cm]부터 20[cm]까지의 간격으로 배치할 것
   3) 벽, 바닥 및 뚜껑의 재료에 수밀콘크리트를 혼입하거나 벽, 바닥 및 뚜껑의 중간에 아스팔트층을 만드는 방법으로 적정한 방수조치를 할 것

16. 유동대전에 대하여 설명하시오.

정답

유동대전이란 액체류가 파이프 등에서 유동할 때 액체와 관 벽 사이에 정전기가 발생하는 현상

해설 정전기 대전의 종류

1. 마찰대전 : 종이, 필름 등이 금속롤러와 마찰을 일으킬 때 마찰에 의하여 접촉의 위치가 이동하고 전하분리가 일어나서 정전기가 발생하는 현상
2. 유동대전 : 액체류를 파이프 등으로 유동할 때 액체와 관 벽 사이에 정전기가 발생하는 현상으로 인화성 액체는 전기 절연성이 높아 유동에 의한 대전이 일어나기 쉽고 액체류의 이동속도가 정전기의 발생에 커다란 영향을 줌
3. 충돌대전 : 분체류의 입자끼리 또는 입자와 고체와의 충돌에 의하여 접촉, 분리가 일어나기 때문에 정전기가 발생하는 현상
4. 분출대전 : 분체, 액체, 기체류가 단면적이 적은 노즐 등 개구부에서 분출할 때 마찰이 일어나서 정전기가 발생하는 현상으로 가스가 분진, 무상입자로 분출할 때 대전이 잘 일어남
5. 박리대전 : 서로 밀착해 있는 물체가 분리될 때 전하분리가 일어나서 정전기가 발생하는 현상
6. 비말대전 : 액체류가 미세하게 공기 중에 비산되어 분리하여 입자로 될 때 새로운 표면을 형성하여 정전기가 발생하는 현상
7. 적하대전 : 고체 표면에 부착해 있는 액체류가 성장하여 자중으로 물방울이 되어 떨어질 때 전하분리가 일어나서 정전기가 발생하는 현상

17. 유량계수 K가 0.94인 오리피스의 직경이 10 [mm]이고 분당 유량이 100 [L]일 때 압력은 몇 [MPa]인가?

정답

0.26 [MPa]

해설

1. 유량을 구하면

$Q = 0.6597 KD^2 \sqrt{10P}$ 의 공식에서 $P = \dfrac{\left(\dfrac{Q}{0.6597 KD^2}\right)^2}{10}$

여기서, Q : 유량[L/min]   K : 유량(흐름)계수   D : 직경[mm]   P : 압력[MPa]

$\therefore P = \dfrac{\left(\dfrac{Q}{0.6597 KD^2}\right)^2}{10} = \dfrac{\left(\dfrac{100}{0.6597 \times 0.94 \times 10^2}\right)^2}{10} = 0.26 [\text{MPa}]$

2. 식 유도

1) $Q = AV = \dfrac{\pi D^2}{4} \times \sqrt{2gh} = \dfrac{\pi D^2}{4} \times \sqrt{2g \times 10p}$

   $Q = 10.99 \times D^2 \times \sqrt{p}$

2) 단위변환

   $Q(m^3/s) \to Q(L/\min)$으로, $D(m) \to D(mm)$로 변환하면

   $Q(L/\min) = 0.6597 \times D^2 \times \sqrt{p}$ $(p = kg_f/cm^2)$

   여기에 유량계수 0.99를 곱하면

   $Q = 0.653 D^2 \times \sqrt{p}$

3) 압력환산

   1 atm = 760 mmHg = 10.332 mAq = 1.0332 kgf/㎠ = 101,325 Pa
   = 14.7 psi = 1.01325 bar

18. 정전기 방전의 종류 3가지를 쓰시오.

정답

코로나방전, 스트리머방전, 불꽃방전

해설 정전기 정의 및 방전

1. 정전기 : 전하들이 대전된 상태로 공간에서 전하의 이동이 전혀 없는 전기
2. 정전기 방전의 종류 : 코로나방전, 스트리머방전, 불꽃방전, 연면방전

   1) 코로나방전 : 도체 주위의 유체의 이온화로 인해 발생하는 전기적 방전이며, 전위 경도(전기장의 세기)가 특정값을 초과하지만 완전한 절연 파괴나 아크를 발생하기에는 불충분한 조건일 때 발생한다.
   2) 스트리머방전 : 기체방전에서 방전로가 긴 줄을 형성하면서 발생
   3) 불꽃방전 : 전극 간의 절연이 완전히 파괴되어 강한 불꽃을 내는 방전으로 강한 파괴음과 발광을 수반함
   4) 연면방전 : 대전물체의 표면에 전위상승으로 표면을 따라 발생하는 방전

19. 위험물 탱크시험자가 갖추어야 할 필수장비 3가지와 그 외 필요한 경우에 갖추어야 할 장비 2가지를 쓰시오.

> **정답**
> 필수장비 : 자기탐상시험기, 초음파두께측정기, 영상초음파시험기
> 필요한 경우에 두는 장비 : 진공누설시험기, 기밀시험장치
>
> **해설** 위험물탱크 시험자가 갖추어야 할 장비
> 1. 필수장비 : 자기탐상시험기, 초음파두께측정기 및 다음 1) 또는 2) 중 어느 하나
>   1) 영상초음파시험기
>   2) 방사선투과시험기 및 초음파시험기
> 2. 필요한 경우에 두는 장비
>   1) 충·수압시험, 진공시험, 기밀시험 또는 내압시험
>   (1) 진공능력 53KPa 이상의 진공누설시험기
>   (2) 기밀시험장치(안전장치 부착, 가압능력 200KPa 이상, 감압능력 10KPa 이상·감도 10Pa 이하 각각의 압력 변화를 스스로 기록할 수 있는 것)
>   2) 수직·수평도 시험 : 수직·수평도 측정기
>   ※ 비고 : 둘 이상의 기능을 함께 가지고 있는 장비를 갖춘 경우에는 각각의 장비를 갖춘 것으로 본다.

20. 위험물 운반용기의 외부에 표시하여야 하는 주의사항을 쓰시오.

㉮ 질산
㉯ 시안화수소
㉰ 브롬산칼륨

정답

㉮ 가연물접촉주의
㉯ 화기엄금
㉰ 화기·충격주의, 가연물접촉주의

해설 주의사항

류별		저장 및 취급 시	운반 시
제1류	알칼리금속 과산화물	물기엄금	화기·충격주의, 물기엄금, 가연물접촉주의
	기타		화기·충격주의, 가연물접촉주의
제2류	인화성고체	화기엄금	화기엄금
	철분, 마그네슘, 금속분	화기주의	물기엄금, 화기주의
	기타		화기주의
제3류	자연발화성 물질	화기엄금	화기엄금, 공기접촉엄금
	금수성 물질	물기엄금	물기엄금
제4류		화기엄금	화기엄금
제5류		화기엄금	화기엄금, 충격주의
제6류			가연물접촉주의

제57회 과년도 문제풀이(2015년)

01. 크실렌 이성질체의 종류 3가지를 쓰고 구조식을 그리시오.

[정답]

이성질체 종류	o-크실렌	m-크실렌	p-크실렌
구조식	CH₃, CH₃ (1,2 위치)	CH₃, CH₃ (1,3 위치)	CH₃, CH₃ (1,4 위치)

[해설]

자일렌(xylene) 또는 크실렌은 벤젠 고리에 메틸기 2개가 결합하고 있는 구조의 방향족 탄화수소이다. 자이롤(xylol) 또는 다이메틸벤젠(dimethylbenzene)이라고도 한다. 자일렌은 달콤한 냄새가 나고 가연성이 매우 높은 무색의 액체이다. 오쏘자일렌(ortho-xylene), 메타자일렌(meta-xylene), 파라자일렌(para-xylene) 등 3개의 이성질체가 있다. 아세톤으로 제거할 수 있으며, 끓는점은 412K, 녹는점은 226K, 밀도는 0.864g/mL이다.

항목 \ 종류	크실렌		
	o-크실렌	m-크실렌	p-크실렌
화학식	$C_6H_4(CH_3)_2$	$C_6H_4(CH_3)_2$	$C_6H_4(CH_3)_2$
구조식	(o-크실렌 구조)	(m-크실렌 구조)	(p-크실렌 구조)
인화점	32[℃]	25[℃]	25[℃]
유별	제4류 위험물 제2석유류(비)	제4류 위험물 제2석유류(비)	제4류 위험물 제2석유류(비)
지정수량	1,000[L]	1,000[L]	1,000[L]

02. 메탄올 연소반응식을 쓰고, 메탄올 200[kg]이 연소할 때 필요한 이론산소량은 몇 [kg]인가?

정답

300[kg]

해설 메탄올의 연소반응식

1. 연소반응식 $2CH_3OH + 3O_2 \rightarrow 2CO_2 + 4H_2O$

2. 비례식에 의해 메탄올 200kg일 때 이론산소량을 구하면

   64kg : 96kg = 200kg : Xkg ∴ X = 300kg

03. 분자량 101, 분해온도 400[℃], 흑색화약의 원료로 사용하는 제1류 위험물에 대하여 답하시오.

㉮ 물질명칭
㉯ 화학식
㉰ 가열분해반응식

정답

㉮ 질산칼륨
㉯ KNO_3
㉰ $2KNO_3 \rightarrow 2KNO_2 + O_2$

해설 질산칼륨

1. 물성

화학식	분자량	비중	융점	분해 온도
KNO_3	101	21	336[℃]	400[℃]

2. 분해반응식 : $2KNO_3 \rightarrow 2KNO_2 + O_2 \uparrow$

3. 질산칼륨 : 제1류 위험물(산화제)

04. 트리에틸알루미늄이 물과의 반응식을 쓰고, 이때 발생하는 기체의 위험도를 계산하시오.

정답

1. 반응식 : $(C_2H_5)_3Al + 3H_2O \rightarrow Al(OH)_3 + 3C_2H_6$
2. 위험도 : 3.13

해설 알킬알루미늄의 반응식

1. 트리메틸알루미늄(Tri Methyl Aluminum, TMAL)
   1) 물과의 반응 $(CH_3)_3Al + 3H_2O \rightarrow Al(OH)_3 + 3CH_4 \uparrow$
   2) 공기와의 반응 $2(CH_3)_3Al + 12O_2 \rightarrow Al_2O_3 + 9H_2O + 6CO_2 \uparrow$
2. 트리에틸알루미늄(Tri Ethyl Aluminum, TEAL)
   1) 물과의 반응 $(C_2H_5)_3Al + 3H_2O \rightarrow Al(OH)_3 + 3C_2H_6 \uparrow$
   2) 공기와의 반응 $2(C_2H_5)_3Al + 21O_2 \rightarrow Al_2O_3 + 15H_2O + 12CO_2 \uparrow$
3. 트리에틸알루미늄이 물과 반응시 발생하는 가스 : 에탄 (폭발범위 : 3.0~12.4[%])
4. 위험도 $= \dfrac{상한값 - 하한값}{하한값} = \dfrac{12.4 - 3}{3} = 3.13$

05. 메틸에틸케톤, 과산화벤조일의 구조식을 그리시오.

정답

① 메틸에틸케톤

```
  H O H H
  | ‖ | |
H-C-C-C-C-H
  |   | |
  H   H H
```

② 과산화벤조일

기호: 벤젠고리-C(=O)-O-O-C(=O)-벤젠고리

해설

1. 메틸에틸케톤 : 제4류 위험물 제1석유류

   1) 물성

화학식	분자량	인화점℃	비점℃	착화점℃	비중	연소범위%
$CH_3COC_2H_5$	72	-1	79.6	516	0.81	1.8~10

   2) 성질

   (1) 휘발성이 강한 무색의 액체

   (2) 물, 알코올, 에테르, 벤젠 등 유기용제에 잘 녹음

   (3) 탈지작용 피부에 닿지 않도록 주의

2. 과산화벤조일 : 제5류 위험물 유기과산화물
   1) 물성

화학식	분자량	인화점℃	비점℃	착화점℃	비중	물리적 상태
$(C_6H_5CO)_2O_2$	242.24	80℃	폭발함	80℃	1.33 at 25℃	무색결정

   2) 성질
      (1) 무색, 무취의 백색결정 강산화성 물질
      (2) 물에 녹지 않고 알코올에 약간 녹음
      (3) 희석제 : 프탈산디메틸, 프탈산디부틸
      (4) 발화되면 연소속도 빠르고 건조상태에서 위험
      (5) 마찰, 충격으로 폭발 위험

06. 위험물 저장탱크에 설치하는 포소화설비의 포방출구(Ⅰ형, Ⅱ형, Ⅲ형, Ⅳ형, 특형)이다. ( ) 안에 적당한 말을 쓰시오.

> ㉮ ( )형 : 고정지붕구조(CRT)의 탱크에 저부포주입법(탱크의 액명하에 설치된 포방출구부터 포를 탱크 내에 주입하는 방법)을 이용하는 것으로 송포관으로부터 포를 방출하는 포방출구
>
> ㉯ ( )형 : 고정지분구조의 탱크에 저부포주입법을 이용하는 것으로 평상시에는 탱크의 액면하의 저부에 격납통에 수납되어 있는 특수호스 등이 송포관의 말단에 접속되어 있다가 포를 보내어 선단의 액면까지 도달한 후 포를 방출하는 포방출구
>
> ㉰ 특형 : 부상지붕구조(FRT, Floating Roof Tank)의 탱크에 상부포주입법을 이용하는 것으로 부상지붕의 부상 부분상에 높이 0.9[m] 이상의 금속제의 간막이를 탱크옆판의 내측으로부터 1.2[m] 이상 이격하여 설치하고, 탱크옆판과 간막이에 의하여 형성된 환상부분에 포를 주입하는 것이 가능한 구조의 반사판을 갖는 포방출구
>
> ㉱ ( )형 : 고정지붕구조(CRT) 또는 부상덮개부착 고정지붕구조의 탱크에 상부포주입법을 이용하는 것으로 방출된 포가 탱크옆판의 내면을 따라 흘러 내려가면서 액면 아래로 몰입되거나 액면을 뒤섞지 않고 액면상을 덮을 수 있는 반사판 및 탱크 내의 위험물 즐기가 외부로 역류되는 것을 저지할 수 있는 구조·기구를 갖는 포방출구
>
> ㉲ ( )형 : 고정지붕구조(CRT, Cone Roof Tank)의 탱크에 상부포주입법(고정포방 출구를 탱크옆판의 상부에 설치하여 액표면상에 포를 방출하는 방법)을 이용하는 것으로 방출된 포가 액면 아래로 몰입되거나 액면을 뒤섞지 않고 액면상을 덮을 수 있는 통계단 또는 미끄럼판 등의 설비 및 탱크 내의 위험물 증기가 외부로 역류되는 것을 저지할 수 있는 구조·기구를 갖는 포방출구

정답

㉮ Ⅲ형, ㉯ Ⅳ형, ㉰ Ⅱ형, ㉱ Ⅰ형

해설 고정식방출구의 종류

	Ⅰ형	Ⅱ형	Ⅲ형	Ⅳ형	특형
탱크	CRT탱크	CRT탱크 IFRT탱크	CRT탱크	CRT탱크	FRT탱크
주입방식	상부포주입법	상부포주입법	저부포주입법	저부포주입법	상부포주입법
	통계단, 미끄럼판	디플렉터	송포관	격납통	금속제간막이
약제	불,수,단,합	불,수,단,합	불,수	불,수,단,합	불,수,단,합
수용성	수용성액체용포소화약제				

07. 위험물제조소 등의 관계인은 예방규정을 작성하여야 하는데 작성 내용 5가지를 쓰시오.

정답

1. 위험물의 안전에 관계된 작업에 종사하는 자에 대한 안전교육에 관한 사항
2. 위험물시설 및 작업장에 대한 안전순찰에 관한 사항
3. 위험물시설·소방시설 그 밖의 관련시설에 대한 점검 및 정비에 관한 사항
4. 위험물 취급 작업의 기준에 관한 사항
5. 위험물시설의 운전 또는 조작에 관한 사항

해설 예방규정 작성내용

1. 위험물의 안전관리업무를 담당하는 자의 직무 및 조직에 관한 사항
2. 안전관리자 여행·질병 등으로 직무를 수행할 수 없을 경우 그 직무의 대리자에 관한 사항
3. 자체소방대 설치 시 자체소방대 편성, 화학소방자동차 배치에 관한 사항
4. 위험물의 안전 관련 작업 종사자에 대한 안전교육 및 훈련에 관한 사항
5. 위험물시설 및 작업장에 대한 안전순찰에 관한 사항
6. 위험물시설·소방시설 그 밖의 관련시설에 대한 점검 및 정비에 관한 사항
7. 위험물시설의 운전 또는 조작에 관한 사항
8. 위험물 취급 작업의 기준에 관한 사항
9. 이송취급소 배관공사 현장 감독체제에 관한 사항, 배관주위에 있는 이송취급소 시설 외의 공사를 하는 경우 배관의 안전 확보에 관한 사항
10. 재난 그 밖의 비상시의 경우에 취하여야 하는 조치에 관한 사항
11. 위험물의 안전에 관한 기록에 관한 사항
12. 제조소 등의 위치·구조 및 설비를 명시한 서류와 도면의 정비에 관한 사항
13. 그 밖에 위험물의 안전관리에 관하여 필요한 사항

08. 위험물제조소 등에 설치하는 불활성가스소화설비의 전역방출방식과 국소방출방식에서 선택밸브 설치기준을 쓰시오.

> **정답** 선택밸브 설치기준(세부기준 134조)
> 1. 저장용기를 공용하는 경우에는 방호구역 또는 방호대상물마다 선택밸브를 설치할 것
> 2. 선택밸브는 방호구역 외의 장소에 설치할 것
> 3. 선택밸브에는 "선택밸브"라고 표시하고 선택이 되는 방호구역 또는 방호대상물을 표시할 것

09. 드라이아이스를 100 [g], 압력이 100 [kPa], 온도가 30 [℃]일 때 부피는 몇 리터인지 계산하시오.

> **정답**
> 57.25 [L]
>
> **해설**
> 이상기체상태 방정식을 적용하면, $PV = nRT = \dfrac{W}{M}RT$ $V = \dfrac{WRT}{PM}$
>
> 여기서 P : 압력 ($\dfrac{100\,[\text{kPa}]}{101.325\,[\text{kPa}]} \times 1[\text{atm}] = 0.987\,[\text{atm}]$)
>
> V : 부피([L])   M : 분자량(CO_2 = 44)
> W : 무게(100[g])   R : 기체상수(0.08205[L·atm/g-mol·K])
> T : 절대온도(273 + 30[℃] = 303[K])
>
> $\therefore V = \dfrac{WRT}{PM} = \dfrac{100 \times 0.08205 \times 303}{0.987 \times 44} = 57.25\,[\text{L}]$

10. 이동탱크저장소에 대하여 다음 기준을 쓰시오.

㉮ 상치장소의 개념
㉯ 옥외에 있는 상치장소
㉰ 옥내에 있는 상치장소

> 정답

㉮ 이동탱크저장소를 주차할 수 있는 장소
㉯ 화기를 취급하는 장소 또는 인근의 건축물로부터 5[m] 이상(인근의 건축물이 1층인 경우에는 3[m] 이상)의 거리를 확보하여야 한다. 다만, 하천의 공지나 수면, 내화구조 또는 불연재료의 담 또는 벽 그밖에 이와 유사한 것에 접하는 것은 제외한다.
㉰ 벽, 바닥, 보, 서까래 및 지붕이 내화구조 또는 불연재료로 된 건축물의 1층에 설치해야 한다.

> 해설 이동탱크저장소의 상치장소 기준(규칙 별표 10)

1. 옥외에 있는 상치장소는 화기를 취급하는 장소 또는 인근의 건축물로부터 5m 이상(인근의 건축물이 1층인 경우에는 3m 이상)의 거리를 확보하여야 한다. 다만, 하천의 공지나 수면, 내화구조 또는 불연재료의 담 또는 벽 그 밖에 이와 유사한 것에 접하는 경우를 제외한다.
2. 옥내에 있는 상치장소는 벽·바닥·보·서까래 및 지붕이 내화구조 또는 불연재료로 된 건축물의 1층에 설치하여야 한다.

11. 위험물제조소 등의 설치허가를 취소하거나 6월 이내의 기간을 정하여 전부 또는 일부의 사용정지를 명할 수 있는 내용 5가지를 쓰시오.

> 정답

① 정기점검을 하지 아니한 때
② 위험물안전관리자를 선임하지 아니한 때
③ 대리자를 지정하지 아니한 때
④ 변경허가를 받지 아니하고 제조소 등의 위치, 구조 또는 설비를 변경한 때
⑤ 완공검사를 받지 아니하고 제조소 등을 사용한 때

> 해설 제조소등 설치허가의 취소와 6월 이내의 사용정지 등(법 제12조)

① 변경허가를 받지 아니하고 제조소등의 위치·구조 또는 설비를 변경한 때
② 완공검사를 받지 아니하고 제조소등을 사용한 때
③ 수리·개조 또는 이전의 명령을 위반한 때
④ 위험물안전관리자를 선임하지 아니한 때
⑤ 대리자를 지정하지 아니한 때
⑥ 정기점검을 하지 아니한 때
⑦ 정기검사를 받지 아니한 때
⑧ 저장·취급기준 준수명령을 위반한 때

12. 다음 공식의 기호를 설명하시오.

$$E = \frac{1}{2}CV^2 = \frac{1}{2}QV$$

㉮ C :

㉯ Q :

㉰ V :

정답

㉮ C : 정전용량

㉯ Q : 전하량

㉰ V : 방전전압

해설 최소점화에너지(MIE)

1. 불꽃에 의해 가연성가스, 증기를 발화시키는데 필요한 최소 방전에너지

2. $E = \frac{1}{2}CV^2 = \frac{1}{2}QV$ E : 최소점화에너지(J), C : 콘덴서용량(F), V : 전압(V)

3. 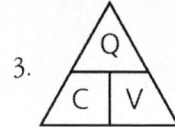 Q = CV   Q: 전하량,
   C: 전기용량,
   V: 전압

13. 철분이 다음 물질과 반응할 때의 화학반응식을 쓰시오.

㉮ 염산과 반응

㉯ 수증기와 반응

㉰ 산소와 반응

정답

㉮ 염산과 반응 : $2Fe + 6HCl \rightarrow 2FeCl_3 + 3H_2$

㉯ 수증기와 반응 : $2Fe + 3H_2O \rightarrow Fe_2O_3 + 3H_2$

㉰ 산소와 반응 : $4Fe + 3O_2 \rightarrow 2Fe_2O_3$

해설

1. 철은 몇 가지 정도의 산화를 나타낼 수 있다. 철이 산화 상태가 +2와 +3인 화합물만을 고려할 것이다. 따라서 철에는 2가 및 3가 화합물의 두 가지 계열이 있다고 말할 수 있다.

가. 연소반응식 : $3Fe+2O_2 \rightarrow Fe_3O_4$(가열반응)
나. 산소와 반응 : $4Fe+3O_2 \rightarrow 2Fe_2O_3$(공기 중 서서히 산화)
다. 물과의 반응식 : $2Fe + 3H_2O \rightarrow Fe_2O_3 + 3H_2$
라. 고온 (700-900℃)에서 철은 수증기와 반응 : $3Fe + 4H_2O \rightarrow Fe_3O_4 + 4H_2$
라. 철은 보통 조건 하에서 염산 및 묽은 황산에 쉽게 녹음
- $Fe + 2HCl = FeCl_2 + H_2$
- $Fe + H_2SO_4 = FeSO_4 + H_2$
Fe는 수분이 없는 공기에서는 안정하지만, 습한 공기에서 잘 산화된다. 고운 가루로 만들면 자연발화도 가능하고, 묽은 산에 녹아 철(II)염이 되며, 뜨거운 NaOH, 황산에도 녹는다.

2. 산화물 : 철은 보통 다음의 세 가지 산화물을 만든다.
① FeO : 철(II)
② Fe_2O_3 : 철(III)
③ Fe_3O_4 : 철(II)와 철(III)의 혼합산화물

3. 각각의 특성을 정리하자면,
① FeO : 철(II)
Fe를 낮은 산소분압에서 가열하거나 $Fe(C_2O_4)$(옥살산철(II))를 가열하여 얻음.
575℃ 이하에서는 불안정하여 Fe와 Fe_3O_4로 변환함.
② Fe_2O_3 : 철(III)
Fe를 공기 중에서 가열하면 생김.
녹의 주성분으로, 물과 붙어있는 형태로 존재($Fe_2O_3 \cdot nH_2O$).
검은색의 강자기성 물질로, 햇빛·공기·수분·열 등에 상당히 안정함.
한 번 가열한 것은 잘 녹지 않고, 자성을 보임.
③ Fe_3O_4 : 철(II)와 철(III)의 혼합산화물
철선을 공기 중에서 연소시키거나, 뜨거운 철에 수증기를 접촉하면 생성됨.

14. 10 [℃]에서 $KNO_3 \cdot 10H_2O$ 12.6 [g]을 포화시킬 때 물 20 [g]이 필요하다면 이 온도에서 KNO_3 용해도를 구하시오.

정답

16.14

해설 용해도

1. 정의 : 용매 100[g]에 최대한 녹아있는 용질의 [g]수

$$용해도 = \frac{용질의[g] 수}{용매의[g] 수}$$

10 KNO_3의 분자량 : 101

3. $KNO_3 \cdot 10H_2O$의 분자량 : 281

4. $KNO_3 \cdot 10H_2O$의 KNO_3의 양 $= \dfrac{101}{281} \times 12.6[g] = 4.53[g]$

5. $KNO_3 \cdot 10H_2O$의 $10H_2O$의 양 $= \dfrac{180}{281} \times 12.6[g] = 8.07[g]$

6. 전체용매(물)의 양 $= 20[g] + 8.07[g] = 28.07[g]$

∴ 용해도 $= \dfrac{4.53}{28.07} \times 100 = 16.14$

15. 지하탱크저장소의 저장탱크는 용량에 따라 수압시험을 하여야 하는데 대신할 수 있는 방법을 쓰시오.

정답

소방청장이 정하여 고시하는 기밀시험과 비파괴시험을 동시에 실시하는 방법

해설 지하탱크저장소의 위치·구조·설비 기준

지하저장탱크는 용량에 따라 다음 표에 정하는 기준에 적합하게 강철판 또는 동등 이상의 성능이 있는 금속재질로 완전용입용접 또는 양면겹침이음용접으로 틈이 없도록 만드는 동시에, 압력탱크(최대상용압력이 46.7kPa 이상인 탱크를 말한다) 외의 탱크에 있어서는 70kPa의 압력으로, 압력탱크에 있어서는 최대상용압력의 1.5배의 압력으로 각각 10분간 수압시험을 실시하여 새거나 변형되지 아니하여야 한다. 이 경우 수압시험은 소방청장이 정하여 고시하는 기밀시험과 비파괴시험을 동시에 실시하는 방법으로 대신할 수 있다.

탱크용량(단위 ℓ)	탱크의 최대직경(단위 mm)	강철판의 최소두께(단위 mm)
1,000 이하	1,067	3.20
1,000 초과 2,000 이하	1,219	3.20
2,000 초과 4,000 이하	1,625	3.20
4,000 초과 15,000 이하	2,450	4.24
15,000 초과 45,000 이하	3,200	6.10
45,000 초과 75,000 이하	3,657	7.67
75,000 초과 189,000 이하	3,657	9.27
189,000 초과	-	10.00

16. 알코올 10 [g]과 물 20 [g]이 혼합되었을 때 비중이 0.94라면, 이때 부피는 몇 [mL]인가?

정답
0.32[m]

해설 혼합액의 부피
1. 용액은 10[g]+20[g]=30[g]이고, 이 용액의 비중이 0.94[g/cm³]이다.
2. 비중 $= 0.94[g/cm^3] = 0.94[g/mL] = 940[g/L]$
   $1[L] = 1,000[cm^3] = 1,000[mL]$
   ∴ 용액의 부피 $= 30[g] \div 0.94[g/mL] = 31.91[mL]$

17. 포소화설비에서 공기포 소화약제 혼합방식의 종류 중 다음 방식을 설명하시오.

㉮ 프레저프로포셔너 방식
㉯ 라인프로포셔너 방식

정답
㉮ 프레저 프로포셔너 방식 : 펌프와 발포기의 중간에 설치된 벤투리관의 벤투리 작용과 펌프 가압수의 포소화약제 저장탱크에 대한 압력에 따라 포소화약제를 흡입·혼합하는 방식
㉯ 라인 프로포셔너 방식 : 펌프와 발포기의 중간에 설치된 벤투리관의 벤투리작용에 따라 포소화약제를 흡입·혼합하는 방식

해설 포혼합장치
1. 펌프프로포셔너 : 펌프에 의해 가압된 압력수가 펌프 토출측의 바이패스 관로를 따라 농도조절밸브에서 조정된 포소화약제를 흡입측으로 보내어 약제를 혼합하는 방식.
2. 라인프로포셔너 : 펌프와 발포기의 중간에 설치된 벤츄리관의 벤츄리 작용에 따라 포소화약제를 흡입, 혼합하는 방식
3. 프레저프로포셔너 : 펌프와 발포기 중간에 설치된 벤츄리관의 벤츄리작용과 펌프 가압수의 압력에 따라 약제를 흡입.혼합하는 방식
4. 프레저사이드프로포셔너 : 펌프 토출관에 압입기를 설치하여 약제 압입용 펌프로 포소화약제를 압입시켜 혼합하는 방식

18. 과산화칼륨이 다음 물질과 반응할 때 반응식을 쓰시오.

㉮ 이산화탄소
㉯ 아세트산

정답

㉮ $2K_2O_2 + 2CO_2 \rightarrow 2K_2CO_3 + O_2$
㉯ $K_2O_2 + 2CH_3COOH \rightarrow 2CH_3COOK + H_2O_2$

해설 과산화칼륨의 반응식

1. 분해 반응식 $2K_2O_2 \rightarrow 2K_2O + O_2\uparrow$
2. 물과의 반응 $2K_2O_2 + 2H_2O \rightarrow 4KOH + O_2\uparrow$
3. 이산화탄소와의 반응 $2K_2O_2 + 2CO_2 \rightarrow 2K_2CO_3 + O_2\uparrow$
4. 초산(아세트산)과의 반응 $K_2O_2 + 2CH_3COOH \rightarrow 2CH_3COOK + H_2O_2$
                                              (초산칼륨) (과산화수소)
5. 염산과의 반응 $K_2O_2 + 2HCl \rightarrow 2KCl + H_2O_2$

19. 지하탱크저장소의 주위에는 당해 탱크로부터 액체위험물의 누설을 검사하기 위한 관을 설치한다. ( ) 안에 적당한 말을 쓰시오.

- 이중관으로 할 것. 다만, 소공이 없는 상부는 (㉮)으로 할 수 있다.
- 재료는 (㉯) 또는 (㉰)으로 할 것
- 관은 탱크 전용실의 바닥 또는 탱크의 기초까지 닿게 할 것
- 관의 밑 부분으로부터 탱크의 중심 높이까지의 부분에는 소공이 뚫려 있을 것. 다만, 지하수위가 높은 장소에 있어서는 지하수위 높이까지의 부분에 소공이 뚫려 있어야 한다.
- 상부는 (㉱)이 침투하지 아니하는 구조로 하고, 뚜껑은 검사 시에 쉽게 열 수 있도록 할 것

정답

㉮ 단관, ㉯ 금속관, ㉰ 경질합성수지관, ㉱ 물

해설 누유검사관의 설치기준

액체위험물의 누설을 검사하기 위한 관을 다음의 각목의 기준에 따라 4개소 이상 적당한 위치에 설치해야 한다.
1. 이중관으로 할 것. 다만, 소공이 없는 상부는 단관으로 할 수 있다.
2. 재료는 금속관 또는 경질합성수지관으로 할 것

3. 상부는 물이 침투하지 아니하는 구조로, 뚜껑은 검사시 쉽게 열 수 있도록 할 것
4. 관은 탱크 전용실의 바닥 또는 탱크의 기초까지 닿게 할 것
5. 관의 밑부분으로부터 탱크의 중심 높이까지의 부분에는 소공이 뚫려 있을 것. 다만, 지하수위가 높은 장소에 있어서는 지하수위 높이까지의 부분에 소공이 뚫려있어야 한다.

20. 다음 물질의 시성식을 쓰시오.

㉮ 무색투명한 특유의 향이 있는 액체로서 분자량이 74인 물질
㉯ 무색의 액체로 특유의 냄새가 나고 분자량이 53인 제1석유류 물질

정답

㉮ $C_2H_5OC_2H_5$
㉯ $CH_2 = CHCN$

해설 시성식

항목 종류	디에틸에테르	아크릴로니트릴
외관	무색투명, 특유한 향의 액체	무색, 특유의 냄새
시성식	$C_2H_5OC_2H_5$	$CH_2 = CHCN$
분자량	74	53
인화점	-45[℃]	-5[℃]
유별	제4류 위험물 특수인화물	제4류 위험물 제1석유류(비수용성)
지정수량	50[L]	200[L]
구조식	H-C(H)(H)-C(H)(H)-O-C(H)(H)-C(H)(H)-H	$H_2C=CH-C\equiv N$

제56회 과년도 문제풀이(2014년)

01. 삼황화린, 오화화린의 연소반응식을 쓰시오.

정답

삼황화린 $P_4S_3 + 8O_2 \rightarrow 2P_2O_5 + 3SO_2$

오황화린 $2P_2S_5 + 15O_2 \rightarrow 2P_2O_5 + 10SO_2$

해설 황화린 동소체

1. 삼황화린
    1) 황록색 결정성 덩어리 또는 분말
    2) 이황화탄소, 알칼리, 질산에 녹고, 물, 염소, 염산, 황산에 녹지 않음.
    3) 공기 중 약 100℃에서 발화 마찰 의해 연소 및 자연발화
        - $P_4S_3 + 8O_2 \rightarrow 2P_2O_5 + 3SO_2$
    4) 자연발화성이므로 가열, 습기방지 산화제 접촉을 피할 것
    5) 저장 시 금속분과 멀리할 것
    6) 용도 : 성냥제조, 탈색제, 유기합성제

2. 오황화린
    1) 담황색 결정체로 조해성, 흡습성
    2) 알코올, 이황화탄소에 녹는다.
    3) 연소반응 : $2P_2S_5 + 15O_2 \rightarrow 2P_2O_5 + 10SO_2$
    4) 물 또는 알칼리에 분해하여 황화수소와 인산이 된다.
        - $P_2S_5 + 8H_2O \rightarrow 5H_2S + 2H_3PO_4$
        - $H_2S + 3O_2 \rightarrow 2SO_2 + 2H_2O$
    5) 용도 : 선광제, 윤활유첨가제, 의약품, 농약제조 및 가황제

3. 칠황화린
    1) 담황색 결정성 고체로 조해성
    2) 이황화탄소, 물에 약간 녹는다.
    3) 더운 물에서 급격히 분해하여 황화수소 생성
        - $P_4S_7 + 13H_2O \rightarrow 7H_2S + H_3PO_4 + 3H_3PO_3$

02. 위험물안전관리법령상 옥외저장소에 저장할 수 있는 위험물을 골라 쓰시오.

> 유황, 인화성 고체(인화점 5 [℃]), 아세톤, 이황화탄소, 질산, 질산에스테르류, 과염소산염류, 에탄올

정답
유황, 인화성고체(인화점 5[℃]), 질산, 에탄올

해설 저장가능 위험물
1. 제2류 중 유황, 인화성고체(인화점 0℃ 이상)
2. 제4류 중 제1석유류(인화점 0℃ 이상), 알코올류, 제2,3,4석유류, 동식물유류
3. 제6류 위험물

03. 제1석유류인 벤젠에 대하여 다음 물음에 답하시오.

㉮ 연소반응식
㉯ 지정수량
㉰ 분자량

정답
㉮ $C_6H_6 + 7.5O_2 \rightarrow 6CO_2 + 3H_2O$
㉯ 200[L]
㉰ 78

해설 벤젠(Benzene, 벤졸)
1. 연소반응식
   $C_6H_6 + 7.5O_2 \rightarrow 6CO_2 + 3H_2O$
2. 물성

화학식	분자량	지정수량	비중	비점	융점	인화점	착화점	연소범위
C_6H_6	78	200[L]	0.9	80[℃]	5.5[℃]	-11[℃]	562[℃]	1.4~7.1[%]

※ 벤젠의 지정수량 : 제4류 위험물 중 제1석유류(비수용성)로 200[L]

04. 위험물의 취급 중 소비에 관한 기준 3가지를 쓰고 설명하시오.

정답 위험물 취급 중 소비에 관한 기준
1. 분사도장작업은 방화상 유효한 격벽 등으로 구획된 안전한 장소에서 실시할 것
2. 담금질 또는 열처리작업은 위험물이 위험한 온도에 이르지 아니하도록 하여 실시할 것
3. 버너 사용하는 경우 버너의 역화를 방지하고 위험물이 넘치지 아니하도록 할 것

05. 다음은 옥외탱크저장소의 방유제에 대한 설명이다. 다음 물음에 답하시오.

- 방유제 내에 설치하는 옥외저장탱크의 수는 10[방유제 내에 설치하는 모든 옥외저장탱크의 용량이 (㉮) [L] 이하이고, 당해 옥외저장탱크에 저장 또는 취급하는 위험물의 인화점이 70 [℃] 이상 200 [℃] 미만인 경우에는 20] 이하로 할 것. 다만, 인화점이 (㉯) [℃] 이상인 위험물을 저장 또는 취급하는 옥외저장탱크에 있어서는 그러하지 아니하다.
- 방유제 외면의 1/2 이상은 자동차 등이 통행할 수 있는 (㉰) [m] 이상의 노면 폭을 확보한 구내도로에 직접 접하도록 할 것.
- 방유제는 탱크의 옆판으로부터 일정 거리를 유지할 것. (단, 인화점이 200 [℃] 이상인 위험물은 제외)
  - 지름이 15 [m] 미만인 경우 : 탱크 높이의 (㉱) 이상
  - 지름이 15 [m] 이상인 경우 : 탱크 높이의 (㉲) 이상

정답
㉮ 20만   ㉯ 200   ㉰ 3   ㉱ 1/3   ㉲ 1/2

해설 옥외탱크저장소
1. 방유제의 용량
   1) 탱크가 하나일 때 : 탱크 용량의 110[%] 이상(인화성이 없는 액체위험물은 100[%])
   2) 탱크가 2기 이상일 때 : 탱크 중 용량이 최대인 것의 용량의 110[%] 이상(인화성이 없는 액체위험물은 100[%])
2. 방유제의 높이 : 0.5[m] 이상 3[m] 이하, 두께가 0.2[m] 이상, 지하매설깊이 1[m] 이상
3. 방유제 내의 면적 : 80,000[m^2] 이하
4. 방유제 내에 설치하는 옥외저장탱크의 수는 10(방유제 내에 설치하는 모든 옥외저장탱크의 용량이 20만[L] 이하이고, 위험물의 인화점이 70[℃] 이상 200[℃] 미만인 경우에는 20) 이하로 할 것 (단, 인화점이 200[℃] 이상인 옥외저장탱크는 제외)
   ※ 방유제 내에 탱크의 설치 개수
   - 제1석유류, 제2석유류 : 10기 이하

- 제3석유류(인화점 70[℃] 이상 200[℃] 미만) : 20기 이하
- 제4석유류(인화점 200[℃] 이상) : 제한없음

5. 방유제 외면의 1/2 이상은 자동차 등이 통행할 수 있는 3[m] 이상의 노면 폭을 확보한 구내도로에 직접 접하도록 할 것
6. 방유제는 탱크의 옆판으로부터 일정 거리를 유지할 것(단, 인화점 200[℃] 이상 위험물은 제외)

06. 제1류 위험물의 품명 중 행정안전부령으로 정하는 품명 5가지를 쓰시오.

정답

1. 과요오드산염류 : KIO_4 구조, KIO_4, $NaIO_4$
2. 과요오드산 : HIO_4, 무색 결정성 분말
3. 크롬, 납 또는 요오드의 산화물 : CrO_3(무수크롬산), PbO_2, PbO, Pb_3O_4(사산화삼납)
4. 아질산염류 : $NaNO_2$, KNO_2, NH_4NO_2
5. 염소화이소시아눌산 : 구조식, $C_3Cl_3N_3O_3$(트리클로로이소시아눌산)
6. 퍼옥소이황산염류 : 구조식, $K_2S_2O_8$(과황산칼륨), $(NH_4)_2S_2O_8$, $Na_2S_2O_8$
7. 퍼옥소붕산염류 : 구조식, $NaBO_3 \cdot 4H_2O$(과붕산 나트륨)
8. 차아염소산염류 : $Ca(OCl)_2$ (차아염소산칼슘)

해설 제1류 위험물

유별	성질	품명		위험등급	지정수량
제1류	산화성고체	1. 아염소산염류, 염소산염류, 과염소산염류, 무기과산화물		I	50[kg]
		2. 브롬산염류, 질산염류, 요오드산염류		II	300[kg]
		3. 과망간산염류, 중크롬산염류		III	1,000[kg]
		4. 그밖에 행정안전부령으로 정하는 것	① 과요오드산염류	II	300[kg]
			② 과요오드산		300[kg]
			③ 크롬, 납 또는 요오드의 산화물		300[kg]
			④ 아질산염류		300[kg]
			⑤ 염소화이소시아눌산		300[kg]
			⑥ 퍼옥소이황산염류		300[kg]
			⑦ 퍼옥소붕산염류		300[kg]
		차아염소산염류		I	50[kg]

07. 탱크시험자가 갖추어야 할 필수 기술장비 3가지를 적으시오.

정답

자기탐상시험기, 초음파두께측정기, 영상초음파시험기

해설 탱크시험자가 갖추어야할 기술장비(시행령 별표 7)

① 기술능력
  ㉠ 필수인력
  • 위험물기능장·위험물산업기사 또는 위험물기능사 1명 이상
  • 비파괴검사기술사 1명 이상 또는 초음파비파괴검사·자기비파괴검사 및 침투비파괴검사별로 기사 또는 산업기사 각 1명 이상
  ㉡ 필요한 경우에 두는 인력
  • 충·수압시험, 진공시험, 기밀시험 또는 내압시험의 경우 : 누설비파괴검사 기사, 산업기사 또는 기능사
  • 수직·수평도 시험의 경우 : 측량 및 지형공간정보기술사, 기사, 산업기사 또는 측량기능사
  • 방사선투과시험의 경우 : 방사선비파괴검사 기사 또는 산업기사
  • 필수 인력의 보조 : 방사선비파괴검사·초음파비파괴검사·자기비파괴검사 또는 침투비파괴검사 기능사
② 시설 : 전용사무실
③ 장비
  ㉠ 필수장비 : 자기탐상시험기, 초음파두께측정기 및 다음 중 어느 하나
  • 영상초음파시험기

- 방사선투과시험기 및 초음파시험기
ⓒ 필요한 경우에 두는 장비
- 충·수압시험, 진공시험, 기밀시험 또는 내압시험의 경우
  - 진공능력 53[kPa] 이상의 진공누설시험기
  - 기밀시험장비(안전장치가 부착된 것으로서 가압능력 200[kPa] 이상, 감압의 경우에는 감압능력 10[kPa] 이상·감도 10[Pa] 이하의 것으로서 각각의 압력변화를 스스로 기록할 수 있는 것)
- 수직·수평도 시험의 경우 : 수직·수평도측정기
※ 둘 이상의 기능을 함께 가지고 있는 장비를 갖춘 경우에는 각각의 장비를 갖춘 것으로 본다.

08. 화학식이 $C_6H_2CH_3(NO_2)_3$인 물질에 대하여 다음 물음에 답하시오.

㉮ 유별
㉯ 품명
㉰ 지정수량

정답

㉮ 제5류 위험물
㉯ 니트로화합물
㉰ 200[kg]

해설 트리니트로톨루엔(Tri Nitro Toluene, TNT)

1. 유별/품명/지정수량 : 제5류 위험물 중 니트로화합물로서 200[kg]
2. 구조식

3. 물성

화학식	성상	융점	착화온도	비점	인화점	비중
$C_6H_2CH_3(NO_2)_3$	담황색 침상결정 강력한 폭약	80.1℃	약 300℃	240℃	2℃	1

4. 제법 :

$$\text{C}_6\text{H}_5\text{OH} + 3\text{HNO}_3 \xrightarrow[\text{니트로화}]{\text{H}_2\text{SO}_4} \text{C}_6\text{H}_2(\text{NO}_2)_3\text{CH}_3 + 3\text{H}_2\text{O}$$

5. 충격에 민감하지 않으나 급격한 타격으로 폭발
6. 물에 녹지 않고 알코올에 가열하면 녹고, 아세톤, 벤젠, 에테르에 잘 녹음
7. 충격감도는 피크르산보다 약하다.

09. 제2류 위험물의 저장 및 취급 기준에 대한 설명이다. 괄호 안에 적당한 말을 적으시오.

> 제2류 위험물은 (①)와의 접촉, 혼합이나 불티, 불꽃, 고온체와의 접근 또는 과열을 피하는 한편, (②) 및 이를 함유한 것에 있어서는 물이나 산과의 접촉을 피하고 인화성 고체에 있어서는 함부로 (③)를 발생시키지 아니하여야 한다.

정답
① 산화제, ② 철분, 금속분, 마그네슘, ③ 증기

해설 유별 저장 및 취급의 공통 기준
1. 제1류 위험물 : 가연물과의 접촉, 혼합이나 분해를 촉진하는 물품과의 접근 또는 과열, 충격, 마찰 등을 피하는 한편, 알칼리 금속의 과산화물 및 이를 함유한 것에 있어서는 무로가의 접촉을 피해야 한다.
2. 제2류 위험물 : 산화제와의 접촉, 혼합이나 불티, 불꽃, 고온체와의 접근 또는 과열을 피하는 한편, 철분, 금속분, 마그네슘 및 이를 함유한 것에 있어서는 물이나 산과의 접촉을 피하고 인화성 고체에 있어서는 함부로 증기를 발생시키지 아니해야 한다.
3. 제3류 위험물 : 자연발화성 물품에 있어서는 불티, 불꽃 또는 고온체와의 접근·과열 또는 공기와의 접촉을 피하고, 금수성 물품에 있어서는 물과의 접촉을 피해야 한다.
4. 제4류 위험물 : 불티, 불꽃, 고온체와의 접근 또는 과열을 피하고, 함부로 증기를 발생시키지 아니 해야 한다.
5. 제5류 위험물 : 불티, 불꽃, 고온체와의 접근이나 과열, 충격 또는 마찰을 피해야 한다.
6. 제6류 위험물 : 가연물과의 접촉·혼합이나 분해를 촉진하는 물품과의 접근 또는 과열을 피해야 한다.

10. 니트로글리세린의 구조식과 폭발 시 생성되는 가스를 모두 쓰시오.

> **정답**
> - 구조식
>
> ```
>       H   H   H
>       |   |   |
>   H - C - C - C - H
>       |   |   |
>       O   O   O
>       |   |   |
>      NO₂ NO₂ NO₂
> ```
>
> - 생성가스 : 이산화탄소(CO_2), 수증기(H_2O), 질소(N_2), 산소(O_2)
>
> **해설** 니트로글리세린 분해반응식
> $4C_3H_5(ONO_2)_3 \rightarrow 12CO_2\uparrow + 10H_2O + 6N_2\uparrow + O_2\uparrow$

11. 과산화칼슘에 대하여 다음 물음에 쓰시오.

㉮ 열분해반응식

㉯ 염산과 반응

> **정답**
> ㉮ $2CaO_2 \rightarrow 2CaO + O_2$
>
> ㉯ $CaO_2 + 2HCl \rightarrow CaCl_2 + H_2O_2$
>
> **해설** 과산화칼슘의 반응
> ① 열분해반응식 $2CaO_2 \rightarrow 2CaO + O_2\uparrow$
> ② 물과 반응 $2CaO_2 + 2H_2O \rightarrow 2Ca(OH)_2 + O_2\uparrow$ + 발열
> ③ 염산과 반응 $CaO_2 + 2HCl \rightarrow CaCl_2 + H_2O_2\uparrow$

12. 중탄산나트륨의 열분해 반응식을 쓰고, 중탄산나트륨 8.4 [g]이 반응해서 발생하는 이산화탄소는 몇 [L]인가? (단, Na : 23, H : 1, C : 12, O : 16)

정답
- 분해 반응식 : $2NaHCO_3 \rightarrow Na_2CO_3 + CO_2 + H_2O$
- 발생하는 이산화탄소의 부피 : 2.23[L]

해설 제1종 분말소화약제(중탄산나트륨)

1. 분해 반응식
   $2NaHCO_3 \rightarrow Na_2CO_3 + CO_2 + H_2O$

2. 이산화탄소의 부피를 구하면
   168g : 22.4L = 8.4g : xL
   $\therefore x = \dfrac{8.4[g] \times 22.4[L]}{2 \times 84[g]} = 1.12[L]$

3. 270℃ 1차 열분해 온도에서 이산화탄소부피
   $\dfrac{1 \times 1.12L}{273} = \dfrac{1 \times V_2}{273 + 270}$
   $\therefore V_2 = 2.23L$

13. 다음 물질의 위험도를 구하시오.

㉮ 디에틸에테르
㉯ 아세톤

정답

㉮ 디에틸에테르 : 24.26
㉯ 아세톤 : 4.12

해설 위험도

① 디에틸에테르의 연소범위 : 1.9~4.8[%]

$$\therefore 위험도\ H = \frac{상한값 - 하한값}{하한값} = \frac{48 - 1.9}{1.9} = 24.26$$

② 아세톤의 연소범위 : 2.5~12.8[%]

$$\therefore 위험도\ H = \frac{상한값 - 하한값}{하한값} = \frac{12.8 - 2.5}{2.5} = 4.12$$

1. 디에틸에테르

    1) 물성

명칭	화학식	분자량	인화점℃	비점℃	착화점℃	비중	연소범위%
디에틸에테르	$C_2H_5OC_2H_5$	74	-45	34.5	180℃	0.72	1.9 ~ 48

    2) 위험도 : 연소범위를 폭발하한계로 나눈 값

    $$H = \frac{UFL - LFL}{LFL} = \frac{48 - 1.9}{1.9} = 24.26$$

2. 아세톤

    1) 물성

명칭	화학식	분자량	인화점℃	비점℃	착화점℃	비중	연소범위%
아세톤	C_3H_6O	58	-18	56.3	538	0.79	2.5 ~ 12.8

    2) 위험도 : 연소범위를 폭발하한계로 나눈 값

    $$H = \frac{UFL - LFL}{LFL} = \frac{12.8 - 2.5}{2.5} = 4.12$$

14. 알루미늄이 다음 물질과 반응할 때 반응식을 쓰시오.

㉮ 물과 반응

㉯ 염산과 반응

> **정 답**
>
> ㉮ $2Al + 6H_2O \rightarrow 2Al(OH)_3 + 3H_2$
>
> ㉯ $2Al + 6HCl \rightarrow 2AlCl_3 + 3H_2$
>
> **해 설** 알루미늄의 반응
>
> 1. 물과 반응 : $2Al + 6H_2O \rightarrow 2Al(OH)_3 + 3H_2$
> 2. 연소반응식 : $4Al + 3O_2 \rightarrow 2Al_2O_3$
> 3. 염산과 반응 : $2Al + 6HCl \rightarrow 2AlCl_3 + 3H_2$

15. 위험물을 저장 또는 취급하는 장소에 당해 위험물을 적당한 온도로 유지하기 위한 살수설비를 설치하여야 하는 위험물의 종류를 쓰시오.

> **정 답**
>
> 인화성 고체(인화점이 21[℃] 미만인 것에 한한다), 제1석유류, 알코올류
>
> **해 설**
>
> > Ⅲ. 인화성고체, 제1석유류 또는 알코올류의 옥외저장소의 특례(시행규칙 별표 1)
> > 제2류 위험물 중 인화성고체(인화점이 21℃ 미만인 것에 한한다. 이하 Ⅲ에서 같다) 또는 제4류 위험물 중 제1석유류 또는 알코올류를 저장 또는 취급하는 옥외저장소에 있어서는 Ⅰ제1호의 규정에 의한 기준에 의하는 외에 당해 위험물의 성질에 따라 다음 각호에 정하는 기준에 의한다.
> > 1. 인화성고체, 제1석유류 또는 알코올류를 저장 또는 취급하는 장소에는 당해 위험물을 적당한 온도로 유지하기 위한 살수설비 등을 설치하여야 한다.
> > 2. 제1석유류 또는 알코올류를 저장 또는 취급하는 장소의 주위에는 배수구 및 집유설비를 설치하여야 한다. 이 경우 제1석유류(온도 20℃의 물 100g에 용해되는 양이 1g 미만인 것에 한한다)를 저장 또는 취급하는 장소에 있어서는 집유설비에 유분리장치를 설치하여야 한다.

16. 유량이 230 [L/sec]이고 지름이 260 [mm]인 원관과 지름이 400 [mm]인 원관이 직접 연결되어 있을 때 손실수두를 구하시오. (단, 손실계수는 무시한다)

정답

$0.32 [m]$

해설

확대관일 때 손실수두 $H = k\dfrac{(u_1 - u_2)^2}{2g}$

여기서 k : 확대손실계수

u_1 : 입구의 유속 ($u_1 = \dfrac{Q}{A} = \dfrac{Q}{\dfrac{\pi D^2}{4}} = \dfrac{4Q}{\pi D^2} = \dfrac{4 \times 0.23 \,[m^3/s]}{\pi \times (0.26 [m])^2} = 4.33 [m/s]$)

u_2 : 출구의 유속 ($u_2 = \dfrac{4Q}{\pi D^2} = \dfrac{4 \times 0.23 \,[m^3/s]}{\pi \times (0.4 [m])^2} = 1.83 [m/s]$)

$\therefore H = k\dfrac{(u_1 - u_2)^2}{2g} = \dfrac{(4.33 [m/s] - 1.83 [m/s])^2}{2 \times 9.8 [m/s^2]} = 0.32 [m]$

17. 제2종 분말소화약제의 열분해반응식을 쓰시오.

㉮ 1차 분해(190 [℃])

㉯ 2차 분해(590 [℃])

정답

㉮ $2KHCO_3 \rightarrow K_2CO_3 + CO_2 + H_2O$

㉯ $2KHCO_3 \rightarrow K_2O + 2CO_2 + H_2O$

해설 분말소화약제의 열분해 반응식

1. 제1종 분말
    1) 1차 분해반응식(270[℃])
        $2NaHCO_3 \rightarrow Na_2CO_3 + CO_2 + H_2O - Q[kcal]$
    2) 2차 분해반응식(850[℃])
        $2NaHCO_3 \rightarrow Na_2O + 2CO_2 + H_2O - Q[kcal]$

2. 제2종 분말
    1) 1차 분해반응식(190[℃])
        $2KHCO_3 \rightarrow K_2CO_3 + CO_2 + H_2O - Q[kcal]$
    2) 2차 분해반응식(590[℃])
        $2KHCO_3 \rightarrow K_2O + 2CO_2 + H_2O - Q[kcal]$

3. 제3종 분말
    1) 190[℃]에서 분해
        $NH_4H_2PO_4 \rightarrow NH_3 + H_3PO_4$(인산, 올소인산)
    2) 215[℃]에서 분해
        $2H_3PO_4 \rightarrow H_2O + H_4P_2O_7$(피로인산)
    3) 300[℃]에서 분해
        $H_4P_2O_7 \rightarrow H_2O + 2HPO_3$(메타인산)

4. 제4종 분말
    $2KHCO_3 + (NH_2)_2CO \rightarrow K_2CO_3 + 2NH_3 + 2CO_2 - Q[kcal]$

18. 강제강화플라스틱제 이중벽탱크의 누설된 위험물을 감지할 수 있는 설비(누설감지설비)에 설치하는 경보장치에 대하여 다음 물음에 답하시오.

> ㉮ 감지층에 누설된 위험물 등을 감지하기 위한 센서는 (　　) 또는 (　　) 등으로 하고, 검지관 내로 누설된 위험물 등의 수위가 (　) [cm] 이상인 경우에 감지할 수 있는 성능 또는 누설량이 (　　) [L] 이상인 경우에 감지할 수 있는 성능이 있을 것
> ㉯ 경보음의 기준

정답
㉮ 액체플로트센서, 액면계, 3, 1
㉯ 80[dB] 이상

해설 제102조(강제강화플라스틱제 이중벽탱크의 누설감지설비의 기준)
1. 누설된 위험물을 감지할 수 있는 설비를 다음 각목의 기준에 적합하게 설치할 것
   가. 누설감지설비는 탱크본체의 손상 등에 의하여 감지층에 위험물이 누설되거나 강화플라스틱 등의 손상 등에 의하여 지하수가 감지층에 침투하는 현상을 감지하기 위하여 감지층에 접속하는 검지관에 설치된 센서 및 당해 센서가 작동한 경우에 경보를 발생하는 장치로 구성되도록 할 것
   나. 경보표시장치는 관계인이 상시 쉽게 감시하고 이상상태를 인지할 수 있는 위치에 설치할 것
   다. 감지층에 누설된 위험물 등을 감지하기 위한 센서는 액체플로트센서 또는 액면계 등으로 하고, 검지관내로 누설된 위험물 등의 수위가 3cm 이상인 경우에 감지할 수 있는 성능 또는 누설량이 1ℓ 이상인 경우에 감지할 수 있는 성능이 있을 것
   라. 누설감지설비는 센서가 누설된 위험물 등을 감지한 경우에 경보신호(경보음 및 경보표시)를 발하는 것으로 하되, 당해 경보신호가 쉽게 정지될 수 없는 구조로 하고 경보음은 80dB 이상으로 할 것
2. 누설감지설비는 제1호의 규정에 따른 성능을 갖도록 이중벽탱크에 부착할 것. 다만, 탱크제작지에서 탱크매설장소로 운반하는 과정 또는 매설 등의 공사작업시 누설감지설비의 손상이 우려되거나 탱크매설현장에서 부착하는 구조의 누설감지설비는 그러하지 아니하다.
3. 제2호 단서규정에 해당하는 누설감지설비는 다음 각목에 정한 기준을 준수할 것
   가. 감지센서부, 수신부, 경보 및 부속장치 등을 운반도중 손상되지 아니하도록 포장하고 포장외면에 적용되는 이중벽탱크의 형식번호 등을 표시할 것
   나. 누설감지설비의 설치 및 부착방법·성능확인요령 등의 자세한 설치시방서를 첨부할 것

19. 다음은 제1류, 제4류, 제5류 위험물에 대한 설명이다. 괄호 안에 적당한 품명이나 지정수량을 적으시오.

> ㉮ 제1류 위험물의 품명은 아염소산염류, 염소산염류, 과염소산염류, 무기과산화물, 브롬산염류, 질산염류, (   ), (   ), (   ) 그 밖에 행정안전부령이 정하는 것을 말한다.
>
> ㉯ 제4류 위험물의 지정수량은 제1석유류의 비수용성은 (   )[L], 수용성은 (   )[L], 제2석유류의 비수용성은 (   )[L], 수용성은 (   )[L]이다.
>
> ㉰ 제5류 위험물의 품명은 유기과산화물, 질산에스테르류, 히드록실아민, 히드록실아민염류, 니트로화합물, 니트로소화합물, (   ), (   ), (   ), 그 밖에 행정안전부령이 정하는 것을 말한다.

정답
㉮ 요오드산염류, 과망간산염류, 중크롬산염류
㉯ 200, 400, 1,000, 2,000
㉰ 아조화합물, 디아조화합물, 히드라진 유도체

해설 위험물 및 지정수량

유별	성질	위험물 품명	지정수량
제1류	산화성 고체	1. 아염소산염류	50kg
		2. 염소산염류	50kg
		3. 과염소산염류	50kg
		4. 무기과산화물	50kg
		5. 브롬산염류	300kg
		6. 질산염류	300kg
		7. 요오드산염류	300kg
		8. 과망간산염류	1,000kg
		9. 중크롬산염류	1,000kg
		10. 그 밖에 행정안전부령으로 정하는 것 11. 제1호 내지 제10호의 1에 해당하는 어느 하나 이상을 함유한 것	50kg, 300kg 또는 1,000kg
제2류	가연성 고체	1. 황화린	100kg
		2. 적린	100kg
		3. 유황	100kg
		4. 철분	500kg

		5. 금속분	500kg
		6. 마그네슘	500kg
		7. 그 밖에 행정안전부령으로 정하는 것 8. 제1호 내지 제7호의 1에 해당하는 어느 하나 이상을 함유한 것	100kg 또는 500kg
		9. 인화성고체	1,000kg
제3류	자연발화성물질 및 금수성물질	1. 칼륨	10kg
		2. 나트륨	10kg
		3. 알킬알루미늄	10kg
		4. 알킬리튬	10kg
		5. 황린	20kg
		6. 알칼리금속(칼륨 및 나트륨을 제외한다) 및 알칼리토금속	50kg
		7. 유기금속화합물 (알킬알루미늄 및 알킬리튬을 제외한다)	50kg
		8. 금속의 수소화물	300kg
		9. 금속의 인화물	300kg
		10. 칼슘 또는 알루미늄의 탄화물	300kg
		11. 그 밖에 행정안전부령으로 정하는 것 12. 제1호 내지 제11호의 1에 해당하는 어느 하나 이상을 함유한 것	10kg, 20kg, 50kg 또는 300kg
제4류	인화성액체	1. 특수인화물	50L
		2. 제1석유류 / 비수용성액체	200L
		2. 제1석유류 / 수용성액체	400L
		3. 알코올류	400L
		4. 제2석유류 / 비수용성액체	1,000L
		4. 제2석유류 / 수용성액체	2,000L
		5. 제3석유류 / 비수용성액체	2,000L
		5. 제3석유류 / 수용성액체	4,000L
		6. 제4석유류	6,000L
		7. 동식물유류	10,000L

제5류	자기 반응성 물질	1. 유기과산화물	10kg
		2. 질산에스테르류	10kg
		3. 니트로화합물	200kg
		4. 니트로소화합물	200kg
		5. 아조화합물	200kg
		6. 디아조화합물	200kg
		7. 히드라진 유도체	200kg
		8. 히드록실아민	100kg
		9. 히드록실아민염류	100kg
		10. 그 밖에 행정안전부령으로 정하는 것 11. 제1호 내지 제10호의 1에 해당하는 어느 하나 이상 　을 함유한 것	10kg, 100kg 또는 200kg
제6류	산화성 액체	1. 과염소산	300kg
		2. 과산화수소	300kg
		3. 질산	300kg
		4. 그 밖에 행정안전부령으로 정하는 것	300kg
		5. 제1호 내지 제4호의 1에 해당하는 어느 하나 이상 　을 함유한 것	300kg

20. 주유취급소에 주유 또는 그에 부대하는 업무를 위하여 사용되는 건축물 또는 시설물로 설치할 수 있는 것을 5가지만 쓰시오.

정답 주유취급소에 설치할 수 있는 건축물
1. 주유 또는 등유. 경유를 채우기 위한 작업장
2. 업무를 행하기 위한 사무소
3. 점검 및 간이정비를 위한 작업장
4. 자동차 등 세정을 위한 작업장
5. 주유취급소 출입자대상 점포. 휴게음식점, 전시장

해설 주유취급소 건축물 등의 제한 등

1. 주유취급소에는 주유 또는 그에 부대하는 업무를 위하여 사용되는 다음 각목의 건축물 또는 시설 외에는 다른 건축물 그 밖의 공작물을 설치할 수 없다.
   가. 주유 또는 등유·경유를 옮겨 담기 위한 작업장
   나. 주유취급소의 업무를 행하기 위한 사무소
   다. 자동차 등의 점검 및 간이정비를 위한 작업장
   라. 자동차 등의 세정을 위한 작업장
   마. 주유취급소에 출입하는 사람을 대상으로 한 점포·휴게음식점 또는 전시장
   바. 주유취급소의 관계자가 거주하는 주거시설
   사. 전기자동차용 충전설비(전기를 동력원으로 하는 자동차에 직접 전기를 공급하는 설비를 말한다)
   아. 그 밖의 소방청장이 정하여 고시하는 건축물 또는 시설

2. 제1호 각목의 건축물 중 주유취급소의 직원 외의 자가 출입하는 나목·다목 및 마목의 용도에 제공하는 부분의 면적의 합은 1,000m²를 초과할 수 없다.

3. 다음 각목의 1에 해당하는 주유취급소(이하 "옥내주유취급소"라 한다)는 소방청장이 정하여 고시하는 용도로 사용하는 부분이 없는 건축물(옥내주유취급소에서 발생한 화재를 옥내주유취급소의 용도로 사용하는 부분 외의 부분에 자동적으로 유효하게 알릴 수 있는 자동화재탐지설비 등을 설치한 건축물에 한한다)에 설치할 수 있다.
   가. 건축물 안에 설치하는 주유취급소
   나. 캐노피·처마·차양·부연·발코니 및 루버의 수평투영면적이 주유취급소의 공지면적(주유취급소의 부지면적에서 건축물 중 벽 및 바닥으로 구획된 부분의 수평투영면적을 뺀 면적을 말한다)의 3분의 1을 초과하는 주유취급소

제55회 과년도 문제풀이(2014년)

01. 옥내탱크저장소에서 별도의 기준을 갖출 경우 탱크전용실을 단층건물 외의 건축물에 설치할 수 있는 제2류 위험물의 종류 3가지를 쓰시오.

정답

황화린, 적린, 덩어리 유황

해설

옥내탱크저장소 중 탱크전용실을 단층건물 외의 건축물에 설치하는 것(제2류 위험물 중 황화린·적린 및 덩어리 유황, 제3류 위험물 중 황린, 제6류 위험물 중 질산 및 제4류 위험물 중 인화점이 38℃ 이상인 위험물만을 저장 또는 취급하는 것에 한한다)의 위치·구조 및 설비의 기술기준

가. 옥내저장탱크는 탱크전용실에 설치할 것. 이 경우 제2류 위험물 중 황화린·적린 및 덩어리 유황, 제3류 위험물 중 황린, 제6류 위험물 중 질산의 탱크전용실은 건축물의 1층 또는 지하층에 설치하여야 한다.

나. 옥내저장탱크의 주입구 부근에는 당해 옥내저장탱크의 위험물의 양을 표시하는 장치를 설치할 것. 다만, 당해 위험물의 양을 쉽게 확인할 수 있는 경우에는 그러하지 아니하다.

다. 탱크전용실이 있는 건축물에 설치하는 옥내저장탱크의 펌프설비는 다음의 1에 정하는 바에 의할 것

  1) 탱크전용실외의 장소에 설치하는 경우에는 다음의 기준에 의할 것
    가) 이 펌프실은 벽·기둥·바닥 및 보를 내화구조로 할 것
    나) 펌프실은 상층이 있는 경우에 있어서는 상층의 바닥을 내화구조로 하고, 상층이 없는 경우에 있어서는 지붕을 불연재료로 하며, 천장을 설치하지 아니할 것
    다) 펌프실에는 창을 설치하지 아니할 것. 다만, 제6류 위험물의 탱크전용실에 있어서는 갑종방화문 또는 을종방화문이 있는 창을 설치할 수 있다.
    라) 펌프실의 출입구에는 갑종방화문을 설치할 것. 다만, 제6류 위험물의 탱크전용실에 있어서는 을종방화문을 설치할 수 있다.
    마) 펌프실의 환기 및 배출의 설비에는 방화상 유효한 댐퍼 등을 설치할 것
  2) 탱크전용실에 펌프설비를 설치하는 경우에는 견고한 기초 위에 고정한 다음 그 주위에는 불연재료로 된 턱을 0.2m 이상의 높이로 설치하는 등 누설된 위험물이 유출되거나 유입되지 아니하도록 하는 조치를 할 것
    라. 탱크전용실은 벽·기둥·바닥 및 보를 내화구조로 할 것
    마. 탱크전용실은 상층이 있는 경우에 있어서는 상층의 바닥을 내화구조로 하고, 상층이 없는 경우에 있어서는 지붕을 불연재료로 하며, 천장을 설치하지 아니할 것
    바. 탱크전용실에는 창을 설치하지 아니할 것

사. 탱크전용실의 출입구에는 수시로 열 수 있는 자동폐쇄식의 갑종방화문을 설치할 것
아. 탱크전용실의 환기 및 배출의 설비에는 방화상 유효한 댐퍼 등을 설치할 것
자. 탱크전용실의 출입구의 턱의 높이를 당해 탱크전용실내의 옥내저장탱크(옥내저장탱크가 2 이상인 경우에는 모든 탱크)의 용량을 수용할 수 있는 높이 이상으로 하거나 옥내저장탱크로부터 누설된 위험물이 탱크전용실 외의 부분으로 유출하지 아니하는 구조로 할 것
차. 옥내저장탱크의 용량(동일한 탱크전용실에 옥내저장탱크를 2 이상 설치하는 경우에는 각 탱크의 용량의 합계를 말한다)은 1층 이하의 층에 있어서는 지정수량의 40배(제4석유류 및 동식물유류 외의 제4류 위험물에 있어서 당해 수량이 2만ℓ를 초과할 때에는 2만ℓ) 이하, 2층 이상의 층에 있어서는 지정수량의 10배(제4석유류 및 동식물유류 외의 제4류 위험물에 있어서 당해 수량이 5천ℓ를 초과할 때에는 5천ℓ) 이하일 것

02. 메탄 60 [%], 에탄 30 [%], 프로판 10 [%]의 비율로 혼합되어 있는 위험물이 있다. 혼합물의 폭발하한계를 계산하시오. (단, 폭발범위는 메탄 0.5~15 [%], 에탄 3.0~12.4 [%], 프로판 2.1~9.5 [%]이다)

정답

3.74[%]

해설 혼합가스의 폭발한계(폭발범위)

$$\frac{100}{L_m} = \frac{V_1}{L_1} + \frac{V_2}{L_2} + \frac{V_3}{L_3} \cdots \frac{V_n}{L_n}$$

여기서, L_m : 혼합가스의 폭발한계(하한값, 상한값의 용량[vol%])
V_1, V_2, V_3, V_4, V_n : 가연성가스의 용량[vol%]
L_1, L_2, L_3, L_4, L_n : 가연성가스의 하한값 또는 상한값[vol%]

1. 하한 값을 구하면

$$\frac{100}{LFL} = \frac{60[\%]}{5.0[\%]} + \frac{30[\%]}{3.0[\%]} + \frac{10[\%]}{2.1[\%]} \quad \therefore LFL = 3.74[\%]$$

2. 상한 값을 구하면

$$\frac{100}{UFL} = \frac{60[\%]}{15[\%]} + \frac{30[\%]}{12.4[\%]} + \frac{10[\%]}{9.5[\%]} \quad \therefore UFL = 13.39[\%]$$

03. 포소화설비에서 공기포 소화약제 혼합방식의 종류 4가지를 쓰시오.

정답
펌프 프로포셔너 방식, 라인 프로포셔너 방식, 프레져 프로포셔너 방식, 프레져 사이드 프로포셔너 방식

해설 포소화설비에서 포소화약제 혼합방법

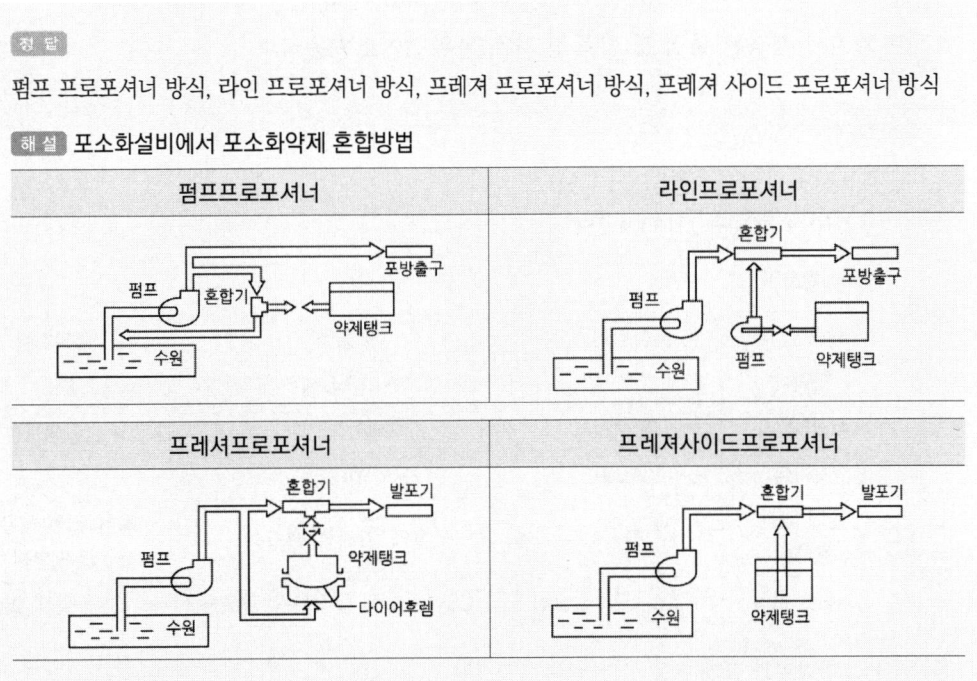

04. 과산화칼륨과 아세트산이 반응하여 제6류 위험물을 생성하는 반응식을 쓰시오.

정답
$K_2O_2 + 2CH_3COOH \rightarrow 2CH_3COOK + H_2O_2$

해설
과산화칼륨과 아세트산이 반응하면 초산칼륨과 과산화수소가 생성된다.
과산화칼륨의 반응식
- 분해 반응식 $2K_2O_2 \rightarrow 2K_2O + O_2$
- 물과의 반응 $2K_2O_2 + 2H_2O \rightarrow 4KOH + O_2$
- 탄산가스와의 반응 $2K_2O_2 + 2CO_2 \rightarrow 2K_2CO_3 + O_2$
- 초산과의 반응 $K_2O_2 + 2CH_3COOH \rightarrow 2CH_3COOK + H_2O_2$

05. 황화린 중 담황색의 결정으로 분자량 222, 비중 2.09인 위험물에 대하여 답하시오.

㉮ 물과 접촉하여 가연성, 유독성 가스를 발생할 때의 반응식
㉯ ㉮에서 생성된 물질 등 유독성 가스의 완전연소반응식

정답

㉮ $P_2S_5 + 8H_2O \rightarrow 2H_3PO_4 + 5H_2S$
㉯ $2H_2S + 3O_2 \rightarrow 2H_2O + 2SO_2$

해설 황화린

항목 종류	삼황화린	오황화린	칠황화린
화학식	P_4S_3	P_2S_5	P_4S_7
외관(색상)	황색결정	담황색결정	담황색결정
착화점	100℃	142℃	-
물에 대한 용해성	불용성	용해, 조해성, 흡습성	용해, 끓는(더운)물 급격 분해
녹이는 물질	CS_2, 질산, 알칼리	CS_2, 알칼리, 글리세린, 알코올	CS_2, 질산, 황산

1. 오황화린과 물과 반응
   $P_2S_5 + 8H_2O \rightarrow 2H_3PO_4 + 5H_2S$
2. 황화수소의 연소반응식
   $2H_2S + 3O_2 \rightarrow 2H_2O + 2SO_2$

06. 위험물안전관리법령에 의한 고인화점 위험물의 정의를 쓰시오.

정답

인화점이 100 [℃] 이상인 제4류 위험물

해설 용어의 정의

1. 고인화점위험물 : 인화점이 100 [℃] 이상인 제4류 위험물
2. 알킬알루미늄 등 : 제3류 위험물 중 알킬알루미늄. 알킬리튬 또는 이 중 어느 하나 이상을 함유하는 것
3. 아세트알데히드 등 : 제4류 위험물 중 특수인화물의 아세트알데히드. 산화프로필렌 또는 이 중 어느 하나 이상을 함유하는 것
4. 히드록실아민 등 : 제5류 위험물 중 히드록실아민. 히드록실아민염류 또는 이 중 어느 하나 이상을 함유한 것

07. 이동식 포소화설비의 수원의 수량은 다음 기준에서 정한 양을 포수용액으로 만들기 위하여 필요한 양 이상이 되도록 한다. 다음 괄호 안에 적당한 숫자를 적으시오.

> 이동식 포소화설비는 4개(호스접속구가 4개 미만인 경우에는 그 개수)의 노즐을 동시에 사용할 경우에 각 노즐 선단의 방사압력은 (㉮) [MPa] 이상이고, 방사량은 옥내에 설치한 것은 (㉯) [L/min], 옥외에 설치한 것은 (㉰) [L/min] 이상으로 30분간 방사할 수 있는 양 이상 되도록 아여야 한다.

정답

㉮ 0.35[MPa]
㉯ 200[L/min]
㉰ 400[L/min]

해설 이동식 포소화설비

이동식 포소화설비는 4개(호스접속구가 4개 미만인 경우에는 그 개수)의 노즐을 동시에 사용할 경우에 각 노즐 선단의 방사압력은 0.35[MPa] 이상이고, 방사량은 옥내에 설치한 것은 200[L/min], 옥외에 설치한 것은 400[L/min] 이상으로 30분간 방사할 수 있는 양 이상이 되도록 한다.

① 방사압력 : 0.35[MPa] 이상

② 방사량

만약 호스접속구의 개수가 주어진다면,
㉠ 옥내에 설치 시 수원 = N(호스접속구수, 최대 4개) × 200[L/min] × 30[min]
㉡ 옥외에 설치 시 수원 = N(호스접속구수, 최대 4개) × 400[L/min] × 30[min]

08. 지하저장탱크의 주위에는 당해 탱크로부터의 액체위험물의 누설을 검사하기 위한 관을 4개소 이상 설치하여야 하는데 설치기준을 쓰시오.

정답 액체위험물 누설 검사하기 위한 관 4개소 이상 적당한 위치에 설치

1. 이중관으로 할 것, 다만, 소공이 없는 상부는 단관으로 할 수 있다.
2. 재료는 금속관 또는 경질합성수지관으로 할 것
3. 관은 탱크전용실의 바닥 또는 탱크 기초 위에 닿게 할 것
4. 관 밑부분으로부터 중심까지 소공이 뚫려 있을 것
5. 상부 물이 침투하지 아니하는 구조, 뚜껑 검사 시 쉽게 열 수 있도록 할 것

09. 분자량 101, 분해온도 400 [℃], 흑색화약의 원료로 사용하는 제1류 위험물에 대하여 답하시오.

㉮ 물질명
㉯ 가열분해 반응식
㉰ 흑색화약의 역할

정답

㉮ 질산칼륨
㉯ $2KNO_3 \rightarrow 2KNO_2 + O_2$
㉰ 산화제

해설 질산칼륨

1. 물성

화학식	분자량	비중	융점	분해 온도
KNO_3	101	2.1	336[℃]	400[℃]

2. 분해반응식
    $2KNO_3 \rightarrow 2KNO_2 + O_2\uparrow$
3. 질산칼륨 : 제1류 위험물(산화제)

10. 제4류 위험물 제1석유류로서 분자량 60, 인화점 -19 [℃], 럼주와 같은 향기가 나는 무색 액체인 물질의 가수분해 반응식을 쓰시오.

정답

$HCOOCH_3 + H_2O \rightarrow CH_3OH + HCOOH$

해설 의산메틸

1. 물성

화학식	비중	비점	인화점	착화점	연소범위
$HCOOCH_3$	0.98	32[℃]	-19[℃]	449[℃]	5~20[%]

2. 럼주와 같은 향기를 가진 무색, 투명한 액체이다.
3. 의산과 메틸알코올의 축합물로서 가수분해하면 의산과 메틸알코올이 된다.
    참고) $HCOOC_2H_5$: 복숭아 향
    　　　CH_3COOCH_3 : 마취성 향긋한 냄새
    　　　$CH_3COOC_2H_5$: 딸기향

11. 촉매 존재 하에 에틸렌을 물과 합성하는 방법 또는 당밀 등의 발효방법 등으로 제조하는 무색, 투명한 액체위험물에 대하여 답하시오.

㉮ 화학식
㉯ 소화효과가 가장 우수한 포소화약제
㉰ 위의 포소화약제가 우수한 이유

정답

㉮ C_2H_5OH
㉯ 알코올포소화약제
㉰ 소포되지 않으므로

해설 에틸알코올

1. 에틸알코올의 제조 : 에틸렌을 물과 반응하여 제조 또는 당밀을 발효시켜 제조한다.
   $C_2H_4 + H_2O \rightarrow CH_3CH_2OH$(에틸알코올)

2. 에틸렌의 반응

   · 에틸렌의 산화반응 : $C_2H_4 + \frac{1}{2}O^2 \rightarrow CH_3CHO$ (아세트알데히드)

   · 에틸렌과 염산의 반응 : $C_2H_4 + HCl = CH_3CH_2Cl$ (염화에틸)

3. 아세트알데히드

   · 산화반응 : 산소와 결합하여 분자구조 내 산소원자 증가(환원가능)

   $CH_3CHO + \frac{1}{2}O_2 \rightarrow CH_3COOH$

   · 연소반응 : 빛과 열을 동반하는 격렬한 산화반응(환원불가)

   $CH_3CHO + \frac{5}{2}O_2 \rightarrow 2CO_2 + 2H_2O$

12. 탄화칼슘이 물과 반응하는 반응식을 쓰고 발생하는 가연성가스의 위험도를 구하시오.

정답

· 반응식 : $CaC_2 + 2H_2O \rightarrow Ca(OH)_2 + C_2H_2$
· 위험도 : 31.4

해설

탄화칼슘이 물과 반응하면 아세틸렌(C_2H_2)가스가 발생한다.
아세틸렌의 폭발범위 : 2.5~81[%]

$\therefore$ 위험도 $= \dfrac{상한계 - 하한계}{하한계} = \dfrac{81 - 2.5}{2.5} = 31.4$

13. 제5류 위험물인 니트로글리콜에 대하여 물음에 답하시오.

㉮ 구조식
㉯ 공업용 제품의 액체색상
㉰ 액체의 비중
㉱ 1분자 내 질소의 중량[wt%]
㉲ 액체상태의 최고폭속[m/s]

정답

㉮
```
  |    |
 -C-  -C-
  |    |
  O    O
  |    |
 NO₂  NO₂
```

㉯ 담황색 또는 분홍색 액체
㉰ 1.5
㉱ 18.42[wt%]
㉲ 7,800[m/s]

해설 니트로글리콜

1. 물성

화학식	구조식	비중	응고점
$C_2H_4(ONO_2)_2$	CH_2-ONO_2 $\vert$ CH_2-ONO_2	1.5	-22[℃]

2. 순수한 것은 무색이나 공업용은 담황색 또는 분홍색의 액체이다.
3. 1분자 내 질소의 중량

$$\text{질소의 중량} = \frac{\text{질소의 분자량}}{\text{니트로글리콜의 분자량}} = \frac{28}{152} \times 100 = 18.42[wt\%]$$

4. 액체상태의 최고폭속 : 7,800[m/s]

14. 이산화탄소소화설비 저장용기의 설치기준 4가지를 쓰시오.

정답

1. 직사일광 및 빗물이 침투할 우려가 적은 장소에 설치할 것
2. 저장용기에는 안전장치를 설치할 것
3. 온도가 40℃ 이하이고 온도 변화가 적은 장소에 설치할 것
4. 방호구역 외의 장소에 설치할 것

해설 이산화탄소 소화설비 저장용기는 다음에 정하는 것에 의하여 설치할 것

1. 방호구역 외의 장소에 설치할 것
2. 온도가 40℃ 이하이고 온도 변화가 적은 장소에 설치할 것
3. 직사일광 및 빗물이 침투할 우려가 적은 장소에 설치할 것
4. 저장용기에는 안전장치를 설치할 것
5. 저장용기의 외면에 소화약제의 종류와 양, 제조년도 및 제조자를 표시할 것

15. 운송책임자의 감독·지원을 받아 운송하는 위험물 종류 2가지와 운송책임자의 자격요건을 쓰시오.

정답

1. 위험물 종류 : 알킬알루미늄, 알킬리튬
2. 운송책임자의 자격요건
   1) 당해 위험물의 취급에 관한 국가기술자격을 취득하고 관련 업무에 1년 이상 종사한 경력이 있는 자
   2) 법 규정에 의한 위험물의 운송에 관한 안전교육을 수료하고 관련 업무에 2년 종사한 경력이 있는 자

해설 이동탱크저장소에 의한 위험물의 운송

1. 운송책임자 감독·지원을 받아 운송하는 위험물 : 알킬알루미늄, 알킬리튬, 알킬알루미늄 또는 알킬리튬의 물질을 함유하는 위험물
2. 운전자와 운송책임자 자격요건

이동탱크저장소 운전자	위험물운송책임자
소방안전원 16시간 강습교육	국가기술자격 취득 후 1년 이상 관련업무 종사자 법정 위험물운송에 관한 안전교육수료 후 2년 이상 관련업무 종사자

16. 위험물제조소에 예방규정을 정하여야 하는 대상에 대하여 괄호 안에 알맞은 숫자나 내용을 적으시오.

㉮ 지정수량의 (　　)배 이상의 위험물을 취급하는 제조소
㉯ 지정수량의 (　　)배 이상의 위험물을 저장하는 옥외저장소
㉰ 지정수량의 150배 이상의 위험물을 저장하는 (　　　　)
㉱ 지정수량의 (　　)배 이상의 위험물을 옥외탱크저장소
㉲ (　　　　), 이송취급소

> **정 답**
> ㉮ 10　　㉯ 100
> ㉰ 옥내저장소　㉱ 200　㉲ 암반탱크저장소
>
> **해설** 관계인이 예방규정을 정하여야 하는 제조소등[령 제15조]
> 1. 지정수량의 10배 이상의 위험물을 취급하는 제조소
> 2. 지정수량의 100배 이상의 위험물을 저장하는 옥외저장소
> 3. 지정수량의 150배 이상의 위험물을 저장하는 옥내저장소
> 4. 지정수량의 200배 이상의 위험물을 저장하는 옥외탱크저장소
> 5. 암반탱크저장소
> 6. 이송취급소
> 7. 지정수량의 10배 이상의 위험물을 취급하는 일반취급소. 다만, 제4류 위험물(특수인화물을 제외한다)만을 지정수량의 50배 이하로 취급하는 일반취급소(제1석유류·알코올류의 취급량이 지정수량의 10배 이하인 경우에 한한다)로서 다음 각목의 어느 하나에 해당하는 것을 제외한다.
>   1) 보일러·버너 또는 이와 비슷한 것으로서 위험물을 소비하는 장치로 이루어진 일반취급소
>   2) 위험물을 용기에 옮겨 담거나 차량에 고정된 탱크에 주입하는 일반취급소

17. 히드록실아민 등을 취급하는 제조소의 안전거리를 구하는 공식을 쓰고, 사용되는 기호의 의미를 설명하시오.

> **정 답**
> 1. 공식 : 안전거리 $D = 51.1\sqrt[3]{N}$
> 3. 기호의 의미(D : 안전거리, N : 지정수량의 배수)
>
> **해설**
> 히드록실아민 등을 취급하는 제조소의 안전거리 $D = 51.1\sqrt[3]{N}$
> 여기서, N : 지정수량의 배수(히드록실아민의 지정수량 : 100[kg])

18. 알루미늄이 다음 물질과 반응할 때 반응식을 쓰시오.

㉮ 염산과 반응

㉯ 수산화나트륨 수용액과 반응

> **정답**
>
> ㉮ $2Al + 6HCl \rightarrow 2AlCl_3 + 3H_2$
>
> ㉯ $2Al + 2NaOH + 2H_2O \rightarrow 2NaAlO_2 + 3H_2$
>
> **해설** 알루미늄은 산, 알칼리, 물과 반응하면 수소(H_2)가스를 발생한다.
>
> ① 염산과 반응 : $2Al + 6HCl \rightarrow 2AlCl_3 + 3H_2$
>
> ② 물과 반응 : $2Al + 6H_2O \rightarrow 2Al(OH)_3 + 3H_2$
>
> ③ 수산화나트륨 수용액과 반응 : $2Al + 2NaOH + 2H_2O \rightarrow 2NaAlO_2 + 3H_2$
>
> (알루미늄산 나트륨)

19. 위험물 옥내저장소에 조건과 같이 건축물의 구조와 위험물을 저장할 경우 소요단위를 구하시오.

- 건축물의 구조 : 지상 1층과 2층의 바닥면적이 1,000 [m^2]이다. (1층과 2층 모두 내화구조이다)
- 공작물의 구조 : 옥외에 설치 높이는 8 [m], 공작물의 최대 수평투영면적 200 [m^2]이다.
- 저장 위험물 : 디에틸에테르 3,000 [L], 경유 5,000 [L]이다.

> **정답**
>
> 23단위
>
> **해설** 소요단위의 계산방법
>
> 1. 제조소 또는 취급소의 건축물
>   1) 외벽이 내화구조 : 연면적 100[m^2]를 1소요단위
>   2) 외벽이 내화구조가 아닌 것 : 연면적 50[m^2]를 1소요단위
> 2. 저장소의 건축물
>   1) 외벽이 내화구조 : 연면적 150[m^2]를 1소요단위
>   2) 외벽이 내화구조가 아닌 것 : 연면적 75[m^2]를 1소요단위
> 3. 위험물은 지정수량의 10배 : 1소요단위
>   소요단위 = 저장(운반)수량 ÷ (지정수량 × 10)
> 4. 제조소 등의 옥외에 설치된 공작물은 별도의 언급이 없으므로 외벽이 내화구조가 아닌 것으로 보고 공작물의 최대수평투영면적을 연면적으로 간주하여 ②의 규정에 의하여 소요단위를 산정한다.
>
>   ∴ 소요단위 = 건축물 + 공작물 + 위험물

$$= \frac{1{,}000[m^2] \times 2개층}{150[m^2]} + \frac{200[m^2]}{75[m^2]} + \left(\frac{3{,}000[l]}{50[l] \times 10} + \frac{5{,}000[l]}{1{,}000[l] \times 10}\right) = 22.5 \Rightarrow 23단위$$

20. 위험물의 성질란에 규정된 성상을 2가지 이상 포함하는 물품을 복수성상물품이라 한다. 이 물품이 속하는 품명의 판단기준을 괄호 안에 맞는 류별을 쓰시오.

> ㉮ 복수성상물품이 산화성 고체의 성상 및 가연성 고체의 성상을 가지는 경우 : ( )류 위험물
> ㉯ 복수성상물품이 산화성 고체의 성상 및 자기반응성 물질의 성상을 가지는 경우 : ( )류 위험물
> ㉰ 복수성상물품이 가연성 고체의 성상과 자연발화성 물질의 성상 및 금수성 물질의 성상을 가지는 경우 : ( )류 위험물
> ㉱ 복수성상물품이 자연발화성 물질의 성상, 금수성 물질의 성상 및 인화성액체의 성상을 가지는 경우 : ( )류 위험물
> ㉲ 복수성상물품이 인화성 액체의 성상 및 자기반응성 물질의 성상을 가지는 경우 : ( )류 위험물

정답

㉮ 제2류, ㉯ 제5류, ㉰ 제3류, ㉱ 제3류, ㉲ 제5류

해설

성질란에 규정된 성상을 2가지 이상 포함하는 물품(이하 "복수성상물품"이라 한다)이 속하는 품명은 다음에 의한다.

1. 복수성상물이 산화성 고체(제1류)의 성상 및 가연성 고체(제2류)의 성상을 가지는 경우 : 제2류 제8호의 규정에 의한 품명
2. 복수성상물품이 산화성 고체(제1류)의 성상 및 자기반응성 물질(제5류)의 성상을 가지는 경우 : 제5류 제11호의 규정에 의한 품명
3. 복수성상물품이 인화성 액체(제4류)의 성상 및 자기반응성 물질(제5류)의 성상을 가지는 경우 : 제5류 제11호의 규정에 의한 품명
4. 복수성상물품이 자연발화성 물질(제3류)의 성상, 금수성 물질의 성상(제3류) 및 인화성액체(제4류)의 성상을 가지는 경우 : 제3류 제12호의 규정에 의한 품명
5. 복수성상물품이 가연성 고체(제2)류의 성상과 자연발화성 물질의 성상(제3류) 및 금수성 물질(제3류)의 성상을 가지는 경우 : 제3류 제12호의 규정에 의한 품명

제54회 과년도 문제풀이(2013년)

01. 위험물의 취급 중 제조에 관한 기준을 설명하시오.

㉮ 증류공정
㉯ 추출공정
㉰ 건조공정
㉱ 분쇄공정

정답 위험물의 취급 중 제조에 관한 기준
㉮ 증류공정은 위험물을 취급하는 설비의 내부압력의 변동 등에 의하여 액체 또는 증기가 새지 아니하도록 할 것
㉯ 추출공정은 추출관의 내부압력이 비정상으로 상승하지 아니하도록 할 것
㉰ 건조공정은 위험물 온도가 국부적 상승하지 않는 방법으로 가열 또는 건조할 것
㉱ 분쇄공정은 위험물의 분말이 현저하게 부유하고 있거나 위험물의 분말이 현저하게 기계·기구 등에 부착하고 있는 상태로 그 기계·기구를 취급하지 아니할 것

해설 위험물 취급의 기준

1. 제조에 관한 기준
   1) 증류공정은 위험물을 취급하는 설비의 내부압력의 변동 등에 의하여 액체 또는 증기가 새지 아니하도록 할 것
   2) 추출공정은 추출관의 내부압력이 비정상으로 상승하지 아니하도록 할 것
   3) 건조공정은 위험물 온도가 국부적 상승하지 않는 방법으로 가열·건조할 것
   4) 분쇄공정은 위험물의 분말이 현저하게 부유하고 있거나 위험물의 분말이 현저하게 기계·기구 등에 부착하고 있는 상태로 그 기계·기구를 취급하지 아니할 것

2. 소비에 관한 기준
   1) 분사도장작업은 방화상 유효한 격벽 등으로 구획된 안전한 장소에서 실시할 것
   2) 담금질 또는 열처리작업 은 위험물이 위험한 온도에 이르지 아니하도록 하여 실시할 것
   3) 버너 사용하는 경우 버너의 역화를 방지하고 위험물이 넘치지 아니하도록 할 것

3) 주유취급소의 취급기준
   1) 자동차 등에 주유할 때에는 고정주유설비를 사용하여 직접 주유할 것(중요기준)
   2) 인화점 40℃ 미만 위험물 주유할 때에는 자동차 등의 원동기를 정지시킬 것. 단, 가연성증기 회수설비 부착 고정주유설비로 주유 시는 그러하지 아니하다.
   3) 자동차 등 주유 시는 주입구로부터 4m 이내, 이동저장탱크로부터 전용탱크에 위험물 주입 시 전용탱크 주입구로부터 3m 이내의 부분 및 통기관 선단으로부터 수평거리 1.5m 이내 주차, 점검·정비 또는 세정을 하지 아니할 것

02. 벤젠 6 [g]이 완전 연소시 생성되는 기체의 부피는 몇 [L]인가? (단, 표준상태이다)

정답

10.34 [l]

해설

1. 벤젠의 연소반응식 : $C_6H_6 + 7.5O_2 \rightarrow 6CO_2 + 3H_2O$
2. 비례식으로 벤젠 6g이 완전연소시 생성되는 이산화탄소 부피를 구하면
   $78g : 6 \times 22.4(L) = 6g : x$ ∴ $x = 10.34[L]$

03. 위험물안전관리자를 선임하지 아니한 대 행정처분 기준을 쓰시오.

㉮ 1차
㉯ 2차
㉰ 3차

정답

㉮ 1차 : 사용정지 15일, ㉯ 2차 : 사용정지 60일, ㉰ 3차 : 허가취소

해설 제조소 등에 대한 행정처분기준

위반사항	근거법규	행정처분기준		
		1차	2차	3차
(1) 법 제6조제1항의 후단의 규정에 의한 변경허가를 받지 아니하고, 제조소 등의 위치·구조 또는 설비를 변경한 때	법 제12조	경고 또는 사용정지 15일	사용정지 60일	허가취소
(2) 법 제9조의 규정에 의한 완공검사를 받지 아니하고 제조소 등을 사용한 때	법 제12조	사용정지 15일	사용정지 60일	허가취소
(3) 법 제14조제2항의 규정에 의한 수리·개조 또는 이전의 명령에 위반한 때	법 제12조	사용정지 30일	사용정지 90일	허가취소
(4) 법 제15조제1항 및 제2항의 규정에 의한 위험물안전관리자를 선임하지 아니한 때	법 제12조	사용정지 15일	사용정지 60일	허가취소
(5) 법 제15조제5항을 위반하여 대리자를 지정하지 아니한 때	법 제12조	사용정지 10일	사용정지 30일	허가취소
(6) 법 제18조제1항의 규정에 의한 정기점검을 하지 아니한 때	법 제12조	사용정지 10일	사용정지 30일	허가취소
(7) 법 제18조제2항의 규정에 의한 정기검사를 받지 아니한 때	법 제12조	사용정지 10일	사용정지 30일	허가취소
(8) 법 제26조의 규정에 의한 저장·취급기준 준수명령을 위반한 때	법 제12조	사용정지 30일	사용정지 60일	허가취소

04. 다음은 지하탱크저장소의 설비기준에 대한 설명이다. 적당한 숫자를 쓰시오.

> - 탱크전용실은 지하의 가장 가까운 벽·피트·가스관 등의 시설물 및 대지경계선으로부터 (㉮) [m] 이상 떨어진 곳에 설치하고, 지하저장탱크와 탱크전용실의 안쪽과의 사이는 (㉯) [m] 이상의 간격을 유지하도록 하며 해당 탱크의 주위에 마른 모래 또는 습기 등에 의하여 응고되지 아니하는 입자지름 (㉰) [mm] 이하의 마른 자갈분을 채워야 한다.
> - 지하저장탱크를 2 이상 인접해 설치하는 경우에는 그 상호 간에 (㉱) [m](해당 2 이상의 지하저장탱크의 용량의 합계가 지정수량의 100배 이하인 대에는 (㉲) [m]) 이상의 간격을 유지하여야 한다. 다만, 그 사이에 탱크 전용실의 벽이나 두께 (㉳) [cm] 이상의 콘크리트 구조물이 있는 경우에는 그러하지 아니하다.

정답
㉮ 0.1, ㉯ 0.1, ㉰ 5, ㉱ 1, ㉲ 0.5, ㉳ 20

해설 지하탱크저장소

1. 탱크전용실은 지하의 가장 가까운 벽, 피트, 가스관 등의 시설물 및 대지경계선으로부터 0.1[m] 이상 떨어진 곳에 설치하고, 지하저장탱크와 탱크전용실의 안쪽과의 사이는 0.1[m] 이상의 간격을 유지하며, 해당 탱크 주위에 마른 모래 또는 습기 등에 의해 응고되지 아니하는 입자지름 5[mm] 이하의 마른 자갈분을 채워야 한다.
2. 지하저장탱크를 2 이상 인접해 설치하는 경우에는 그 상호 간에 1[m](해당 2 이상의 지하저장탱크의 용량의 합계가 지정수량의 100배 이하인 때에는 0.5[m]) 이상의 간격을 유지해야 한다. 다만, 그 사이에 탱크 전용실의 벽이나 두께 20[cm] 이상의 콘크리트 구조물이 있는 경우에는 그러지 아니하다.

05.
위험물 저장탱크에 설치하는 포소화설비의 포방출구(Ⅰ형, Ⅱ형, 특형, Ⅲ형, Ⅳ형) 중 Ⅲ형 포방출구를 사용하기 위해 저장 또는 취급하는 위험물은 어떤 특성을 가져야 하는지 2가지를 쓰시오.

> **정 답**
> 1. 온도 20 [℃]의 물 100 [g]에 용해되는 양이 1g 미만일 것
> 2. 저장온도가 50 [℃] 이하 또는 동점도가 100 [cSt] 이하일 것
>
> **해 설**
> 1. Ⅲ형의 포방출구를 이용하는 것(세부기준 제133조)
>   ① 온도 20℃의 물 100g에 용해되는 양이 1g 미만인 위험물(비수용성)
>   ② 저장온도가 50℃ 이하 또는 동점도(動粘度)가 100cSt 이하인 위험물을 저장 또는 취급하는 탱크
> 2. Ⅲ형 : 고정지붕구조의 탱크에 저부포주입법(탱크의 액면하에 설치된 포방출구로부터 포를 탱크내에 주입하는 방법을 말한다)을 이용하는 것으로서 송포관(발포기 또는 포발생기에 의하여 발생된 포를 보내는 배관을 말한다. 당해 배관으로 탱크내의 위험물이 역류되는 것을 저지할 수 있는 구조·기구를 갖는 것에 한한다. 이하 같다)으로부터 포를 방출하는 포방출구

06.
제1종 분말소화약제의 열분해반응식을 쓰시오.

㉮ 270 [℃]
㉯ 850 [℃]

> **정 답**
> ㉮ 270 [℃] : $2NaHCO_3 \rightarrow Na_2CO_3 + CO_2 + H_2O$
> ㉯ 850 [℃] : $2NaHCO_3 \rightarrow Na_2O + 2CO_2 + H_2O$
>
> **해설** 분말소화약제 열분해 반응식
> 1. 제1종 분말
>   1) 1차 분해반응식(270 [℃]) : $2KHCO_3 \rightarrow K_2CO_3 + CO_2 + H_2O$
>   2) 2차 분해반응식(850 [℃]) : $2KHCO_3 \rightarrow K_2O + 2CO_2 + H_2O$
> 2. 제2종 분말
>   1) 1차 분해반응식(190 [℃]) : $2KHCO_3 \rightarrow K_2CO_3 + CO_2 + H_2O$
>   2) 2차 분해반응식(590 [℃]) : $2KHCO_3 \rightarrow K_2O + 2CO_2 + H_2O$
> 3. 제3종 분말
>   1) 190 [℃]에서 분해 $NH_4H_2PO_4 \rightarrow NH_3 + H_3PO_4$(인산, 올소인산)
>   2) 215 [℃]에서 분해 $2H_3PO_4 \rightarrow H_2O + H_4P_2O_7$(피로인산)
>   3) 300 [℃]에서 분해 $H_4P_2O_7 \rightarrow H_2O + 2HPO_3$(메타인산)

07. 0.01 [wt%] 황을 함유한 1,000 [kg]의 코크스를 과잉공기 중에 완전 연소시켰을 때 발생되는 SO_2의 양은 몇 [g]인가?

정답
200[g]

해설
1,000[kg] 중의 황의 양은 1,000,000[g] × 0.0001 = 100[g]
연소반응식 $S + O_2 \rightarrow SO_2$
32[g] : x[g] = 100[g] : 64[g]

1. 황의 질량 1,000kg의 코크스 × 0.01% = 100g
2. 황의 연소반응식 $S + O_2 \rightarrow SO_2$
3. 여기서 비례식으로 100g의 황을 연소시킬 때 SO_2의 양을 구하면
   32g : 64g = 100g : Xg이므로 X = 200g이 된다.

08. 제3류 위험물 운반용기의 수납기준을 쓰시오.

정답 제3류 위험물은 다음의 기준에 따라 운반용기에 수납할 것(시행규칙 별표 19)
1. 자연발화성물질에 있어서는 불활성 기체를 봉입하여 밀봉하는 등 공기와 접하지 아니하도록 할 것
2. 자연발화성물질외의 물품에 있어서는 파라핀·경유·등유 등의 보호액으로 채워 밀봉하거나 불활성 기체를 봉입하여 밀봉하는 등 수분과 접하지 아니하도록 할 것
3. 규정에 불구하고 자연발화성물질 중 알킬알루미늄 등은 운반용기의 내용적의 90% 이하의 수납률로 수납하되, 50℃의 온도에서 5% 이상의 공간용적을 유지하도록 할 것

해설 적재방법

1. 위험물은 I의 규정에 의한 운반용기에 다음 각목의 기준에 따라 수납하여 적재하여야 한다. 다만, 덩어리 상태의 유황을 운반하기 위하여 적재하는 경우 또는 위험물을 동일구내에 있는 제조소등의 상호 간에 운반하기 위하여 적재하는 경우에는 그러하지 아니하다(중요기준).
   가. 위험물이 온도변화 등에 의하여 누설되지 아니하도록 운반용기를 밀봉하여 수납할 것. 다만, 온도변화 등에 의한 위험물로부터의 가스의 발생으로 운반용기 안의 압력이 상승할 우려가 있는 경우(발생한 가스가 독성 또는 인화성을 갖는 등 위험성이 있는 경우를 제외한다)에는 가스의 배출구(위험물의 누설 및 다른 물질의 침투를 방지하는 구조로 된 것에 한한다)를 설치한 운반용기에 수납할 수 있다.
   나. 수납하는 위험물과 위험한 반응을 일으키지 아니하는 등 당해 위험물의 성질에 적합한 재질의 운반용기에 수납할 것
   다. 고체위험물은 운반용기 내용적의 95% 이하의 수납율로 수납할 것

라. 액체위험물은 운반용기 내용적의 98% 이하의 수납율로 수납하되, 55도의 온도에서 누설되지 아니하도록 충분한 공간용적을 유지하도록 할 것
마. 하나의 외장용기에는 다른 종류의 위험물을 수납하지 아니할 것
바. 제3류 위험물은 다음의 기준에 따라 운반용기에 수납할 것
1) 자연발화성물질에 있어서는 불활성 기체를 봉입하여 밀봉하는 등 공기와 접하지 아니하도록 할 것
2) 자연발화성물질외의 물품에 있어서는 파라핀·경유·등유 등의 보호액으로 채워 밀봉하거나 불활성 기체를 봉입하여 밀봉하는 등 수분과 접하지 아니하도록 할 것
3) 라목의 규정에 불구하고 자연발화성물질중 알킬알루미늄등은 운반용기의 내용적의 90% 이하의 수납율로 수납하되, 50℃의 온도에서 5% 이상의 공간용적을 유지하도록 할 것

09. 경유인 액체위험물을 상부를 개방한 용기에 저장하는 경우 표면적이 50 [m^2]이고, 국소방출방식의 분말소화설비를 설치하고자 할 때 제3종 분말소화약제의 저장량은 얼마로 하여야 하는가?

정답

286 [kg]

해설

1. 분말소화약제 전역방출방식 소화약제량
① 다음 표에 정한 소화약제의 종별에 따른 양의 비율로 계산한 양

소화약제의 종별	방호구역의 체적 1m^{3}당 소화약제의 양 (kg)
탄산수소나트륨을 주성분으로 한 것(이하 "제1종 분말"이라 한다)	0.60
탄산수소칼슘을 주성분으로 한 것(이하 "제2종 분말"이라 한다) 또는 인산염류 등을 주성분으로 한 것(인산암모늄을 90% 이상 함유한 것에 한한다. 이하 "제3종 분말"이라 한다)	0.36
탄산수소칼륨과 요소의 반응생성물(이하 "제4종 분말"이라 한다)	0.24
특정의 위험물에 적응성이 있는 것으로 인정되는 것(이하 "제5종 분말"이라 한다)	소화약제에 따라 필요한 양

② 방호구역의 개구부에 자동폐쇄장치를 설치하지 않는 경우에는 ①에 의하여 산출된 양

소화약제의 종별	개구부의 면적 1m²당 소화약제의 양 (kg)
제1종분말	4.5
제2종분말 또는 제3종분말	2.7
제4종분말	1.8
제5종분말	소화약제에 따라 필요한 양

2. 면적식 국소방출방식 소화약제량 : 액체 위험물을 상부를 개방한 용기에 저장하는 경우 등 화재시 연소 면이 한 면에 한정되고 위험물이 비산할 우려가 없는 경우에는 다음 표에 정한 비율로 계산한 양

소화약제의 종별	방호대상물의 표면적 1m²당 소화약제의 양 (kg)
제1종분말	8.8
제2종분말 또는 제3종분말	5.2
제4종분말	3.6
제5종분말	소화약제에 따라 필요한 양

3. 용적식의 국소방출방식 : 다음 식에 의하여 구해진 양에 방호공간의 체적을 곱한 양

$$Q = X - Y\frac{a}{A}$$

Q : 단위체적당 소화약제의 양(kg/m³)
a : 방호대상물 주위에 실제로 설치된 고정벽의 면적의 합계(m²)
A : 방호공간 전체둘레의 면적(m²)
X 및 Y : 다음 표에 정한 소화약제의 종류에 따른 수치

소화약제의 종별	X의 수치	Y의 수치
제1종분말	5.2	3.9
제2종분말 또는 제3종분말	3.2	2.4
제4종분말	2.0	1.5
제5종분말	소화약제에 따라 필요한 양	

10. 제1류 위험물로서 무색, 무취이고 녹는점은 212 [℃], 비중 4.35로서 햇빛에 의해 변질되므로 갈색병에 보관하여야 하는 위험물의 명칭과 열분해반응식을 쓰시오.

㉮ 명칭

㉯ 열분해반응식

정답

㉮ 명칭 : 질산은($AgNO_3$)

㉯ 분해반응식 : $2AgNO_3 \rightarrow 2Ag + 2NO_2 + O_2$

해설 질산은

1. 국소방출방식 분말소화설비 약제량 계산

   저장량 = 방호대상물 표면적(m^2) × 계수 × 5.2kg/m^2 × 1.1
   = 50m^2 × 1.0 × 5.2kg/m^2 × 1.1 = 286kg

2. 분말소화약제 약제량 기준

   1) 분말소화약제 전역방출방식 소화약제량

   (1) 다음 표에 정한 소화약제의 종별에 따른 양의 비율로 계산한 양

소화약제의 종별	방호구역의 체적 1m^3당 소화약제의 양 (kg)
탄산수소나트륨을 주성분으로 한 것(이하 "제1종 분말"이라 한다)	0.60
탄산수소칼슘을 주성분으로 한 것(이하 "제2종 분말"이라 한다) 또는 인산염류 등을 주성분으로 한 것(인산암모늄을 90% 이상 함유한 것에 한한다. 이하 "제3종 분말"이라 한다)	0.36
탄산수소칼륨과 요소의 반응생성물(이하 "제4종 분말"이라 한다)	0.24
특정의 위험물에 적응성이 있는 것으로 인정되는 것(이하 "제5종 분말"이라 한다)	소화약제에 따라 필요한 양

   (2) 방호구역의 개구부에 자동폐쇄장치를 설치하지 않는 경우에는 ①에 의하여 산출된 양

소화약제의 종별	개구부의 면적 1m^2당 소화약제의 양 (kg)
제1종분말	4.5
제2종분말 또는 제3종분말	2.7
제4종분말	1.8
제5종분말	소화약제에 따라 필요한 양

   2) 국소방출방식 : 국소방출방식의 분말소화설비는 산출된 양에 저장 또는 취급하는 위험물에 따라 소화약제에 따른 계수를 곱하고 다시 1.1을 곱한 양 이상으로 할 것

   (1) 면적식의 국소방출방식

   액체 위험물을 상부를 개방한 용기에 저장하는 경우 등 화재시 연소면이 한면에 한정되고 위험물이 비산할 우려가 없는 경우에는 다음 표에 정한 비율로 계산한 양

소화약제의 종별	방호대상물의 표면적 1m²당 소화약제의 양 (kg)
제1종분말	8.8
제2종분말 또는 제3종분말	5.2
제4종분말	3.6
제5종분말	소화약제에 따라 필요한 양

(2) 용적식의 국소방출방식 : 다음 식에 의하여 구해진 양에 방호공간의 체적을 곱한 양

$$Q = X - Y\frac{a}{A}$$

Q : 단위체적당 소화약제의 양(kg/m³)
a : 방호대상물 주위에 실제로 설치된 고정벽의 면적의 합계(m²)
A : 방호공간 전체둘레의 면적(m²)
X 및 Y : 다음 표에 정한 소화약제의 종류에 따른 수치

소화약제의 종별	X의 수치	Y의 수치
제1종분말	5.2	3.9
제2종분말 또는 제3종분말	3.2	2.4
제4종분말	2.0	1.5
제5종분말	소화약제에 따라 필요한 양	

11. 규조토에 흡수시켜 다이너마이트를 제조할 때 사용하는 제5류 위험물에 대하여 다음 각 물음에 답하시오.

㉮ 품명
㉯ 화학식
㉰ 분해반응

정 답

㉮ 품명 : 질산에스테르류
㉯ 화학식 : $C_3H_5(ONO_2)_3$
㉰ 분해반응식 : $4C_3H_5(ONO_2)_3 \rightarrow 12CO_2\uparrow + 10H_2O + 6N_2\uparrow + O_2\uparrow$

해설 니트로글리세린

1. 물성

화학식	융점	비점	착화점
$C_3H_5(ONO_2)_3$	14 [℃]	160 [℃]	210 [℃]

2. 무색, 투명한 기름성의 액체(공업용 : 담황색)이다.
3. 알코올, 에테르, 벤젠, 아세톤, 등 유기용제에는 녹는다.
4. 가열, 마찰, 충격에 민감하다(폭발을 방지하기 위하여 다공성물질에 흡수시킨다)
   ∴ 다공성 물질 : 규조토, 톱밥, 소맥분, 전분
5. 피부 및 호흡에 의해 인체의 순환계통에 용이하게 흡수된다.
6. 수산화나트륨-알코올의 혼합액에 분해하여 비폭발성물질로 된다.
7. 상온에서 액체이고 겨울에는 동결한다.
8. 일부가 동결한 것은 액상의 것보다 충격에 민감하다.
9. 규조토에 흡수시켜 다이너마이트를 제조할 때 사용한다.

12. 다음 [보기]와 같은 물질의 구조식을 쓰시오.

[보기]
- 제4류 위험물로서 무색, 액체이다.
- 비수용성이고, 지정수량은 1,000 [l], 위험등급은 등급 III이다.
- 비중 1.11, 증기비중 약 3.9이다.
- 벤젠을 철 촉매 하에서 염소화시켜 제조한다.

정답

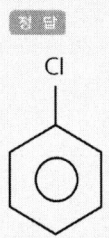

해설 클로로벤젠

1. 물성

화학식	품 명	지정수량	위험등급	비중	증기비중	비점	인화점	착화점
C_6H_5Cl	제2석유류 (비수용성)	1,000[l]	III	1.11	3.88	132 [℃]	32 [℃]	638 [℃]

2. 연소하면 염화수소가스를 발생한다.
3. 물에 녹지 않고 알코올, 에테르 등 유기용제에는 녹는다.
4. 마취성이 조금 있는 석유와 비슷한 냄새가 나는 무색액체이다.
5. 벤젠을 철 촉매하에서 염소화시켜 제조한다.

13. 제2류 위험물인 마그네슘이 다음 물질과 반응할 때 반응식을 쓰시오.

㉮ 이산화탄소

㉯ 질소

㉰ 물

정답

㉮ 이산화탄소 : $2Mg + CO_2 \rightarrow 2MgO + C$

㉯ 질소 : $3Mg + N_2 \rightarrow Mg_3N_2$

㉰ 물 : $Mg + 2H_2O \rightarrow Mg(OH)_2 + H_2 \uparrow$

해설 마그네슘의 반응식

1. 연소반응식 $2Mg + O_2 \rightarrow 2MgO$
2. 물과의 반응식 $Mg + 2H_2O \rightarrow Mg(OH)_2 + H_2 \uparrow$
3. 산과의 반응식 $Mg + 2HCl \rightarrow MgCl_2 + H_2 \uparrow$
4. 질소와 반응식 $3Mg + N_2 \rightarrow Mg_3N_2$(질화마그네슘)
5. 이산화탄소와 반응 $2Mg + CO_2 \rightarrow 2MgO + C$
   산화 : $Mg \rightarrow MgO$(Mg의 산화수 0 → +2로 증가)
   환원 : $CO_2 \rightarrow C$(C의 산화수 +4 → 0으로 감소)

14. 위험물제조소의 배출설비에 대한 내용이다. 다음 각 물음에 답하시오.

- 국소방식과 전역방식의 배출능력
  - 국소방식
  - 전역방식
- 배출설비를 설치해야 하는 장소

정답
- 국소방식과 전역방식의 배출능력
  - 국소방식 : 1시간당 배출장소 용적의 20배 이상
  - 전역방식 : 바닥면적 1 [m²]당 18 [m³] 이상
- 배출설비를 설치해야 하는 장소 : 가연성의 증기 또는 미분이 체류할 우려가 있는 건축물

해설 위험물제조소 배출설비
1. 배출방식 : 강제배기방식
2. 급기구 : 높은곳, 인화방지망
3. 배출구 : 지상 2 [m] 이상 연소우려가 없는 장소
4. 배출 능력
   - 국소방식 : 1시간당 배출장소 용적의 (20)배 이상
   - 전역방식 : 바닥면적 (1) [m²] 당 (18) [m²] 이상
5. 설치장소 : 가연성 증기 또는 미분이 체류할 우려가 있는 건축물

15. 동소체인 황린과 적린을 비교하시오.

항목 종류	색상	독성	연소생성물	CS_2에 대한 용해도	위험등급
황린					
적린					

정답

종류	색상	독성	저장	연소 생성물	CS_2 용해도	비중/ 녹는점	위험등급
황린	백색 또는 담황색	유	물속	P_2O_5	○	1.83/ 44℃	I
적린	암적색	무	냉암소	P_2O_5	×	2.2/ 600℃	II

16. 1 [mol] 염화수소와 0.5 [mol] 산소의 혼합물에 촉매를 넣고 400 [℃]에서 평형에 도달시킬 때 0.39 [mol]의 염소를 생성하였다. 이 반응이 다음의 화학반응식을 통해 진행된다고 할 때, 평형상태에서의 전체 몰수의 합을 구하고 전압이 1 [atm]일 때 성분 4가지의 분압은?

$$4HCl + O_2 \rightarrow 2Cl_2 + 2H_2O$$

> **정답**
>
> 1. 전체 몰수 : 1.305 [mol]
> 2. 각 성분의 분압
>   - 염화수소 : 0.17 [atm]
>   - 산소 : 0.23 [atm]
>   - 염소 : 0.30 [atm]
>   - 수증기 : 0.30 [atm]

> **해설**
>
> 1. 화학평형 : 반응물과 생성물이 균형을 이루어 변화가 일어나지 않는 상태
>
>   1) 화학반응식을 통한 반응 전. 후 몰수를 구한다.
>
> $4HCl + O_2 \rightarrow 2Cl_2 + 2H_2O$
>
>   (1) 반응에 참여한 HCl의 몰수   4몰 : X몰 = 2몰 : 0.39몰   ∴ X=0.78몰
>   (2) 반응에 참여한 O_2의 몰수   1몰 : X몰 = 2몰 : 0.39몰   ∴ X=0.195몰
>
> | 화학반응식 | 4HCl | O_2 | $2Cl_2$ | $2H_2O$ |
> |---|---|---|---|---|
> | 반응전 몰수 | 1몰 | 0.5몰 | | |
> | 반응에 참여한 몰수 | 0.78몰 | 0.195몰 | 0.39몰 | 0.39몰 |
> | 남는 몰수 | 0.22몰 | 0.305몰 | | |
>
>   2) 전체몰수를 구한다.
>
>   0.22몰 + 0.305몰 + 0.39몰 + 0.39몰 = 1.305몰
>
>   3) 전압이 1atm일 때 각 성분의 분압(부분압력)을 구한다.
>
>   돌턴의 분압법칙 : 혼합기체의 전압은 각 성분의 분압의 합과 같다.
>
>   ① HCl : $\frac{0.22}{1.305} \times 1 atm = 0.17 atm$
>
>   ② O_2 : $\frac{0.305}{1.305} \times 1 atm = 0.23 atm$
>
>   ③ Cl_2 : $\frac{0.39}{1.305} \times 1 atm = 0.30 atm$
>
>   ④ H_2O : $\frac{0.39}{1.305} \times 1 atm = 0.30 atm$

17. 위험물 운반 시 각 류별에 따른 주의사항을 표 안에 적당한 말을 쓰시오.

유별		주의사항
제1류 위험물	알칼리금속의 과산화물	㉮
	그 밖의 것	화기, 충격주의, 가연물접촉주의
제2류 위험물	철분, 금속분, 마그네슘	㉯
	인화성고체	화기엄금
	그 밖의 것	화기주의
제3류 위험물	자연발화성 물질	㉰
	금수성 물질	물기엄금
제4류 위험물		화기엄금
제5류 위험물		㉱
제6류 위험물		㉲

정답

㉮ 화기·충격주의, 물기엄금, 가연물접촉주의
㉯ 화기주의, 물기엄금
㉰ 화기엄금, 공기접촉엄금
㉱ 화기엄금, 충격주의
㉲ 가연물접촉주의

해설 주의사항

류별		저장 및 취급 시	운반 시
제1류	알칼리금속 과산화물	물기엄금	화기, 충격주의, 물기엄금, 가연물 접촉주의
	기타	–	화기, 충격주의, 가연물 접촉주의
제2류	인화성고체	화기엄금	화기엄금
	철분, 마그네슘, 금속분	화기주의	물기엄금, 화기주의
	기타		화기주의
제3류	자연발화성 물질	화기엄금	화기엄금, 공기접촉 엄금
	금수성 물질	물기엄금	물기엄금
제4류		화기엄금	화기엄금
제5류		화기엄금	화기엄금, 충격주의
제6류		–	가연물 접촉주의

18. 위험물 특정옥외저장탱크의 에뉼러판을 설치하는 경우를 3가지 쓰시오.

> 정답
1. 탱크 옆판 최하단 두께가 15 [mm]를 초과하는 경우
2. 탱크 내경 30 [m]를 초과하는 경우
3. 옆판을 고장력강으로 사용하는 경우

> 해설

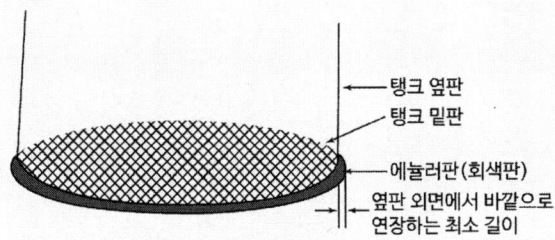

[에뉼러(Annular)판을 설치하는 경우]

1. 기능 : 링모양 둥근 판으로 탱크 밑판의 강도 및 안전성 보강
2. 에뉼러판을 설치하여야 하는 곳
    1) 탱크 옆판 최하단 두께가 15 [mm]를 초과하는 경우
    2) 탱크 내경 30 [m]를 초과하는 경우
    3) 옆판을 고장력강으로 사용하는 경우

19. 트리에틸알루미늄이 다음 각 물질과 반응할 때 발생하는 가연성 가스를 화학식으로 쓰시오.

㉮ H_2O

㉯ Cl_2

㉰ CH_3OH

㉱ HCl

정답

㉮ C_2H_6

㉯ C_2H_5Cl

㉰ C_2H_6

㉱ C_2H_6

해설 트리에틸알루미늄의 반응식

1. 공기와의 반응 : $2(C_2H_5)_3Al + 21O_2 \rightarrow Al_2O_3 + 15H_2O + 12CO_2 \uparrow$
2. 물과의 반응 : $(C_2H_5)_3Al + 3H_2O \rightarrow Al(OH)_3 + 3C_2H_6 \uparrow$
3. 염소와 반응 : $(C_2H_5)_3Al + 3Cl_2 \rightarrow AlCl_3 + 3C_2H_5Cl \uparrow$
4. 메틸알코올과 반응 : $(C_2H_5)_3Al + 3CH_3OH \rightarrow Al(CH_3O)_3 + 3C_2H_6 \uparrow$
5. 염산과 반응 : $(C_2H_5)_3Al + 3HCl \rightarrow AlCl_3 + 3C_2H_6 \uparrow$

20. ANFO폭약의 원료로 사용되는 물질에 대한 다음 각 물음에 답하시오.

- 제1류 위험물에 대항하는 물질의 단독 완전 분해폭발반응식
- 제4류 위험물에 해당하는 물질의 지정수량과 위험등급

정답

- $2NH_4NO_3 \rightarrow 4H_2O + 2N_2 + O_2$
- 지정수량 : 1,000 [L], 위험등급 : Ⅲ

해설 안포폭약

1. 제법 : 질산암모늄(94 [%])과 경유(6 [%])를 혼합하여 ANFO(안포폭약)폭약을 제조한다.
2. 질산암모늄
   1) 물 성

화학식	지정수량	위험등급	분자량	비중	융점	분해 온도
NH_4NO_3	300 [kg]	Ⅱ	80	1.73	165 [℃]	220 [℃]

   2) 물, 알코올에 녹는다.(물에 용해 시 흡열반응)
   3) 조해성 및 흡수성에 강하다.
   4) 무색, 무취의 결정이다.

3. 경유
   1) 물 성

화학식	지정수량	위험등급	인화점	증가비중	착화점	연소범위
C_{15}~C_{20}	1,000 [l]	Ⅲ	50~70 [℃]	0.82~0.84	200 [℃]	1~6 [%]

   2) 품질은 세탄값으로 정한다.
   3) 탄소수가 15개에서 20개까지의 포화·불포화 탄화수소환합물이다.
   4) 물에 불용, 석유계 용제에는 잘 녹는다.

제53회 과년도 문제풀이(2013년)

01. 위험물제조소 내의 위험물을 취급하는 배관의 재질에서 강관을 제외한 재질 3가지를 쓰시오.

> **정답** 위험물제조소 배관의 재질
> 유리섬유강화플라스틱, 고밀도폴리에틸렌, 폴리우레탄
>
> **해설** 위험물제조소 배관
> 1. 재질 : 강관, 유리섬유강화플라스틱, 고밀도폴리에틸렌, 폴리우레탄
> 2. 수압시험 : 최대상용압력의 1.5배 이상의 압력에서 실시하여 이상 없을 것

02. 다음 위험물의 화학식을 쓰시오.

㉮ Triethyl Alumnium
㉯ Diethyl Alumnium Chloride
㉰ Ethyl Alumnium Dichloride

> **정답**
> ㉮ $(C_2H_5)_3Al$
> ㉯ $(C_2H_5)_2AlCl$
> ㉰ $C_2H_5AlCl_2$
>
> **해설**
> 1. 화합물 속에 탄소 개수에 해당하는 접두어(국제명)
>
> | C_1 | C_2 | C_3 | C_4 | C_5 |
> |---|---|---|---|---|
> | 메타 | 에타 | 프로타 | 부타 | 펜타 |
> | C_6 | C_7 | C_8 | C_9 | C_{10} |
> | 헥타 | 헵타 | 옥타 | 노나 | 데카 |
>
> 2. 알킬기
>
> | Methy기 | Ethy기 | Propy기 | Buthy기 |
> |---|---|---|---|
> | CH_3- | C_2H_5- | C_3H_7- | C_4H_9- |

03. 질산 31.5 [g]을 물에 녹여 360 [g]으로 만들었다. 질산의 몰분율과 몰농도는? (단, 수용액의 비중은 1.1이다)

정답
- 몰분율 : 0.027
- 몰농도 : 1.53 [M]

해설

1. 질산의 몰분율

   몰분율 : 어떤 성분의 몰수와 전체 성분의 총 몰수와의 비

   $$\text{몰분율} = \frac{\text{특정 성분의 몰수}}{\text{용액의 각 성분의 몰수 합계}}$$

   1) HNO_3의 몰수 = $\dfrac{31.5g}{(1+14+48)g}$ = 0.5몰

   2) H_2O의 몰수 = $\dfrac{(360-31.5)g}{18g}$ = 18.25몰

   3) HNO_3의 몰분율 = $\dfrac{0.5몰}{0.5몰 + 18.25몰}$ = 0.027

2. 질산의 몰농도

   몰농도(M) : 용액 1 ℓ 속에 녹아 있는 용질의 몰수 온도에 따라 부피가 변한다.

   $$\text{몰농도(M)} = \frac{\text{용질의 몰수}(mole)}{\text{용액의 부피}(L)}$$

용매	용질	용액	몰농도
	1몰	1L	1[M]
	3몰	2L	3/2[M]

   1) 질산 수용액 360g을 부피로 환산하면 $360g \times \dfrac{1mL}{1.1g} = 327.27mL$

   2) 질산 수용액 327.27mL는 0.5몰이므로 용액 1 ℓ 속에 녹아 있는 용질의 몰수를 비례식으로 구하면 327.27mL : 0.5몰 = 1,000mL : X몰   ∴ X=1.53몰

04. 아세틸렌 가스를 생성하는 제3류 위험물이 물과의 반응식을 쓰시오.

정답

$CaC_2 + 2H_2O \rightarrow Ca(OH)_2 + C_2H_2$

해설 탄화칼슘(카바이드)
1. 탄화칼슘은 물과 반응하면 아세틸렌가스를 발생한다.
2. 아세틸렌이 연소하면 이산화탄소와 물을 생성한다.

05. 다음 위험물 중 위험물 등급을 구분하시오.

> 아염소산칼륨, 과산화나트륨, 과망간산나트륨, 마그네슘, 황화린, 나트륨, 인화알루미늄, 휘발류, 니트로글리세린

정답
- 위험등급 Ⅰ : 아염소산칼륨, 과산화나트륨, 나트륨, 니트로글리세린
- 위험등급 Ⅱ : 황화린, 휘발유
- 위험등급 Ⅲ : 과망간산나트륨, 마그네슘, 인화알루미늄

해설 위험등급

1. 위험등급 Ⅰ의 위험물
   1) 제1류 위험물 중 아염소산염류(아염소산칼륨), 염소산염류, 과염소산염류, 무기과산화물(과산화나트륨), 지정수량이 50 [kg]인 위험물
   2) 제3류 위험물 중 칼륨, 나트륨, 알킬알루미늄, 알킬리튬, 황린, 지정수량이 10 [kg]인 위험물
   3) 제4류 위험물 중 특수인화물
   4) 제5류 위험물 중 유기과산화물, 질산에스테르류(니트로글리세린), 지정수량이 10 [kg]인 위험물
   5) 제6류 위험물

2. 위험등급 Ⅱ의 위험물
   1) 제1류 위험물 중 브롬산염류, 질산염류, 요오드산염류, 지정수량이 300 [kg]인 위험물
   2) 제2류 위험물 중 황화린, 적린, 유황, 지정수량이 100 [kg]인 위험물
   3) 제3류 위험물 중 알칼리금속(칼륨, 나트륨 제외) 및 알칼리토금속, 유기금속화합물(알킬알루미늄 및 알킬리튬은 제외), 지정수량이 50 [kg]인 위험물
   4) 제4류 위험물 중 제1석유류(휘발유), 알코올류
   5) 제5류 위험물 중 위험등급 Ⅰ에 정하는 위험물 외의 것

3. 위험등급 Ⅲ의 위험물
   1) 과망간산나트륨
   2) 마그네슘
   3) 인화알루미늄(금속의 인화물)

06. 할로겐화합물 및 불활성가스 소화약제에서 IG-541 구성비를 쓰시오.

정답
N_2 : 52 [%], Ar : 40 [%], CO_2 : 8 [%]

해설 할로겐화합물 및 불활성가스 소화약제 불활성 가스의 계열

종류	화학식
IG-01	Ar
IG-100	N_2
IG-55	N_2(50 [%]), Ar(50 [%])
IG-541	N_2(52 [%]), Ar(40 [%]), CO_2(8[%])

07. 직경 6 [m]이고 높이가 5 [m]인 원통형탱크에 글리세린을 저장하고 있다. 이 탱크에 저장된 글리세린은 지정수량의 배수를 구하시오. (이 탱크에 90 [%]를 저장한다고 가정한다)

정답
31.79배

해설 원통형탱크의 용량을 구하면, 내용적 = $\pi r^2 l$

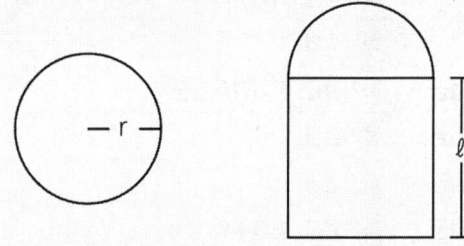

1. 저장량(탱크에 90%를 저장한단고 가정한 경우)
  탱크의 용량 = $\pi r^2 l = 3.14 \times (3)^2 \times 5 = 141.3 \, [m^3] = 141,300 \, [l] \times 0.9 = 127,170 \, [l]$
2. 지정수량의 배수 = $127,170 \, [l] \div 4,000 \, [l] = 31.79$배
  글리세린(제3석유류, 수용성)의 지정수량 : 4,000 [l]

08. 위험물 운반용기의 외부에 표시하여야 하는 주의사항을 쓰시오.

㉮ 황린
㉯ 황화린
㉰ 과산화칼륨
㉱ 염소산칼륨
㉲ 철분

정답

㉮ 황린 : 화기엄금, 공기접촉엄금
㉯ 황화린 : 화기주의
㉰ 과산화칼륨 : 화기·충격주의, 물기엄금, 가연물접촉주의
㉱ 염소산칼륨 : 화기·충격주의, 가연물접촉주의
㉲ 철분 : 화기주의, 물기엄금

해설 주의사항

종류별		저장 및 취급 시	운반 시
제1류	알칼리금속 과산화물	물기엄금	화기·충격주의, 물기엄금, 가연물접촉주의
	기타	-	화기·충격주의, 가연물접촉주의
제2류	인화성고체	화기엄금	화기엄금
	철분, 마그네슘, 금속분	화기주의	물기엄금, 화기주의
	기타		화기주의
제3류	자연발화성 물질	화기엄금	화기엄금, 공기접촉엄금
	금수성 물질	물기엄금	물기엄금
제4류		화기엄금	화기엄금
제5류		화기엄금	화기엄금, 충격주의
제6류		-	가연물접촉주의

09. 다음 위험물의 위험도를 구하시오.

㉮ 아세트알데히드
㉯ 이황화탄소

정답

㉮ 12.9, ㉯ 43

해설 위험도

1. 아세트알데히드의 연소범위 : 4.1~57 [%]

$$\text{위험도} = \frac{\text{상한값} - \text{하한값}}{\text{하한값}} = \frac{57 - 4.1}{4.1} = 12.90$$

2. 이황화탄소의 연소범위 : 1.0~44 [%]

$$\text{위험도} = \frac{\text{상한값} - \text{하한값}}{\text{하한값}} = \frac{44 - 1}{1} = 43$$

10. 위험물안전관리법령상 안전교육을 받아야 하는 대상자를 쓰시오.

정답 안전교육대상자(시행규칙 제20조)

1. 안전관리자로 선임된 자
2. 탱크시험자의 기술인력으로 종사하는 자
3. 위험물운송자로 종사하는 자

해설

1. 법 제28조(안전교육)
    1) 안전관리자·탱크시험자·위험물운송자 등 위험물의 안전관리와 관련된 업무를 수행하는 자로서 대통령령이 정하는 자는 해당 업무에 관한 능력의 습득 또는 향상을 위하여 소방청장이 실시하는 교육을 받아야 한다.
    2) 제조소등의 관계인은 제1항의 규정에 따른 교육대상자에 대하여 필요한 안전교육을 받게 하여야 한다.
    3) 규정에 따른 교육의 과정 및 기간과 그 밖에 교육의 실시에 관하여 필요한 사항은 행정안전부령으로 정한다.
    4) 시·도지사, 소방본부장 또는 소방서장은 규정에 따른 교육대상자가 교육을 받지 아니한 때에는 그 교육대상자가 교육을 받을 때까지 이 법의 규정에 따라 그 자격으로 행하는 행위를 제한할 수 있다.

2. 령 제20조(안전교육대상자)
    1) 안전관리자로 선임된 자

2) 탱크시험자의 기술인력으로 종사하는 자
3) 위험물운송자로 종사하는 자

11. 위험물의 저장 및 취급 기준에 관한 설명이다. 괄호 안에 적당한 말을 쓰시오.

- 제1류 위험물은 (㉮)과의 접촉·혼합이나 분해를 촉진하는 물품과의 접근 또는 과열·충격·마찰 등을 피하는 한편, 알칼리금속의 과산화물 및 이를 함유한 것에 있어서는 (㉯)과의 접촉을 피하여야 한다.
- 제2류 위험물은 (㉰)와의 접촉·혼합이나 불티·불꽃·고온체와의 접근 또는 과열을 피하는 한편, 철분·금속분·마그네슘 및 이를 함유한 것에 있어서는 물이나 (㉱)과의 접촉을 피하고 인화성 고체에 있어서는 함부로 (㉲)를 발생시키지 아니하여야 한다.

정답
㉮ 가연물, ㉯ 물, ㉰ 산화제, ㉱ 산, ㉲ 증기

해설 위험물의 저장 및 취급 기준
① 제1류 위험물은 가연물과의 접촉·혼합이나 분해를 촉진하는 물품과의 접근 또는 과열·충격·마찰 등을 피하는 한편, 알칼리금속의 과산화물 및 이를 함유한 것에 있어서는 물과의 접촉을 피하여야 한다.
② 제2류 위험물은 산화제와의 접촉·혼합이나 불티·불꽃·고온체와의 접근 또는 과열을 피하는 한편, 철분·금속분·마그네슘 및 이를 함유한 것에 있어서는 물이나 산과의 접촉을 피하고 인화성 고체에 있어서는 함부로 증기를 발생시키지 아니하여야 한다.
③ 제3류 위험물 중 자연발화성 물질에 있어서는 불티·불꽃 또는 고온체와의 접근·과열 또는 공기와의 접촉을 피하고, 금수성 물질에 있어서는 물과의 접촉을 피해야 한다.
④ 제4류 위험물은 불티·불꽃·고온체와의 접근 또는 과열을 피하고, 함부로 증기를 발생시키지 아니하여야 한다.
⑤ 제5류 위험물은 불티·불꽃·고온체와의 접근이나 과열·충격 또는 마찰을 피해야 한다.
⑥ 제6류 위험물은 가연물과의 접촉·혼합이나 분해를 촉진하는 물품과의 접근 또는 과열을 피해야 한다.

12. 소화난이도 등급 Ⅰ의 옥외탱크저장소에 설치하여야 하는 소화설비를 쓰시오.

㉮ 지중탱크 또는 해상탱크 외의 탱크에 유황만 저장하는 곳
㉯ 지중탱크 또는 해상탱크 외의 탱크에 인화점 70[℃] 이상의 제4류 위험물을 저장하는 곳
㉰ 지중탱크

정답

㉮ 물분무소화설비
㉯ 물분무소화설비, 고정식 포소화설비
㉰ 고정식 포소화설비, 이동식 이외의 불활성가스소화설비, 이동식 이외의 할로겐화합물소화설비

해설 소화난이도등급 Ⅰ의 제조소등에 설치하여야 하는 소화설비

옥외 탱크 저장소	지중탱크 또는 해상탱크 외의 것	유황만을 저장 취급하는 것	물분무소화설비
		인화점 70℃ 이상의 제4류 위험물만을 저장취급하는 것	물분무소화설비 또는 고정식 포소화설비
		그 밖의 것	고정식 포소화설비(포소화설비가 적응성이 없는 경우에는 분말소화설비)
	지중탱크		고정식 포소화설비, 이동식 이외의 불활성가스소화설비 또는 이동식 이외의 할로겐화합물소화설비
	해상탱크		고정식 포소화설비, 물분무소화설비, 이동식 이외의 불활성가스소화설비 또는 이동식 이외의 할로겐화합물소화설비

13. 위험물제조소 등의 설치 및 변경의 허가 시 한국소방산업기술원의 기술검토를 받아야 하는 사항을 3가지 쓰시오.

> **정답**
> ① 지정수량의 1천배 이상의 위험물을 취급하는 제조소 또는 일반취급소 : 구조·설비에 관한 사항
> ② 옥외탱크저장소(저장용량이 50만 리터 이상인 것) : 위험물탱크의 기초·지반, 탱크 본체 및 소화설비에 관한 사항
> ③ 암반탱크저장소 : 위험물탱크의 기초·지반, 탱크본체 및 소화설비에 관한 사항
>
> **해설** 제조소등의 설치 및 변경의 허가[시행령 제6조]
>
> ① 제조소등의 설치허가 또는 변경허가를 받으려는 자는 설치허가 또는 변경허가신청서에 행정안전부령으로 정하는 서류를 첨부하여 특별시장·광역시장·특별자치시장·도지사 또는 특별자치도지사에게 제출하여야 한다.
> ② 시·도지사는 제1항에 따른 제조소등의 설치허가 또는 변경허가 신청 내용이 다음 각 호의 기준에 적합하다고 인정하는 경우에는 허가를 하여야 한다.
>   1. 제조소등의 위치·구조 및 설비가 법 제5조제4항의 규정에 의한 기술기준에 적합할 것
>   2. 제조소등에서의 위험물의 저장 또는 취급이 공공의 안전유지 또는 재해의 발생방지에 지장을 줄 우려가 없다고 인정될 것
>   3. 다음 각 목의 제조소등은 해당 목에서 정한 사항에 대하여 「소방산업의 진흥에 관한 법률」 제14조에 따른 한국소방산업기술원의 기술검토를 받고 그 결과가 행정안전부령으로 정하는 기준에 적합한 것으로 인정될 것. 다만, 보수 등을 위한 부분적인 변경으로서 소방청장이 정하여 고시하는 사항에 대해서는 기술원의 기술검토를 받지 아니할 수 있으나 행정안전부령으로 정하는 기준에는 적합하여야 한다.
>   가. 지정수량의 1천배 이상의 위험물을 취급하는 제조소 또는 일반취급소 : 구조·설비에 관한 사항
>   나. 옥외탱크저장소(저장용량이 50만 리터 이상인 것만 해당한다) 또는 암반탱크저장소 : 위험물탱크의 기초·지반, 탱크본체 및 소화설비에 관한 사항
> ③ 제2항제3호 각 목의 어느 하나에 해당하는 제조소등에 관한 설치허가 또는 변경허가를 신청하는 자는 그 시설의 설치계획에 관하여 미리 기술원의 기술검토를 받아 그 결과를 설치허가 또는 변경허가신청서류와 함께 제출할 수 있다.

14. 디에틸에테르에 대하여 다음 물음에 답하시오.

㉮ 구조식
㉯ 지정수량
㉰ 인화점, 비점
㉱ 공기 중 장시간 노출시 생성물질
㉲ 2,550 [l]일 때 옥내저장소에 보유공지(단, 내화구조이다)

정답

㉮ 구조식

```
    H H   H H
    | |   | |
H - C - O - C - H
    | |   | |
    H H   H H
```

㉯ 지정수량 : 50 [L]
㉰ 인화점 : -45 [℃], 비점 34.5 [℃]
㉱ 과산화물
㉲ 보유공지 : 5 [m] 이상

해설

1. 옥내저장소 보유공지

위험물의 취급	보유공지 너비	
	벽기둥 및 바닥이 내화구조	그 밖의 건축물
지정수량의 5배 이하	-	0.5m 이상
지정수량의 5배 초과 10배 이하	1m 이상	1.5m 이상
지정수량의 10배 초과 20배 이하	2m 이상	3m 이상
지정수량의 20배 초과 50배 이하	3m 이상	5m 이상
지정수량의 50배 초과 200배 이하	5m 이상	10m 이상
지정수량의 200배 초과	10m 이상	15m 이상

※ 특례 : 동일 부지 내에 지정수량 20배를 초과하는 저장창고를 2이상 인접할 경우 상호거리에 해당하는 보유 공지 너비의 1/3 이상을 보유할 수 있다. (단, 최소 3m)

2. 지정수량의 배수 = $\frac{2550L}{50}$ = 51.0배

15. 소규모 옥내저장소의 특례기준은 지정수량의 몇 배 이하이고 처마높이가 몇 [m] 미만인 것을 말하는가?

> 정답
> - 지정수량 : 50배 이하
> - 처마높이 : 6[m] 미만
>
> 해설 소규모 옥내저장소 특례 : 지정수량 50배 이하, 처마높이 6m 미만
>
> | 저장 또는 취급하는 위험물의 최대수량 | 공지의 너비 |
> |---|---|
> | 지정수량의 5배 초과 20배 이하 | 1m 이상 |
> | 지정수량의 20배 초과 50배 이하 | 2m 이상 |

16. 위험물제조소 등에 설치하는 배관에 사용하는 관이음의 설계기준을 쓰시오.

> 정답 배관에 사용하는 관이음의 설계 등(세부기준 제118조)
> 1. 관이음의 설계는 배관의 설계에 준하는 것 외에 관이음의 휨특성 및 응력집중을 고려하여 행할 것
> 2. 배관을 분기하는 경우는 미리 제작한 분기용 관이음 또는 분기구조물을 이용할 것. 이 경우 분기구조물에는 보강판을 부착하는 것을 원칙으로 한다.
> 3. 분기용 관이음, 분기구조물 및 레듀서(reducer)는 원칙적으로 이송기지 또는 전용부지내에 설치할 것
>
> 해설 설계 및 설치기준
> 1. 배관에 사용하는 관이음의 설계기준
>   1) 관이음의 설계는 배관의 설계에 준하는 것 외에 관이음의 휨특성 및 응력집중을 고려하여 행할 것
>   2) 배관을 분기하는 경우는 미리 제작한 분기용 관이음 또는 분기구조물을 이용할 것. 이 경우 분기구조물에는 보강판을 부착하는 것을 원칙으로 한다.
>   3) 분기용 관이음, 분기구조물 및 레듀서(reducer)는 원칙적으로 이송기지 또는 전용부지내에 설치할 것
> 2. 배관에 부착된 밸브의 설치기준
>   1) 밸브는 배관의 강도 이상일 것
>   2) 밸브(이송기지내의 배관에 부착된 것을 제외한다)는 피그의 통과에 지장이 없는 구조로 할 것
>   3) 밸브(이송기지 또는 전용기지내의 배관에 부착된 것을 제외한다)와 배관과의 접속은 원칙적으로 맞대기 용접으로 할 것
>   4) 밸브를 용접에 의하여 배관에 접속한 경우에는 접속부의 용접두께가 급변하지 아니하도록 시공할 것
>   5) 밸브는 해당 밸브의 자중 등에 의하여 배관에 이상응력을 발생시키지 아니하도록 부착할 것

6) 밸브는 배관의 팽창, 수축 및 지진력 등에 의하여 힘이 직접 밸브에 작용하지 아니하도록 고려하여 부착할 것
7) 밸브의 개폐속도는 유격작용 등을 고려한 속도로 할 것

17. 질산암모늄에 대한 다음 물음에 답하시오.

㉮ 화학식
㉯ 고온으로 가열시 분해반응식

정답

㉮ 화학식 : NH_4NO_3
㉯ 분해반응식(220[℃]) : $NH_4NO_3 \rightarrow N_2O + 2H_2O$

해설 질산암모늄(ANFO폭약원료)
1. 무색무취의 결정, 조해성, 흡수성
2. 물, 알코올에 녹는다(흡열반응)
3. 유기물과 혼합 가열하면 폭발한다.
   가열분해반응 : $NH_4NO_3 \rightarrow N_2O + 2H_2O$
   분해폭발반응 : $2NH_4NO_3 \rightarrow 4H_2O + 2N_2 + O_2 \uparrow$
4. ANFO폭약 : NH_4NO_3 94[%]와 경유 6[%] 혼합하여 제조

18. 주유취급소에는 담 또는 벽을 설치하는데 일부분을 방화상 유효한 구조의 유리로 부착할 때 다음 물음에 답하시오.

㉮ 유리의 설치높이
㉯ 유리판의 가로길이
㉰ 유리를 부착하는 범위

정답

㉮ 70[cm]를 초과하는 부분
㉯ 2[m] 이내
㉰ 전체의 담 또는 벽의 길이의 2/10를 초과하지 아니할 것

> [해설] 주유취급소 담 또는 벽 설치기준
>
> 1. 주유취급소의 주위에는 자동차 등이 출입하는 쪽 외의 부분에 높이 2m 이상의 내화구조 또는 불연재료의 담 또는 벽을 설치하되, 주유취급소의 인근에 연소의 우려가 있는 건축물이 있는 경우에는 소방청장이 정하여 고시하는 바에 따라 방화상 유효한 높이로 하여야 한다.
> 2. 제1호에도 불구하고 다음 각 목의 기준에 모두 적합한 경우에는 담 또는 벽의 일부분에 방화상 유효한 구조의 유리를 부착할 수 있다.
>   가. 유리를 부착하는 위치는 주입구, 고정주유설비 및 고정급유설비로부터 4m 이상 이격될 것
>   나. 유리를 부착하는 방법은 다음의 기준에 모두 적합할 것
>   1) 주유취급소 내의 지반면으로부터 70cm를 초과하는 부분에 한하여 유리를 부착할 것
>   2) 하나의 유리판의 가로의 길이는 2m 이내일 것
>   3) 유리판의 테두리를 금속제의 구조물에 견고하게 고정하고 해당 구조물을 담 또는 벽에 견고하게 부착할 것
>   4) 유리의 구조는 접합유리(두장의 유리를 두께 0.76mm 이상의 폴리비닐부티랄 필름으로 접합한 구조를 말한다)로 하되, 「유리구획 부분의 내화시험방법(KS F 2845)」에 따라 시험하여 비차열 30분 이상의 방화성능이 인정될 것
>   다. 유리를 부착하는 범위는 전체의 담 또는 벽의 길이의 10분의 2를 초과하지 아니할 것

19. 위험물제조소에 예방규정을 작성하여야 하는데 지정수량의 배수에 해당하는 제조소 등을 쓰시오.

㉮ 10배
㉯ 100배
㉰ 150배
㉱ 200배

> [정답]
> ㉮ 제조소, 일반취급소
> ㉯ 옥외저장소
> ㉰ 옥내저장소
> ㉱ 옥외탱크저장소
>
> [해설] 관계인이 예방규정을 정하여야 하는 제조소등[령 제15조]
> 1. 지정수량의 10배 이상의 위험물을 취급하는 제조소
> 2. 지정수량의 100배 이상의 위험물을 저장하는 옥외저장소
> 3. 지정수량의 150배 이상의 위험물을 저장하는 옥내저장소
> 4. 지정수량의 200배 이상의 위험물을 저장하는 옥외탱크저장소
> 5. 암반탱크저장소

6. 이송취급소
7. 지정수량의 10배 이상의 위험물을 취급하는 일반취급소. 다만, 제4류 위험물(특수인화물을 제외한다)만을 지정수량의 50배 이하로 취급하는 일반취급소(제1석유류·알코올류의 취급량이 지정수량의 10배 이하인 경우에 한한다)로서 다음 각목의 어느 하나에 해당하는 것을 제외한다.
   1) 보일러·버너 또는 이와 비슷한 것으로서 위험물을 소비하는 장치로 이루어진 일반취급소
   2) 위험물을 용기에 옮겨 담거나 차량에 고정된 탱크에 주입하는 일반취급소

20. 지정수량 50[kg], 분자량 78, 비중 2.8인 물질이 물과 이산화탄소와 반응 시 화학반응식을 쓰시오.

정답
1. 물과 반응 : $2Na_2O_2 + 2H_2O \rightarrow 4NaOH + O_2$
2. 이산화탄소와 반응 : $2Na_2O_2 + 2CO_2 \rightarrow 2Na_2CO_3 + O_2$

해설 과산화나트륨

1. 물성

화학식	분자량	비중	융점	분해 온도
Na_2O_2	78	2.8	460 [℃]	460 [℃]

2. 에틸알코올에 녹지 않는다.
3. 목탄, 가연물과 접촉하면 발화되기 쉽다.
4. 산과 반응하면 과산화수소를 생성한다.
5. 순수한 것은 백색이지만 보통은 황백색의 분말이다.
6. 물과 반응하면 산소가스를 발생하고 많은 열을 발생한다.
7. 이산화탄소와 반응하면 탄산나트륨과 산소를 발생한다.
8. 아세트산과 반응 시 초산나트륨과 과산화수소를 생성한다.

제52회 과년도 문제풀이(2012년)

01. 특정옥외저장탱크의 용접방법을 쓰시오.

㉮ 에뉼러판과 에뉼러판
㉯ 에뉼러판과 밑판 및 밑판과 밑판

정답
㉮ 뒷면에 재료를 댄 맞대기용접
㉯ 뒷면에 재료를 댄 맞대기용접 또는 겹치기용접

해설 특정옥외저장탱크의 용접방법

가. 옆판의 용접은 다음에 의할 것
  1) 세로이음 및 가로이음은 완전용입 맞대기용접으로 할 것
  2) 옆판의 세로이음은 단을 달리하는 옆판의 각각의 세로이음과 동일선상에 위치하지 아니하도록 할 것. 이 경우 당해 세로이음간의 간격은 서로 접하는 옆판 중 두꺼운 쪽 옆판의 5배 이상으로 하여야 한다.
나. 옆판과 에뉼러판(에뉼러판이 없는 경우에는 밑판)과의 용접은 부분용입 그룹용접 또는 이와 동등 이상의 용접강도가 있는 용접방법으로 용접할 것. 이 경우에 있어서 용접 비드(bead)는 매끄러운 형상을 가져야 한다.
다. 에뉼러판과 에뉼러판은 뒷면에 재료를 댄 맞대기용접으로 하고, 에뉼러판과 밑판 및 밑판과 밑판의 용접은 뒷면에 재료를 댄 맞대기용접 또는 겹치기용접으로 용접할 것. 이 경우에 에뉼러판과 밑판의 용접부의 강도 및 밑판과 밑판의 용접부의 강도에 유해한 영향을 주는 홈이 있어서는 안 된다.
라. 필렛용접의 사이즈(부등사이즈가 되는 경우에는 작은 쪽의 사이즈를 말한다)는 다음 식에 의하여 구한 값으로 할 것
  $t_1 \geq S \geq \sqrt{2t_2}$ (단, $S \geq 4.5$)
  t_1 : 얇은 쪽의 강판의 두께(mm)
  t_2 : 두꺼운 쪽의 강판의 두께(mm)
  S : 사이즈(mm)

02. 제3류 위험물인 인화칼슘에 대하여 물음에 답하시오.

㉮ 물과의 화학반응식
㉯ 위험등급

정답

㉮ 물과의 반응식 $Ca_3P_2 + 6H_2O \rightarrow 3Ca(OH)_2 + 2PH_3 \uparrow$
㉯ 위험등급 : Ⅲ

해설 인화칼슘(Ca_3P_2) : 금속의 인화물, 지정수량 300kg, 위험등급 Ⅲ
1. 적갈색 괴상고체·알코올, 에테르에는 녹지 않는다.
2. 건조한 공기 중에서 안정하나 300[℃] 이상에서는 산화한다.
3. 물과 반응 $Ca_3P_2 + 6H_2O \rightarrow 3Ca(OH)_2 + 2PH_3$
4. 산과 반응 $Ca_3P_2 + 6HCl \rightarrow 3CaCl_2 + 2PH_3$

03. 위험물제조소 옥외에 있는 위험물취급탱크에 기어유 50,000[l] 1기, 실린더유 80,000[l] 1기를 동일 방유제 내에 설치하고자 할 때 방유제의 최소용량[m³]을 구하시오.

정답

45[m³]

해설

80,000[L] × 0.5 + 50,000[L] × 0.1 = 45[m³]

04. 제2류 위험물인 적린을 제3류 위험물을 사용하여 제조하는 방법을 설명하시오. (단, 원료, 제조온도 및 방법을 중심으로 설명)

정답

황린을 공기를 차단하고 260℃로 가열하여 적린을 제조한다.

해설

황린을 250도씨로 가열하면 적린이 되고 260℃로 가열하면 오산화인의 흰 연기가 발생한다.

05.
기계에 의하여 하역하는 구조로 된 운반용기의 외부에 다음에 정하는 바에 따라 위험물의 품명, 수량 등을 표시하여 적재하여야 한다. 예외 규정을 설명한 것인데 다음의 괄호 안에 적당한 말을 넣으시오.

㉮ (   )에 정한 기준
㉯ (   )이 정하여 고시하는 기준

정답

㉮ UN의 위험물 운송에 관한 권고(RTDG, Recommendations on the Transport of Dangerous Goods)
㉯ 소방청장

해설 운반용기

1. 기계에 의하여 하역하는 운반용기의 구조 및 최대용적
   고체의 위험물을 수납하는 것에 있어서는 별표 20 제1호, 액체의 위험물을 수납하는 것에 있어서는 별표 20 제2호에 정하는 기준 및 1) 내지 6)에 정하는 기준에 적합할 것. 다만, 운반의 안전상 이러한 기준에 적합한 운반용기와 동등 이상이라고 인정하여 소방청장이 정하여 고시하는 것과 UN의 위험물 운송에 관한 권고(RTDG, Recommendations on the Transport of Dangerous Goods)에서 정한 기준에 적합한 것으로 인정된 용기에 있어서는 그러하지 아니하다.
   1) 운반용기는 부식 등의 열화에 대하여 적절히 보호될 것
   2) 운반용기는 수납하는 위험물의 내압 및 취급시와 운반시의 하중에 의하여 당해 용기에 생기는 응력에 대하여 안전할 것
   3) 운반용기의 부속설비에는 수납하는 위험물이 당해 부속설비로부터 누설되지 아니하도록 하는 조치가 강구되어 있을 것
   4) 용기본체가 틀로 둘러싸인 운반용기는 다음의 요건에 적합할 것
      가) 용기본체는 항상 틀내에 보호되어 있을 것
      나) 용기본체는 틀과의 접촉에 의하여 손상을 입을 우려가 없을 것
      다) 운반용기는 용기본체 또는 틀의 신축 등에 의하여 손상이 생기지 아니할 것
2. 하부에 배출구가 있는 운반용기
   가) 배출구에는 개폐위치에 고정할 수 있는 밸브가 설치되어 있을 것
   나) 배출을 위한 배관 및 밸브에는 외부로부터의 충격에 의한 손상을 방지하기 위한 조치 강구
   다) 폐지판 등에 의하여 배출구를 이중으로 밀폐할 수 있는 구조일 것 (고체 위험물 운반용기 예외)
3. 승용차량으로 인화점이 40℃ 미만인 위험물중 소방청장이 정하여 고시하는 것을 운반하는 경우의 운반용기의 구조 및 최대용적의 기준은 소방청장이 정하여 고시한다.
4. 운반용기의 성능기준
   1) 기계로 하역하는 구조 외의 용기 : 소방청장이 정하여 고시하는 낙하시험, 기밀시험, 내압시험 및 겹쳐쌓기시험에서 소방청장이 정하여 고시하는 기준에 적합할 것. 다만, 수납하는 위험물의 품명, 수량, 성질과 상태 등에 따라 소방청장이 정하여 고시하는 용기에 있어서는 그러하지 아니하다.

2) 기계에 의하여 하역하는 구조로 된 용기 : 소방청장이 정하여 고시하는 낙하시험, 기밀시험, 내압시험, 겹쳐쌓기시험, 아랫부분 인상시험, 윗부분 인상시험, 파열전파시험, 넘어뜨리기시험 및 일으키기시험에서 소방청장이 정하여 고시하는 기준에 적합할 것. 다만, 수납하는 위험물의 품명, 수량, 성질과 상태 등에 따라 소방청장이 정하여 고시하는 용기에 있어서는 그러하지 아니하다.

06. 제3류 위험물인 탄화칼슘의 반응식을 쓰시오.

㉮ 물과의 반응식
㉯ 발생된 기체의 완전반응식
㉰ 질소와의 반응식

정답

㉮ $CaC_2 + 2H_2O \rightarrow Ca(OH)_2 + C_2H_2$
㉯ $2C_2H_2 + 5O_2 \rightarrow 4CO_2 + 2H_2O$
㉰ $CaC_2 + N_2 \rightarrow CaCN_2 + C$

해설 탄화칼슘의 반응식

1. 탄화칼슘(카바이드)은 물과 반응하면 수산화칼슘과 아세틸렌가스를 발생한다.
   $CaC_2 + 2H_2O \rightarrow Ca(OH)_2 + C_2H_2 \uparrow$
2. 발생된 아세틸렌가스는 산소와 반응하여 이산화탄소와 물을 발생한다.
   $2C_2H_2 + 5O_2 \rightarrow 4CO_2 + 2H_2O$
3. 발생된 아세틸렌가스가 금속(은)과 반응하면 은아세틸레이트를 생성한다.
   $C_2H_2 + 2Ag \rightarrow Ag_2C_2 + H_2 \uparrow$
4. 탄화칼슘이 질소와 반응하면 석회질소와 탄소를 발생한다.
   $CaC_2 + N_2 \rightarrow CaCN_2 + C + 74.6 \text{[Kcal]}$

07. 제5류 위험물인 아세틸퍼옥사이드에 대한 물음에 답하시오.

㉮ 구조식
㉯ 증기비중(단, 공기의 분자량은 29이다)

정 답

㉮ 구조식

$$CH_3 - \overset{\overset{O}{\|}}{C} - O - O - \overset{\overset{O}{\|}}{C} - CH_3$$

㉯ 증기비중 : 4.07

해 설

1. 아세틸퍼옥사이드

   1) 물성

화학식	품명	인화점	녹는점	발화점	분자량
$(CH_3CO)_2O_2$	질산에스테르류	45℃	30℃	121℃	118g

   2) 구조식

   $$CH_3 - \overset{\overset{O}{\|}}{C} - O - O - \overset{\overset{O}{\|}}{C} - CH_3$$

   3) 특징
   (1) 제5류 위험물의 유기과산화물이다.
   (2) 화재 시 다량의 물로 냉각소화한다.
   (3) 희석제인 DMF를 75 [%] 첨가시켜서 0~5 [℃] 이하의 저온에서 저장한다.
   (4) 충격, 마찰에 의하여 분해하고 가열되면 폭발한다.

3. 증기비중 = 118/29 = 4.07
   $(CH_3CO)_2O_2$ /29의 분자량 = (12+3+12+16)×2+32 = 118g

08. 위험물 안전관리자가 점검하여야 할 옥내저장소의 일반점검표를 완성하시오.

점검항목		점검내용	점검방법	점검결과
건축물	벽·기둥·보·지붕	(㉮)	육안	
	(㉯)	변형·손상 등의 유무 및 폐쇄기능의 적부	육안	
	바닥	(㉰)	육안	
		균열·손상·패임 등의 유무	육안	
	(㉱)	변형·손상 등의 유무 및 고정상황의 적부	육안	
	다른 용도부분과 구획	균열·손상 등의 유무	육안	
	(㉲)	손상의 유무	육안	

정답
- ㉮ 균열·손상 등의 유무
- ㉯ 방화문
- ㉰ 체유·체수의 유무
- ㉱ 계단
- ㉲ 조명설비

해설 옥내저장소 일반점검표[세부기준 서식10]

안전거리		보호대상물 신설여부	육안 및 실측	점검결과
		방화상 유효한 담의 손상유무	육안	
보유공지		허가 외 물건 존치여부	육안	
건축물	벽·기둥·보·지붕	균열·손상 등의 유무	육안	
	방화문	변형·손상 등의 유무 및 폐쇄기능의 적부	육안	
	바닥	체유·체수의 유무	육안	
		균열·손상·패임 등의 유무	육안	
	계단	변형·손상 등의 유무 및 고정상황의 적부	육안	
	다른용도부분과 구획	균열·손상 등의 유무	육안	
	조명설비	손상의 유무	육안	
환기·배출설비 등		변형·손상의 유무 및 고정상태의 적부	육안	
		인화방지망의 손상 및 막힘 유무	육안	
		방화댐퍼의 손상 유무 및 기능의 적부	육안 및 작동확인	
		팬의 작동상황의 적부	작동확인	
		가연성증기경보장치의 작동상황	작동확인	

09.
위험물의 성질란에 규정된 성상을 2가지 이상 포함하는 물품을 복수성상물품이라 한다. 이 물품이 속하는 품명의 판단기준을 괄호 안에 맞는 유별을 쓰시오.

> ㉮ 복수성상물품이 산화성 고체의 성상 및 가연성 고체의 성상을 가지는 경우 : ( )류 위험물
> ㉯ 복수성상물품이 산화성 고체의 성상 및 자기반응성 물질의 성상을 가지는 경우 : ( )류 위험물
> ㉰ 복수성상물품이 가연성 고체의 성상과 자연발화성 물질의 성상 및 금수성 물질의 성상을 가지는 경우 : ( )류 위험물
> ㉱ 복수성상물품이 자연발화성 물질의 성상, 금수성 물질의 성상 및 인화성액체의 성상을 가지는 경우 : ( )류 위험물
> ㉲ 복수성상물품이 인화성 액체의 성상 및 자기반응성 물질의 성상을 가지는 경우 : ( )류 위험물

정답
㉮ 제2류   ㉯ 제5류
㉰ 제3류   ㉱ 제3류   ㉲ 제5류

해설
성질란에 규정된 성상을 2가지 이상 포함하는 물품(이하 "복수성상물품"이라 한다)이 속하는 품명은 다음에 의한다.
1. 복수성상물품이 산화성 고체(제1류)의 성상 및 가연성 고체(제2류)의 성상을 가지는 경우 : 제2류 제8호의 규정에 의한 품명
2. 복수성상물품이 산화성 고체(제1류)의 성상 및 자기반응성 물질(제5류)의 성상을 가지는 경우 : 제5류 제11호의 규정에 의한 품명
3. 복수성상물품이 가연성 고체(제2류)의 성상과 자연발화성 물질의 성상(제3류) 및 금수성 물질(제3류)의 성상을 가지는 경우 : 제3류 제12호의 규정에 의한 품명
4. 복수성상물품이 자연발화성 물질(제3류)의 성상, 금수성 물질의 성상(제3류) 및 인화성액체(제4류)의 성상을 가지는 경우 : 제3류 제12호의 규정에 의한 품명
5. 복수성상물품이 인화성 액체(제4류)의 성상 및 자기반응성 물질(제5류)의 성상을 가지는 경우 : 제5류 제11호의 규정에 의한 품명

10. 위험물안전관리대행기관의 지정기준이다. 다음 괄호에 적당한 말을 쓰시오.

기술인력	1. 위험물기능장 또는 위험물산업기사 1명 이상 2. 위험물산업기사 또는 위험물기능사 (㉮)명 이상 3. 기계분야 및 전기분야의 소방설비기사 1명 이상
시설	(㉯)을 갖출 것
장비	1. (㉰) 2. 접지저항측정기(최고눈금 0.1 [Ω] 이하) 3. (㉱) 4. 정전기 전위측정기 5. 토크렌치 6. 진동시험기 7. 삭제(2016. 8. 2) 8. 표면온도계(-10 [℃] ~ 300 [℃]) 9. 두께측정기(1.5 [mm] ~ 99.9 [mm]) 10. 삭제(2016. 8. 2) 11. 안전용구(안전모, 안전화, 손전등, 안전로프 등) 12. 소화설비점검기구(소화전밸브압력계, 방수압력측정계, 포콜렉터, 헤드렌치, 포콘테이너)

정답

㉮ 2, ㉯ 전용사무실, ㉰ 절연저항계
㉱ 가스농도측정기(탄화수소계 가스의 농도측정이 가능할 것)

해설 안전관리대행기관의 지정기준[별표 22]

기술인력	1. 위험물기능장 또는 위험물산업기사 1인 이상 2. 위험물산업기사 또는 위험물기능사 2인 이상 3. 기계분야 및 전기분야의 소방설비기사 1인 이상
시설	전용사무실을 갖출 것
장비	1. 절연저항계(절연저항측정기) 2. 접지저항측정기(최소눈금 0.1Ω 이하) 3. 가스농도측정기(탄화수소계 가스의 농도측정이 가능할 것) 4. 정전기 전위측정기 5. 토크렌치 　(Torque Wrench: 볼트와 너트를 규정된 회전력에 맞춰 조이는 데 사용하는 도구) 6. 진동시험기 7. 삭제〈2016. 8. 2.〉 8. 표면온도계(-10℃ ~ 300℃) 9. 두께측정기(1.5mm ~ 99.9mm) 10. 삭제〈2016. 8. 2.〉 11. 안전용구(안전모, 안전화, 손전등, 안전로프 등) 12. 소화설비점검기구(소화전밸브압력계, 방수압력측정계, 포콜렉터, 헤드렌치, 포콘테이너)

비고 : 기술인력란의 각호에 정한 2 이상의 기술인력을 동일인이 겸할 수 없다.

11. 위험물의 취급 중 제조에 관한 사항이다. 괄호 안에 적당한 말을 쓰시오.

> - 건조공정 : 위험물의 (㉮)가 부분적으로 상승하지 아니하는 방법으로 가열 또는 건조할 것
> - 추출공정 : 추출관의 (㉯)이 비정상으로 상승하지 아니하도록 할 것
> - 증류공정 : 위험물을 취급하는 설비의 (㉰)의 변동 등에 의하여 액체 또는 증기가 새지 아니하도록 할 것
> - (㉱)공정 : 위험물의 분말이 현저하게 부유하고 있거나 위험물의 분말이 현저하게 기계·기구 등에 부착하고 있는 상태로 그 기계·기구를 취급하지 아니할 것

정답

㉮ 온도, ㉯ 내부압력, ㉰ 내부압력, ㉱ 분쇄

해설 위험물의 취급 중 제조에 관한 기준[규칙 별표18](중요기준)

> 가. 증류공정에 있어서는 위험물을 취급하는 설비의 내부압력의 변동 등에 의하여 액체 또는 증기가 새지 아니하도록 할 것
> 나. 추출공정에 있어서는 추출관의 내부압력이 비정상으로 상승하지 아니하도록 할 것
> 다. 건조공정에 있어서는 위험물의 온도가 부분적으로 상승하지 아니하는 방법으로 가열 또는 건조할 것
> 라. 분쇄공정에 있어서는 위험물의 분말이 현저하게 부유하고 있거나 위험물의 분말이 현저하게 기계·기구 등에 부착하고 있는 상태로 그 기계·기구를 취급하지 아니할 것

12. 마그네슘에 대한 물음에 답하시오.

㉮ 연소반응식
㉯ 물과의 반응식
㉰ ㉯에서 발생한 가스의 위험도

정답

㉮ 연소반응식 : $2Mg + O_2 \rightarrow 2MgO$
㉯ 물과의 반응식 : $Mg + 2H_2O \rightarrow Mg(OH)_2 + H_2$
㉰ 위험도 : 17.75

해설 마그네슘

1. 연소하면 산화마그네슘을 생성한다. $2Mg + O_2 \rightarrow 2MgO + Q\ [kcal]$
2. 물과 반응하면 가연성가스인 수소가스를 발생한다. $Mg + 2H_2O \rightarrow Mg(OH)_2 + H_2 \uparrow$
3. 수소의 위험도(수소의 연소범위 : 4.0~75 [%])

위험도 $H = \dfrac{U-L}{L}$, 여기서 U : 폭발 상한계 [%], L : 폭발 하한계 [%]

∴ 위험도 $H = \dfrac{75-4}{4} = 17.75$

13. 제2류 위험물에 대하여 다음 물음에 답하시오.

㉮ 마그네슘과 물과의 화학반응식
㉯ 인화성고체 - 고형알코올 그 밖의 1기압에서 인화점이 ( ) [℃] 미만인 고체
㉰ 알루미늄분과 염산이 반응하여 수소를 발생하는 화학반응식

정답

㉮ $Mg + 2H_2O \rightarrow Mg(OH)_2 + H_2$
㉯ 40
㉰ $2Al + 6HCl \rightarrow 2AlCl_3 + 3H_2$

해설

1. 마그네슘
    1) 정의 : 마그네슘 및 제2류 제8호의 물품 중 마그네슘을 함유한 것에 있어서는 다음 각목의 1에 해당하는 것은 제외한다.
        가. 2밀리미터의 체를 통과하지 아니하는 덩어리 상태의 것
        나. 직경 2밀리미터 이상의 막대 모양의 것
    2) 마그네슘 물 반응식 : $Mg + 2H_2O \rightarrow Mg(OH)_2 + H_2$
2. "인화성고체"라 함은 고형알코올 그 밖에 1기압에서 인화점이 섭씨 40도 미만인 고체를 말한다.
3. 금속분
    1) "금속분"이라 함은 알칼리금속·알칼리토류금속·철 및 마그네슘외의 금속의 분말을 말하고, 구리분·니켈분 및 150마이크로미터의 체를 통과하는 것이 50중량퍼센트 미만인 것은 제외한다.
    2) 알루미늄과 염산 반응식 : $2Al + 6HCl \rightarrow 2AlCl_3 + 3H_2$

14. 불활성가스소화설비에서 이산화탄소의 설치기준에 대한 설명이다. 물음에 답하시오.

㉮ 전역방출방식의 이산화탄소의 분사헤드의 방사압력은 고압식의 것에 있어서 몇 [MPa]인가?
㉯ 전역방출방식의 불활성가스(IG-541)의 분사헤드의 방사압력은 몇 [MPa]인가?
㉰ 국소방출방식의 이산화탄소의 분사헤드는 소화약제의 양을 몇 초 이내에 균일하게 방사해야 하는가?

정답

㉮ 2.1 이상
㉯ 1.9 이상
㉰ 30초

15. 비중이 0.8인 메탄올 10 [l]가 완전히 연소될 때 소요되는 이론 산소량 [kg]과 생성되는 이산화탄소의 부피는 25 [℃], 1기압일 때 몇 [m³]인지 구하시오.

정답

- 이론산소량 : 12 [kg]
- 이산화탄소의 부피 : 6.11 [m³]

해설

1. 메탄올 완전연소반응식 $2CH_3OH + 3O_2 \rightarrow 2CO_2 + 4H_2O$
2. 메탄올 분자량 = 12 + 3 + 16 + 1 = 32

    비중이 0.8인 메탄올 10L일 때 질량 $0.8 = \dfrac{Xkg}{10L}$ 이므로 X = 8kg이다.

3. 이론산소량 : 8kg의 메탄올 완전연소시 물의 생성을 비례식으로 나타내면
    64kg : 96kg = 8kg : Xkg ∴ X = 12kg이다.
4. 이산화탄소의 부피
    1) 메탄올 8kg일 때 CO2질량을 비례식으로 구하면
        64kg : 88kg = 8kg : Xkg ∴ X = 11kg
    2) 이상기체상태방정식에 의해 부피를 구하면

    $PV = \dfrac{W}{M}RT$에서 $V = \dfrac{WRT}{PM} = \dfrac{11kg \times 0.082(l.atm/mol.k) \times (273+25)K}{1atm \times 44g} = 6.1099 m^3$

16. 주유취급소의 주유공지, 보유공지에 대한 설명이다. 다음 괄호 안에 적당한 말을 쓰시오.

> • 주유취급소의 고정주유설비의 주위에는 주유를 받으려는 자동차 등이 출입할 수 있도록 너비 (㉮) [m] 이상, 길이 (㉯) [m] 이상의 콘크리트 등으로 포장한 공지(이하 "주유공지"라 한다)를 보유하여야 한다.
> • 고정급유설비를 설치하는 경우에는 고정급유설비의 (㉰)의 주위에 필요한 공지(이하 "급유공지"라 한다)를 보유하여야 한다.
> • 공지의 바닥은 주위 지면보다 높게 하고, 그 표면을 적당하게 경사지게 하여 새어나온 기름 그 밖의 액체가 공지의 외부로 유출되지 아니하도록 (㉱)·(㉲) 및 (㉳)를 하여야 한다.

정답

㉮ 15
㉯ 6
㉰ 호스기기
㉱ 배수구
㉲ 집유설비
㉳ 유분리장치

해설 주유취급소의 주유공지 및 급유공지

1. 주유취급소의 고정주유설비(펌프기기 및 호스기기로 되어 위험물을 자동차 등에 직접 주유하기 위한 설비로서 현수식의 것을 포함한다)의 주위에는 주유를 받으려는 자동차 등이 출입할 수 있도록 너비 15 [m] 이상, 길이 6 [m] 이상의 콘크리트 등으로 포장한 공지(이하 "주유공지"라 한다)를 보유하여야 하고, 고정급유설비(펌프기기 및 호스기기로 되어 위험물을 용기에 옮겨 담거나 이동저장탱크에 주입하기 위한 설비로서 현수식의 것을 포함한다)를 설치하는 경우에는 고정급유설비의 호스기기의 주위에 필요한 공지(이하 "급유공지"라 한다)를 보유하여야 한다.
2. 공지의 바닥은 주위 지면보다 높게 하고, 그 표면을 적당하게 경사지게 하여 새어나온 기름 그 밖의 액체가 공지의 외부로 유출되지 아니하도록 배수구·집유설비 및 유분리장치를 하여야 한다.

17. 아래 조건을 동시에 충족시키는 제4류 위험물의 품명 2가지를 쓰시오.

㉮ 옥내저장소에 저장할 때 저장창고의 바닥면적을 1,000 [m²] 이하로 하여야 하는 위험물
㉯ 옥외저장소에 저장·취급할 수 없는 위험물

정답
- 특수인화물
- 제1석유류(인화점이 0 [℃] 미만인 것)

해설 옥내저장소의 기준

1. 저장창고의 바닥면적 1,000 [m²] 이하

위험물을 저장하는 창고의 종류	기준면적
① 제1류 위험물 중 아염소산염류, 염소산염류, 과염소산염류, 무기과산화물, 그 밖에 지정 수량이 50 [kg]인 위험물 ② 제3류 위험물 중 칼륨, 나트륨, 알킬알루미늄, 알킬리튬, 그밖에 지정수량이 10 [kg]인 위험물 및 황린 ③ 제4류 위험물 중 특수인화물, 제1석유류 및 알코올류 ④ 제5류 위험물 중 유기과산화물, 질산에스테르류, 그밖에 지정수량이 10 [kg]인 위험물 ⑤ 제6류 위험물	1,000 [m²] 이하
① ~ ⑤의 위험물외의 위험물을 저장하는 창고	2,000 [m²] 이하
위의 전부에 해당하는 위험물을 내화구조의 격벽으로 완전히 구획된 실에 각각 저장하는 창고(제4석유류, 동식물유류, 제6류 위험물은 500 [m²]을 초과할 수 없다)	1,500 [m²] 이하

2. 옥외저장소에 저장할 수 있는 위험물
   1) 제2류 위험물 중 유황, 인화성 고체(인화점이 0 [℃] 이상인 것에 한함)
   2) 제4류 위험물 중 제1석유류(인화점이 0 [℃] 이상인 것에 한함), 제2석유류, 제3석유류, 제4석유류, 알코올류, 동식물유류
   3) 제6류 위험물

18. 위험물을 가압하는 설비 또는 그 취급하는 위험물의 압력이 상승할 우려가 있는 설비에는 압력계 및 안전장치를 설치하여야 한다. 안전장치의 종류 3가지를 쓰시오.

정답
1. 자동적으로 압력의 상승을 정지시키는 장치
2. 안전밸브를 병용하는 경보장치
3. 감압측에 안전밸브를 부착한 감압밸브

해설 옥외탱크 안전장치

압력탱크	안전장치(자동으로 압력의 상승을 정지시키는 장치, 안전밸브를 병용하는 경보장치, 감압 측에 안전밸브를 부착한 감압밸브, 파괴판)		
비압력탱크	밸브 없는 통기관	통기관의 직경	30mm 이상
		선단과 수평면의 각도	45도 이상
		통기관의 끝	인화방지장치 (예외, 인화점 70℃ 이상)
		가연성증기 회수밸브	개방구조, 폐쇄 시 10kpa 이하 압력에서 개방
	대기밸브 부착 통기관	작동압력	5kpa 이하의 압력차이로 작동
		통기관의 끝	인화방지장치

19. 톨루엔에 대한 물음에 답하시오.

㉮ 구조식
㉯ 증기비중
㉰ 이 위험물을 진한 황산과 진한 질산의 혼산으로 니트로화시켰을 때 생성되는 위험물은?

정답

㉮

㉯ 3.17
㉰ 트리니트로톨루엔(TNT)

해설

1. 톨루엔

   1) 류별/품명/지정수량 : : 제4류 위험물 제1석유류로서 200L

화학식	구조식	분자량	인화점℃	비점℃	착화점℃	비중	연소범위%
$C_6H_5CH_3$	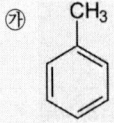	92	4	111	552	0.871	1.4~6.7

   2) 증기비중 : $C_6H_5CH_3$ 분자량 = 92이므로 92/29 = 3.17

2. 트리니트로톨루엔(Tri Nitro Toluene, TNT)

   1) 유별/품명/지정수량 : 제5류 위험물 중 니트로화합물로서 200[kg]
   2) 물성

화학식	성상	융점	착화온도	비점	인화점	비중
$C_6H_2CH_3(NO_2)_3$	담황색 침상결정 강력한 폭약	80.1℃	약 300℃	240℃	2℃	1

   3) 제법 : $C_6H_5CH_3 + 3HNO_3 \xrightarrow[\text{니트로화}]{C-H_2SO_4} C_6H_2CH_3(NO_2)_3 + 3H_2O$

20. 위험물을 취급하는 건축물에 옥내소화전이 3층에 6개, 4층에 4개, 5층에 3개 및 6층에 2개가 설치되어 있을 때 위험물안전관리법령상 수원의 수량은 얼마 이상으로 하여야 하는가?

정답

39 [m^3]

해설 수원의 양 계산

1. 소화설비 설치기준

구분	최대 기준개수	방수량	방사시간	방사압	수평거리	비상전원
옥내소화전	5개	260ℓpm	30min	0.35Mpa	25m	45분 이상
옥외소화전	4개	450ℓpm	30min	0.35Mpa	40m	45분 이상

2. 수원의 양

옥내소화전 5개 × 260ℓpm × 30min = 39m^3 이상

제51회 과년도 문제풀이(2012년)

01. 지하저장탱크의 주위에는 해당 탱크로부터의 액체 위험물의 누설을 검사하기 위한 관을 4개소 이상을 적당한 위치에 설치하여야 하는데 그 기준을 4가지 쓰시오.

> **정답**
> - 재료는 금속관 또는 경질합성수지관으로 할 것
> - 관은 탱크전용실의 바닥 또는 탱크의 기초까지 닿게 할 것
> - 이중관으로 할 것. 다만, 소공이 없는 상부는 단관으로 할 수 있다.
> - 상부는 물이 침투하지 아니하는 구조로 하고, 뚜껑은 검사시에 쉽게 열 수 있도록 할 것

> **해설**
> 지하저장탱크의 주위에는 당해 탱크로부터의 액체위험물의 누설을 검사하기 위한 관을 다음의 각 목의 기준에 따라 4개소 이상 적당한 위치에 설치하여야 한다.
> 가. 이중관으로 할 것. 다만, 소공이 없는 상부는 단관으로 할 수 있다.
> 나. 재료는 금속관 또는 경질합성수지관으로 할 것
> 다. 관은 탱크전용실의 바닥 또는 탱크의 기초까지 닿게 할 것
> 라. 관의 밑부분으로부터 탱크의 중심 높이까지의 부분에는 소공이 뚫려 있을 것. 다만, 지하수위가 높은 장소에 있어서는 지하수위 높이까지의 부분에 소공이 뚫려 있어야 한다.
> 마. 상부는 물이 침투하지 아니하는 구조로 하고, 뚜껑은 검사시에 쉽게 열 수 있도록 할 것

02. 드라이아이스를 100 [g], 압력이 100 [kPa], 온도가 30 [℃]일 때 부피는 몇 [L]인지 계산하시오.

> **정답**
> 57.25 [L]

> **해설**
> $$V = \frac{WRT}{PM} = \frac{100g \times 0.08205 \times 303(K)}{\left(\frac{100KPa}{101.325KPa}\right) \times 1atm \times 44g} = 57.25L$$

03. 제3류 위험물 중 분자량이 143이고 수분과 반응하여 메탄을 생성시키는 물질의 반응식을 쓰시오.

> **정답**
>
> $Al_4C_3 + 12H_2O \rightarrow 4Al(OH)_3 + 3CH_4$
>
> **해설** 탄화알루미늄
> 1. 황색(순수한 것은 백색)의 단단한 결정 또는 분말
> 2. 밀폐용기에 저장. 질소가스 등 불연성가스 봉입. 빗물침투×
> 3. $Al_4C_3 + 12H_2O \rightarrow 4Al(OH)_3 + 3CH_4$

04. 어떤 화합물이 질량을 분석한 결과 나트륨 58.97 [%], 산소 41.03 [%]였다. 이 화합물의 실험식과 분자식을 구하시오. (단, 이 화합물의 분자량은 78 [g/mol]이다)

> **정답**
> - 실험식 : NaO
> - 분자식 : Na_2O_2
>
> **해설**
> 1. 실험식 : 몰 = 질량/분자량이므로 몰비를 구한다.
>
> $Na : O = \dfrac{58.97}{23} : \dfrac{41.03}{16} = 1 : 1 = NaO$
>
> 2. 화합물의 분자량으로 몰을 구한다.
>
>   분자식 $NaO \times n = 78$ ∴ n=2몰
>
> 3. 분자식은 실험식에 몰을 곱한다
>
> $NaO \times 2$몰   ∴ Na_2O_2

05. 다음 [보기]의 위험물에 대한 위험등급을 쓰시오.

> [보기]
> 칼륨, 리튬, 니트로셀룰로오스, 염소산칼륨,
> 아세트산, 유황, 질산칼륨, 에탄올, 클로로벤젠

정답
- 위험등급 I 의 위험물 : 칼륨, 니트로셀룰로오스, 염소산칼륨
- 위험등급 II의 위험물 : 리튬, 유황, 질산칼륨, 에탄올
- 위험등급 III의 위험물 : 아세트산, 클로로벤젠

06. 무색투명한 액체로서 분자량이 114, 비중이 0.83인 제3류 위험물과 물과 반응하여 발생하는 기체의 위험도를 구하시오.

정답
3.13

해설
1. 트리에틸알루미늄(Tri Ethyl Aluminum, TEAL)
    1) 무색투명한 액체, 공기 중 노출하면 자연발화 위험
    2) 물과의 반응 : $(C_2H_5)_3Al + 3H_2O \rightarrow Al(OH)_3 + 3C_2H_6$
    3) 공기와의 반응 : $2(C_2H_5)_3Al + 21O_2 \rightarrow Al_2O_3 + 15H_2O + 12CO_2$
    4) 염소와 반응 : $(C_2H_5)_3Al + 3Cl_2 \rightarrow AlCl_3 + 3C_2H_5Cl$

2. 위험도 = $\dfrac{12.4-3}{3}$ = 3.13

07. 위험물제조소의 안전장치의 종류 4가지를 쓰시오.

정답

1. 감압 측에 안전밸브를 부착한 감압밸브
2. 안전밸브를 병용하는 경보장치
3. 자동적으로 압력의 상승을 정지시키는 장치
4. 파괴판(위험물의 성질에 따라 안전밸브의 작동이 곤란한 가압설비에 한함)

해설

자동으로 압력의 상승을 정지시키는 장치, 안전밸브를 병용하는 경보장치, 안전밸브를 부착한 감압밸브, 파괴판

08. 제1류 위험물로서 지정수량이 50 [kg]이고 610 [℃]에서 완전분해반응식을 쓰시오.

정답

$KClO_4 \rightarrow KCl + 2O_2$

해설 과염소산칼륨

1. 무색, 무취의 사방정계 결정
2. 알코올, 에테르에 녹지 않으며, 물에도 잘 녹지 않는다.
3. 400℃ 부근 분해시작 610℃에서 완전분해 산소방출 $KClO_4 \rightarrow KCl + 2O_2$
4. 인, 유황, 탄소, 암모니아, 유기물과 접촉 시 가열·충격·마찰에 의해 분해폭발
5. MnO_2와 접촉하면 분해촉진 산소방출

09. 과산화칼륨이 물, CO_2, 아세트산과의 반응식을 쓰시오.

정답

- 물과 반응 : $2K_2O_2 + 2H_2O \rightarrow 4KOH + O_2$
- 아세트산과 반응 : $K_2O_2 + 2CH_3COOH \rightarrow 2CH_3COOK + H_2O_2$
- CO_2와 반응 : $2K_2O_2 + 2CO_2 \rightarrow 2K_2CO_3 + O_2$

해설 과산화칼륨(K_2O_2)

물성 : 몰 질량 : 110.196g/mol, 녹는점 : 490℃

1. 무색 또는 오렌지색 결정
2. 가열하면 산화칼륨과 산소 발생
   - $2K_2O_2 \rightarrow 2K_2O + O_2$
3. 물에 녹으면 수산화칼륨 산소발생
   - $2K_2O_2 + 2H_2O \rightarrow 4KOH + O_2 \uparrow$
4. 흡습성, 에탄올에 잘 녹음.
   - $K_2O_2 + 2C_2H_5OH \rightarrow 2C_2H_5OK + H_2O_2 \uparrow$
5. 가열하면 폭발을 일으키며 물과 반응하여 발열하고 심하면 폭발
6. 피부 접촉하면 피부 부식시킴.
   - 이산화탄소와 반응 : $2K_2O_2 + 2CO_2 \rightarrow 2K_2CO_3 + O_2 \uparrow$
   - 황산과 반응 : $K_2O_2 + H_2SO_4 \rightarrow K_2SO_4 + H_2O_2 \uparrow$
   - 아세트산 반응 : $K_2O_2 + 2CH_3COOH \rightarrow 2CH_3COOK + H_2O_2 \uparrow$

10. 자기반응성 물질의 시험방법 및 판정기준에서 폭발성으로 인한 위험성의 정도를 판단하기 위한 시험에서 사용되는 물질 2가지를 쓰시오.

정답

2·4-디니트로톨루엔, 과산화벤조일

해설

1. 폭발성 시험방법 : 열분석시험(세부기준 제18조)
   1) 표준물질의 발열개시온도 및 발열량(단위 질량당 발열량)
      가. 표준물질인 2·4-디니트로톨루엔 및 기준물질인 산화알루미늄을 각각 1mg씩 파열압력이 5MPa 이상인 스테인레스강재의 내압성 쉘에 밀봉한 것을 시차주사열량측정장치(DSC) 또는 시차열분석장치(DTA)에 충전하고 2·4-디니트로톨루엔 및 산화알루미늄의 온도가 60초간 10℃의 비율로 상승하도록 가열하는 시험을 5회 이상 반복하여 발열개시온도 및 발열량의 각각의 평균치를 구할 것
      나. 표준물질인 과산화벤조일 및 기준물질인 산화알루미늄을 각각 2mg씩으로 하여 가목에 의할 것
   2) 시험물품의 발열개시온도 및 발열량 시험은 시험물질 및 기준물질인 산화알루미늄을 각각 2mg씩으로 하여 제1호가목에 의할 것

2. 폭발성 판정기준(세부기준 제19조)
   1) 발열개시온도에서 25[℃]를 뺀 온도(보정온도)의 상용대수를 횡축으로 하고 발열량의 상용대수를 종축으로 하는 좌표도를 만들 것
   2) 제1호의 좌표도상에 2·4-디니트로톨루엔의 발열량에 0.7을 곱하여 얻은 수치의 상용대수와 보정온도의 상용대수의 상호대응 좌표점 및 과산화벤조일의 발열량에 0.8을 곱하여 얻은 수치의 상용대수와 보정온도의 상용대수의 상호대응 좌표점을 연결하여 직선을 그을 것
   3) 시험물품의 발열량의 상용대수와 보정온도의 상용대수의 상호대응 좌표점을 표시할 것
   4) 제3호에 의한 좌표점이 제2호에 의한 직선상 또는 이 보다 위에 있는 것을 자기반응성물질에 해당하는 것으로 할 것

11. 이송취급소의 설치허가 긴급차단밸브 및 차단밸브에 관한 첨부서류 5가지를 쓰시오.

정답

1. 구조설명서(부대설비를 포함한다)
2. 제어계통도
3. 강도에 관한 설명서
4. 기능설명서
5. 밸브의 종류·형식 및 재료에 관하여 기재한 서류

해설

구조설명서(부대설비 포함), 기능설명서, 강도에 관한 설명서, 제어계통도, 밸브의 종류·형식 및 재료에 관하여 기재한 서류

이송취급소 허가신청의 첨부서류[규칙 별표1]

구조 및 설비	첨부서류
1. 배관	1. 위치도(축척 : 50,000분의 1 이상, 배관의 경로 및 이송기지의 위치를 기재할 것)
	2. 평면도[축척 : 3,000분의 1 이상, 배관의 중심선에서 좌우 300m 이내의 지형, 부근의 도로·하천·철도 및 건축물 그 밖의 시설의 위치, 배관의 중심선·신축구조·감진장치·배관계내의 압력을 측정하여 자동적으로 위험물의 누설을 감지할 수 있는 장치의 압력계·방호장치 및 밸브의 위치, 시가지·별표 15 Ⅰ제1호 각목의 규정에 의한 장소 그리고 행정구역의 경계를 기재하고 배관의 중심선에는 200m마다 체가(遞加)거리를 기재할 것]
	3. 종단도면(축척 : 가로는 3,000분의 1·세로는 300분의 1 이상, 지표면으로부터 배관의 깊이·배관의 경사도·주요한 공작물의 종류 및 위치를 기재할 것)
	4. 횡단도면(축척 : 200분의 1 이상, 배관을 부설한 도로·철도 등의 횡단면에 배관의 중심과 지상 및 지하의 공작물의 위치를 기재할 것
	5. 도로·하천·수로 또는 철도의 지하를 횡단하는 금속관 또는 방호구조물안에 배관을 설치하거나 배관을 가공횡단하여 설치하는 경우에는 당해 횡단 개소의 상세도면
	6. 강도계산서
	7. 접합부의 구조도
	8. 용접에 관한 설명서
	9. 접합방법에 관하여 기재한 서류
	10. 배관의 기점·분기점 및 종점의 위치에 관하여 기재한 서류
	11. 연장에 관하여 기재한 서류(도로 밑·철도 밑·해저·하천 밑·지상·해상 등의 위치에 따라 구별하여 기재할 것)
	12. 배관내의 최대상용 압력에 관하여 기재한 서류
	13. 주요 규격 및 재료에 관하여 기재한 서류
	14. 그 밖에 배관에 대한 설비 등에 관한 설명도서

2. 긴급차단밸브 및 차단밸브	1. 구조설명서(부대설비를 포함한다) 2. 기능설명서 3. 강도에 관한 설명서 4. 제어계통도 5. 밸브의 종류·형식 및 재료에 관하여 기재한 서류
3. 누설탐지설비	
1) 배관계 내의 위험물의 유량측정에 의하여 자동적으로 위험물의 누설을 검지할수 있는 장치 또는 이와 동등 이상의 성능이 있는 장치	1. 누설검지능력에 관한 설명서 2. 누설검지에 관한 흐름도 3. 연산처리장치의 처리능력에 관한 설명서 4. 누설의 검지능력에 관하여 기재한 서류 5. 유량계의 종류·형식·정밀도 및 측정범위에 관하여 기재한 서류 6. 연산처리장치의 종류 및 형식에 관하여 기재한서류
2) 배관계 내의 압력을 측정하여 자동적으로 위험물의 누설을 검지할 수 있는 장치 또는 이와 동등 이상의 성능이 있는 장치	1. 누설검지능력에 관한 설명서 2. 누설검지에 관한 흐름도 3. 수신부의 구조에 관한 설명서 4. 누설검지능력에 관하여 기재한 서류 5. 압력계의 종류·형식·정밀도 및 측정범위에 관하여 기재한 서류
3) 배관계 내의 압력을 일정하게 유지하고 당해 압력을 측정하여 위험물의 누설을 검지할 수 있는 장치 또는 이와 동등 이상의 성능이 있는 장치	1. 누설검지능력에 관한 설명서 2. 누설검지능력에 관하여 기재한 서류 3. 압력계의 종류·형식·정밀도 및 측정범위에 관하여 기재한 서류
4. 압력안전장치	구조설명도 또는 압력제어방식에 관한 설명서

12. 아세트알데히드가 은거울반응을 한 후 생성되는 제4류 위험물을 쓰고, 생성되는 물질의 연소반응식을 쓰시오.

정답

- 생성물질 : 초산
- 연소반응식 : $CH_3COOH + 2O_2 \rightarrow 2CO_2 + 2H_2O$

해설 은거울반응

알데히드에 암모니아성 질산은용액을 가하면 은이온을 은으로 환원시킴

$CH_3CHO + 2Ag(NH_3)_2OH \rightarrow CH_3COOH + 2Ag + 4NH_3 + H_2O$

13. 지정수량의 5배를 초과하는 지정과산화물의 옥내저장소의 안전거리 산정 시 담 또는 토제를 설치하는 경우 설치기준을 쓰시오.

> **정답**
> 1. 토제의 경사면의 경사도는 60° 미만으로 할 것
> 2. 담 또는 토제는 저장창고의 외벽으로부터 2 [m] 이상 떨어진 장소에 설치할 것. 다만, 담 또는 토제와 해당 저장창고와의 간격은 해당 옥내저장소의 공지의 너비의 1/5을 초과할 수 없다.
> 3. 담 또는 토제의 높이는 저장창고의 처마높이 이상으로 할 것
> 4. 담은 두께 15 [cm] 이상의 철근콘크리트조나 철골철근콘크리트조 또는 두께 20 [cm] 이상의 보강콘크리트블록조로 할 것
>
> **해설** 지정과산화물의 옥내저장소 안전거리 산정 시 담 또는 토제 설치하는 경우(시행규칙 별표5)
>
> 1. 지정수량의 5배 이하인 지정과산화물의 옥내저장소
>   당해 옥내저장소의 저장창고의 외벽을 두께 30 [cm] 이상의 철근콘크리트조 또는 철골철근콘크리트조로 만드는 것으로서 담 또는 토제에 대신할 수 있다.
> 2. 지정수량의 5배 초과인 지정과산화물 옥내저장소
>   가. 담 또는 토제는 저장창고의 외벽으로부터 2 [m] 이상 떨어진 장소에 설치할 것. 다만, 담 또는 토제와 당해 저장창고와의 간격은 당해 옥내저장소의 공지의 너비의 5분의 1을 초과할 수 없다.
>   나. 담 또는 토제의 높이는 저장창고의 처마높이 이상으로 할 것
>   다. 담은 두께 15 [cm] 이상의 철근콘크리트조나 철골철근콘크리트조 또는 두께 20 [cm] 이상의 보강콘크리트블록조로 할 것
>   라. 토제의 경사면의 경사도는 60° 미만으로 할 것

14. 히드록실아민 200 [kg]을 취급하는 제조소에서 안전거리를 구하시오.

> **정답**
> 64.38 [m]
>
> **해설**
> 1. 지정수량 배수 $\dfrac{200kg}{100kg}$ = 2배
> 2. $D = 51.1 \times \sqrt[3]{2} = 64.38$

15. 순수한 것은 무색으로 겨울에 동결되는 제5류 위험물의 구조식과 지정수량을 쓰시오.

정답

- 구조식 :

```
      H   H   H
      |   |   |
  H - C - C - C - H
      |   |   |
      O   O   O
      |   |   |
     NO₂ NO₂ NO₂
```

- 지정수량 : 10 [kg]

해설 니트로글리세린(NG)

1. 제법 : $C_3H_5(OH)_3 + 3HNO_3 \rightarrow C_3H_5(ONO)_2 + 3H_2O$
2. 무색, 투명한 기름성의 액체(공업용 : 담황색)
3. 알코올, 에테르, 벤젠, 아세톤 등 유기용제에 녹는다.
4. 상온에서 액체 겨울에 동결
5. 혀를 찌르는 듯한 단맛
6. 화재 시 폭굉 우려
7. 가열, 충격, 마찰에 민감하므로 폭발 방지하기 위해 다공성물질에 흡수
8. 규조토에 흡수시켜 다이너마이트 제조에 사용

16. 포소화설비에서 펌프를 이용하는 가압송수장치의 펌프 전양정을 구하는 식은 $H = h_1 + h_2 + h_3 + h_4$이다. 여기서 h_1, h_2, h_3, h_4를 쓰시오.

정답

h_1 : 고정식포방출구의 설계압력환산수두 또는 이동식포소화설비 노즐선단의 방사압력 환산수두 [m]

h_2 : 배관의 마찰손실수두 [m]

h_3 : 낙차 [m]

h_4 : 이동식포소화설비의 소방용호스의 마찰손실수두 [m]

해설 포소화설비 펌프를 이용하는 가압송수장치 펌프의 전양정(세부기준 제133조)

$H = h_1 + h_2 + h_3 + h_4$

H : 펌프의 전양정[m]

h_1 : 고정식포방출구의 설계압력환산수두 또는 이동식포소화설비 노즐선단의 방사압력 환산수두 [m]

h_2 : 배관의 마찰손실수두 [m]

h_3 : 낙차 [m]

h_4 : 이동식포소화설비의 소방용호스의 마찰손실수두 [m]

17. 다음은 옥탄가에 대한 설명이다.

㉮ 옥탄가란 무엇인지 쓰시오.
㉯ 옥탄가 공식을 쓰시오.
㉰ 옥탄가와 연소효율과의 관계를 쓰시오.

> **정답**
>
> ㉮ 정의 : 이소옥탄(iso-Octane) 100, 노르말헵탄(n-Heptan) 0으로 하여 가솔린의 품질을 나타내는 척도
>
> ㉯ 옥탄가 구하는 방법 = $\dfrac{이소옥탄}{이소옥탄 + 노르말헵탄} \times 100$
>
> ㉰ 옥탄가와 연소효율과의 관계 : 옥탄가가 높을수록 노킹현상이 억제되어 연소효율은 증가한다. (비례관계)

> **해설** 옥탄가
>
> 옥탄가는 노킹이 잘 일어나는 노멀 헵탄(Normal Heptane)을 옥탄가 '0'으로 하고, 노킹이 잘 일어나지 않는 이소옥탄(Isooctane)을 옥탄가 '100'으로 임의 선정하여 가솔린이 연소할 때 이상(異常)폭발을 일으키지 않는 정도를 나타내는 수치(가솔린의 품질을 나타내는 척도)
>
> 옥탄가 = $\dfrac{이소옥탄}{이소옥탄 + 노르말헵탄} \times 100$
>
> 옥탄가와 연소효율과의 관계 : 옥탄가가 높을수록 노킹현상이 억제되어 연소효율은 증가(비례)

18. 위험물안전관리 대행기관의 지정을 받을 때 갖추어야 할 장비 5가지를 쓰시오. (단, 안전장구 및 소방시설점검기구는 제외한다)

> **정답**
>
> 1. 절연저항계
> 2. 토크렌치
> 3. 정전기 전위측정기
> 4. 진동시험기
> 5. 접지저항측정기(최소눈금 0.1 [Ω] 이하)

해설 안전관리대행기관 지정기준(규칙 별표22)

기술인력	1. 위험물기능장 또는 위험물산업기사 1인 이상 2. 위험물산업기사 또는 위험물기능사 2인 이상 3. 기계분야 및 전기분야의 소방설비기사 1인 이상
시설	전용사무실을 갖출 것
장비	1. 절연저항계(절연저항측정기) 2. 접지저항측정기(최소눈금 0.1Ω 이하) 3. 가스농도측정기(탄화수소계 가스의 농도측정이 가능할 것) 4. 정전기 전위측정기 5. 토크렌치 (Torque Wrench: 볼트와 너트를 규정된 회전력에 맞춰 조이는 데 사용하는 도구) 6. 진동시험기 7. 삭제 〈2016. 8. 2.〉 8. 표면온도계(-10℃ ~ 300℃) 9. 두께측정기(1.5mm ~ 99.9mm) 10. 삭제 〈2016. 8. 2.〉 11. 안전용구(안전모, 안전화, 손전등, 안전로프 등) 12. 소화설비점검기구(소화전밸브압력계, 방수압력측정계, 포콜렉터, 헤드렌치, 포콘테이너)

비고 : 기술인력란의 각호에 정한 2 이상의 기술인력을 동일인이 겸할 수 없다.

19. 다음 괄호 안에 적당한 말을 쓰시오.

> ㉮ 액체 위험물의 옥외저장탱크의 주입구는 화재예방상 지장이 없는 장소에 설치하고 주입호스 또는 (　　)과 결합할 수 있고 결합하였을 때 위험물이 새지 아니하여야 한다.
>
> ㉯ 옥외저장탱크에는 직경이 30 [mm] 이상이고 선단은 수평면보다 45° 이상 구부려 빗물 등의 침투를 맞는 구조로 하여야 하는 (　　)을 설치하여야 한다.
>
> ㉰ 탱크와 배수관과의 결합부분이 지진 등에 의하여 손상을 받을 우려가 없는 방법으로 (　　)을 설치하는 경우에는 탱크의 밑판에 설치할 수 있다.

정답
㉮ 주입관, ㉯ 통기관, ㉰ 배수관

해설 옥외저장탱크의 외부구조 및 설비

1. 액체위험물의 옥외저장탱크의 주입구
   가. 화재예방상 지장이 없는 장소에 설치할 것
   나. 주입호스 또는 주입관과 결합할 수 있고, 결합하였을 때 위험물이 새지 아니할 것

다. 주입구에는 밸브 또는 뚜껑을 설치할 것
라. 휘발유, 벤젠 그 밖에 정전기에 의한 재해가 발생할 우려가 있는 액체위험물의 옥외저장탱크의 주입구 부근에는 정전기를 유효하게 제거하기 위한 접지전극을 설치할 것
마. 인화점이 21℃ 미만인 위험물의 옥외저장탱크의 주입구에는 보기 쉬운 곳에 다음의 기준에 의한 게시판을 설치할 것. 다만, 소방본부장 또는 소방서장이 화재예방상 당해 게시판을 설치할 필요가 없다고 인정하는 경우에는 그러하지 아니하다.
   1) 게시판은 한변이 0.3m 이상, 다른 한변이 0.6m 이상인 직사각형으로 할 것
   2) 게시판에는 "옥외저장탱크 주입구"라고 표시하는 것 외에 취급하는 위험물의 유별, 품명 및 별표 4 Ⅲ제2호 라목의 규정에 준하여 주의사항을 표시할 것
   3) 게시판은 백색바탕에 흑색문자(별표 4 Ⅲ제2호 라목의 주의사항은 적색문자)로 할 것
바. 주입구 주위에는 새어나온 기름 등 액체가 외부로 유출되지 아니하도록 방유턱을 설치하거나 집유설비 등의 장치를 설치할 것

2. 옥외저장탱크 통기관
   가. 밸브없는 통기관
      1) 직경은 30mm 이상일 것
      2) 선단은 수평면보다 45도 이상 구부려 빗물 등의 침투를 막는 구조로 할 것
      3) 가는 눈의 구리망 등으로 인화방지장치를 할 것. 다만, 인화점 70℃ 이상의 위험물만을 해당 위험물의 인화점 미만의 온도로 저장 또는 취급하는 탱크에 설치하는 통기관에 있어서는 그러하지 아니하다.
      4) 가연성의 증기를 회수하기 위한 밸브를 통기관에 설치하는 경우에 있어서는 당해 통기관의 밸브는 저장탱크에 위험물을 주입하는 경우를 제외하고는 항상 개방되어 있는 구조로 하는 한편, 폐쇄하였을 경우에 있어서는 10㎪ 이하의 압력에서 개방되는 구조로 할 것. 이 경우 개방된 부분의 유효단면적은 777.15㎟ 이상이어야 한다.
   나. 대기밸브부착 통기관
      1) 5㎪ 이하의 압력차이로 작동할 수 있을 것
      2) 가목3)의 기준에 적합할 것

3. 옥외저장탱크의 배수관
   옥외저장탱크의 배수관은 탱크의 옆판에 설치하여야 한다. 다만, 탱크와 배수관과의 결합부분이 지진 등에 의하여 손상을 받을 우려가 없는 방법으로 배수관을 설치하는 경우에는 탱크의 밑판에 설치할 수 있다.

20. 알킬알루미늄 등을 저장 또는 취급하는 이동탱크저장소에 설치하여야 하는 자동차용 소화기 외의 소화설비(약제)를 쓰시오.

정답

마른 모래, 팽창질석, 팽창진주암

해설 소화난이도등급Ⅲ의 제조소등에 설치하여야 하는 소화설비(시행규칙 별표 17)

제조소등의 구분	소화설비	설치기준	
지하탱크 저장소	소형수동식소화기등	능력단위의 수치가 3 이상	2개 이상
이동탱크 저장소	자동차용소화기	무상의 강화액 8ℓ 이상	2개 이상
		이산화탄소 3.2kg 이상	
		일브롬화일염화이플루오르화메탄 (CF$_2$ClBr) 2ℓ 이상	
		일브롬화삼플루오르화메탄(CF$_3$Br) 2ℓ 이상	
		이브롬화사플루오르화에탄(C$_2$F$_4$Br$_2$) 1ℓ 이상	
		소화분말 3.3kg 이상	
	마른 모래 및 팽창질석 또는 팽창진주암	마른모래 150ℓ 이상	
		팽창질석 또는 팽창진주암 640ℓ 이상	
그 밖의 제조소등	소형수동식소화기등	능력단위의 수치가 건축물 그 밖의 공작물 및 위험물의 소요단위의 수치에 이르도록 설치할 것. 다만, 옥내소화전설비, 옥외소화전설비, 스프링클러설비, 물분무등소화설비 또는 대형수동식소화기를 설치한 경우에는 당해 소화설비의 방사능력범위 내의 부분에 대하여는 수동식소화기등을 그 능력단위의 수치가 당해 소요단위의 수치의 1/5 이상이 되도록 하는 것으로 족하다.	

비고 : 알킬알루미늄등을 저장 또는 취급하는 이동탱크저장소에 있어서는 자동차용소화기를 설치하는 외에 마른모래나 팽창질석 또는 팽창진주암을 추가로 설치하여야 한다.

제50회 과년도 문제풀이(2011년)

01. 제조소 등의 위치·구조 또는 설비를 변경한 때 행정처분기준을 쓰시오.

㉮ 1차
㉯ 2차
㉰ 3차

정답

㉮ 1차 : 경고또는 사용정지 15일
㉯ 2차 : 사용정지 60일
㉰ 3차 : 허가취소

해설 제조소 등에 대한 행정처분 기준

위반사항	근거법규	행정처분기준		
		1차	2차	3차
(1) 법 제6조제1항의 후단의 규정에 의한 변경허가를 받지 아니하고, 제조소등의 위치·구조 또는 설비를 변경한 때	법 제12조	경고 또는 사용정지 15일	사용정지 60일	허가취소
(2) 법 제9조의 규정에 의한 완공검사를 받지 아니하고 제조소등을 사용한 때	법 제12조	사용정지 15일	사용정지 60일	허가취소
(3) 법 제14조제2항의 규정에 의한 수리·개조 또는 이전의 명령에 위반한 때	법 제12조	사용정지 30일	사용정지 90일	허가취소
(4) 법 제15조제1항 및 제2항의 규정에 의한 위험물안전관리자를 선임하지 아니한 때	법 제12조	사용정지 15일	사용정지 60일	허가취소
(5) 법 제15조제5항을 위반하여 대리자를 지정하지 아니한 때	법 제12조	사용정지 10일	사용정지 30일	허가취소
(6) 법 제18조제1항의 규정에 의한 정기점검을 하지 아니한 때	법 제12조	사용정지 10일	사용정지 30일	허가취소
(7) 법 제18조제2항의 규정에 의한 정기검사를 받지 아니한 때	법 제12조	사용정지 10일	사용정지 30일	허가취소
(8) 법 제26조의 규정에 의한 저장·취급기준 준수명령을 위반한 때	법 제12조	사용정지 30일	사용정지 60일	허가취소

02. 주유취급소의 특례기준에서 셀프용 고정주유설비의 설치기준에 대하여 완성하시오.

> - 주유호스는 (㉮) [kg$_f$] 이하의 하중에 의하여 깨져 분리되거나 또는 이탈되어야 하고, 깨져 분리되거나 또는 이탈된 부분으로부터의 위험물 누출을 방지할 수 있는 구조일 것
> - 1회의 연속주유량 및 주유시간의 상한을 미리 설정할 수 있는 구조일 것. 이 경우 주유량의 상한은 휘발유는 (㉯) [ℓ] 이하, 경유는 (㉰) [ℓ] 이하로 하며, 주유시간의 상한은 (㉱)분 이하로 한다.

정답

㉮ 200 ㉯ 100 ㉰ 200 ㉱ 4

해설 셀프용고정주유설비의 기준

가. 주유호스의 끝부분에 수동개폐장치를 부착한 주유노즐을 설치할 것. 다만, 수동개폐장치를 개방한 상태로 고정시키는 장치가 부착된 경우에는 다음의 기준에 적합하여야 한다.
  1) 주유작업을 개시함에 있어서 주유노즐의 수동개폐장치가 개방상태에 있는 때에는 당해 수동개폐장치를 일단 폐쇄시켜야만 다시 주유를 개시할 수 있는 구조로 할 것
  2) 주유노즐이 자동차 등의 주유구로부터 이탈된 경우 주유를 자동적으로 정지시키는 구조일 것
나. 주유노즐은 자동차 등의 연료탱크가 가득 찬 경우 자동적으로 정지시키는 구조일 것
다. 주유호스는 200kg중 이하의 하중에 의하여 깨져 분리되거나 또는 이탈되어야 하고, 깨져 분리되거나 또는 이탈된 부분으로부터의 위험물 누출을 방지할 수 있는 구조일 것
라. 휘발유와 경유 상호 간의 오인에 의한 주유를 방지할 수 있는 구조일 것
마. 1회의 연속주유량 및 주유시간의 상한을 미리 설정할 수 있는 구조일 것. 이 경우 주유량의 상한은 휘발유는 100ℓ 이하, 경유는 200ℓ 이하로 하며, 주유시간의 상한은 4분 이하로 한다.

03. 비중이 2.1이고 물과 글리세린에 잘 녹으며 흑색화약의 원료로 사용하는 위험물에 대하여 다음 물음에 답하시오.

㉮ 물질명
㉯ 화학식
㉰ 분해반응식

정답

㉮ 질산칼륨

㉯ KNO_3

㉰ $2KNO_3 \rightarrow 2KNO_2 + O_2 \uparrow$

해설 질산칼륨

1. 물성

화학식	분자량	비중	융점	분해 온도
KNO_3	101.1032g/mol	2.1	336[℃]	400[℃]

2. 성질
   1) 무색 또는 백색결정 또는 분말이며 글리세린에는 잘 녹으나 알코올에는 녹지 않는다.
   2) 강산화제이며 짠맛과 자극성 있다.
   3) 분해하면 산소를 발생하고 아질산칼륨이 된다.
      - $2KNO_3 \rightarrow 2KNO_2 + O_2 \uparrow$
   4) 물에 잘 녹지만 흡습성, 조해성 물질은 아니다.
   5) 분해 온도 이상 가열 시 산소 방출량이 많아 화약, 폭약의 산소공급제로 이용된다.
   6) 흑색화약 75% 원료로 가열, 충격에 폭발하므로 주의해야 한다.
      - $4KNO_3 + 3S + 2C \rightarrow 2K_2CO_3 + 2N_2 + 3SO_2$
         (75%) (15%) (10%)

04. 다음 중 탱크의 충수시험 및 판정기준을 완성하시오.

> 충수시험은 탱크에 물이 채워진 상태에서 1,000 [kℓ] 미만의 탱크는 12시간, 1,000 [kℓ] 이상의 탱크는 (㉮) 이상 경과한 이후에 (㉯)가 없고 탱크 본체 접속부 및 용접부 등에서 누설 변형 또는 손상 등의 이상이 없어야 한다.

정답

㉮ 24시간

㉯ 지반침하

해설 충수·수압시험의 방법 및 판정기준(세부기준 제31조)

1. 충수·수압시험은 탱크가 완성된 상태에서 배관 등의 접속이나 내·외부에 대한 도장작업 등을 하기 전에 위험물탱크의 최대사용높이 이상으로 물(물과 비중이 같거나 물보다 비중이 큰 액체로서 위험물이 아닌 것을 포함한다. 이하 이 조에서 같다)을 가득 채워 실시할 것. 다만, 다음 각목의 어느 하나에 해당하는 경우에는 해당 목에 규정된 방법으로 대신할 수 있다.

가. 에뉼러판 또는 밑판의 교체공사 중 옆판의 중심선으로부터 600mm 범위 외의 부분에 관련된 것으로서 당해 교체부분이 저부면적(에뉼러판 및 밑판의 면적을 말한다)의 2의 1미만인 경우에는 교체부분의 전용접부에 대하여 초층용접 후 침투탐상시험을 하고 용접종료 후 자기탐상시험을 하는 방법

나. 에뉼러판 또는 밑판의 교체공사 중 옆판의 중심선으로부터 600mm 범위 내의 부분에 관련된 것으로서 당해 교체부분이 당해 에뉼러판 또는 밑판의 원주길이의 50% 미만인 경우에는 교체부분의 전용접부에 대하여 초층용접 후 침투탐상시험을 하고 용접종료 후 자기탐상시험을 하며 밑판(에뉼러판을 포함한다)과 옆판이 용접되는 필렛용접부(완전용입용접의 경우에 한한다)에는 초음파탐상시험을 하는 방법

2. 보온재가 부착된 탱크의 변경허가에 따른 충수·수압시험의 경우에는 보온재를 당해 탱크 옆판의 최하단으로부터 20cm 이상 제거하고 시험을 실시할 것

3. 충수시험은 탱크에 물이 채워진 상태에서 1,000㎘ 미만의 탱크는 12시간, 1,000㎘ 이상의 탱크는 24시간이상 경과한 이후에 지반침하가 없고 탱크본체 접속부 및 용접부 등에서 누설 변형 또는 손상 등의 이상이 없을 것

4. 수압시험은 탱크의 모든 개구부를 완전히 폐쇄한 이후에 물을 가득 채우고 최대사용압력의 1.5배 이상의 압력을 가하여 10분 이상 경과한 이후에 탱크본체·접속부 및 용접부 등에서 누설 또는 영구변형 등의 이상이 없을 것. 다만, 규칙에서 시험압력을 정하고 있는 탱크의 경우에는 당해 압력을 시험압력으로 한다.

5. 탱크용량이 1,000㎘ 이상인 원통종형탱크는 제1호 내지 제4호의 시험 외에 수평도와 수직도를 측정하여 다음 각목의 기준에 적합할 것
   가. 옆판 최하단의 바깥쪽을 등간격으로 나눈 8개소에 스케일을 세우고 레벨측정기 등으로 수평도를 측정하였을 때 수평도는 300mm 이내이면서 직경의 1/100 이내일 것
   나. 옆판 바깥쪽을 등간격으로 나눈 8개소의 수직도를 데오드라이트 등으로 측정하였을 때 수직도는 탱크 높이의 1/200 이내일 것. 다만, 변경허가에 따른 시험의 경우에는 127mm 이내이면서 1/100 이내이어야 한다.

6. 탱크용량이 1,000㎘ 이상인 원통종형 외의 탱크는 제1호 내지 제4호의 시험 외에 침하량을 측정하기 위하여 모든 기둥의 침하측정의 기준점(수준점)을 측정(기둥이 2개인 경우에는 각 기둥마다 2점을 측정)하여 그 차이를 각각의 기둥사이의 거리로 나눈 수치가 1/200 이내일 것. 다만, 변경허가에 따른 시험의 경우에는 127mm 이내이면서 1/100 이내이어야 한다.

05. 이송취급소의 설치제외 장소 3가지를 쓰시오.

정답

1. 철도 및 도로의 터널 안
2. 급경사지역으로서 붕괴의 위험이 있는 지역
3. 호수·저수지 등으로서 수리의 수원이 되는 곳

해설

Ⅰ. 설치장소
  1. 이송취급소는 다음 각목의 장소 외의 장소에 설치하여야 한다.
    가. 철도 및 도로의 터널 안
    나. 고속국도 및 자동차전용도로(「도로법」 제48조제1항에 따라 지정된 도로를 말한다)의 차도·길어깨 및 중앙분리대
    다. 호수·저수지 등으로서 수리의 수원이 되는 곳
    라. 급경사지역으로서 붕괴의 위험이 있는 지역
  2. 제1호의 규정에 불구하고 다음 각목의 1에 해당하는 경우에는 제1호 각목의 장소에 이송취급소를 설치할 수 있다.
    가. 지형상황 등 부득이한 사유가 있고 안전에 필요한 조치를 하는 경우
    나. 제1호 나목 또는 다목의 장소에 횡단하여 설치하는 경우

06. 제3류 위험물을 옥내저장소 저장창고의 바닥면적이 2,000 [m^2]에 저장할 수 있는 품명 5가지를 쓰시오.

정답

- 알칼리금속(칼륨 및 나트륨은 제외) 및 알칼리토금속
- 금속의 수소화물
- 금속의 인화물
- 칼슘 또는 알루미늄의 탄화물
- 유기금속화합물(알킬알루미늄 및 알킬리튬은 제외)

해설 제3류 위험물

자연발화성물질 및 금수성물질	1. 칼륨	10킬로그램
	2. 나트륨	10킬로그램
	3. 알킬알루미늄	10킬로그램
	4. 알킬리튬	10킬로그램
	5. 황린	20킬로그램
	6. 알칼리금속(칼륨 및 나트륨을 제외한다) 및 알칼리토금속	50킬로그램
	7. 유기금속화합물(알킬알루미늄 및 알킬리튬을 제외한다)	50킬로그램
	8. 금속의 수소화물	300킬로그램
	9. 금속의 인화물	300킬로그램
	10. 칼슘 또는 알루미늄의 탄화물	300킬로그램

	11. 그 밖에 행정안전부령으로 정하는 것	10킬로그램, 20킬로그램, 50킬로그램 또는 300킬로그램
	12. 제1호 내지 제11호의 1에 해당하는 어느 하나 이상을 함유한 것	

07. 제3류 위험물인 칼륨이 이산화탄소, 에탄올, 사염화탄소와 반응할 때 반응식을 쓰시오.

정답

- 이산화탄소와 반응 $4K + 3CO_2 \rightarrow 2K_2CO_3 + C$
- 에탄올과 반응 $2K + 2C_2H_5OH \rightarrow 2C_2H_5OK + H_2$
- 사염화탄소와 반응 $4K + CCl_4 \rightarrow 4KCl + C$

해설 칼륨(K, 비중 0.857)

1. 은백색의 광택이 있는 무른 경금속으로 보라색 불꽃을 내면서 연소
2. 할로겐화합물, 산소, 수증기 등과 접촉 시 발화 위험
3. 피부에 접촉하면 화상, 이온화 경향이 큰 금속
4. 등유, 경유, 유동파라핀 등 보호액을 넣은 내통에 밀봉 저장 → 수분과 접촉을 차단하고, 공기 산화를 방지하려고

   1) 칼륨과 물 반응 : $2K + 2H_2O \rightarrow 2KOH + H_2 \uparrow$
   2) 연소반응 : $4K + O_2 \rightarrow 2K_2O$
   3) 이산화탄소와 반응 : $4K + 3CO_2 \rightarrow 2K_2CO_3 + C$
   4) 초산과 반응 : $2K + 2CH_3COOH \rightarrow 2CH_3COOK + H_2 \uparrow$
   5) 알코올과 반응 : $2K + 2C_2H_5OH \rightarrow 2C_2H_5OK + H_2 \uparrow$

08. 트리에틸알루미늄이 공기와 수분과 반응할 때 반응식을 쓰시오.

정답

1. 공기와 반응 : $2(C_2H_5)_3Al + 21O_2 \rightarrow Al_2O_3 + 15H_2O + 12CO_2$
2. 수분과 반응 : $(C_2H_5)_3Al + 3H_2O \rightarrow Al(OH)_3 + 3C_2H_6 \uparrow$

해설 트리에틸알루미늄의 반응식

1. 공기와의 반응 : $2(C_2H_5)_3Al + 21O_2 \rightarrow Al_2O_3 + 15H_2O + 12CO_2 \uparrow$
2. 물과의 반응 : $(C_2H_5)_3Al + 3H_2O \rightarrow Al(OH)_3 + 3C_2H_6 \uparrow$
3. 염소와 반응 : $(C_2H_5)_3Al + 3Cl_2 \rightarrow AlCl_3 + 3C_2H_5Cl \uparrow$
4. 메틸알코올과 반응 : $(C_2H_5)_3Al + 3CH_3OH \rightarrow Al(CH_3O)_3 + 3C_2H_6 \uparrow$
5. 염산과 반응 : $(C_2H_5)_3Al + 3HCl \rightarrow AlCl_3 + 3C_2H_6 \uparrow$

09. 담황색의 침상 결정을 가진 폭발성 고체로서 보관 중 다갈색으로 변질우려가 있고 분자량이 227인 위험물의 구조식 및 분해반응식을 쓰시오.

정답

- 구조식 :

- 분해반응식 : $2C_6H_2CH_3(NO_2)_3 \rightarrow 2C + 3N_2 \uparrow + 5H_2 \uparrow + 12CO \uparrow$

해설 트리니트로톨루엔(TNT, $C_6H_2CH_3(NO_2)_3$)

1. 물성

화학식	분자량	인화점	비중	융점	분해 온도
$C_6H_2CH_3(NO_2)_3$	227	2℃	7.85	80.1℃	240℃ (폭발)

2. 성질
    1) 담황색 침상결정으로 강력한 폭약이다.
    2) 충격에 민감하지 않으나 급격한 타격으로 폭발할 수 있다.
    3) 물에 녹지 않으며, 알코올에 가열 또는 아세톤, 벤젠, 에테르에는 잘 녹는다.
    4) 충격감도는 피크린산보다 약하다.

3. 제법

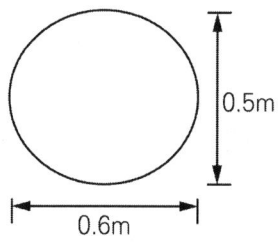 + 3HNO₃ →(C-H₂SO₄ / 니트로화) 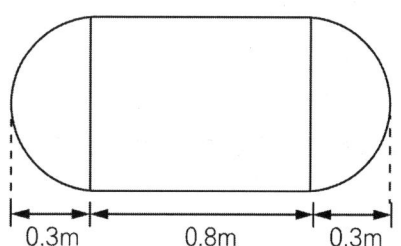 + 3H₂O

4. 분해반응식

계수	화학식	분자량	C	CO	CO₂	N₂	H₂	H₂O	O₂	암기법
2	$C_{24}H_{29}O_9(ONO_2)_{11}$			24	24	11	17	12		
4	$C_3H_5(ONO_2)_3$	227			12이	6질		10물	1산	이물질산 121061
1	$C_2H_4(ONO_2)_2$	152			2이	1질		2물		이물질 221
2	$C_6H_2CH_3(NO_2)_3$	227	2탄	12일		3질	5수			일수질탄 12532
2	$C_6H_2OH(NO_2)_3$	229	2탄	6일	4이	3질	3수			일수질탄이 63324

10. 그림과 같은 타원형 위험물탱크의 내용적은 몇 [m³]인가?

정 답

0.24 [m³]

해 설

타원형탱크의 내용적(양쪽이 볼록한 것)

$$\frac{\pi \times 0.5m \times 0.6m}{4} \times \left(0.8m + \frac{0.3m + 0.3m}{3}\right) = 0.24 m^3$$

11. 위험물탱크 안정성능시험자의 등록 시 결격사유 3가지를 쓰시오.

정답

1. 피성년후견인 또는 피한정후견인
2. 탱크시험자의 등록이 취소된 날부터 2년이 지나지 아니한 자
3. 위험물안전관리법, 소방기본법, 소방시설설치유지 및 안전관리에 관한 법률 또는 소방시설공자엄법에 의한 금고 이상의 형의 집행유예 선고를 받고 그 유예기간 중에 있는 자

해설 다음 어느 하나에 해당하는 자는 탱크시험자로 등록 및 탱크시험자의 업무에 종사할 수 없다. (법16조)

1. 피성년후견인 또는 피한정후견인
2. 이 법, 「소방기본법」, 「화재예방, 소방시설 설치·유지 및 안전관리에 관한 법률」 또는 「소방시설공사업법」에 따른 금고 이상의 실형의 선고를 받고 그 집행이 종료(집행이 종료된 것으로 보는 경우를 포함한다)되거나 집행이 면제된 날부터 2년이 지나지 아니한 자
3. 이 법, 「소방기본법」, 「화재예방, 소방시설 설치·유지 및 안전관리에 관한 법률」 또는 「소방시설공사업법」에 따른 금고 이상의 형의 집행유예 선고를 받고 그 유예기간 중에 있는 자
4. 제5항의 규정에 따라 탱크시험자의 등록이 취소(제1호에 해당하여 자격이 취소된 경우는 제외한다)된 날부터 2년이 지나지 아니한 자
5. 법인으로서 그 대표자가 제1호 내지 제5호의 1에 해당하는 경우

12. 예방규정을 정하여야 하는 제조소 등 5가지를 쓰시오.

정답

1. 지정수량의 10배 이상의 위험물을 취급하는 제조소
2. 지정수량의 100배 이상의 위험물을 취급하는 제조소
3. 지정수량의 150배 이상의 위험물을 취급하는 제조소
4. 지정수량의 200배 이상의 위험물을 취급하는 제조소
5. 암반탱크저장소

[해설] 관계인이 예방규정을 정하여야 하는 제조소등[령 제15조]

1. 지정수량의 10배 이상의 위험물을 취급하는 제조소
2. 지정수량의 100배 이상의 위험물을 저장하는 옥외저장소
3. 지정수량의 150배 이상의 위험물을 저장하는 옥내저장소
4. 지정수량의 200배 이상의 위험물을 저장하는 옥외탱크저장소
5. 암반탱크저장소
6. 이송취급소
7. 지정수량의 10배 이상의 위험물을 취급하는 일반취급소. 다만, 제4류 위험물(특수인화물을 제외한다)만을 지정수량의 50배 이하로 취급하는 일반취급소(제1석유류 · 알코올류의 취급량이 지정수량의 10배 이하인 경우에 한한다)로서 다음 각목의 어느 하나에 해당하는 것을 제외한다.
   가. 보일러 · 버너 또는 이와 비슷한 것으로서 위험물을 소비하는 장치로 이루어진 일반취급소
   나. 위험물을 용기에 옮겨 담거나 차량에 고정된 탱크에 주입하는 일반취급소

13. 불활성가스소화설비의 수동식 기동장치(이산화탄소)에 대하여 다음 물음에 답하시오.

㉮ 기동장치의 조작부의 설치높이
㉯ 기동장치의 외면의 색상
㉰ 기동장치 또는 직근의 장소에 표시사항 2가지

[정답]
㉮ 0.8 [m] 이상 1.5 [m] 이하
㉯ 적색
㉰ 방호구역의 명칭, 취급방법

[해설] 불활성가스소화설비 기동장치

(1) 이산화탄소를 방사하는 것의 기동장치는 수동식으로 하고(다만, 상주인이 없는 대상물 등 수동식에 의하는 것이 적당하지 아니한 경우에는 자동식으로 할 수 있다), IG-100, IG-55 또는 IG-541을 방사하는 것의 기동장치는 자동식으로 할 것
(2) 수동식의 기동장치는 다음에 정한 것에 의할 것
   (가) 기동장치는 당해 방호구역 밖에 설치하되 당해 방호구역 안을 볼 수 있고 조작을 한 자가 쉽게 대피할 수 있는 장소에 설치할 것
   (나) 기동장치는 하나의 방호구역 또는 방호대상물마다 설치할 것
   (다) 기동장치의 조작부는 바닥으로부터 0.8m 이상 1.5m 이하의 높이에 설치할 것
   (라) 기동장치에는 직근의 보기 쉬운 장소에 "불활성가스소화설비의 수동식 기동장치임을 알리는 표시를 할 것"이라고 표시할 것

(마) 기동장치의 외면은 적색으로 할 것
(바) 전기를 사용하는 기동장치에는 전원표시등을 설치할 것
(사) 기동장치의 방출용스위치 등은 음향경보장치가 기동되기 전에는 조작될 수 없도록 하고 기동장치에 유리 등에 의하여 유효한 방호조치를 할 것
(아) 기동장치 또는 직근의 장소에 방호구역의 명칭, 취급방법, 안전상의 주의사항 등을 표시할 것

(3) 자동식의 기동장치는 다음에 정한 것에 의할 것
(가) 기동장치는 자동화재탐지설비의 감지기의 작동과 연동하여 기동될 수 있도록 할 것
(나) 기동장치에는 다음에 정한 것에 의하여 자동수동전환장치를 설치할 것
 1) 쉽게 조작할 수 있는 장소에 설치할 것
 2) 자동 및 수동을 표시하는 표시등을 설치할 것
 3) 자동수동의 전환은 열쇠 등에 의하는 구조로 할 것
(다) 자동수동전환장치 또는 직근의 장소에 취급방법을 표시할 것

14. 제1종 분말소화약제인 탄산수소나트륨이 850 [℃]에서 완전분해반응식과 탄산수소나트륨이 336 [kg]이 1기압, 25 [℃]에서 발생하는 탄산가스의 체적 [m³]은 얼마인가?

정답

- 완전분해반응식 $2NaHCO_3 \rightarrow Na_2O + 2CO_2 + H_2O$
- 탄산가스의 체적 : 97.8 [m³]

해설

1. 제1종 분말 완전분해 반응식 : $2NaHCO_3 \rightarrow Na_2O + 2CO_2 + H_2O$
2. 비례식으로 탄산수소나트륨 336kg이 분해할 때 탄산가스의 양을 구하면
 $(2 \times 84)kg : (2 \times 44)kg = 336kg : Xkg$ ∴ $X = 176kg$
3. 이상기체상태방정식으로 탄산가스의 부피를 구하면

$$V = \frac{WRT}{PM} = \frac{176 \times 0.08205 \times 298}{1 \times 44} = 97.80 m^3$$

15. 불활성가스소화설비의 이산화탄소 저장용기에 대하여 다음 물음에 답하시오.

- 저장용기의 충전비 저압식인 경우 (㉮) 이상 (㉯) 이하, 고압식인 경우 (㉰) 이상 (㉱) 이하이다.
- 저압식 저장용기에는 (㉲) [MPa] 이상의 압력 및 (㉳) [MPa] 이하의 압력에서 작동하는 압력경보장치를 설치할 것
- 저압식 저장용기에는 용기 내부의 온도를 영하 (㉴) [℃] 이상 영하 (㉵) [℃] 이하로 유지할 수 있는 자동냉동기를 설치할 것
- 온도가 (㉶) [℃] 이하이고 온도 변화가 적은 장소에 설치할 것

정답

㉮ 1.1　　㉯ 1.4　　㉰ 1.5　　㉱ 1.9
㉲ 2.3　　㉳ 1.9　　㉴ 20　　㉵ 18　　㉶ 40

해설 불활성가스소화설비(이산화탄소소화설비)의 설치기준

- 전역방출방식과 국소방출방식

구분		전역방출방식			국소방출방식
		이산화탄소		할로겐화합물 및 불활성가스	이산화탄소
		고압식	저압식	IG-100, IG-55, IG-541	
방사압력		2.1 [Mpa] 이상	1.05 [Mpa] 이상	1.9 [Mpa] 이상	–
방사시간		60초 이내	60초 이내	95 [%] 이상 60초 이내	30초 이내
충전비(압력)		1.5 이상 1.9 이하	1.1 이상 1.4 이하	32 [Mpa] 이하	–
배관	강관	Sch 80 이상	Sch 40 이상	40 [℃]에서 내부압력에 견디는 강관 및 동관	–
	동관	16.5 [Mpa] 이상	3.75Mpa 이상		

16. 위험물의 저장기준에 대하여 괄호 안에 적당한 말을 쓰시오.

- 옥외저장탱크·옥내저장탱크 또는 지하 저장탱크 중 압력탱크에 저장하는 아세트알데히드 등 또는 디에틸에테르 등의 온도는 (㉮) [℃] 이하로 유지할 것
- 보냉장치가 있는 이동저장탱크에 저장하는 아세트알데히드 등 또는 디에틸에테르 등의 온도는 해당 위험물의 (㉯) 이하로 유지할 것
- 보냉장치가 없는 이동저장탱크에 저장하는 아세트알데히드 등 또는 디에틸에테르 등의 온도는 (㉰) [℃] 이하로 유지할 것

> **정답**
> ㉮ 40
> ㉯ 비점
> ㉰ 40

해설 알킬알루미늄등, 아세트알데히드등 및 디에틸에테르등(디에틸에테르 또는 이를 함유한 것)의 저장 기준(중요기준)

> 가. 옥외저장탱크 또는 옥내저장탱크 중 압력탱크(최대상용압력이 대기압을 초과하는 탱크)에 있어서는 알킬알루미늄등의 취출에 의하여 당해 탱크내의 압력이 상용압력 이하로 저하하지 아니하도록, 압력탱크 외의 탱크에 있어서는 알킬알루미늄등의 취출이나 온도의 저하에 의한 공기의 혼입을 방지할 수 있도록 불활성의 기체를 봉입할 것
> 나. 옥외저장탱크·옥내저장탱크 또는 이동저장탱크에 새롭게 알킬알루미늄등을 주입하는 때에는 미리 당해 탱크안의 공기를 불활성기체와 치환하여 둘 것
> 다. 이동저장탱크에 알킬알루미늄등을 저장하는 경우에는 20㎪ 이하의 압력으로 불활성의 기체를 봉입하여 둘 것
> 라. 옥외저장탱크·옥내저장탱크 또는 지하저장탱크 중 압력탱크에 있어서는 아세트알데히드등의 취출에 의하여 당해 탱크내의 압력이 상용압력 이하로 저하하지 아니하도록, 압력탱크 외의 탱크에 있어서는 아세트알데히드등의 취출이나 온도의 저하에 의한 공기의 혼입을 방지할 수 있도록 불활성 기체를 봉입할 것
> 마. 옥외저장탱크·옥내저장탱크·지하저장탱크 또는 이동저장탱크에 새롭게 아세트알데히드등을 주입하는 때에는 미리 당해 탱크안의 공기를 불활성 기체와 치환하여 둘 것
> 바. 이동저장탱크에 아세트알데히드등을 저장하는 경우에는 항상 불활성의 기체를 봉입하여 둘 것
> 사. 옥외저장탱크·옥내저장탱크 또는 지하저장탱크 중 압력탱크 외의 탱크에 저장하는 디에틸에테르등 또는 아세트알데히드등의 온도는 산화프로필렌과 이를 함유한 것 또는 디에틸에테르등에 있어서는 30℃ 이하로, 아세트알데히드 또는 이를 함유한 것에 있어서는 15℃ 이하로 각각 유지할 것
> 아. 옥외저장탱크·옥내저장탱크 또는 지하저장탱크 중 압력탱크에 저장하는 아세트알데히드등 또는 디에틸에테르등의 온도는 40℃ 이하로 유지할 것
> 자. 보냉장치가 있는 이동저장탱크에 저장하는 아세트알데히드등 또는 디에틸에테르등의 온도는 당해 위험물의 비점 이하로 유지할 것
> 차. 보냉장치가 없는 이동저장탱크에 저장하는 아세트알데히드등 또는 디에틸에테르등의 온도는 40℃ 이하로 유지할 것

17. 황화린에 대한 다음 물음에 답하시오.

㉮ 삼황화린의 연소반응식
㉯ 오황화린의 연소반응식
㉰ 오황화린과 물과의 반응식
㉱ 오황화린과 물과 반응 시 발생하는 증기의 연소반응식]

정답

㉮ 삼황화린의 연소반응식 : $P_4S_3 + 8O_2 \rightarrow 2P_2O_5 + 3SO_2 \uparrow$
㉯ 오황화린의 연소반응식 : $2P_2S_5 + 15O_2 \rightarrow 2P_2O_5 + 10SO_2 \uparrow$
㉰ 오황화린과 물과의 반응식 : $P_2S_5 + 8H_2O \rightarrow 5H_2S + 2H_3PO_4$
㉱ 오황화린과 물과 반응 시 발생하는 증기의 연소반응식 : $2H_2S + 3O_2 \rightarrow 2H_2O + 2SO_2$

해설 황화린 동소체

1. 삼황화린
   1) 황록색 결정성 덩어리 또는 분말
   2) 이황화탄소, 알칼리, 질산에 녹고, 물, 염소, 염산, 황산에 녹지 않음.
   3) 공기 중 약 100℃에서 발화 마찰 의해 연소 및 자연발화
      • $P_4S_3 + 8O_2 \rightarrow 2P_2O_5 + 3SO_2$
   4) 자연발화성이므로 가열, 습기방지 산화제 접촉 피할 것
   5) 저장 시 금속분과 멀리할 것
   6) 용도 : 성냥제조, 탈색제, 유기합성제

2. 오황화린
   1) 담황색 결정체로 조해성, 흡습성
   2) 알코올, 이황화탄소에 녹는다.
   3) 연소반응 : $2P_2S_5 + 15O_2 \rightarrow 2P_2O_5 + 10SO_2$
   4) 물 또는 알칼리에 분해하여 황화수소와 인산이 된다.
      • $P_2S_5 + 8H_2O \rightarrow 5H_2S + 2H_3PO_4$
      • $H_2S + 3O_2 \rightarrow 2SO_2 + 2H_2O$
   5) 용도 : 선광제, 윤활유첨가제, 의약품, 농약제조 및 가황제

3. 칠황화린
   1) 담황색 결정성 고체로 조해성
   2) 이황화탄소, 물에 약간 녹는다.
   3) 더운 물에서 급격히 분해하여 황화수소 생성
      • $P_4S_7 + 13H_2O \rightarrow 7H_2S + H_3PO_4 + 3H_3PO_3$

18. 다음 위험물 중 인화점이 낮은 순서대로 나열하시오.

디에틸에테르, 벤젠, 에탄올, 산화프로필렌, 아세톤, 이황화탄소

정답

디에틸에테르 < 산화프로필렌 < 이황화탄소 < 아세톤 < 벤젠 < 에탄올

해설

1. 특수인화물

명칭	화학식	분자량	인화점℃	비점℃	착화점℃	비중	연소범위%
디에틸에테르	$C_2H_5OC_2H_5$	74	-45	34.5	180℃	0.72	1.9~48
이황화탄소	CS_2	76	-30	46	100	1.26	1~44
아세트알데히드	CH_3CHO	44	-38	21	185	0.78	4.1~57
산화프로필렌	C_3H_6O	58	-37	34	465	0.83	2.5~38.5
이소프로필아민	C_3H_9N	59	-28	34	402	0.69	2.0~10.4

2. 제1석유류

명칭	화학식	분자량	인화점℃	비점℃	착화점℃	비중	연소범위%
아세톤	C_3H_6O	58	-18	56.3	538	0.79	2.5 ~ 12.8
휘발유	C_5H_{12}~C_9H_{20}	-	-43~-20	-	300	-	1.4 ~ 7.6
벤젠	C_6H_6	78	-11	80	562	0.9	1.4 ~ 7.1
톨루엔	$C_6H_5CH_3$	92	4	111	552	0.871	1.4 ~ 6.7
메틸에틸케톤	$CH_3COC_2H_5$	72	-1	79.6	516	0.81	1.8 ~ 11.5
초산메틸	CH_3COOCH_3	74	-10	60	454	0.93	3.1 ~ 16
초산에틸	$CH_3COOC_2H_5$	88	-4	77.1	427	0.9	2.5 ~ 9.6
의산메틸	$HCOOCH_3$	60	-19	32	449	0.98	5~20
의산에틸	$HCOOC_2H_5$	74	-20	54	578	0.9	2.7 ~ 13.5
피리딘	C_5H_5N	79	20	115.5	482	0.98	1.8 ~ 12.4
시안화수소	HCN	27	-18	25.7	540	0.69	6~41
아세토니트릴	CH_3CN	41	20	82	-	0.78	-
아크릴로니트릴	$CH_2=CHCN$	53	-5	78	481	0.8	3.0~17.0

3. 알코올류

명칭	화학식	분자량	인화점℃	비점℃	착화점℃	비중	연소범위%
메틸알코올	CH_3OH	32	11	65	464	0.791	7.3 ~ 36
에틸알코올	C_2H_5OH	46	13	78.3	423	0.789	4.3 ~ 19
프로필알코올	C_3H_7OH	60	11.7	82.7	460	0.789	2.6 ~ 13.5

4. 제2석유류

명칭	화학식	분자량	인화점℃	착화점℃	비중	연소범위%
등유	C_9~C_{18}	-	40~70	220	0.78~0.8	1.1 ~ 6
경유	C_{15}~C_{20}	-	50~70	200	0.82~0.84	1 ~ 6
초산	CH_3COOH	60	40	427	1.05	5.4~16.9
의산	$HCOOH$	46	69	601	1.22	18 ~ 57
테레핀유	$C_{10}H_{16}$	136	35	240	0.86	0.8~0.86
클로로벤젠	C_6H_5Cl	112.5	32	638	1.11	1.3 ~ 7.1
크실렌(자일렌)	C_8H_{10}	106	-	-	-	-
스틸렌	$C_6H_5CH=CH_2$	104	32	490	0.81	1.1 ~ 6.1
메틸셀로솔브	$CH_3OCH_2CH_2OH$	60	43	288	0.937	-
에틸셀로솔브	$C_2H_5OCH_2CH_2OH$	76	40	238	0.93	12.8 ~ 18
히드라진	N_2H_4	32	52.2	270	1.01	-
부틸알코올	C_4H_9OH	74	28.8	343.3	0.8	1.4 ~ 11.2

5. 제3석유류

명칭	화학식	분자량	인화점℃	비점℃	착화점℃	비중
중유	-	-	60~150	-	254~405	0.85~0.93
클레오소트유	-	-	74	194 ~ 400	336	1.02 ~ 1.05
아닐린	$C_6H_5NH_2$	33	75	185	538	1.02
니트로벤젠	$C_6H_5NO_2$	63	88	210	538	1.02
에틸렌글리콜	$C_2H_6O_2$	62	111	198	413	1.113
글리세린	$C_3H_8O_3$	92	160	290	393	1.26
메타크레졸	$C_6H_4CH_3OH$	48	86	202	-	1.03

19. 휘발유의 부피팽창계수 0.00135/ [℃], 휘발류 50 [ℓ]가 5 [℃]에서 25 [℃]로 상승할 때 부피의 증가율은 몇 [%]인가?

정답

부피증가율 : 2.7 [%]

해설

1. 부피증가율
    1) $V = V_0(1 + \beta \Delta t)$
        V 최종부피, V0 팽창 전 부피, β 팽창계수, Δt 온도변화량
    2) 부피증가율(%) = $\dfrac{\text{팽창후 부피} - \text{팽창전 부피}}{\text{팽창전 부피}} \times 100$

2. 풀이
    1) $V = 50L(1 + 0.00135/[℃] \times 20℃) = 51.35L$
        V 최종부피, V0 팽창 전 부피, β 팽창계수, Δt 온도변화량
    2) 부피증가율(%) = $\dfrac{51.35L - 50L}{50L} \times 100 = 2.7\%$

20. 가연성의 액체·증기 또는 가스가 새거나 체류할 우려가 있는 장소 또는 가연성의 미분이 현저하게 부유할 우려가 있는 장소에서 취해야 할 조치사항 2가지를 쓰시오.

정답

1. 전선과 전기기구를 완전히 접속한다.
2. 불꽃을 발하는 기계·기구·공구·신발 등을 사용하지 아니해야 한다.

해설 위험물 저장·취급의 공통기준

1. 제조소등에서 규정에 의한 신고와 관련되는 품명 외의 위험물 또는 이러한 허가 및 신고와 관련되는 수량 또는 지정수량의 배수를 초과하는 위험물을 저장 또는 취급하지 아니하여야 한다(중요기준).
2. 위험물을 저장 또는 취급하는 건축물 그 밖의 공작물 또는 설비는 당해 위험물의 성질에 따라 차광 또는 환기를 실시하여야 한다.
3. 위험물은 온도계, 습도계, 압력계 그 밖의 계기를 감시하여 당해 위험물의 성질에 맞는 적정한 온도, 습도 또는 압력을 유지하도록 저장 또는 취급하여야 한다.
4. 위험물을 저장 또는 취급하는 경우에는 위험물의 변질, 이물의 혼입 등에 의하여 당해 위험물의 위험성이 증대되지 아니하도록 필요한 조치를 강구하여야 한다.
5. 위험물이 남아 있거나 남아 있을 우려가 있는 설비, 기계·기구, 용기 등을 수리하는 경우에는 안전한 장소에서 위험물을 완전하게 제거한 후에 실시하여야 한다.

7. 위험물을 용기에 수납하여 저장 또는 취급할 때에는 그 용기는 당해 위험물의 성질에 적응하고 파손·부식·균열 등이 없는 것으로 하여야 한다.
8. 가연성의 액체·증기 또는 가스가 새거나 체류할 우려가 있는 장소 또는 가연성의 미분이 현저하게 부유할 우려가 있는 장소에서는 전선과 전기기구를 완전히 접속하고 불꽃을 발하는 기계·기구·공구·신발 등을 사용하지 아니하여야 한다.
9. 위험물을 보호액 중에 보존하는 경우에는 당해 위험물이 보호액으로부터 노출되지 아니하도록 하여야 한다.

제49회 | 과년도 문제풀이(2011년)

01. 153 [kPa], 100 [℃] 아세톤의 증기밀도는?

정답

2.84 [g/ℓ]

해설

1. 아세톤(CH_3COCH_3) : 제1석유류 수용성

비점	융점	비중	인화점	발화점
56℃	-94℃	0.79	-18.5℃	465℃

2. 증기밀도를 이상기체상태방정식에 의해 구하면

$PV = \dfrac{WRT}{M}$ 에서 $\dfrac{W}{V} = \dfrac{PM}{RT}$ 이므로 밀도 $\rho = \dfrac{\dfrac{152}{101.325} \times 58}{0.08205 \times (273+100)} = 2.84 g/\iota$

02. 위험물옥내저장소의 기준에 따라 저장창고에 선반 등의 수납장을 설치할 때 기준 3가지를 쓰시오.

정답 옥내저장소 선반 등 수납장 설치기준

1. 수납장 불연재료로 만들어 견고한 기초위 고정
2. 수납장 자중, 위험물 하중 응력에 안전할 것
3. 수납용기 떨어지지 않게 조치할 것

해설 옥내저장소 저장창고에 선반 등의 수납장 설치 기준

1. 수납장은 불연재료로 만들어 견고한 기초 위에 고정할 것
2. 수납장은 당해 수납장 및 그 부속설비의 자중, 저장하는 위험물의 중량 등의 하중에 의하여 생기는 응력에 대하여 안전한 것으로 할 것
3. 수납장에는 위험물을 수납한 용기가 쉽게 떨어지지 아니하게 하는 조치를 할 것

03. 454[g] 니트로글리세린이 완전연소(분해)할 때 발생하는 산소는 25[℃] 1기압으로 몇 리터인가?

정답

12.23 [L]

해설

1. 니트로글리세린 분해반응식
   $4C_3H_5(ONO_2)_3 \rightarrow 12CO_2 + 10H_2O + 6N_2 + O_2$
2. 비례식으로 니트로글리세린 454g이 분해할 때 산소의 양을 구하면
   1) $C_3H_5(ONO_2)_3$ 분자량 : 227g
   2) $(4 \times 227)g : 32g = 454g : Xg$ ∴ X = 16g
3. 이상기체상태방정식으로 산소의 부피를 구하면
   $$V = \frac{WRT}{PM} = \frac{16 \times 0.08205 \times 298}{1 \times 32} = 12.23L$$

04. 특정옥외저장탱크에 에뉼러판을 설치하여야 하는 경우 3가지를 쓰시오.

정답

1. 탱크 옆판 최하단 두께가 15 [mm]를 초과하는 경우
2. 탱크 내경 30 [m]를 초과하는 경우
3. 옆판을 고장력강으로 사용하는 경우

해설

옥외저장탱크의 밑판[에뉼러판(특정옥외저장탱크의 옆판의 최하단 두께가 15mm를 초과하는 경우, 내경이 30m를 초과하는 경우 또는 옆판을 고장력강으로 사용하는 경우에 옆판의 직하에 설치하여야 하는 판을 말한다)을 설치하는 특정옥외저장탱크에 있어서는 에뉼러판을 포함한다.]을 지반면에 접하게 설치하는 경우에는 다음 각목의 1의 기준에 따라 밑판 외면의 부식을 방지하기 위한 조치를 강구하여야 한다.

가. 탱크의 밑판 아래에 밑판의 부식을 유효하게 방지할 수 있도록 아스팔트샌드 등의 방식재료를 댈 것
나. 탱크의 밑판에 전기방식의 조치를 강구할 것
다. 가목 또는 나목의 규정에 의한 것과 동등 이상으로 밑판의 부식을 방지할 수 있는 조치를 강구할 것

05.
[보기]에서 어떤 물질의 제조방법 3가지를 설명하고 있다. 이러한 방법으로 제조되는 4류 위험물에 대한 각 물음에 답하시오.

> [보기]
> - 에틸렌과 산소를 $PdCl_2$ 또는 $CuCl_2$ 촉매하에서 반응시켜 제조
> - 에탄올을 산화시켜 제조
> - 황산수은 촉매하에서 아세틸렌에 물을 첨가시켜 제조

㉮ 위험도는?
㉯ 이 물질이 공기 중 산소에 의해 산화하여 다른 종류의 4류 위험물이 생성되는 반응식은?

정답

㉮ 위험도 : 12.90
㉯ $2CH_3CHO + O_2 \rightarrow 2CH_3COOH$

해설

1. Acetaldehyde(아세트알데히드) 제법
   1) 에틸렌의 직접산화법(Hoechst·Wacker법) : 에틸렌을 산소로 산화하여 아세트알데히드로 만드는 것인데, 촉매로는 소량의 염화 Pd(파라듐)을 포함한 염화동 수용액이 사용된다. 이 촉매가 산소를 운반하는 역할을 한다.
   2) 아세틸렌의 수화법(카바이드법) : 아세틸렌과 물을 수은(황산제이수은)을 촉매로 하여 액상수화하는 방법으로, 이 반응은 수은 이온이 촉매 작용을 하여 황산 산성의 황산수은용액 중에 가스상의 아세틸렌을 불어 넣어 행한다.(이 방법에 의한 제조는 현재 중지되어있고 전면적으로 석유화학법으로 전환되었다)
   3) 에탄올의 산화 또는 탈수소법
   4) 파라핀계 탄화수소의 산화법

2. 위험도

   위험도 = $\dfrac{57 - 4.1}{4.1} = 12.90$

3. 아세트알데히드 산화반응 : 산소와 결합하는 반응, 수소 또는 전자를 잃는 반응

   $C_2H_5OH \rightarrow CH_3CHO \rightarrow CH_3COOH$

06.
디에틸에테르를 공기 중 장시간 방치하면 산화되어 폭발성 과산화물이 생성될 수 있다. 다음 물음에 답하시오.

㉮ 과산화물이 존재하는지 여부를 확인하는 방법
㉯ 생성된 과산화물을 제거하는 시약
㉰ 과산화물 생성방지 방법

정답

㉮ 10 [%] KI 용액을 첨가하여 1분 이내에 황색으로 변화하는지 확인한다.
㉯ 황산제일철($FeSO_4$) 또는 환원철
㉰ 40 [mesh]의 구리망을 넣어준다.

해설 디에틸(에테르) : 두 개의 알킬기(R)에 하나의 산소원자가 결합된 상태

화학식	분자량	인화점	연소범위
$C_4H_{10}O$	74.12	-45℃	1.9 ~ 48%

1. 물성
  1) 휘발성이 강한 무색투명한 특유의 향이 있는 액체
  2) 물에 약간 녹고 알코올에 잘 녹으며 발생된 증기는 마취성이 있다.
  3) 공기와 장기간 접촉하면 과산화물이 생성되므로 갈색병에 저장
  4) 에테르는 전기불량도체이므로 정전기발생 주의
  5) 동식물성 섬유로 여과 시 정전기 발생 쉽다
  6) 용기의 공간용적을 2 [%] 이상
2) 제법 : 에탄올에 진한 황산을 넣고 130~140 [℃] 반응시키면 축합반응 의해 생성
  $C_2H_5OH + C_2H_5OH \rightarrow C_2H_5OC_2H_5 + H_2O$
3) 보관방법

구조식	과산화물 생성방지	과산화물 +검출시약(황색)	과산화물 제거시약
H H H H H-C-C-O-C-C-H H H H H	갈색병 저장 40메쉬구리망 (동망) 삽입	KI(요오드화칼륨)10% 용액→황색 : 과산화물 존재	황산제일철 또는 환원철

07. 용량 1,000만 [L]인 옥외저장탱크의 주위에 설치하는 방유제에 해당 탱크마다 간막이 둑을 설치하여야 할 때 다음 사항에 대한 기준은? (단, 방유제 내에 설치되는 옥외저장탱크의 용량의 합계가 2억 [L]를 넘지 않는다)

㉮ 간막이 둑 높이
㉯ 간막이 둑 재질
㉰ 간막이 둑 용량

정답
㉮ 0.3 [m]
㉯ 흙 또는 철근콘크리트
㉰ 간막이 둑 안에 설치된 탱크의 용량의 10 [%] 이상

해설
용량이 1,000만 ℓ 이상인 옥외저장탱크의 주위에 설치하는 방유제에는 다음의 규정에 따라 당해 탱크마다 간막이 둑을 설치할 것

1. 간막이 둑의 높이는 0.3m(방유제 내에 설치되는 옥외저장탱크의 용량의 합계가 2억ℓ를 넘는 방유제에 있어서는 1m)이상으로 하되, 방유제의 높이보다 0.2m 이상 낮게 할 것
2. 간막이 둑은 흙 또는 철근콘크리트로 할 것
3. 간막이 둑의 용량은 간막이 둑안에 설치된 탱크의 용량의 10% 이상일 것

08. 알킬알루미늄 등을 저장 또는 취급하는 이동탱크저장소에는 자동차용 소화기 외에 추가로 설치하여야 하는 소화설비는?

정답
마른 모래나 팽창질석 또는 팽창진주암

해설 소화난이도등급Ⅲ의 제조소등에 설치하여야 하는 소화설비

제조소등의 구분	소화설비	설치기준	
지하탱크저장소	소형수동식소화기등	능력단위의 수치가 3 이상	2개 이상
이동탱크저장소	자동차용소화기	무상의 강화액 8ℓ 이상	2개 이상
		이산화탄소 3.2kg 이상	
		일브롬화일염화이플루오르화메탄 (CF_2ClBr) 2ℓ 이상	

		일브롬화삼플루오르화메탄(CF₃Br) 2ℓ 이상
		이브롬화사플루오르화에탄 (C₂F₄Br₂) 1ℓ 이상
		소화분말 3.3kg 이상
	마른 모래 및 팽창질석 또는 팽창진주암	마른모래 150ℓ 이상
		팽창질석 또는 팽창진주암 640ℓ 이상
그 밖의 제조소 등	소형수동식소화기 등	능력단위의 수치가 건축물 그 밖의 공작물 및 위험물의 소요단위의 수치에 이르도록 설치할 것. 다만, 옥내소화전설비, 옥외소화전설비, 스프링클러설비, 물분무등소화설비 또는 대형수동식소화기를 설치한 경우에는 당해 소화설비의 방사능력 범위 내의 부분에 대하여는 수동식소화기 등을 그 능력단위의 수치가 당해 소요단위의 수치의 1/5 이상이 되도록 하는 것으로 족하다.

비고 : 알킬알루미늄 등을 저장 또는 취급하는 이동탱크저장소에 있어서는 자동차용소화기를 설치하는 외에 마른모래나 팽창질석 또는 팽창진주암을 추가로 설치하여야 한다.

09. 위험물제조소 등의 위험물탱크 안전성능검사의 신청 시기는?

㉮ 기초·지반검사
㉯ 충수·수압검사
㉰ 용접부검사
㉱ 암반탱크검사

정답

㉮ 기초·지반검사 : 위험물탱크의 기초 및 지반에 관한 공사의 개시 전
㉯ 충수·수압검사 : 위험물을 저장 또는 취급하는 탱크에 배관 그 밖의 부속설비를 부착하기 전
㉰ 용접부검사 : 탱크본체에 관한 공사의 개시 전
㉱ 암반탱크검사 : 암반탱크의 본체에 관한 공사의 개시 전

해설

1. 탱크 안전성능검사의 대상이 되는 탱크
   1) 기초·지반검사 : 옥외탱크저장소 액체 위험물 탱크 중 100만 [L] 이상
   2) 충수·수압검사 : 액체 위험물 저장, 취급하는 탱크
   3) 용접부 검사 : 옥외탱크저장소 액체 위험물 탱크 중 100만 [L] 이상
   4) 암반탱크검사 : 액체위험물 저장 취급하는 암반 내 공간을 이용한 탱크

2. 탱크 안전성능검사의 신청시기
   1) 기초·지반검사 : 위험물탱크의 기초 및 지반에 관한 공사의 개시 전
   2) 충수·수압검사 : 위험물을 저장 또는 취급하는 탱크에 배관 그 밖의 부속설비를 부착하기 전
   3) 용접부 검사 : 탱크본체에 관한 공사의 개시 전
   4) 암반탱크검사 : 암반탱크 본체에 관한 공사의 개시 전

10. 트리에틸알루미늄과 산소, 물, 염소와의 반응식을 쓰시오.

정답

- 산소와 반응 : $2(C_2H_5)_3Al + 21O_2 \rightarrow Al_2O_3 + 12CO_2 + 15H_2O$
- 물과 반응 : $(C_2H_5)_3Al + 3H_2O \rightarrow Al(OH)_3 + 3C_2H_6 \uparrow$
- 염소와 반응 : $(C_2H_5)_3Al + 3Cl_2 \rightarrow AlCl_3 + 3C_2H_5Cl$

해설 트리에틸알루미늄의 반응식

1. 공기와의 반응 : $2(C_2H_5)_3Al + 21O_2 \rightarrow Al_2O_3 + 15H_2O + 12CO_2 \uparrow$
2. 물과의 반응 : $(C_2H_5)_3Al + 3H_2O \rightarrow Al(OH)_3 + 3C_2H_6 \uparrow$
3. 염소와 반응 : $(C_2H_5)_3Al + 3Cl_2 \rightarrow AlCl_3 + 3C_2H_5Cl \uparrow$
4. 메틸알코올과 반응 : $(C_2H_5)_3Al + 3CH_3OH \rightarrow Al(CH_3O)_3 + 3C_2H_6 \uparrow$
5. 염산과 반응 : $(C_2H_5)_3Al + 3HCl \rightarrow AlCl_3 + 3C_2H_6 \uparrow$

11. 탄화칼슘이 물과 반응하여 발생하는 가연성 기체의 연소반응식을 쓰시오.

정답

$2C_2H_2 + 5O_2 \rightarrow 4CO_2 + 2H_2O$

해설 탄화칼슘(카바이드, CaC_2)

1. 순수한 것은 무색투명하나 보통 회흑색 괴상 덩어리 상태 결정
2. 에테르에는 녹지 않고 물과 알코올에는 분해
3. 공기 중 안정하지만 350℃ 이상에서는 산화된다.
4. 물과 반응하면 아세틸렌가스 발생
   - $CaC_2 + 2H_2O \rightarrow Ca(OH)_2 + C_2H_2$
5. 은, 수은, 동, 마그네슘 등 접촉하면 폭발성 금속 아세틸레이트 생성
   - $C_2H_2 + 2Cu \rightarrow Cu_2C_2 + H_2$

12. 메틸에틸케톤, 과산화벤조일의 구조식을 그리시오.

정답

- 메틸에틸케톤

```
    H O H H
    | ‖ | |
H - C-C-C-C - H
    | | |
    H H H
```

- 과산화벤조일

$$\text{C}_6\text{H}_5-\overset{O}{\underset{\|}{C}}-O-O-\overset{O}{\underset{\|}{C}}-\text{C}_6\text{H}_5$$

해설

1. 메틸에틸케톤 : 제4류 위험물 제1석유류

   1) 물성

화학식	분자량	인화점℃	비점℃	착화점℃	비중	연소범위%
$CH_3COC_2H_5$	72	-1	79.6	516	0.81	1.8~10

   2) 성질
      (1) 휘발성이 강한 무색의 액체
      (2) 물, 알코올, 에테르, 벤젠 등 유기용제에 잘 녹음
      (3) 탈지작용 피부에 닿지 않도록 주의

2. 과산화벤조일 : 제5류 위험물 유기과산화물
   1) 물성

화학식	분자량	인화점℃	비점℃	착화점℃	비중	물리적 상태
$(C_6HCO)_2O_2$	242.24	80℃	폭발함	80℃	1.33 at 25℃	무색결정

   2) 성질
      (1) 무색, 무취의 백색결정 강산화성 물질
      (2) 물에 녹지 않고 알코올에 약간 녹음
      (3) 희석제 : 프탈산디메틸, 프탈산디부틸
      (4) 발화되면 연소속도 빠르고 건조상태에서 위험
      (5) 마찰, 충격으로 폭발 위험

13. 1몰 염화수소와 0.5몰 산소와의 혼합물에 촉매를 넣고 400 [℃]에서 평형에 도달시킬 때 0.39몰의 염소를 생성하였다. 이 반응이 다음의 화학반응식을 통해 진행된다고 할 때 평형 상태에서의 전체 몰수의 합을 구하고 전압이 1 [atm]일 때 성분 4가지 분압은?

$$4HCl + O_2 \rightarrow 2Cl_2 + 2H_2O$$

정답
- 전체몰수 : 1.305 [mol]
- 각 성분이 분압
  - 염화수소 : 0.17 [atm]   - 산소 : 0.23 [atm]
  - 염소 : 0.30 [atm]   - 수증기 : 0.30 [atm]

해설 화학평형 : 반응물과 생성물이 균형을 이루어 변화가 일어나지 않는 상태
1. 화학반응식을 통한 반응 전. 후 몰수를 구한다.
   $4HCl + O_2 \rightarrow 2Cl_2 + 2H_2O$
   1) 반응에 참여한 HCl의 몰수   4몰 : X몰 = 2몰 : 0.39몰   ∴ X = 0.78몰
   2) 반응에 참여한 O_2의 몰수   1몰 : X몰 = 2몰 : 0.39몰   ∴ X = 0.195몰

화학반응식	4HCl	O_2	$2Cl_2$	$2H_2O$
반응전 몰수	1몰	0.5몰		
반응에 참여한 몰수	0.78몰	0.195몰	0.39몰	0.39몰
남는 몰수	0.22몰	0.305몰		

2. 전체몰수를 구한다.
   0.22몰 + 0.305몰 + 0.39몰 + 0.39몰 = 1.305몰

3. 전압이 1atm일 때 각 성분의 분압(부분압력)을 구한다.
   • 돌턴의 분압법칙 : 혼합기체의 전압은 각 성분의 분압의 합과 같다.

   ① HCl : $\dfrac{0.22}{1.305} \times 1atm = 0.17atm$

   ② O₂ : $\dfrac{0.305}{1.305} \times 1atm = 0.23atm$

   ③ Cl₂ : $\dfrac{0.39}{1.305} \times 1atm = 0.30atm$

   ④ H₂O : $\dfrac{0.39}{1.305} \times 1atm = 0.30atm$

14. 회백색의 금속분말로 묽은 염산에서 수소가스를 발생하여 비중이 약 7.86 융점 1,535 [℃]인 제2류 위험물이 위험물관리안전법상 위험물이 되기 위한 조건은?

정답

철의 분말로서 53마이크로미터의 표준체를 통과하는 것이 50중량퍼센트 미만인 것은 제외한다.

해설

"가연성고체"라 함은 고체로서 화염에 의한 발화의 위험성 또는 인화의 위험성을 판단하기 위하여 고시로 정하는 시험에서 고시로 정하는 성질과 상태를 나타내는 것을 말한다.

3. 유황은 순도가 60중량퍼센트 이상인 것을 말한다. 이 경우 순도측정에 있어서 불순물은 활석 등 불연성물질과 수분에 한한다.
4. "철분"이라 함은 철의 분말로서 53마이크로미터의 표준체를 통과하는 것이 50중량퍼센트 미만인 것은 제외한다.
5. "금속분"이라 함은 알칼리금속·알칼리토류금속·철 및 마그네슘외의 금속의 분말을 말하고, 구리분·니켈분 및 150마이크로미터의 체를 통과하는 것이 50중량퍼센트 미만인 것은 제외한다.
6. 마그네슘 및 제2류제8호의 물품중 마그네슘을 함유한 것에 있어서는 다음 각목의 1에 해당하는 것은 제외한다.
   가. 2밀리미터의 체를 통과하지 아니하는 덩어리 상태의 것
   나. 직경 2밀리미터 이상의 막대 모양의 것
7. 황화린·적린·유황 및 철분은 제2호의 규정에 의한 성상이 있는 것으로 본다.
8. "인화성고체"라 함은 고형알코올 그 밖에 1기압에서 인화점이 섭씨 40도 미만인 고체를 말한다.

15. 위험물안전관리법상 제조소의 기술기준을 적용함에 있어 위험물의 성질에 따른 강화된 특례기준을 적용하는 위험물은 다음과 같다. 괄호 안에 알맞은 용어를 쓰시오.

- 3류 위험물 중 (   ), (   ) 또는 이중 어느 하나 이상을 함유하는 것
- 4류 위험물 중 (   ), (   ) 또는 이중 어느 하나 이상을 함유하는 것
- 5류 위험물 중 (   ), (   ) 또는 이중 어느 하나 이상을 함유하는 것

> **정답**
> - 아세트알데히드, 산화프로필렌
> - 알킬알루미늄, 알킬리튬
> - 히드록실아민, 히드록실아민염류
>
> **해설** 위험물의 성질에 따른 제조소의 특례
>
> 1. 위험물의 성질에 따른 강화된 특례기준
>   가. 제3류 위험물 중 알킬알루미늄·알킬리튬 또는 이중 어느 하나 이상을 함유하는 것(이하 "알킬알루미늄등"이라 한다)
>   나. 제4류 위험물중 특수인화물의 아세트알데히드·산화프로필렌 또는 이중 어느 하나 이상을 함유하는 것(이하 "아세트알데히드등"이라 한다)
>   다. 제5류 위험물 중 히드록실아민·히드록실아민염류 또는 이중 어느 하나 이상을 함유하는 것(이하 "히드록실아민등"이라 한다)
> 2. 알킬알루미늄등을 취급하는 제조소의 특례는 다음 각목과 같다.
>   가. 알킬알루미늄등을 취급하는 설비의 주위에는 누설범위를 국한하기 위한 설비와 누설된 알킬알루미늄등을 안전한 장소에 설치된 저장실에 유입시킬 수 있는 설비를 갖출 것
>   나. 알킬알루미늄등을 취급하는 설비에는 불활성기체를 봉입하는 장치를 갖출 것
> 3. 아세트알데히드등을 취급하는 제조소의 특례는 다음 각목과 같다.
>   가. 아세트알데히드등을 취급하는 설비는 은·수은·동·마그네슘 또는 이들을 성분으로 하는 합금으로 만들지 아니할 것
>   나. 아세트알데히드등을 취급하는 설비에는 연소성 혼합기체의 생성에 의한 폭발을 방지하기 위한 불활성기체 또는 수증기를 봉입하는 장치를 갖출 것
>   다. 아세트알데히드등을 취급하는 탱크(옥외에 있는 탱크 또는 옥내에 있는 탱크로서 그 용량이 지정수량의 5분의 1 미만의 것을 제외한다)에는 냉각장치 또는 저온을 유지하기 위한 장치(이하 "보냉장치"라 한다) 및 연소성 혼합기체의 생성에 의한 폭발을 방지하기 위한 불활성기체를 봉입하는 장치를 갖출 것. 다만, 지하에 있는 탱크가 아세트알데히드등의 온도를 저온으로 유지할 수 있는 구조인 경우에는 냉각장치 및 보냉장치를 갖추지 아니할 수 있다.
>   라. 다목의 규정에 의한 냉각장치 또는 보냉장치는 2 이상 설치하여 하나의 냉각장치 도는 보냉장치가 고장난 때에도 일정 온도를 유지할 수 있도록 하고, 다음의 기준에 적합한 비상전원을 갖출 것
>   1) 상용전력원이 고장인 경우에 자동으로 비상전원으로 전환되어 가동되도록 할 것

2) 비상전원의 용량은 냉각장치 또는 보냉장치를 유효하게 작동할 수 있는 정도일 것
마. 아세트알데히드등을 취급하는 탱크를 지하에 매설하는 경우에는 Ⅸ제3호의 규정에 의하여 적용되는 별표 8 Ⅰ제1호 단서의 규정에 불구하고 당해 탱크를 탱크전용실에 설치할 것

4. 히드록실아민등을 취급하는 제조소의 특례는 다음 각목과 같다.
  가. Ⅰ제1호가목부터 라목까지의 규정에도 불구하고 지정수량 이상의 히드록실아민등을 취급하는 제조소의 위치는 Ⅰ제1호가목부터 라목까지의 규정에 의한 건축물의 벽 또는 이에 상당하는 공작물의 외측으로부터 해당 제조소의 외벽 또는 이에 상당하는 공작물의 외측까지의 사이에 다음 식에 의하여 요구되는 거리 이상의 안전거리를 둘 것

  $D = 51.1\sqrt[3]{N}$

  D : 거리(m)

  N : 해당 제조소에서 취급하는 히드록실아민등의 지정수량의 배수

  나. 가목의 제조소의 주위에는 다음에 정하는 기준에 적합한 담 도는 토제(土堤)를 설치할 것
   1) 담 또는 토제는 당해 제조소의 외벽 또는 이에 상당하는 공작물의 외측으로부터 2m 이상 떨어진 장소에 설치할 것
   2) 담 또는 토제의 높이는 당해 제조소에 있어서 히드록실아민등을 취급하는 부분의 높이 이상으로 할 것
   3) 담은 두께 15cm 이상의 철근콘크리트조·철골철근콘크리트조 또는 두께 20cm 이상의 보강콘크리트블록조로 할 것
   4) 토제의 경사면의 경사도는 60도 미만으로 할 것

  다. 히드록실아민등을 취급하는 설비에는 히드록실아민등의 온도 및 농도의 상승에 의한 위험한 반응을 방지하기 위한 조치를 강구할 것
  라. 히드록실아민등을 취급하는 설비에는 철이온 등의 혼입에 의한 위험한 반응을 방지하기 위한 조치를 강구할 것

16. 이황화탄소의 옥외저장탱크는 벽 및 바닥의 두께가 (㉮) [m] 이상이고 누수가 되지 아니하는 (㉯)의 수조에 넣어 보관하여야 한다. 이 경우 보유공지, 통기관, (㉰)는 생략한다.

> **정 답**
> ㉮ 0.2
> ㉯ 철근콘크리트
> ㉰ 자동계량장치

> **해 설**
> 이황화탄소의 옥외저장탱크는 벽 및 바닥의 두께가 0.2m 이상이고 누수가 되지 아니하는 철근콘크리트의 수조에 넣어 보관하여야 한다. 이 경우 보유공지·통기관 및 자동계량장치는 생략할 수 있다.

17. 위험물제조소와 학교와의 거리가 20 [m]로 위험물안전관리법에 의한 안전거리를 충족할 수 없어서 방화상 유효한 담을 설치하고자 한다. 위험물제조소 외벽높이 10 [m], 학교의 높이 30 [m]이며 위험물제조소와 방화상 유효 담의 거리 5 [m]인 경우 방화상 유효한 담의 높이는? (단, 학교건축물은 방화구조이고 위험물제조소에 면한 부분의 개구부에 방화문이 설치되지 않았다)

> **정 답**
> 4 [m]

> **해 설**
> 1. 방화상 유효한 담의 높이 산정
>   1) $H \leq pD^2 + \alpha$ 인 경우 h = 2
>   2) $H > pD^2 + \alpha$ 인 경우 $h = H - p(D^2 - d^2)$, 담의 높이 4 [m] 이상일 때 4 [m]로 하고 소화설비를 보강하여야 한다.

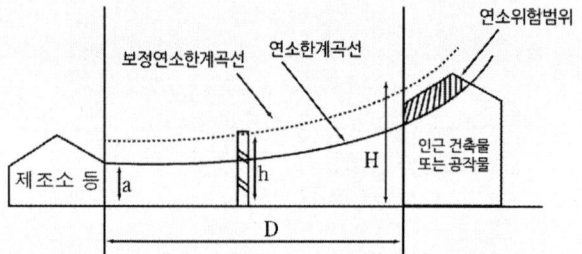

D : 제조소 등과 인근건축물 또는 공작물과의 거리 [m]
H : 인근 건축물 또는 공작물과의 높이 [m]
a : 제조소 등의 외벽의 높이 [m]

d : 제조소 등과 방화상 유효한 담과의 거리 [m]
h : 방화상 유효한 담의 높이 [m]
p : 상수

인근 건축물 또는 공작물 구분	p의 값
목조 : 방화구조 또는 내화구조이고 방화문미설치	0.04
방화구조 : 제조소등 면한 부분의 개구부에 을종방화문 설치	0.15
방화구조 또는 내화구조이고 제조소 등 면한 부분의 개구부에 갑종방화문 설치	∞

2. 계산

30m > 0.04 × 20² + 10 인 경우 h = H-p (D²-d²) = 30-0.04 (20²-5⁵) = 15m
담의 높이 4 [m] 이상일 때 4 [m]로 하고 소화설비를 보강하여야 한다.

18.
위험물안전관리에 관한 세부기준에 따르면 배관 등의 용접부에는 방사선투과시험을 실시한다. 다만, 방사선투과시험을 실시하기 곤란한 경우 괄호에 알맞은 비파괴시험을 쓰시오.

① 두께 6 [mm] 이상인 배관에 있어서 (㉮) 및 (㉯)을 실시할 것, 다만 강자성체 외의 재료로 된 배관에 있어서는 (㉰)을 (㉱)으로 대체할 수 있다.
② 두께 6 [mm] 미만인 배관과 초음파탐상시험을 실시하기 곤란한 배관에 있어서는 (㉲)을 실시하여야 한다.

정답
㉮ 초음파탐상시험, ㉯ 자기탐상시험, ㉰ 자기탐상시험
㉱ 침투탐상시험, ㉲ 자기탐상시험

해설 제122조(비파괴시험방법) [세부기준 제120조]

① 배관등의 용접부에는 방사선투과시험 또는 영상초음파탐상시험을 실시한다. 다만, 방사선투과시험 또는 영상초음파탐상시험을 실시하기 곤란한 경우에는 다음 각 호의 기준에 따른다.
  1. 두께가 6mm 이상인 배관에 있어서는 초음파탐상시험 및 자기탐상시험을 실시할 것. 다만, 강자성체 외의 재료로 된 배관에 있어서는 자기탐상시험을 침투탐상시험으로 대체할 수 있다.
  2. 두께가 6mm 미만인 배관과 초음파탐상시험을 실시하기 곤란한 배관에 있어서는 자기탐상시험을 실시할 것
② 용접부의 방사선투과시험은 「강 용접 이음부의 방사선 투과 시험 방법」(KS B 0845), 「알루미늄 평판 접합 용접부의 방사선 투과 시험 방법」(KS D 0242) 및 「알루미늄관의 원둘레 용접부의 방사선 투과 시험 방법」(KS B 0838)을, 초음파탐상시험은 「강 용접부의 초음파 탐상 시험

방법」(KS B 0896)을, 자기탐상시험은 「철강 재료의 자분 탐상 시험 방법 및 자분 모양의 분류」(KS D 0213)를, 침투탐상시험은 「침투 탐상 시험 방법 및 침투 지시 모양의 분류」(KS B 0816)를 준용한다. 다만, 방사선투과시험에서 투과사진의 상질적용구분은 내부선원촬영 및 내부필름촬영방법의 경우에는 A급을 적용하고 2중벽편면 및 양면촬영방법은 P1급을 적용한다.

19. [보기]에서 설명하는 위험물에 대하여 답하시오.

[보기]
- 지정수량 1,000 [kg]
- 분자량 158
- 흑자색 결정
- 물, 알코올, 아세톤에 녹는다.

㉮ 240 [℃]에서 열분해식?
㉯ 묽은 황산과 반응식?

정답

㉮ 분해반응식(240 [℃]) : $2KMnO_4 \rightarrow K_2MnO_4 + MnO_2 + O_2 \uparrow$
㉯ 묽은 황산과 반응식 : $2KMnO_4 + 6H_2SO_4 \rightarrow 2K_2SO_4 + 4MnSO_4 + 6H_2O + 5O_2$

해설 과망간산칼륨($KMnO_4$)

물성 : 몰 질량 : 158.034g/mol, 녹는점 : 240℃

1. 흑자색의 주상결정으로 산화력 및 살균력이 뛰어나다.
2. 물, 알코올에 녹으면 진한 보라색으로 나타난다.
3. 알코올, 에테르, 글리세린 등 유기물과 접촉을 피한다.
4. 진한 황산과 접촉하면 폭발적으로 반응한다.
5. 강알카리와 접촉하면 산소가 방출된다.
6. 목탄, 황, 금속분 등 환원성물질과 접촉 시 가열, 충격, 마찰에 의해 폭발한다.
7. 알코올, 에테르, 글리세린 등 유기물과 접촉하면 폭발한다.
   1) 분해반응 : $2KMnO_4 \rightarrow K_2MnO_4 + MnO_2 + O_2 \uparrow$
   2) 묽은황산반응 : $2KMnO_4 + 6H_2SO_4 \rightarrow 2K_2SO_4 + 4MnSO_4 + 6H_2O + 5O_2 \uparrow$
   3) 진한황산반응 : $2KMnO_4 + H_2SO_4 \rightarrow K_2SO_4 + 2HMnO_4$
   4) 염산과 반응 : $4KMnO_4 + 16HCl \rightarrow 2KCl + 2MnCl_2 + 8H_2O + 5Cl_2 \uparrow$

20. 벤젠에 수은(Hg)을 촉매로 하여 질산을 반응시켜 제조하는 물질로 DDNP(Diazodinitro-Phenol)의 원료로 사용되는 위험물의 구조식과 품명, 지정수량은?

정답

- 구조식 :

  피크린산 구조 (2,4,6-트리니트로페놀: OH기에 O₂N, NO₂, NO₂ 치환)

- 품명 : 니트로화합물
- 지정수량 : 200 [kg]

해설

1. 디아조디니트로페놀(Diazodinitrophenol, DDNP)

   1) 화학식 : $C_6H_2N_4O_5$
   2) 화약류의 폭발에 사용되는 뇌관용 기폭약으로 널리 사용되고 있다.
   3) 피크린산을 디아조화 해서 얻어진다.
   4) 황색의 분말로, 녹는점을 나타내지 않고, 섭씨 180도 부근에서 분해 폭발한다.
   5) 물에는 불용, 아세톤에 녹으며, 빛에 의해 빨갛게 변한다.
   6) 구조식 : (O₂N, =N₂, NO₂ 치환된 사이클로헥사디에논 구조)

2. 디아조화 반응(diazotization)

   페닐기($-C_6H_5$)에 NH_2(아민기)가 1개 붙은 형태의 화합물과 $NaNO_2$(아질산)를 서로 반응시켜서 페닐에 NH_2대신 $N_2(-N=N)$가 붙은 디아조늄염을 만드는 반응을 디아조화 반응이라고 한다.

   아닐린 $\xrightarrow[-H_2O]{[^{\oplus}NO]}$ 벤젠디아조늄 이온

3. 디아조화합물(diazo compound : 디아조기(N2=)를 가진 가장 간단한 화합물

모아 위험물기능장 실기(기본이론+과년도)

발행일	2023년 06월 30일 초판 1쇄
지은이	이혜영
발행인	황모아
발행처	(주)모아팩토리
주 소	서울특별시 영등포구 영신로 32길 29 세화빌딩 2층
전 화	02-2068-2852(출판), 010-3766-5656(주문)
팩 스	0504-337-0149(주문)
등 록	제2015-000006호 (2015.1.16.)
이메일	moate2068@hanmail.net
누리집	www.moate.co.kr
ISBN	979-11-6804-179-0 (13500)

이 책의 가격은 뒤표지에 있습니다.

Copyright ⓒ (주)모아팩토리 Co., Ltd. All Rights Reserved.

이 책은 저작권법에 의해 보호를 받는 저작물이므로 저자와 출판사의 서면 허락 없이 내용의 전부 또는 일부를 이용하는 것을 금합니다.

끊임없이 변화를 추구하는 교육기업
모아팩토리

모아팩토리는 **혁신적인 교육**을 통해
더 나은 삶을 만들어 갑니다.

모아팩토리 합격 교재 시리즈

모아 출판사업부가 제작한 저자 직강 합격 교재!
전국 온/오프라인 서점에서도 만나보실 수 있습니다.

 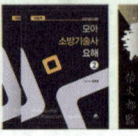     

소방기술사	소방시설관리사	소방설비(산업)기사
기본서/요해(심화)/금화도감 외 2종	버닝업 3종/그로우업 2종/엔드업 4종	필기/실기/기출문제/퀵마스터

소방감리실무	건축전기설비기술사	전기안전기술사	전기응용기술사	위험물기능장
실무이론/도면서	기본서 1권/2권	기본서 1권/2권	기본서 1권/2권	기본서/필기기출/실기기출

가스기능사	전기기능사	화공안전기술사	발송배전기술사	위험물기능사	위험물산업기사
필기/실기/퀵마스터	필기/실기/퀵마스터	기본서 1권/2권	발전공학 외 2종	필기/실기/퀵마스터	필기/실기/퀵마스터

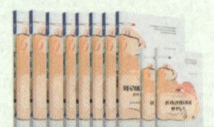 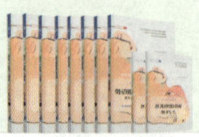   

전기(산업)기사	전기공사(산업)기사	에너지관리기능사	공조냉동기계기능사	산업안전(산업)기사
필기/실기/과년도/빵꾸노트	필기/실기/과년도/빵꾸노트	필기+실기/퀵마스터	필기/실기/빵꾸노트	필기/실기/과년도/빵꾸노트

 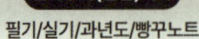   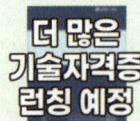

승강기능사	건설안전기사	공조냉동기계산업기사	전기기능장	Coming Soon
		필기/실기/빵꾸노트	필기/필답형실기/PLC	더 많은 기술자격증 런칭 예정

* 소방기술사 1위 : 모아비 기술사 분야 판매량 비교기준 * 소방시설관리사 1위 : 소방시설관리사 15~19회 단사 합격률 비교기준 * 소방설비(산업)기사 1위 : 모아비 수강생 중 종목별 합격자 수 비교기준
* 전기안전기술사 1위 : 모아비 내부 전기안전기술사 교재 판매부수 비교기준 * 전기응용기술사 1위 : 모아비 내부 전기분야 판매량 비교기준 * 위험물기능장 1위 : 모아비 안전분야 판매량 비교기준
* 전기기능장 1위 : 모아소방전기학원 전기기능장 분야 판매량 비교기준 * 화공안전기술사 1위 : 모아소방전기학원 전기기능장 분야 판매량 비교기준 * 가스기능사 1위 : 모아비 안전분야 판매량 비교기준
* 전기기능사 1위 : 모아비 내부 전기분야 중 기능사 자격증 판매량 비교기준